KB233884

토목섬유시리즈 Ⅲ

보강토 공법 실무

≫ 설계 · 시공 · 시험평가

한국토목섬유학회 편

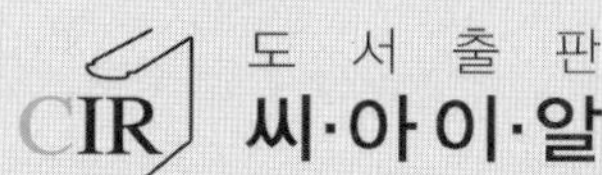

발|간|사

지난 40여 년 동안 산업화와 더불어 제한된 국토면적을 극복하기 위해 간척사업을 통한 해안매립이나, 도심지 주변의 구릉지 개발을 통한 산업단지 및 주거단지를 개발하여 왔습니다.

이에 따라 지반개량이나 지반보강, 제방 및 옹벽 축조에 사용되기 위한 다양한 종류의 토목섬유가 개발되어왔습니다. 또한, 사면의 침식 방지와 폐기물 매립장의 차수재 및 침출수 포집재로서 여러 종류의 토목섬유를 개발하여 사용하고 있습니다.

국제적으로는 국제토목섬유학회(IGS)가 1983년 창립된 이래 2010년 5월 브라질에서 제 9차 국제토목섬유학회가 개최되었습니다. 국내에서는 2001년 4월 27일에 한국토목섬유학회가 창립된 이래 10여 년 동안 학회지 발간(4회/년), 학술 발표회(2회/년)를 개최하였고, 논문집(4회/년)이 한국연구재단에 등재후보지로 등록되었습니다.

최근에는 국내 토목섬유기술의 발달과 적용분야가 다양해지고 있습니다. 우리 한국토목섬유학회에서 개최한 단기강좌는 총 3회로 지난 2006년 7월 "토목섬유의 특성평가 및 활용기법"과 2008년 7월 "연약지반분야와 지반환경분야"를 주제로 한 단기강좌가 개최되었습니다.

그리고 이번 2010년 7월에 개최된 제3회 단기강좌는 "보강토 공법의 설계시공 및 관련 시험평가"로 토목섬유 관련 국내 최고의 강사진을 모시고 진행되었고, 본 책『보강토 공법 실무』는 이 단기강좌의 교육내용을 수정·보완하여 출간하게 되었습니다.

　제1장에서 총론으로 보강재의 종류와 보강토 옹벽의 종류, 제2장에서는 토목섬유 보강토 옹벽으로 설계일반, 내진설계, 수치해석, 특수한 형태의 보강토 옹벽, 친환경 보강토 옹벽, 시공 및 품질사례, 붕괴사례, 제3장에서는 보강재 삽입공법과 다짐말뚝, 심층혼합처리 공법, 소일네일링 공법, 앵커 공법, 제4장에서는 보강용 토목섬유의 시험 및 평가로 토목섬유의 감소계수 및 장기성능 평가, 내후성 및 내구성 평가, 신뢰성 평가, 그리고 ISO, ASTM, KS 등 토목섬유 시험방법이 비교, 분석되었습니다.

　끝으로 이 책이 국내 건설 기술자들에게 토목섬유 기술의 이해증진과 기술력 향상 및 새로운 정보와 기술을 습득하는데 도움이 되기를 바랍니다. 더불어 이 책이 발간되기까지 집필위원장으로 수고하신 경북대학교 이상호 교수와 유중조·김경모 간사, 그리고 그 외 모든 집필진에게 깊은 감사의 뜻을 전합니다.

2010년 11월
한국토목섬유학회 회장 신 은 철

C.O.N.T.E.N.T.S

01 총 론

02 토목섬유 보강토 옹벽

03   기타 보강토 공법

C.O.N.T.E.N.T.S

제 1 장

총 론

1.1 개요

1.2 보강토 옹벽의 종류

chapter

01 총 론

1.1 개요

토목섬유는 1980년대 국내 현장에서 본격적으로 시공되면서 그 활용분야 및 사용량이 날로 증대되었으며, 이에 대한 연구도 활발하게 진행되고 있다. 특히, 도로 및 기초, 사면보강 그리고 교량, 터널, 철도 분야 등 적용분야 확대와 친환경적 제품, 하이브리드 개념의 고성능 고기능 보강재(아연도금 금속띠, 지오텍스타일, 지오그리드, 지오콤포지트, 지오셀 등)의 개발 등 기술 발전이 꾸준히 진행되고 있다. 즉, 흙 속에 인장력을 갖고 있는 재료를 포설하여 흙의 성질을 새롭게 개량하는 것으로 그 대표적인 구조물이 보강토 옹벽이다.

1.1.1 사용재료

보강토 공법은 기초나 토류 구조물의 설계 및 건설에 사용하기 위하여 개발된 최신 공법이다. 보강토는 사질토의 뒤채움 흙 속에 보강재를 수평으로 삽입하여 흙의 횡방향 변위를 억제함으로써 흙 자체의 취약점을 보완한 것이다. 따라서 흙과 보강재의 상호작용에 의한 새로운 역학적 특성을 지닌 복합체이다. 이러한 특성을 이용하여 보강토 옹벽과 같이 전면경사가 흙 자체의 내부마찰각보다 큰 토공 구조물을 구축할 때, 보강재 층 사이에 있는 흙의 전면 노출부 유실방지 역할을 하는 전면벽체와 보강재 및 뒤채움재로 구성되어 있다.

1) 보강재

보강재는 보강토 공법에서 가장 중요한 요소 중 하나이다. 보강재는 흙 속에 설치되어 흙의 변형을 억제하고 토체 내부의 응력을 분담한다. 또한 보강재를 통해 흙의 인장강도 증가, 흙과 보강재의 접촉마찰에 의한 전단저항력으로부터 발휘되는 효과를 얻을 수 있다.

보강재의 기본개념은 새로운 것이 아니다. 기원은 수세기 전으로 거슬러 올라가며 동서양을 막론하고 전 세계적으로 일례를 찾아볼 수 있다. 그림 1.1.1은 Agar-Quf 신전의 복원도이다. 현존하는 가장 오래된 Agar-Quf 신전은 보강토를 사용한 대표적인 사례이다. Agar-Quf 신전에는 두께 130~400mm의 점토벽돌을 사용했으며, 횡방향의 변형을 억제하기 위해 수직으로 0.5~2.0m 간격으로 갈대로 엮은 매트로 모래 및 자갈층을 보강했고, 직경 약 100mm의 갈대로 엮은 로프를 구조물을 관통하여 보강했다(Bagir, 1944). 현재는 보강토 공법의 발전과 더불어 다양한 재질과 형태로 발전하였다.

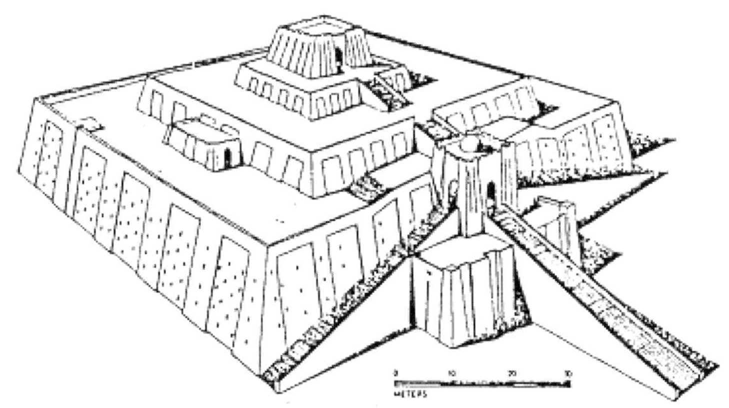

그림 1.1.1 Dur-Kurigalzu의 Agar-Quf 신전의 복원도

프랑스 기술자 Henri Vidal(1966)에 의해 보강토의 체계적인 해석과 설계에 대한 현대적인 개념이 개발되었다. Henri Vidal은 표면이 매끈한 판형 강재 보강재(smooth steel strip)에서 시작해 돌기를 만들어 흙과의 접촉마찰력을 높인 돌기형 강재 보강재(ribbed steel strip)로 발전시켰다. 하지만 강재는 부식이 되는 단점이 있어 아연도금을 통해 이를 보완했는데, 여전히 부식에 대한 고려가 필요하다(Frankenberger et al., 1996).

합성재료의 발달로 보강재가 부식되는 단점을 보완한 각종 폴리머 재질의 보강재가 지오그리드, 지오텍스타일, 지오엠브레인 형태로 발전되었으며, 특히 영국에서 폴리에스테르 섬유를 폴리에틸렌으로 피복한 띠형 섬유보강재를 개발하였다.

한편 폴리머 재질의 토목섬유보강재는 강재 보강재의 문제점인 부식성은 해결했지만, 흙 속에서의 내구성(durability), 크리프(creep), 시공 시 발생하는 외력에 의한 손상(installation damage)의 강도 저하가 단점으로 꼽히고 있다(신은철 등, 2004).

2) 전면벽체의 재료

보강토 옹벽의 주요 구성체 중 하나인 전면벽체는 보강토의 고정과 이완, 분리 그리고 침식을 방지하는 역할을 한다. 하지만 전면벽체는 구조물에서 역학 역할을 하지는 않는다.

전면벽체는 경사면에서 노출되는 유일한 구성요소이다. 따라서 전면벽체의 종류는 설치 장소의 주변 환경과 경제성을 고려해 결정한다. 예를 들어 구조물의 중요도가 높고 사용수명이 길면 고가의 콘크리트 전면판이나 전면블록을 사용하며, 구조물의 중요도가 낮고 사용수명이 짧으면 저가의 토목섬유를 사용하기도 한다. 또한 최근에는 저탄소 녹색성장의 발전 방향에 맞춰 식생이 가능한 토목섬유를 사용한 자연친화적인 보강토 구조물을 축조하기도 한다.

1.1.2 보강재

1) 보강재의 재질에 따른 분류

(1) 금속성 보강재

금속성(metallic) 보강재는 원재료가 강재, 알루미늄 등과 같은 금속성 재료인 띠형 보강재를 말한다. 현재 국내에서 사용되고 있는 금속성 띠형 보강재로는 판형 및 돌기형 강재 보강재가 있으며, 판형 강재 보강재는 두께 3~4mm의 강판을 60~150mm의 폭으로 절단하여 사용하며, 돌기형 강재 보강재는 폭이 50mm이고, 두께가 4mm인 강판의 상·하면에 돌기를 형성시킨 제품이다. 금속성 보강재는 쉽게 부식될 수 있으며 부식 속도는 여러 인자의 영향을 받는다. Binquet과 Lee(1975)에 의하면 금속성 보강재의 부식 속도는 연간 0.025~0.050mm이다.

(2) 토목섬유보강재

토목섬유(geosynthetics)는 부패되지 않는 보강재로 일반적으로 지오텍스타일(geotextile)

(a) 돌기형 강재 보강재

(b) 용접강선망

그림 1.1.2 금속성 보강재의 종류

13

을 말하며, 1970년대부터 전 세계적으로 건설재료로서 사용이 급증했다. 이러한 섬유는 폴리에스테르, 폴리에틸렌, 폴리프로필렌 등의 석유화학 제품과 유리섬유 등으로 만들어진다. 토목섬유보강재는 부식에 취약한 금속성 보강재의 단점을 해결할 수 있지만 원재료의 특성에 따라 흙속에 포함된 화학물질 등으로 인해 내구성이 저하될 수 있다.

토목섬유보강재로는 형태에 따라 띠형 보강재, 그리드형 보강재, 시트형 보강재, 셀형 보강재 등이 있다.

<table>
<tr><td>(a) 띠형 보강재</td><td>(b) 그리드형 보강재</td><td>(c) 시트형 보강재</td><td>(d) 셀형 보강재</td></tr>
</table>

그림 1.1.3 토목섬유보강재의 종류

2) 보강재의 형상에 따른 분류

(1) 띠형 보강재

띠형(strip-type) 보강재는 보강토 공법의 개발 초기부터 사용되어온 대표적인 보강재로서 당초 평평한 강판을 일정한 폭으로 잘라 사용했으나, 흙과의 결속력을 증가시키기 위해 강판의 상·하면에 돌기가 있는 돌기형 보강재로 발전했다. 또한 금속성 보강재의 부식의 문제를 해결하기 위해 띠형 토목섬유보강재로 발전하였다.

(2) 그리드형 보강재

그리드형(grid-type) 보강재는 큰 격자의 그물 모양 보강재로, 흙과 보강재의 결속력에서 가장 이상적인 보강재이다. 보강재 자체에 개구부가 있어서 보강재 상·하부의 흙 입자가 개구부를 통해 결속되어 있다. 따라서 인발 시에는 흙과 보강재의 접촉면에서 유발하는 표면마찰저항력과 횡방향 지지 부재에서 유발하는 지지저항력에 의해 인발저항력을 발휘한다. 지오그리드형 토목섬유는 제조방법에 따라 일체형과 직조형 지오그리드형으로 구분할 수 있으며, 일체형 지오그리드는 폴리에틸렌 시트를 천공한 후 일축 또는 이축방향으로 연신시켜서 만든다. 직조형 지오그리드는 폴리에스테르 섬유를 그리드의 형태로 직조한 후 PVC, 에폭시 등으로 코팅하여 만들어진다.

(3) 시트형 보강재

시트형(sheet-type) 보강재는 지오그리드형 보강재와는 달리 보강재 내부에 개구부가 없어서 흙과 보강재의 결속력은 순수한 표면 마찰력에만 의존한다. 이러한 시트형 보강재는 보강토 공법에서 많이 사용되지는 않지만, 구조물의 수명이 비교적 짧은 임시구조물의 축조나 연약지반의 성토제방을 보강하기 위하여 직포 또는 부직포 형태의 지오텍스타일이 사용된다. 직포는 필라멘트사 또는 방적사를 경사, 위사를 직각으로 서로 교차해 만든 형태로 주로 폴리에스테르와 폴리프로필렌이 사용되고 있다. 부직포 지오텍스타일은 장섬유나 단섬유를 랜덤하게 배열하여 결합시킨 형태로 니들펀칭 또는 열융착 등의 방법으로 제조한다.

(4) 셀형 보강재

셀형(cell-type) 보강재는 셀의 격벽이 셀 속에 채워진 속채움 재료의 이동을 억제함으로써 지오그리드나 지오텍스타일과 같은 평면형태의 보강재보다 지반 보강효과가 우수하다.

셀형 보강재는 일정한 폭을 가진 폴리에틸렌 시트를 일정한 간격으로 접합하거나 지오그리드를 격자형으로 엮어서 만든다.

1.1.3 전면벽체

보강토 공법에서 전면벽체(facing unit)는 보강토 구조물의 외관을 형성하며, 보강토 옹벽이나 보강 성토사면과 같이, 흙의 안식각보다 구조물의 벽면경사가 가파를 때 뒤채움재의 국부적

그림 1.1.4 보편적으로 사용하는 철근콘크리트 패널형 전면벽체

인 유실을 방지하기 위해 필요하다.

보강토 초기에는 Crescent type 철판으로 시작해 6각의 경량유리섬유 시멘트로 제작된 전면 벽체가 출현했으나, 이후 가장 보편적이고 경제적인 콘크리트 패널이 전면벽체를 주도했다. 최근에는 건설재료의 다양화와 환경친화적 수요에 따라 시멘트 블록형이 점차 증가하고 있으며, 현장의 여건에 따라 개비온, 지오셀, 지오그리드, 지오텍스타일 등으로 다양화되고 있다. 특히 보강토에서 전면벽체가 차지하는 역학적 비중은 그다지 크지 않으므로 일정한 요구조건만 충족 하면 어떤 재료든 사용이 제한되지 않는다.

그림 1.1.4는 가장 보편적으로 사용하는 철근콘크리트 패널형 전면벽체 6가지를 나타낸 것이다.

그림 1.1.5는 현재 국내에서 사용하고 있는 다양한 형태의 시멘트 블록 전면벽체를 보여준다. 전면벽체는 보강재의 고정 및 국부적인 토체의 이완(분리 또는 침식)을 방지하는 역할을 한다.

보강토 구조물의 중요도가 낮거나 설계수명이 짧은 경우에는 고가의 콘크리트 전면판 또는 전면블록 대신 토목섬유를 사용한 포장형 전면벽체(geosynthetic wrapped facing)를 형성할 수 있다. 단, 이러한 경우에는 자외선 등에 의한 토목섬유의 강도 저하가 보강토 구조물의 안정 에 영향을 미치지 않도록 별도의 조치를 취해야 한다.

(a) 콘크리트 블록

규격 : 800×300×400mm
중량 : 약 130kg
압축강도 : 240kg/cm^2

(b) 모르타르 블록

규격 : 400×200×400mm
중량 : 약 50kg
압축강도 : 210kg/cm^2

(c) 모르타르 블록

규격 : 456×200×470mm
중량 : 약 50kg
압축강도 : 210kg/cm^2

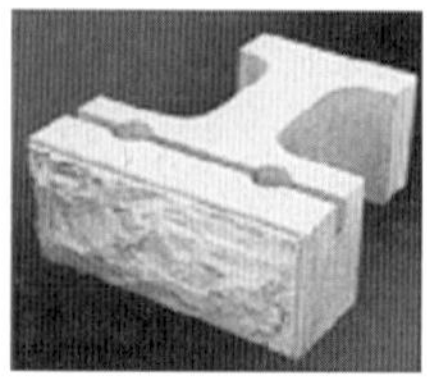

(d) 콘크리트 블록

규격 : 456×200×500mm
중량 : 약 43kg
압축강도 : 240kg/cm^2

(e) 모르타르 블록

규격 : 450×200×470mm
중량 : 약 45kg
압축강도 : 210kg/cm^2

(f) 모르타르 블록

규격 : 400×200×470mm
중량 : 약 52kg
압축강도 : 210kg/cm^2

그림 1.1.5 가장 보편적인 시멘트 블록 전면벽체

1.2 보강토 옹벽의 종류

1.2.1 보강토 옹벽

보강토 옹벽은 그 구성요소에 따라서 몇 가지 그룹으로 나눌 수 있으며, 대표적인 것이 패널식 보강토 옹벽과 블록식 보강토 옹벽이다.

패널식 보강토 옹벽은 가로, 세로 규격이 1.5m×1.5m인 콘크리트 전면판과 띠형 보강재(섬유 또는 강재)를 사용하며(그림 1.2.1 (a) 참조), 블록식 보강토 옹벽은 대부분 높이 20cm의 모르타르 블록과 전면포설형 보강재(지오그리드)를 사용한다(그림 1.2.1 (b) 참조).

블록식 보강토 옹벽과 유사하지만, 토목섬유보강재를 사용해 보강토체를 먼저 형성한 후에 전면블록을 설치해 보강토체 형성 시의 변형을 합리적으로 수용할 수 있는 분리시공법을 적용한 분리형 보강토 옹벽(그림 1.2.1 (c) 참조)이 국내에서 개발되어 사용되고 있다.

또한 벌집모양의 3차원 지반보강재인 지오셀을 보강토 옹벽의 전면벽체로 사용하고, 전면에 식생을 추가해 자연친화적인 보강토 구조물을 형성하는 지오셀 보강토 구조물도 사용되고 있다(그림 1.2.1 (d) 참조).

이 외에도 토목섬유를 사용해 포장형으로 전면체를 형성해 수명이 짧은 임시구조물에 적용하는 경우도 있으며, 철망 등을 전면벽체로 사용해 식생이 가능한 보강토 옹벽도 보급되고 있다.

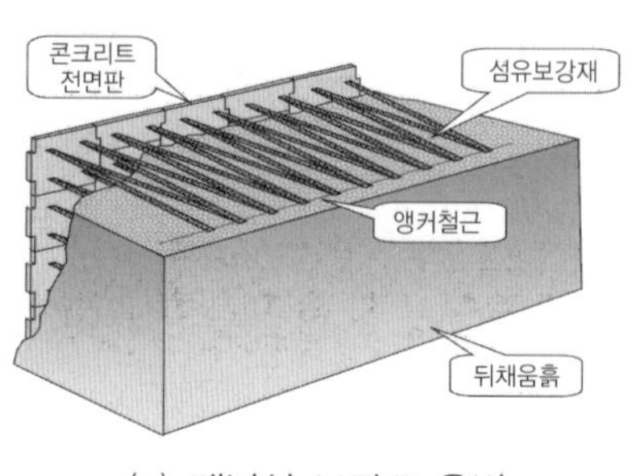

(a) 패널식 보강토 옹벽

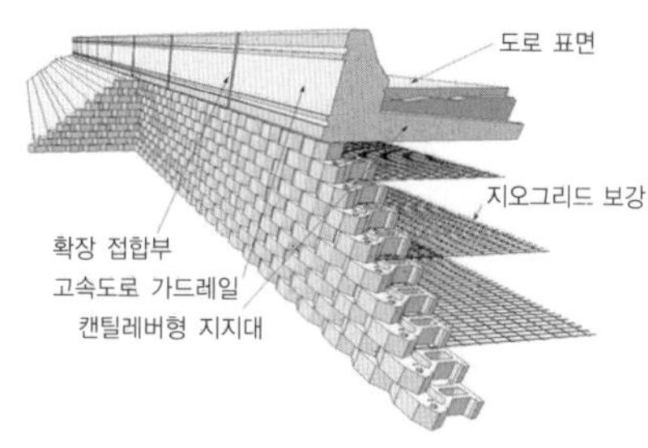

(b) 블록식 보강토 옹벽

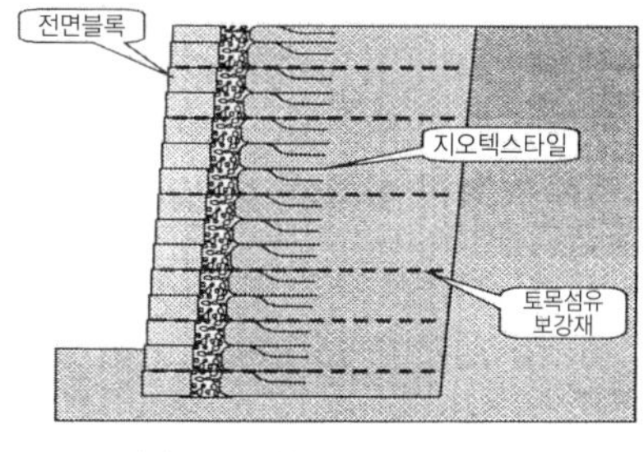

(c) 분리형 보강토 옹벽

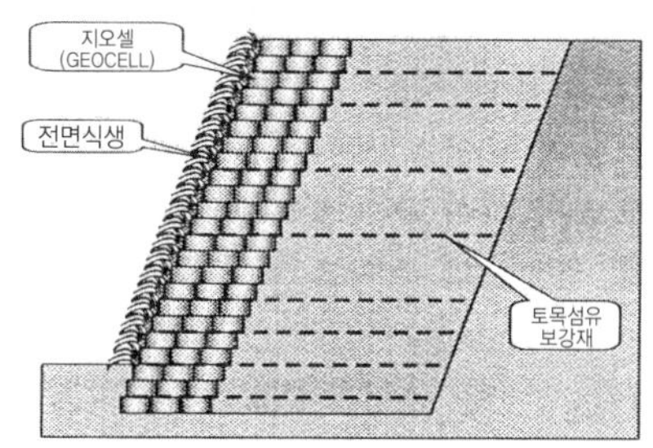

(d) 지오셀 보강토 옹벽

그림 1.2.1 보강토 옹벽의 분류

1) 패널식 보강토 옹벽

그림 1.2.2에서와 같은 패널식 보강토 옹벽은 가장 오래된 형태의 보강토 옹벽으로, 보통 콘크리트(철근 또는 무근) 전면판과 띠형의 보강재를 사용한다. 국내에서는 한국건설기술연구원의 전신인 국립건설시험소가 1980년 경기도 용인군 외서면 3번 국도에 200m^2 규모로 시험시공한 것이 최초이며, 여기에 콘크리트 전면판과 철제 띠형 보강재가 사용되었다. 그 이후 몇 차례 시공이 이루어졌으나, 경제성 확보가 곤란하고 보강토 공법에 대한 인식이 부족해 활성화되지 못하다가, 1980년대 중반에 상업적 목적으로 띠형 섬유보강재와 콘크리트 전면판을 사용한 보강토 옹벽 시스템이 도입되면서 본격적으로 보강토 옹벽이 보급되기 시작했다.

그림 1.2.2 패널식 보강토 옹벽 적용 예

2) 블록식 보강토 옹벽

블록식 보강토 옹벽은 1990년대 초 전면포설식(지오그리드형) 보강재와 함께 도입되었는데, 다양한 색상과 형태를 가진 높이 20cm의 모르타르 블록을 사용하므로 미관이 우수해(그림 1.2.3 참조) 적용실적이 기하급수적으로 늘고 있다. 그러나 블록식 보강토 옹벽 도입 초기에는 공법에 대한 이해가 부족하고 기존의 유사공법과의 경쟁으로 인해 부적절하게 설계 및 시공됨으로써 피해가 발생한 사례도 다수 있었으므로 적용할 때 주의해야 한다.

그림 1.2.3 블록식 보강토 옹벽 적용 예

1.2.2 기타 보강토 공법

1) 분리형 보강토 옹벽

기존의 패널식 및 블록식 보강토 옹벽은 전면벽체와 뒤채움 성토작업이 순차적으로 진행됨으로써 뒤채움 다짐 시에 발생하는 다짐유발토압에 의해 벽면의 변형이 과하게 발생하는 사례가 종종 있었다. 보강토 옹벽의 거동에 대한 연구결과(Nakajima et al., 1996)에 의하면 보강토 옹벽의 변형은 대부분 시공 중에 발생하는데, 이러한 보강토 옹벽의 거동특성을 반영해 보강토체와 전면벽체를 분리해 시공함으로써 시공 중에 발생하는 변형을 합리적으로 수용할 수 있는 분리형 보강토 옹벽이 국내에서 개발되어 보급되고 있다.

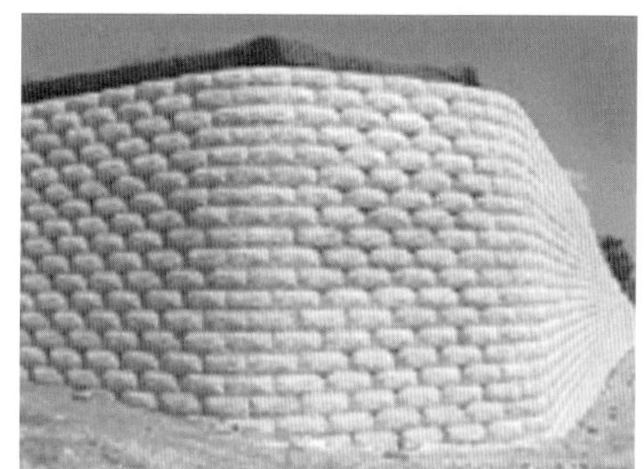

그림 1.2.4 분리형 보강토 옹벽 적용 예

2) 지오셀 보강토 옹벽

최근 들어 환경에 대한 관심이 높아지면서, 토류구조물에도 환경친화적인 공법이 도입되고 있다. 그 중에 지반보강 및 사면보호용으로 주로 사용되어오던 3차원 지반보강재인 지오셀을

그림 1.2.5 지오셀의 보강토 옹벽 적용 예

보강토 옹벽의 전면벽체로 사용한 지오셀 보강토 옹벽이 있다. 지오셀은 벌집모양의 보강재 속에 흙을 채워 넣으면 식생이 가능해서 환경친화적인 토류구조물을 만들 수 있다는 장점이 있지만, 식생을 위해서 벽면경사를 둘 필요가 있으므로 부지 활용도가 떨어진다는 단점이 있다.

3) GRS 일체식 교대 교량

GRS 일체식 교대 교량(geosynthetic-reinforced soil integral bridge)은 Tatsuoka et al. (2010)에 의해 제안되었다. 이 공법은 기존의 일반 교량의 교대에서 발견되는 자중, 교통하중

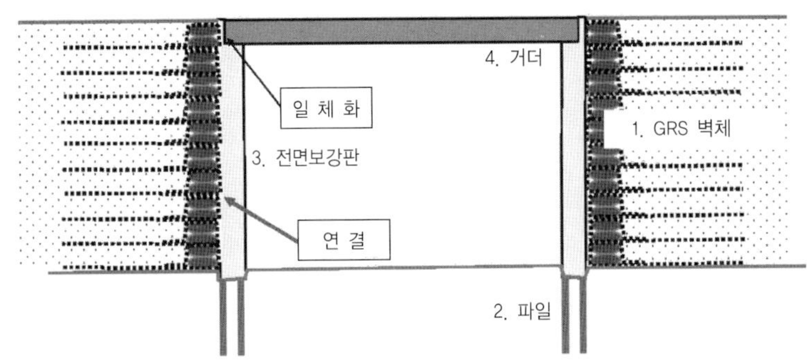

(a) 공법의 개념도

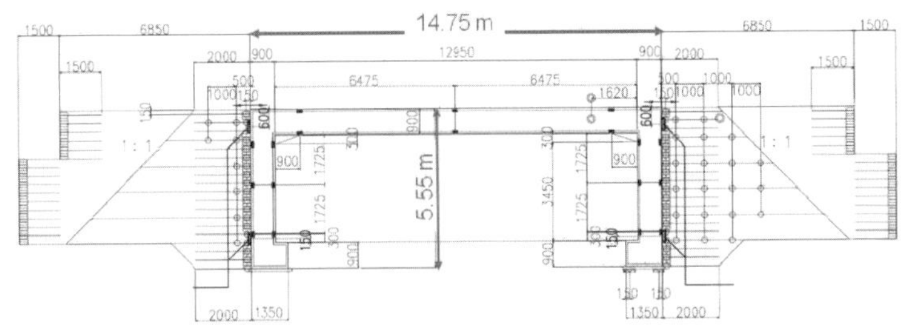

(b) 시험시공 단면

(c) 실모형 시공사례

그림 1.2.6 GRS 일체식 교대 교량의 개념도 및 시험시공 전경

그리고 반복하중에 의한 뒤채움재의 장기침하, 반복하중으로 인해 발생되는 변위에 따른 지반 침하 및 수평이동, 토압 및 진동에 의한 변위의 발생을 억제하기 위한 획기적인 기술적 해법을 제공할 수 있을 것으로 판단된다.

이는 기존의 일체식 교대 교량(integral bridge)과 GRS RWs 교대 교량(geosynthetic-reinforced soil retaining walls)의 장점을 접목시켜 시공성과 유지관리성, 그리고 탁월한 내진성을 확보할 수 있는 장점이 있다.

참 고 문 헌

1. 신은철, 윤석호(2003), "인발시험을 통한 토목섬유의 마찰특성 평가", 『한국토목섬유학회 논문집』 제2권 1호, pp. 3~13.

2. 신은철, 이창섭(2004), "현장계측을 통한 블록식 보강토 옹벽의 거동분석", 『한국토목섬유학회 논문집』 제3권 1호, pp. 3~15.

3. 신은철(2004), 『DAS의 기초공학』 5Ed. 도서출판 인터비젼

4. 이은수, 김홍택, 이승호, 김경모(2007), 『보강토 공법, 건설가이드』 pp. 103~104.

5. 이은수(2009), "보강토 공법의 과거, 현재 그리고 미래", 『한국토목섬유학회, 2009 가을학술발표회 논문집』 pp. 3~15.

6. Bagir, T.(1944), Iraq Journal. pp. 5~6, British Museum.

7. Binquet,J., and Lee, K.L.(1975). "Bearing Capacity Analysis of Reinforced Earth Slabs," Journal of the Geotechnical Engineering Division, American Society of Civil Engineers, Vol. 101, No. GT12, pp. 1257~1276

8. Frankenberger, P.C., Bloomfield, R.A., Anderson, P.L.(1996), "Reinforced earth walls withstand Northbridge Earthquake", Proceedings of the international symposium on earth reinforcement, Japan, Vol. 1, pp. 345~350.

9. Nakajima, T., Toriumi, N., Shintani, H., Miyatake, H., Dobashi, K.(1996), "Field performance of a geotextile reinforced soil wall with concrete facing blocks", Proceedings of the international symposium on earth reinforcement, Japan, Vol. 1, pp. 427~432.

10. Tatsuoka, F., Nishikiori, H., Soma, R., Hirakawa, D., Kiyota, T., Tateyama, M., Watanabe, K.(2010), "Development of a new bridge type, GRS integral bridge", 9th International Conference on Geosynthetics, Brasil, pp.1659~1664.

토목섬유 보강토 옹벽

chapter 02

토목섬유 보강토 옹벽

2.1 설계일반

2.1.1 설계개요

보강토 옹벽 공법은 현재까지 수많은 종류의 공법이 제안되었고, 각각의 공법에 따른 설계방법이 제시되고 있으나, 설계방법이 통일되어 있지는 않다. 보강토 옹벽 공법은 통상적인 성토체와 콘크리트 옹벽의 중간적인 특성을 갖고 있으나, 설계상의 내용을 살펴보면 성토체의 설계에 가까운 것과 콘크리트 옹벽의 설계법에 가까운 것도 있다. 우리나라에서는 1999년 한국지반공학회에서 토목섬유설계 및 시공요령에 타이백 해석방법에 의한 토목섬유 보강토 옹벽의 설계법을 제시하고 있다. 여기에서는 보강토 옹벽의 기본적 고려사항에 대해 기술한다.

보강토 옹벽을 설계할 때는 일반적으로 다음 사항에 주목해 검토해야 한다.

① 흙의 자중작용에 따른 힘이나 예상되는 외력 등에 대해 토목섬유 보강재가 파단되는 일이 없겠는가?

② 흙과 토목섬유 보강재의 맞물림이 약해 보강영역이 일체화되지 않아서 토목섬유 보강재의 부설 간격 사이에 있는 흙이 큰 전단변위를 일으키는 일은 없겠는가?

③ 보강토 옹벽이나 상재성토 등의 전체를 생각했을 때 보강 흙구조물에 미끄럼 파괴나 지지력 파괴가 일어나지 않을까?

④ 보강토 옹벽 기초지반의 침하에 따라 토목섬유 보강재에 과도한 인장력이 가해지거나 그때의 측방유동에 따라 주변 구조물에 좋지 않은 영향이 미치는 일은 없겠는가?

위의 ①, ②는 토목섬유가 부설된 영역(보강영역) 내의 설계(내적안정)에서 검토해야 할 항목이다. ③, ④는 보강영역과 기초지반, 상재성토 등을 포함한 흙구조물의 전체적인 안정에 관한 설계(외적안정)에서 검토해야 할 항목이다.

이와 같이 보강토 옹벽의 안정성은 크게 나누어서 내적안정과 외적안정이라는 2가지 개념으로 평가하고 한계평형법을 계산의 기본으로 하고 있다.

보강토 옹벽의 설계는 전술한 바와 같이 통일된 방법은 없으나, 대개 그림 2.1.1에 나타낸 파괴형태에 대해 검토하고 있다. 다음은 검토항목이다.

- 보강재에 대한 검토
  ① 보강재 파단에 대한 검토
  ② 보강재 인발에 대한 검토
  ③ 벽면재와 보강재 연결부에 대한 검토

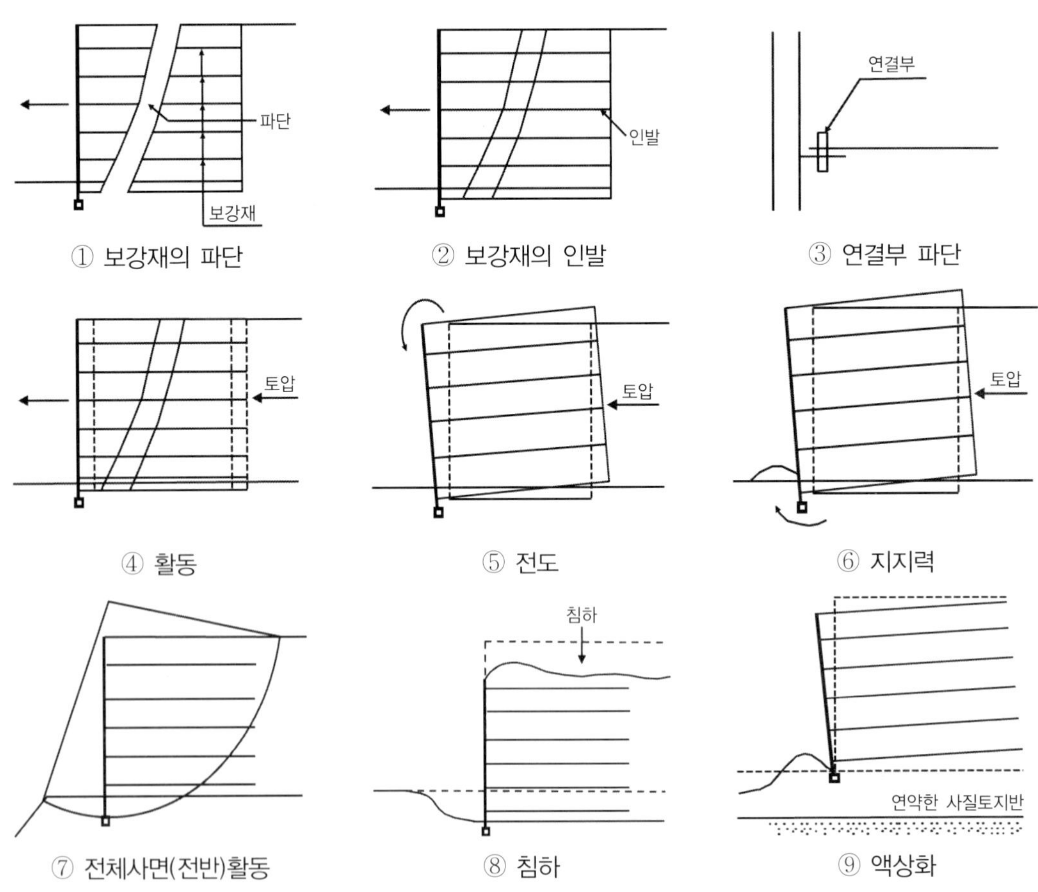

그림 2.1.1 보강토 옹벽 공법의 파괴형태

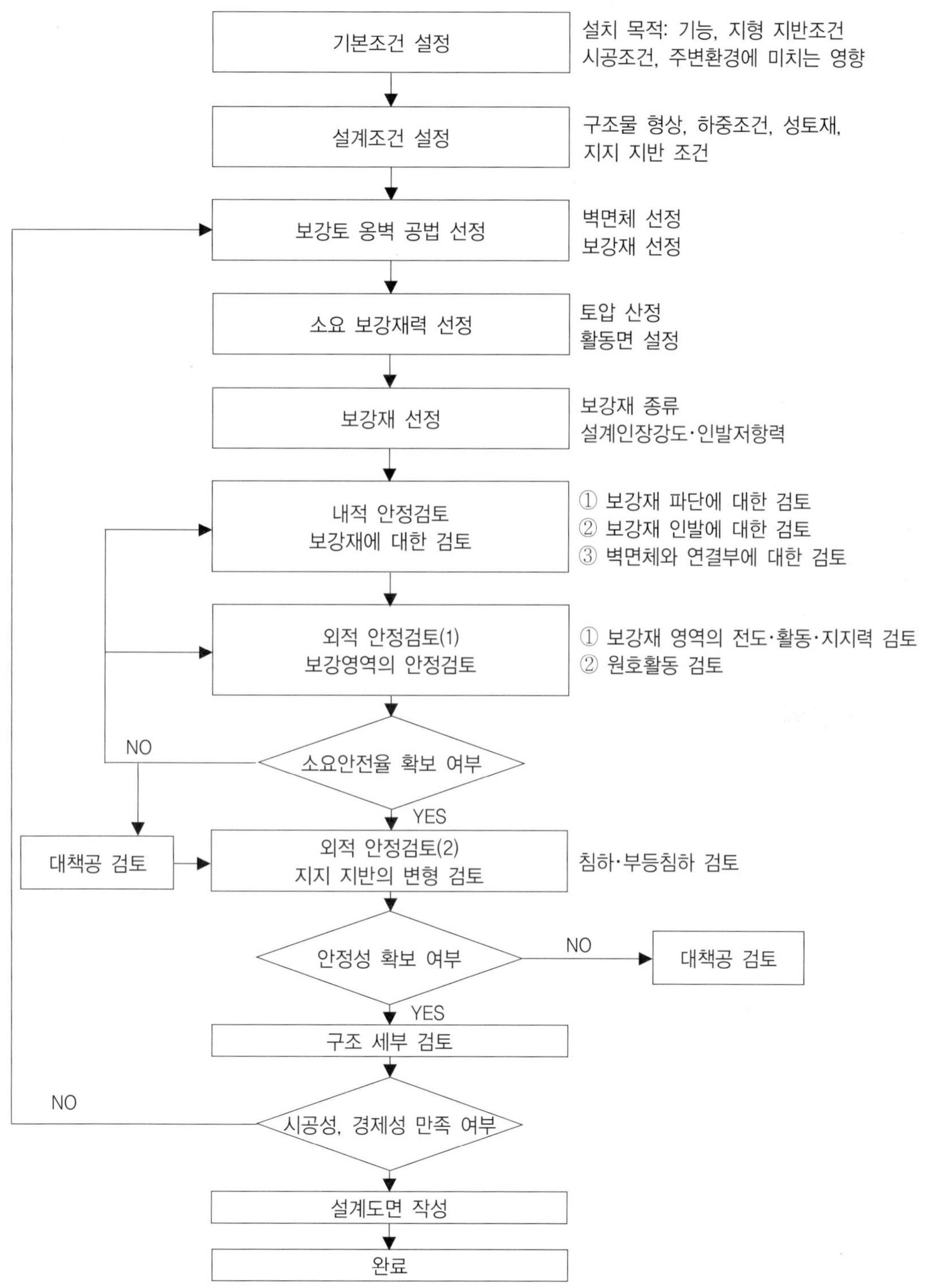

그림 2.1.2 보강토 옹벽 공법의 기본적 설계순서

- 보강토 옹벽의 전체안정에 대한 검토
  ④ 활동에 대한 검토
  ⑤ 전도에 대한 검토
  ⑥ 지지력에 대한 검토
  ⑦ 전체사면(전반)활동에 대한 검토
  ⑧ 기초지반 침하에 대한 검토
  ⑨ 기초지반 액상화(지진)에 대한 검토

①~③은 내적안정검토라고 하여, 보강재에 작용하는 인장력에 대해 소요의 안전율을 확보하도록 보강재의 배치, 길이를 결정하는 검토이다. ③의 연결부에 대한 검토는 파괴시험 등에 의해 연결부 강도가 보강재 강도보다 크다는 것을 확인하고 설계 시에는 생략 가능하다.

④~⑨는 외적안정검토라 하며, 보강토 옹벽을 포함한 성토 전체에 대해 그림 2.1.1에 나타낸 파괴가 발생하지 않도록 검토하는 단계이다. ④~⑥은 보강재가 부설된 범위를 가상의 옹벽으로 생각해 검토한다. 또한 ⑧, ⑨는 기초지반이 연약한 경우의 검토내용이다. 보강토 옹벽의 기본적 설계순서는 그림 2.1.2와 같다.

2.1.2 보강의 원리

1) 보강목적과 보강방법

넓은 의미에서 보강토 공법은, 지반 안정화 공법·개량공법의 일종이나, '흙의 내부에 이물질을 삽입해, 토립자 자체의 특성을 변화시키지 않고 흙의 약점을 보강하는 공법'이라는 점에서 타 공법과 구별된다. 즉, 흙의 약점은 전단강도가(특히 인장강도가) 상대적으로 작고, 변형특성이 상대적으로 크고, 투수성이 특히 크거나 작은 점 등이다.

인장보강토 공법은 보강토 공법의 일종이기는 하나, 구속압 $\Delta\sigma_3$를 가해 흙 자신의 잠재능력을 끌어내서(압축강도를 $\Delta\sigma_1 = (1+\sin\phi)/(1-\sin\phi)\cdot\Delta\sigma_3$만큼 증가시킴) 지반을 안정화시키는 공법이다. 인장보강토 공법은 가장 넓게 이용되고 있기 때문에 보강토 공법은 이 공법을 의미한다.

지반의 안정화의 한 가지 목표는 지반의 활동에 대한 안전율 $F_s = $(흙의 전단강도 τ_f)/(흙에 작용하는 전단응력, τ_w)를 향상시키는 것이다. 변형을 억제하는 것은 안전율을 향상시키는 것과 같다. 흙의 전단강도를 유효응력으로 나타내면 다음과 같다.

$$\tau_f = c' + (\sigma - u)\tan\phi' \tag{2.1.1}$$

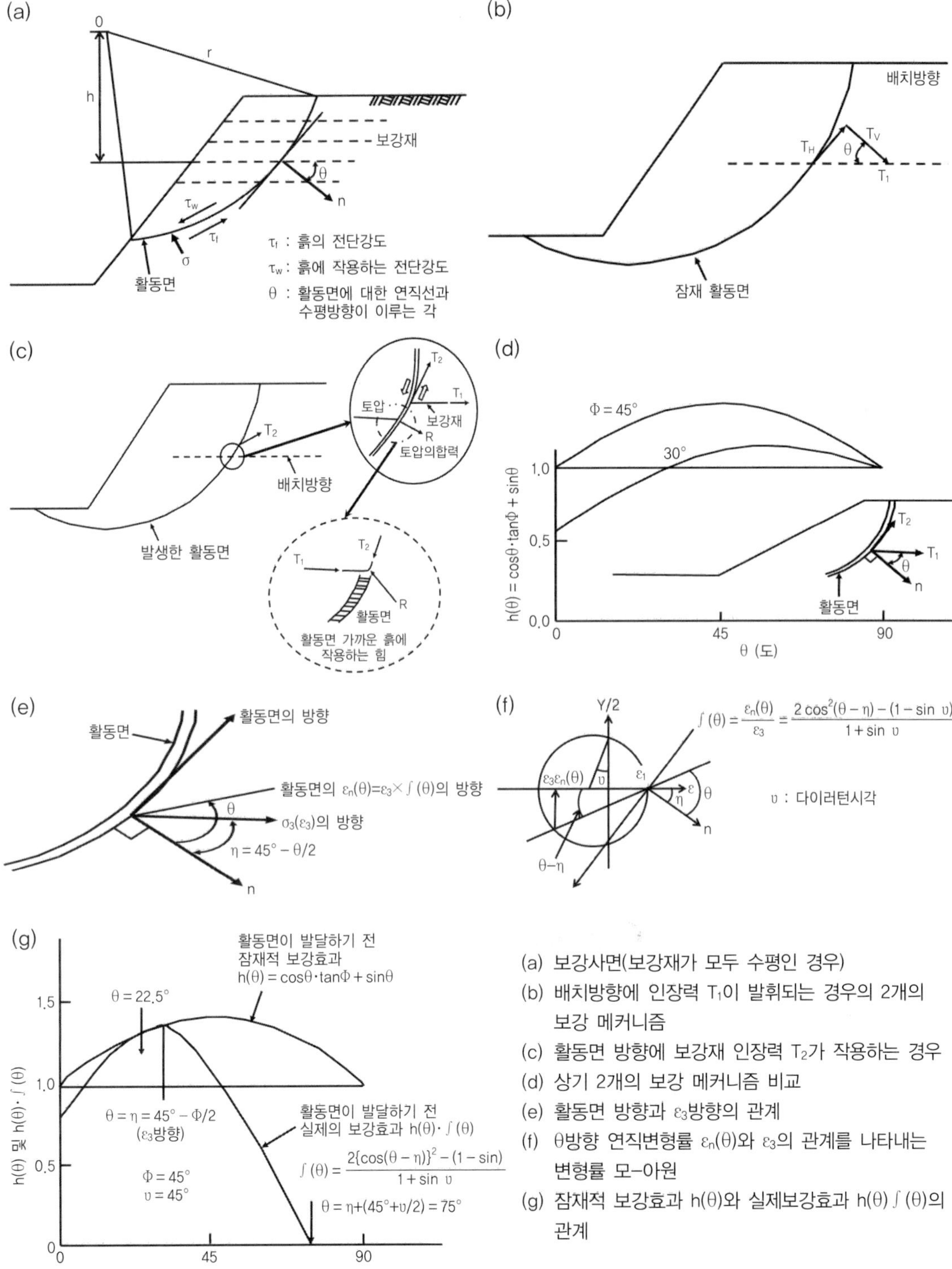

$$h(\theta) = \cos\theta \cdot \tan\Phi + \sin\theta$$

$$\int(\theta) = \frac{\varepsilon_n(\theta)}{\varepsilon_3} = \frac{2\cos^2(\theta - \eta) - (1 - \sin\upsilon)}{1 + \sin\upsilon}$$

$$\int(\theta) = \frac{2\{\cos(\theta - \eta)\}^2 - (1 - \sin\upsilon)}{1 + \sin\upsilon}$$

그림 2.1.3 인장보강재로 사면의 안정을 향상시키는 메커니즘

점착력의 항 c'를 증가시키는 것이 약액주입공법, 심층혼합공법 등의 화학적 지반개량공법이다. 앵커공법에서는 σ를 수동적으로 증가시킴과 동시에 작용전단응력 τ_w를 감소시킨다(이 메커니즘은 보강토와 같고, 이하에서 설명한다). 또 정의 간극수압 u이 작을수록 또한 부의 간극수압(석션)이 클수록 전단강도 τ_f는 커진다. 정의 간극수압의 증가를 억제하고, 감소시키는 것, 또 부의 간극수압을 유지시키고, 감소시키지 않는 지반 안정화 공법이 각종 배수 공법이다. 내부마찰각 ϕ'는 흙이 양호하게 다짐되어 밀도가 높아지면 증가하게 된다.

2) 인장보강에 의한 안전율 향상

인장보강토 공법 및 앵커공법의 보강 메커니즘은,

① τ_w(흙에 작용하는 전단응력)을 감소시키는 메커니즘과

② 흙의 인장변형률을 억제해 구속압을 향상시켜 전단강도와 강성을 향상시키는 메커니즘으로 구분된다. 이것은 그림 2.1.3에 나타낸 사면의 원호활동 안정해석법의 예로써 설명한다.

보강재 인장력을 T라고 하면 이 활동선 방향의 성분 $T \cdot \cos\theta$가 활동에 대한 직접적 저항력이 된다. 이것은 앵커공법에서 (현수효과)로 알려져 있다. 즉 T가 존재하지 않을 경우와 비교해 흙에 작용하는 전단응력 τ_w는 이만큼 감소한다(①의 메커니즘).

또한 활동면에 직교하는 성분 $T \cdot \cos\theta$에 의한 흙의 전단저항력의 증가 $T \cdot \cos\theta \cdot \tan\phi$가 있다. 이것은 전단면에 작용하는 수직응력 σ의 증가에 의한 τ_f의 증가 메커니즘이다(②의 메커니즘). 이것은 앵커공법에서 (조임효과)로 알려져 있다. 보강토 공법의 설계에서는 이것을 고려하지 않는 경우도 있다. 그러나 이 경우는 안전적이기는 하나, 보강효과의 중요한 메커니즘을 무시하게 되어 일반적으로 비경제적 결과가 된다.

Fellenius법을 이용한 분할법에 의한 원호활동의 안전율은 $c = 0$의 경우 l을 절편 저면의 길이로 하면 다음과 같이 나타낼 수 있다.

$$\text{안전율} = \frac{\sum(\text{흙 자중에 의한 } \sigma_n \cdot \tan\phi \cdot l + T\cos\theta \cdot \tan\phi)}{\sum(\text{흙 자중에 의한 } \tau_w \cdot l - T\sin\theta)} \tag{2.1.2}$$

이 식의 형태에서 분자는 흙의 전단강도이고, 분모는 흙에 작용하는 전단응력이다. 그러나 이 외에도 $-T\sin\theta$를 분자에 포함하는 등 여러 가지 형태가 이용되고 있다. 따라서 안전율=1.0 이외의 경우는 서로 다른 안전율이 선택된다.

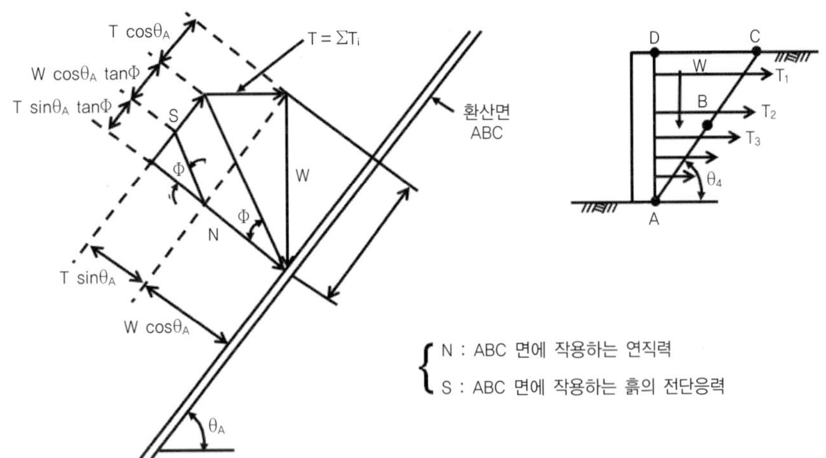

그림 2.1.4 보강토 옹벽에서의 인장보강 메커니즘

그림 2.1.4는 이 메커니즘 ①, ②를 보강토 옹벽에서 설명한 것이다. 즉 전단면에 의한 흙의 전단저항력의 합계 S는 '주동영역의 흙의 중량 W와 인장보강력의 합계 T의 활동면 방향의 성분의 합 $N \times \tan\phi$이다. 즉, 흙 자신의 잠재능력 $\tan\phi$를 이용해, 전단강도를 향상시킨다고 할 수 있다. 또한 그림 2.1.4는 흙의 전단강도와 보강재의 인장저항력에 대한 안전율이 동시에 1.0인 경우이다. 양자에 대한 안전율이 F_{soil}과 $F_{reinforce}$라고 한다면, 그림 2.1.4의 $\tan\phi$는 $\tan\phi/F_{soil}$로, T는 $T/F_{reinforce}$로 치환할 수 있다.

또한 그림 2.1.3 (b)의 T_1은 활동이 명확히 발생하기 직전에, 보강재가 직선을 유지하는 상태에서의 잠재활동면과 교차하는 위치에서의 보강재 인장력이다. 따라서 T_1은 보강재의 설치방향으로 작용하고 있다. 이에 반해 토목섬유는 변형하기 쉽기 때문에 그림 2.1.3 (c)와 같은 지반 파괴 시 활동면이 발생한 경우는, '토목섬유는 활동면 위치에서 변형해, 인장력은 T_2와 같이 활동방향으로 작용하게 된다'라고 하는 견해도 많다. 이 경우는 상기한 ①의 메커니즘만 기대할 수밖에 없다. T_2를 T_1에 비교하면, 지반에 상당히 큰 변형이 예상된다.

이와 같이 생각하는 상황은 상당히 다른 양상이기는 하나, 계산되는 안전율의 차는 의외로 작다. 즉, $T_1 = T_2$로 하면 「T_1을 이용하는 경우의 ①과 ②의 보강 메커니즘에 의한 전단강도의 변화량」/「T_2를 이용하는 경우의 ①의 보강 메커니즘에 의한 전단강도의 증가량」의 비는

$$h(\theta) = \cos\theta \cdot \tan\phi + \sin\theta \tag{2.1.3}$$

로 된다. $h(\theta)$와 θ의 관계는 그림 2.1.3 (d)와 같이 T_1은 통상 수평방향이므로 일반적인 성토에

서 나타날 수 있는 θ는 $0°$(성토의 표면부근)와 $90°$(활동면이 수평이 되는 위치)의 사이에 있다. 그림 2.1.3 (d)에 나타낸 관계에 의하면 $\phi = 30°$에서 평균적으로 양자의 차이가 작고, $\phi = 45°$에서는 T_2를 이용하는 것이 안전측이다.

한편, 「T_1을 이용하는 경우의 ①과 ②의 보강 메커니즘에 의한 전단강도의 변화량」은 $(\cos\theta \cdot \tan\phi + \sin\theta)$이므로, $h(\theta)$는 「T_1에 의한 보강효과와 보강재 설치각도 θ의 관계」를 나타낸다. 그렇다면, $\phi = 30°$, $45°$의 경우, 보강재는 활동면 연직방향으로부터 $\theta = 45°$, $60°$의 각도가 가장 보강효과가 크다. 그러나 $\theta = 0 \sim 90°$에 걸쳐 전체적으로 보강재 설치각도에 의한 보강효과 $h(\theta)$의 변화는 작고, 따라서 보강재 배치방향에 대해 그다지 민감하게 반응할 필요는 없다. 그러나 이 논의에는 다음과 같은 내용이 숨어 있다.

즉, 인장보강 메커니즘은, 지반 내부에 발생하려고 하는 인장변형률의 구속이 본질적인 메커니즘이다. 한편, 지반 내의 인장변형률(일반적으로는 연직변형률)의 크기는 대상으로 하는 방향의 함수이다. 따라서 실제로 발휘할 수 있는 보강재 인장력은, 보강재의 설치방향이 큰 함수가 된다.

지금 흙은 파괴상태이지만 아직 활동면이 명확히 발생하기 전 단계에 있다고 하자(그림 2.1.3 (b)). 활동면 방향은 그 면에서의 전단응력과 연직응력의 비가 최대로 되는 최대응력경사 방향인 것으로 가정한다. 그러면, σ_3의 방향은 잠재적 활동면의 직교방향(n 방향)으로부터 $\eta = 45° - \dfrac{\phi}{2}$의 각도가 된다(그림 2.1.3 (e)). 또, σ_3방향과 최소주변형률(최대인장변형률) ε_3의 방향이 일치한다고 가정한다. 그러면, n방향으로부터 각도 θ 방향의 연직변형률 $\varepsilon_n(\theta)$의 ε_3에 대한 비율은 다음과 같다(그림 2.1.3 (f)).

$$f(\theta) = \varepsilon_n(\theta)/\varepsilon_3 = \{2(\cos(\theta - \eta))^2 - (1 - \sin v\}/(1 + \sin v) \tag{2.1.4}$$

식에서 v는 파괴 시의 팽창각이다. 또 보강재에 발생하는 인장력은, 주변 흙에 발생하려고 하는 인장변형률에 비례한다고 가정하면, 보강재를 ε_3방향에 배치한 경우, 보강재에 가장 큰 인장력이 발생한다. 이때의 인장력을 1.0으로 하면 θ 방향의 보강재를 배치한 경우의 인장력은 $f(\theta)$가 된다.

한편 $h(\theta)$는 단위 보강재 인장력에 의한 전단저항력의 증가를 나타내고, 잠재적 보강효과라 할 수 있다. 따라서 이 경우의 실제적 보강효과는 $h(\theta) \cdot f(\theta)$로 표시할 수 있다.

여기서 $\phi = 45°$, $v = 20°$로 해 $h(\theta) \cdot f(\theta)$를 그림 2.1.3 (g)에 나타냈다. 그림을 보면 알 수 있듯이 $h(\theta) \cdot f(\theta)$는 보강재 배치각도 θ에 크게 좌우된다. 즉 $\theta = \eta = 45° - \dfrac{\phi}{2}$일 때 가장 보강

효과가 크지만, 보강재가 인장, 압축이 없는 방향(연직변형률 ε_η이 0인 방향)에 배치된 $\theta = \eta = 45°+\dfrac{\phi}{2} = 77.5°$ 의 경우는 보강효과가 전혀 없게 된다. 또, 그 이상 θ가 커지면, 보강재면 방향에는 압축변형률이 발생하므로, 인장력은 0이 된다. 즉, 활동면 방향에 보강재를 배치하면 활동면이 발생하기 시작하는 시점에서는 전혀 보강재의 기능을 발휘할 수 없음을 의미한다.

이상을 정리하면 상기의 T_2를 이용해 설계계산을 하는 것은 편의적 방법으로 타당하기는 하다. 가령 큰 변형을 허용하지 않으려면 T_1의 보강 메커니즘을 고려해야 하고, 이 경우의 T_1의 크기는 보강재 설치방향에 크게 영향을 받는다. 보강원리는 위와 같이 간단하지만, 현장에서 T의 산정과 설계에서 이용하는 T값을 결정하는 것은 쉽지 않다. 연성인 보강재를 이용해 성토체에 어느 정도 변형률이 발생하는 것을 전제로 할 수 있는 보강사면이나 보강토 옹벽 공법의 경우는, 일정한 인장변형률 값에 대응한 T를 이용하는 것이 한 가지 합리적 방법이라고 할 수 있다. 그러나 지반에 발생하는 변형률의 허용치가 작고, 강성의 보강재를 이용하고 또 지반상태가 명확하지 않은 지반 내지는 산사면 보강토 공법의 경우는 원지반에서의 인발시험으로부터 얻어진 '인발저항력'을 설계 시 이용하는 것이 합리적이다. 이 경우는 '인발저항력에서의 군 효과'(그림 2.1.5)를 고려해야 한다.

즉 '보강재 총 인발저항력'은 항상 '1개의 보강재 인발저항력의 총계'보다 작다. 그림 2.1.6은 이와 같은 군 효과를 나타내는 모형실험 결과이다. 충진율 CR은 '보강재폭 $\times$ 보강재수/모형상자폭'이고 $CR = 100\%$ 는 면상의 보강재를 의미한다. 보강재 밀도의 증가에 따라 지지력은 증가하지만, 보강재 밀도의 증가에 따른 지지력 증가비율은 보강재 밀도증가에 따라 저하한다. 이것이 그림 2.1.5에 나타낸 군 효과이다.

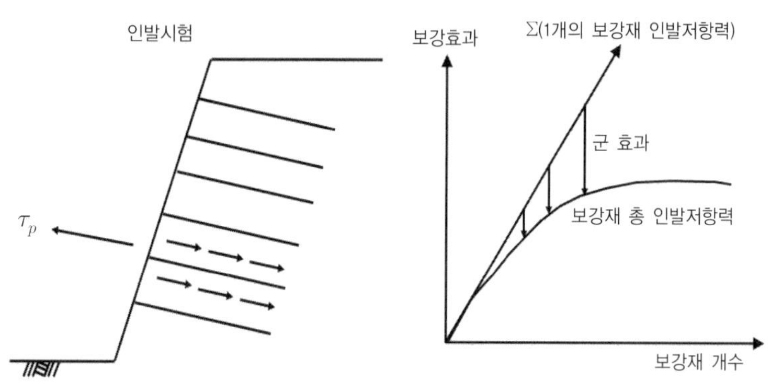

그림 2.1.5 군 효과

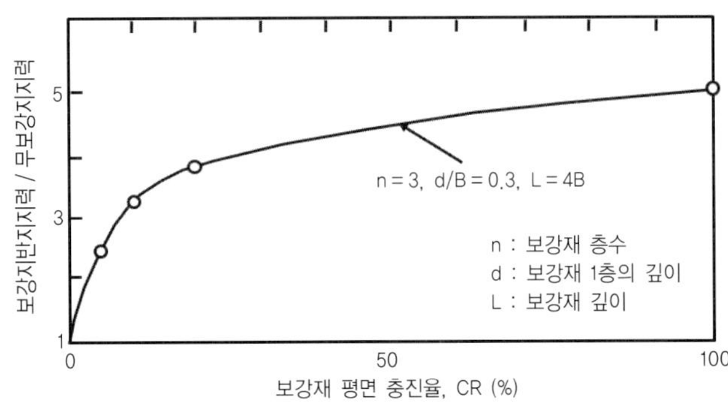

그림 2.1.6 모형 지지력 실험에 의한 군 효과(Hwang과 Tatsuoka, 1990)

3) 보강토 거동

보강토에서 보강재는 흙 자체로 지지할 수 없는 인장응력에 저항하는 역할을 한다. 보강재에 인장력이 발생하기 위해서는 적용된 하중에 의해 보강토에서 야기된 에너지가 흙과 보강재 사이에서 전달되어야 한다. 에너지는 보강재 길이를 따라서 작용하는 마찰력과 수동저항의 결합에 의해 흙과 보강재 사이에서 전달 가능하다(그림 2.1.7, 그림 2.1.8 참조). 더욱이 그림 2.1.8에서 설명하는 바와 같이 인장하중은 보강재를 벽면이나 앵커블록에 부착하면 직접적으로 유도할 수 있다. 특별히 어떤 특정 흙-보강재(soil-reinforcement) 조합에 대해 각 에너지 전달 메커니즘으로부터의 상대적인 기여도는 평가하기 어렵다(Mitchell과 Villet, 1987). 그러나 이러한 메커니즘의 이해는 다양한 흙-보강재 조합의 효율을 평가하는 데 있어서 중요하다.

흙에 있어서 인장 보강재의 결합은 흙의 거동을 변화시킬 수 있고, 보강재가 충분한 강도와 신장성을 가지면 큰 변형에서도 흙의 지지력은 증가한다(그림 2.1.9 참조). Schlosser와 Long(1972)은 보강재에 의해 흙에 제공된 겉보기점착력(apparent cohesion)으로, 보강토 내에

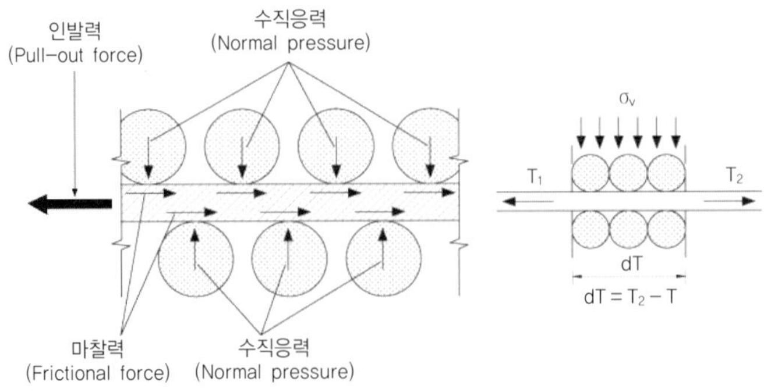

그림 2.1.7 흙-보강재 경계면에서의 마찰 전이(after Mitchell과 Villet, 1987)

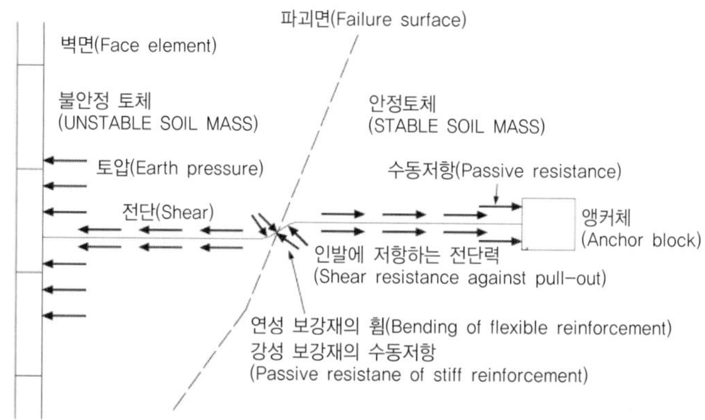

그림 2.1.8 흙-보강재 활동에 의한 불연속면의 설명

서 관찰된 강도의 증가를 설명했다(그림 2.1.10 (a) 참조). 겉보기점착력은 주어진 최소주응력에 대해 합성에 의해 지지된 최대주응력을 증가시킨다. 합성에 대한 마찰각도는 비보강토의 경우와 같다. Yang과 Singh(1974)은 최대주응력의 증가는 흙이 받는 수평구속압의 증가 효과로 가정했다(그림 2.1.10 (b) 참조). 합성의 결과로 인한 강도는 2가지 가설(겉보기점착력의 증가, 수평구속압의 증가 효과)에 대해 동일하다. 보강토 파괴 메커니즘(Hausmann, 1976; Hausmann과 Lee, 1976; Gray와 Ohashi, 1983)에 대한 심층 연구결과, 작은 구속압에서의 파괴는 흙-보강재 경계면에서의 미끄러짐(slippage)에 의해 일어나고, 큰 구속압에서의 파괴는 보강재 파괴(breakage)로 인해 발생하는 것으로 보고하고 있다(그림 2.1.11 참조).

보강토의 응력-변형 특성은 흙과 보강재의 속성에 좌우된다(그림 2.1.9 참조). 주어진 흙에

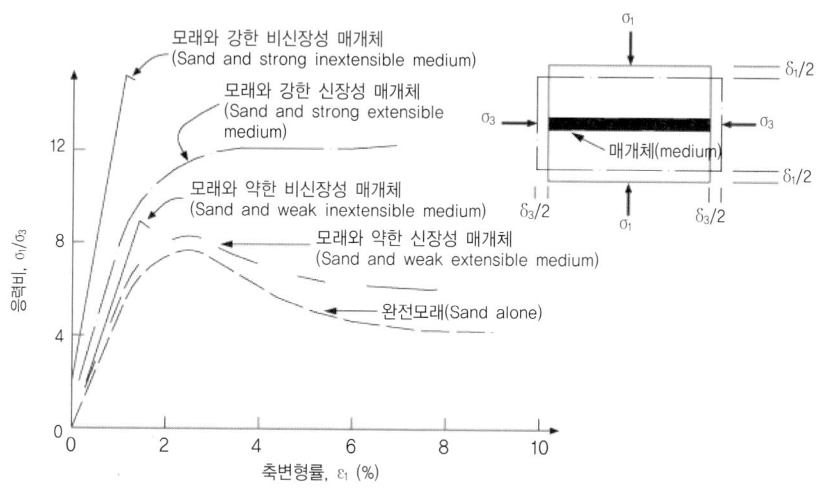

그림 2.1.9 단위 셀(unit cell)에서 조밀한 모래와 보강된 조밀한 모래에 대한 가상거동(after McGown, et al., 1978)

35

대해 보강재-흙 합성에 의해 지지된 최대하중은 보강재의 배치(보강재 요소들 간의 수직 및 수평 간격)와 지지력의 함수이다. 합성에 의한 변형은 적용된 보강재의 신장성과 변형계수(강성)에 좌우된다. 비신장성의 강성이 큰 보강재를 사용하면 합성은 주어진 하중에서 수평변형을 거의 발생하지 않는 것으로 기대할 수 있다. 신장성의 강성이 작은 보강재에 대해 동일한 하중에서는 수평변형이 크게 발생할 것이다. 보강재가 적용된 하중에 대해 저항할 수 있는 적절한 인장강도를 발휘하기 위해 요구되는 변형량은 보강재의 분류에 사용된다. 즉, 흙이 최대강도에 이를 때의 변형률보다 작은 변형률에서 항복하는 보강재는 비신장성으로 분류한다(McGown et al., 1978).

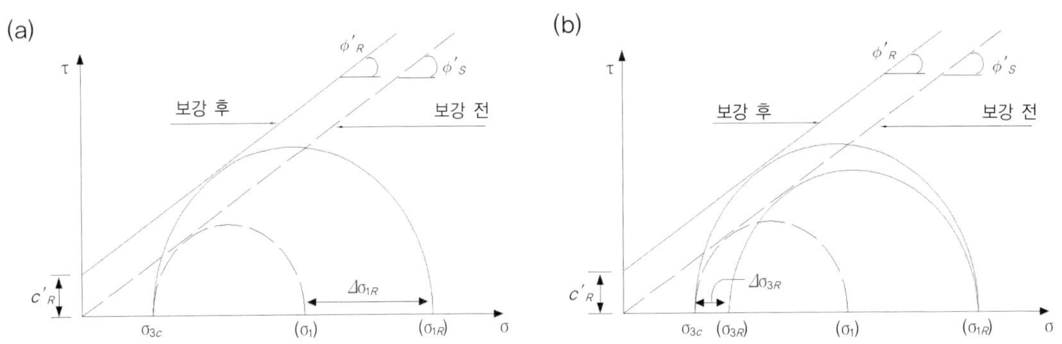

그림 2.1.10 보강재 활동 (a) 겉보기점착력 개념(after Schlosser과 Long, 1972), (b) 증가된 구속압 개념(after Yang과 Singh, 1974)(after Mitchell과 Villet, 1987)

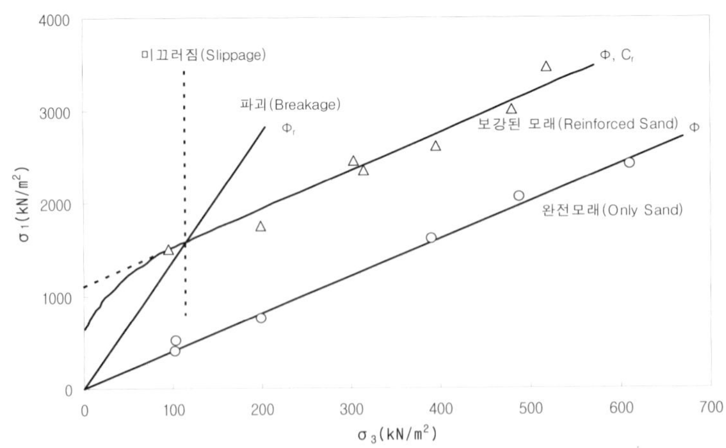

그림 2.1.11 무보강 모래와 보강된 모래에 대한 강도포락선(after Mitchell과 Villet, 1987)

2.1.3 설계법의 종류 및 비교

1) 설계법의 종류 및 비교

현재의 대표적인 보강토 옹벽 설계법은 다음과 같다.

- FHWA(Federal Highway Administration) 방법
- NCMA(National Concrete Masonry Association) 방법
- 건설공사 비탈면 설계기준(2006)

위의 설계법 중에서 현재 국내에서 적용되는 대표적인 설계법이라고 할 수 있는 것은 FHWA 방법과 NCMA 방법이다. FHWA 방법과 NCMA 방법은 이론적으로 유사하지만 몇 가지 차이점이 있다. 첫 번째로 FHWA는 미 연방 도로국에서 제시하는 지침으로, 전면벽체의 경우 패널식, 블록식 외에 다양한 형태의 전면벽체가 사용될 수 있지만 NCMA의 경우 미국 석조협회에서 제시하는 설계법이기 때문에 콘크리트 블록 형태의 전면벽체에만 사용한다. 또한 보강재 적용에서는 FHWA는 신장성과 비신장성 보강재를 모두 사용하지만, NCMA는 토목섬유보강재(신장성)를 사용하도록 정해져 있다. 이에 국내에서 일반적인 토목섬유 보강재와 블록 전면 형태의 보강토 옹벽을 설계할 경우 FHWA와 NCMA를 유동적으로 적용할 수 있지만 비신장성 보강재를 사용할 경우는 FHWA에 국한된다. 국내 건설공사 비탈면 설계기준은 주로 FHWA 방법을 인용했다.

표 2.1.1은 국내외 보강토 옹벽 설계방법을 나타내고 있다. 표 2.1.1에 나타낸 바와 같이 국내외 보강토 옹벽 설계법은 허용응력설계법과 한계상태설계법으로 분류된다. 유럽과 영국의 영향을 받은 홍콩에서는 한계상태설계법을 적용하고, 미국은 허용응력설계법을 적용하고 있지만 구조물기초설계기준해설(한국지반공학회, 2003)에서는 한계상태설계법의 개념이 소개되어 있다.

건설교통부 제정 구조물기초설계기준에서는 패널식 보강토 옹벽을 주안점으로 지침을 제안하고 있으며, 건설부제정 도로설계편람에서는 보강토 옹벽 전반에 걸쳐 지침을 제안하고 있다. 그러나 전술한 외국기관의 설계기준을 준용하고, 또 상세검토항목 등이 누락되어 설계자마다 각기 다른 기준을 적용하고 있기 때문에 이를 보완할 필요가 있다.

(1) 국외

① FHWA 지침(Elias 등, 2001) : 이 지침은 1990년에 보강토 공법을 적용한 옹벽 및 사면 등의 사용 및 평가를 위한 광범위한 지침으로 발간된 보강토 옹벽에 대한 연구보고서 (Christopher 등, 1990)를 1996년 개정한 후(Elias 등, 1999), 2001년 재개정한 것으로, 보강토 옹벽 및 보강 성토사면에 대한 설계 및 시공지침이다. 이 지침에서는 사용하는 보

강재의 강성에 따라 보강토체 내부의 토압분포를 달리 적용할 수 있도록 규정하고 있어서 강성도법(Stiffness method)이라고도 부른다. 내적안정검토를 위한 토압은 Coulomb의 주동토압을 사용하지만 벽면마찰각(δ)은 무시하고 사면경사각(β)는 0으로 해, 벽면경사만 고려한다.

② NCMA 매뉴얼(NCMA, 1997) : 미국의 NCMA에서 발간한 보강토 옹벽 설계 매뉴얼로, 주로 지오그리드와 같은 전면 포설형 보강재를 사용한 블록식 보강토 옹벽의 설계에 적용하는 방법을 다룬다. 내적안정검토를 위한 토압 계산에는 Coulomb의 토압공식을 적용해 전면블록 배면의 벽면마찰각을 고려하고 있다.

③ BS8006(BSI, 1995) : 영국의 BSI(1995)에서는 한계상태설계법에 근거해 보강토 옹벽 및 보강사면의 설계법을 제시했으며, 내부적으로 보강되는 복합중력식 방법과 타이백웨지법 모두에 대해 설명하고 있으며, BS8006의 내용은 Australian Code of Practice와 홍콩의 GEOGUIDE 6에 적용하고 있다.

④ GEOGUIDE 6(GEO, 2001) : 영국의 BS8006(1995)와 같이 한계상태설계법에 근거한 보강토 옹벽 및 보강사면의 설계법에 대한 지침으로 홍콩의 여건에 맞게 작성되었다.

표 2.1.1 각 나라별 보강토 옹벽 설계법

구분	기준/지침	설계법	
		허용응력	한계상태
미국	FHWA 지침(Elias 등, 2001)	◉	
	NCMA 매뉴얼(NCMA, 1997)	◉	
영국	BS 8006 : 1995(BSI, 1995)		◉
프랑스	Reinforced Earth Structures(French MOT, 1980)		◉
홍콩	GEOGUIDE 6(GEO, 2002)		◉
국내	토목섬유 설계 및 시공요령(한국지반공학회, 1998)	◉	
	도로설계편람(건설교통부, 2001)	◉	
	건설공사 비탈면 설계기준(건설교통부, 2006)	◉	

(2) 국내

① 토목섬유 설계 및 시공요령(한국지반공학회, 1998) : 토목섬유 보강재를 사용한 보강토 옹벽의 설계 및 시공에 대해 소개하고 있으며, 허용응력설계법에 근거한 FHWA 지침(Elias 등, 1997)을 주로 인용했다.

② 건설공사 비탈면 설계기준(건설교통부, 2006) : 토목섬유 설계 및 시공요령(한국지반공학회, 1998)에 근간을 두고 토목섬유 또는 금속보강재를 이용하여 시공하는 보강토 옹벽의 설계방법에 대해 다루었으며, 내진해석 부분을 보다 상세하게 기술하였다.

2) 보강토 옹벽 설계기준

보강토 옹벽의 설계 시에 앞 절에서와 같은 형태의 파괴가 발생하지 않도록 보강재의 길이, 강도 및 간격 등을 결정해야 한다. 이를 위해 각 코드/지침에서 설계기준으로 제시하고 있는 각 파괴유형에 대한 최소안전율은 표 2.1.2와 같다.

표 2.1.2 각 기준에 따른 보강토 옹벽의 최소안전율 기준

구분		외적안정성			내적안정성		전체사면활동 (전반활동)
		저면활동	전도	지반지지력	파단	인발	
토목섬유 설계 및 시공요령 (한국지반공학회, 1998)	평상 시	$FS_{slid} \geq 1.5$	$e \leq L/6$(토사), $L/4$(암반)	$FS_{bear} \geq 2.5$	$T_a \geq T_{max}$	$FS_p \geq 2.0$	$FS_g \geq 1.3$
	지진 시	$FS_{slid} \geq 1.2$	$e \leq L/4$(토사), $L/3$(암반)	$FS_{bear} \geq 2.0$	$T_a \geq 0.75 T_{max}$	$FS_p \geq 1.2$	$FS_g \geq 1.0$
도로설계편람 (II) (건설교통부, 2000)	평상 시	$FS_{slid} \geq 1.5$	$FS_{over} \geq 2.0$ 또는 $e \leq L/6$(토사), $L/4$(암반)	$FS_{bear} \geq 2.5$	$T_a \geq T_{max}$	$FS_p \geq 2.0$	$FS_g \geq 1.3$
	지진 시	$FS_{slid} \geq 1.2$	$FS_{over} \geq 1.5$ 또는 $e \leq L/4$(토사), $L/3$(암반)	$FS_{bear} \geq 2.0$	–	–	$FS_g \geq 1.0$
철도설계기준 (노반편) (철도청, 2001)	평상 시	$FS_{slid} \geq 1.5$	$FS_{over} \geq 2.0$	$FS_{bear} \geq 2.5$	$FS_t \geq 2.0$	$FS_p \geq 2.0$	$FS_g \geq 1.5$
	지진 시	모든 정적 안전율의 75%					
건설공사 비탈면 설계기준 (건설교통부, 2006)	평상 시	$FS_{slid} \geq 1.5$	$FS_{over} \geq 1.5$	$FS_{bear} \geq 2.5$	$T_a \geq T_{max}$	$FS_p \geq 2.0$	$FS_g \geq 1.5$
	지진 시	$FS_{slid} \geq 1.1$	$FS_{over} \geq 1.1$	$FS_{bear} \geq 2.0$	–	$FS_p \geq 1.5$	$FS_g \geq 1.1$
FHWA 지침 (Elias 등, 2001)	평상 시	$FS_{slid} \geq 1.5$	$e \leq L/6$(토사), $L/4$(암반)	$FS_{bear} \geq 2.5$	$T_a \geq T_{max}$	$FS_p \geq 1.5$	$FS_g \geq 1.3$
	지진 시	모든 정적 안전율의 75%					
NCMA 매뉴얼 (NCMA, 1997 ; NCMA, 1998)	평상 시	$FS_{slid} \geq 1.5$	$FS_{over} \geq 1.5$	$FS_{bear} \geq 2.0$	$T_a \geq T_{max}$	$FS_p \geq 1.5$	$FS_g \geq 1.3 \sim 1.5$
	지진 시	$FS_{slid} \geq 1.1$	$FS_{over} \geq 1.1$	$FS_{bear} \geq 1.5$	$T_{a(dyn)} \geq T_{max}$ $T_{a(dyn)} = T_a RF_{CR}$	$FS_p \geq 1.1$	$FS_g \geq 1.1$

2.1.4 각종 보강토 옹벽의 설계방법

다음은 국내에 일반적으로 적용하고 있는 FHWA 지침 위주로 외적안정 검토방법과 내적안정 검토방법에 대해 간략히 기술한다.

1) 보강토 옹벽의 외적안정성 검토

(1) 외적안정성 검토항목

보강토 공법에 의해 구축되는 조립식 옹벽은 보강된 토체가 일반 철근콘크리트 옹벽구조물과 동일한 기능을 한다. 즉, 보강재에 의해 보강된 토체는 철근콘크리트처럼 강성을 지닌 구조체는 아니라도 일체화된 연성 구조물이다. 따라서 외적파괴과정에서 구조물의 부분적인 변형이 발생한다 하더라도 일체로 결속된 토체(soil mass)로 거동하므로 외적안정성 해석은 일반 R.C. 옹벽구조물과 동일하다.

(2) 외적안정성 검토를 위한 토압

보강토 옹벽의 외적안정성 검토를 위한 배면토압은 식 2.1.5와 같이 계산할 수 있으며, 여기서 주동토압계수 K_A는 식 (2.1.6)과 같은 Coulomb의 주동토압계수를 사용해 계산할 수 있다.

$$P_a = \frac{1}{2}\gamma_b h^2 K_a \tag{2.1.5}$$

$$K_a = \frac{\cos^2(\phi_b + \alpha)}{\cos^2\alpha\cos(\alpha - \delta)\left[1 + \sqrt{\dfrac{\sin(\phi_b + \delta)\sin(\phi_b - \beta)}{\cos(\alpha - \delta)\cos(\alpha + \beta)}}\right]^2} \tag{2.1.6}$$

여기서　P_a : 보강토 옹벽 배면에 작용하는 주동토압

　　　　γ_b : 배면토(retained soil)의 단위중량

　　　　h : 보강토 옹벽 배면에 주동토압이 작용하는 가상 높이

　　　　K_a : 주동토압계수

　　　　ϕ_b : 배면토(retained soil)의 내부마찰각

　　　　α : 벽면경사(수직으로부터)

　　　　δ : 벽면마찰각

　　　　β : 상부사면경사각

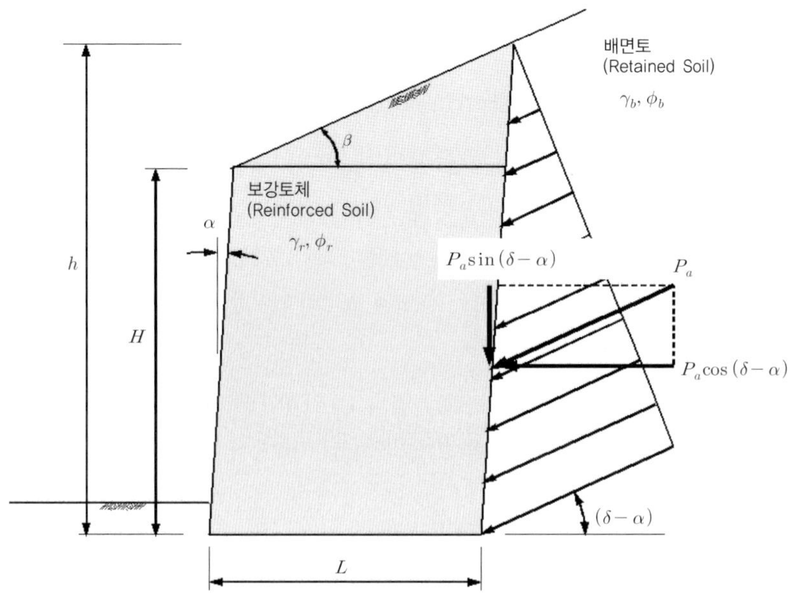

그림 2.1.12 활동 및 전도에 대한 안정

보강토 옹벽 배면토압의 작용방향에 대해서, NCMA 매뉴얼(NCMA, 1997)에서는 보강토 옹벽 배면의 가상벽면에서 보강토체의 내부마찰각 ϕ_r과 배면토의 내부마찰각 ϕ_b 중 작은 값을 벽면마찰각 δ으로 사용한다. FHWA 지침(Elias 등, 2001, 1999)에서는 토압의 작용방향이 상부 사면의 경사와 동일하지만, 흙의 내부마찰각보다는 작다. 벽면마찰각은 옹벽배면과 뒤채움성토 체 사이의 상대적인 변위에 의해 발생한다는 것을 생각하면 FHWA 지침의 방법이 좀 더 합리적 이라고 볼 수 있다.

보강토 옹벽의 벽면경사 $\alpha = 0$ 즉, 수직이고, 상부에 사면이 없이 수평인 경우, 위의 Coulomb 주동토압계수 대신에 다음 식 2.1.7과 같은 Rankine의 주동토압계수를 사용할 수 있다.

$$K_a = \tan^2\left(45^o - \frac{\phi_b}{2}\right) \tag{2.1.7}$$

또한 벽면의 경사는 수직이고 상부사면이 존재하는 경우에는 다음 식을 사용할 수 있다.

$$K_a = \cos\beta\left[\frac{\cos\beta - \sqrt{\cos^2\beta - \cos^2\phi_b}}{\cos\beta + \sqrt{\cos^2\beta - \cos^2\phi_b}}\right] \tag{2.1.8}$$

FHWA 지침(Elias 등, 2001)에서는 벽면경사 $\alpha < 8^o$인 경우에 Rankine의 주동토압계수를 사용할 것을 권장한다.

보강토 옹벽 상부의 사면이 무한하지 않은 경우에는 앞에서와 같은 토압계수를 직접적으로 적용하기는 곤란하다. 따라서 NCMA 매뉴얼(NCMA, 1997)과 FHWA 지침(Elias 등, 2001)에서는 그림 2.1.13 (a)에서와 같이 가상무한사면화해 배면토압을 작용시키며, 식 (2.1.8)에서 사면 경사각 β 대신에 가상무한사면의 경사각 β'를 사용한다. 그러나 이러한 방법을 적용할 경우 특정한 조건에서 배면토압을 과대평가해 비정상적으로 과대한 단면을 산출하는 결과를 초래할 수 있다.

French MOT(1980), 일본철도시설협회(1983), 영국 CIRIA의 Special Publication 123(CIRIA, 1996)에서는 상부사면이 무한하지 않은 경우 그림 2.1.13 (b)에서와 같이 배면토압이 사면의 영향을 받는 깊이 X와 영향을 받지 않는 깊이 Y 및 이때의 벽면마찰각을 다음과 같이 계산해 배면토압을 적용한다.

$$X = \frac{H_s{}' K_a}{K_{ai} - K_a} \tag{2.1.9 (a)}$$

$$H_s{}' = H_s + H - h \tag{2.1.9 (b)}$$

$$(\delta - \alpha) = \frac{X}{X + Y}\beta \tag{2.1.9 (c)}$$

여기서 X : 주동토압이 사면의 영향을 받는 깊이

Y : 주동토압이 사면의 영향을 받지 않는 깊이

H : 보강토 옹벽의 높이

H_s : 보강토 옹벽 상부사면의 높이

H_s' : 가상벽고 h 위의 사면 높이(그림 2.1.13 (b) 참조)

h : 보강토 옹벽 배면의 가상벽고

K_a : 상부가 수평인 경우의 주동토압계수

K_{ai} : 상부가 사면인 경우의 주동토압계수

δ : 벽면마찰각

α : 벽면경사각

β : 상부사면의 경사각

(3) 저면활동 및 전도에 대한 안정성 검토

기초지반 상부 보강토 구조물 저면에서의 활동에 대한 안정성 평가식은 다음과 같다.

$$FS_{slid} = \frac{R_H}{P_H} \geqq 1.5 \tag{2.1.10 (a)}$$

$$R_H = P_v \cdot \tan\delta_b + c_a \cdot L \tag{2.1.10 (b)}$$

$$P_v = W_r + W_s + P_a \cos(\delta - \alpha) \tag{2.1.10 (c)}$$

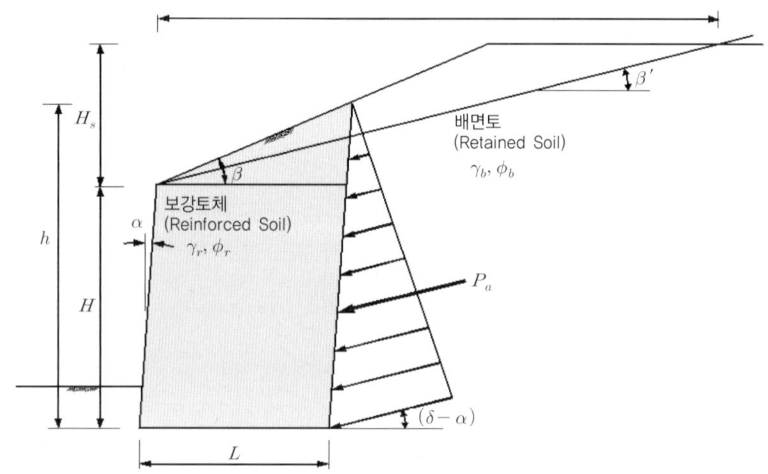

(a) Case I (NCMA, 1998 ; Elias 등, 2001)

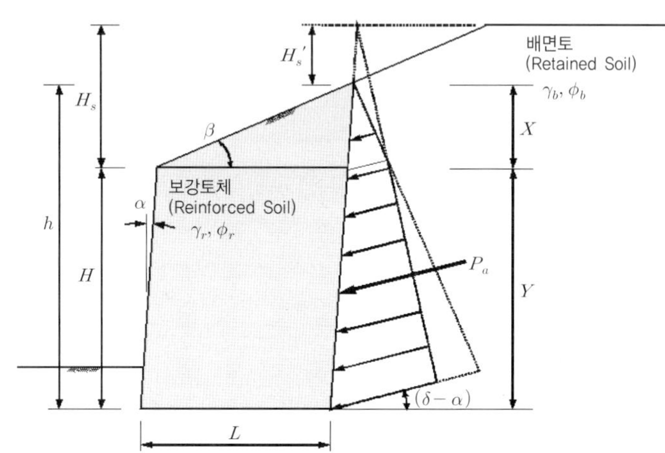

(b) Case II (French MOT, 1980 ; CIRIA, 1996)

그림 2.1.13 상부사면이 무한하지 않은 경우의 배면토압 고려방법

43

$$P_H = P_a \cdot \cos(\delta - \alpha)$$

(2.1.10 (d))

여기서 P_H : 보강토체 배면에 작용하는 토압

         R_H : 보강토체 저면의 활동에 대한 저항력

         P_v : 보강토체 저면에 작용하는 수직력의 합

         δ_b : 보강된 토체의 최하단과 기초지반 흙 사이의 마찰각

         L : 보강재의 평균길이

         W_r : 보강토체의 자중

         W_s : 보강토 옹벽 상부 성토하중

         P_a : 주동토압의 합력

         c_a : 보강된 토체 하단과 기초지반 사이의 점착력

         δ : 벽면마찰각

         α : 벽면의 경사

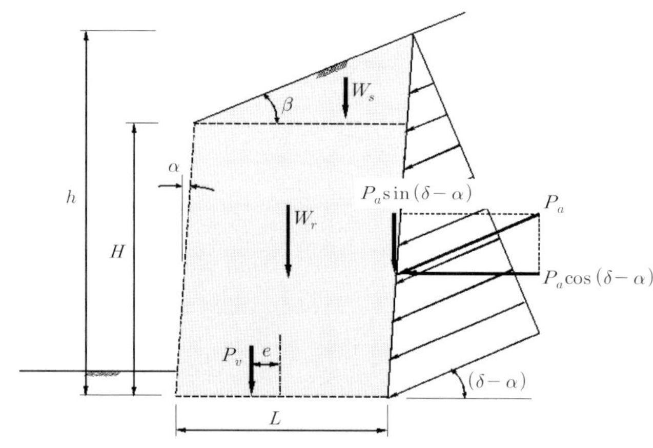

그림 2.1.14 활동 및 전도에 대한 안정

보강토 벽체의 전도에 대한 안전율 계산식은 다음과 같다(그림 2.1.14에서 벽체의 앞부리에 대한 회전모멘트로부터 안전율을 구함).

$$FS_{over} = \frac{M_R}{M_O} \geq 1.5$$

(2.1.11 (a))

$$M_R = M_{W_r} + M_{W_s} + M_{P_{av}} + \ldots$$

(2.1.11 (b))

$$M_O = M_{P_H} \qquad\qquad (2.1.11\ (c))$$

여기서 M_R : 수직력에 의한 저항모멘트

M_O : 수평력에 의한 전도모멘트

M_{W_r} : 보강토체의 자중에 의한 저항모멘트

M_{W_s} : 상재 성토하중에 의한 저항모멘트

$M_{P_{av}}$: 배면토압의 수직성분에 의한 저항모멘트

M_{P_H} : 배면토압의 수평성분에 의한 전도모멘트

(4) 지반지지력에 대한 안정성 검토

지반지지력에 대한 안정성 검토는, 그림 2.1.15에서와 같이, 최하단 기초지반에 대해서 수행되며, 안전율 평가식을 정리하면 식 (2.1.12)와 같다.

$$FS_{bear} = \frac{q_{ult}}{q_{ref}} \geq 2.5 \qquad\qquad (2.1.12\ (a))$$

$$q_{ult} = c_f N_c + 0.5\gamma_f L_a{}' N_\gamma \qquad\qquad (2.1.12\ (b))$$

$$q_{ref} = \frac{P_v}{L - 2e} \qquad\qquad (2.1.12\ (c))$$

여기서 q_{ult} : 기초지반의 극한지지력

q_{ref} : 보강토체의 소요지지력

c_f : 기초지반의 점착력

γ_f : 기초지반의 단위중량

L' : 편심거리를 고려한 보강토체의 유효폭($= L - 2e$)

$N_c,\ N_\gamma$: 지지력 계수

P_v : 보강토체 바닥면에 작용하는 수직력의 합

L : 보강재의 길이

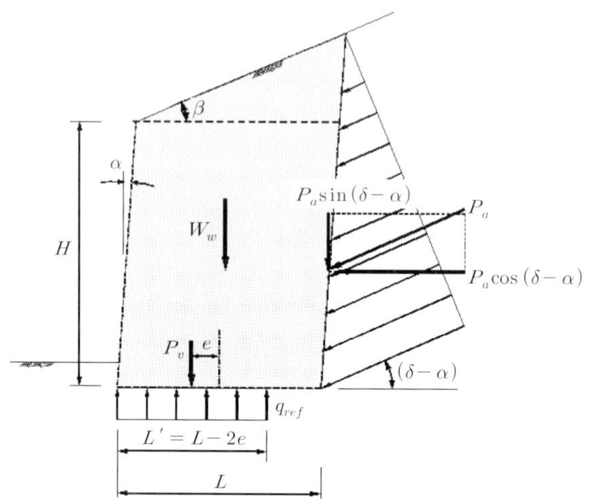

그림 2.1.15 지반지지력 계산

2) 보강토 옹벽의 내적안정성 검토

(1) 내적안정성 검토항목

앞 절에서 보강토 옹벽의 외적안정성을 검토하기 위해 보강토체를 일체로 된 구조물로 가정했다. 이러한 가정이 성립되기 위해서는 보강재의 파단파괴 및 인발파괴와 같은 보강토체의 내부적인 파괴가 발생하지 않아야 하며, 이를 확인하기 위해 보강재의 파단 및 인발에 대한 안정성을 검토해야 한다.

(2) 보강재 파단 및 인발파괴에 대한 안정성

보강토 옹벽의 내적안정성 검토는 먼저 각 층별 보강재가 최대인장력을 나타내는 선인 가상파괴면을 설정한 후, 이를 기준으로 보강재의 인발 및 파단파괴에 대해 검토하게 되며, 각 보강재가 부담해야 할 최대인장력($T_{\max}$)은 보강재의 장기허용강도(long-term allowable strength, T_a) 및 보강재의 유효길이에 따른 인발저항력(T_{pull})보다는 작아야 한다. 각각의 파괴 형태에 대한 안전성 평가식은 다음 식 (2.1.13)과 식 (2.1.14)와 같다.

$$T_a \geq T_{\max} \tag{2.1.13}$$

$$FS_p = \frac{T_{pull}}{T_{\max}} \geq 2.0 \tag{2.1.14}$$

여기서 $T_{\max}$: 각 층별 보강재의 소요인장강도

T_a : 보강재의 장기허용인장강도

T_{pull} : 각 층별 보강재의 인발저항력

FS_p : 보강재 인발에 대한 안전율

(3) 보강재 소요인장강도, $T_{\max}$ 의 산출

보강재 소요인장강도는 보강토체 내에서 보강재가 부담하는 면적에 작용하는 토압으로부터 식 (2.1.15)와 같이 계산된다.

$$T_{\max} = K\sigma_v S_v S_h \tag{2.1.15}$$

여기서 $T_{\max}$: 보강재의 최대인장력

K : 토압계수

σ_v : 보강재 위에 작용하는 수직응력

S_v : 보강재의 수직간격

S_h : 보강재의 수평간격(보통 S_h = 1.0m에 대해 계산)

여기서 토압계수 K는 사용하는 보강재의 특성에 따라서 깊이에 따른 분포가 달라진다. 신장성 보강재를 사용하는 경우에는 깊이에 상관없이 주동토압계수 K_a를 사용하며, 비신장성 보강재를 사용하는 경우에는 그림 2.1.16에서와 같이 일정 깊이 이하에서는 K_a로 일정하지만, 상부에서는 보강토 옹벽 상단부의 K_0에서부터 깊이에 따라서 K_a까지 변하는 것으로 가정한다(BSI, 1995 ; GEO, 2002 ; 한국지반공학회, 2003).

$$K_o = 1 - \sin\phi_r \tag{2.1.16 (a)}$$

$$K_a = \tan^2\left(45^o - \frac{\phi_r}{2}\right) \tag{2.1.16 (b)}$$

여기서 K_o : 정지토압계수

ϕ_r : 보강토체의 내부마찰각

K_a : 주동토압계수

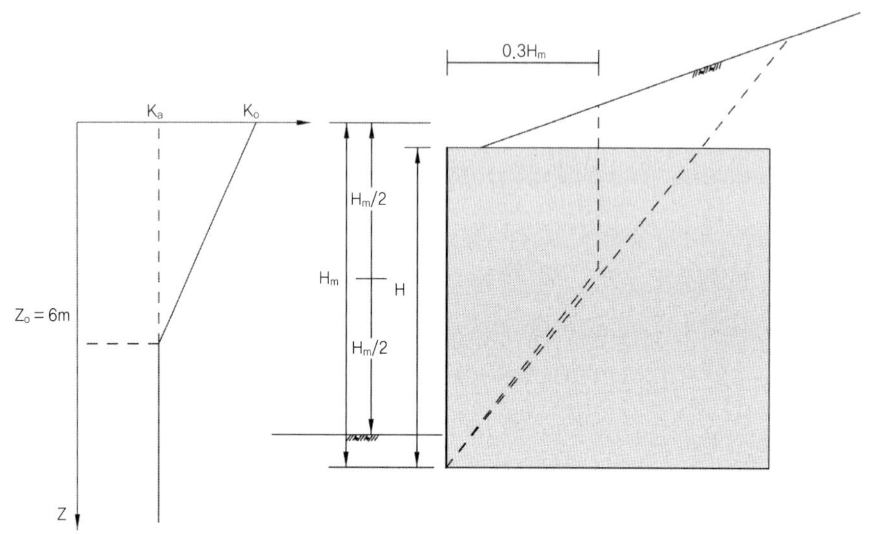

그림 2.1.16 보강토체 내부의 토압분포

FHWA 지침(Elias 등, 2001)에서는 깊이에 따른 토압계수의 변화를 주동토압계수 K_a에 대한 비율로서 그림 2.1.17과 같이 적용한다.

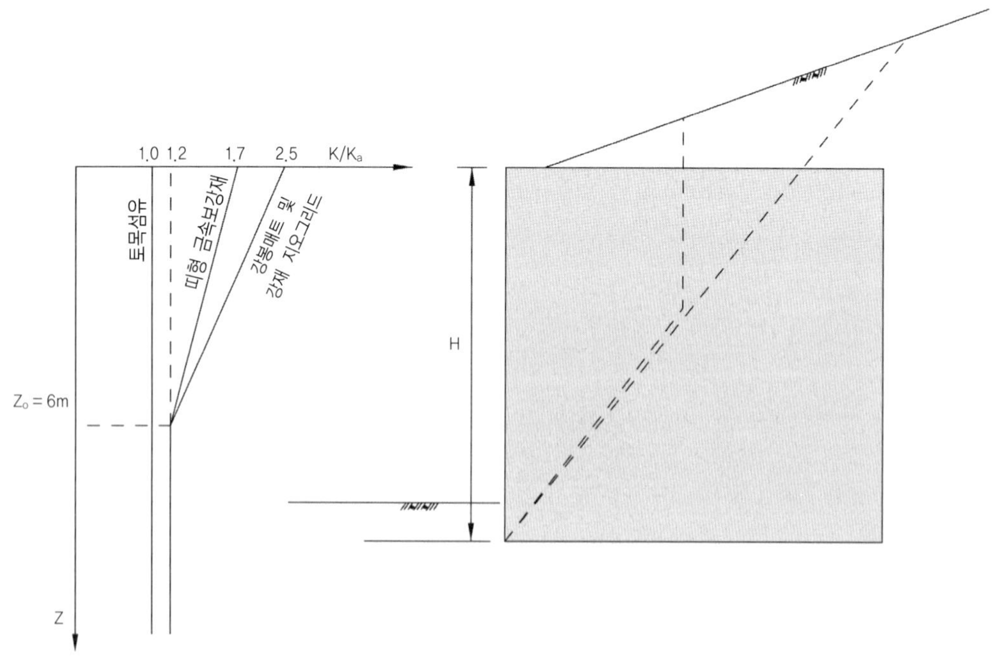

그림 2.1.17 보강토체 내부의 토압분포(Elias 등, 2001, 수정)

(4) 보강재의 장기허용인장강도, T_a

보강토 옹벽에 사용하는 보강재는 그 재질(금속성 또는 토목섬유)에 따라서 설계에 적용하는 허용강도의 산정방법이 다르다. 따라서 보강재 파단에 대한 안정성 검토 이외의 안정성 검토방법에서와 같은 안전율 개념으로 평가하기는 곤란하며, 각각의 보강재의 특성에 맞는 방법에 의해 장기허용강도 T_a를 산정해 소요보강재 인장력 T_{max}와 비교한다.

미국의 FHWA 지침(Elias 등, 2001)에서는 강재 보강재의 경우 재료의 항복강도(F_y)의 48~55%를 보강재의 장기허용인장강도, T_a로 사용한다. 즉,

$$T_a = \begin{cases} 0.55\,\dfrac{F_y A_c}{S_h} & \text{띠형 금속보강재} \\[3mm] 0.48\,\dfrac{F_y A_c}{S_h} & \text{강재 지오그리드} \end{cases} \tag{2.1.17}$$

여기서 T_a : 보강재의 장기허용인장강도(kN/m)

F_y : 강재 보강재의 항복응력(kN/m^2)

A_c : 보강재의 유효 단면적(m^2)

S_h : 보강재의 수평간격(m)

토목섬유 보강재는 흙 속에서의 안정성과 시공 시의 뒤채움재료에 의한 손상, 크리프 특성 등의 요소를 고려해 다음과 같이 장기허용인장강도를 계산한다.

$$T_a = \frac{T_d}{FS_{UN}} = \frac{T_{ult}}{RF_D \cdot RF_{ID} \cdot RF_{CR} \cdot FS_{UN}} \tag{2.1.18}$$

여기서 T_a : 보강재의 장기허용인장강도

T_d : 보강재의 장기설계강도

T_{ult} : 보강재의 극한인장강도(공칭강도)

■ 안전율 및 감소계수

구분		FHWA(2001)	NCMA(1997)
FS_{UN} :	여러 가지 불확실성을 고려한 안전율	옹벽 1.5, 급경사 1.0	옹벽 1.5
RF_D :	재료의 내구성을 고려한 강도감소계수	1.1~2.0	1.1~2.0
RF_{ID} :	시공 시 손상을 고려한 강도감소계수	1.05~3.0	1.05~3.0
RF_{CR} :	재료의 크리프 특성을 고려한 강도감소계소 폴리에스터(PET)	1.6~2.5	1.5~5.0
	폴리프로필렌(PP)	4.0~5.0	
	폴리에틸렌(PE)	2.6~5.0	

FHWA 지침에 의하면 간단하게 내구성, 시공손상, 크리프 등에 대한 감소계수를(RF_D, RF_{ID}, RF_{CR}) 모두 고려해 3~7범위의 계수를 사용하기도 한다. 여기서 임시구조물의 경우는 3에 가깝고, 중요한 영구구조물은 7에 가깝다. 즉,

$$T_a = \frac{T_d}{FS_{UN}} = \frac{T_{ult}}{RF_D \cdot RF_{ID} \cdot RF_{CR} \cdot FS_{UN}} = \frac{T_{ult}}{(3 \sim 7) \cdot FS_{UN}}$$

여기서 임시구조물은 최대공용기간이 36개월(3년) 이하인 구조물을 의미한다.

(5) 보강재 인발저항력

흙 속에 묻힌 보강재의 인발저항력은 흙과 보강재 사이의 상호작용에 의해 발생하며, 만약 보강재가 그림 2.1.18과 같은 그리드 형태라면, 보강재의 인발저항력(T_{pull})은 파괴쐐기가 활동면을 따라 미끄러지는 순간의 보강재와 주변 흙 사이의 마찰력(T_{fric})과 횡방향부재의 수동지지 저항력(T_{bear})의 합으로 나타낸다. 즉,

$$T_{pull} = T_{fric} + T_{bear} \qquad (2.1.19\ (a))$$

$$T_{fric} = 2\alpha_s\ L_e\ b\ \sigma_v\ \tan\delta \qquad (2.1.19\ (b))$$

$$T_{bear} = \left(\frac{L_e}{S}\right) b\ \alpha_b\ h_a\ \sigma_b \qquad (2.1.19\ (c))$$

여기서 α_s : 보강재 전체 표면 중 흙과 접하는 면적비

  α_b : 전체 폭에 대한 지지부재의 유효지지폭의 비율

L_e : 보강재의 유효길이

b : 보강재의 폭

σ_v : 보강재 위에 작용하는 수직응력

δ : 흙과 보강재 사이의 마찰각

S_t : 지지부재의 간격

h_a : 지지부재의 단면두께

σ_b : 지지부재의 지지저항응력

그러나 보강재의 마찰저항력 T_{fric}와 수동지지저항력 T_{bear}을 구분해 적용하기는 그리 쉬운 일이 아니므로 보통 인발시험을 통한 포괄적 의미의 인발저항계수 f^*를 설계에 적용해, 식 (2.1.20)과 같이 표면마찰성분만의 형태로 나타낸다.

$$T_{pull} = 2L_e b \sigma_v f^* \tag{2.1.20 (a)}$$

$$f^* = \tan\delta_i = C_i \tan\phi_r \tag{2.1.20 (b)}$$

여기서 L_e : 보강재의 유효길이

b : 보강재의 폭

σ_v : 보강재 위에 작용하는 수직간격

f^* : 흙/보강재 인발저항계수(마찰성분 + 지지력 성분)

δ_i : 인발 시 흙/보강재 사이의(포괄적 의미의) 마찰각

C_i : 인발 시의 상호작용계수

ϕ_r : 흙의 내부마찰각

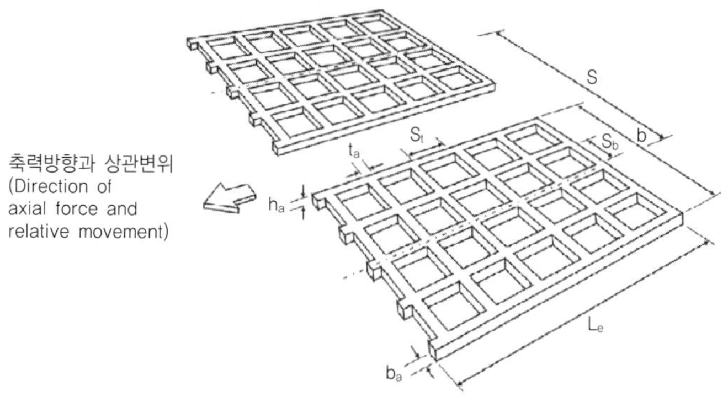

그림 2.1.18 그리드형 보강재의 인발 저항구조(GEO, 2002)

식 (2.1.20)에서 $2L_eb$는 흙과 접촉하는 보강재의 면적을 나타내며, 인발 시의 상호작용계수 C_i는 흙 속에 묻힌 보강재의 인발시험으로부터 얻을 수 있다. 시험결과가 없는 경우, 지오그리드 또는 지오텍스타일과 같은 토목섬유 보강재의 마찰계수 f^*는 2/3tanϕ를 사용할 수 있다(Elias 등, 2001). 또한 돌기가 없는 강재 보강재(smooth steel strip)의 경우에는 $f^* = 0.4$를 사용할 수 있으며(French MOT, 1980), 돌기 달린 강재 보강재(ribbed steel strip)의 경우에는 다음 식과 같이 평가할 수 있다(French MOT, 1980 ; Elias 등, 2001).

$$f^* = \begin{cases} f_o^*\left(1 - \dfrac{z}{z_o}\right) + \dfrac{z}{z_o}\tan\phi_r \ \text{ for } z \leq z_o = 6\,\text{m} \\[2em] \tan\phi_r \ \text{ for } z > z_o = 6\,\text{m} \end{cases} \quad\quad (2.1.21 \ (a))$$

$$f_o^* = 1.2 + \log C_U \quad\quad (2.1.21 \ (b))$$

여기서 f_o^* : 보강토 옹벽 상단에서의 인발저항계수

$\quad\quad\ z$: 보강토 옹벽 상단에서 보강재까지의 깊이

$\quad\quad\ C_U$: 뒤채움재의 균등계수($= D_{60}/D_{10}$)

3) 전체 사면(전반)활동 안정성

보강토 옹벽의 폭(보강재의 길이)은 비교적 크기(보통 $L_r \geq 0.7H$) 때문에 보강토체를 포함한 전체 사면활동에 의한 파괴가 발생할 가능성은 희박하다. 그러나 보강토 옹벽이 연약지반상 또는 사면상에 위치하거나, 보강토 옹벽 상단에 고성토고의 성토사면이 있는 경우에는 보강토체를 포함한 전체 사면활동에 의한 파괴가 발생할 가능성이 있다.

따라서 보강토 옹벽이 사면 또는 연약지반상에 위치하거나 보강토 옹벽 상부에 고성토고의 사면이 계획된 경우 이를 고려해 설계 및 시공해야 하며, 이러한 경우에는 보강토 옹벽의 내적·외적 안정성 외에도 보강토체를 포함한 전체 사면활동에 대한 안정성 또한 검토되어야 한다.

보강토체를 포함한 사면활동에 대한 안정성 해석은 한계평형법에 의한 전통적인 사면안정성 해석 방법을 사용해 수행할 수 있다. 과거에는 전통적인 사면안정해석법에서 보강재의 효과를 고려하기 어려웠기 때문에 보강토체를 하나의 강성체로 보고 활동파괴면이 보강토체를 통과하지 않는 것으로 가정했으나, 최근에는 전통적인 사면안정해석에 보강재의 효과를 고려할 수 있는 방법이 많이 개발되었으므로, 이러한 방법들을 사용해 전체 사면활동에 대한 안정성을 검토한다.

4) 실용적인 설계법

현재 실용화되어 사용되고 있는 보강토 옹벽의 설계법은 복합중력식 방법과 타이백웨지법으로 구분할 수 있으며, 이러한 구분은 보강재와 흙과의 상대적인 강성의 차이에 따른 것이다.

보강재의 상대적인 강성은 주동토압 발생 시 흙의 변형(양질의 사질토에서 보통 각변위 Δ = 0.002H)을 기준으로 하며, FHWA의 지침(Elias 등, 2001)에서는 보강재의 극한인장강도에서의 변형률이 흙의 변형률보다 작은 경우를 비신장성 보강재(inextensible reinforcement)라 하고, 이보다 큰 경우를 신장성 보강재(extensible reinforcement)라 한다.

BS 코드(BS8006 : 1995)에서는 보강재의 설계하중에서의 축방향 변형률이 1% 미만인 경우를 비신장성 보강재라 하고, 1%보다 큰 경우를 신장성 보강재라 정의했다.

(1) 복합중력식 방법(Coherent Gravity Method)

복합중력식 방법은 경험적인 방법으로 비신장성 보강재를 사용한 보강토 구조물의 설계를 위해 개발되었다. 비신장성 보강재는 뒤채움 다짐에 의한 토압에 저항하는 힘이 크기 때문에 보강토 옹벽 상단에서의 수평변형을 억제하며, 따라서 보강토 옹벽 상단을 중심으로 회전한다고 가정해 설계하는 방법이다. 여기서 보강토 옹벽의 가상파괴면(assumed failure surface)은 반경험적인 방법에 의해 그림 2.1.19 (a)에서와 같이 2개의 직선으로 가정했으며, 토압계수는 보강토 옹벽 상단의 K_0에서 K_a까지 변하며, 깊이가 6m이상이면 K_a로 일정하다고 가정한다.

(2) 타이백웨지법(Tie-Back Wedge Method)

반면 신장성 보강재는 주동토압 발생 시의 흙의 변형률보다 변형률이 크므로 보강토 옹벽 내에서도 주동상태가 발생하게 되며, 일반옹벽에서와 마찬가지로 옹벽 하단을 중심으로 회전한다고 생각한다. 여기서 보강토 옹벽의 가상 파괴면은 그림 2.1.19 (b)에서와 같이 한 개의 직선으로 나타내고, 이는 Coulomb의 파괴쐐기와 같으며, 토압계수는 깊이에 상관없이 항상 K_a를 적용한다.

최근 보강토 옹벽에 대한 현장계측 자료에 의하면 설계의 개념과는 달리 대부분의 보강토 옹벽에서 각 보강재 층별로 1% 내외의 변형률이 측정되었으며, 특히 보강토 옹벽의 상단에서는 Rankine 또는 Coulomb의 주동토압보다 더 큰 토압이 측정되었다. 따라서 보강토 옹벽의 설계 시 보강토 옹벽 상단부에 대해서는 특히 주의해야 하며, 타이백웨지법을 적용하는 경우에는 계산상 안전하다고 하더라도 구조물의 안전을 위해 설계자의 판단이 추가되어야 할 것이다.

최근에는 보강재와 흙과의 상대적인 강성과 뒤채움 다짐의 효과 등을 고려해 보강토 옹벽을 설계하는 방법이 개발되어 실용화되고 있다.

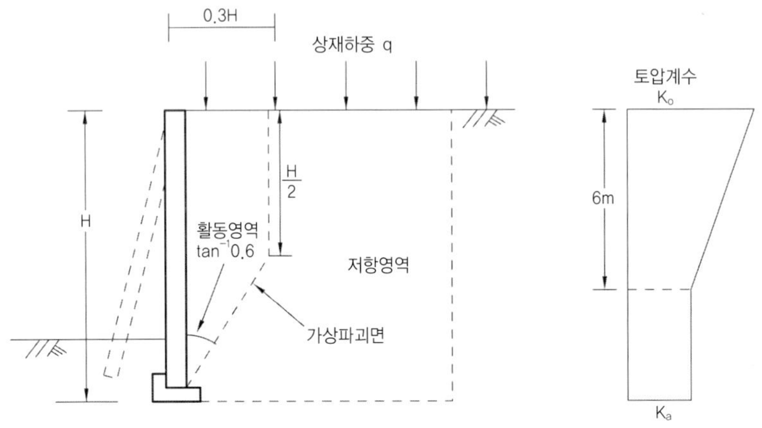

(a) 복합중력식 방법(Coherent Gravity Method)

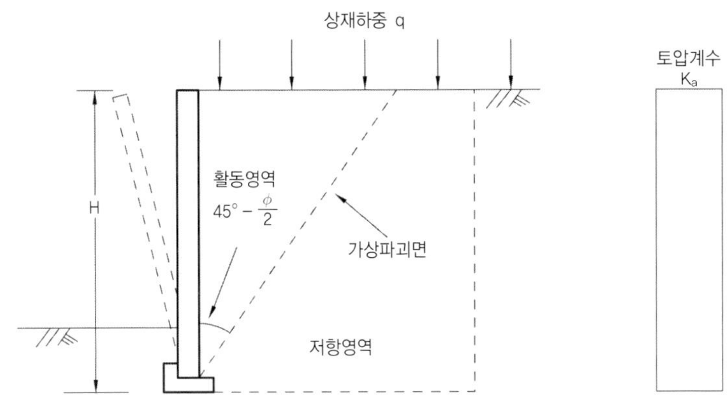

(b) 타이백웨지법(Tie-Back Wedge Method)

그림 2.1.19 실용적인 보강토 옹벽 설계법

2.1.5 보강토 옹벽 설계상 유의점

1) 개요

이상 각종 보강토 옹벽 공법의 설계방법에 대해 기술했다. 이 절에서는 보강토 옹벽 설계상의 전반적인 유의점에 대해 기술한다.

보강토 옹벽을 안정하고도 양호한 미관으로 완성하기 위해서는 다음의 관점에서 주의를 기울여야 한다.

① 옹벽의 사용목적에 따라 옹벽의 상부에는 도로방호책이나 상·하수도관 또는 노면배수관 등의 배설물이 계획되는 경우가 있다. 그와 같은 경우에는 보강토 옹벽의 보강재 배치에

영향을 미치므로 그 규모와 구조에 대해 충분히 파악함과 동시에 적절한 보강토체 구조로 해야 한다.

② 성토의 용도에 따라서는 주 설비구조로서의 하중조건보다 다른 구조물을 시공할 때의 중기하중 등에 의한 영향이 일시적이라고는 하지만 클 수도 있으므로 시공할 때부터 공용할 때의 외력의 종류와 크기, 작용위치 등을 파악해 그 영향을 고려해야 한다.

③ 설치대상 지반과 성토재의 조사를 확실히 실시해 조사결과를 설계에 충분히 반영한다.

④ 토목섬유 보강재는 일반적으로 흙과의 마찰계수가 뛰어나기 때문에 양질의 모래뿐 아니라 흙의 세립분 함유율이 약 50% 이하라면 현지 발생의 흙을 이용하더라도 보강토 옹벽을 구축할 수 있다. 그러나 흙의 강도와 변형 특성을 이용하므로 유달리 함수비가 높거나 압축성이 큰 것은 알맞지 않으니 그와 같은 흙을 적용해서는 안 된다. 또 흙의 세립분이 많은 성토재료인 경우에는 배수 블랭킷(blanket)을 설치해 간극수압이 올라가지 않도록 해 장기적으로 성토의 안정성을 도모하는 것이 좋다.

⑤ 가능한 한 양질의 성토재를 사용하고, 보강토 옹벽의 배수대책을 충분히 강구한다.

⑥ 현장시공 시 성토재의 다짐을 철저히 시행한다.

이 외에도 많은 유의점이 있으나, 적어도 위의 항목에 대해서 확실하게 시행한다면 안정되고 양호한 형상의 보강토 옹벽을 구축할 수 있다.

상기 항목 중 ①~④는 조사와 설계에 관련되고, ⑤~⑥은 시공과 설계에 관련되는 사항이다. 이 절에서는 특히 유의해야 할 배수대책에 대해 기술하고자 한다.

2) 배수공의 중요성

일반적으로 흙구조물의 붕괴는 물이 직접적인 원인이 되어 발생하는 경우가 압도적으로 많다. 흙구조물인 보강토 옹벽에서도, 원호파괴나 벽면변형 및 기초 부분의 세굴 등의 피해는 필연적이라고 해도 좋을 만큼 물이 직접적 원인이 되고 있다. 이와 같은 피해는 지표수에 의한 사면의 세굴, 침식 및 침투수에 의한 사면파괴 등으로부터 진행하는 경우가 많다. 즉, 보강토 옹벽구조물의 안정성은 강우나 침투수에 대한 대책을 충분히 세운다면 예상피해의 대부분을 방지할 수 있다.

3) 배수공의 설계

배수공의 중요성에 대해서는 전술한 바와 같다. 이하에서는 보강토 옹벽의 배수공 설계 시 유의점에 대해 기술한다.

① 설계 시 배수계획을 위한 조사가 중요하다. 특히 지표수가 국부적으로 집중되어 흐르기

쉬운 개소, 산지로부터의 용수나 침투수가 많은 개소, 지하수 상황, 모인 물을 배제하기 위한 집수지의 상황 등에 주의해야 한다.

② 보강토 옹벽의 배수공에서는 보강재가 부설되는 성토범위로 물이 유입되지 않게 조치함과 동시에 유입된 물은 되도록 재빠르게 배제하는 것을 설치목적으로 설계를 시행한다. 그림 2.1.20에 지하배수공의 예를 나타냈다.

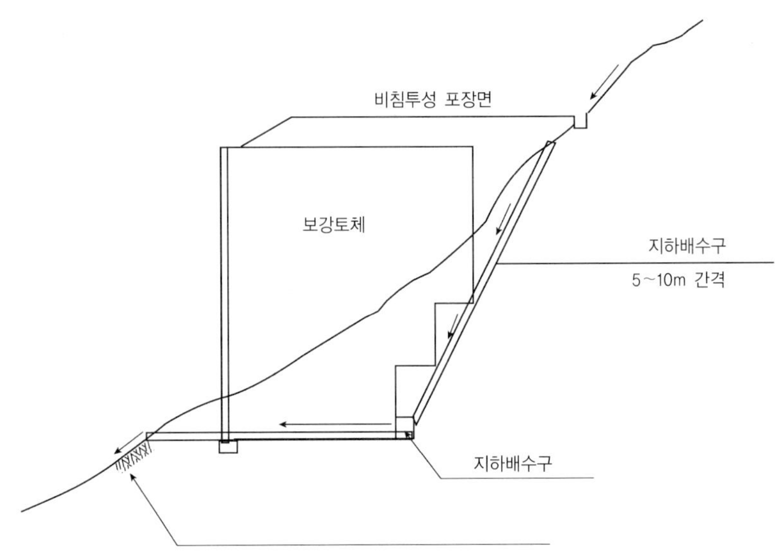

그림 2.1.20 지하배수공의 예

③ 지하배수공에는 막힘현상이 발생하지 않는 재료를 사용해야 한다. 또한 소요배수용량을 확보하기 위해 지하배수공 저부에는 집수관의 설치를 원칙으로 하고, 집수관은 콘크리트, 합성수지 등으로 된 유공관을 사용한다. 이 집수관은 내경 15~30cm를 표준으로 한다. 내경이 이보다 작은 관은 토사로 인해 막힘 현상이 발생하기 쉬워 사용을 지양한다.

④ 지하수위가 높은 경우는 보강토 옹벽 내로 지하수 상승을 방지하기 위해 그림 2.1.21에 나타낸 배수 블랭킷을 설치하는 것이 좋다. 배수 블랭킷은 투수성이 좋은 자갈 쇄석 등을 사용하고, 두께는 30cm 이상으로 한다.

⑤ 물이 침투하기 쉽고, 더욱 물의 침투에 의해 전단강도의 저하가 현저한 산토, 화강풍화토 등을 뒤채움재로 사용하는 경우는 특히 배수대책에 유념해야 한다. 또한, 위와 같은 성토재를 이용해 보강토 옹벽 상부에 고성토를 시공해야 할 경우에는 그림 2.1.22와 같은 상재성토 내에 수평 배수층(필터층)을 설치해 사면의 안정성을 확보해야 한다. 이 경우 배수층은 각 소단마다 설치하는 것이 표준이고, 종단방향으로는 현지 조건을 감안해 연속적으로 또는 단속적으로 설치하

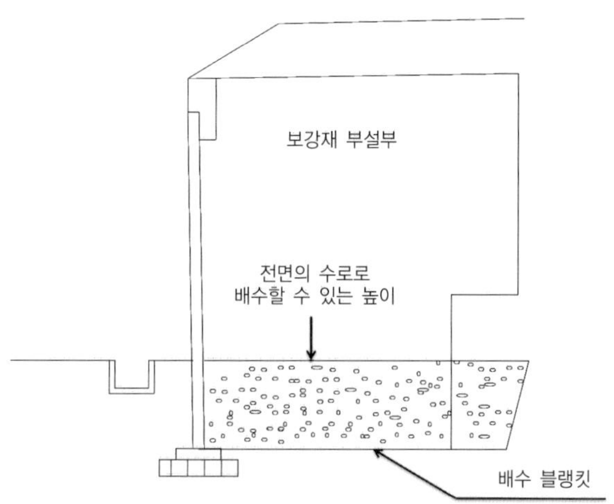

그림 2.1.21 배수 블랭킷

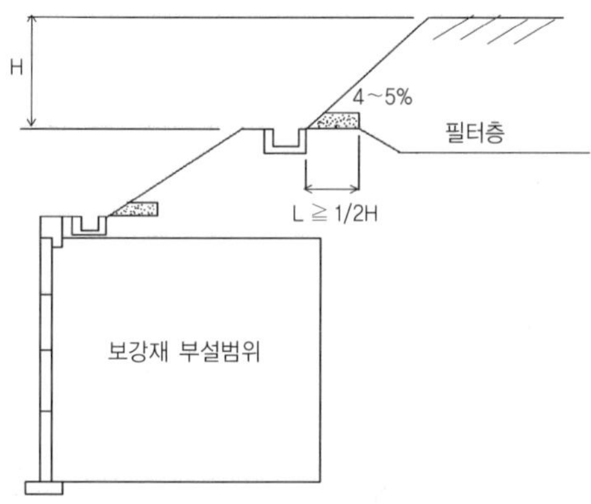

그림 2.1.22 상재성토 내의 필터층

는 것이 좋다. 필터재료로 쇄석 또는 양질의 모래를 이용하는 경우, 두께는 약 30cm이다.

⑥ 설계 시 지반 내 침투수 등의 움직임을 정확히 파악하기가 곤란한 경우가 많고, 시공 중에 지하수나 침투층의 존재가 판명되는 경우가 많다. 따라서 시공 중에도 항상 지표수나 침투수의 움직임을 관찰해 대처하는 것이 중요하다.

2.1.6 보강토 옹벽 설계사례

1) 검토단면

그림 2.1.23은 높이가 10m인 보강토 옹벽의 대표횡단면을 나타내고 있다.

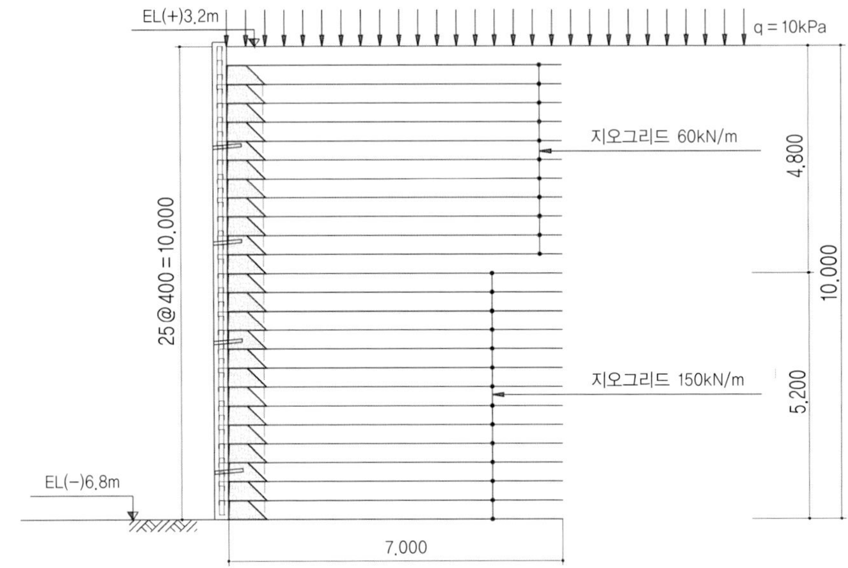

그림 2.1.23 보강토 옹벽 횡단면도 예

2) 지반조건

기초지반은 N값이 13이상인 양호한 사질토이고, 지하수위면은 지표면으로부터 10m 아래에 위치한다. 설계에 적용된 기초지반과 뒤채움재(흙)의 설계지반정수는 아래 표와 같다.

■ 설계지반정수

구 분	단위중량(kN/m^3)	내부마찰각(°)	점착력(kPa)
기초지반	18	30	0
뒤채움흙	19	30	0

3) 안정검토(설계) 기준

보강토 옹벽의 내외적 안정 및 전체 사면활동 안정검토 기준은 아래 표와 같다.

■ 보강토 옹벽 안정검토(설계) 기준(건설공사 비탈면 설계기준, 2006)

외적안정			내적안정		전체 사면활동
저면활동	전 도	지 지 력	판 단	인 발	
$F.S_s \geq 1.5$	$F.S_o \geq 1.5$	$F.S_b \geq 2.5$	$T_a \geq T_{ult}$	$F.S_p \geq 2.0$	$F.S_g \geq 1.5$

※ 여기서, T_a : 보강재의 장기허용인장강도, T_{ult} : 보강재의 극한인장강도

4) 외적안정 검토

① 외적안정 검토 개요

■ 검토단면 및 수평토압 분포

그림 2.1.24는 내·외적안정 검토단면과 수평토압 분포를 나타내고 있다.

■ 수평토압

• 수평토압계수 K_a

$$K_a = \tan^2(45 - \phi/2) = \tan^2(45 - 30/2) = 0.333$$

• 주동토압 P_a

$$P_a = P_r + P_q = \frac{1}{2}K_a\gamma_r H^2 + K_a qH$$

$$= \frac{1}{2} \times 0.333 \times 19 \times 10^2 + 0.333 \times 10 \times 10 = 316.4 + 33.3 = 349.7 kN/m$$

• 수평토압 P_h

$$P_h = P_{rh} + P_{qh} = P_r\cos\beta + P_q\cos\beta = \frac{1}{2}K_a\gamma H^2\cos 0 + K_a qH\cos 0$$

$$= \frac{1}{2} \times 0.333 \times 19 \times 10^2 \times \cos 0 + 0.333 \times 10 \times 10 \times \cos 0 = 316.4 + 33.3 = 349.7 kN/m$$

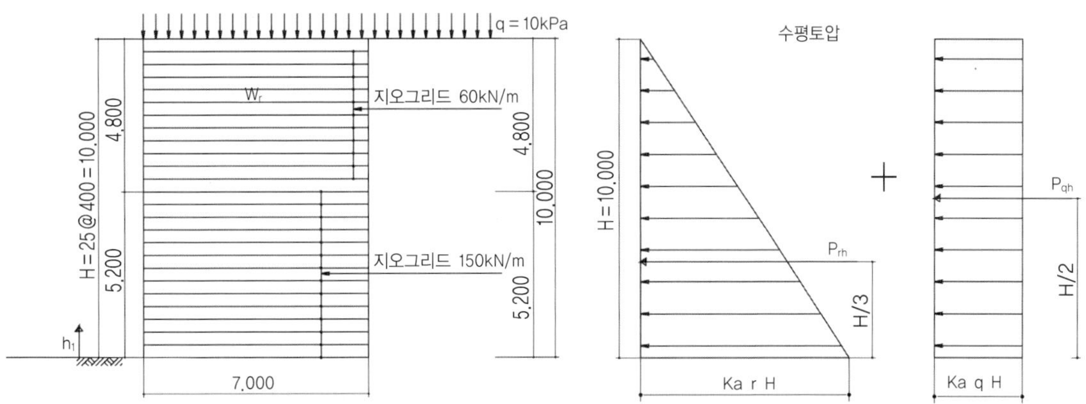

그림 2.1.24 검토단면과 수평토압 분포도 예

- 단위폭당 수직하중 W

  - 보강토체 무게 W_r

  $$W_r = HL\gamma_r = 10.0 \times 7.0 \times 19.0 = 1330.0 kN/m$$

  - 상재하중에 의한 무게 Q

  $$Q = qL = 10.0 \times 7.0 = 70.0 kN/m$$

  - 단위폭당 수직하중 W

  $$W = W_r + Q = 1330.0 + 70.0 = 1400.0 kN/m$$

② 저면활동에 대한 검토

- 저면활동에 대한 안전율 $F.S_s$

$$F.S_s = \frac{\sum R_h}{\sum P_h} = \frac{수평\ 저항력의\ 합}{수평\ 작용력의\ 합} = \frac{(W_r + Q)\tan\phi_f}{P_h}$$

$$= \frac{(1330.0 + 70.0)\tan 30}{349.7} = 2.311 \ \rangle \ 1.5(허용안전율) \quad \therefore \ O.K$$

따라서, 보강토 옹벽은 저면활동에 대해 안정한 것으로 나타났다.

③ 전도에 대한 검토

- 전도에 대한 안전율 $F.S_o$

$$F.S_o = \frac{\sum M_R}{\sum M_o} = \frac{전도에\ 저항하려는\ 힘들의\ 모멘트\ 합}{전도하려는\ 힘들의\ 모멘트\ 합} = \frac{W_r L/2 + QL/2}{P_{rh}H/3 + P_{qh}H/2}$$

$$= \frac{1330 \times 7 \div 2 + 70 \times 7 \div 2}{316.4 \times 10 \div 3 + 33.3 \times 10 \div 2} = \frac{4900.0}{1221.2} = 4.012 \ \rangle \ 1.5(허용안전율) \quad \therefore \ O.K$$

따라서, 보강토 옹벽은 전도에 대해 안정한 것으로 나타났다.

④ 지지력에 대한 검토

- 합력의 편심거리 e

$$e = \frac{L}{2} - \left[\frac{\sum M_R - \sum M_O}{W} \right] = \frac{7}{2} - \left[\frac{4900.0 - 1221.2}{1400.0} \right] = 0.872 m \ \langle \ \frac{L}{6} = 1.167 m \quad \therefore \ O.K$$

■ 유효기초 폭 L'

$$L' = L - 2e = 7 - 2 \times 0.872 = 5.256m$$

■ 극한지지력 q_{ult}

$$q_{ult} = cN_c + \frac{1}{2}\gamma_f L' N_r + d\gamma N_q$$

여기서, $\phi = 30°$이면 지지력계수 $N_c = 30.14$, $N_r = 22.40$, $N_q = 18.40$이고,

점착력 $c=0$, 근입깊이 $d=0$, $\gamma_f = 18.0kN/m^3$

$$q_{ult} = \frac{1}{2}\gamma_f L' N_r = \frac{1}{2} \times 18 \times 5.256 \times 22.40 = 1059.6kPa$$

■ 소요지지력(옹벽 저부에 작용하는 수직토압) q_{ref}

$$q_{ref} = \frac{W}{L'} = \frac{단위폭당\ 수직력의\ 합}{기초유효\ 폭} = \frac{1400.0}{5.256} = 266.4kPa$$

■ 지지력에 대한 안전율 $F.S_b$

$$F.S_b = \frac{q_{ult}}{q_{ref}} = \frac{극한지지력}{소요지지력} = \frac{1059.6}{266.4} = 3.977 \rangle 2.5(허용안전율) \quad \therefore \ O.K$$

따라서, 기초지반은 지지력에 대해 안정한 것으로 나타났다.

5) 내적안정 검토

① 토목섬유보강재의 파단에 대한 안정검토

■ 보강재의 장기설계인장강도 T_d

$$T_d = \frac{T_{ult}}{RF_D \cdot RF_{ID} \cdot RF_{CR}}$$

여기서, T_{ult} : 보강재의 극한인장강도

$\quad\quad RF_D$: 재료의 내구성을 고려한 강도감소계수(1.1)

$\quad\quad RF_{ID}$: 시공 시 손상을 고려한 강도감소계수(1.1)

$\quad\quad RF_{CR}$: 재료의 크리프 특성을 고려한 강도감소계수(2.5)

- 지오그리드(60kN/m)의 장기설계인장강도 T_{d60}

$$T_{d60} = \frac{T_{ult}}{RF_D \cdot RF_{ID} \cdot RF_{CR}} = \frac{60}{1.1 \times 1.1 \times 2.5} = 19.83 kN/m$$

- 지오그리드(150kN/m)의 장기설계인장강도 T_{d150}

$$T_{d100} = \frac{T_{ult}}{RF_D \cdot RF_{ID} \cdot RF_{CR}} = \frac{150}{1.1 \times 1.1 \times 2.5} = 49.58 kN/m$$

- ■ 보강재의 장기허용인장강도 T_a

$$T_a = \frac{T_d}{FS_{un}} = \frac{T_d}{1.5}$$

- ■ 임의의 층 보강재 중간 깊이에서의 전체 주동토압 $P_a(mi)$

$$P_a(mi) = \left[\frac{1}{2} r(H - m_i) + q \right] (H - m_i) K_a$$

- ■ 임의의 층 보강재에 작용하는 전체 수평토압 $T_{\max(i)}$

$$T_{\max(i)} = P_h(m_{i-1}) - P_h(m_i)$$

- ■ 임의의 층 보강재의 파단에 대한 안전율 $F.S_{ti}$

$$F.S_{ti} = \frac{T_d}{T_{\max(i)}} \geq 1.5$$

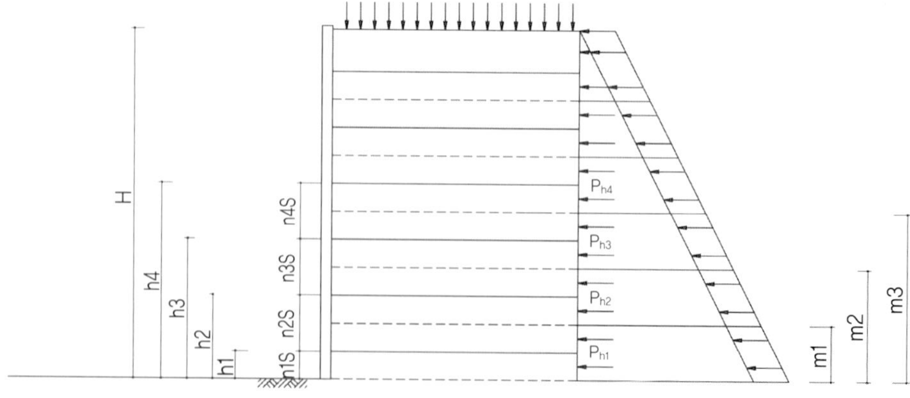

그림 2.1.25 파단검토 개념 및 사용된 기호 설명 예

■ 토목섬유보강재의 파단에 대한 안정검토 결과

보강재층	m_i(m)	H(m)	H$-m_i$(m)	K_a	q(kPa)	$P_h(m_i)$(kN/m)	$T_{max(i)}$(kN/m)	T_d(kN/m)	$F.S_i$	판 정
	-0.2	10.0	10.2	0.333	10.0	363.1				
1							26.6	49.58	1.863	O.K
	0.2	10.0	9.8	0.333	10.0	336.5				
2							25.6	49.58	1.951	O.K
	0.6	10.0	9.4	0.333	10.0	310.8				
3							24.6	49.58	2.015	O.K
	1.0	10.0	9.0	0.333	10.0	286.2				
4							23.6	49.58	2.101	O.K
	1.4	10.0	8.6	0.333	10.0	262.6				
5							22.6	49.58	2.194	O.K
	1.8	10.0	8.2	0.333	10.0	240.0				
6							21.6	49.58	2.295	O.K
	2.2	10.0	7.8	0.333	10.0	218.4				
7							20.6	49.58	2.406	O.K
	2.6	10.0	7.4	0.333	10.0	197.9				
8							19.6	49.58	2.529	O.K
	3.0	10.0	7.0	0.333	10.0	178.3				
9							18.5	49.58	2.680	O.K
	3.4	10.0	6.6	0.333	10.0	159.8				
10							17.5	49.58	2.833	O.K
	3.8	10.0	6.2	0.333	10.0	142.3				
11							16.5	49.58	3.004	O.K
	4.2	10.0	5.8	0.333	10.0	125.7				
12							15.5	49.58	3.198	O.K
	4.6	10.0	5.4	0.333	10.0	110.2				
13							14.5	49.58	3.419	O.K
	5.0	10.0	5.0	0.333	10.0	95.7				
14							13.5	49.58	3.672	O.K
	5.4	10.0	4.6	0.333	10.0	82.3				
15							12.5	19.83	1.586	O.K
	5.8	10.0	4.2	0.333	10.0	69.8				
16							11.5	19.83	1.724	O.K
	6.2	10.0	3.8	0.333	10.0	58.3				
17							10.4	19.83	1.906	O.K
	6.6	10.0	3.4	0.333	10.0	47.9				
18							9.4	19.83	2.109	O.K
	7.0	10.0	3.0	0.333	10.0	38.5				
19							8.4	19.83	2.360	O.K
	7.4	10.0	2.6	0.333	10.0	30.0				
20							7.4	19.83	2.679	O.K
	7.8	10.0	2.2	0.333	10.0	22.6				
21							6.4	19.83	3.098	O.K
	8.2	10.0	1.8	0.333	10.0	16.2				
22							5.4	19.83	3.672	O.K
	8.6	10.0	1.4	0.333	10.0	10.9				
23							4.4	19.83	4.506	O.K
	9.0	10.0	1.0	0.333	10.0	6.5				
24							3.4	19.83	5.832	O.K
	9.4	10.0	0.6	0.333	10.0	3.1				
25							2.3	19.83	8.621	O.K
	9.8	10.0	0.2	0.333	10.0	0.8				

② 토목섬유보강재의 인발에 대한 안정검토

■ 임의의 보강재 층에서 주동영역 보강재 길이 L_{ai}

$$L_{ai} = \frac{h_i}{\tan(45 + \phi/2)} = h_i \tan\left(45 - \frac{\phi}{2}\right)$$

■ 임의의 보강재 층에서 유효길이 L_{ei}

$$L_{ei} = L_i - L_{ai}$$

■ 임의의 보강재 층에서 인발저항력 T_{pri}

$$T_{pri} = 2\,C_{po}\,L_{ei}\,\sigma_{vi}\tan\phi$$

여기서, C_{po} = 흙-보강재 경계면에서의 인발저항계수(0.7)

σ_{vi} = 연직응력 = $(H - h_i)\gamma_f + q$

■ 임의의 보강재 층에서 인발에 대한 안전율 $F.S_{pi}$

$$F.S_{pi} = \frac{T_{pri}}{T_{\max i}} = \frac{보강재의\ \ 인발저항력}{보강재에\ 작용하는\ \ 전체\ 수평토압} \geq 2.0$$

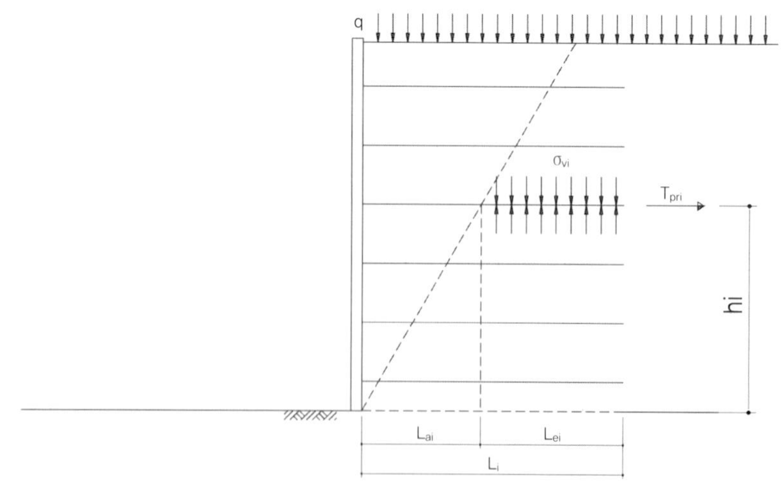

그림 2.1.26 인발검토 개념 및 사용된 기호 설명

■ 토목섬유보강재의 인발파괴에 대한 안정검토 결과

보강재층	L_i(m)	$H-h_i$(m)	L_{ai}(m)	L_{ei}(m)	σ_{vi}(kPa)	T_{pri}(kN/m)	T_{maxi}(kN/m)	$F.S_{pi}$	판 정
1	7.0	10.0	0.00	7.00	200.0	1,131.6	26.6	42.541	O.K
2	7.0	9.6	0.23	6.77	192.4	1,052.7	25.6	41.121	O.K
3	7.0	9.2	0.46	6.54	184.8	976.6	24.6	39.699	O.K
4	7.0	8.8	0.69	6.31	177.2	903.4	23.6	38.279	O.K
5	7.0	8.4	0.92	6.08	169.6	833.0	22.6	36.858	O.K
6	7.0	8.0	1.15	5.85	162.0	765.4	21.6	35.435	O.K
7	7.0	7.6	1.39	5.61	154.4	700.7	20.6	34.014	O.K
8	7.0	7.2	1.62	5.38	146.8	638.8	19.6	32.591	O.K
9	7.0	6.8	1.85	5.15	139.2	579.7	18.5	31.335	O.K
10	7.0	6.4	2.08	4.92	131.6	523.5	17.5	29.914	O.K
11	7.0	6.0	2.31	4.69	124.0	470.1	16.5	28.490	O.K
12	7.0	5.6	2.54	4.46	116.4	419.6	15.5	27.070	O.K
13	7.0	5.2	2.77	4.23	108.8	371.9	14.5	25.648	O.K
14	7.0	4.8	3.00	4.00	101.2	327.0	13.5	24.222	O.K
15	7.0	4.4	3.23	3.77	93.6	285.0	12.5	22.800	O.K
16	7.0	4.0	3.46	3.54	86.0	245.8	11.5	21.373	O.K
17	7.0	3.6	3.70	3.30	78.4	209.4	10.4	20.134	O.K
18	7.0	3.2	3.93	3.07	70.8	175.9	9.4	18.712	O.K
19	7.0	2.8	4.16	2.84	63.2	145.2	8.4	17.285	O.K
20	7.0	2.4	4.39	2.61	55.6	117.4	7.4	15.864	O.K
21	7.0	2.0	4.62	2.38	48.0	92.4	6.4	14.437	O.K
22	7.0	1.6	4.85	2.15	40.4	70.2	5.4	13.000	O.K
23	7.0	1.2	5.08	1.92	32.8	50.9	4.4	11.568	O.K
24	7.0	0.8	5.31	1.69	25.2	34.4	3.4	10.117	O.K
25	7.0	0.4	5.54	1.46	17.6	20.7	2.3	9.000	O.K

내적 안정검토 결과 토목섬유보강재는 파단 및 인발에 대해 안정한 것으로 나타났다.

6) 전체 사면(전반)활동 안정검토

범용 비탈면 안정해석 프로그램인 Talren97을 사용하여 전체 사면활동에 대한 안정검토를 수행하였다. 검토 결과 그림 2.1.27에 나타낸 바와 같이 안전율 1.56으로 허용안전율 1.5를 충족하는 것으로 나타났다.

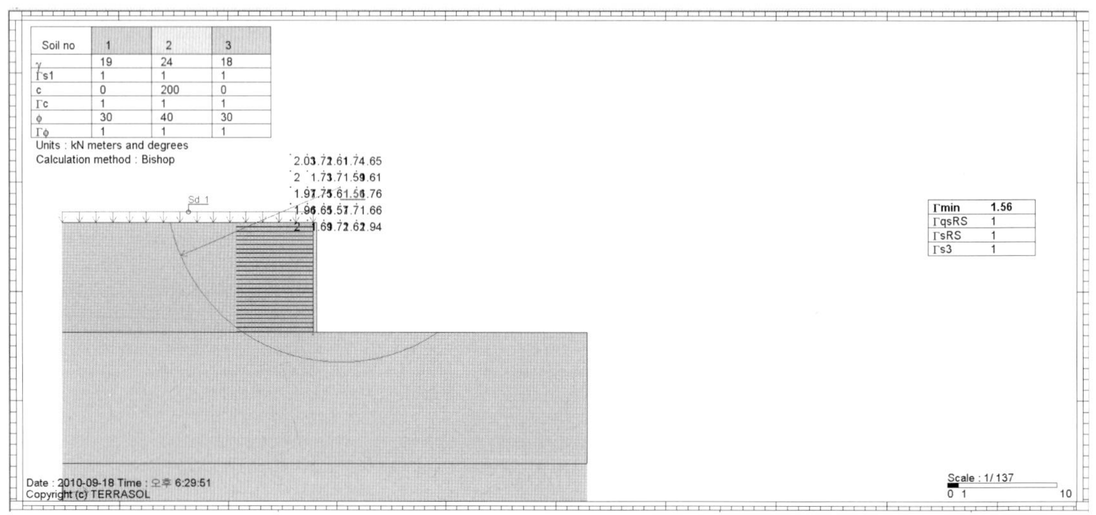

그림 2.1.27 전체 사면활동 안정검토 결과 예

이상 검토 결과 보강토 옹벽은 내·외적 및 전반에 대해 모두 안정한 것으로 나타났다.

참 고 문 헌

1. 건설교통부(2009), 『도로설계편람(II)』, 건설교통부
2. 건설교통부(2006), 『건설공사 비탈면 설계기준』, 건설교통부
3. 한국도로공사(2009), 『도로설계요령』, 한국도로공사
4. 한국지반공학회(1997), 『구조물기초설계기준』, 한국지반공학회, 구미서관
5. 한국지반공학회(1998), 『토목섬유 설계 및 시공요령』, 한국지반공학회, 구미서관
6. 한국지반공학회(2002), 『구조물기초설계기준』, 한국지반공학회, 구미서관
7. 한국지반공학회(2003), 『구조물기초설계기준해설』, 한국지반공학회, 구미서관
8. 한국토목섬유학회(2007), 『토목섬유의 특성평가 및 활용기법』, 구미서관
9. AASHTO(1997), Interims. Standard Specifications for Highway Bridges, American Association of State Highway & Transportation Officials, Washington, D.C. USA.
10. BSI(1995), BS8006 : 1995 − Code of Practice for Strengthened/ Reinforced Soils and Other Fills, British Standard Institute, U.K.
11. Christopher, B. R., Gill, S. A., Giroud, J. P., Juran, I., Mitchell, J. K., Schlosser, F. and Dunnicliff, J.,(1989), "Reinforced Soil Structures, Volume I. Design and Construction Guidelines", FHWA Report No. RD−89−043.
12. Elias, V. and Christopher, B. R.(1999), Mechanically Stabilized Earth Walls and Reinforced Soil Slopes Design and Construction Guidelines, Technical Report FHWA−SA−96−071, U.S. DOT FHWA.
13. Elias, V., Christopher, B. R. and Berg, R. R.(2001), Mechanically Stabilized Earth Walls and reinforced Soil Slopes Design and Construction Guidelines, Publication No. FHWA−NHI−00−043, U.S. DoT, FHWA.
14. French MOT(1980), Reinforced Earth Recommendations and Rules of the Art, Issued by the French Ministry of Transport(English Translation 2nd Printing).
15. GEO(2002), GEOGUIDE 6 − Guide to Reinforced Fill Structure and Slope Design, Geo-technical Engineering Office Civil Engineering Department The Government of the Hong Kong Special Administrative Region, Hong Kong.
16. Mitchell, J.K. and Villet, W.C.B(1987), National Cooperative Highway Research Program Report 290: Reinforcement of Earth Slopes and Embankments, Transportation Research Board, Washington, D.C., 323p.
17. NCMA(1997), Design Manual for Segmental Retaining Walls 2nd Edition, edited by Collin, J. G., National Concrete Masonry Association, Virginia, USA.
18. NCMA(1998), Segmental Retaining Walls − Seismic Design Manual, Authored by Bathurst, R. J., National Concrete Masonry Association, Virginia, USA.

2.2 내진설계

2.2.1 개요

우수한 경제성 및 시공성을 바탕으로 우리나라뿐만 아니라 전 세계적으로 기존의 중력식 옹벽의 대체공법으로 인정받고 있는 블록식 보강토 옹벽은 구조가 유연해 내진성이 우수한 것으로 알려져 있으며, 이러한 우수한 내진성은 최근 미국 및 일본 등지에서 발생한 강력한 지진에서 확인된 바 있다. 최근에 들어와서 우리나라에서도 지진 발생 빈도가 늘어나 내진설계에 대한 기준이 강화되고 있으며, 보강토 옹벽 또한 예외가 아니라고 할 수 있다.

국내 기술자들에게 친숙한 설계기준으로는 NCMA(National Concrete Masonry Association) 및 FHWA(Federal Highway Adminstration) 설계기준을 들 수 있으며, 이 두 기관은 최근에 내진설계기준을 제시한 바 있다(NCMA 1999; FHWA 1996). NCMA 설계기준은 Bathurst와 그의 공동연구자들의 연구결과(Bathurst & Cai 1994, 1995; Bathurst 등 1996; Bathurst & Hatami 1998 a, b)를 토대로 제시된 설계기준으로, 블록식 보강토 옹벽을 대상으로 하고 있다. FHWA 설계기준은 Segretin & Bastick(1988)의 연구결과를 근간으로 제시되었으며 포괄적 개념의 보강토 옹벽을 대상으로 하고 있다. 두 설계기준은 Mononobe-Okabe 동적토압(이하 M-O 동적토압이라 함)에 근거한 의사 정적 해석법을 도입하고 있다. 이 두 기관에서 적용하고 있는 내진설계는 보강토 옹벽의 설계 시 필요한 내·외적 안정성 검토 시 M-O 동적토압을 사용하는 것 이외에는 평상시 조건에 대한 설계와 차이가 없다.

한편, FHWA 설계기준에서는 설계대상 구역의 최대 지진가속도 계수가 $A \leq 0.05$의 경우 내진설계를 생략할 수 있으며, 적용되는 내진설계법은 비신장성 보강재에 대해 개발되었으나 신장성 보강재에도 적용할 수 있다. 지진 시 보강토 옹벽의 안정해석에서도 평상시와 같이 외적안정성에 대한 검토, 내적안정성에 대한 검토를 수행한다. 지진 시 보강토 옹벽의 안정해석에서 고려하는 하중은 정적상태에서 작용하는 하중과 지진에 의해 작용하는 지진관성력 및 동적토압이며, 일시적인 상재하중은 고려하지 않는다. 지진관성력은 보강된 토체의 중량에 의해 작용하는 지진하중이며, 토체의 자중과 수평지진계수를 곱해 산정하고 보강토체의 도심에 수평으로 작용한다.

동적토압은 보강된 토체 뒷부분의 파괴쐐기에 의해 보강토체에 작용하는 토압이며 파괴흙쐐기의 자중과 수평지진계수를 곱해 산정한 토압이며 Monobe-Okabe의 방법을 이용해 산정한다. 이때 지진계수는 해당 구역의 지반가속도계수(A)를 이용해 $A_m = (1.45 - A)A$로 계산한다.

이 장의 내용은 FHWA(2001) 설계기준을 근거로 토목섬유와 같은 신장성 보강재를 대상으로 작성되었다.

2.2.2 외적안정성 검토를 위한 토압 산정

지진 시에는 보강토 구간 배면에 정적수평토압과 더불어 동적수평토압 P_{AE}가 작용하며 이와 아울러 보강토체에는 지진으로 인한 관성력 $P_I = MA_m$이 산정된다. 여기서 M은 폭 0.5H의 보강토 구간 무게이며 A_m은 지진계수이다.

동적 수평토압 P_{AE}는 Monobe-Okabe 토압이론에 의해 산정되며 정적주동토압, 상재하중 및 보강토체 중량 등 정적 하중에 더해지게 된다. 이때 지진 시 허용안전율은 정적 안전율의 75%만 적용한다. 외적안정성 검토를 위한 작용외력 산정은 다음과 같은 순서에 의해 수행된다.

(1) 최대수평지반 가속도계수 A 결정
(2) 옹벽에 작용하는 최대 가속도계수 산정

$$A_m = (1.45 - A)A \tag{2.2.1}$$

(3) 관성력 및 동적주동토압 산정
- 배면지반이 수평이고 및 보강토의 내부마찰각 $\phi = 30°$ 일 경우(그림 2.2.3-1 (a) 참조)

$$P_{IR} = \frac{1}{2}A_m \cdot \gamma_r \cdot H^2 \tag{2.2.2}$$

$$P_{AE} = 0.375A_m \cdot \gamma_r \cdot H^2 \tag{2.2.3}$$

- 배면지반이 경사지고 보강토의 내부마찰각 ϕ일 경우(그림 2.2.3-1 (b) 참조]

$$P_{IR} = P_{ir} + P_{is} \tag{2.2.4}$$

$$P_{ir} = 0.5A_m\gamma_f H_2 H \tag{2.2.5}$$

$$P_{is} = 0.125A_m\gamma_f(H_2)^2\tan\beta \tag{2.2.6}$$

$$P_{AE} = \frac{1}{2}A_m \cdot (H_2)^2\Delta K_{AE} \tag{2.2.7}$$

여기서 P_{ir}은 보강토 구간의 관성력, P_{is}은 보강토 구간 상부 경사진 배면구간에 의한 관성력으로서 벽체 높이의 0.5H에 해당하는 저면 폭만 관성력에 기여하는 것으로 간주한다. ΔK_{AE}는 지진하중으로 인한 주동토압계수 증분이며 $\Delta K_{AE} = K_{AE} - K_A$로 산정된다. K_{AE}는 M-O 토압계수로서 아래 식으로 산정된다.

$$K_{AE} = \frac{\cos^2(\phi - \zeta - 90 + \theta)}{\cos\zeta\cos^2(90-\theta)\cos(I+90-\theta+\zeta)\left[1+\sqrt{\dfrac{\sin(\phi+I)\sin(\phi-\zeta-I)}{\cos(I+90-\theta+\zeta)\cos(I-90+\theta)}}\right]}$$

$$(2.2.8)$$

여기서 $\zeta = \tan^{-1}\left(\dfrac{K_h}{1-K_v}\right)$이다.

(4) 산정된 외력에 근거해 활동, 지지력, 전도에 대한 검토를 수행한다.

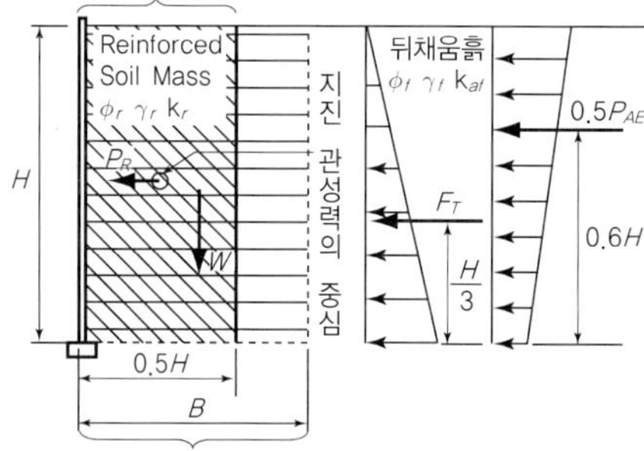

(a) 뒤채움면이 수평한 경우

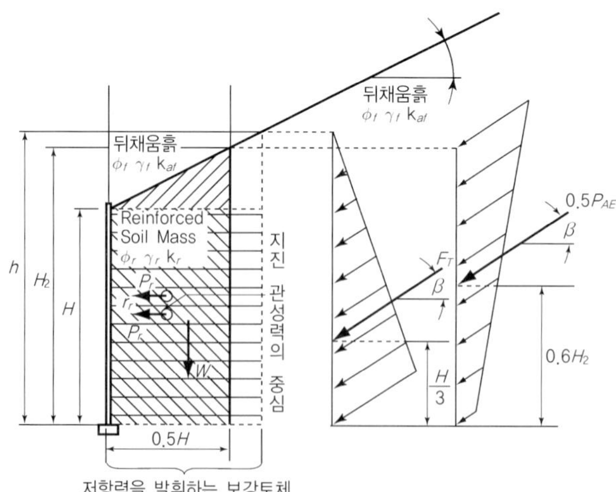

(b) 뒤채움면이 경사진 경우

그림 2.2.1 지진 시 외적안정성 검토 모형(FHWA)

2.2.3 내적안정성 검토를 위한 유발인장력 산정

지진 시의 내적안정해석은 지진관성력에 의해 각각의 보강재에 추가되는 하중에 대해 보강재 파괴와 인발파괴가 발생하지 않도록 한다. 지진관성력은 활동영역의 자중과 지진계수를 곱해 산정하고, 활동영역 내의 각각의 보강재가 차지하는 면적비율로 지진관성력을 분담하는 것으로 한다.

지진 시 내적안정해석은 각각의 보강재 위치에서 지진에 의해 추가되는 인장력을 고려해 정적 상태와 동일하게 계산한다. 지진 시 보강재에 작용하는 하중은 정적 작용력과 관성력에 의해 추가되는 하중으로서 내적안정해석은 보강재 파단과 인발파괴에 안정하도록 설계해야 한다. 지진에 의해 보강토체의 활동영역에 가해지는 지진관성력은 그림 2.2.2의 활동영역에 지진계수를 곱해 산정한다.

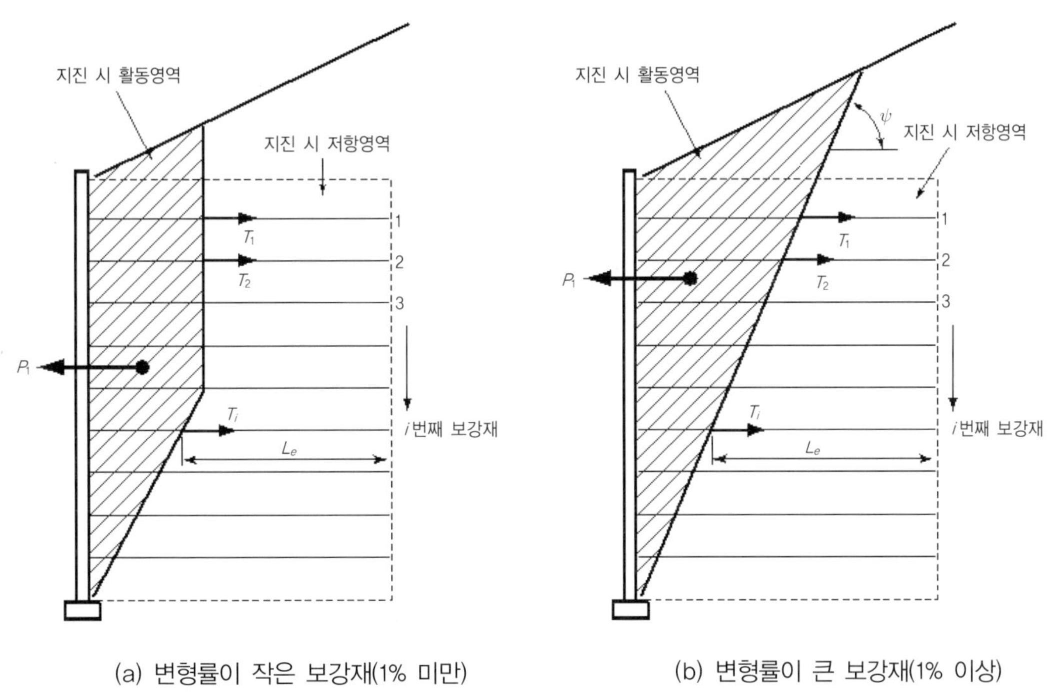

(a) 변형률이 작은 보강재(1% 미만)   (b) 변형률이 큰 보강재(1% 이상)

그림 2.2.2 지진 시 활동영역

내적안정검토를 위한 인장파단, 인발파괴, 연결부 파괴에 대한 검토는 다음과 같은 방법으로 수행한다.

(1) 지진으로 인한 관성력 P_I 산정

$$P_I = A_m \cdot W_A \tag{2.2.9}$$

여기서 W_A는 그림 2.2.2의 활동영역 중량(빗금 친 영역), A_m는 최대 지반가속도 계수, 그리고 $A_m = (1.45 - A)\,A$로 정의된다.

(2) 정적주동토압에 의한 보강재 유발인장력 $T_{\max}$ 산정

$$\sigma_H = K\sigma_v + \Delta\sigma_h = K\gamma Z + \Delta\sigma_v K + \Delta\sigma_h \tag{2.2.10}$$

$$T_{\max} = S_v\,\sigma_H \tag{2.2.11}$$

(3) 지진 시 발생하는 주동영역의 관성력 P_I로 인한 보강재 유발인장력 증분 산정(계산된 P_I를 각 보강재의 정착 길이에 비례해 산정)

$$T_{md} = P_I \cdot \frac{L_{ei}}{\sum\limits_{i=1}^{n} L_{ei}} \tag{2.2.12}$$

여기서 T_{md} : 지진으로 인한 보강재 유발인장력 증분

L_{ei} : i번째 보강재의 저항영역 내의 길이

$\sum\limits_{i=1}^{n} L_{ei}$: 모든 층 보강재의 저항영역 내의 길이의 합

(4) 총 보강재 유발인장력 산정

$$T_{total} = T_{\max} + T_{md} \tag{2.2.13}$$

(5) 보강재의 인장파단 및 인발파괴에 대한 안정성 검토(최소 안전율은 정적 안전율의 75%를 적용)
- 토목섬유보강재의 인장파단의 경우 보강재는 정적유발인장력과 동적 유발인장력에 대해

충분한 저항력을 보유해야 한다.
- 정적유발인장력에 대한 요구조건

$$T_{\max} \leq \frac{S_{rs} \cdot R_c}{0.75\,RF \cdot FS} \tag{2.2.14}$$

여기서 S_{rs} : 정적하중저항에 필요한 소요 보강재 인장강도
- 동적유발인장력에 대한 요구조건(지진 시 동적 하중에 대한 유발인장력에 대해서는 크리프 감소계수를 적용하지 않음)

$$T_{md} \leq \frac{S_{rt} \cdot R_c}{0.75\,FS \cdot RF_D \cdot RF_{ID}} \tag{2.2.15}$$

여기서 S_{rt} : 동적하중저항에 필요한 소요 보강재 인장강도
- 보강재 소요 극한 인장강도

$$T_{ult} = S_{rs} + S_{rt} \tag{2.2.16}$$

- 토목섬유보강재의 인발파괴의 경우 모든 보강재에 있어 뒤채움흙과 보강재의 마찰계수 F^*는 정적 하중 대비 80%만 적용해 아래와 같이 인발저항력을 산정해 검토한다.

$$T_{total} \leq \frac{P_r \cdot R_c}{0.75\,FS_{PO}} = \frac{C \cdot (0.8F^*)}{0.75 \cdot 1.5} \cdot \gamma Z^{'} \cdot L_e R_c \alpha \tag{2.2.17}$$

여기서 R_C : 보강재의 커버 범위
    FS_{PO} : 인발파괴에 대한 안전율(정적 하중)
    F^* : 보강재의 인발저항계수
    P_r : 인발저항력
    C : 보강재 종류에 따른 계수, 평면형 보강재의 경우 2.0 적용

(6) 벽체/보강재 연결부 안정성 검토
- 보강토 공법에서 보강재가 벽체에 구조적으로 연결되므로 내적안정성 확보를 위해서는 연결부에서의 충분한 저항력을 보유해야 하므로 아래와 같은 요구조건을 만족해야 한다.

– 벽체/보강재 장기연결강도 T_{ac}는 $T_{\max} + T_{md}$보다 커야 한다. 즉,

$$T_{ac} > T_{\max} + T_{md} \tag{2.2.18}$$

– 이때 동적유발인장력에 검토 시 장기연결강도의 80%만 취하며 안전율은 $FS = 1.1$을 적용한다.

$$T_{\max} \leq \frac{S_{rs} \cdot CR_{cr}}{RF_D \cdot FS} \tag{2.2.19}$$

$$T_{md} \leq 0.8\left(\frac{S_{rt} \cdot CR_{ult}}{FS \cdot RF_D}\right) \tag{2.2.20}$$

여기서 CR_{cr} : 장기연결강도 시험지 연결강도 감소계수, $CR_{cr} = T_{crc}/T_{lot}$
$\quad\quad\quad\quad$ (T_{crc} = 외삽 장기연결강도, T_{lot} = 극한 광폭인장강도)
$\quad\quad CR_{ult}$: 단기연결강도 시험지 연결강도 감소계수, $CR_{cr} = T_{ultconn}/T_{lot}$
$\quad\quad\quad\quad$ ($T_{ultconn}$ = 각 수직하중에 대한 최대연결강도)

• FHWA 설계기준에서는 최대지반가속도 계수가 $A \geq 0.19$인 설계조건에서는 마찰형 연결부로 이루어지는 벽체의 사용을 추천하지 않는다.

2.2.4 설계사례

1) 설계조건

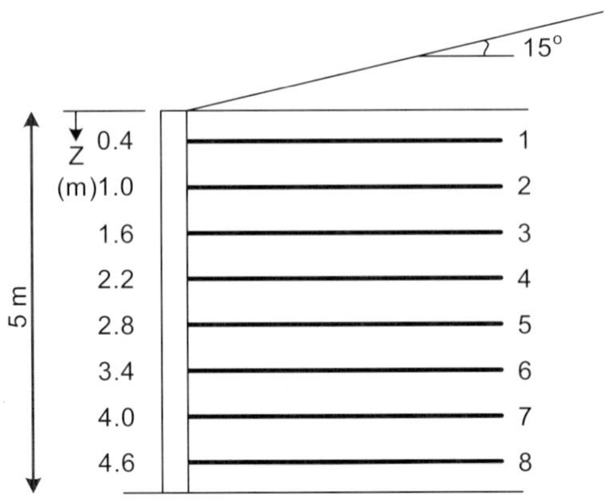

(1) 뒤채움흙 및 보강재

- 뒤채움흙 : $\gamma_r = 1.9\,t/m^3$, $\phi_r = 32\,°$, $c_r = 0$

- 배면토 : $\gamma_r = 1.9\,t/m^3$, $\phi_r = 32\,°$, $c_r = 0$

- 보강재 : $T_{ult} = 5\,t/m$, $RF_{cr} = 2.0$, $RF_D = 1.1$, $RF_{ID} = 1.1$, $FS_{uc} = 1.0$

- 연결강도 : $T_{lot} = T_{ult} = 5\,t/m$, $CR_{cr} = 1.1$

- 흙/보강재 마찰저항각 : $\phi^* = 30\,°$, $CR_{cr} = 1.1$

- 최대지반가속도 계수 : $A = 0.08$

(2) 단면조건

- 옹벽높이 : $H = 5.0\,m$

- 벽체 경사도 : $\theta = 90\,°$ (수직)

- 배면 경사 : $\beta = 15\,°$ (무한사면)

- 배면토 : $\gamma_r = 1.9\,t/m^3$, $\phi_r = 32\,°$, $c_r = 0$

- 기초지반 : $\gamma_f = 1.9\,t/m^3$, $\phi_r = 32\,°$, $c_r = 10\,kPa$

(3) 전면벽체

- 형식 : 블록식

- 크기 : 길이 0.4m, 폭 0.4m, 높이 0.2m

- 중량 : $40\,kg$

- 보강재/벽체 연결형식 : 마찰 및 전단키

(4) 설계안전율(정적)

- 저면활동 : $FS = 1.5$

- 전도 : $e \leq L/6$

- 지지력 : $FS = 2.5$

- 인발저항 : $FS = 1.5$

- 인장파단 : $FS = 1.0$

2) 설계 계산

(1) 보강재 예비 설계 길이 산정

- $L = 0.7\,H = 0.7 \times 5.0 = 3.5\,m$

(2) 외적안정성 검토

- 최대가속도 계수

$$A_m = (1.45 - A)\,A = (1.45 - 0.08) \times 0.08 = 0.11$$

- 수평관성력

$$P_{IR} = P_{ir} + P_{is} = 3.0 + 0.24 = 3.24\,t/m$$

$$P_{ir} = 0.5\,A_m \gamma_f H_2 H = 0.5 \times 0.11 \times 1.9 \times 5.78 \times 5.0 = 3.0\,t/m$$

$$\because H_2 = H + \frac{\tan\beta \cdot 0.5\,H}{1 - 0.5\tan\beta} = 5.0 + \frac{0.27 \cdot 0.5 \times 5}{1 - 0.13} = 5.78\,m$$

$$P_{is} = 0.125\,A_m \gamma_f (H_2)^2 \tan\beta = 0.125 \times 0.11 \times 1.9 \times (5.78)^2 \times 0.27 = 0.24\,t/m$$

- 지진으로 인한 주동토압 증가량

$$P_{AE} = \frac{1}{2}\,A_m \cdot (H_2)^2 \Delta K_{AE} = 0.5 \times 0.11 \times 5.78^2 \times 0.26 = 0.48\,t/m$$

$$\Delta K_{AE} = K_{AE} - K_A = 0.60 - 0.34 = 0.26$$

$$K_A = \cos\beta \left[\frac{\cos\beta - \sqrt{\cos^2\beta - \cos^2\phi_r}}{\cos\beta + \sqrt{\cos^2\beta - \cos^2\phi_r}} \right] = \cos 15 \left[\frac{\cos 15 - \sqrt{\cos^2 15 - \cos^2 32}}{\cos 15 + \sqrt{\cos^2 15 - \cos^2 32}} \right] = 0.34$$

$$K_{AE} = \frac{\cos^2(\phi - \zeta - 90 + \theta)}{\cos\zeta \cos^2(90 - \theta)\cos(I + 90 - \theta + \zeta)\left[1 + \sqrt{\dfrac{\sin(\phi + I)\sin(\phi - \zeta - I)}{\cos(I + 90 - \theta + \zeta)\cos(I - 90 + \theta)}} \right]}$$

$$\zeta = \tan^{-1}\left(\frac{K_h}{1 - K_v} \right) = \tan^{-1}(A_m) = \tan^{-1}(0.11) = 9\,°$$

$$K_{AE} = \frac{\cos^2(32 - 9 - 90 + 90)}{\cos 9 \cos^2(90 - 90) \cos(15 + 90 - 90 + 9)\left[1 + \sqrt{\dfrac{\sin(32 + 15)\sin(32 - 9 - 15)}{\cos(15 + 90 - 90 + 32)\cos(15 - 90 + 90)}}\right]}$$

$$K_{AE} = \frac{0.82}{0.99 \times 1 \times 0.93 \times \left[1 + \sqrt{\dfrac{0.136}{0.658}}\right]} = 0.602$$

- 저면활동 안전율
  - 배면토압

$$F_T = \frac{1}{2}K_A \gamma_r h^2 = \frac{1}{2}K_A \gamma_r (H + L\tan\beta)^2 = 0.5 \times 0.34 \times 1.9 \times (5 + 3.5\tan 15)^2 = 11.4\,t/m$$

  - 정적 수평유발력

$$P_d = F_H = F_T \cos\beta = 11.4 \times \cos 15 = 11.01\,t/m$$

  - 지진으로 인한 수평유발력 증가량

$$P_{AE,H} = 0.5\,P_{AE}\cos\beta = 0.5 \times 0.48 \times 0.97 = 0.23\,t/m$$

  - 관성력 + 정적 수평토압 + 동적 수평토압 증가량

$$P_{IR} + P_d + 0.5P_{AE,H} = 3.24 + 11.01 + 0.5 \times 0.23 = 14.4\,t/m$$

  - 저면저항력

$$P_R = (V_1 + V_2 + F_T\sin\beta)\mu = (\gamma_r HL + 0.5\gamma_r L(h - H) + F_T\sin\beta)\tan\phi$$

$$P_R = (1.9 \times 5 \times 3.5 + 0.5 \times 1.9 \times 3.5 \times (5.78 - 5) + 11.4 \times 0.26) \times 0.63 = 24.4\,t/m$$

  - 안전율

$$FS = \frac{P_R}{P_{IR} + P_d + 0.5P_{AE,H}} = \frac{24.4}{25.5} = 0.96 < 1.5 \quad \therefore NG$$

- 전도안전율

  - 보강토체 저면 수직합력 편심거리, e 산정

  $$e = \frac{F_T(\cos\beta)h/3 + P_{IR} + 0.5P_{AE.H} - F_T(\sin\beta)L/2 - V_2(L/6)}{V_1 + V_2 + F_T(\sin\beta)}$$

  $F_T = 11.4\,t/m,\ \ V_1 = 33.25\,t/m,\ \ V_2 = 3.13\,t/m,\ \ P_{IR} = 3.24\,t/m,$

  $0.5P_{AE.H} = 0.12\,t/m$

  - $e = \dfrac{F_T(\cos\beta)h/3 - F_T(\sin\beta)L/2 - V_2(L/6)}{V_1 + V_2 + F_T(\sin\beta)}$

  $e = \dfrac{F_T(\cos\beta)h/3 - F_T(\sin\beta)L/2 - V_2(L/6)}{(\gamma_r HL + 0.5\gamma_r L(h - H) + F_T\sin\beta)}$

  $e = \dfrac{11.4(\cos 15)(5.94)/3 + 3.24 + 0.12 - 11.4(\sin 15)(3.5)/2 - 3.13(3.5/6)}{(33.25 + 3.13 + 11.4 \times 0.26)}$

  $= \dfrac{18.2}{39.3} = 0.46$

  $e = 0.46 < \dfrac{L}{6} = \dfrac{3.5}{6} = 0.58 \quad \therefore O.K.$

- 지지력 안전율

  - $FS = \dfrac{q_{ult}}{\sigma_v}$

  - 보강토체 저면 연직 작용응력, σ_v 산정

  $$\sigma_v = \frac{V_1 + V_2 + F_T(\sin\beta)}{L - 2e}$$

  $F_T = 11.4\,t/m,\ \ V_1 = 33.25\,t/m,\ \ V_2 = 3.13\,t/m,\ \ e = 0.46m \quad L = 3.5\,m$

  $\sigma_v = \dfrac{33.25 + 3.13 + 11.4 \times 0.26}{3.5 - 2 \times 0.46} = 15.2\,t/m^2$

– 기초지반 지지력 산정, q_{ult}

$$q_{ult} = cN_c + \frac{1}{2}\gamma LN_\gamma, \quad \phi = 32\,° \Rightarrow N_c = 35.49, \ N_\gamma = 30.22$$

$$q_{ult} = cN_c + \frac{1}{2}\gamma LN_\gamma = 1 \times 35.49 + 0.5 \times 1.9 \times 3.5 \times 30.22 = 136.0\,t/m^2$$

$$– FS = \frac{136.0}{15.2} = 8.95 > 3.0 \ \because O.K$$

(3) 내적안정성 검토
- 주동토압계수 산정, K_a

$$– K_a = \tan^2\!\left(45 - \frac{\phi}{2}\right) = \tan^2\!\left(45 - \frac{32}{2}\right) = 0.31$$

- 각 보강재 위치에서의 수평토압 산정, σ_H

$$– \sigma_H = K_a\!\left(\gamma_r Z + \sigma_2\right) \quad \text{여기서 } \sigma_2 = \frac{L\tan\beta}{2}\gamma_r$$

$$\sigma_2 = \frac{L\tan\beta}{2}\gamma_r = \frac{(3.5 \times \tan15) \times 1.9}{2} = 0.89\,t/m^2$$

- 주동영역 관성력, P_I
  - $P_I = A_m W_A$

$$W_A = 0.5 \times (0.94 \times 3.5 - 0.52 \times 0.94) \times 1.9 + 0.5 \times 5 \times 2.77 \times 1.9 = 15.8\,t/m$$

$$P_I = A_m W_A = 0.11 \times 15.8 = 1.74\,t/m$$

- 주동영역 관성력에 의한 동적 보강재 유발인장력 증분, T_{md}

$$– T_{md} = P_I \cdot \frac{L_{ei}}{\displaystyle\sum_{i=1}^{n} L_{ei}}$$

$$- \sum_{i=1}^{n} L_{ei} = 0.95 + 1.28 + 1.61 + 1.95 + 2.28 + 2.61 + 2.95 + 3.28 = 16.91m$$

$$T_{md} = P_I \cdot \frac{L_{ei}}{\sum_{i=1}^{n} L_{ei}}$$

$$- \quad T_{md} \leq \frac{S_{rt} \times R_c}{(0.75)RF_{ID} \times RF_D \times FS} \quad \therefore S_{rt} \leq \frac{T_{md} \times (0.75)RF_{ID} \times RF_D \times FS}{R_c}$$

$$S_{rt} \leq T_{md} \times (0.75) \times 1.1 \times 1.1 \times 1.0 = 0.91\,T_{md}$$

(동적토압에 대한 보강재 최소 요구 인장강도)

$$- \quad T_{1,md} = 1.74 \times \frac{0.95}{16.91} = 0.1\,t/m$$

$$S_{1,rt} \leq 0.91\,T_{md} = 0.91 \times 0.1 = 0.09\,t/m$$

$$- \quad T_{2,md} = 1.74 \times \frac{1.28}{16.91} = 0.13\,t/m$$

$$S_{2,rt} \leq 0.91\,T_{md} = 0.91 \times 0.13 = 0.12\,t/m$$

$$- \quad T_{3,md} = 1.74 \times \frac{1.62}{16.91} = 0.17\,t/m$$

$$S_{3,rt} \leq 0.91\,T_{md} = 0.91 \times 0.17 = 0.16\,t/m$$

$$- \quad T_{4,md} = 1.74 \times \frac{1.95}{16.91} = 0.2\,t/m$$

$$S_{4,rt} \leq 0.91\,T_{md} = 0.91 \times 0.2 = 0.18\,t/m$$

$$- \quad T_{5,md} = 1.74 \times \frac{2.28}{16.91} = 0.24\,t/m$$

$$S_{5,rt} \leq 0.91\,T_{md} = 0.91 \times 0.24 = 0.22\,t/m$$

$$- \ T_{6,md} = \ 1.74 \times \frac{2.62}{16.91} = 0.27 \, t/m$$

$$S_{6,rt} \le 0.91 \, T_{md} = 0.91 \times 0.27 = 0.25 \, t/m$$

$$- \ T_{7,md} = \ 1.74 \times \frac{2.95}{16.91} = 0.31 t/m$$

$$S_{7,rt} \le 0.91 \, T_{md} = 0.91 \times 0.31 = 0.28 \, t/m$$

$$- \ T_{8,md} = \ 1.74 \times \frac{3.28}{16.91} = 0.34 \, t/m$$

$$S_{8,rt} \le 0.91 \, T_{md} = 0.91 \times 0.34 = 0.31 \, t/m$$

- 정적하중에 의한 최대유발인장력 산정, $T_{\max}$

  - $T_{\max} = \sigma_H \cdot S_v$ 여기서 $S_v =$ 보장재 간격

  - $T_{\max} \le \dfrac{S_{rs} \times R_c}{(0.75) RF \times FS}$ $\because S_{rs} \le \dfrac{T_{\max} \times (0.75) RF \times FS}{R_c}$

$$S_{rs} \le T_{\max} \times (0.75) \times 2.0 \times 1.1 \times 1.1 \times 1.0 = 1.82 \, T_{\max}$$
(정적토압에 대한 보강재 최소 요구 인장강도)

  - $T_{1,\max} = 0.31 \times (1.9 \times 0.4 + 0.89) \times 0.7 = 0.36 \, t/m$

$$S_{1,rs} \le 1.82 \times 0.36 = 0.66 \, t/m$$

  - $T_{2,\max} = 0.31 \times (1.9 \times 1.0 + 0.89) \times 0.6 = 0.52 \, t/m$

$$S_{2,rs} \le 1.82 \times 0.52 = 0.95 \, t/m$$

  - $T_{3,\max} = 0.31 \times (1.9 \times 1.6 + 0.89) \times 0.6 = 0.73 \, t/m$

$$S_{3,rs} \le 1.82 \times 0.73 = 1.33 \, t/m$$

$$- \quad T_{4,\max} = 0.31 \times (1.9 \times 2.2 + 0.89) \times 0.6 = 0.94 \, t/m$$

$$S_{4,rs} \leq 1.82 \times 0.94 = 1.71 \, t/m$$

$$- \quad T_{5,\max} = 0.31 \times (1.9 \times 2.8 + 0.89) \times 0.6 = 1.16 \, t/m$$

$$S_{5,rs} \leq 1.82 \times 1.16 = 2.11 \, t/m$$

$$- \quad T_{6,\max} = 0.31 \times (1.9 \times 3.4 + 0.89) \times 0.6 = 1.37 \, t/m$$

$$S_{6,rs} \leq 1.82 \times 1.37 = 2.49 \, t/m$$

$$- \quad T_{7,\max} = 0.31 \times (1.9 \times 4.0 + 0.89) \times 0.6 = 1.58 \, t/m$$

$$S_{7,rs} \leq 1.82 \times 1.58 = 2.88 \, t/m$$

$$- \quad T_{8,\max} = 0.31 \times (1.9 \times 4.6 + 0.89) \times 0.7 = 2.09 \, t/m$$

$$S_{8,rs} \leq 1.82 \times 2.09 = 3.80 \, t/m$$

- 인장파단 검토
  - 전체 요구인장력($T_{ult,req} = S_{rs} + S_{rt}$) 〈 사용 보강재 인장강도 T_{ult}
  - $T_{1,ult,req} = 0.66 + 0.09 = 0.75 \, t/m < 5 \, t/m \; \therefore OK$
  - $T_{2,ult,req} = 0.95 + 0.12 = 1.07 \, t/m < 5 \, t/m \; \therefore OK$
  - $T_{3,ult,req} = 1.33 + 0.16 = 1.49 \, t/m < 5 \, t/m \; \therefore OK$
  - $T_{4,ult,req} = 1.71 + 0.18 = 1.89 \, t/m < 5 \, t/m \; \therefore OK$
  - $T_{5,ult,req} = 2.11 + 0.22 = 2.33 \, t/m < 5 \, t/m \; \therefore OK$
  - $T_{6,ult,req} = 2.49 + 0.25 = 2.74 \, t/m < 5 \, t/m \; \therefore OK$
  - $T_{7,ult,req} = 2.88 + 0.28 = 3.16 \, t/m < 5 \, t/m \; \therefore OK$
  - $T_{8,ult,req} = 3.80 + 0.31 = 4.11 \, t/m < 5 \, t/m \; \therefore OK$

- 인발파괴 검토 $T_{total} \leq T_{req,po} = \dfrac{P_r R_c}{0.75\,FS_{po}} = \dfrac{C \times 0.8 F^*}{0.75 \times 1.5} \gamma \times Z' \times L_e \times R_c \times \alpha$

  - $F^* = \dfrac{2}{3} tan\phi = 0.42,\ C = 2.0,\ \alpha = 0.8$

  - 전체 최대유발인장력 산정, $T_{total} = T_{\max} + T_{md}$
    - $T_{1,total} = 0.36 + 0.1 = 0.46\,t/m$
    - $T_{2,total} = 0.52 + 0.13 = 0.65\,t/m$
    - $T_{3,total} = 0.73 + 0.17 = 0.90\,t/m$
    - $T_{4,total} = 0.94 + 0.20 = 1.14\,t/m$
    - $T_{5,total} = 1.16 + 0.24 = 1.40\,t/m$
    - $T_{6,total} = 1.37 + 0.27 = 1.64\,t/m$
    - $T_{7,total} = 1.58 + 0.31 = 1.89\,t/m$
    - $T_{8,total} = 2.09 + 0.34 = 2.43\,t/m$

  - 인발저항력 산정, $T_{req,po} = \dfrac{P_r R_c}{0.75\,FS_{po}} = \dfrac{C \times 0.8 F^*}{0.75 \times 1.5} \gamma \times Z' \times L_e \times R_c \times \alpha$
    - $T_{1,req,po} = 0.75 \times 1.9 \times 1.08 \times 0.95 \times 1.0 \times 0.8 = 1.17\,t/m$
    - $T_{2,req,po} = 0.75 \times 1.9 \times 1.59 \times 1.28 \times 1.0 \times 0.8 = 2.32\,t/m$
    - $T_{3,req,po} = 0.75 \times 1.9 \times 2.10 \times 1.62 \times 1.0 \times 0.8 = 3.88\,t/m$
    - $T_{4,req,po} = 0.75 \times 1.9 \times 2.62 \times 1.95 \times 1.0 \times 0.8 = 5.81\,t/m$
    - $T_{5,req,po} = 0.75 \times 1.9 \times 3.12 \times 2.28 \times 1.0 \times 0.8 = 8.13\,t/m$
    - $T_{6,req,po} = 0.75 \times 1.9 \times 3.64 \times 2.61 \times 1.0 \times 0.8 = 10.84\,t/m$
    - $T_{7,req,po} = 0.75 \times 1.9 \times 4.15 \times 2.95 \times 1.0 \times 0.8 = 13.93\,t/m$
    - $T_{8,req,po} = 0.75 \times 1.9 \times 4.66 \times 3.28 \times 1.0 \times 0.8 = 17.42\,t/m$

  - $T_{total} \leq T_{req,po}$
    - $T_{1,total} = 0.46\,t/m < T_{1,req,po} = 1.17\,t/m \ \therefore\ OK$
    - $T_{3,total} = 0.65\,t/m < T_{1,req,po} = 2.32\,t/m \ \therefore\ OK$
    - $T_{3,total} = 0.90\,t/m < T_{1,req,po} = 3.88\,t/m \ \therefore\ OK$
    - $T_{4,total} = 1.14\,t/m < T_{1,req,po} = 5.81\,t/m \ \therefore\ OK$
    - $T_{5,total} = 1.40\,t/m < T_{1,req,po} = 8.13\,t/m \ \therefore\ OK$
    - $T_{6,total} = 1.64\,t/m < T_{1,req,po} = 10.84\,t/m \ \therefore\ OK$

- $T_{7,total} = 1.89\,t/m < T_{1,req,po} = 13.93\,t/m \;\; \because\; OK$

- $T_{8,total} = 2.43\,t/m < T_{1,req,po} = 17.42\,t/m \;\; \because\; OK$

● 연결부파괴 검토 $T_{ac} \geq T_{\max} + T_{md}$

- 연결강도 $T_{ac} = \dfrac{T_{ult}CR_u}{RF_{CR} \times RF_D \times FS} = \dfrac{5 \times 1.1}{2.0 \times 1.1 \times 1.0} = 2.5\,t/m$

- 층별 검토 $T_{ac} \geq T_{\max} + T_{md}$

  - $T_{ac} = 2.5\,t/m > T_{1,total} = 0.46\,t/m \;\; \because\; OK$

  - $T_{ac} = 2.5\,t/m > T_{2,total} = 0.65\,t/m \;\; \because\; OK$

  - $T_{ac} = 2.5\,t/m > T_{3,total} = 0.90\,t/m \;\; \because\; OK$

  - $T_{ac} = 2.5\,t/m > T_{4,total} = 1.14\,t/m \;\; \because\; OK$

  - $T_{ac} = 2.5\,t/m > T_{5,total} = 1.40\,t/m \;\; \because\; OK$

  - $T_{ac} = 2.5\,t/m > T_{6,total} = 1.64\,t/m \;\; \because\; OK$

  - $T_{ac} = 2.5\,t/m > T_{7,total} = 1.89\,t/m \;\; \because\; OK$

  - $T_{ac} = 2.5\,t/m > T_{7,total} = 2.43\,t/m \;\; \because\; OK$

참 고 문 헌

1. 유충식(1999), 『보강토 옹벽의 내진설계』, 1999년도 토목섬유 학술발표회 논문집, pp. 71~83.

2. Bathurst, R.J. and Cai, Z.(1994), *In-isolation cyclic load-extension behavior of two geogrids*, Geosynthetics International, Vol. 1, No. 1, pp. 3~17.

3. Bathurst, R.J., Cai, Z., and Pelletier, M.J.(1996), *Seismic design and performance of geoshnthetic reinforced segmental retaining walls*, Proc. 10th Annual symp. of the Vancouver Geotechnical Society, Vancouver, BC, p. 26.

4. Bathurst, R.J. and Cai, Z.(1995), *Pseudo-static seismic analysis of geosynthetic-reinforced segmental retaining walls*, Geosynthetics International, Vol. 2, No. 5, pp. 787~830.

5. Bathurst, R.J. and Hatami, K.(1998), *Seismic Response Analysis of a Geosynthetic-Reinforced Soil Retaining Wall*, Geosynthetics International, Vol. 5, Nos. 1~25, pp. 127~166.

6. Bathurst, R.J. and Hatami, K.(1998), *Influence of Reinforcement Stiffness, Length and Base Condition on Seismic Response of Geosynthetic Reinforced Retaining Walls*, Proc. 6th Int. Conf. on Geosynthetics, Atlanta, USA, Vol. 2, pp. 613~616.

7. Cai, Z. and Bathurst, R.J.(1995), *Seisimic response analysis of geosynthetic reinforced soil segmental retaining walls by finite element method*, Computers and Geotechnics, Vol 17, No. 4, pp. 523~546.

8. Federal Highway Administration(2001), *Mechanically stabilized earth walls and reinforced soil slopes design and construction guidelines*, FHWA NHI Course No. 132042, Washington, DC., USA, p. 394.

9. National Concrete Masonry Association(1999), *Segmental Retaining Walls-Seismic Design Manual*, First Edition (Authored by Bathurst, R.J.), Virginia, USA, p. 119.

10. Segrestin, P. and Bastick, M.(1988), *Seismic design of reinforced earth retaining walls-the contribution of finite element analysis*, Proceedings Int. Geotech. Sym. on Theory and Practice of Earth Reinforcement, Japan, pp. 577~582.

11. Sandri, D.(1994), *Retaining walls stand up to the Northridge earthquake*, Geotechnical Fabrics Report, IFAI, St. Paul, MN, USA, Vol. 12, No. 4, pp. 30~31 (and personal communication).

12. Seed, H.B. and Whitman. R.V.(1970), *Design of earth retaining structures for dynamic loads*, ASCE Specialty Conference on Lateral Stresses in the Ground and Design of Earth Retaining Structures, Ithaca, NY, pp. 103~147.

2.3 수치해석

2.3.1 개요

보강토 공법은 토체 내에 보강재를 삽입해 토류구조물을 보강하는 공법으로, 시공된 흙과 보강재의 복합구조는 기존의 지반에 비해 개선된 인장 및 압축특성을 갖는다. 산지가 많은 지형적인 특성으로 인해 단지를 조성하거나 대규모 개발공간에서 부지를 조성하기 위해 보강토 옹벽은 널리 사용되어왔으며, 최근에는 환경문제 및 대지경계 등의 이유로 원지반의 절취량을 최소화할 수 있는 보강토 공법이 개발되고 있다.

이 절에서는 다양한 형태의 보강토 옹벽 조성 시 유발할 수 있는 변위 및 안정성 등에 대한 적용성 평가를 위해, 수치해석적으로 접근한 사례를 소개하고자 한다.

2.3.2 보강토 옹벽의 설계

1) 보강토 옹벽의 설계순서

보강토 옹벽의 일반적인 설계순서는 그림 2.3.1과 같다.

(1) 설계현황 파악 : 보강토 옹벽의 기하 형상, 뒤채움재의 선정 및 공학적 특성 평가, 기초지반 및 배면토의 공학적 특성 평가, 보강재의 허용인장강도 및 흙/보강재 상호작용에 대한 평가, 전면벽체의 형식(패널식, 블록식 등)의 선정, 설계하중의 선정 등.

(2) 설계기준의 설정 : 보강토 옹벽의 내적 및 외적 안정성 검토를 위한 최소안전율, 옹벽의 근입깊이 등.

(3) 예비설계단면의 가정 : 보강재의 길이, 강도, 간격 등

(4) 외적안정해석 : 외적안정해석용 토압 산정, 저면활동, 전도 및 지반지지력에 대한 평가, 기초지반의 침하 평가, 지진 시 안정성 평가 등.

(5) 내적안정해석 : 임계활동 파괴면의 가정, 각 층별 소요 보강재 인장력 평가, 보강재의 파단 및 인발에 대한 안정성 평가, 전면벽체/보강재 연결부 안정성 평가, 지진 시 안정성 평가 등.

(6) 보강토체를 포함한 전체 사면활동에 대한 평가

(7) 사용성 검토 : 설계된 단면에 대해 보강토체 및 기초지반의 압축에 의한 보강토 옹벽의 침하와 벽면의 변형에 대해 검토한다. 보강토체의 압축침하량은 크지 않으며, 기초지반이 양호한 경우에는 사용성 검토를 생략하는 것이 일반적이다.

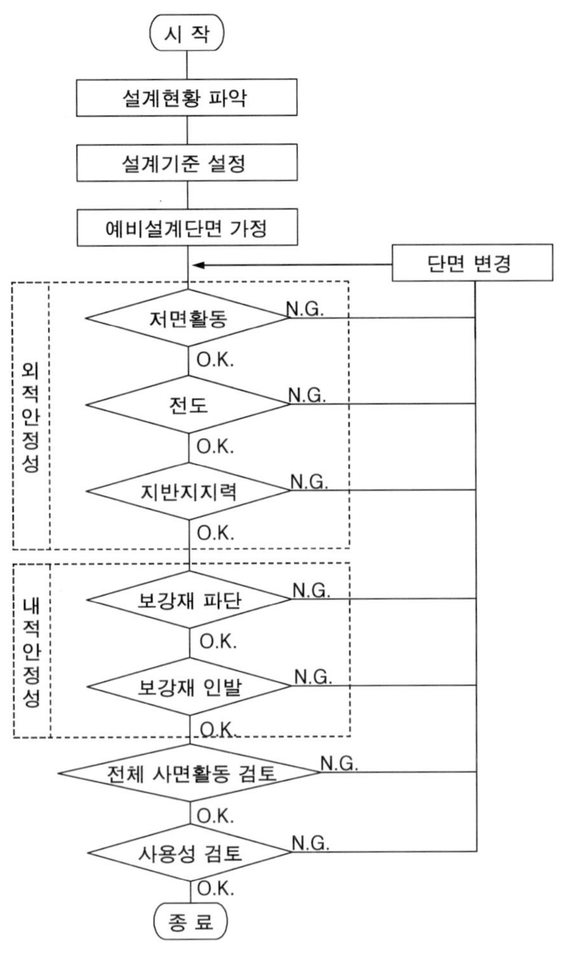

그림 2.3.1 보강토 옹벽의 일반적인 설계순서

2) 보강토 옹벽에 작용하는 하중

보강토 옹벽의 설계 시에는 보강토 옹벽 설치 위치에서의 기상 및 환경조건, 사용목적, 시공조건, 구조물의 규모 등을 고려해 필요한 하중을 선택해 적용해야 한다. 보강토 옹벽의 설계에 사용하는 하중으로는 보강토체의 자중, 상재하중 및 토압 등이 주로 고려되며, 현장여건에 따라서 수압, 부력, 풍하중, 지진하중 등이 추가로 고려될 수 있다(한국지반공학회, 1998).

3) 보강토 옹벽의 파괴양상

보강토 옹벽의 주요 파괴형태는 그림 2.3.2에서와 같으며, 보강토 옹벽의 설계 및 안정해석에는 이와 같은 파괴형태에 대한 안정성 확보 여부를 평가해야 한다. 이들 파괴형태 중 (a), (b), (c)는 외적 파괴형태, (d), (e), (f)는 내적 파괴형태이다. (g)는 보강토체를 포함한 전체 사면의 활동에 의한 파괴형태이며, 보강토 옹벽이 사면상에 위치하는 경우나 보강토 옹벽 위에 고성토 고의 사면이 있는 경우, 또는 기초지반이 비교적 연약한 경우에는 이러한 전체 사면활동에 대한 안정성을 검토해야 한다.

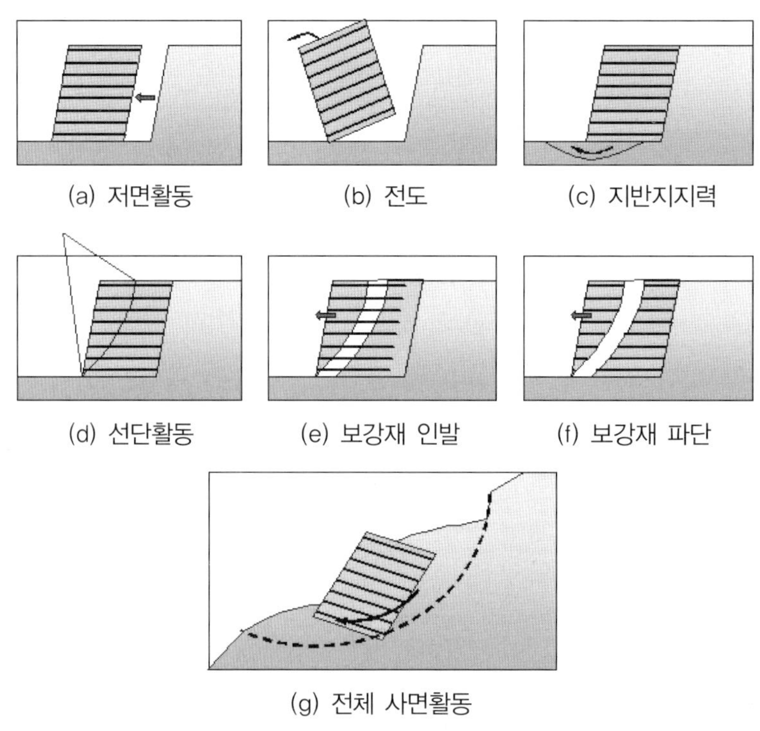

(a) 저면활동   (b) 전도   (c) 지반지지력

(d) 선단활동   (e) 보강재 인발   (f) 보강재 파단

(g) 전체 사면활동

그림 2.3.2 보강토 옹벽의 주요 파괴형태

2.3.3 보강토 옹벽의 설계법

1) 허용응력설계법(Allowable Stress Design, ASD)과 한계상태설계법(Limit State Design, LSD)

앞에서 설명한 보강토 옹벽 설계법은 허용응력설계법이라고 할 수 있으며, 허용응력설계법에서는 보강토 옹벽에 작용하는 하중, 보강재의 인장강도 및 흙과 보강재 사이의 상호작용과 같은 저항력 등과 관련한 불확실성을 전체적인 안전율 FS로 고려한다. 이러한 전체적인 안전율은 절대적인 값이 아니며, 다분히 경험적인 값이다. 이러한 허용응력설계법의 기본 식은 다음과 같이 표현할 수 있다(Withiam 등, 2001).

$$\frac{R_n}{FS} \geq \Sigma Q \qquad (2.3.1)$$

여기서 R_n : 저항력

FS : 안전율

ΣQ : 작용력의 합

보강토 옹벽에서는 보강재 극한인장강도 T_{ult}, 인발저항력 T_{pull}, 활동에 대한 저항력 R_H, 지반의 극한지지력 q_{ult} 등이 저항력 R_n에 속하며, 보강재의 최대인장력 T_{max}, 활동력 P_H, 수직력의 합력 P_v 등이 작용력의 합 ΣQ에 속한다.

이러한 허용응력설계법에서는 안전율 산정 시 단순하게 저항력만 적용함으로써 하중과 저항력의 변화성을 적절하게 반영하지 못하며, 안전율 산정이 다분히 주관적이라는 단점이 있다.

한계상태설계법은 안전성의 척도를 구조물이 파괴될 확률(파괴확률) 또는 신뢰성(reliability) 이론에 의해 구조물이 파괴되지 않을 확률(신뢰성)로 나타내는 설계법이라 할 수 있으며, 구조물이 한계상태로 진행되는 확률을 구조물의 모든 부재에 대해 일정한 값이 되도록 하는 설계법이다.

한계상태설계법의 안전성 규준은 다음 식과 같이 표현된다(Withiam 등, 2001).

$$R_r = \phi R_n \geq \Sigma \eta_i \gamma_i Q_i \qquad (2.3.2)$$

여기서 R_r : 저항계수를 곱한 저항력

ϕ : 저항계수(resistance factor)

R_n : 공칭(극한)저항력

γ_i : 하중계수(load factor)

Q_i : 하중 또는 응력

위 식에서 저항계수 ϕ는 1보다 작거나 같은 값이고, 하중계수 γ_i는 1보다 크거나 같은 값이다.

미국에서는 위의 식과 같이 하중계수와 저항계수를 적용한 한계상태설계법의 기본방정식을 사용해 하중저항계수설계법이라고도 하며, 유럽에서는 하중계수와 저항계수 대신 부분계수를 적용하며 기본방정식은 다음과 같다.

$$\frac{R_n}{f_m} \geqq f_f Q_i \tag{2.3.3}$$

여기서 R_n : 공칭(극한)저항력

Q_i : 하중 또는 응력

f_m : 부분재료계수(partial material factor)

f_f : 부분하중계수(partial load factor)

위의 식 (2.3.2)와 (2.3.3)을 비교해보면 하중계수 γ_i와 부분하중계수 f_f는 동일한 의미이며, 저항계수 ϕ는 부분재료계수 f_m의 역수의 의미라는 것을 알 수 있다.

한계상태는 기초 또는 기타 구조요소가 설계된 제 기능을 발휘하지 못하게 되는 조건이며, 한계상태의 종류에는 극한한계상태(ultimate limit state)와 사용한계상태(serviceability limit state)가 있다. 극한한계상태는 구조물이나 부재가 파괴 또는 파괴에 가까워 그 기능을 완전히 상실한 상태를 말하며, 사용한계상태는 처짐, 균열, 진동 등이 과대하게 발생해 정상적인 사용을 만족하지 못하는 상태를 말한다.

한계상태설계법은 저항력과 하중의 변화를 고려할 수 있고, 서로 다른 한계상태에 대해서 상대적으로 균등한 수준의 안정성을 얻을 수 있으며, 동일한 하중과 파괴확률로 설계된 상부 및 하부 구조물에 대해서 유사한 수준의 안정성을 제공해준다는 장점이 있다. 반면, 한계상태설계법에 적용하는 저항계수는 설계방법에 따라서 변화해 일정하지 않고, 각각의 상황에 부합하는 저항계수를 더 엄밀한 방법으로 개발하고 조정하기 위해서는 통계 데이터와 확률론적 설계법이 필요하다는 단점이 있다. 무엇보다도 기존의 허용응력설계법에 익숙한 기술자들의 설계 절차를 바꾸어야 하고 설계 개념 자체가 익숙지 않고 어렵다는 것이 한계상태설계법의 적용에서 가장 큰 단점이다.

아울러, 한계상태설계법에서는 보강토 옹벽이 다음과 같은 조건이 발생했을 때 한계상태에 도달한 것으로 가정한다(GEO, 2002).

① 전체 또는 부분적인 붕괴
② 허용한계를 초과한 변형의 발생
③ 다른 형태의 피로 또는 심각하지는 않지만 구조물의 미관을 해치거나, 예상치 않은 유지·관리가 필요하거나, 구조물의 예상수명을 단축시키는 손상의 발생

보강토 옹벽에서 극한한계상태는 지반 또는 보강토 옹벽 내에서 파괴 메커니즘이 형성될 수 있거나, 보강토 옹벽의 변형이 그 구조요소 또는 근처의 구조물이나 부대시설에 심각한 손상을 유발할 수 있는 상태를 말한다. 사용한계상태는 보강토 옹벽의 변형이 그 외형이나 사용성 또는 보강토 옹벽 위의 구조물이나 부대시설에 영향을 미치는 상태를 말한다(GEO, 2002).

2) 각 나라별 보강토 옹벽 설계법 비교

표 2.3.1은 각 나라별 보강토 옹벽의 설계를 위해 적용된 방법을 허용응력설계법과 한계상태설계법으로 분류해 정리한 것이다. 전반적으로 유럽과 영국의 영향을 받은 홍콩에서는 한계상태설계법을 적용하며, 미국에서는 허용응력설계법과 한계상태설계법이 공존하며, 우리나라에서는 주로 허용응력설계법을 적용하고 있으나, 구조물기초설계기준(한국지반공학회, 2003)에서는 한계상태설계법의 개념이 도입되어 있다.

표 2.3.1 각 나라별 보강토 옹벽 설계방법

구분	기준/지침	허용응력설계법	한계상태설계법
미국	FHWA 지침(Elias 등, 2001)	●	
	NCMA 매뉴얼(NCMA, 1997)	●	
	AASHTO LRFD Specification		●
영국	BS 8006 : 1995(BSI, 1995)		●
프랑스	Rinforced Earth Structures(French MOT, 1980)		●
홍콩	GEOGUIDE 6(GEO, 2002)		●
우리나라	토목섬유 설계 및 시공요령(한국지반공학회, 1998)	●	
	도로설계편람 (II)(건설교통부, 2000)	●	
	구조물기초설계기준(한국지반공학회, 2003)	●	●

우리나라에서는 보강토 공법이 프랑스, 영국으로부터 도입되어, 보강토 옹벽의 한계상태설계법이 적용되었으나, 한계상태설계법에 대한 이해의 부족으로 정착되지 못하고, 하중계수를 적용하면서도 허용응력설계법의 안전율을 적용해, 이중으로 안전율을 고려하는 보수적인 설계를 하는 등의 오류를 범하기도 했다.

3) 다단식 보강토 옹벽 설계

국내에 보강토 공법이 1980년대 중반에 소개된 이래 괄목할 만한 발전을 거듭해 전국적으로

표 2.3.2 다단식 보강토 옹벽의 상재하중 선정(NCMA, 1996)

상재하중 선정 Diagram	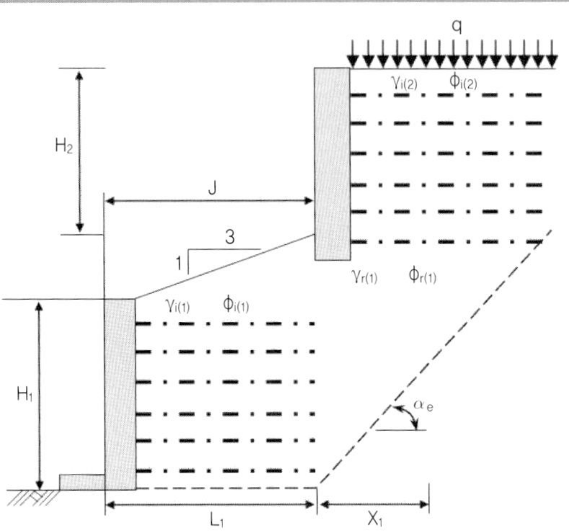

상재하중 선정방법

1. 하단옹벽 내적안정성 검토 시 적용하는 등가 상재하중

   - $J > L_1$: 영향 없음, $q_{d(1)} = 0$, $q_{l(1)} = 0$

   - $3L_1 < J < L_1$: 부분적 상재하중 적용

   $$q_{d(1)} = \frac{(L_1 - J)}{L_1}(\gamma_{i(2)} H_2{}'), \quad q_{l(1)} = \frac{(L_1 - J)}{L_1}(q_{l(2)}{}')$$

   - $J < 3L_1$: 전체 상재하중 적용

   $$q_n = \gamma_{i(2)} H_2{}', \quad q_{l(1)} = q_{l(2)}$$

2. 하단옹벽 외적안정성 검토 시 적용하는 등가 상재하중

   - $J > (L_1 + X)$: 영향 없음, $q_{d(1)} = 0$, $q_{l(1)} = 0$

   - $(L_1 + 5X) < J < (L_1 + X)$: 부분적 상재하중 적용

   $$q_{d(1)} = \frac{(L_1 + X_1 - J)}{X_1}(\gamma_{i(2)} H_2{}'), \quad q_{l(1)} = \frac{(L_1 + X_1 - J)}{X_1}(q_{l(2)}{}')$$

   - $J < (L_1 + 5X)$: 전체 상재하중 적용

   $$q_n = \gamma_{i(2)} H_2{}', \quad q_{l(1)} = q_{l(2)}$$

* 비고 : $X_1 = \dfrac{(H + J/S)}{\tan \alpha_e}$, $H_1 > H_2$, J : 수평이격거리, L : 보강재의 길이+블록 폭, S=500(상하 옹벽 사이 배면이 수평인 경우)

사용빈도가 증가하고 있으며, 아울러 장대화된 다단식 보강토 옹벽의 시공사례가 증가하고 있다. 현재 국내에서 주로 사용되고 있는 FHWA 및 NCMA 설계기준의 경우, 다단식 옹벽의 내·외적 안정성 검토결과를 토대로 상·하단 옹벽의 수평이격거리를 결정하도록 제안하고 있으나, 국내 실정에 부합하지 않는 경우가 많다.

따라서, 이 절에서는 다단식 보강토 옹벽의 설계개념에 대해 살펴보았다. 다단식 보강토 옹벽 설계의 경우, NCMA 기준에서는 상·하단 옹벽의 이격거리를 반복 계산하면서 보강재의 길이 및 강도를 결정하며, FHWA 기준에서는 상·하단 이격거리에 따른 파괴면을 3가지로 분류해 보강재의 길이 및 강도 등을 결정하도록 제안하고 있다.

(1) NCMA 설계기준

NCMA 설계기준에서는 상단 옹벽의 안정을 고려한 하단부 보강재의 길이를 먼저 설정한 후 상단 및 하단의 이격거리를 토대로 상단 옹벽의 영향을 등가의 상재하중으로 환산해 유발인장력을 계산하고, 이를 토대로 내·외적 안정성 검토를 수행하게 되는데, 보강토 옹벽에 작용하는 상재하중을 선정하는 방법 등을 요약, 정리하면 표 2.3.2와 같다.

(2) FHWA 설계기준

FHWA 설계기준에서는 상·하단 옹벽의 이격거리(D)를 토대로 외적안정성을 만족하는 보강재의 길이를 표 2.3.3, 그림 2.3.3과 같은 기준으로 보강재 길이 및 파괴면을 결정한 후, 보강재의 정착 길이를 산정하는 것으로 제안했다.

표 2.3.3 보강재 길이 결정

구분	보강재 길이 결정 방법
$D > H_2 \tan(90-\phi)$	상·하단 옹벽은 서로 영향을 주지 않는 것으로 간주
$D \leq \dfrac{H_1+H_2}{20}$	상·하단 옹벽의 높이(H)는 상단(H_1) 및 하단(H_2) 높이의 합으로 간주하고 단일옹벽에 대한 보강재 길이 설정
$D > \dfrac{H_1+H_2}{20}$	- 상단 옹벽 보강재 길이 : $L_1 \geq 0.7H_1$ - 하단 옹벽 보강재 길이 : $L_2 \geq 0.6H$, 여기서 $H = total\ height$

또한 외적안정성 검토 시에는 상단 옹벽을 상재하중으로 환산해 지지력 및 전도를 검토하고, 저면활동 검토 대신에 사면안정 개념의 복합파괴 혹은 전반파괴 해석을 수행할 것을 제안하고 있다. 아울러, 내적안정성 검토 시에는 표 2.3.4와 같이 상단 옹벽의 위치를 고려해 상단 옹벽으로 인해 유발되는 연직응력의 증가량을 계산해 유발인장력을 계산한다.

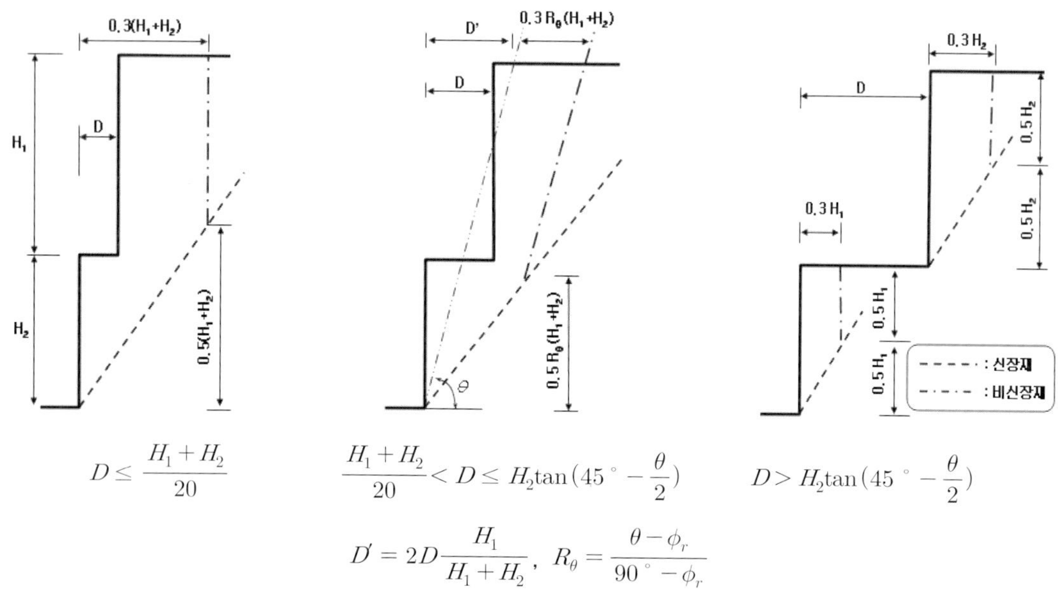

$$D \leq \frac{H_1 + H_2}{20}$$

$$\frac{H_1 + H_2}{20} < D \leq H_2\tan\left(45° - \frac{\theta}{2}\right)$$

$$D > H_2\tan\left(45° - \frac{\theta}{2}\right)$$

$$D' = 2D\frac{H_1}{H_1 + H_2}, \quad R_\theta = \frac{\theta - \phi_r}{90° - \phi_r}$$

그림 2.3.3 가상파괴면 설정(FHWA, 2001)

표 2.3.4 상단 옹벽으로 인한 연직응력 증가

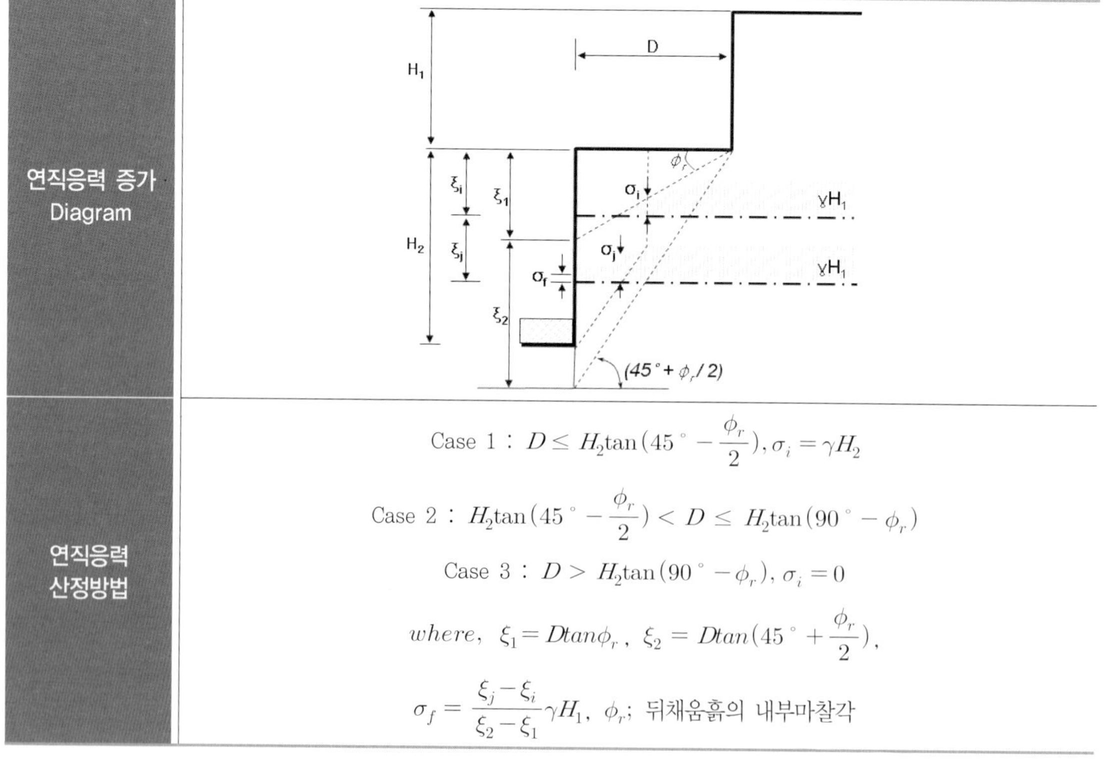

연직응력 증가 Diagram	
연직응력 산정방법	Case 1 : $D \leq H_2\tan\left(45° - \dfrac{\phi_r}{2}\right), \sigma_i = \gamma H_2$ Case 2 : $H_2\tan\left(45° - \dfrac{\phi_r}{2}\right) < D \leq H_2\tan(90° - \phi_r)$ Case 3 : $D > H_2\tan(90° - \phi_r), \sigma_i = 0$ $where, \quad \xi_1 = Dtan\phi_r, \quad \xi_2 = Dtan\left(45° + \dfrac{\phi_r}{2}\right),$ $\sigma_f = \dfrac{\xi_j - \xi_i}{\xi_2 - \xi_1}\gamma H_1, \quad \phi_r;$ 뒤채움흙의 내부마찰각

(3) 전단강도 감소기법

유한요소법에 의한 한계상태설계법에서는 보강토 옹벽이 다음과 같은 조건이 발생했을 때 한계상태에 도달한 것으로 가정한다(GEO, 2002).

① 전체 또는 부분적인 붕괴
② 허용한계를 초과한 변형의 발생
③ 다른 형태의 피로 또는 심각하지는 않지만 구조물의 미관을 해치거나, 예상치 않은 유지·관리가 필요하거나, 구조물의 예상수명을 단축시키는 손상의 발생

보강토 옹벽에서 극한한계상태는 지반 또는 보강토 옹벽 내에서 파괴 메커니즘이 형성될 수 있거나, 보강토 옹벽의 변형이 그 구조요소 또는 근처의 구조물이나 부대시설에 심각한 손상을 유발할 수 있는 상태를 말한다. 사용한계상태는 보강토 옹벽의 변형이 그 외형이나 사용성 또는 보강토 옹벽 위의 구조물이나 부대시설에 영향을 미치는 상태를 말한다(GEO, 2002). 사면안정 해석 시 안전율의 평가방법은 여러 가지가 있으며, 이 중에서 파괴 시까지 지반의 전단강도를 감소시키면서 계산하는 방법을 전단강도감소기법(shear strength reduction technique)이라 한다. 전단강도감소기법의 경우, 안정해석에서 일반적으로 사용하는 절편법에 비해 많은 이점 이 있는데, 그중에서도 가장 중요한 것은 파괴면과 파괴 메커니즘을 자동적으로 찾아준다는 점 을 들 수 있다(Dawson 등 2000). 전단강도감소기법은 수치해석적인 방법을 이용해 식 (2.3.4) 와 같이 지반의 전단강도를 좌우하는 내부마찰각 및 점착력 부분에 대한 안전율을 감소시키면 서 파괴 시까지 반복 계산함으로써, 파괴 시 최종적으로 적용된 안전율과 가상파괴면을 평가해 한계평형해석기법과 유사한 안정성 평가를 할 수 있는 해석기법이다.

$$\tan\phi_m = \frac{\tan\phi}{Fs_\phi}, \quad c_m = \frac{c}{Fs_c} \tag{2.3.4}$$

여기서 $\phi,\ c$: 원지반의 내부마찰각 및 점착력
$\phi_m,\ c_m$: 안전율을 고려해 수정된 내부마찰각 및 점착력
$Fs_\phi,\ Fs_c$: 내부마찰각 및 점착력에 대한 안전율

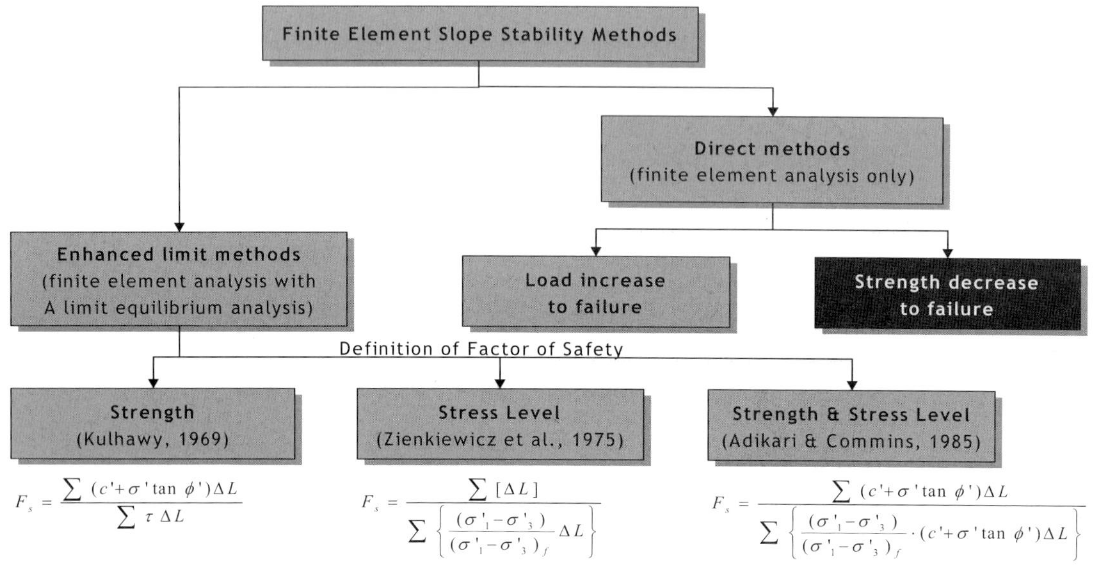

$$F_s = \frac{\sum (c'+\sigma' \tan \phi')\Delta L}{\sum \tau \Delta L}$$

$$F_s = \frac{\sum [\Delta L]}{\sum \left\{ \dfrac{(\sigma'_1-\sigma'_3)}{(\sigma'_1-\sigma'_3)_f} \Delta L \right\}}$$

$$F_s = \frac{\sum (c'+\sigma' \tan \phi')\Delta L}{\sum \left\{ \dfrac{(\sigma'_1-\sigma'_3)}{(\sigma'_1-\sigma'_3)_f} \cdot (c'+\sigma' \tan \phi')\Delta L \right\}}$$

그림 2.3.4 FEM에 의한 안전율의 평가방법(Fredlund 등, 1999)

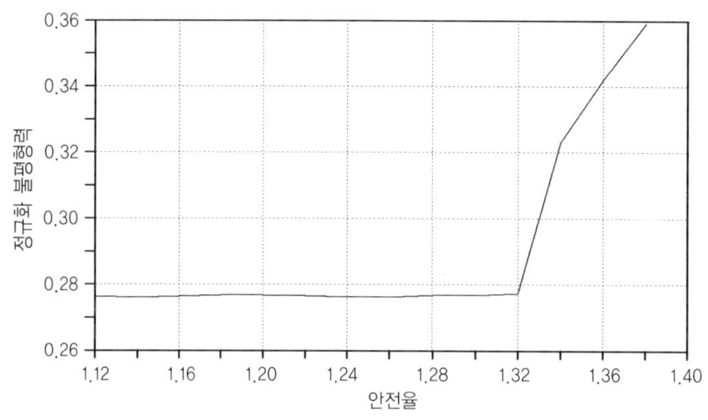

그림 2.3.5 보강토 옹벽의 불평형력 변화

그림 2.3.4는 $FLAC^{2D}$ ver 3.30을 이용해 산정한 지오그리드 보강토 옹벽의 단계별 전단강도 감소(안전율 증가)에 따른 정규화된 불평형력(unbalanced force)의 변화를 보여준다. 그림 2.3.5에서 보듯이 단계별 전단강도 감소에 따라서 불평형력이 일정한 수준으로 산정되다가 임의의 안전율($F_s=1.32$)에서 갑자기 불평형력이 크게 증가하는데 이때의 안전율, 즉 변형이 크게 증가하는 단계의 안전율을 보강토 옹벽 구조체의 전체 안전율로 나타낸다.

2.3.4 수치해석 사례

1) 경기도 OO현장 설계사례 – 다단식 옹벽

FHWA 및 NCMA 설계기준에 근거해 경기도 파주현장에 대한 내적안정성(internal stability) 및 외적안정성(external stability) 검토를 수행했으며, 검토결과를 분석해 수정 FHWA 설계기준을 제시하고 이에 대한 내·외적 안정성 및 복합파괴(compound failure)에 대한 안정성 검토를 수행했다. 또한 수정 FHWA 설계기준의 적합성을 판단하기 위해, 전단강도감소기법(shear strength reduction technique)을 이용한 수치해석적 접근방법 제시 및 분석이 이루어졌으며, 이를 토대로 결정된 수정 FHWA 설계기준을 적용한 설계 및 시공사례를 소개하고자 한다.

(1) 현장 개요

경기도 파주에 위치한 성토부지에 총 연장 1,450m 보강토 옹벽이 시공되었으며, 유효 활용부지 확보를 위해 최대 29.4m에 이르는 고성토 다단식 보강토 옹벽이 계획, 시공되었다(그림 2.3.6 및 그림 2.3.7).

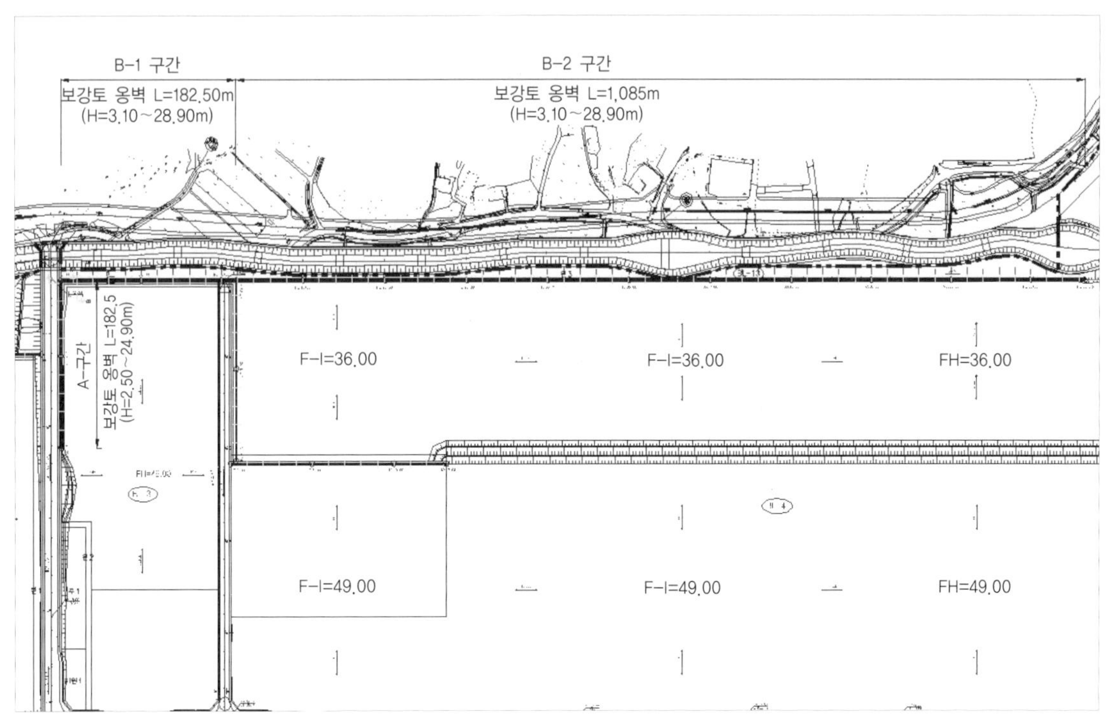

그림 2.3.6 보강토 옹벽 평면도

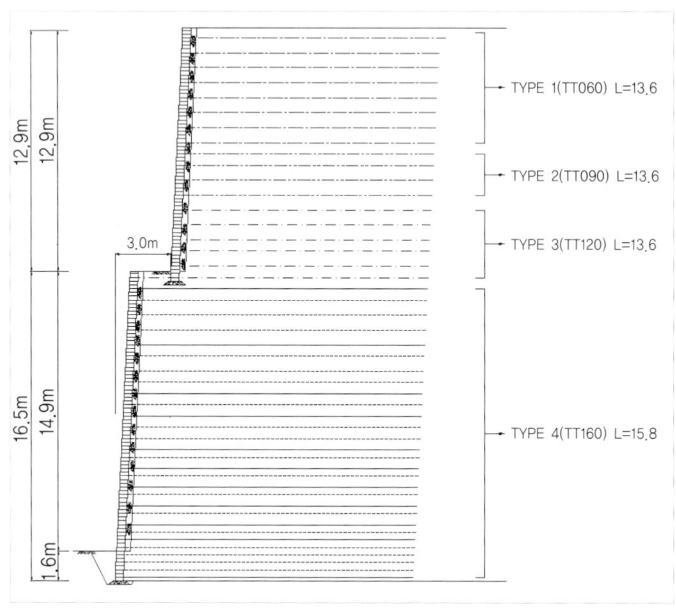

그림 2.3.7 다단식 보강토 옹벽(H = 29.4m)

(2) 설계 및 시공

본 현장의 보강토 옹벽의 연장은 약 1,405m로, 이 중 성토고가 가장 높은 단면(그림 2.3.7 참조)에 대한 안정해석을 FHWA 및 NCMA 설계기준을 토대로 수행했다. 아울러 $FLAC^{2D}\ ver$ 3.30 프로그램을 이용한 복합구조물의 안정성 검토도 추가로 수행했다. 본 해석 시 적용한 지반 강도정수는 지반조사 및 실내실험 결과를 토대로 표 2.3.5와 같이 결정했으며, 보강재의 강도특 성치는 표 2.3.6과 같다.

표 2.3.5 안정해석에 적용된 지반강도정수

구분		단위중량, γ_t, kN/m³	점착력, c, kPa	내부마찰각, ∅, °	탄성계수, E, kPa	포아송비 v
뒤채움재		17.0	0	33	142,166	0.35
원지반	매립토	14.2	0	33	10,898	0.35
	충적층	18.6	0	33	122,625	0.30
	풍화토	18.6	0	35	196,000	0.30
	풍화암	18.6	50	35	326,996	0.25

표 2.3.6 지오그리드 강도특성치

지오그리드	최대인장강도, T_{ult}, kN/m	허용인장강도, T_a, kN/m
Type 1	60.0	27.0
Type 2	90.0	40.4
Type 3	120.0	53.9
Type 4	160.0	71.9

*성분 : HDPE, High Density Polyethylene

보강토 옹벽 전면벽체에 적용되는 블록은 23.5MPa의 일축압축강도를 가지는 키(key)형 블록을 사용했으며, 벽체배면에 30~50cm 폭의 자갈층을 설치했다. 또한 뒤채움 흙으로는 화강풍화토를 사용했으며, 다짐은 10톤의 진동롤러를 이용해 95% 다짐도를 확보하는 것으로 계획했다. 벽체 배면의 자갈배수층을 포함한 1m 정도의 폭에 대해서는 시공 중 다짐작업에 의한 벽체 전면변위를 억제하기 위해 1톤 롤러를 이용해 다졌다. 층별 다짐두께는 25cm 이하로 관리했으며, 최대건조밀도는 19kN/m^3, 최적함수비는 8.2% 정도인 것으로 나타났다. 계속해서 보강토 옹벽의 우각부의 경우 응력집중에 의한 변위증가 등의 위험요인을 차단하기 위해, 보강토 중량 5~8% 정도의 soil cement를 혼합해 혼합재의 일축압축강도를 250kPa 이상 확보할 수 있게 했다.

(3) 다단식 보강토 옹벽의 내·외적 안정성 검토

① 안정성 검토결과 및 최적설계단면 비교

그림 2.3.7에 도시된 다단식 보강토 옹벽의 내·외적 안정성 검토결과를 요약, 정리하면 표 2.3.7과 같다.

표 2.3.7에 도시된, FHWA 및 NCMA 설계기준 안전율을 상회하는 최적설계단면에 설치된 지오그리드의 설치 단수를 비교해보면, FHWA 설계기준을 토대로 결정된 설계단면의 경우, Type 4 지오그리드 44단(L=15.8m), Type 3 지오그리드 7단(L=13.6m), Type 2 지오그리드 8단(L=13.6m), Type 1 지오그리드 8단(L=13.6m)이며, NCMA 설계기준을 토대로 결정된 설계단면의 경우, Type 4 지오그리드 20단(L=11.6m), Type 3 지오그리드 10단(L=11.6m), Type 2 지오그리드 7단(L=9.4m), Type 1 지오그리드 9단(L=9.4m)인 것으로 평가되었다. 따라서 이 2가지 설계기준을 토대로 선정된 최적설계단면은 많은 부분 다른 것으로 나타났으며, NCMA 설계기준에 의해 선정된 최적설계단면이 FHWA 설계기준에 의해 평가된 최적설계단면에 비해 40% 정도의 공사비 감소효과가 있는 것으로 평가되었다.

따라서 NCMA 설계기준에 의해 결정된 최적설계단면에 비해 FHWA 설계기준에 의해 선정된

표 2.3.7 안정성 검토결과 및 최적설계단면 비교

보강토 옹벽, H= 29.4m	FHWA					NCMA				
	외적 검토			내적 검토		외적 검토			내적 검토	
	활동 (FS≥1.5)	전도 (FS≥2.0)	지지력 (FS≥2.0)	인발파괴 (FS≥1.5)	파단 (FS≥1.5)	활동 (FS≥1.5)	전도 (FS≥2.0)	지지력 (FS≥2.0)	인발파괴 (FS≥1.5)	파단 (FS≥1.0)
상단	2.057	2.67	3.93	1.639	1.502	3.78	6.37	9.41	2.01	1.01
하단						2.77	3.83	4.78	12.95	1.04

최적설계단면의 경우 다소 보수적인 측면을 내포하는 것으로 판단된다. 그러나 NCMA 설계기준에 의한 안정성 검토 시 하단 옹벽과 상단 옹벽을 하나의 구조체로 간주하고 검토하는 것이 아니라, 별개의 독립된 구조물로 보고 검토하기 때문에, 복합구조물의 영향을 정확하게 고려할 수 없어서 정량적인 비교가 어렵다.

② 수정 FHWA 설계기준 제안

FHWA 설계기준을 토대로 선정된 최적설계단면이 다소 보수적인 이유는, 안정성 검토 시 다양한 인자의 강도감소계수(RF_{CR}, RF_D, RF_{ID})와 불확실성에 대한 안전율($FS=1.0\sim1.5$)을 고려해 허용인장강도(T_a) 값을 산출한 후, 이를 토대로 평가된 내적안정성 검토결과가 기준안전율($FS=1.5$)을 상회하도록 제안하는 등 이중으로 안전율을 적용하기 때문인 것으로 판단된다.

$$T_a = \frac{T_{ULT}}{RF_{CR} \cdot RF_D \cdot RF_{ID} \cdot FS}$$

$$(2.3.5)$$

여기서 RF_{CR} : Creep 변형 강도감소계수,

RF_D : 내구성 강도감소계수,

RF_{ID} : 시공손상 감도감소계수

따라서, 본 사례에서는 FHWA의 설계기준 중 내적안정성 검토 시 적용되는 파단기준안전율 1.5를 1.0으로 낮춰서 안정성 검토를 다시 했는데, 이에 대한 검토결과를 요약, 정리하면 표 2.3.8과 같다.

표 2.3.8 수정 FHWA 설계기준을 적용한 안정성 검토결과 및 최적설계단면

수정 FHWA 기준		FS	최적설계단면
외적 검토	활동 ($FS \geq 1.5$)	2.06	
	전도 ($FS \geq 2.0$)	2.67	
	지지력 ($FS \geq 2.0$)	3.93	
내적 검토	인발파괴 ($FS \geq 1.5$)	1.50	
	파단 ($FS \geq 1.0$)	1.04	

표 2.3.8에 도시한 수정 FHWA 설계기준을 토대로 선정된 최적설계단면에 포설된 지오그리드를 살펴보면, Type 4 지오그리드 29단(L=15.8m), Type 3 지오그리드 6단(L=13.6m), Type 2 지오그리드 4단(L=13.6m), Type 1 지오그리드 8단(L=13.6m)으로, 표 2.3.7에서 제시한 FHWA 설계기준을 토대로 선정된 최적설계단면에 비해 22% 정도의 공사비 감소효과가 있는 것으로 나타났다.

(4) 전단강도 감소기법을 이용한 복합파괴 안정성 검토

① 수치해석 개요

표 2.3.8에서 소개된 최적설계단면의 복합파괴 안정성 검토를 수행하기 위해, 유한차분 해석

프로그램인 *FLAC^{2D} ver 3.30* 프로그램을 이용해 안정성 검토를 수행했으며, 해석 시 적용한 격자요소망은 그림 2.3.8과 같다.

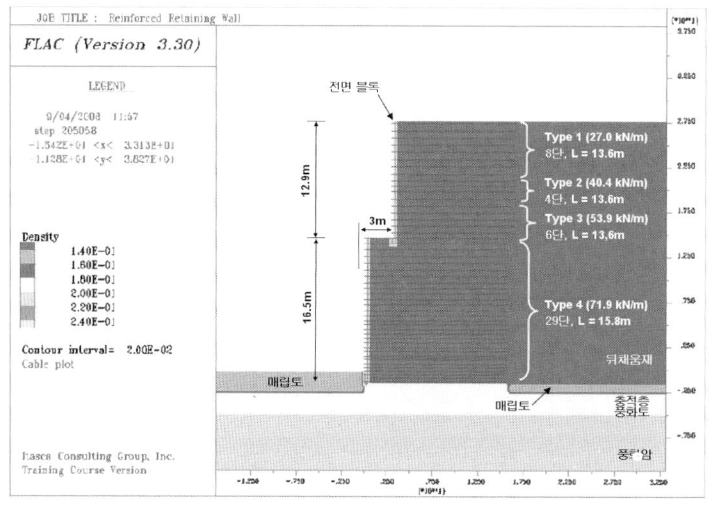

그림 2.3.8 격자요소망

수치해석을 위한 지반 모델링의 경우 탄·소성 모델인 Mohr−Coulomb Failure Criterion 을 적용했으며, 보강토 옹벽에 적용되는 지오그리드는 케이블 요소로, 전면블록은 탄성모델 (elastic model)로 모사했으며, 지반강도정수 및 지오그리드 특성치 등은 표 2.3.5와 2.3.6을 참조했다.

다단식 보강토 옹벽의 안전율은 Dawson 등(2000)의 연구결과에 따라 지반의 전단강도를 식 2.3.4에 의해 단계별로 저하시키면서 해석해 1000 step 계산 후의 최대불평형력과 안전율과의 관계로부터 최대불평형력이 급격히 증가하는 시점으로 결정했다.

② 안정성 검토결과

전단강도 감소기법을 도입해 평가된 최소안전율은 1.9로서, 기준안전율(FS=1.3)을 상회 하는 안정된 상태인 것으로 평가되었다(그림 2.3.9).

그림 2.3.9 (a)에 나타난 전단 변형률 증가 경향을 살펴보면, 예상활동 파괴면이 하단 옹벽 선단부에서부터 상단 옹벽 배면지반으로 비선형 거동을 하고 있는 것으로 나타났다. 아울러 그림 2.3.9 (b)에 나타난 수평변위 경향을 살펴보면, 하단 옹벽 선단부에서부터 16m 상부 위치에서 최대수평변위(6.78cm)가 유발한 것으로 나타났는데, 이를 정리하면 그림 2.3.10과 같다. 또한 각 보강재에 작용하는 최대축력은 50.3kN/m인 것으로 평가되어, 포설된 보강재

의 허용인장강도($T_a = 71.9kN/m$)를 초과하지 않는 안정된 상태인 것으로 나타났다(그림 2.3.11).

따라서 수정 FHWA 설계기준을 토대로 결정된 최적설계단면의 설계 적합성을 수치해석 프로그램을 통해 확인해본 결과, 내·외적 안정성 및 복합파괴에 대한 안정성 확보가 가능할 것으로 사료된다.

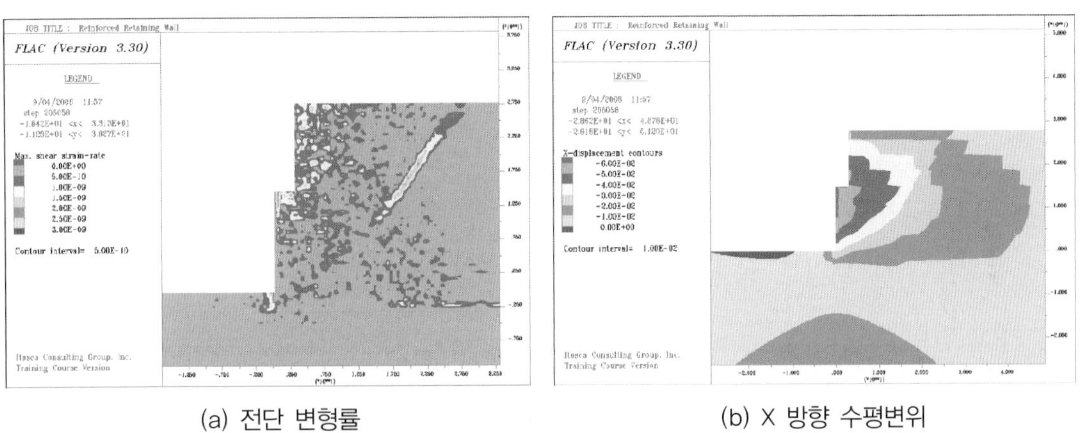

(a) 전단 변형률   (b) X 방향 수평변위

그림 2.3.9 예상활동 파괴면(FS=1.9)

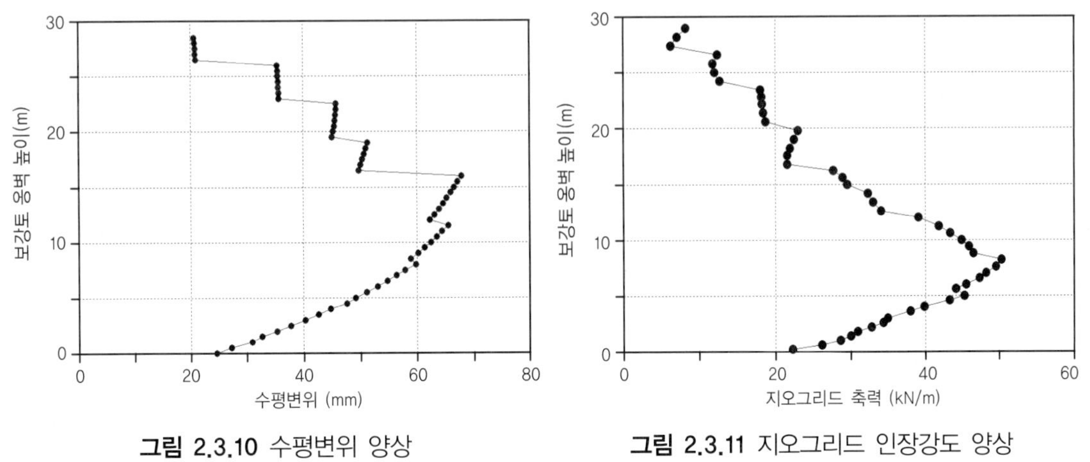

그림 2.3.10 수평변위 양상   **그림 2.3.11** 지오그리드 인장강도 양상

(5) 요약 및 제언

본 사례에서는 다단식 보강토 옹벽의 NCMA 및 FHWA 설계기준을 비교, 검토해보았으며, 본 사례에서 제시한 수정 FHWA 설계기준을 토대로 설계 및 시공된 현장사례를 전단강도 감소기법을 도입한 수치해석적 접근으로 비교, 분석했다. 본 설계사례를 통해 얻어진 결과를 요약, 정리하면 다음과 같다.

103

① NCMA 및 FHWA 설계기준을 토대로 선정된 최적설계단면은 많은 부분 다른 것으로 나타
났으며, NCMA 설계기준에 의해 선정된 최적설계단면이 FHWA 설계기준에 의해 평가된
최적설계단면에 비해 40% 정도의 공사비 감소효과가 있는 것으로 평가되었다.

② 수정 FHWA 설계기준에 의해 선정된 최적설계단면이 FHWA 설계기준에 의해 평가된 최
적설계단면에 비해 22% 정도의 공사비 감소효과가 있는 것으로 평가되었다.

③ 수정 FHWA 설계기준을 토대로 결정된 최적설계단면의 설계 적합성을 수치해석 프로그램을
통해 확인한 결과, 내·외적 안정성 및 복합파괴에 대한 안정성 확보가 가능할 것으로 판단된다.

④ 본 연구에서 제시한 FHWA 설계기준을 일부 수정한, 수정 FHWA 설계기준의 경우, 다단
식 보강토 옹벽을 설계할 경우 유용하게 사용될 수 있을 것으로 판단된다.

2) 충청북도 OO 보강토 옹벽 설계사례

(1) FEM 검토 개요

당 현장에서는 절토사면의 옹벽공법에 작용하는 토압의 분포 및 거동을 알아보고자 수치해석
을 수행했다. 수치해석에서는 현장시험시공의 계측결과를 검증하고 현장시험시공에서 제한적
으로 측정된 심도별 토압을 보다 명확하게 알아보고자 현장시험시공이 수행된 대표단면을 이용
해 그 결과를 비교, 분석했다.

본 수치해석에서는 범용유한요소해석 프로그램인 $Pentagon^{2D}$를 사용한 수치해석을 수행했
다. $Pentagon^{2D}$는 편리한 사용자 인터페이스와 다양한 해석모델의 적용과 시공단계를 고려한
모델링이 가능해 복잡한 입력데이터를 손쉽게 입력할 수 있는 장점을 가지고 있다. 지반요소에
대한 소성 모델로서는 Mohr-Coulomb, Druker-Prager, Hoek-Brown, Modified-Cam Clay,
Duncan-Chang model 등을 사용할 수 있으며, 탄성해석(general elastic)에서 완전소성(perfect
plastic)에 이르는 범위까지 해석이 가능하다.

당 현장에서 지반요소는 일반적인 탄·소성 모델인 Mohr-Coulomb Model을 사용했으며, 지반
및 옹벽 등 모든 요소는 8절점 요소(quad element)를 사용했으며, 소일네일의 경우에는 TRUSS
요소로 모델링했다. 수치해석에서는 좌측과 우측 경계면에 롤러를 두어 횡방향 변위가 발생하
지 않도록 구속했으며, 바닥면에 역시 롤러를 두어 종방향 변위가 발생하지 않도록 구속해 실제
지반의 거동을 최대한 모사했다.

(2) 지반강도정수

본 수치해석에 적용된 지반 특성값을 다시 한번 정리해 나타내면 표 2.3.9와 같다.

표 2.3.9 지층별 지반강도정수

지층	단위중량(tf/m³)	점착력(tf/m²)	내부마찰각(°)	탄성계수(tf/m²)	포아송비(ν)
성토층	1.80	1.5	30	3,000	0.38
토사층	1.84	2.0	30	3,500	0.37
풍화암	2.00	5.0	35	30,000	0.33
연암	2.50	7.0	37	1,500,000	0.25

(3) 수치해석 방법

유한요소해석은 원지반 조건을 반영한 초기해석과 상부 지반 굴착, 소일네일의 시공 및 보강

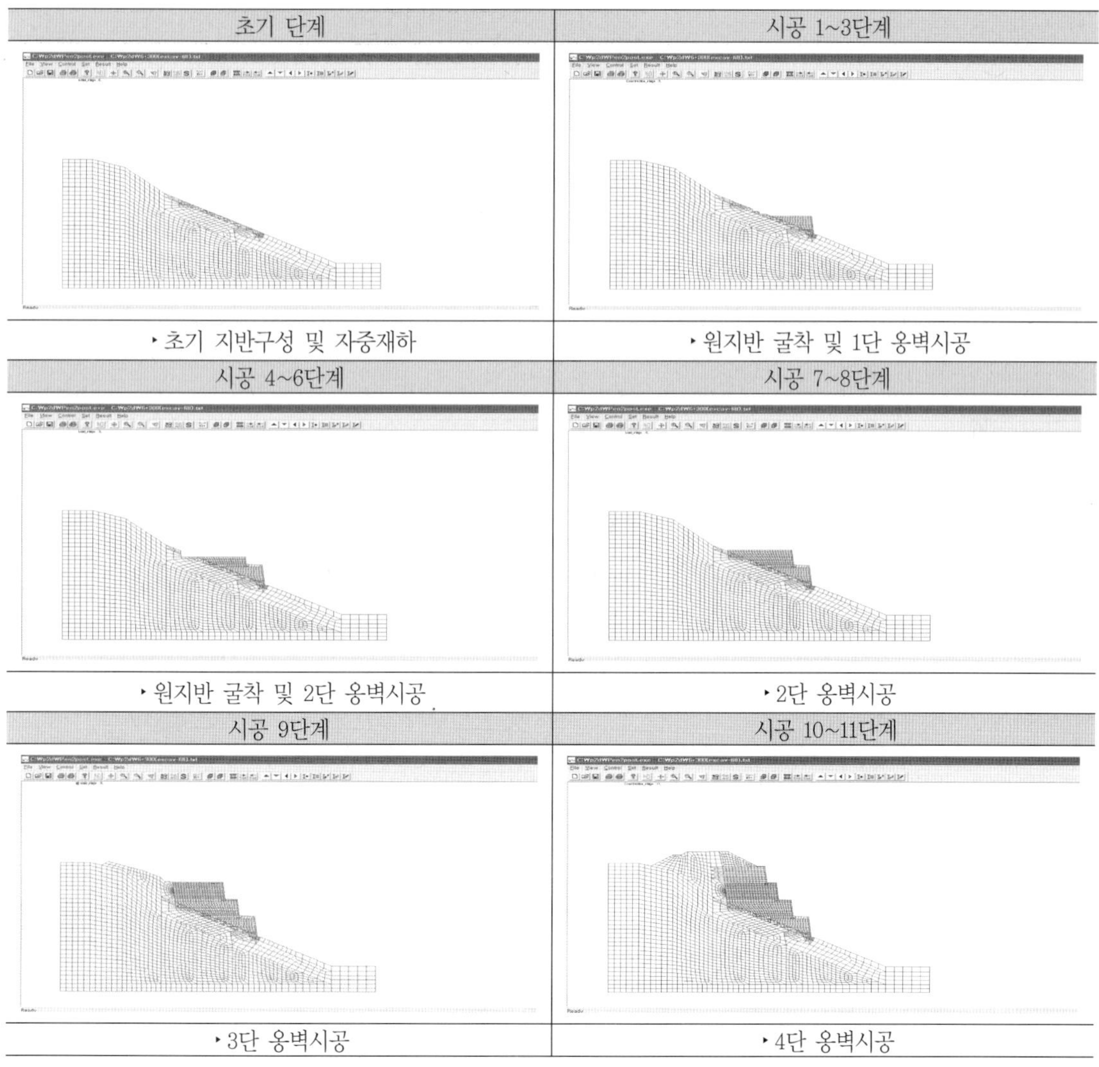

그림 2.3.12 심도 및 시간경과에 따른 토압 분포결과

토 옹벽 등의 단계별 시공과정을 순차적으로 모델링했다. 시공과정을 모델링하기 위한 단계별 격자망 형상은 그림 2.3.12에 나타냈다.

(4) 수치해석 결과

해석결과는 전체 옹벽 4단이 설치되는 전체 지반의 연직침하량, 수평변위, 지반소성도 및 수평응력 중심으로 분석했으며, 결과는 그림 2.3.13과 같다.

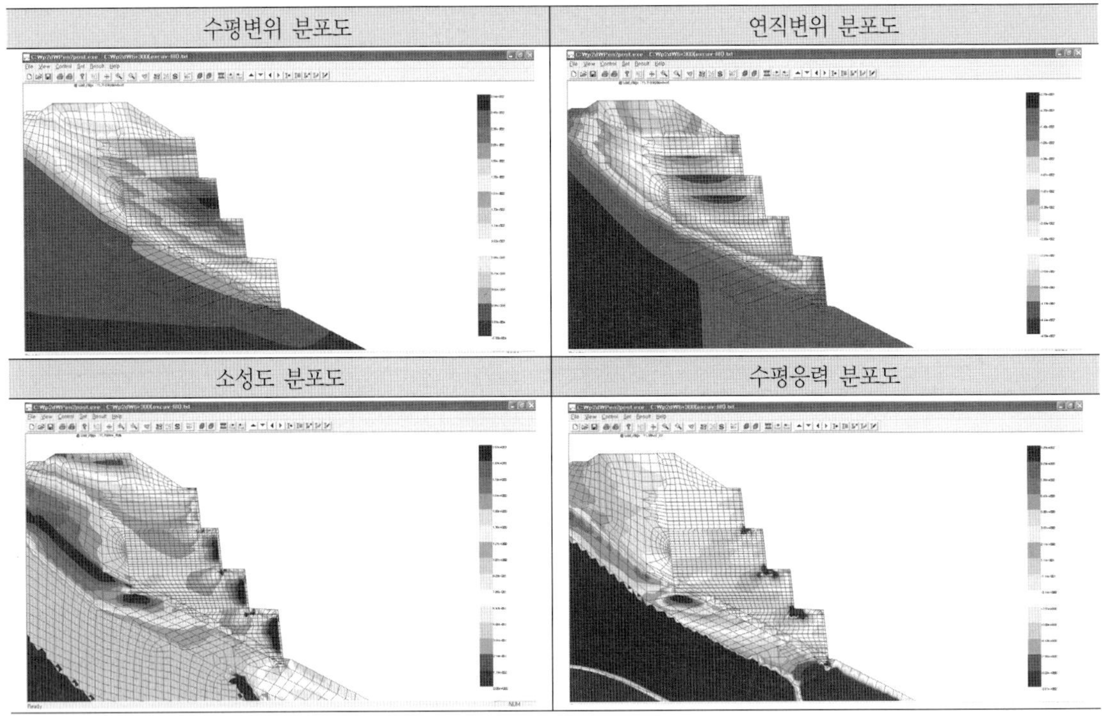

그림 2.3.13 수치해석 결과

그림 2.3.13에 나타낸 바와 같이 해석결과 단계별 시공과정이 진행될수록 수평변위는 점차 증가하는 것으로 나타났으며, 최종시공 단계에서 약 6.4cm로 평가되었다. 또한 지반의 침하량 역시 단계별 시공과정에 따라 증가하는 것으로 나타나 최종 단계에서 5.4cm로 평가되었다. 지반의 소성도는 보강토 옹벽의 벽체에서 비교적 크게 일어나는 것으로 평가되었으며, 보강토 옹벽의 전면에서 작용하는 수평응력은 0.5~5.7tf/m² 정도로 평가되었다.

수치해석으로 평가된 최종 단계에서의 보강토 옹벽의 심도별 변위와 보강토 옹벽 전면에서의 심도별 수평응력분포 결과는 그림 2.3.14 및 2.3.15에 각각 나타냈다.

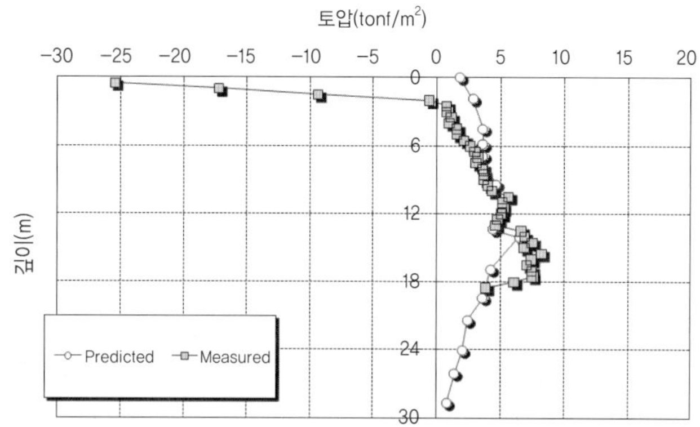

그림 2.3.14 최종 단계에서의 심도별 수평변위(보강토 옹벽 전면)

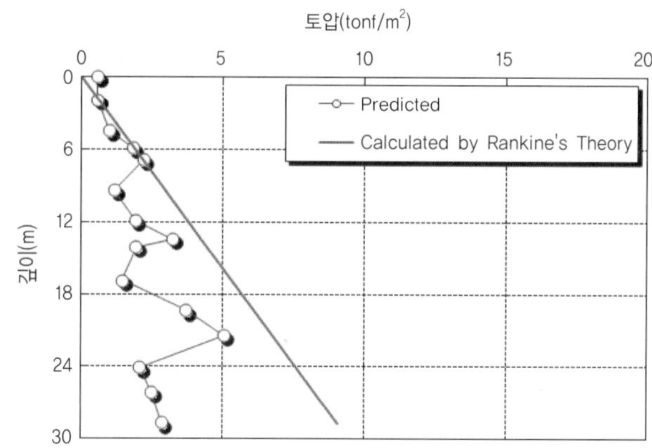

그림 2.3.15 최종 단계에서의 심도별 수평응력(보강토 옹벽 전면)

그림 2.3.14에는 수치해석으로 평가된 옹벽 전면에서의 수평변위를 나타냈는데 전반적인 수평변위 분포형태는 현장시험시공에서 평가된 지중경사계 결과와 유사한 양상을 보이는 것으로 나타나 현장시험시공에서 평가된 결과의 신뢰성은 어느 정도 확보하고 있는 것으로 생각된다.

그림 2.3.15에는 보강토 옹벽 전면에서 평가된 수평응력을 나타냈다. 수평응력은 최대 5.7tf/m^2 정도로 평가되었으며, 현장시험시공에 측정한 결과와 유사하게 하부 심도로 증가할수록 크게 평가되었다. 그러나 수치해석 결과에서도 보강토 옹벽 전면에 작용하는 토압은 랭킨 및 쿨롱 토압에서 제시하는 이론식 결과보다는 전반적으로 작게 평가되었다.

이에 본 과업에서는 사면보강공이 보강토 옹벽의 토압을 어느 정도까지 감소시키는지 여부를 확인하고자 대표단면에 네일이 설치되지 않을 경우를 가정해 사면보강공은 없고 보강토 옹벽만 설치되는 경우의 토압분포를 분석했으며, 그 결과는 그림 2.3.16에 나타냈다.

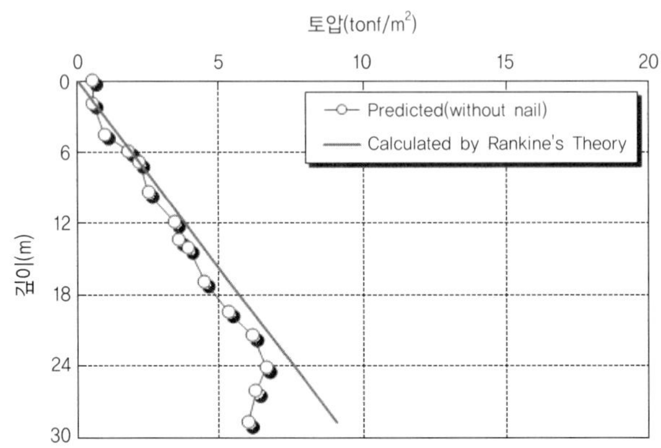

그림 2.3.16 네일이 없는 경우 최종 단계에서의 심도별 수평응력

그림 2.3.16에 나타낸 바와 같이, 사면보강공이 설치되지 않는 경우에는 보강토 옹벽에 작용하는 토압이 증가하는 것으로 나타나, 보강토 옹벽의 토압산정에서 사면보강공의 응력분담을 고려하는 것이 합리적인 보강토 옹벽의 토압산정 방법임을 확인했다.

3) 토목섬유가 보강된 지하차도 및 EPS 공법에 대한 설계사례

(1) 수치해석 개요

지하차도 설치로 인해 단절되는 대상산계의 능선을 복구해 자연경관 훼손을 최소화하고 동물의 원활한 이동통로의 확보를 목적으로 현장여건에 적합한 공법을 비교·검토해 경제적이고 시공이 용이한 공법(EPS Block + DeltaLok)을 채택해, 적용된 공법의 안정성 검토를 수행하게 되었다. 본 공법을 적용하면 지하차도 위에 성토재를 토사 대신 EPS 블록으로 쌓아 하중을 최소화할 수 있으며, 구조물의 위험성 최소화 및 유지·관리가 용이하다. 또한 EPS 블록 상부에 성토되는 토피고가 식생하는 데 충분한 두께를 확보할 수 있으므로, 굴착 이전 상태 대상산계의 능선에 대한 원상복구도 가능할 것으로 판단된다.

(2) 현황

본 과업의 도로확장 공사 구간 중, 지하차도 구간(STA. 1+530에서부터 STA. 1+592까지) 중, STA. 1+555 및 STA. 1+560은 성토되는 토피의 두께가 가장 두터운(약 14.4m 이상), 비교적 취약한 단면이라 할 수 있다. 현 상태에 대한 3차원 단면은 그림 2.3.17과 같다.

(3) 보강토 사면의 안정성 검토

① 본 장의 사면안정성 검토에서는 원호파괴를 가정해 해석했다. 본 해석에서는, 원호 예상파

괴면의 통과 구간을 다양하게 가정해 해석했으며, 그중 최소안전율이 가장 작은 경우를 토대로 보강토(detaLok) 사면의 안정성을 최종 평가했다. 본 사면안정평가에 사용한 프로그램은, TALREN 97이며, 보강토가 설치되는 대표단면 및 대표단면의 하단부에 대해서 건기 시와 우기 시 각각에 대해 해석했다. 본 사면안정해석이 수행된 대표단면은 그림 2.3.18과 같다.

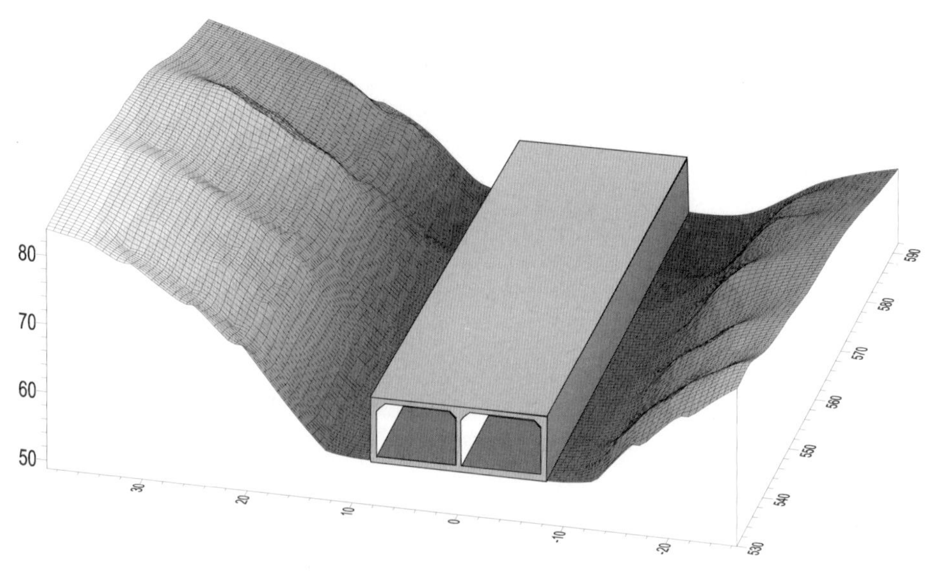

그림 2.3.17 3차원 현황도

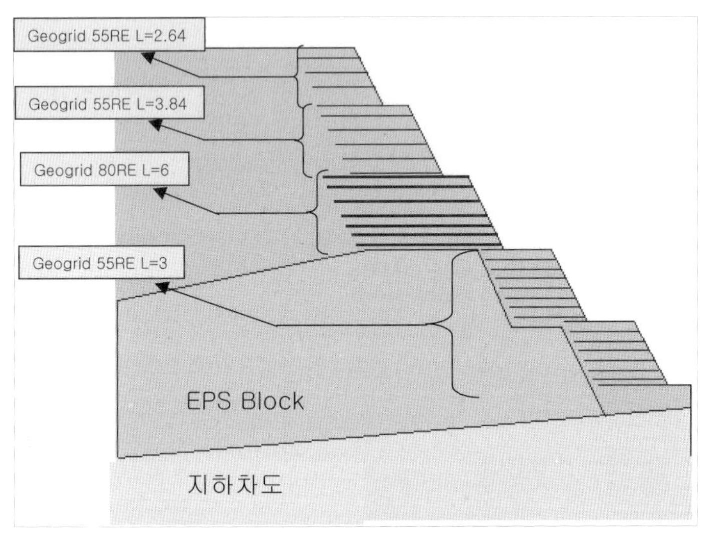

그림 2.3.18 대표단면(지하차도 시점부)

② 설계기준안전율 및 간극수압비

● 설계기준안전율

사면의 설계기준안전율은 사면붕괴에 대한 영구적인 안전을 도모하기 위해서 표 2.3.10
과 같이 건기 시에는 1.5 이상, 우기 시에는 1.2 이상으로 했다.

표 2.3.10 설계기준안전율

구분	최소안전율	참조
건기	F_s > 1.5	– 암반 : 인장균열면이나 활동면을 따라 수압이 작용하지 않음 – 토층 및 풍화암 : 지하수 미고려
우기	F_s > 1.1~1.2	– 암반 : 인장균열면이나 활동면을 따라 적용되는 수압을 H_w=0.5H로 가정해 적용 – 토층 및 풍화암 : 지하수위는 지표면에 위치

* 『2000년도 도로공사설계적용기준』, p. 32

● 간극수압비의 결정

간극수압비(Ru)의 정의는 그림 2.3.19에 도시된 바와 같고, 본 검토에서는 향후 강우 등에
의한 침투 영향을 고려해 Ru=0.25로 했다.

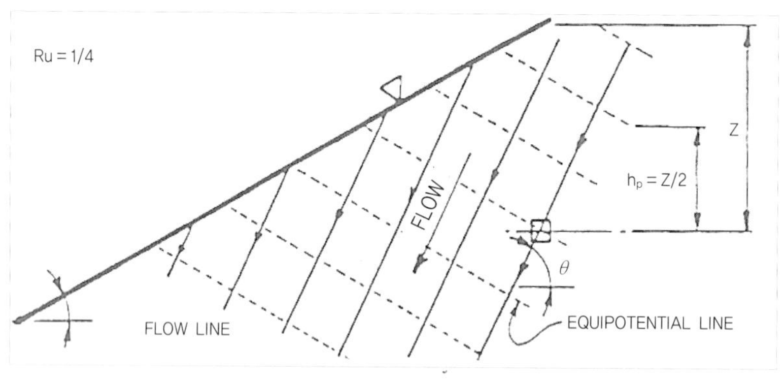

그림 2.3.19 지하수 흐름에 따른 Ru값(Lame and Silva–Tulla, 1992)

③ 지반강도정수

본 사면안정해석에 적용된 지반강도정수는 표 2.3.11과 같으며, 장기적인 충분한 안정성 확보
차원에서 안전측의 값으로 결정했다.

표 2.3.11 사면안정해석에 적용된 지반강도정수

구분	건조단위중량 (t/m³)	포화단위중량 (t/m³)	점착력 (t/m²)	내부마찰각 (°)
성토재	1.8	1.9	0.5	30
풍화토	1.85	1.95	0.5	22
풍화암	1.9	2.0	1.5	35
연암	2.1	2.2	5.0	38
EPS 블록	0.024	0.124	6.0	–

④ 사면안정해석 결과

지하차도 시점부 대표단면(소단폭 2m, 그림 2.3.18 참조) 및 대표단면의 하단부에 대한 사면안정해석 결과 중, 최소안전율이 가장 작게 평가된 경우의 결과를 정리하면 다음과 같다.

대표단면의 건기 시와 우기 시에 대한 사면안정해석 결과는 그림 2.3.20, 그림 2.3.21과 같고, 대표단면 하단부의 건기 시와 우기 시에 대한 사면안정해석 결과는 그림 2.3.22, 그림 2.3.23과 같다. 계속해서 사면안정해석 결과, 예상되는 최소안전율을 요약, 정리하면 표 2.3.12와 같다.

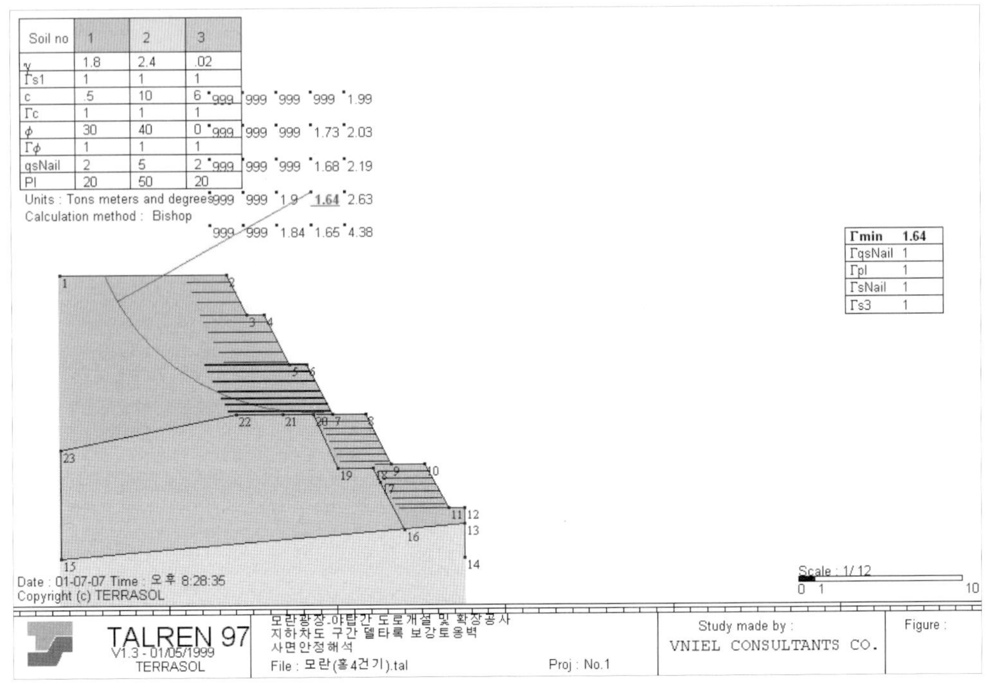

그림 2.3.20 대표단면에 대한 사면안정해석 결과(건기 시)

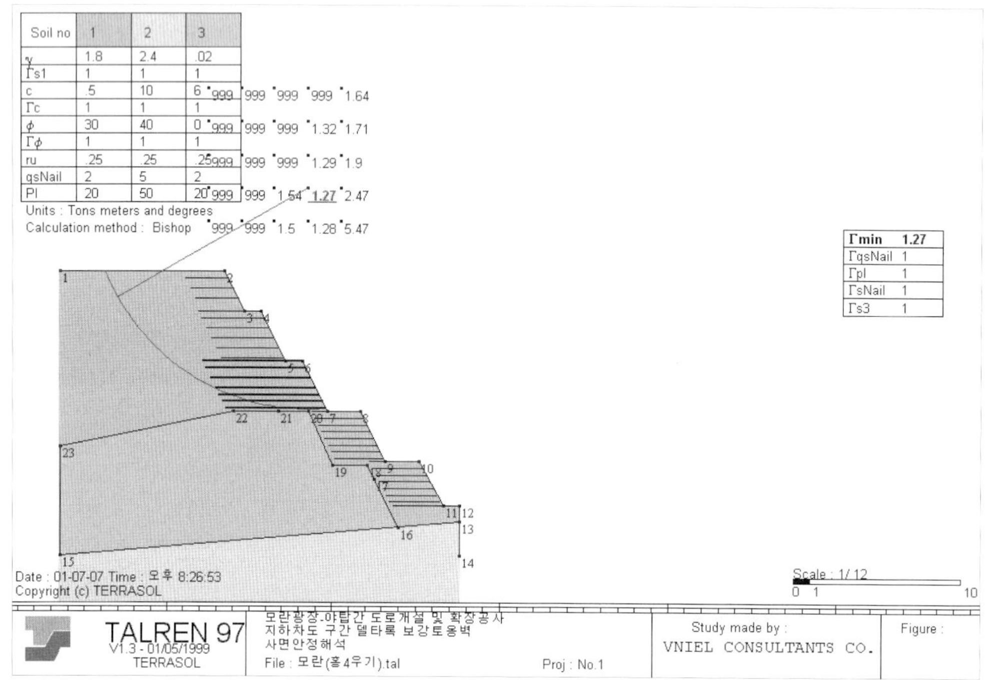

그림 2.3.21 대표단면에 대한 사면안정해석 결과(우기 시)

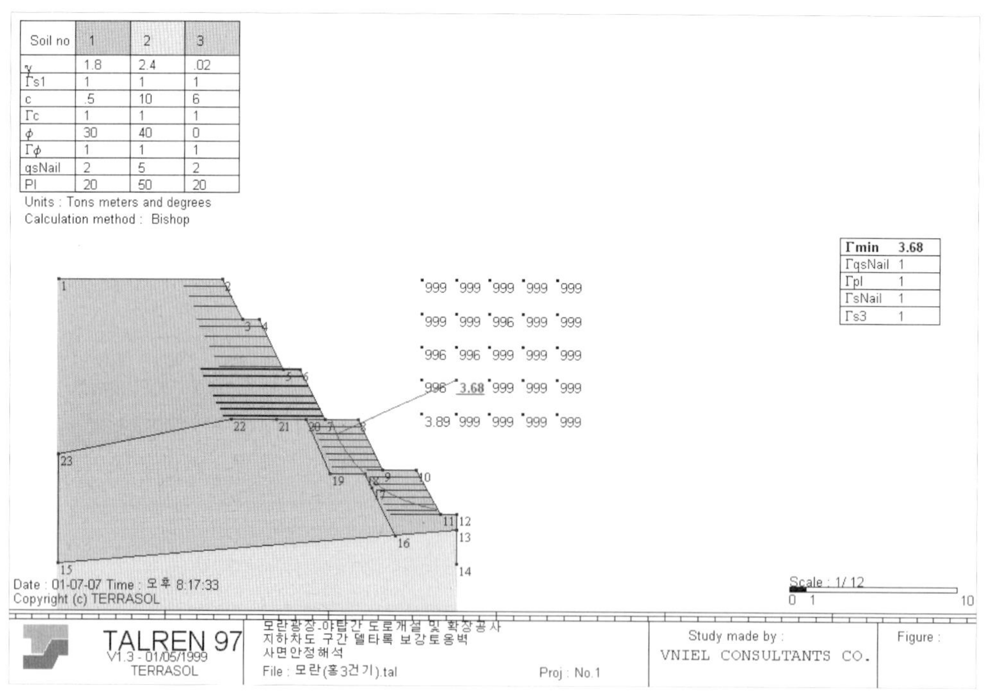

그림 2.3.22 대표단면의 하단부에 대한 사면안정해석 결과(건기 시)

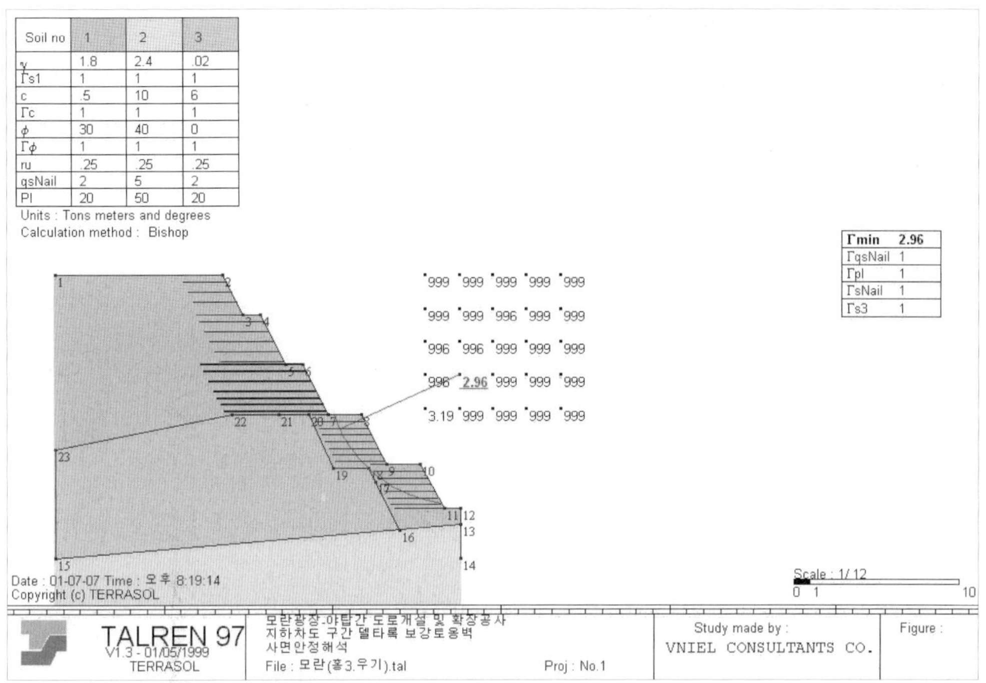

그림 2.3.23 대표단면의 하단부에 대한 사면안정해석 결과(우기 시)

표 2.3.12 사면안정해석 결과 요약

단면	구분	설계기준안전율	최소안전율	안정성 평가
대표단면	건기 시	1.5	1.64	안정
	우기 시	1.2	1.27	
대표단면의 하단부	건기 시	1.5	3.68	안정
	우기 시	1.2	2.96	

표 2.3.12에 정리된 최소안전율 결과를 살펴보면, 대표단면 및 대표단면의 하단부 모두 건기 시 및 우기 시에 설계기준안전율을 상회하는 비교적 안정한 상태인 것으로 판단된다. 다만, 본 시점부 대표단면의 경우, 보강토 공법과 EPS 블록 공법이 동시에 적용되는 단면이기 때문에 철저한 시공관리가 요구되며, 향후 시공 시의 유의사항에 대해 제언하면 다음과 같다.

- 뒤채움흙의 내부마찰각을 30°로 가정해 설계했으므로 시공 시 토질시험을 실시해 설계조건에 부합하는 흙 재료를 사용해야 하며, 각 단계별로 다짐을 철저히 해 흙과 보강재의 마찰

력이 충분히 발휘되도록 한다.

- 토목섬유보강재(tensor-grid)는 보강토체에서 가장 중요한 구성요소 중의 하나이므로, 보강재가 손상되는 경우 구조적인 불안정을 초래할 수 있으므로 취급에 주의해야 하며, 손상된 보강재는 사용하지 말아야 한다.
- 또한 단계별 시공 시와 시공완료 후에도 보강토체 및 EPS 블록의 변위발생 여부를 계측관리를 통해 반드시 정기적으로 수행하도록 한다.

(4) 지하차도 구조체에 대한 안정성 검토

① 안정성 평가 및 모델링 개요

본 검토에서는, 향후 EPS 블록 및 성토가 진행됨에 따른 시공과정을 고려해 즉, 성토 시공 이전의 초기 해석을 실시한 후, 모란광장-야탑동 간의 지하차도 상부에 단계별 성토 시공과정에 따라, 지하차도 구조체에 발생이 예상되는 모멘트, 전단력 및 축력 등을 평가해, 대표단면 A 및 B(그림 2.3.24, 2.3.25 및 2.3.26)에 대한 지하차도 구조체의 안정성 검토를 실시했으며, 향후 성토 시공 중 발생이 예상되는 즉시침하 및 성토시공 완료 후 활하중($1t/m^2$) 등의 영향을 고려해 발생이 예상되는 장기침하 등에 대해 검토했다.

본 안정성 검토는 $FLAC^{2D}$(Ver. 3.3)를 이용한 즉, 수치해석 모델링에 근거한 예측적 접근이며, 평면-변형률(plane-strain) 조건에 의한 2차원 단면해석으로 수행되었다. 본 해석에 적용된 지층별 강도정수는 표 2.3.13과 같다.

표 2.3.13 지층별 강도정수

지층	단위중량 (t/m^3)	내부마찰각 $(°)$	점착력 (t/m^2)	탄성계수 (t/m^2)	포아송비 (v)	심도
성토재	1.8	30	0.5	1,000	0.35	–
풍화토	1.85	22	0.5	1,000	0.35	E.L. 74.93m
풍화암	1.9	35	1.5	10,000	0.30	E.L. 63.83m
연암	2.1	38	5.0	30,000	0.25	E.L. 39.0m 이상
EPS 블록	0.024	–	6.0	440	0.25	–

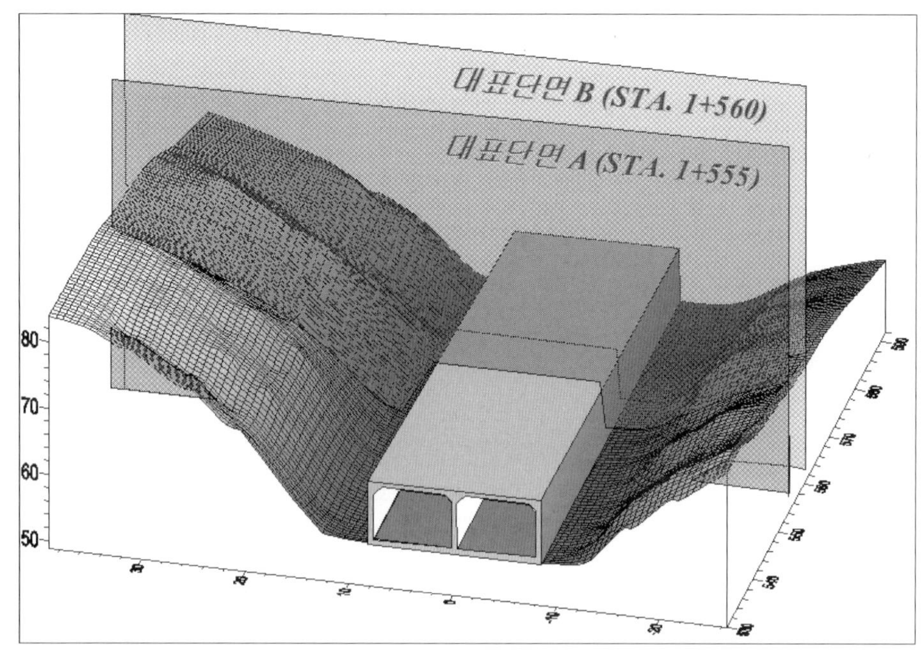

그림 2.3.24 대표단면 개요

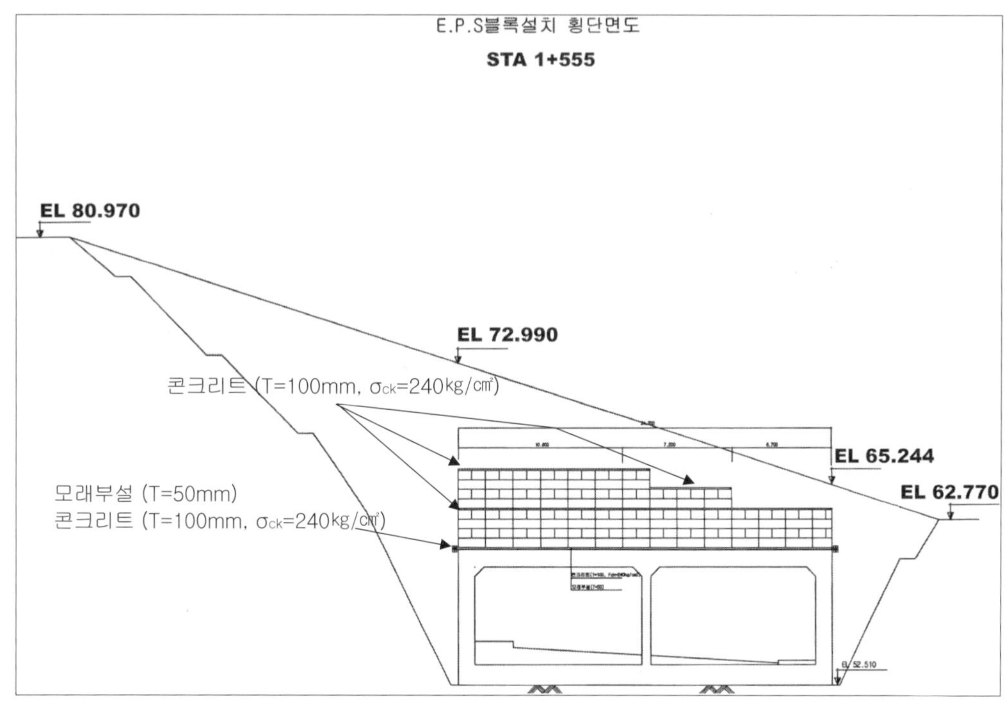

그림 2.3.25 해석에 적용된 대표단면 A(STA. 1+555)

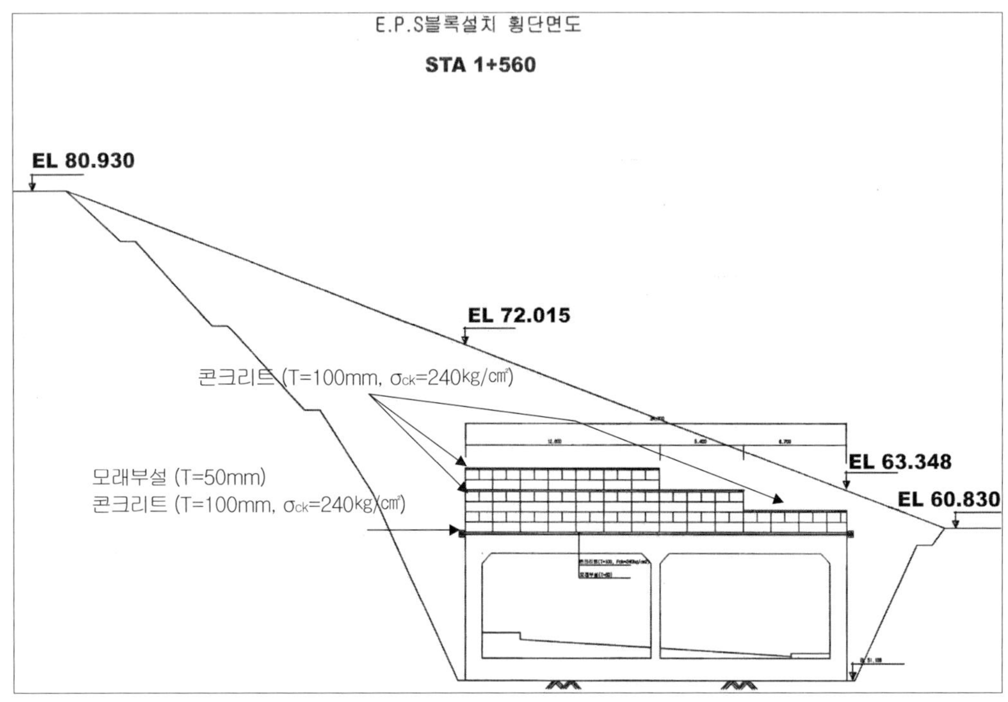

그림 2.3.26 해석에 적용된 대표단면 B(STA. 1+560)

대표단면 A 및 B의 지하차도(두께 110cm) 및 EPS 블록(블록 1개의 두께 60cm) 등은 각각 beam 요소와 탄성요소를 사용해 모델링했으며, 또한 시공과정을 모델링하기 위해 성토 및 슬래브의 시공순서 등을 감안해 단계별 해석을 실시했고, 여기서 해석단계별 개요를 정리하면 표 2.3.14와 같다.

표 2.3.14 해석단계별 특징

해석단계	해석단계별 개요	비고
stage 1	지하차도의 시공이 완료된 시점	–
stage 2	지하차도 좌우측 성토 후 EPS 블록 설치가 완료된 시점	–
stage 3	좌우측 사면높이에 맞추어 성토시공이 완료된 시점	즉시침하 검토 및 지하차도 구조체의 안정성 검토
stage 4	활하중(1t/m²) 등의 영향을 고려한 시점(장기거동)	장기침하 검토

② 안정성 검토

• FLAC 2D 해석결과 요약

FLAC 2D를 이용한 수치해석 결과, 모란광장–야탑동 간 도로현장 중 지하차도 구간의 단계별 성토시공 과정에 따라 지하차도에 발생이 예상되는 최대휨모멘트, 최대전단력, 최대축력 및 예상발생최대변위 등을 정리, 도시하면 표 2.3.15 및 그림 2.3.27~2.3.36과 같다.

표 2.3.15 대표단면 A 및 B에 발생이 예상되는 최대휨모멘트, 최대전단력 및 최대축력

구분	시공단계	최대휨모멘트 (ton·m)	최대전단력 (ton)	최대축력 (ton)	예상발생최대변위 (mm)
대표단면 A	stage 3	138.94	65.22	178.39	196.1
대표단면 B	stage 3	221.61	77.19	144.85	120.9

위의 표 2.3.7에서 stage 3은 최종성토시공(EPS 블록 등)이 완료된 시점을 의미하며, 이 경우에 각각 대표단면의 지하차도 구조체에서 예측 유발되는 최대휨모멘트, 최대전단력 및 최대축력 등을 토대로, 지하차도 구조체에 대한 단면검토를 시행한 결과는 다음과 같이 정리했다. 계속해서 성토시공이 완료된 시점(stage 3) 및 활하중 등의 영향을 고려한 시점(stage 4)의 경우에 대해, 대표단면 A 및 대표단면 B에서 예측되는 최대변위량에 대한 검토도 정리했다.

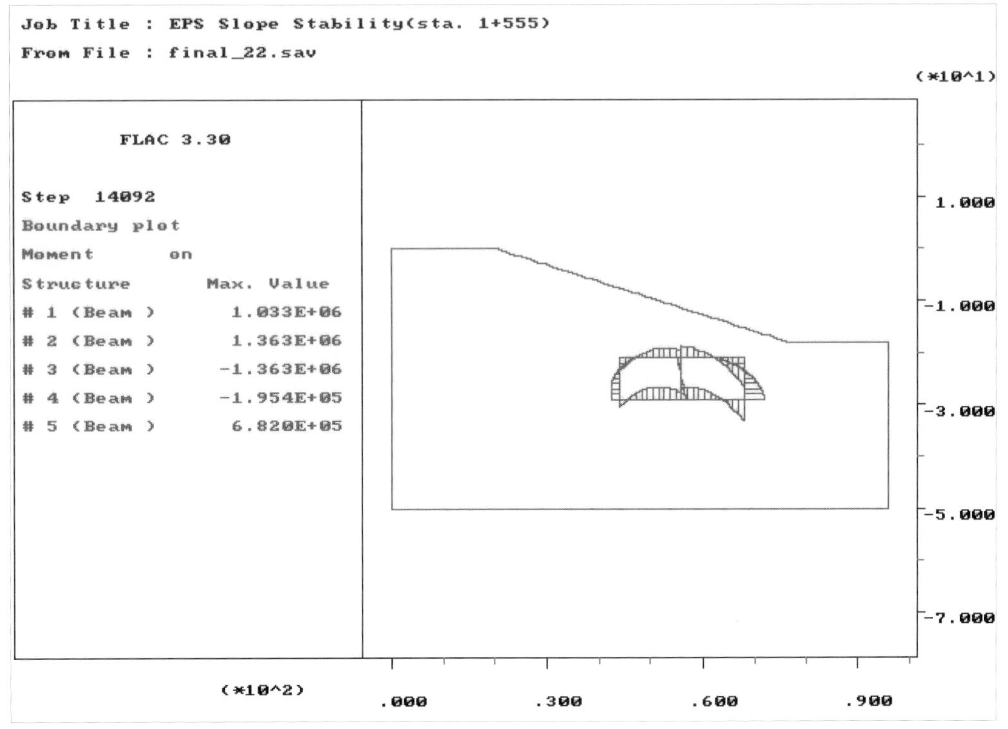

그림 2.3.27 대표단면 A에서 지하차도의 휨모멘트도(stage 3)

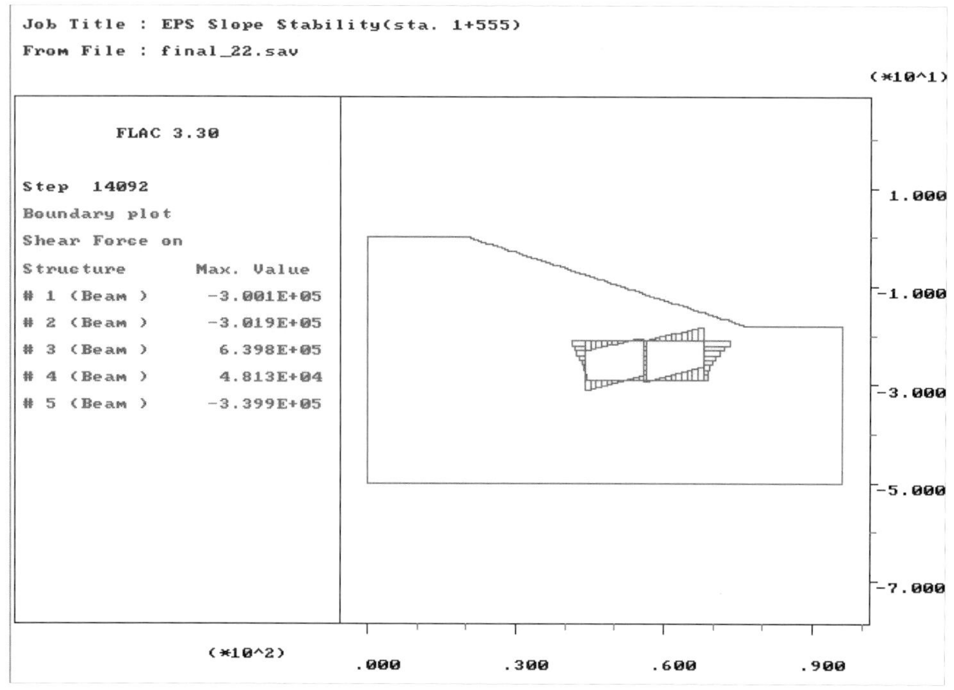

그림 2.3.28 대표단면 A에서 지하차도의 전단력도(stage 3)

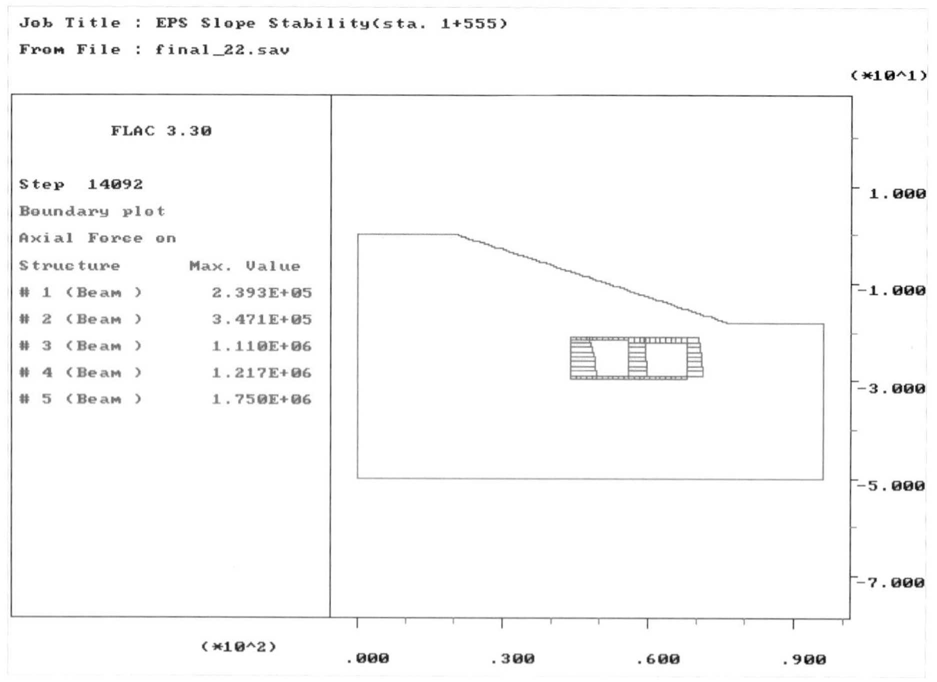

그림 2.3.29 대표단면 A에서 지하차도의 축력도(stage 3)

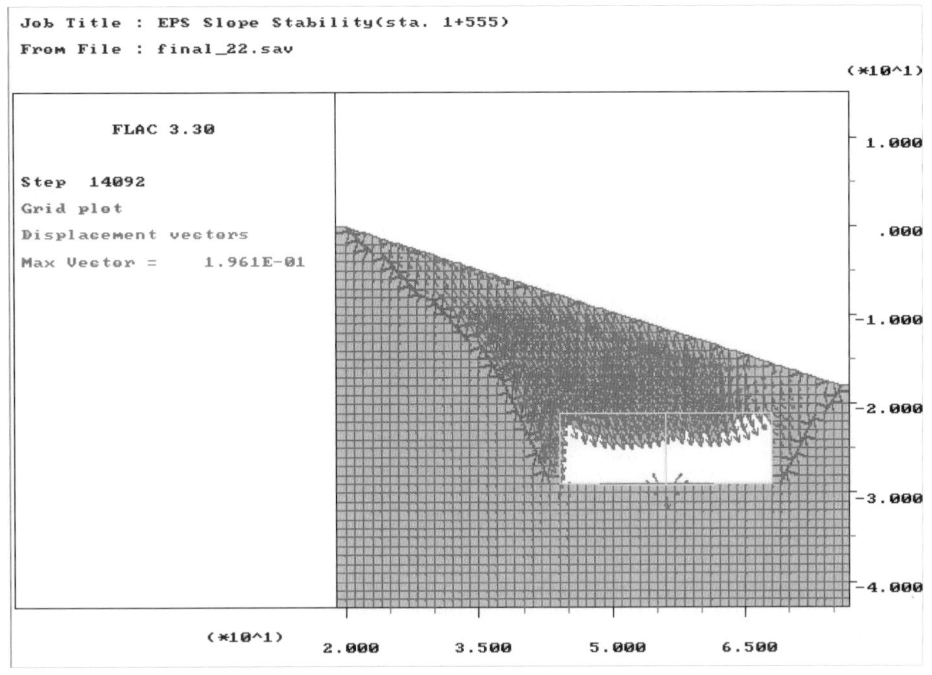

그림 2.3.30 대표단면 A의 변위 양상(stage 3, 즉시침하)

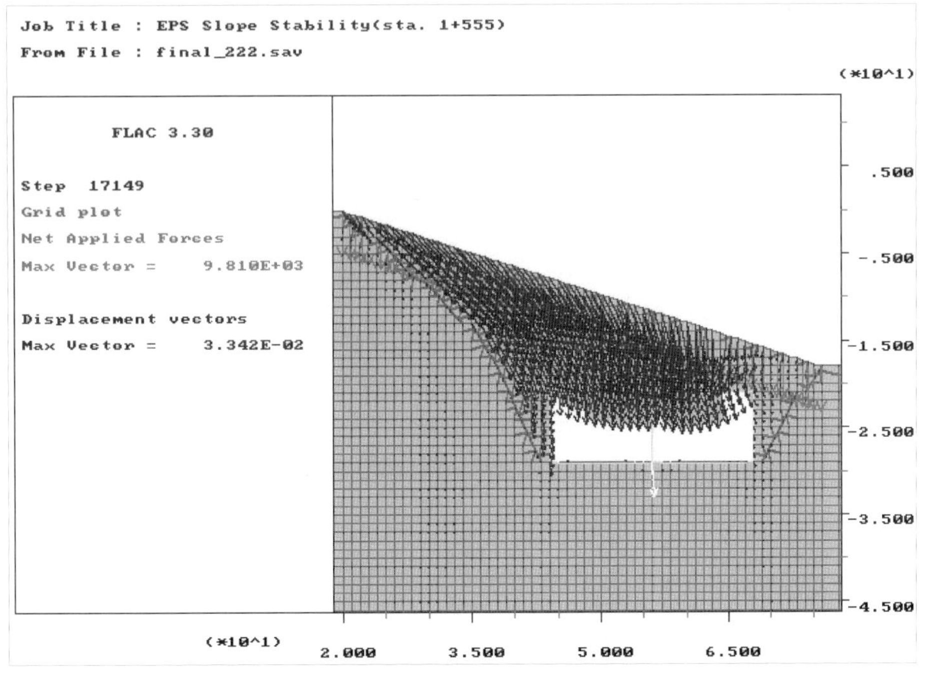

그림 2.3.31 대표단면 A의 변위 양상(stage 5, 장기침하)

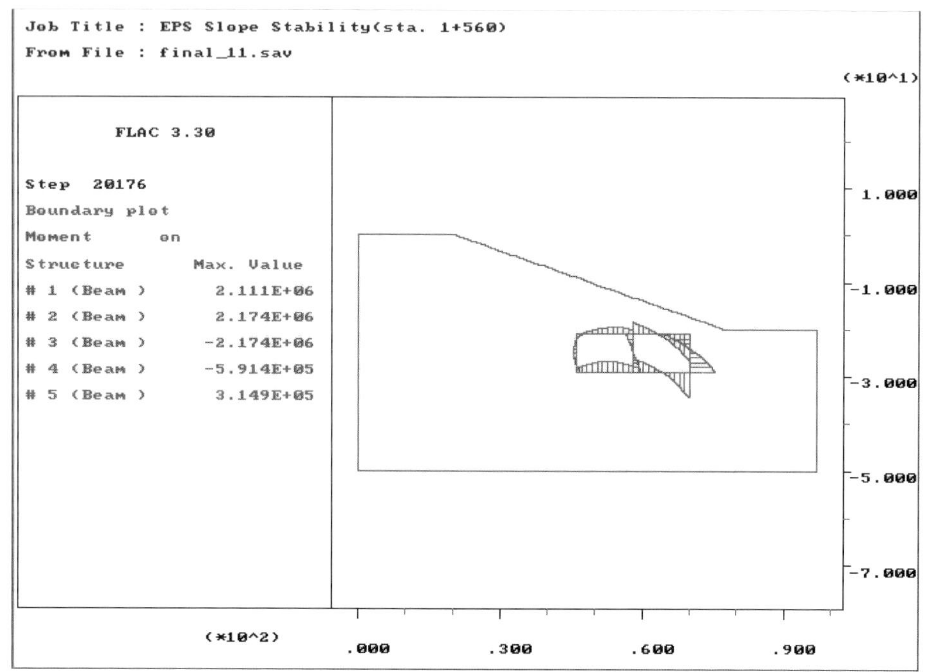

그림 2.3.32 대표단면 B에서 지하차도의 휨모멘트도(stage 3)

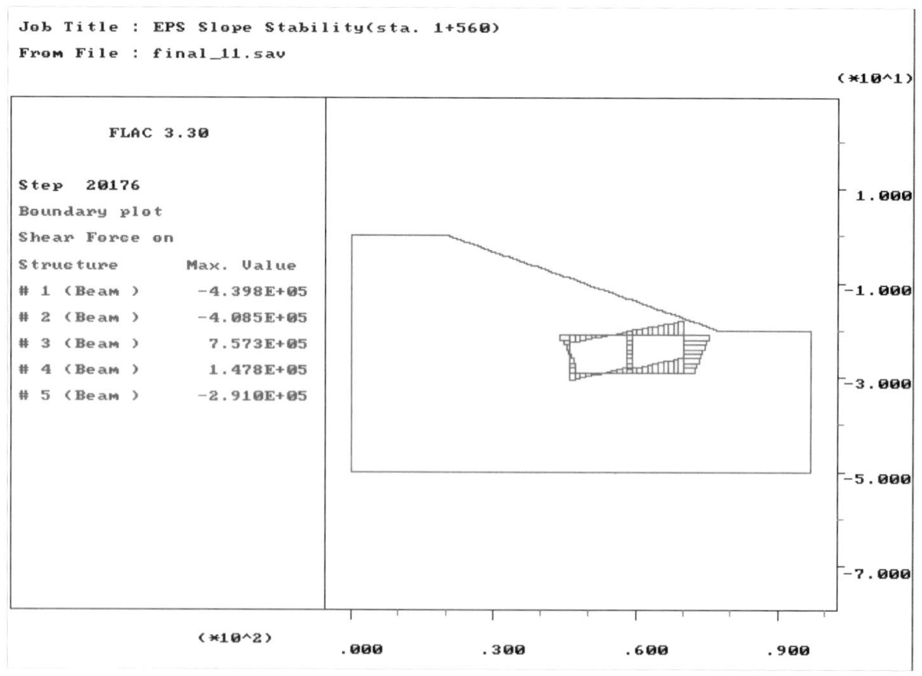

그림 2.3.33 대표단면 B에서 지하차도의 전단력도(stage 3)

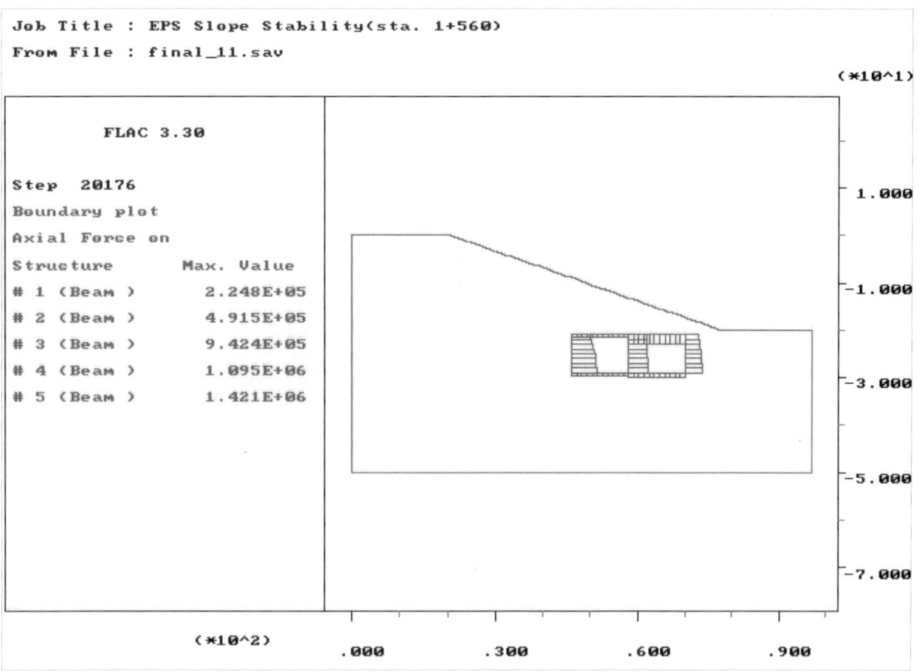

그림 2.3.34 대표단면 B에서 지하차도의 축력도(stage 3)

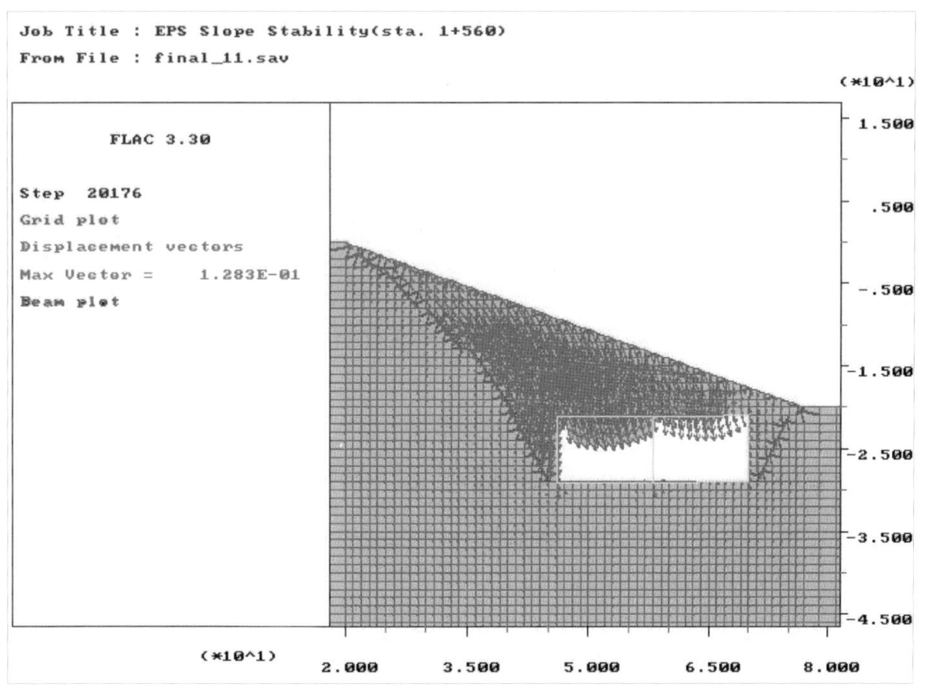

그림 2.3.35 대표단면 B의 변위 양상(stage 3, 즉시침하)

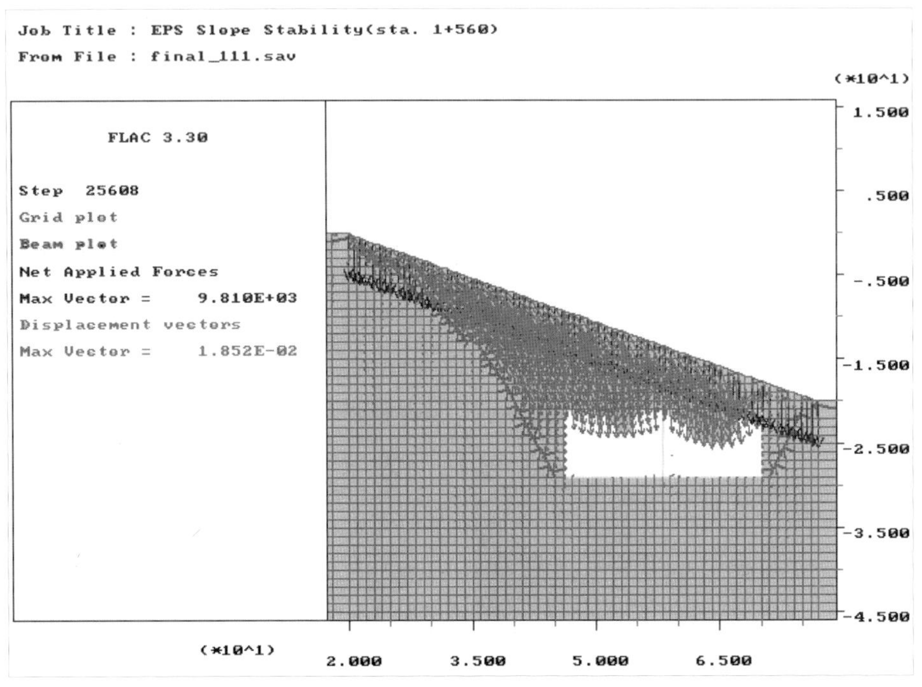

그림 2.3.36 대표단면 B의 변위 양상(stage 5, 장기침하)

● 지하차도 구조체의 단면검토

FLAC 2D 프로그램 해석에 의거해 예측된 최대휨모멘트 및 최대전단력(표 2.3.15 참조) 등을 참고로 해 향후 EPS 블록 성토시공에 따른 모란광장–야탑동 간 도로현장 중 지하차도의 안정성을 평가했다.

일반적으로, 휨모멘트에 저항할 수 있는 콘크리트의 허용응력은 식 (2.3.6)과 같이 나타낼 수 있으며, 철근콘크리트의 최저설계기준강도(σ_{ck}), 210kg/cm^2(도로교통 표준시방서, 1996)보다 작아야 한다. 식 (2.3.6)에서 σ_{ca}는 철근콘크리트의 허용응력, $M_{\max}$는 최대휨모멘트, Z는 단면계수 등을 의미한다.

$$\sigma_{ca} = \frac{M_{\max}}{Z} \tag{2.3.6}$$

또한 콘크리트가 부담하는 전단강도는 식 (2.3.7)과 같이 나타낼 수 있으며, 본 경우와 같이 터널콘크리트에 작용하는 전단력 값은 식 (2.3.7)에 의한 값보다 작아야 한다(콘크리트 표준시방서, 1996). 여기서 b_0는 단위폭, t는 콘크리트의 두께를 의미한다.

$$S_c = 0.53 \sqrt{\sigma_{ck}} \, b_0 \, t \tag{2.3.7}$$

따라서 앞서 언급한 식 (2.3.6) 및 (2.3.7)과 FLAC 2D 프로그램 해석에 의거 산출된 휨모멘트 및 전단력(표 2.3.15 참조)을 토대로 지하차도 구조체 단면의 안정성 검토결과를 요약·정리

표 2.3.16 단면 검토결과(stage 4)

	구분	지점	허용응력, σ_{ca} (kg/cm^2)		전단강도, S_c (ton)		안정성 평가
			예측치	기준치	예측치	기준치	
지하차도 A (STA 1+555)	상부 슬래브	좌측	34.47	210	22.34	84.48	O.K
		중앙	28.57	210	2.00	84.48	O.K
		우측	69.90	210	30.77	84.48	O.K
	하부 슬래브	좌측	13.66	210	23.44	99.85	O.K
		중앙	21.84	210	3.39	99.85	O.K
		우측	37.38	210	30.59	99.85	O.K
	좌측벽	상부	34.47	210	34.65	84.48	O.K
		중앙	17.87	210	8.66	84.48	O.K
		하부	19.97	210	1.79	84.48	O.K
	우측벽	상부	68.89	210	65.22	84.48	O.K
		중앙	41.10	210	16.09	84.48	O.K
		하부	47.22	210	10.09	84.48	O.K
	사각기둥	상부	33.20	210	4.91	46.08	O.K
		중앙	16.83	210	4.90	46.08	O.K
		하부	32.20	210	4.90	46.08	O.K.
지하차도 B (STA 1+560)	상부 슬래브	좌측	5.05	210	17.94	84.48	O.K
		중앙	45.31	210	50.09	84.48	O.K
		우측	109.89	210	41.64	84.48	O.K
	하부 슬래브	좌측	20.54	210	17.07	99.85	O.K
		중앙	42.12	210	10.82	99.85	O.K
		우측	76.40	210	44.83	99.85	O.K
	좌측벽	상부	15.92	210	29.66	84.48	O.K
		중앙	15.21	210	4.07	84.48	O.K
		하부	8.37	210	17.68	84.48	O.K
	우측벽	상부	109.89	210	15.06	84.48	O.K
		중앙	48.51	210	44.69	84.48	O.K
		하부	89.93	210	33.80	84.48	O.K
	사각기둥	상부	100.47	210	15.06	46.08	O.K
		중앙	25.20	210	15.05	46.08	O.K
		하부	100.32	210	15.05	46.08	O.K

하면 표 2.3.16과 같으며, 안전측의 단면 검토를 위해서 축력에 의한 영향은 무시했으며, 해석된 휨모멘트 및 전단력을 검토한 위치(지점)는 그림 2.3.37과 같다.

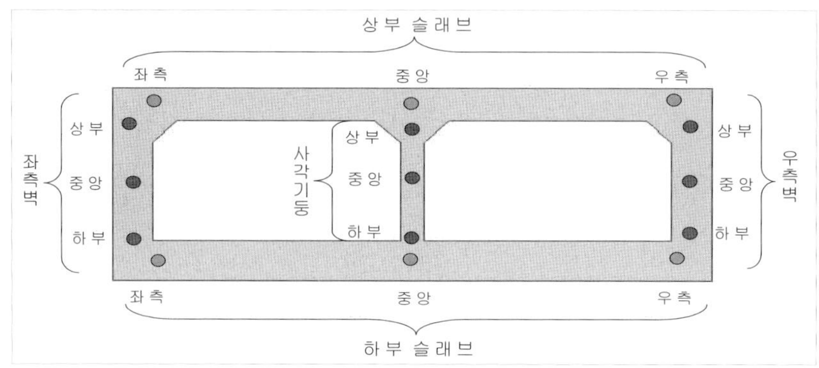

그림 2.3.37 검토단면 상세도

● 예상되는 최대발생변위 검토

FLAC 2D를 이용한 수치 해석결과, 모란광장–야탑동 간의 단계별 굴착시공 과정에 따라 지하차도 상부의 성토 구간에 발생이 예상되는 최대변위를 정리하면 표 2.3.17과 같다.

표 2.3.17 대표단면 A 및 B에 발생이 예상되는 최대발생변위

구분	시공단계	침하종류	발생 예상 최대변위 (mm)
대표단면 A	stage 1	–	–
	stage 3	즉시침하	196.1
	stage 4	장기침하	33.42
대표단면 B	stage 1	–	–
	stage 3	즉시침하	120.9
	stage 4	장기침하	18.52

표 2.3.17에 명시한 해석결과를 살펴보면, stage 1(성토시공 이전 현재 지하차도가 존재하는 상태)과 비교해 최종굴착이 완료된 시점(stage 3)에서 추가로 발생이 예상되는 최대변위량(즉시 침하)은 대표단면 A에서 연직방향으로 19.61cm, 대표단면 B에서 12.09cm 정도로 예측되었으며, 이는 성토시공 중에 유발되는 침하량으로써 대표단면의 전반적인 안정성에는 큰 문제가 없을 것으로 판단된다. 계속해서 성토시공이 완료된 시점으로부터 일정기간이 지난 후(stage

4) 활하중($1t/m^2$) 등의 영향으로 예상되는 최대변위량(장기침하)은 대표단면 A에서는 3.42cm, 대표단면 B에서는 1.52cm 정도로 예측되었다. 활하중 등의 영향을 고려했을 경우, 간접적인 비교를 위해 일반적인 흙막이 벽체의 허용변위량 기준(벽체높이의 0.3%, 본 현장의 경우 각각 6.15cm 및 6.0cm)을 적용했을 경우 허용변위량 기준을 초과하지 않는 비교적 안정한 수준으로 판정되었다.

(5) 요약 및 제언

본 검토에서는, OO 도로현장에 설치된 지하차도 구간 중 EPS 블록 공법을 적용 예정인 2개의 대표단면(그림 2.3.25 및 2.3.26 참조)에 대해, FLAC 2D 프로그램을 이용해, 성토작업 이전에 대한 초기 해석을 실시한 후, 향후 단계별 성토시공 과정에 따라 지하차도에 발생이 예상되는 최대휨모멘트, 최대전단력 및 최대축력 등을 대상으로 지하차도 구조체의 안정성을 검토했다. 또한 성토작업 중 발생이 예상되는 최대변위량 및 성토작업이 종료된 시점으로부터 일정기간이 지난 후의 유동하중 등의 영향을 고려한 발생 예상 최대변위량에 대해서 안정성 검토를 수행했다. 그 결과 지하차도 구조체 및 대표단면의 안정성에는 큰 문제가 없는 것으로 평가되었다(표 2.3.16 및 표 2.3.17 참조).

본 검토는 FLAC 2D 프로그램 수치해석 모델링에 의거한 2차원 해석상의 예측적 접근을 토대로 한 것이며, 실제의 현장조건, 시공상태 등과는 다소 다를 가능성 등을 완전히 배제하기 어렵다. 따라서 모란광장-야탑동 간 도로현장의 단계별 성토시공 시 보다 철저한 시공관리 및 계측관리 등에 특히 유의해야 할 것으로 판단된다. 또한 실제 보강토 옹벽 및 EPS 블록 설치 시공과정에서 안정성에 위해가 되는 요인을 최소화하기 위한 노력이 필요할 것으로 판단된다.

4) 토목섬유로 보강된 성토구간 해외설계 사례

(1) Introduction

Main purpose of this study is to properly evaluate the accumulated maximum consolidation settlement, differential consolidation settlement of the subgrade embankment for expressway and maximum horizontal displacement at the retaining wall, expected during the construction of the Colombo-Katunayake Expressway using Preloading and SCP method.

(2) Software

For the present analyses, FLAC 2D(Fast Lagrangian Analysis of Continua) Version

125

3.3 Program developed by Itasca Consulting Group, Inc. is used. A feature of the FLAC 2D Program is briefly described below.

FLAC is a two-dimensional explicit finite difference program for engineering mechanics computation. This program simulates the behavior of structures built of soil, rock or other materials that may undergo plastic flow when their yield limits are reached. Materials are represented by elements, or zones, which form a grid that is adjusted by the user to fit the shape of the object to be modeled. Each element behaves according to a prescribed linear or non-linear stress/strain law in response to the applied forces or boundary restraints. The material can yield and flow, and the grid can deform (in large-strain mode) and move with the material that is represented. The explicit, Lagrangian, calculation scheme and the mixed-discretization zoning technique used in FLAC ensure that plastic collapse and flow are modeled very accurately. Because no matrices are formed, large two-dimensional calculations can be made without excessive memory requirements. The drawbacks of the explicit formulation (i.e., small timestep limitation and the question of required damping) are overcome to some extent by automatic inertia scaling and automatic damping that does not influence the mode of failure.

(3) Descriptions of relevant conditions of the FLAC 2D program analyses

Typical modeling and mesh type applied in the present FLAC 2D Program analyses are schematically illustrated in Fig. 2.3.38.

The Fill of embankment and every layer soils were modeled as Mohr-Coulomb model, and the geotextile in the embankment fill was modeled as cable element, SCP at the bottom of the embankment and geoweb were modeled as elastic model.

Total eleven embankment stages from the top ground surface are analyzed and uniform surcharge of 0.5 t/m^2 is applied on the top embankment surface. It is also noted that at 10th and 11th embankment stages are consolidated during 15months and during 3years uniform surcharge of 5.76 t/m^2 is applied on the top embankment surface. It means also considered depth of over embankment(2.2m) and pavement(1.0m) that uniform surcharge of 5.76 t/m^2 is applied uniform weight($1.8t/m^3$).

Both hydrostatic water pressures resulting from the groundwater existing at a depth of 1.0m below the ground surface(Sta. 4+500), at beneath of embankment fill(Sta. 4+900) and SCP, sand mat, geotextile and geocell are further considered in the present FLAC 2D analyses.

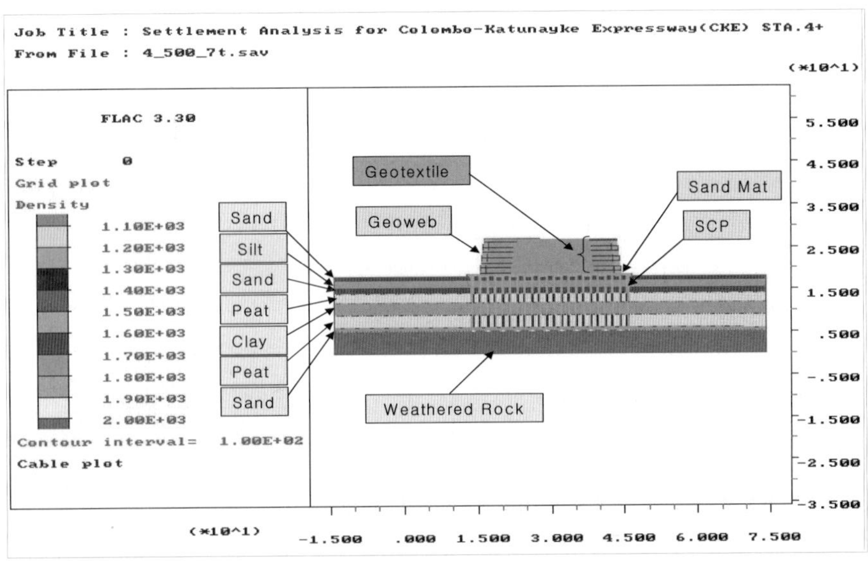

(a) Sta. 4+500

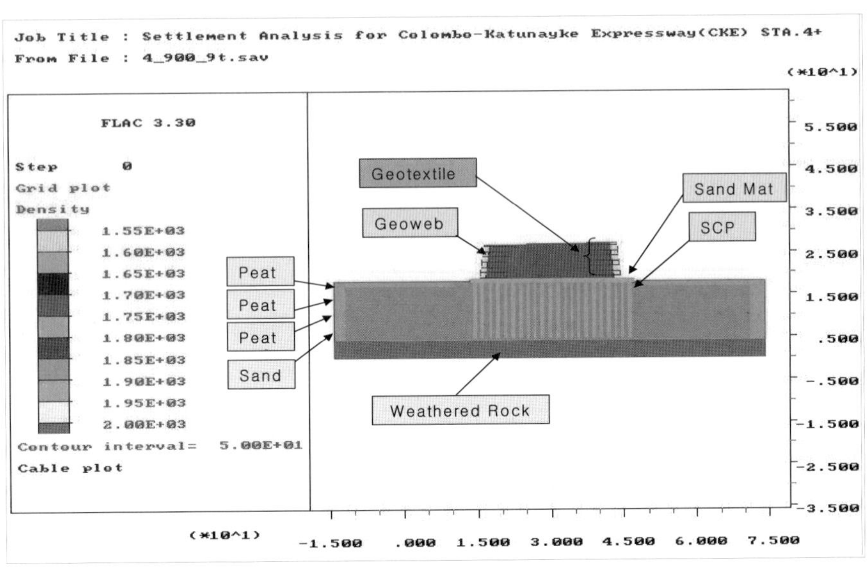

(b) Sta. 4+900

Fig. 2.3.38 FLAC 2D program modeling and mesh

(4) Material properties

Material properties used in the present FLAC 2D Program analyses are determined based on the results of Geotechnical Investigation Report and Detail Design Soft Ground Improvement. The Initial properties used for soil layers, geoweb, SCP and sand mat were listed in Table 2.3.18 & 2.3.19, and typical properties of geotextile summarized in Table 2.3.20. After defining the initial properties of soil, considering increase of cohesion, except for sand and weathered rock, due to preloading, the modified cohesion used for subgraded soil layer is listed in table 2.3.21 and table 2.3.22 for stage 4 and stage 8. Also, more detail procedure of material properties applied in FLAC 2D program analysis is refered in appendix.

Table 2.3.18 Material properties applied in FLAC 2D program analyses(Sta. 4+500)

Soil & stru. element	Analysis model	Properties							
		Unit Weight (KN/m^3)	Cohesion (kPa)	Internal friction angle (°)	Young's Modulus (N/m^2)	Elastic Bulk Modulus (N/m^2)	Elastic Shear Modulus (N/m^2)	Porosity	Permeability (cm/sec)
Soil 1 (sand)	Mohr–Coulomb	16.66	0.0	30	4.90E+6	6.54E+6	3.02E+6	0.46	6.18E−7
Soil 2 (silt)	Mohr–Coulomb	17.64	29.4	0.0	4.41E+6	4.20E+6	1.67E+6	0.47	7.26E−7
Soil 3 (sand)	Mohr–Coulomb	16.66	0	30.0	5.39E+6	4.50E+6	2.08E+6	0.46	6.17E−7
Soil 4 (peat)	Mohr–Coulomb	11.26	11.34	0.0	6.87E+6	8.80E+6	2.51E+6	0.82	2.05E−8
Soil 5 (clay)	Mohr–Coulomb	17.12	25.47	0.0	6.38E+6	1.06E+7	2.28E+6	0.525	3.33E−8
Soil 6 (peat)	Mohr–Coulomb	11.26	11.44	0.0	3.92E+6	5.03E+6	1.43E+6	0.82	4.61E−8
Soil 7 (sand)	Mohr–Coulomb	17.66	0.0	35.0	8.83E+6	8.66E+6	3.32E+6	0.47	6.86E−8
Soil 8 (weathered rock)	Mohr–Coulomb	20.00	29.43	35.0	4.91E+7	4.09E+7	1.89E+6	0.3	9.80E−8
S.C.P.	Elastic	18.66	–	–	6.16E+6	5.13E+6	2.37E+6	0.47	9.80E−7
Sand mat	Elastic	18.66	–	–	6.16E+6	5.13E+6	2.37E+6	0.47	9.80E−7
Geoweb	Elastic	18.00	100	30.0	1.47E+9	2.45E+9	5.26E+8	0.35	2.94E−7
Fill	Mohr–Coulomb	17.36	0	35.0	6.87E+7	7.63E+7	2.54E+7	0.35	2.94E−7

Table 2.3.19 Material properties applied in FLAC 2D program analyses(Sta. 4+900)

Soil & stru. element	Analysis model	Properties							
		Unit Weight (KN/m^3)	Cohesion (kPa)	Internal friction angle (°)	Young's Modulus (N/m^2)	Elastic Bulk Modulus (N/m^2)	Elastic Shear Modulus (N/m^2)	Porosity	Permeability (cm/sec)
Soil 1 (peat)	Mohr-Coulomb	11.82	11.3	0.0	1.47E+6	1.89E+6	5.37E+5	0.82	6.176E-7
Soil 2 (peat)	Mohr-Coulomb	11.82	11.5	0.0	1.47E+6	1.89E+6	5.37E+5	0.82	7.255E-7
Soil 3 (peat)	Mohr-Coulomb	11.82	11.72	0.0	1.96E+6	2.52E+6	7.16E+5	0.82	6.176E-7
Soil 4 (sand)	Mohr-Coulomb	18.00	0	35.0	7.85E+6	7.69E+6	2.95E+6	0.45	3.33E-8
Soil 5 (weathered rock)	Mohr-Coulomb	20.00	29.43	35.0	4.81E+7	4.09E+7	1.89E+7	0.30	4.6078E-8
S.C.P.	Elastic	18.66	–	–	4.04E+6	5.18E+6	1.48E+6	0.47	9.803E-7
Sand mat	Elastic	18.66	–	–	6.89E+6	5.51E+6	2.54E+6	0.47	9.803E-7
Geoweb	Elastic	18.00	100	30	1.47E+9	2.45E+9	5.26E+8	0.35	2.9411E-7
Fill	Mohr-Coulomb	17.36	0	35.0	6.87E+7	7.63E+7	2.54E+7	0.35	2.9411E-7

Table 2.3.20 Geotextile properties applied in FLAC 2D program analyses(Sta. 4+500 & Sta. 4+900)

Soil & stru. element	Analysis model	Yielding force(kN)	Cross-section area(m^2)	Sbond (Pa)	Kbond (Pa)
Geotextile (1st)	Cable	176.4	9.59E-6	3.66E+4	5.23E+7
Geotextile (2nd)	Cable	176.4	9.59E-6	3.13E+4	4.47E+7
Geotextile (3rd)	Cable	176.4	9.59E-6	2.61E+4	3.739E+7
Geotextile (4th)	Cable	176.4	9.59E-6	2.08E+4	2.975E+7
Geotextile (5th)	Cable	176.4	9.59E-6	1.56E+4	2.2225E+7
Geotextile (6th)	Cable	176.4	9.59E-6	1.03E+4	1.47E+7
Geotextile (7th)	Cable	176.4	9.59E-6	5.03E+3	7.19E+6

Table 2.3.21 Modified cohesion of soil layers, due to preloading, applied in FLAC 2D program analyses.(Sta. 4+500)

Soil & stru. element	Analysis model	Cohesion (kPa)		
		Initial	1st preloding (at stage 4)	2nd preloading (at stage 8)
Soil 1 (sand)	Mohr−Coulomb	5.0	5.0	5.0
Soil 2 (silt)	Mohr−Coulomb	29.4	38.877	51.656
Soil 3 (sand)	Mohr−Coulomb	0.0	0.0	0.0
Soil 4 (peat)	Mohr−Coulomb	11.34	20.817	33.599
Soil 5 (clay)	Mohr−Coulomb	25.47	34.947	47.726
Soil 6 (peat)	Mohr−Coulomb	11.44	20.917	33.696
Soil 7 (sand)	Mohr−Coulomb	0.0	0.0	0.0
Soil 8 (weathered rock)	Mohr−Coulomb	29.43	29.43	29.43

Table 2.3.22 Modified cohesion of soil layers, due to preloading, applied in FLAC 2D program analyses. (Sta. 4+900)

Soil & stru. element	Analysis model	Cohesion(kPa)		
		Initial	1st preloding (at stage 4)	2nd preloading (at stage 8)
Soil 1 (peat)	Mohr−Coulomb	11.3	21.88	34.085
Soil 2 (peat)	Mohr−Coulomb	11.5	21.388	34.285
Soil 3 (peat)	Mohr−Coulomb	11.72	21.608	34.505
Soil 4 (sand)	Mohr−Coulomb	0	0	0
Soil 5 (weathered rock)	Mohr−Coulomb	29.43	29.43	29.43

(5) Results of the FLAC 2D Program Analyses

① Computed results of Sta. 4+500

Computed results(accumulated max. hor. displacement, max. settlement) at each embankment stages are summarized below Table 2.3.23, and Fig 2.3.39~2.3.45 with the attached typical representations of the FLAC 2D Program outputs.

Table 2.3.23 Computed results (accumulated max. hor. displacement, max. settlement) at every embankment stage (Sta. 4+500)

Embankment stage	Height of embankment / Accumulated month	Accumulated max. hor. displacement (cm)		Accumulated Max. settlement (cm)			
		Left wall	Right wall	No.1	No.2	No.3	No.4
Stage 1	1.5m/0.860month	0.8344	0.3740	3.542	5.948	6.109	3.509
Stage 2	2.7m/1.730month	2.206	2.179	6.213	12.97	14.43	5.982
Stage 3	3.9m/2.600month	6.384	6.096	8.030	22.68	26.26	7.680
Stage 4	3.9m/4.300month	7.157	6.939	9.530	22.84	25.66	9.030
Stage 5	5.1m/5.167month	8.127	7.932	11.51	27.00	30.27	10.95
Stage 6	6.3m/6.033month	11.13	10.88	13.45	33.35	37.78	12.75
Stage 7	7.8m/6.900month	15.42	15.20	15.70	43.05	48.71	14.90
Stage 8	7.8m/8.600month	21.58	20.76	22.15	47.85	52.87	20.65
Stage 9	8.4m/9.800month	22.75	21.83	22.99	49.86	54.85	21.44
Stage 10	8.4m/15.00month	82.75	69.09	38.27	62.40	67.69	35.22
Stage 11	8.4m/36.00month	235.6	194.8	53.54	64.21	68.85	48.07

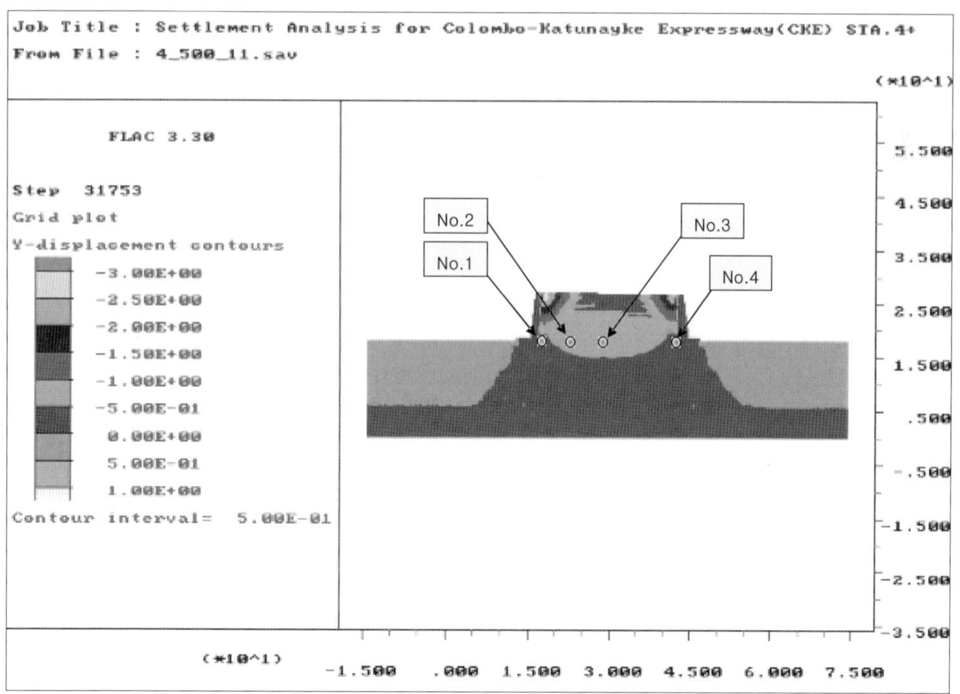

Fig. 2.3.39 Accumulated max. settlement of embankment

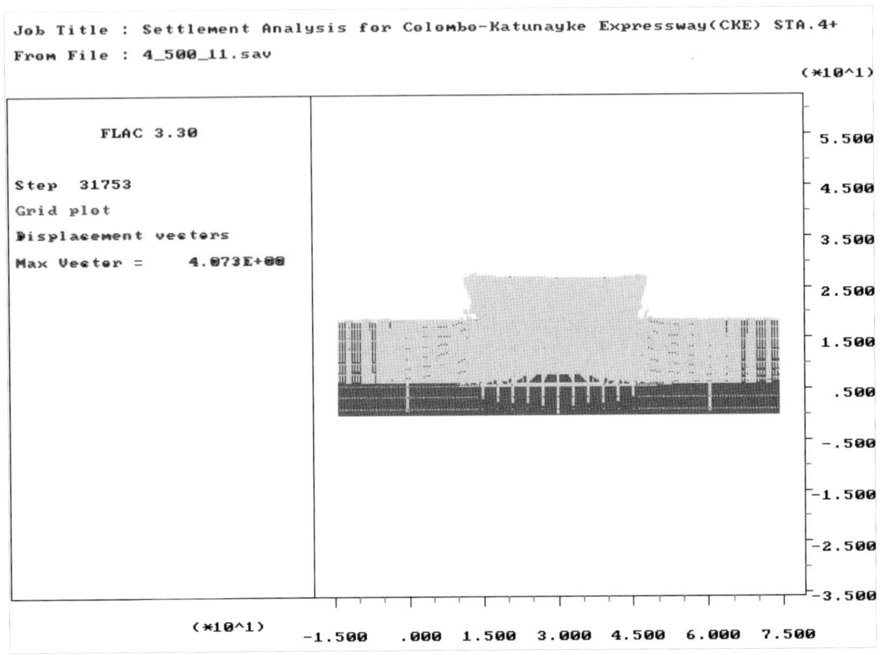

Fig. 2.3.40 Accumulated max. displacement of embankment

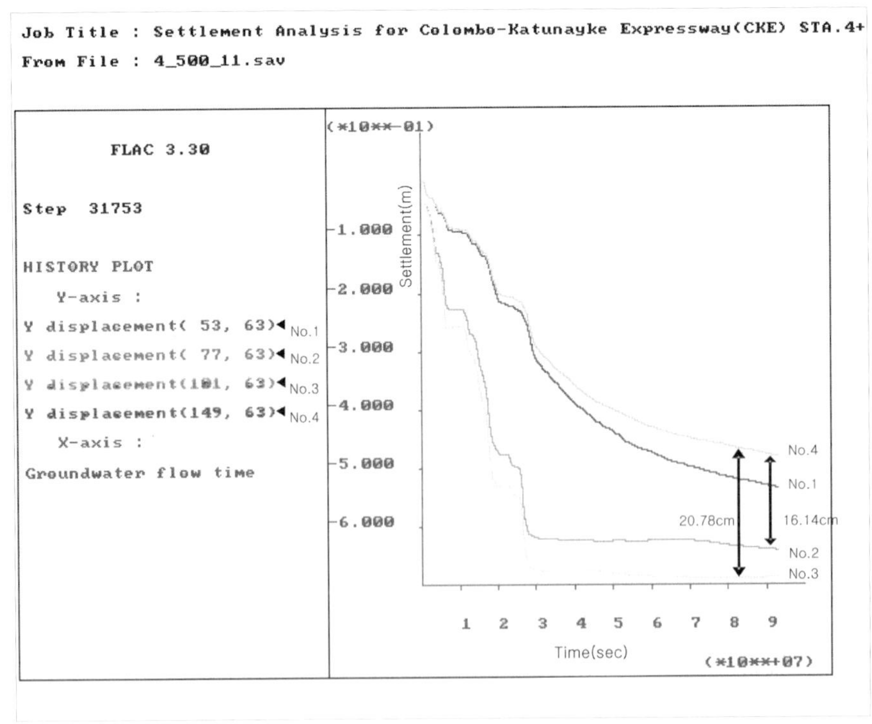

Fig. 2.3.41 Accumulated max. settlement of the beneath of embankment

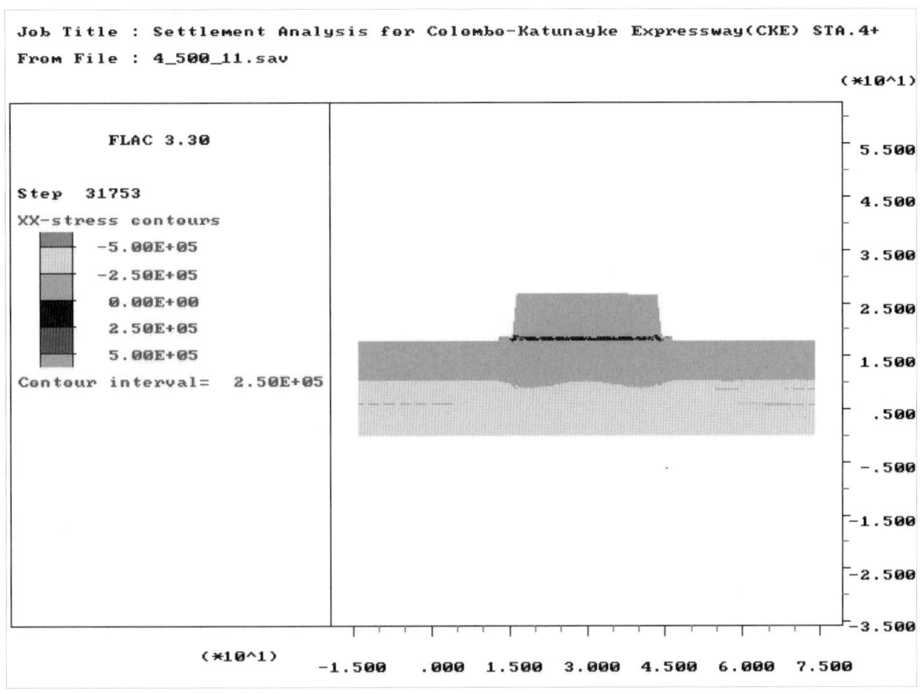

Fig. 2.3.42 Accumulated max. x direction stress of embankment

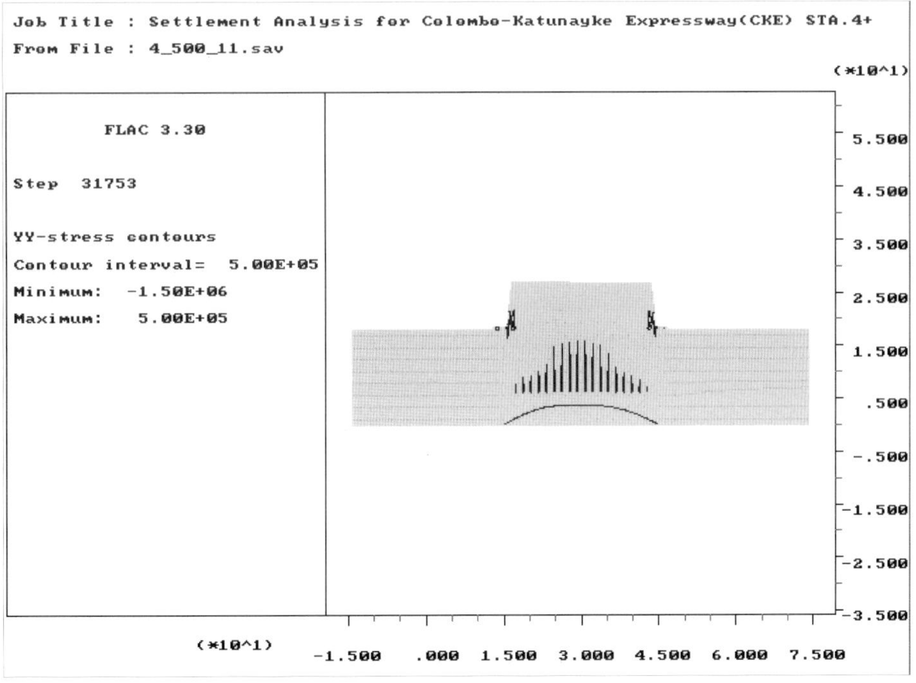

Fig. 2.3.43 Accumulated max. y direction stress of embankment

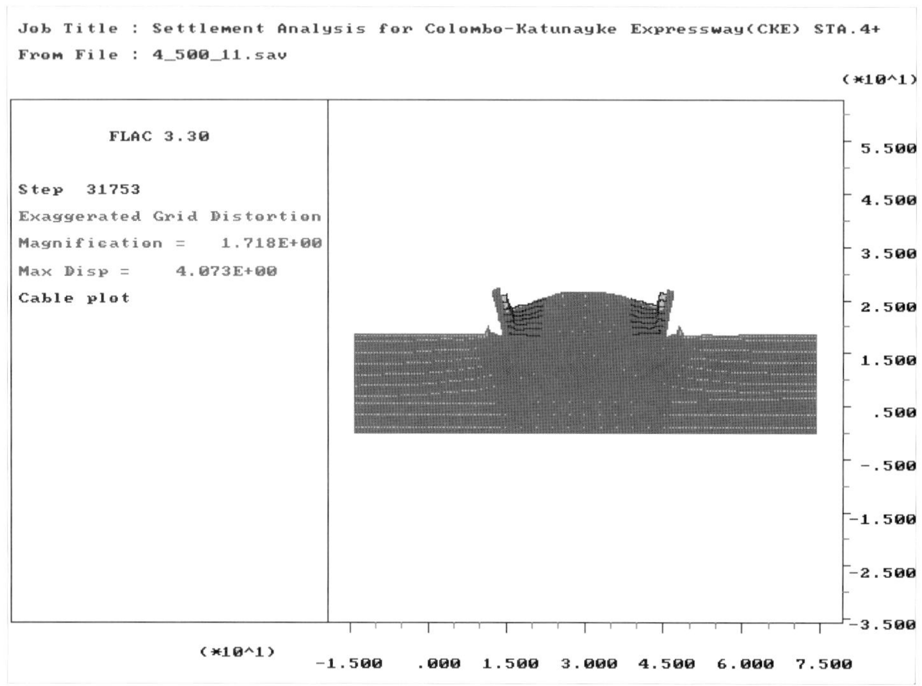

Fig. 2.3.44 Anticipated max. deformed shape of embankment

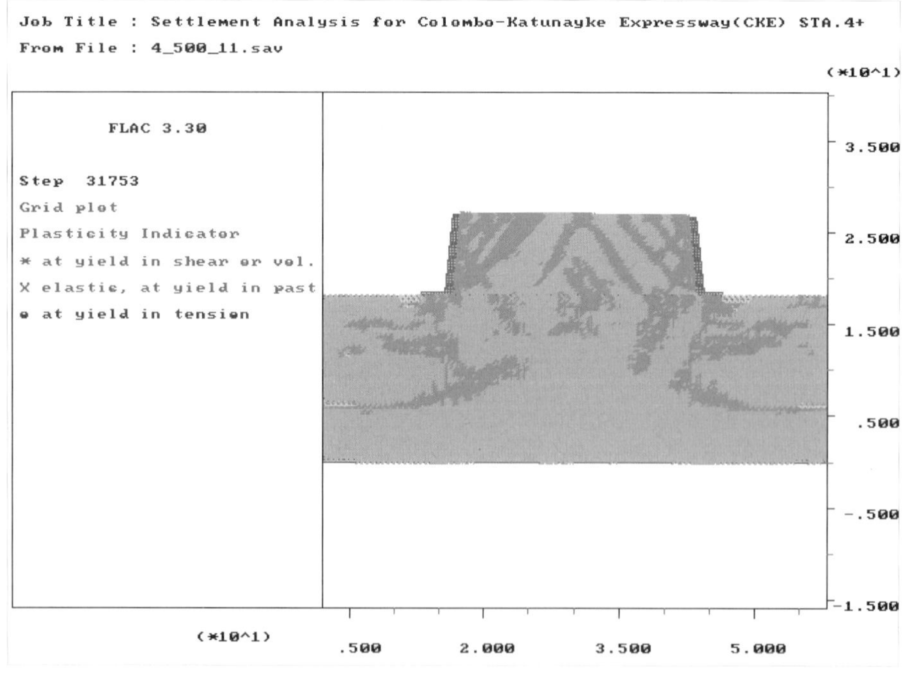

Fig. 2.3.45 Anticipated every yield type & location of embankment

② Computed results of Sta. 4+900

Computed results(accumulated max. hor. displacement, max. settlement) at each embankment stages are summarized below Table 2.3.24 and Fig 2.3.46~2.3.52 with the attached typical representations of the FLAC 2D Program outputs.

Table 2.3.24 Computed results (accumulated max. hor. displacement, max. settlement) at every embankment stage (Sta. 4+900)

Embankment stage	Height of embankment / Accumulated month	Accumulated max. hor. displacement (cm)		Accumulated Max. settlement (cm)			
		Left wall	Right wall	No.1	No.2	No.3	No.4
Stage 1	1.5m/0.860month	1.491	1.756	6.040	11.83	12.12	6.720
Stage 2	2.7m/1.730month	8.264	8.890	8.040	28.47	30.56	9.010
Stage 3	3.9m/2.600month	14.39	15.08	10.64	43.92	49.59	12.03
Stage 4	3.9m/4.300month	23.27	24.73	22.47	51.29	49.63	25.48
Stage 5	5.1m/5.167month	25.87	27.42	24.06	59.29	59.28	27.43
Stage 6	6.3m/6.033month	28.85	30.48	26.51	66.85	68.48	30.02
Stage 7	7.8m/6.900month	33.31	34.91	29.18	78.24	81.45	32.93
Stage 8	7.8m/8.600month	40.83	42.35	39.89	86.02	87.43	44.72
Stage 9	8.4m/10.60month	43.71	45.40	42.26	89.88	90.62	47.27
Stage 10	8.4m/15.00month	58.12	73.34	57.80	109.5	110.6	65.20
Stage 11	8.4m/36.00month	149.3	221.8	69.60	112.2	110.2	81.80

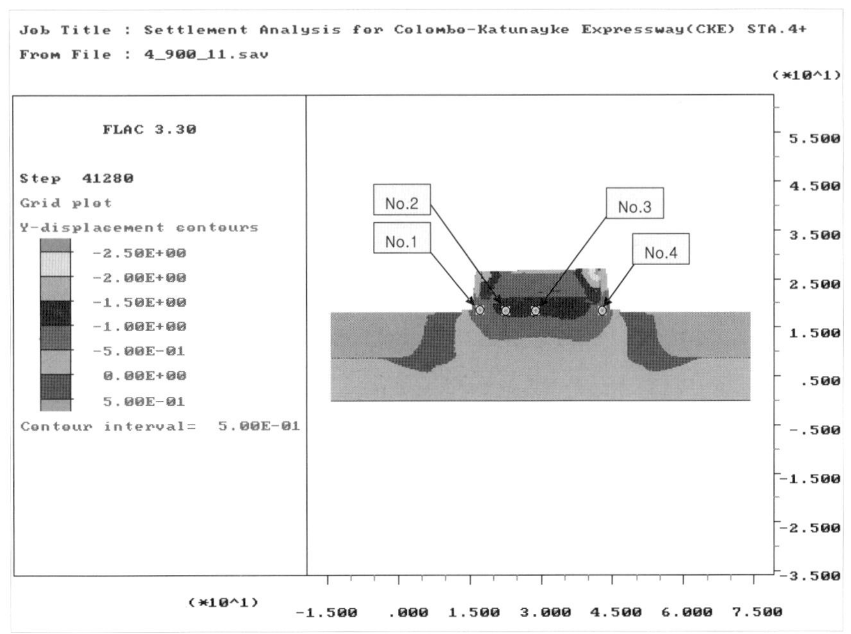

Fig. 2.3.46 Accumulated max. settlement of embankment

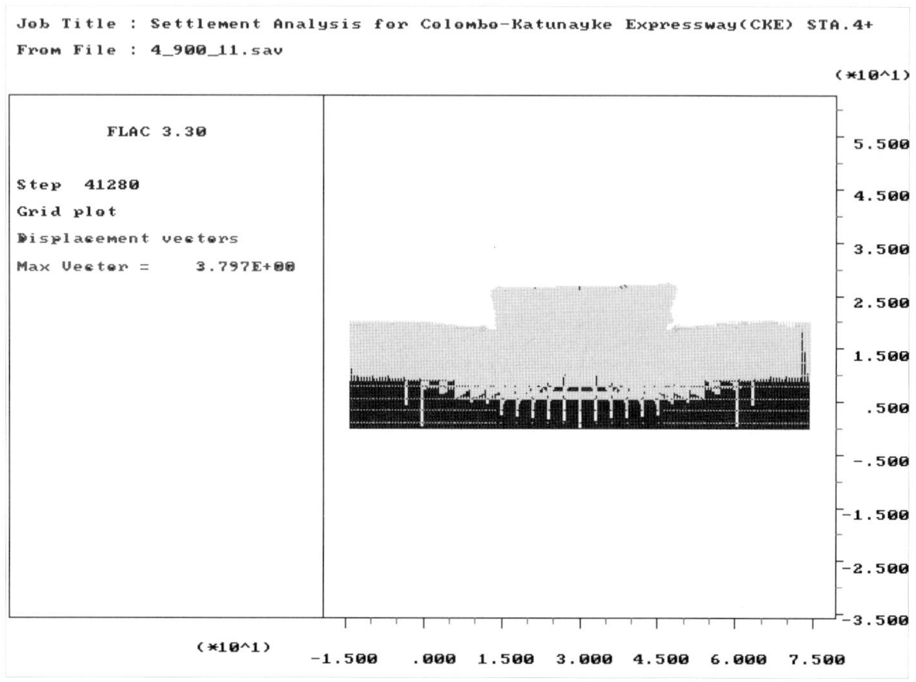

Fig. 2.3.47 Accumulated max. displacement of embankment

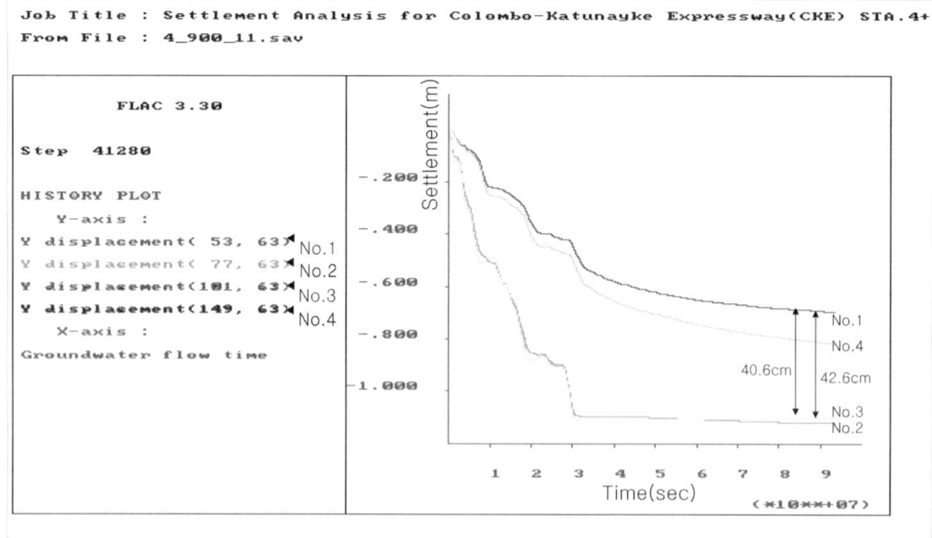

Fig. 2.3.48 Accumulated max. settlement of the beneath of embankment

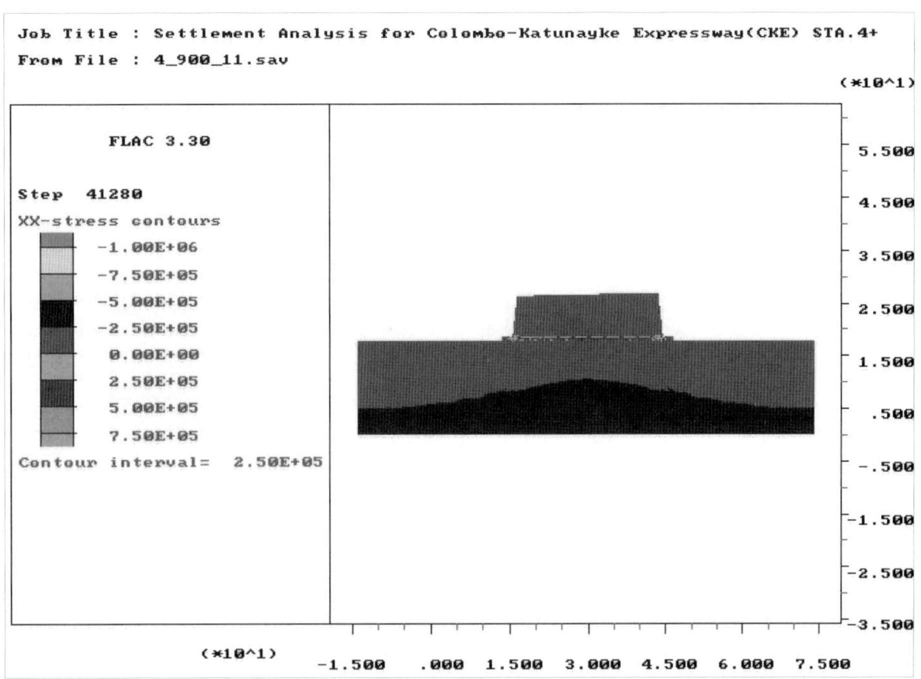

Fig. 2.3.49 Accumulated max. x direction stress of embankment

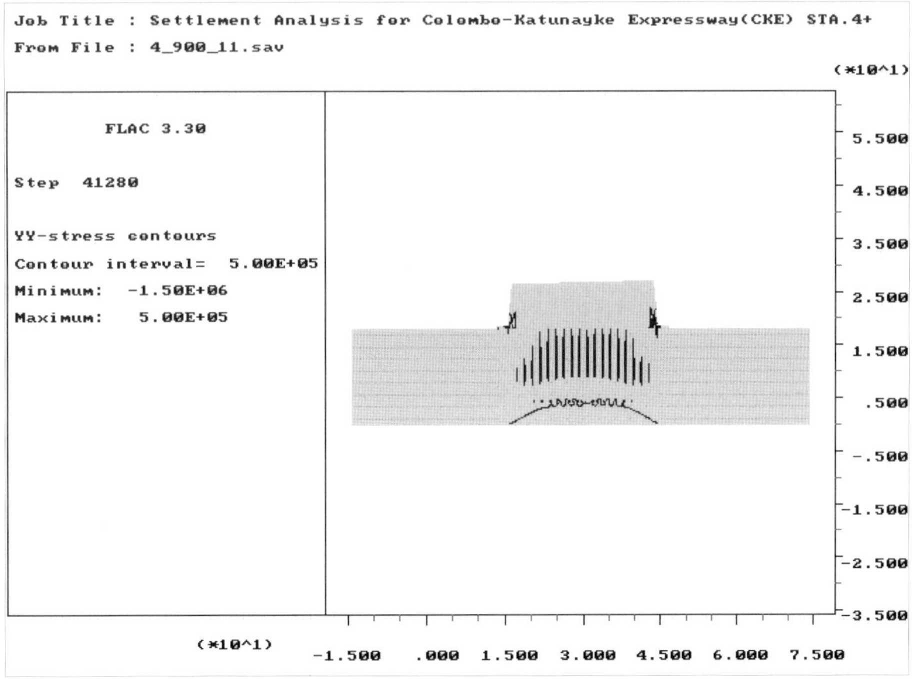

Fig. 2.3.50 Accumulated max. y direction stress of embankment

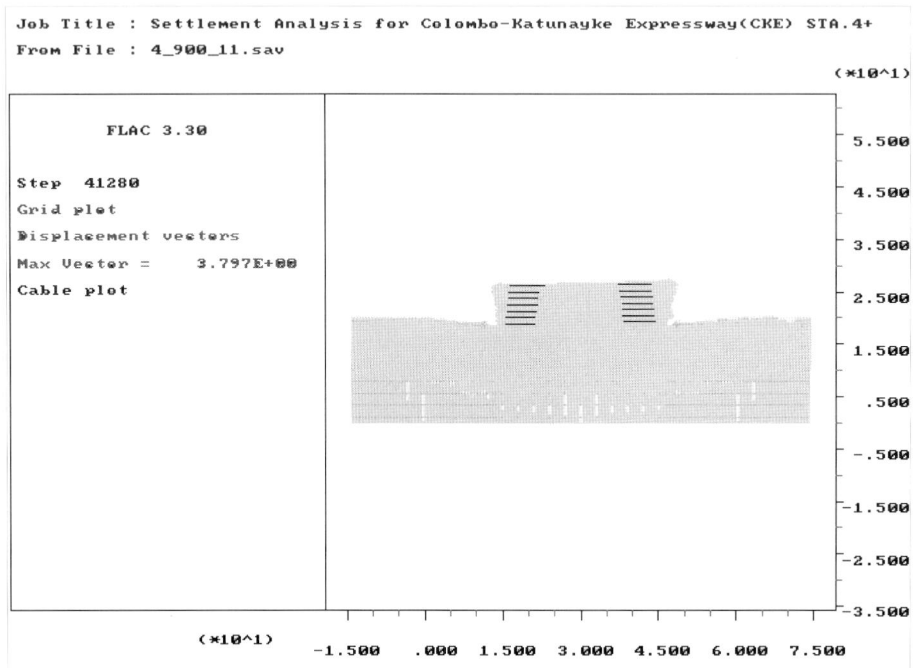

Fig. 2.3.51 Anticipated max. deformed shape of embankment

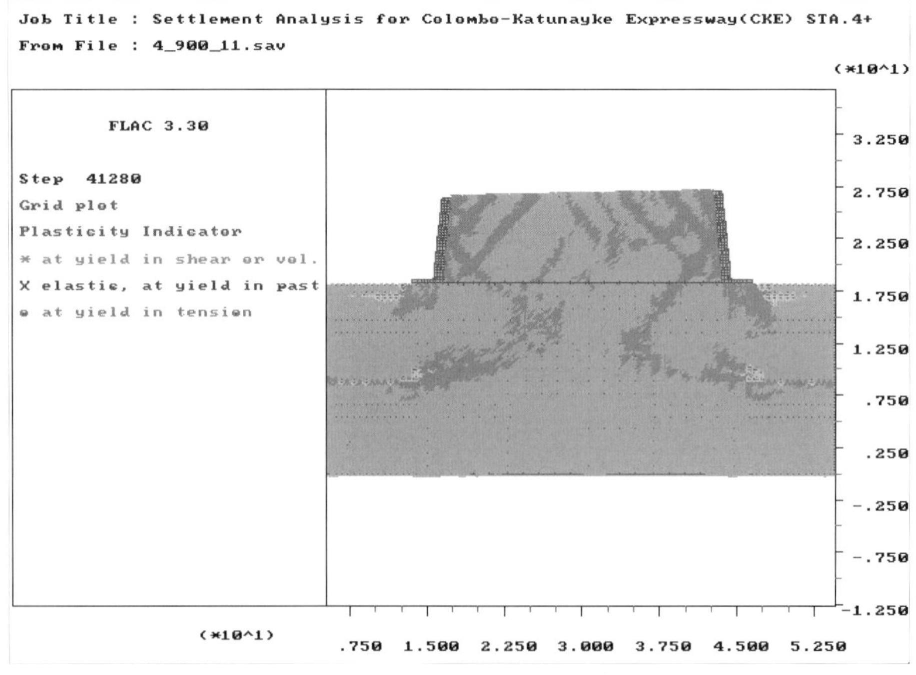

Fig. 2.3.52 Anticipated every yield type & location of embankment

(6) Summary of results

To properly evaluate settlements, contact pressures and subgrade settlement of embankment fill at different locations of the beneath of embankment fill with various construction sequence conditions in the construction site of Colombo-Katunayke Expressway (CKE), two-dimensional numerical analyses have been performed in the present study using the FLAC 2D (Ver. 3.3) program. For purposes of analyzing the effects of accumulate max. differential settlement existing beneath of the typical embankment foundation, two cases (Sta. 4+500 and Sta. 4+900) are dealt in with the present FLAC 2D program analyses. Finally to determine the subgrade settlement of embankment fill at different locations of the beneath of embankment fill with various construction conditions in the construction site of Colombo-Katunayke Expressway (CKE), curves representing the relationships between max. settlement and maintenance time are drawn. To evaluate contact pressures FLAC 2D program analyses are further made utilizing the analyzed settlements and based on the Terzaghi' one-dimensional consolidation theory. The following summary of results could be drawn from the present study.

① Results of Settlements Analyses (Sta. 4+500):

Analyzing the predicted consolidation settlements with maintenance time, it is found that the magnitude of settlement varies from 48.07cm to 68.85cm(maximum value) with both different locations(see Table 2.3.23 & Fig. 2.3.41).

Comparing the predicted settlement with various located for the three locations (No.2, N0.3 & No.4) previously analyzed, it is found that the differential settlements are expected to increase with angular distortion($\frac{\delta}{L}$) range of $\frac{1}{133.8}$ (between No.2 and No.4) ~ $\frac{1}{69.3}$ (between No.3 and No.4) due to effect of consolidation maintenance time as 3years.

Analyzing the predicted horizontal displacement with construction sequence, it is found that the magnitude of max. horizontal displacement varies from 235.6cm(left wall) to 194.8cm (right wall) with both different locations(see Table 2.3.23).

② Results of Settlements Analyses (Sta. 4+900):

Analyzing the predicted consolidation settlements with maintenance time, it is found that the magnitude of settlement varies from 69.60cm to 112.2cm (maximum value) with both different locations (see Table 2.3.24 & Fig. 2.3.48).

Comparing the predicted settlement with various located for the three locations (No.1, No.2 & No.3) previously analyzed, it is found that the differential settlements are expected to increase with angular distortion($\frac{\delta}{L}$) range of $\frac{1}{16.9}$ (between No.1 and No.2) ~ $\frac{1}{35.5}$ (between No.1 and No.3) due to effect of consolidation maintenance time as 3years.

Analyzing the predicted horizontal displacement with construction sequence, it is found that the magnitude of max. horizontal displacement varies from 149.3cm(left wall) to 221.8cm(right wall) with both different locations(see Table 2.3.24).

참고문헌

1. 김홍택, 강인규, 권영호(2004), "전면벽체의 강성이 Soil Nailing 시스템의 전체 안정성에 미치는 영향", 『한국지반환경공학회 논문집』, 제5권, 제3호, pp. 51~60.

2. 김홍택, 박준용, 박시삼, 김영윤, 김경모, 신진택(2001.11), "EPS beads 혼합경량토를 활용한 PL-PS GRS 구조물의 안정해석에 관한 연구", 『한국토목섬유학회, 2001 학술발표대회 논문집』, pp. 255~264.

3. 박시삼, 조삼덕, 박두희, 장기수(2008.10), "다단식 보강토 옹벽 설계 및 시공사례에 관한 고찰", 『2008년도 한국지반공학회 가을학술발표논문집』, pp. 168~175.

4. 유충식(2002), "다단식 보강토옹벽의 설계사례-사례연구", 『한국토목섬유학회논문집』, 제1권, 제1호, pp. 31~41.

5. 조삼덕, 이광우, 이훈연, 장기수(2005), "2단 고성토 보강토옹벽의 거동평가-사례연구", 한국토목섬유학회, 『2005 토목섬유 학술발표회 논문집』, pp. 95~102.

6. Dawson, E., Motamed, F., Nesarajah, S., and Roth, W.(2000), "Geotechnical Stability Analysis by Strength Reduction", Geotechnical Special Publication No. 101, Slope Stability 2000, ASCE, Denver, Colorado, pp. 99~113.

7. FHWA, 2001. Mechanically Stabilized Earth Walls and Reinforced Soil Slopes, Design and Construction Guidlines, FHWA Demonstration Project 82, FHWA, Washington, DC, FHWA-NHI-00-043.

8. FHWA, Manual for Design and Construction Monitoring of Soil Nail Walls, Publication No. FHWA-SA-96_069, pp. 63~136.

9. NCMA, 1997. Design Manual for Segmental Retaining Walls, 2nd Ed., NCMA, Virginia.

10. Bruce, D. A. and Jewell, R. A.(1986), "Soil Nailing: Application and Practice – part 1", Ground Engineering, Nov., pp. 10~15.

11. Bruce, D. A. and Jewell, R. A.(1987), "Soil Nailing: Application and Practice – part 2", Ground Engineering, Jan., pp. 2~38.

2.4 특수한 형태의 보강토 옹벽

2.4.1 개요

보강토 옹벽은 인류의 기원, 역사와 함께할 정도로 오랜 기간 사용되었으나 이에 대한 이론의 정립 및 공법의 발전은 1960년대 프랑스의 Henri Vidal에 의해 이루어졌다.

1972년에는 미국의 로스앤젤레스의 고속도로에 적용되었고 향후 20년 동안 2만 개의 보강토 구조물이 건립되었다. 국내에는 1980년대 중반에 소개되어 괄목할 발전을 거듭해 현재 전국적인 분포를 보이고 있으며 국내의 설계 및 시공기준(한국지반공학회, 국토해양부, 한국도로공사 등)도 정립되어 있다.

단, 외국의 경우 관련학회 및 공법협회가 중심이 되어 새로운 설계방법의 개발 및 기준을 제시해 보강토 공법이 발전하고 있지만, 국내의 경우는 관주도형의 소극적 설계기준 제시에 그치고 있어 급속하게 발전하는 토목섬유 관련 산업에 대한 적극적인 지원 및 기준 제시가 부족하다.

특히 일반적인 형태의 보강토 옹벽에 대한 설계 및 시공기준은 국내기준에 명시되어 있으나 다단옹벽, 사다리꼴 옹벽 등 특수한 형태의 옹벽은 국내기준이 없어 보강토 옹벽 설계업체별로 상이한 각종 외국기준을 임의로 사용하고 있어서 설계편차가 매우 크게 나타나며, 시공 구조물의 과대한 변위 및 파괴 등이 발생하고 있다. 따라서 이에 대한 설계기준의 정립 및 상세설계법의 홍보가 필요하다.

2.4.2 특수한 형태의 보강토 옹벽 분류

보강토 옹벽은 직사각형으로 설계하는 것이 일반적이나 설치 지형이나 옹벽고에 따라 다음과

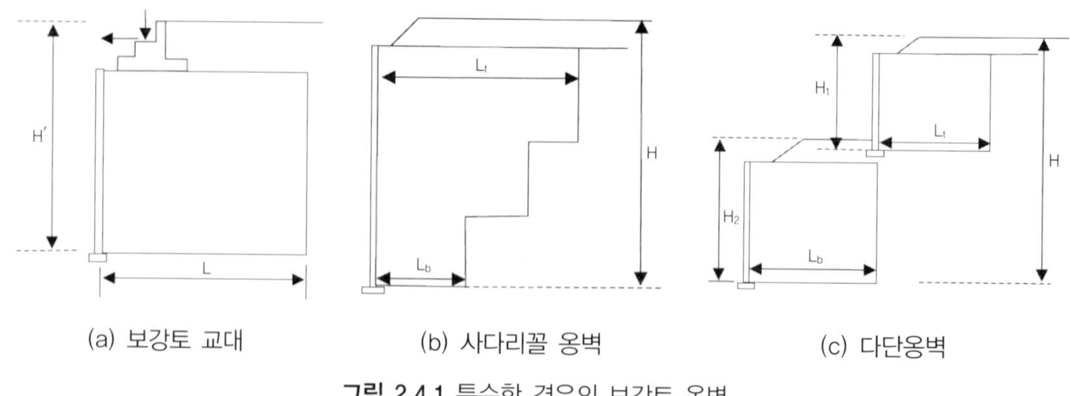

(a) 보강토 교대   (b) 사다리꼴 옹벽   (c) 다단옹벽

그림 2.4.1 특수한 경우의 보강토 옹벽

같은 특수한 형태를 적용할 수 있다.

- 보강토 교대 : 높은 경제성
- 사다리꼴 옹벽(Uneven Reinforcement, Trapezoidal wall) : 절토부에 주로 적용
- 다단옹벽(Superimposed wall, Tied wall) : 옹벽고가 높을 때 주로 적용
- 반무한 배면 경사

2.4.3 보강토 옹벽에 대한 설계기준 및 적용범위

1) 해외기준

(1) 미국

- FHWA(Federal Highway Administration) : Mechanically Stabilized Earth Walls and Reinforced Soil Slopes Design and Construction Guideline.
- NCMA(National Concrete Masonry Association) : Design Manual for Segmental Retaining Walls.

(2) 일본

- 선단·보강토 공법
- 다수앵커식 보강토벽 공법 설계·시공 매뉴얼
- 지오텍스타일을 이용한 보강토의 설계·시공 매뉴얼

(3) **영국** : BS8006 : Code of practice for strengthened/reinforced soils and other fills

(4) **프랑스** : MOT : Reinforced Earth Structure-Recommendation and Rules of the Art

2) 국내기준

- 한국지반공학회 : 구조물 기초 설계기준(1997, 2003, 2008)
- 한국지반공학회 : 토목섬유설계 및 시공요령(1998)
- 국토해양부 : 도로설계편람(2000), 비탈면설계기준 : 국토해양부(2006)
- 발주처별 설계기준/시방서
  - 한국도로공사 : 도로설계요령 등

3) 보강토 옹벽 설계현황 검토

(1) 일반적 설계 적용현황

표 2.4.1 국내 보강토 옹벽 설계 적용현황

구 분	설계기준	적용현황	비 고
지반조사	시추조사 및 실내시험	×	조사기준 확립 필요
외적안정	저면활동	○	
	전도	○	
	지내력(지지력/침하)	△	침하검토 생략
	전반활동(사면안정)	△	특수한 경우만 적용
내적안정	인발(Pullout)	○	
	인장응력(Tensile Overstress)	○	
	내부활동(Internal Sliding)	×	국내기준 없음
	국부안정 • 연결강도(Facing Connection) • 배부름(Bulging)	×	국내기준 미비
특수한 형태	보강토 교대/교각 다단식 보강토 옹벽 사다리꼴 보강토 옹벽	△	국내기준 미비로 외국기준 혼용

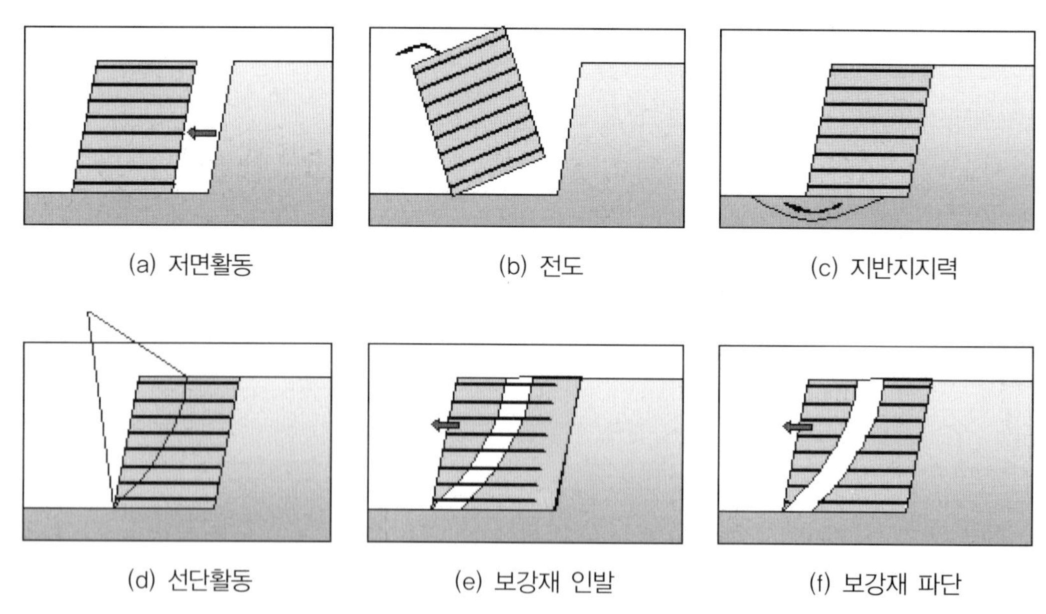

그림 2.4.2 보강토 옹벽 안정검토 주요항목

2.4.4 보강토 교대(Bridge Abutment)

1) 보강토 교대의 설계기준 검토 : 미국 FHWA

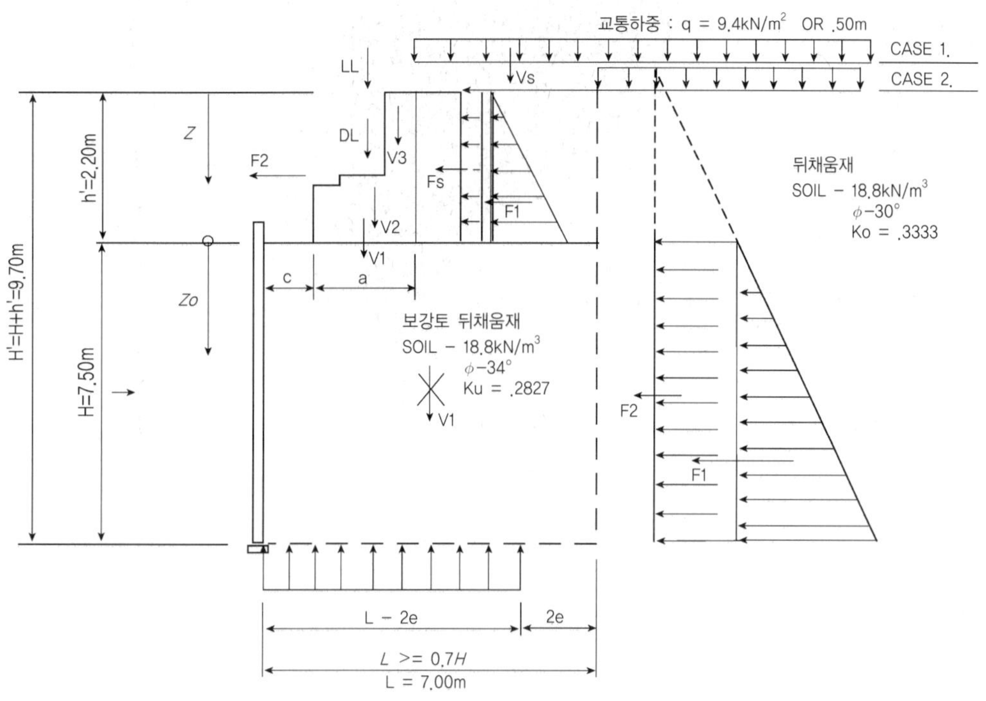

(a) 교대작용하중(Loads on abutment)

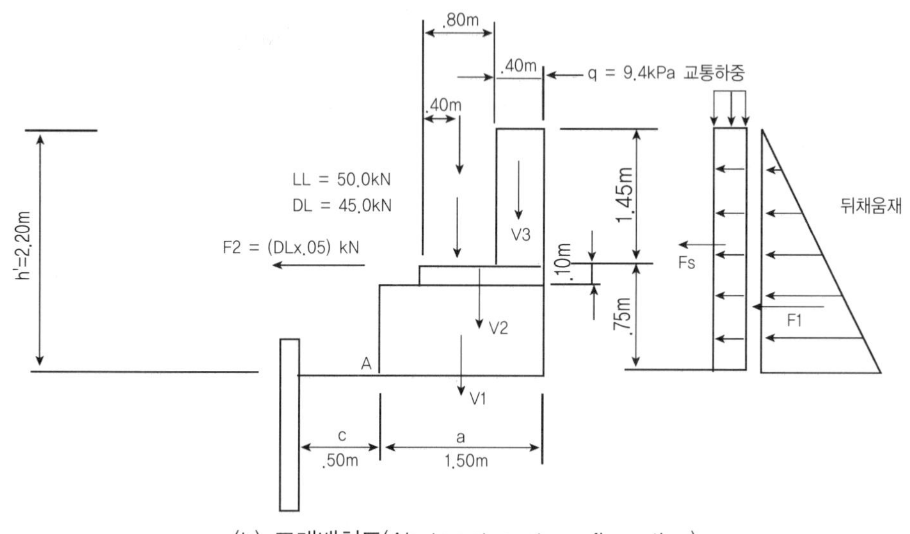

(b) 교대배치도(Abutment seat configuration)

그림 2.4.3 보강토 교대 설계 개요도(FHWA 2001)

그림 2.4.4 보강토 교대 적용사례

2.4.5 다단식 보강토 옹벽(SUPERIMPOSED WALLS)

1) 다단식 보강토 옹벽의 설계기준 검토

(1) 미국 : FHWA

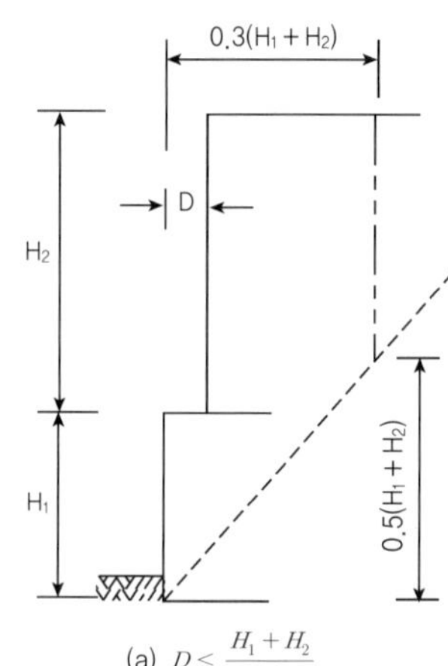
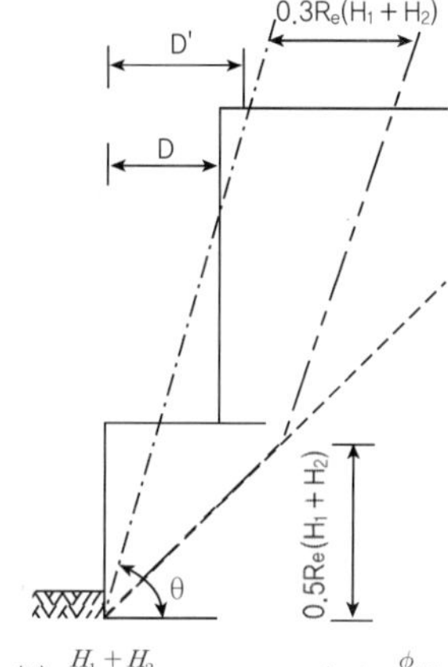
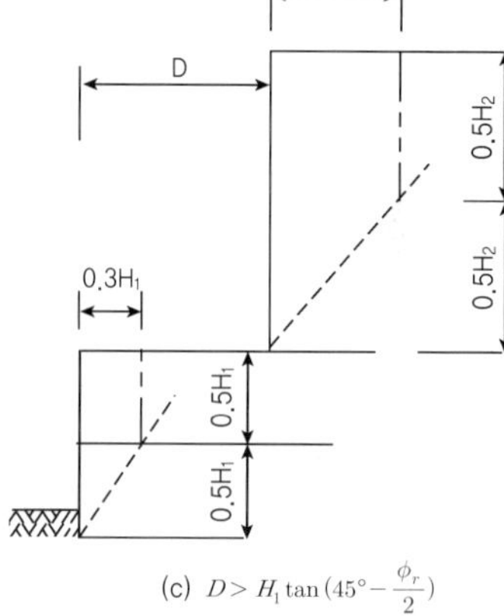

(a) 최대인장력선(Maximum Tension Lines)

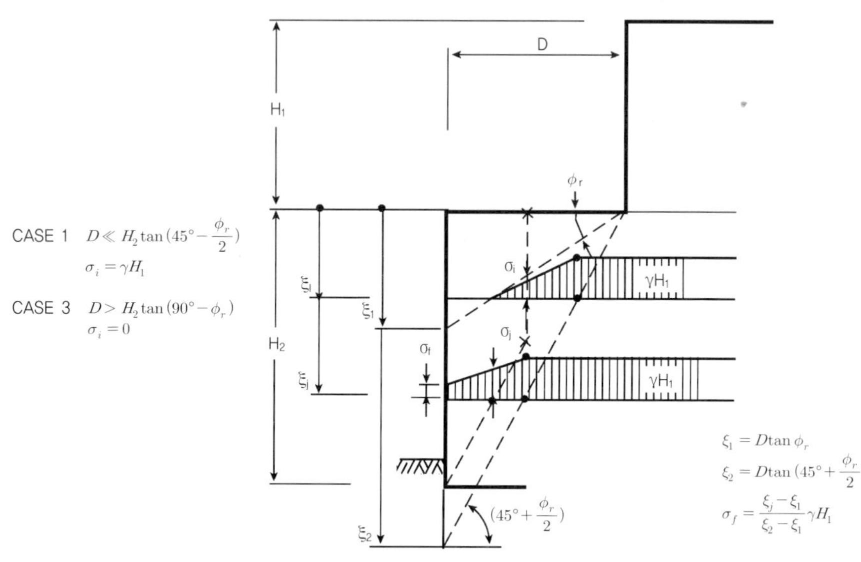

(b) 추가수직하중(Additional Vertical Stress)

그림 2.4.5 FHWA 다단식 보강토 옹벽 설계기준 개요

(2) 미국 : NCMA

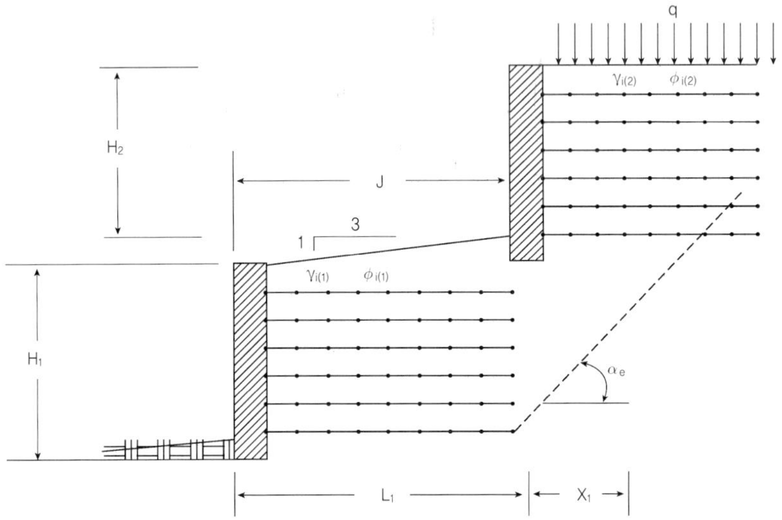

J = 상하단 옹벽 전 면벽 간의 수평이격거리
L = 보강재의 길이+블록 폭

주) : $H_1 > H_2$ 여기서, H_1, H_2: 지상노출높이

$$X_1 = \frac{(H+J/S)}{\tan \alpha_e}$$

S = 소단사면 기울기[예 1 : 3 → S=3, S=500(소단이 수평인 경우)]

1. 하단옹벽 내적안정성 검토 시 적용하는 등가 상재하중

 – $J > L_1$: 영향 없음, $q_{d(1)} = 0$, $q_{1(1)} = 0$
 – $0.3L_1 < J < L_1$: 부분적 상재하중 적용

$$q_{d(1)} = \frac{(L_1 - J)}{L_1}(\gamma_{i(2)} H_2), \quad q_{l(1)} = \frac{(L_1 - J)}{L_1}(q_{l(2)})$$

 – $J < 0.3L_1$: 전체 상재하중 적용 → $q_n = \gamma_{i(2)} H_2$, $q_{l(1)} = q_{l(2)}$

2. 하단옹벽 외적안정성 검토 시 적용하는 등가 상재하중

 – $J > (L_1 + X_1)$: 영향 없음, $q_{d(1)} = 0$, $q_{1(1)} = 0$
 – $(L_1 + 0.5X_1) < J < (L_1 + X_1)$: 부분적 상재하중 적용

$$q_{d(1)} = \frac{(L_1 + X_1 - J)}{X_1}(\gamma_{i(2)} H_2), \quad q_{l(1)} = \frac{(L_1 + X_1 - J)}{X_1}(q_{l(2)})$$

 – $J < (L_1 + 0.5X_1)$: 전체 상재하중 적용 → $q_n = \gamma_{i(2)} H_2$, $q_{l(1)} = q_{l(2)}$

주) $0.3L_1$과 $0.5X_1$은 보수적인 설계를 위하여 선정된 경험적 수치임.

그림 2.4.6 NCMA 다단식 보강토 옹벽 설계기준 개요

2) 다단식 보강토 옹벽의 설계기준 비교

다단옹벽의 설계법으로 보편적으로 사용되고 있는 미국의 FHWA와 NCMA 방법은 상단 옹벽을 하단 옹벽의 상재하중으로 고려한다는 개념은 동일하므로 근본적으로는 같은 방법이라고 할 수 있다. 단, 하중의 크기, 이격거리의 영향, 세부설계 기준 등의 차이로 산출단면은 그림 2.4.7과 같이 현격한 차이를 보이고 있다.

현장의 상황에 따라 다소 차이를 보이나, 일반적으로는 NCMA 방법은 경제성에서 유리하고 FHWA 방법은 안정성에서 우위를 보이고 있어 우열을 가늠하기 어려우며, 두 방법이 각각 상당한 연구 및 시공사례 분석결과를 토대로 구축되어 신뢰성을 가지고 있으므로 해당 옹벽의 중요도에 따라 설계방법을 설정하는 것이 합리적일 것이다. 미국의 경우에도 FHWA와 NCMA 두 기준을 혼용해 사용하고 있으며 공공(Public)공사는 FHWA 방법이 주로 적용되며 일반(Private)공사는 NCMA 방법이 적용되고 있다.

국내의 경우 해외의 사례보다 옹벽고가 높고 이격거리가 좁은 대형 다단옹벽의 건설이 활발히 진행되고 있으나 국내기준이 없어 업체들이 임의의 기준 적용 또는 검증되지 않은 자체 기준을 사용해 변위 및 파괴사례가 다수 보고되고 있다. 또한 업체의 수주경쟁으로 단면최소화를 추구해 다단옹벽의 안정성이 날로 저하하고 있다. 따라서 해외의 기준은 국내의 건설현장 상황과 다소 다른 상태에서 마련된 것이므로 국내에 건설되고 있는 다단옹벽의 특성을 고려한 국내기준의 정립이 요구되고 있다.

보강토 옹벽, H=29.4m	FHWA					NCMA				
	외적 검토			내적 검토		외적 검토			내적 검토	
	활동 (FS≥1.5)	전도 (FS≥2.0)	지지력 (FS≥2.0)	인발파괴 (FS≥1.5)	파단 (FS≥1.5)	활동 (FS≥1.5)	전도 (FS≥2.0)	지지력 (FS≥2.0)	인발파괴 (FS≥1.5)	파단 (FS≥1.0)
상단	2.057	2.67	3.93	1.639	1.502	3.78	6.37	9.41	2.01	1.01
하단						2.77	3.83	4.78	12.95	1.04

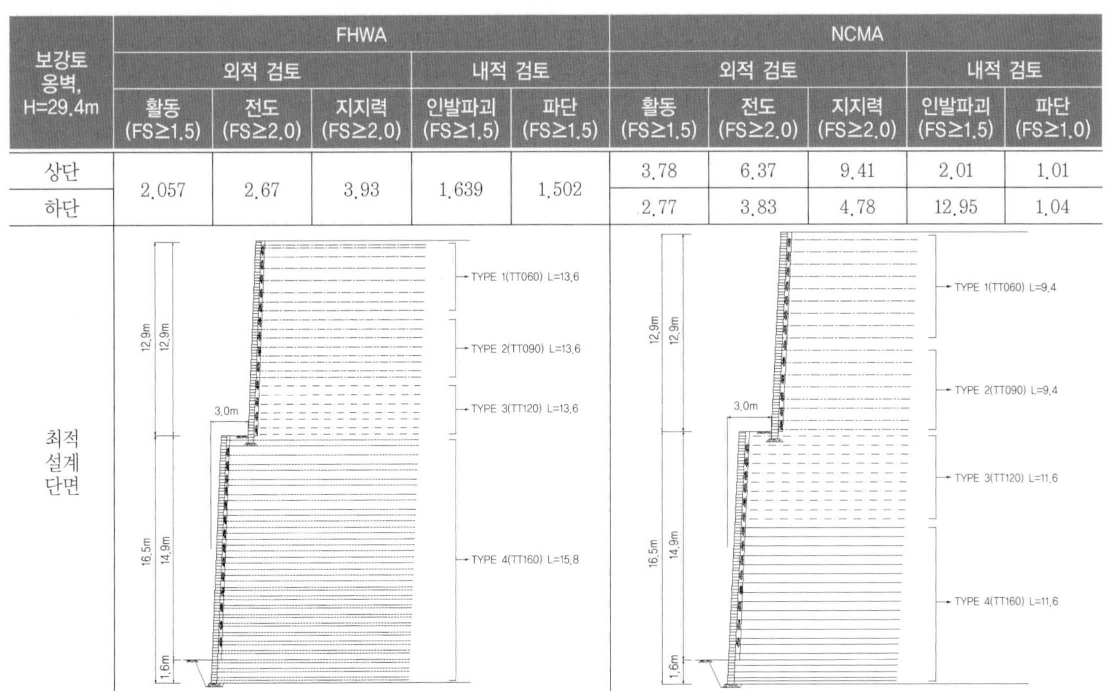

그림 2.4.7 FHWA와 NCMA 설계법 적용 시 단면 비교(박시삼, 2008)

표 2.4.2 다단식 보강토 옹벽의 설계기준 비교

구분	FHWA	NCMA
설계개념	상부 옹벽의 하중 영향을 고려 (내적안정 기준으로 검토)	상부 옹벽의 하중 영향을 고려 (외적안정 기준으로 검토)
적용 S/W	MSEW	SRWALL
다단옹벽 설계	2단옹벽만 가능	다단옹벽 해석 가능
설계단면/공사비	일체형 옹벽과 유사한 단면이 산출되어 공사비 고가	경제적 단면이 산출되어 공사비 저렴
적용 시 문제점	3단 이상의 해석이 불가하며 이격거리가 작아도 별도 옹벽으로 분류됨	그리드 길이가 상대적으로 작아 수평변위의 발생이 큰 경향이 있음
국내설계 활용도	10% 이내	90% 이상

3) 다단식 보강토 옹벽 설계 시 고려사항

(1) 적용높이

일반적으로 기초지반이 양호한 일체형 보강토 옹벽의 적정 설치 높이는 10m 정도로 평가되며 기초지반이 비교적 연약한 경우는 지지력과 부등침하 등의 영향으로 설치높이에 제약을 받게 된다.

기초지반이 양호한 경우에도 일체형 보강토 옹벽의 높이가 15m 정도이면 수평변위의 발생 가능성이 크고 하부 전면벽체의 응력증가에 따른 벽체의 균열 및 파괴 현상이 발생한 사례가 많다. 기초지반이 경사지거나 곡선부를 포함하는 경우에는 현장에 많은 문제점이 발생하고 있다.

따라서 현재까지의 시공사례를 토대로 옹벽고가 10m를 초과하면 다단옹벽으로 설계하는 것이 합리적인 방안으로 사료된다.

(2) 이격거리

다단옹벽의 이격거리는 클수록 안정성에 도움이 되지만 경제적인 이유로 매우 근접해 시공하는 것이 대부분이다. FHWA 규정에 의하면 총 옹벽고가 20m일 때 1m만 이격되면 다단옹벽으로 규정하므로, 대부분 1~2m 정도를 이격해 시공되고 있다.

그러나 상부 옹벽고가 매우 높은 경우 하부 옹벽 위쪽에 설치되는 기초의 지지효과 및 수평변위 저지효과가 감소해서 문제가 발생할 수 있으므로 가능하면 이격거리를 넓게 잡는 것이 필요하며, 부득이한 경우에도 소단부의 식생이나 유지관리를 위해서도 최소한 2~3m로 하는 것이 추천된다.

또한 다단옹벽의 설계 시 상부 옹벽보다 하부 옹벽의 높이가 큰 편이 전술한 지지효과 및 미관적인 면에서 우수한 결과를 보인다.

그림 2.4.8 국내에 시공된 대형 다단옹벽의 사례

4) 다단식 보강토 옹벽에 대한 국내 설계기준 설정

(1) 해외기준의 국내 적용 검토

전술한 미국의 다단옹벽의 설계기준인 FHWA와 NCMA 설계법은 국제적으로 공인되어 사용되고 있으며 많은 시공사례에 의한 검증을 거쳐 적절한 설계법으로 평가된다.

따라서 국내의 경우에도 미국의 예와 같이 중요도가 높은 공공공사는 FHWA 방법을 적용하고 이외의 일반공사는 NCMA 방법을 적용하는 방안이 추천된다.

(2) FHWA와 NCMA 방법의 국내 적용 시 검토사항

가) FHWA 방법 적용 시 검토사항

공공공사의 경우는 구조물의 중요도가 크므로 FHWA 방법을 적용하기로 한다.

단, 일반공사에서 옹벽고가 매우 높은 경우 등에서 FHWA 방법을 적용할 때는 상기 설계법이 다소 과도한 안전율을 적용한 면이 있으므로 참고문헌-5(박시삼·조삼덕·박두희·장기수(2008), 『다단식 보강토 옹벽 설계사례에 관한 고찰』) 등을 참조해 적정한 설계를 해도 무방하다.

나) NCMA 방법 적용 시 검토사항

일반공사의 경우는 NCMA 방법을 적용하기로 하며, 현장 적용 시 수평변위가 다소 큰 경향이 있어 다음의 사항을 보완해 적용하기로 한다.

a) 상부 옹벽의 하중 적용 시 구조계산상의 발생접지압을 하부 옹벽의 상재하중으로 설정해야 한다.

b) 그림 2.4.10에 예시한 바와 같이 보강재의 길이가 짧으면 긴 경우에 비해 수평변위가 크므로 단면 설정 시 그림 2.4.9를 참고해 보강재의 최소길이를 적용하기로 한다.

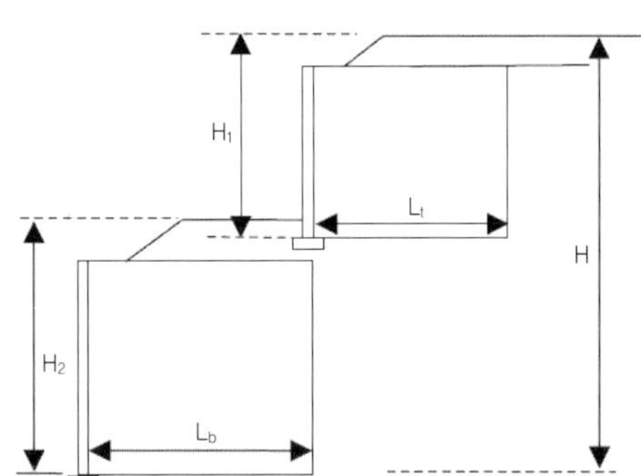

– 상부 옹벽(Upper wall) : $L_t \geq 0.7H_1$

– 하부 옹벽(Lower wall) : $L_b \geq 0.6H$

H : 옹벽 전체의 높이 $= H_1 + H_2$

– 3단 이상은 같은 방법으로 최소길이를 산정한다.

그림 2.4.9 다단식 보강토 옹벽의 최소길이 설정

다) FHWA와 NCMA 방법 적용 시 공통 고려사항

a) 다단식 보강토 옹벽은 외적·내적 안정 검토를 수행한 후 반드시 전체사면안정성 검토를 수행해야 하며, 사면안정성 검토에 사용되는 입력정수는 해당지반의 지반조사 결과에 의해 산정되어야 한다.

b) 다단옹벽은 옹벽고가 큰 경우에 계획되므로 대개 계곡부에 설치되는데, 보강토 옹벽 설치 후에도 지하수가 기존의 계곡에 집중되므로 이에 대한 철저한 배수설비를 해 지하수를 적절히 배제해야 한다.

c) 배수상세는 국내기준 및 참고문헌-2(권오현, 박영주, 서동현(2009), "기후변화에 대비한 보강토 옹벽의 설계 및 시공기준 고찰", 『한국토목섬유학회 가을기술발표회논문집』) 등을 참고해 적절한 배수를 유도해야 한다.

d) 지하수가 집중되는 보강토 옹벽의 경우 전술한 어떠한 설계법을 적용해도 과도한 변위 및 파괴가 발생할 수 있다는 점을 유의해야 한다.

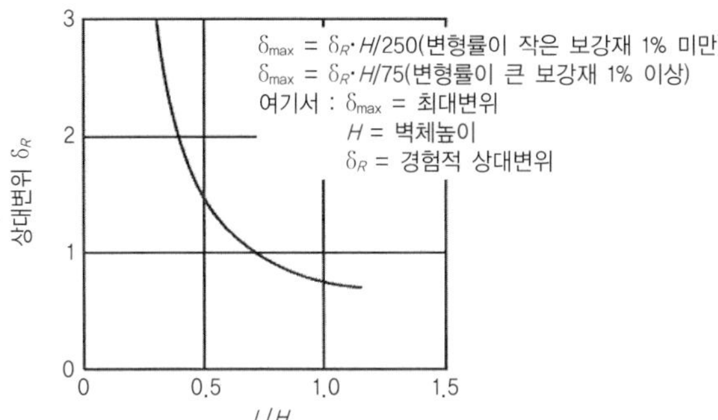

그림 2.4.10 보강재 설치길이와 발생 수평변위의 관계도표(FHWA 2001)

2.4.6 사다리꼴 보강토 옹벽

1) 사다리꼴 보강토 옹벽 설계기준 검토

미국	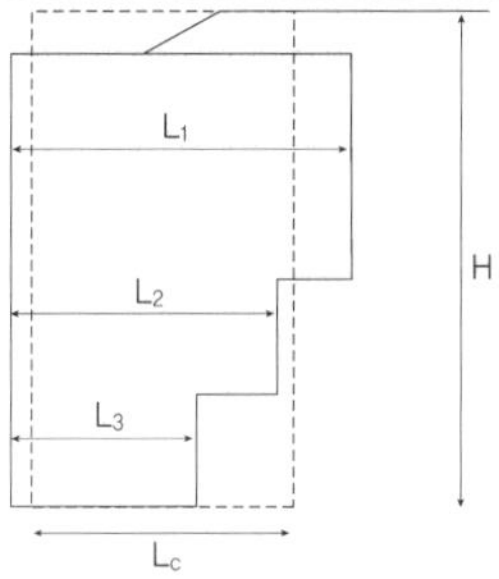	– 외적안정 및 내적안정 파단해석 수행 시 가상의 등가사각형(L_o, H) 설계단면으로 수행. – 최소 기초길이는 $0.4H$로 각 단의 차이는 $0.15H$로 한다. – 인발해석은 L_1, L_2, L_3에 대해 수행. – 기초지반은 매우 견고 또는 암반이어야 한다. – 반드시 전체사면안정성 검토를 실시해야 한다.
일본	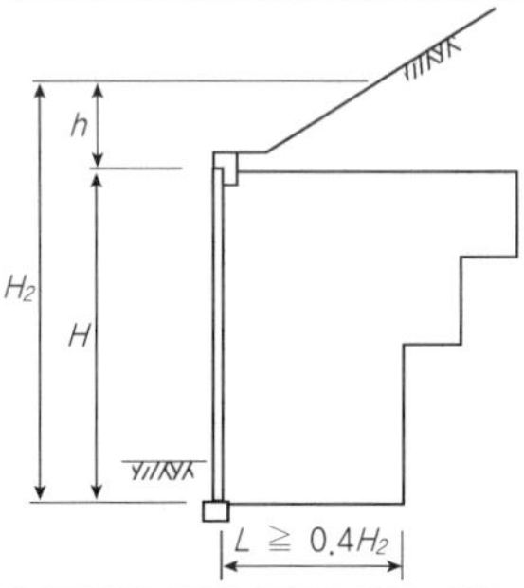	– 보강재의 최소길이를 $0.4H_e$으로 규정한다. – 기초 지반의 강성도에 대한 언급이 미국과 달리 없다.
영국	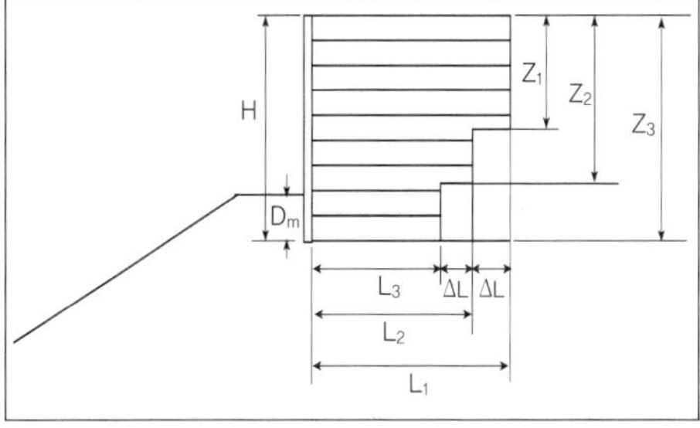	$Z_1 = 0.5H$ $Z_2 = 0.75H$ $Z_3 = H$ $L_1 = 0.7$ $L_2 = 0.55H$ $L_3 = 0.4H$ and $\geq 3m$

2) 사다리꼴 옹벽의 설계기준 설정

사다리꼴 옹벽에 대한 국외기준을 검토한 결과 미국, 일본, 영국의 기준이 대체로 일치한다. 단, 지지력이나 단면형상에 대한 규정이 다소 상이하게 나타나며 국내 적용 시 통일된 기준 설정을 위해 영국 BS8006, 미국 FHWA의 기준을 참조해 다음과 같이 적용하는 것으로 한다.

(1) 단면설정

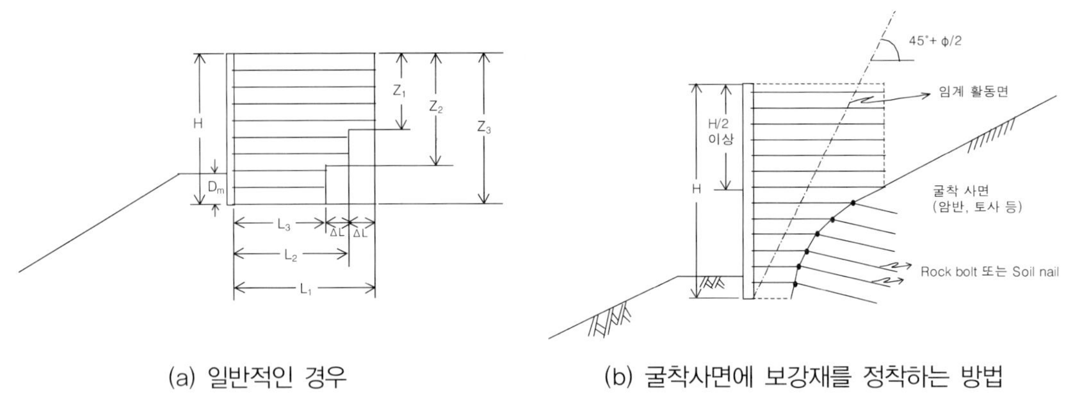

(a) 일반적인 경우　　　　　(b) 굴착사면에 보강재를 정착하는 방법

그림 2.4.11 사다리꼴 보강토 옹벽의 단면형상

(2) 설계기준

가) 사다리꼴 옹벽은 일반 옹벽에 비해 큰 지반 지지력을 필요로 하므로 지지력이 충분한 지반에 설치해야 한다(예, 풍화암, 연암 이상).

나) 지지력 및 안정성 확보를 위해 2~3단 정도의 사다리꼴 옹벽을 계획하며 최하단의 수평 길이는 $0.4H$ 이상이어야 한다.

　　4단 이상의 사다리꼴 옹벽은 그림 2.4.10에서 예시한 바와 같이 보강재 길이가 짧은 경우 과도한 수평변위가 발생하므로 적용하지 않는 것이 좋다.

다) 각 단의 수평길이 감소량($\Delta L = L_i - L_{i+1}$)은 $0.15H$보다 작아야 한다.

라) 외적안정 검토 시 사다리꼴 면적을 등가사각형으로 가정해 검토한다.

마) 내적안정 검토 시 그림 2.4.11의 L_1, L_2, L_3에 대해 각각 안정성을 검토해야 한다.

바) 사다리꼴 옹벽은 반드시 지반조사에 의한 전체사면 안정성 검토를 시행해야 한다.

2.4.7 반무한 배면경사

1) 기존의 설계기준에 의한 수평토압 산정법

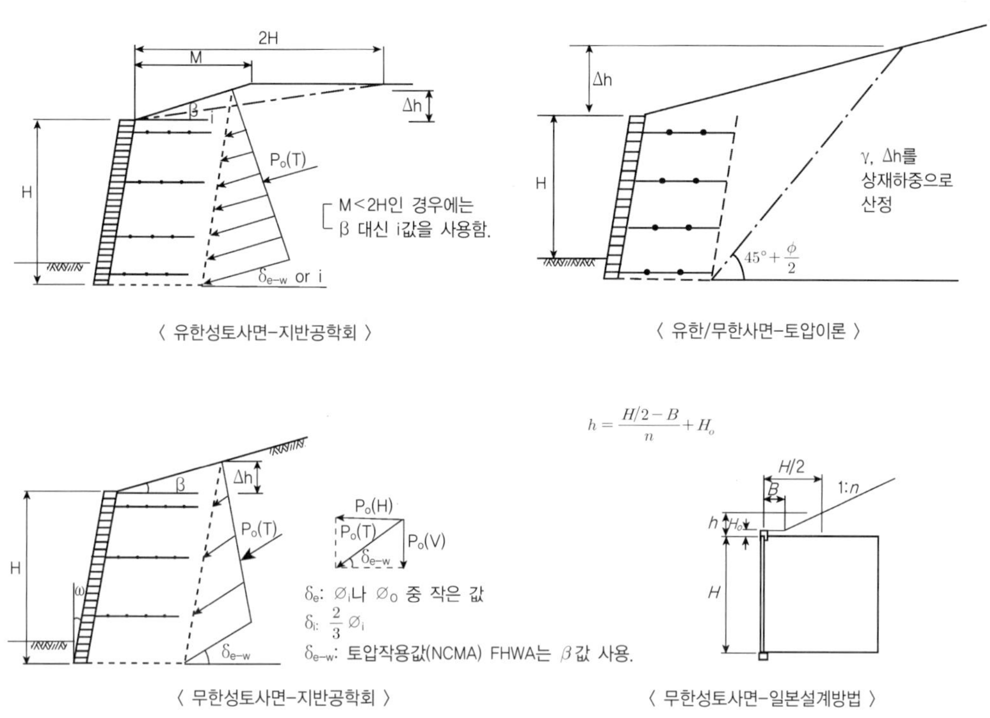

그림 2.4.12 보강토 옹벽의 수평토압 산정법

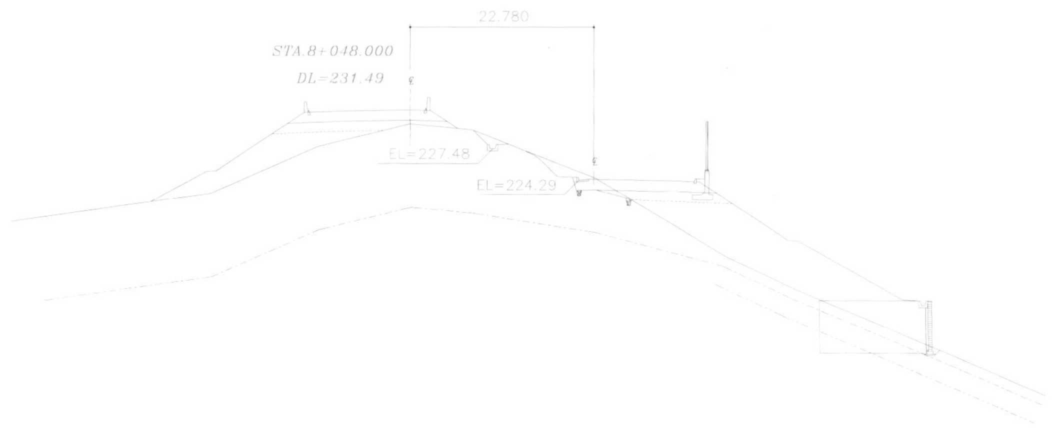

그림 2.4.13 반무한 배면경사 보강토 옹벽 설계사례

2) 시행쐐기법의 적용 검토

기존의 국내 설계기준은 옹벽 배면이 평활한 경우와 유한배면사면의 경우에는 적절한 값이 산출되지만 반무한/무한 사면의 경우에는 매우 과다한 수평토압이 산출되어 현장 적용 시 문제점이 발생하고 있다. 시행쐐기법은 콘크리트 옹벽의 토압산정법으로 국내기준에 명시되어 있으며 일본의 경우에도 사용되고 있어 반무한/무한사면의 수평토압 산정 시 국내기준으로 설정하기로 한다.

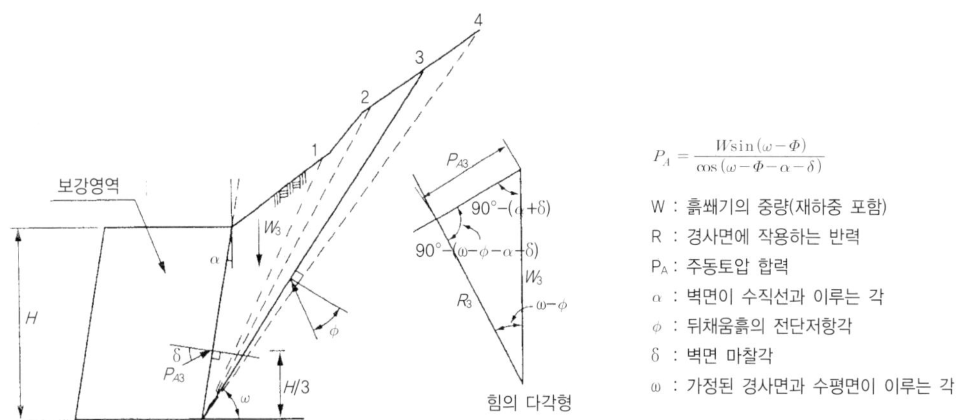

$$P_A = \frac{W\sin(\omega - \Phi)}{\cos(\omega - \Phi - \alpha - \delta)}$$

그림 2.4.14 보강토 옹벽의 시행쐐기법 적용 개요도(일본 지오텍스타일 보강토 공법위원회)

[일본 지오텍스타일 보강토 공법위원회] : 보강토벽의 배변에 작용하는 토압은 지오텍스타일이 부설되는 영역을 옹벽으로 간주, 그림 2.4.14에 나타낸 시행쐐기법을 사용해 구하는 것으로 한다.

3) 시행쐐기법과 기존 방법의 비교 검토

(1) 주동토압(FT) 비교

옹벽높이	사면높이	주동토압		감소비율	비고
		기존	시행쐐기		
10.12	0.00	32.43	32.43	0.0%	
	2.00	47.21	41.40	12.3%	
	4.00	67.03	56.12	16.3%	
	6.00	87.83	71.77	18.3%	
	8.00	107.93	88.75	17.8%	
	10.00	164.47	104.11	36.7%	
	12.00	306.79	120.71	60.7%	
	14.00	336.89	137.54	59.2%	

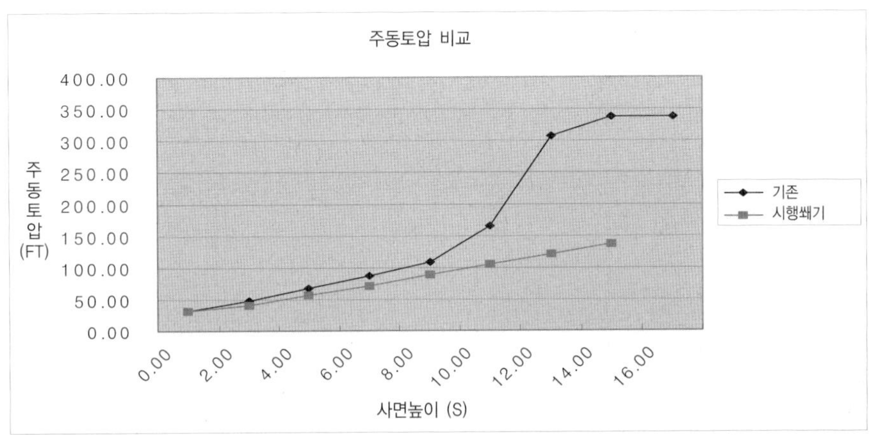

(2) 보강재 길이 비교

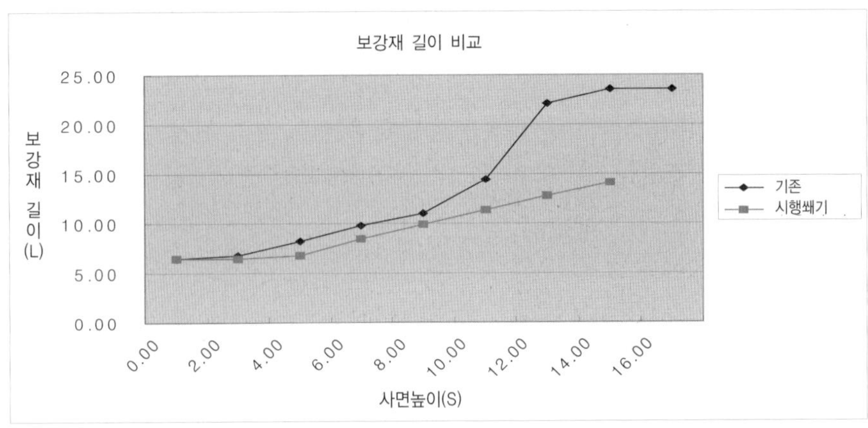

(3) 설계단가 비교

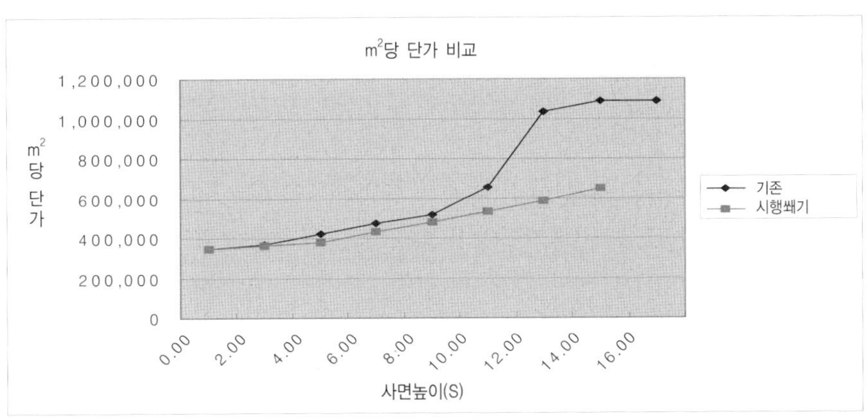

2.4.8 특수한 경우의 시공 세목

1) 벽체 균열

(a) 구조적 균열

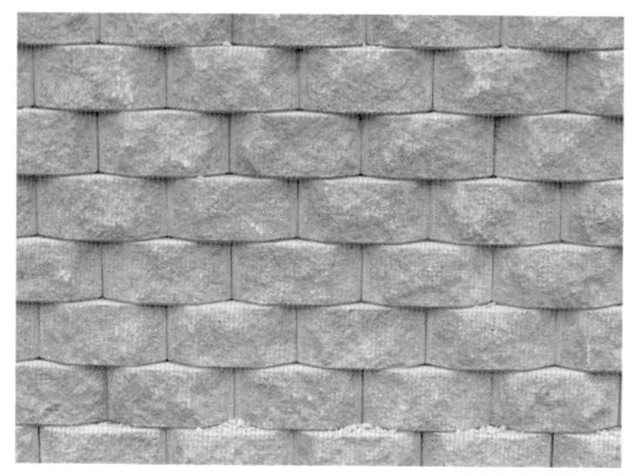

(b) 산발적 균열

그림 2.4.15 블록식 보강토 옹벽 전면벽체 균열현상

(a) 원경

(b) 근경

그림 2.4.16 패널식 보강토 옹벽 전면벽체 균열현상

보강토 옹벽의 전면벽체에 발생하는 균열은 발생원인에 따라 크게 구조적 균열 및 산발적 균열로 분류할 수 있다. 구조적 균열은 그림 2.4.15의 (a)와 같이 지반의 부등침하, 수평변위, 벽체의 강도 부족 등으로 균열이 선상으로 길게 발생되며 균열폭도 2mm 이상으로 큰 것이 일반적이다.

특히 기초지반이 경사진 경우, 옹벽고가 10m보다 높은 경우, 연약지반 및 곡선부에 발생빈도가 높으며, 이러한 경우에는 발생원인의 규명을 통한 대책 수립 후 보강공법의 적용이 필요하다.

단, 그림 2.4.15의 (b)와 그림 2.4.16과 같이 산발적이며 균열폭이 상대적으로 작은 경우에는 구조적인 결함보다는 벽체의 시공과정에서 일부 블록이나 패널이 집중하중을 받아서 발생하거나 곡선부와 같이 시공여건이 저하되는 구간의 수평변위로 벽체가 인장응력을 받는 곳에서 발생하므로, 시공 시 엄격한 수평관리 및 곡선부의 경우 다짐도를 높일 수 있는 방안(다짐도 증대,

158

양질의 뒤채움재 사용, 소일시멘트 적용 등)을 강구해야 균열 발생을 줄일 수 있다.

보강토 옹벽에서 전면벽체는 미관, 뒤채움토사의 풍화 방지 등을 주 기능으로 하며 전체 안정성에 기여하는 효과는 미미하므로, 산발적 균열의 경우에는 발생균열폭이 허용균열폭 이내로 발생하면 부분적인 벽체보수만 해도 무방하다.

현재 균열에 대한 국내기준은 콘크리트 구조물일 경우 0.2mm로 설정되어 있으나 이는 콘크리트 구조물의 중요부재에 발생하는 균열을 규정한 것으로 보강토 옹벽의 전면벽체에 적용하는 것은 합당하지 못하다.

따라서 보강토 옹벽의 전면벽체의 경우에는 산발적인 균열에 대해서는 시공 시 허용공차인 2mm를 허용균열폭으로 설정하고, 보강토 옹벽에 대한 국내 설계기준이 정립될 때까지 잠정적으로 사용하기로 한다.

2) 교대, 옹벽, 지하구조물 접속부

보강토 옹벽은 연성의 구조물이므로 시공 시 자연적인 수직, 수평변위가 발생하며 발생변위

그림 2.4.17 구조물과 보강토 옹벽의 접속부 파괴사례

그림 2.4.18 구조물과 보강토 옹벽의 접속부 시공사례

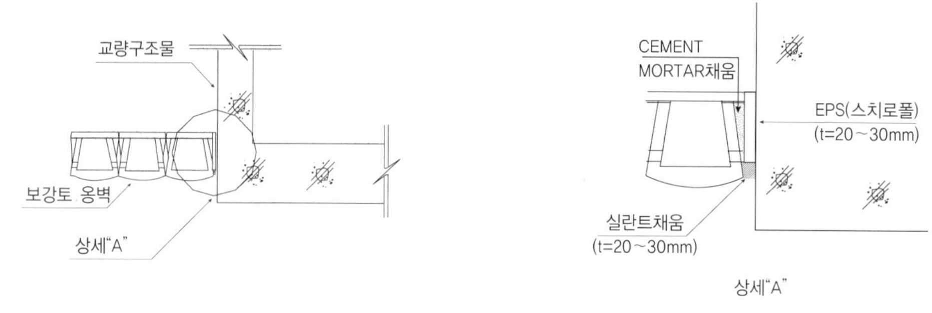

(a) 교대, 옹벽 접속부

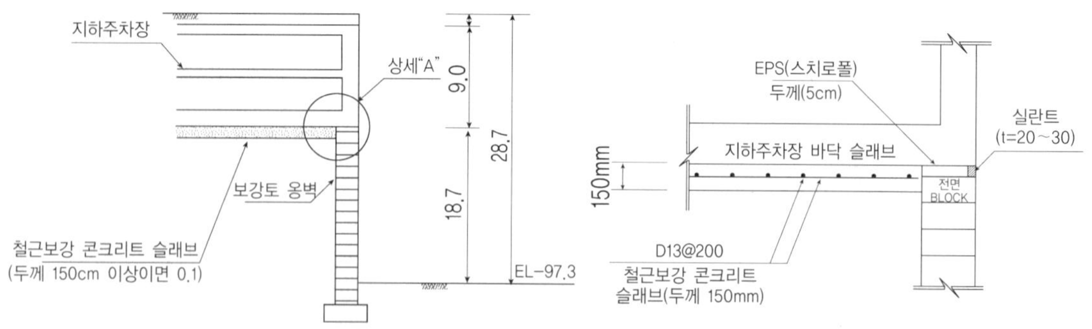

(b) 지하주차장 하부, 방음벽, 방호벽 접속부

그림 2.4.19 보강토 옹벽과 구조물 접합부 신축이음 상세

가 설계기준에 제시된 허용변위 이내의 경우에는 안전한 것으로 평가된다. 단, 연성인 보강토 옹벽과 강성의 구조물 접합부의 경우에는 두 구조물의 변위차이로 부등변위가 발생하므로 이에 대한 대책이 필요하다.

구조물 접합부의 경우 기존의 방법은 그림 2.4.17과 같이 시멘트모르타르 및 다웰바를 설치해 변위를 억제하는 경우가 있었으나 이는 강성 구조물 간의 접합방법으로 연성과 강성 구조물의 접합부에 사용할 경우 사례와 같이 접속부에 파괴가 발생한다. 따라서 두 구조물의 부등변위를 흡수할 수 있는 신축이음의 적용이 추천되며 그림 2.4.18과 그림 2.4.19에 예시했다.

3) 하천부 보강토 옹벽

보강토 옹벽은 지중의 침투수 배수를 전제로 계획되므로 옹벽배면에 수압이 발생하지 않도록 조치해야 한다. 보강토 옹벽에 대한 배수시설 상세는 국내기준에 일부 소개되어 있으나 일반적인 경우에 대한 범례 정도의 수준으로 특수한 경우의 배수상세는 참고문헌(권오현·박영주·서동현 (2009)『기후변화에 대비한 보강토 옹벽의 설계 및 시공기준 고찰』)을 참고해서 현장의 용수발생량을 정밀히 파악하여 적정한 배수시설을 설치해야 보강토 옹벽의 안정성을 확보할 수 있다.

특히 하천부에 설치되는 보강토 옹벽의 경우에는 하천수위 변동에 따라 보강토 배면의 수위가 상승, 하강하며, 국내하천은 우기 시 수위의 급상승, 급강하 현상을 보여 배면수위의 적절한 배제를 위해서는 보강토 옹벽 뒤채움 시 배수성능이 탁월한 재료를 사용해야 한다.

그림 2.4.20은 하천부 등 수위변동 및 침투량이 큰 경우의 배수대책에 대한 국내의 설계기준을 예시한 것이며, 그림 2.4.21은 하천부에 계획된 보강토 옹벽의 시공사례를 예시한 것이다.

또한 지형이 험한 소하천에서 급류 발생 시 소류력에 의해 자갈, 암석 등이 보강토 옹벽을 손상하는 경우가 있으므로 이 경우에는 전면에 2~3m 정도의 콘크리트 보호 옹벽을 설치하는 것이 필요하다.

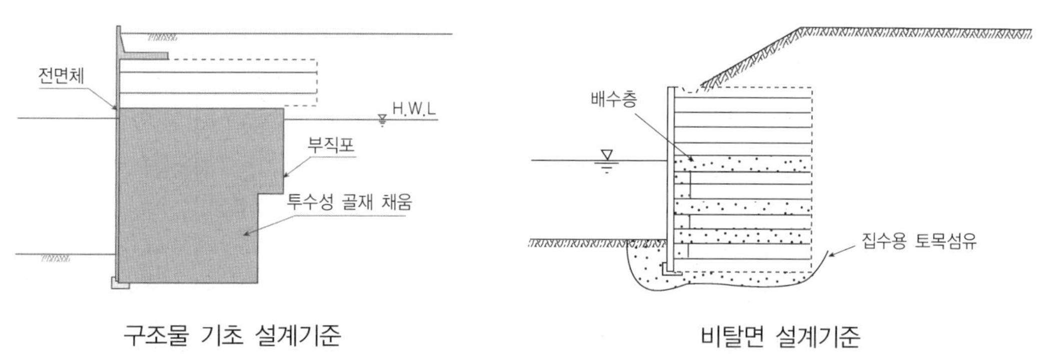

구조물 기초 설계기준   비탈면 설계기준

그림 2.4.20 하천부등 수위변동 및 침투량이 큰 경우의 배수상세

그림 2.4.21 하천부 보강토 옹벽 시공사례

참고문헌

1. 국토해양부(2006), 『건설공사 비탈면 설계기준』.
2. 권오현, 박영주, 서동현(2009) "기후변화에 대비한 보강토 옹벽의 설계 및 시공기준 고찰", 『한국토목섬유학회 가을기술발표회 논문집』, pp. 91~100.
3. 권오현, 이광우, 조삼덕(2007), "국내보강토 옹벽의 현황 및 문제점", 『한국토목섬유학회 가을기술발표회 논문집』, pp. 29~38.
4. 권오현, 이광우, 조삼덕(2008), "보강토 옹벽 설계기준 및 S/W표준화", 『한국토목섬유학회 봄기술발표회 논문집』, pp. 27~36.
5. 박시삼, 조삼덕, 박두희, 장기수(2008), "다단식 보강토 옹벽 설계사례에 관한 고찰", 『한국지반공학회 가을기술발표회 논문집』, pp. 168~175.
6. 유충식(2000), "보강토 옹벽의 설계현황에 대한 고찰", 한국지반공학회, 『토목섬유특별세미나』, pp. 41~50.
7. 유충식(2002), "다단식 보강토 옹벽의 설계-사례연구", 『한국토목섬유학회논문집』, 제1권, 제1호, pp. 31~41.
8. 유충식, 정혁상(2003), "계단식 형태의 블록식 보강토 옹벽의 거동특성", 『한국토목섬유학회논문집』, 제2권, 제1호, pp. 15~25.
9. 유충식, 정혁상(2004), "다단식 보강토 옹벽의 설계-사례연구 및 시험시공", 『한국토목섬유학회논문집』, 제3권, 제1호, pp. 27~36.
10. 유충식, 정혁상, 이봉원(2004), "계단식 보강토 옹벽의 파괴 메커니즘 연구", 『한국토목섬유학회논문집』, 제3권, 제4호, pp. 13~19.
11. 조삼덕, 이광우, 이훈연, 장기수(2005), "2단 고성토 보강토 옹벽의 거동평가-사례연구", 한국토목섬유학회, 『2005 토목섬유학술발표회논문집』, pp. 95~102.
12. 한국지반공학회(1998), 『토목섬유 설계 및 시공요령』.
13. 홍기권, 한중근, 이종영, 김지선, 조삼덕(2007), "현장사례에 의한 다단식 보강토 옹벽의 파괴모드에 관한 연구", 『한국토목섬유학회 가을기술발표회 논문집』, pp. 131~136.
14. FHWA(2001), "Mechanically Stabilized Earth Walls and Reinforced Soil Slopes, Design and Construction Guidlines"
15. NCMA(1997), "Design Manual for Segmental Retaining Walls, 2nd Ed."

2.5 친환경 보강토 공법

2.5.1 개요

자연과 더불어 살아가는 인간은 자연이 주는 혜택에 만족하지 않고 생활공간의 확보, 토지사용의 효율성 및 편리성을 위해, 개발이라는 미명 아래 자연을 훼손해왔고 그 선두에 우리 건설기술자들이 있었음을 부인할 수 없다.

그러나 국민의 의식수준과 국가의 경제력이 향상되면서 자연이 우리 인류에게 제공해주는 갖가지 유·무형의 혜택에 눈뜨기 시작했고, 인공구조물에 묻혀 사는 도시인에게는 특히나 어머니의 품 같은 자연에 대한 그리움이 싹트기 시작하면서 환경보호론자들의 목소리에 동조하는 사람이 많아지고 있다.

따라서 산업과 문명의 발달로 인해 불가피하게 요구되는 부지 조성에 있어서는 자연 훼손의 최소화가 요구되고 있고, 훼손된 자연을 복원하기 위한 공법들이 속속 개발되고 있으며, 인공구조물도 식생으로 자연친화적인 구조물이 되도록 하는 적용사례가 점차 증가하고 있다. 이러한 시대적인 흐름에 발 맞춰 친환경적이고 훼손된 자연을 복원하기 위한 자연친화적인 보강토 공법들 중에 최근 국내에서 시공되고 있는 표면 안정화 구조물과 식생옹벽 구조물 공법을 살펴보고자 한다.

2.5.2 비탈면 안정화 공법

부지의 효율적인 사용 및 편리성을 위해 형성하는 인위적인 비탈면은 저절로 형성되어 어느 정도 안정된 자연비탈면과는 달리 적정한 보강조치에 의해 안정성이 확보되었다 하더라도 안정된 비탈면으로 형성되기 위한 필수요건인 표면부의 식생이 정착하기까지는 상당한 시간이 필요하다. 따라서 비탈면 조성 후 단기간 내에 비탈면의 안정화와 신속한 표면부의 식생 기반 마련을 위해서 다양한 공법이 개발되어 적용되고 있다.

그 대표적인 표면 식생공법으로 잔디붙이기, 거적덮기, 종자뿜어붙이기, 덩굴식재 등이 사용되고 있다. 이러한 식생공법은 완만한 경사면의 표면보호공으로서 또는 안정된 비탈면의 녹화를 위해 매우 효과적인 공법이다. 그러나 이러한 식생공법은 비탈면 경사의 완급과 식생기반의 충족 여부에 의해 표면붕괴의 발생을 억제하는 역할에는 한계가 있다.

비탈면의 안정성이 확보되지 않으면 비탈면의 안정성을 확보하기 위한 비탈면 안정공이 필요해진다. 비탈면 안정공에는 활동력을 감소시키는 방법과 활동저항력을 증가시키는 방법이 있다. 활동력을 감소시키는 방법으로는 활동 토괴를 일부 제거함으로써 안전율을 증가시키는 것이고, 활동저항력을 증가시키는 방법으로는 앵커, 옹벽, 네일, 억지말뚝, 토목섬유, 지반개량 및 압성 등을 이용해 비탈면 안전율을 증가시키는 것이다. 이러한 방법 중에서 급경사면을 형성하는 경우에는 원지반의 활동력에 대한 감소 또는 활동저항력 증가에 대한 보강뿐 아니라, 지표면의 보호를 위한 표면안정화 구조물이 필요하다.

그림 2.5.1 뿜어붙이기 콘크리트

자연의 소중함에 대한 인식이 부족했던 시기에는 급경사의 절토면을 안정화하는 구조물의 경우 시공의 편의성 때문에 뿜어붙이기 콘크리트(그림 2.5.1)를 선호했다. 그러나 뿜어붙이기 콘크리트는 배후면 용수처리의 난점, 철망(wire mesh)의 부식, 콘크리트면의 균열 및 백태 등으로 미관상 보기가 좋지 않고, 부실한 시공면이 형성되는 문제점이 제기되어 최근에는 일시적인 표면 보호공에만 한정해 사용하고 있다.

간혹 뿜어붙이기 콘크리트를 타설한 후 전면에 뿜어붙이기 식생공법을 적용하는 사례가 있으나, 콘크리트로 원지반과 단절된 상태에서 식생기반을 형성하기 때문에 실질적인 환경 복원 방법이 되지 못한다.

따라서 실질적인 식생기반을 조성하려면 원지반면이 자연과 접할 수 있는 표면안정화 구조물 등 환경 복원적인 개념으로 접근해야 한다.

환경 복원을 위해서는 불안정한 표면부의 안정화를 위한 최소한의 표면보호공을 설치해 식생기반을 마련하는 방법과, 고전적인 방법이지만 식물의 뿌리에 의한 보강력만 이용하는 식생 안정화 보강법이 있다.

1) 비탈면 표면 보호공

(1) 격자블록

격자블록은 기성제품과 현장타설에 의해 설치되고 있는데, 격자형으로 보를 형성하기 때문에

보와 보 사이에 지반면이 노출돼 식생기반을 확보할 수 있는 장점이 있다. 따라서 성토부에서는
기성제품이, 절취부에서는 현장타설에 의해 형성되고 있다.

그림 2.5.2 기성제품 격자블록

그림 2.5.3 현장타설 격자블록

격자블록을 설치할 때 완경사일 경우에는 그림 2.5.2의 좌측비탈면처럼 식생이 안정되게 형
성한다. 하지만 급경사면을 형성할 경우에는 그림 2.5.3의 우측비탈면처럼 노출면의 풍화 및
세굴이 발생해 비탈면과 이격되는 현상이 발생하기 때문에 식생기반을 형성하기 어려워서 식생
을 포기하고 뿜어붙이기 콘크리트로 폐합시키는 경우가 종종 발생한다.

그림 2.5.4 콘크리트 격자블록

이와 같은 현상은 격자블록의 간격이 완급경사에 관계없이 획일적인 규격이어서 블록 내의
노출면을 보호할 수 없기 때문에 발생한다. 따라서 완급경사에 따른 격자블록의 간격을 조정할
필요가 있다.

(2) 모르타르 격자블록(Green Slope)

• 공법의 개요

고강도의 토목섬유로 짠 두 겹의 이불형포 거푸집 사이에 모르타르를 주입해 모르타르 격자블록을 형성하는 공법이다. 하천호안공으로 주로 사용했던 기존의 돌망태공과 호안블록공이 채움돌 부족 및 철선 부식, 침하 및 세굴로 인해 그 기능이 손상되는 형상을 개선하기 위해 개발한 섬유대 호안공법을 일반 절성토 비탈면에 적합하도록 개발한 공법이다.

• 시공순서

(a) 섬유거푸집 설치 및 모르타르 주입

(b) 모르타르 주입 상세

(c) 네일 천공작업

(d) 네일 설치작업

(e) 반복작업

(f) 격자 내부 섬유대 제거

(g) 네일과 모르타르 격자 결합

(h) 격자 내부의 식생 전경

그림 2.5.5 콘크리트 격자블록

- 공법의 특징
  - 모르타르 주입 시 거푸집의 유연성이 좋아 지반의 종류와 특성에 대한 적응력이 탁월
  - 모르타르 격자블록으로 구성되어 비탈면 내에서 발생하는 응력에 저항력이 있음
  - 단순 공정의 시공으로 단순기능인력 시공 가능 및 품질관리 용이
  - 섬유거푸집 포설 시간이 짧아 긴급복구에 용이
  - 전면부가 개방된 부분에 식생이 가능해 환경친화적인 구조물
  - 전면체의 개방은 배면수의 신속한 배수가 가능해 수압작용 감소
  - 개방부의 식생은 평떼 및 seed spray, 식생토 충진 등의 식생 적용 가능

(3) 지압블록

지압블록은 주로 비탈면의 앵커 보강 시 사용되는 공법이다. 설치될 제품을 십자형으로 제작해 현장에 설치하므로 지반면을 많이 노출할 수 있어 식생기반을 형성할 수 있다. 그러나 이 방법 또한 비탈면이 급경사를 형성하는 경우에는 지압판 블록 주변의 지반이 풍화되거나 세굴 등이 발생하면 앵커력의 저하가 발생하는 문제가 있다.

그림 2.5.6 지압블록

(4) 지오웹(Geo Web)

지오웹 공법은 지반의 지지력을 향상시키려면 종래의 마찰력, 다공조직, 얽힘조직의 섬유나 망 형태의 토목섬유를 이용하기보다는 지반 보강재가 토양을 수용할 수 있는 복합 구조체를 사용할 경우 월등한 효과를 얻을 수 있다는 개념과 실험적 결과에 의해 얻어진 지반보강 시스템이다.

복합구조체는 미국 공병단과 Presto 社의 공동연구에 의해 폴리에틸렌 띠를 초음파 융착법을 이용해 벌집 형태의 셀형의 매트리스 형태로 구성하는 것이 가장 타당하다는 결론에 도달해 개발되었다. 복합구조체는 공장에서 접힌 형태로 출시되기 때문에 현장에 쉽게 운반할 수 있고

취급 및 시공이 용이하다.

시공 직후

시간경과 후

그림 2.5.7 지오웹(Geo Web)

2) 비탈면 안정화 식생공법

기존의 식생공법에서는 식생이 단순히 표면보호 공법으로만 인식되었지만, 안정화 식생공법에서는 식물의 뿌리, 줄기 등 식생 자체가 비탈면 안정을 위한 보강구조물의 기능을 담당하게 된다.

즉, 식물의 줄기는 지반활동을 억제하거나 배수를 위해 지반이나 토류구조물 내에 식재하고, 뿌리는 지반의 전단강도 증대 효과가 발휘되도록 고안하면 적은 비용으로 비탈면의 얕은 파괴와 침식 방지, 빗물 배제, 환경친화적인 특성을 살릴 수 있어서 활용이 증가할 것으로 예측된다. 더욱이 황폐화된 지구 환경을 복원하려는 세계적인 추세에 발 맞춰 국내에서도 사전 환경성 검토에서 녹화사업을 반영하려는 경향이 늘고 있다. 따라서 식생을 이용한 토양오염 복원, 환경친화적인 비탈면 건설과 기존 비탈면의 환경친화적인 복원기술 등 식생을 이용한 기술은 지반환경 분야에서 큰 관심사로 대두되고 있다.

비탈면에 적용하고 있는 안정화 식생공법으로는 식생만을 비탈면의 보강 및 보호 공법으로 사용하는 경우와, 기존의 구조물에 식생을 도입해 비탈면을 보강하는 공법이 있다. 최근에는 기존의 구조물과 식생을 혼합한 다양한 공법이 개발되고 있다. 대표적인 공법들은 다음과 같다.

(1) Live Staking

Live staking은 가장 간단한 형태의 soil boengineering 적용 공법으로, 뿌리가 자랄 수 있는 생가지를 지반에 삽입, 다지는 방법이다. 생가지를 성공적으로 식재하면 생가지에서 나온 뿌리가 지반에 활착하고 잎은 토양 밖으로 자라게 된다. 이때, 뿌리는 매트를 형성해서 흙입자를 묶고 보강하며, 과잉 공극수를 배출하는 효과가 있다. 본 공법은 유동성 있는 실트 지반에 유용하게 사용되며 작은 규모의 활동이나 수분이 있는 지반에 주로 적용된다. 하지만 비탈면 안정의 단기적인 문제에만 적용 가능하며 침식의 문제를 해결할 수 없다는 제한점이 있다.

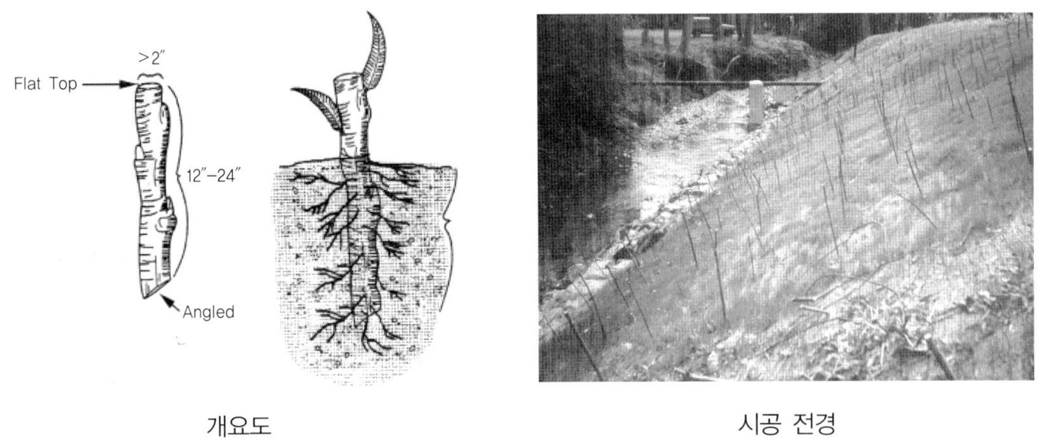

개요도

시공 전경

그림 2.5.8 Live Staking 공법

(2) Live Fascines

Live fascines는 비탈면 등고선을 따라 도랑을 굴착하고 도랑 내에 긴 생가지 다발을 설치하면 비탈면 표면에 뿌리를 내려 영구구조물로 작용하게 된다. live fascines는 비교적 싼값으로 설치가 가능하며 설치 즉시 비탈면의 표면침식을 방지하고, 뿌리가 정착되면 비탈면의 보강효

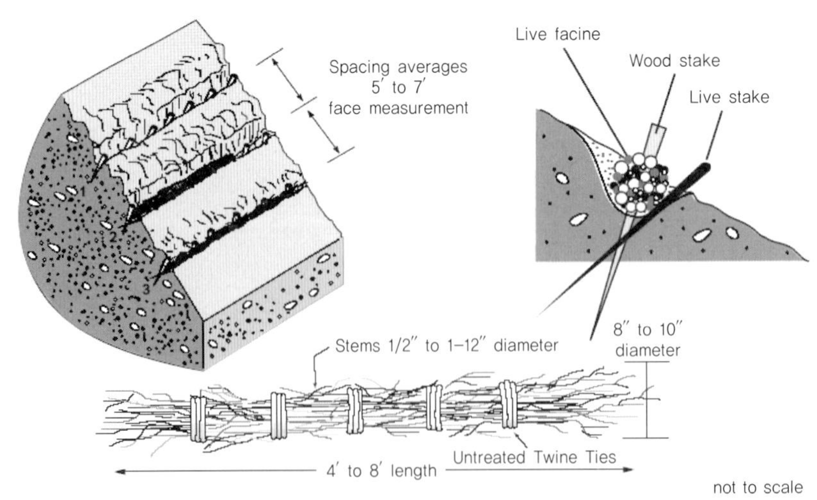

그림 2.5.9 Live Fascines 공법

과를 기대할 수 있다. live fascines는 공극수를 배제하기 때문에 식물 생육이 가능할 정도의 수분이 있는 비탈면에서는 성공적으로 기능을 발휘하지만, 길고 가파른 비탈면에서는 비가 많이 내렸을 경우 수로를 형성할 수 있고, 지반이 건조하면 식생의 활착이 어렵다. 또한 보강심도가 낮고 보강효과를 발휘하기까지 다소 시간이 걸리기 때문에 비탈면 활동 이력이 없는 곳과 성토하중의 영향이 적은 곳에서만 적용 가능하다.

(3) Brush Layering

Brush layering 공법은 절토면과 성토면 모두에 적용 가능하다. 절토면에서의 brush layering

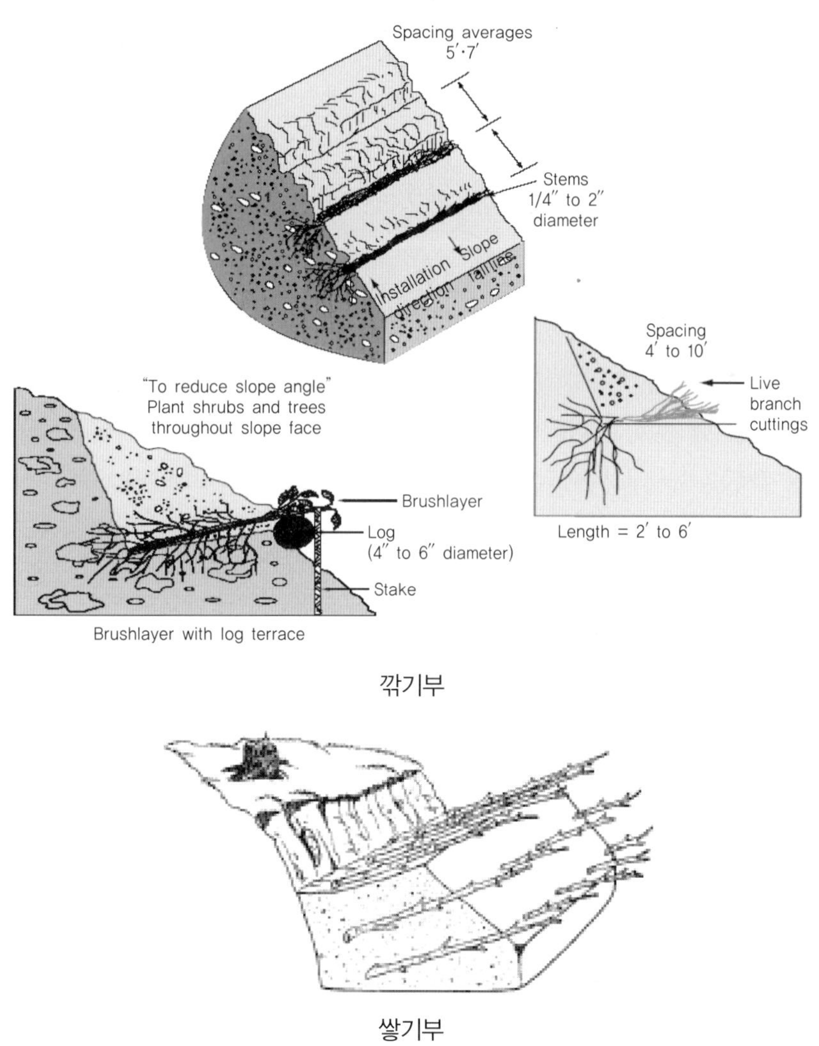

그림 2.5.10 Brush Layer 공법

은 비탈면을 굴착해 형성된 면에 수평으로 생가지를 배열한 후 복토해 시공하며, 일반적으로 0.6~1m 길이의 가지를 이용한다. 이 공법은 비탈면의 활동을 억제해 잠재적인 위해 요소를 미연에 방지하는 효과가 있다. 생가지를 비탈면에 설치한다는 점에서 live fascines 공법과 유사하지만 가지의 방향과 비탈면의 설치 깊이 면에서 다르며 비탈면 등고선과 직각방향으로 보강하면 더욱 효과적이다. 최근에는 본 공법을 효과적으로 이용하기 위해 보완된 형태의 공법이 지속적으로 개발되고 있다.

이 공법은 brush layer의 층수만큼 비탈면의 높이를 줄일 수 있으며 줄기의 보강효과와 더불어 뿌리가 성장하면서 비탈면 활동과 지반의 전단파괴에 대한 저항효과를 기대할 수 있다. 반면에 경사가 1:2.0인 비탈면에 적합하며 4.5m 이상의 지반에는 적절하지 않다.

성토면에서의 brush layering은 성토체 끝단 부근까지 가지를 길게 시공하며(길이 1.5~5m) 성토체 표면과 직각방향으로 설치하는 것이 가장 효과적이다. 성토체에서는 보강재로 가지가 사용되어 최대경사가 1:1.5인 비탈면에도 적용 가능한 것으로 보고되고 있다. 지반의 전단강도를 증대해 원호활동에 저항하는 구조체로 해석한다.

(4) Willow Fencing with Brush Layering

식생벽체를 이용한 식생공법은 brush layer를 지탱하기 위해 가지로 된 벽체가 사용된다. 여름철 습기가 풍부한 세립질 토사 또는 지하수 침투로 인해 습기가 있는 곳에 식생벽체로 설치하는 것이 적절하며, 더 건조한 지역에도 설치가 가능하다. 본 공법을 통해 비탈면 경사를 줄일 수 있으며 식생벽체는 소규모 낙석과 암편이 낙하하는 것을 막아 비탈면 하부에서 성장하는 식물을 보호하며 소규모의 활동과 원호 회전파괴에 대한 지지 역할을 한다. 단 상당한 양의 식물 재료가 요구되는 단점이 있다.

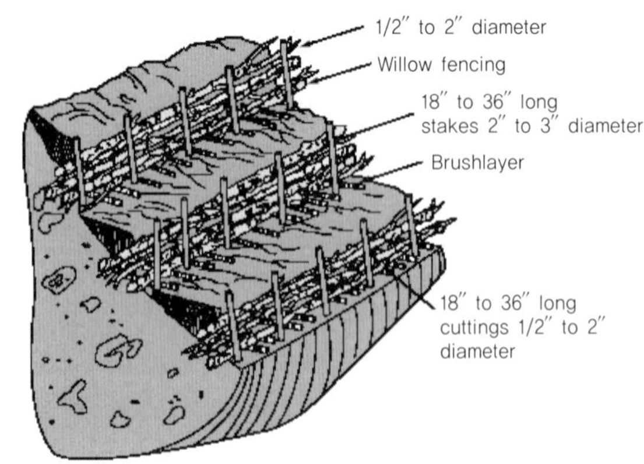

그림 2.5.11 Willow Fencing with Brush Layering 공법

(5) Branch Packing

Branch packing은 생가지를 교차로 층과 소규모의 일부 파괴면에 설치하고 토사로 뒤채움을 하여 비탈면을 보수하는 공법이다. 본 공법은 식생이 자라남에 따라 물의 흐름 속도를 완화하고 비탈면 침식 방지에 큰 효과를 발휘할 수 있다. 또한 침전물을 한곳으로 모으고 식물의 뿌리가 갖고 있는 결속작용을 이용해 복토재와 주변토사 등을 일체화할 수 있다. 반면에 깊이 1.3m(4ft), 폭이 1.6m(5ft) 이상의 슬럼프 지역에서는 효과적이지 못하다.

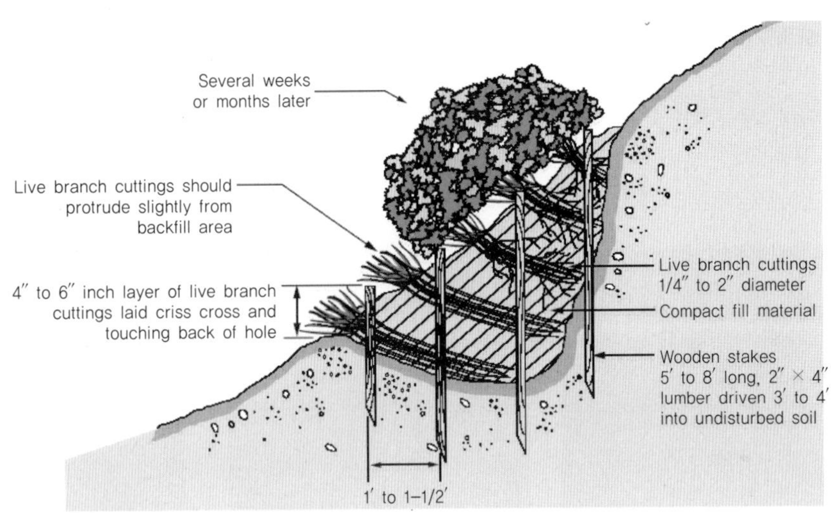

그림 2.5.12 Branch Packing 공법

(6) Pole Drain System

Pole drain system은 비탈면 내의 용수가 비탈면의 안정성에 영향을 미치기 때문에 생가지 묶음을 이용한 배수시설을 설치함으로써 용수와 관련한 잠재적인 문제를 제어하는 공법이다. 얕은 도랑에 생가지를 설치함으로써 집수하고 원하는 곳으로 배수하는 역할을 하게 된다. 용수원으로부터 배수시키고자 하는 곳까지 작은 도랑(200~300mm)을 파고 미리 준비해둔 생가지 묶음(직경 300~400mm)을 도랑 내에 연속적으로 설치하되 도랑에 깊게 매설되지 않도록 주의한다. 도랑은 나무묶음의 상부만 노출시킨 후 복토해 설치하며 다양한 형태가 있지만 보통 'Y'자 형태로 배치된다. 이 공법은 상당량의 물을 배수시킬 수 있으며 가지의 성장에 따라 대기로 수분을 환원하는 효과가 있다.

그림 2.5.13 Pole Drain 공법

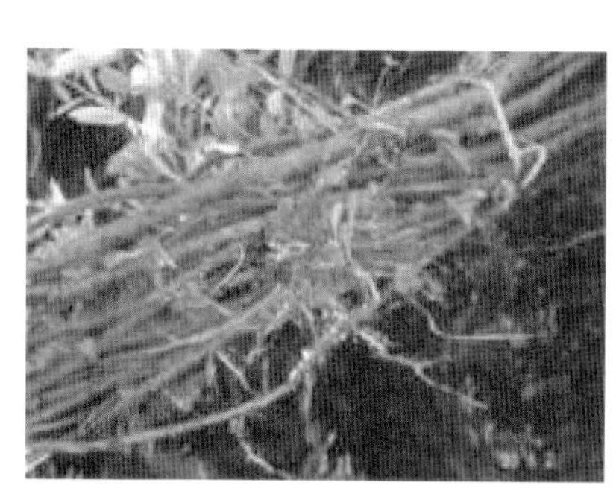

(a) 생가지 준비   (b) 배수로 굴착 및 가지 설치   (c) 식생이 자란 후의 모습

그림 2.5.14 Pole Drain 시공순서

(7) Vegetated Geotextile

본 공법은 토체를 지오텍스타일로 보강하는 동시에 각 층마다 식생을 삽입해 시공함으로써 보강재가 가진 보강효과와 식생이 가진 자연친화적인 특성을 동시에 살릴 수 있는 장점이 있다. 본 공법은 비탈면의 침식속도를 완화하고 성토제방을 안정화할 수 있으며, gabion 혹은 옹벽공법에 비해 경제적이다. 시공 시 중장비가 요구되며, 식물을 동면기에 설치해야 하는 시간적 제약이 있다.

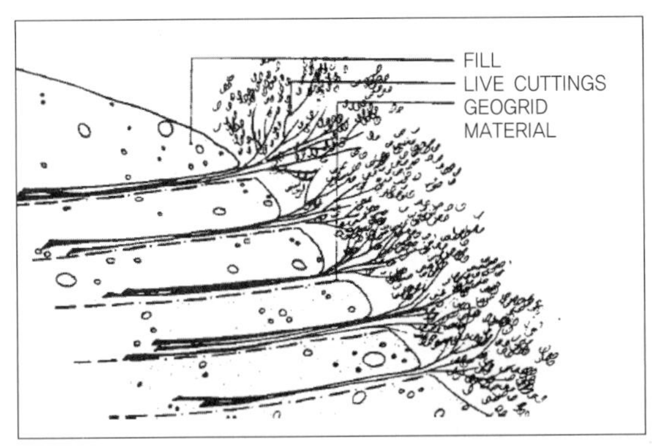

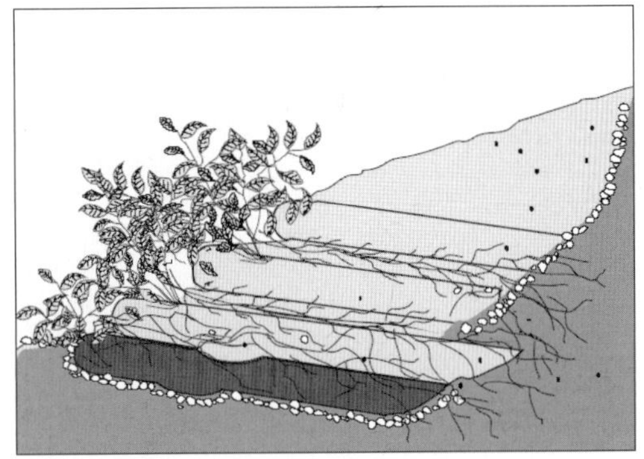

그림 2.5.15 Vegetated Geotextile

| (a) 기초층 정리 및 식생 설치 | (b) 지오그리드 반입 | (c) 지오그리드 설치 |
| (d) 성토체 시공 | (e) 복토 후 식생 설치 | (f) 완성 후 모습 |

그림 2.5.16 Vegetated Geotextile 시공순서

(8) Live Cribwall

Live cribwall은 통나무 재료를 이용해 내부가 비어 있게 격자형으로 쌓아 올려 시공한다. 격자형 내부를 표토로 채운 후 생가지 등을 설치하고, 식생이 성장해 내부의 흙에 뿌리를 내리

게 하고 가지는 구조물 외부로 자라게 함으로써 비탈면을 보강하는 공법이다. cribwall 배면으로는 경사가 표면으로부터 약 10 % 경사를 이루도록 설계한다. 식생이 성장하면서 식생은 하나의 구조체로서 작용하게 된다.

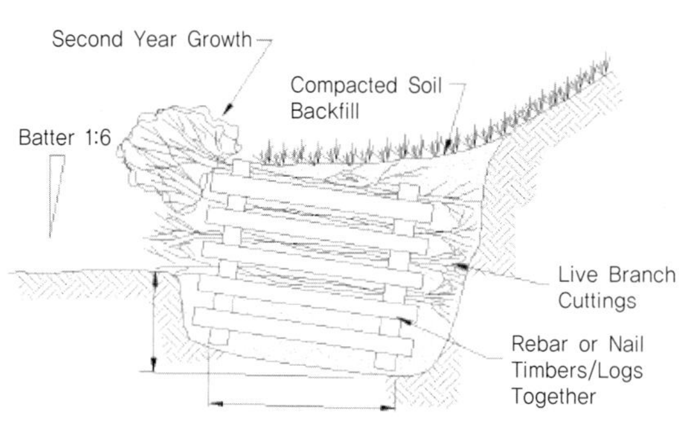

그림 2.5.17 Live Cribwall 공법

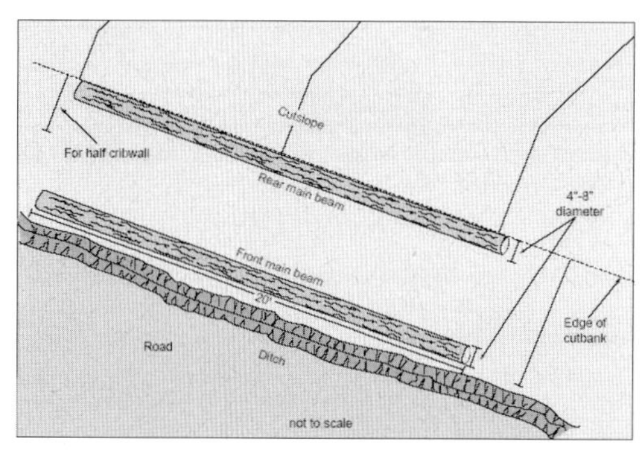

(a) 기초지반의 정리 및 전·후면 부재 설치

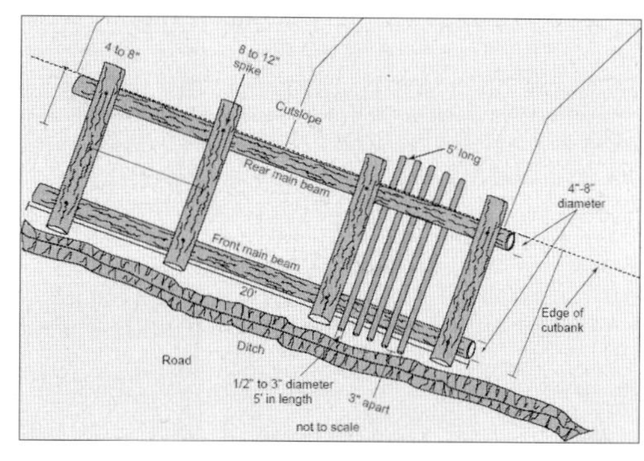

(b) 전·후면 부재 구축

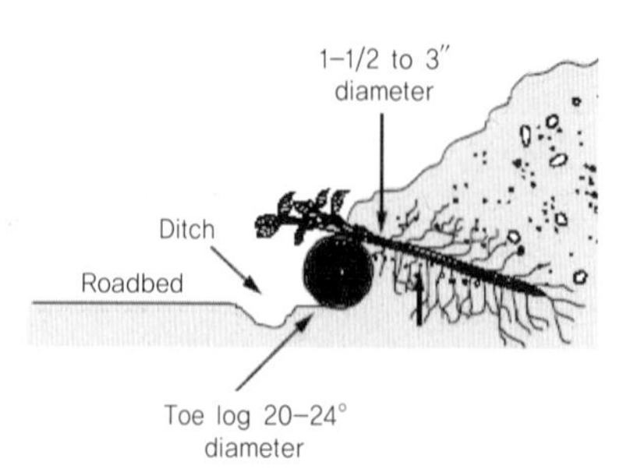

(c) 복토 및 식생 설치

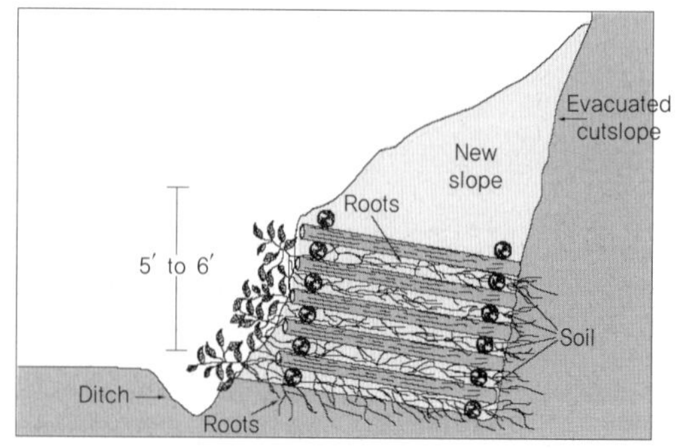

(d) 일정 높이가 될 때까지 위의 과정을 반복

그림 2.5.18 Live Cribwall 시공순서도

(9) Vegetated Gabions

Gabion 옹벽은 코팅된 철사망을 상자형으로 제작한 후 자갈 등으로 속채움한 돌망태를 brush layer와 동시에 단계적으로 쌓아 올려 토압에 저항하게 하는 구조물이다. 식생은 돌망태 사이로 성장하면서 뒤채움 흙 뿌리를 내려 뒤채움 흙을 안정화하고, 줄기는 돌망태 외부로 나와 시각적인 효과를 제공한다.

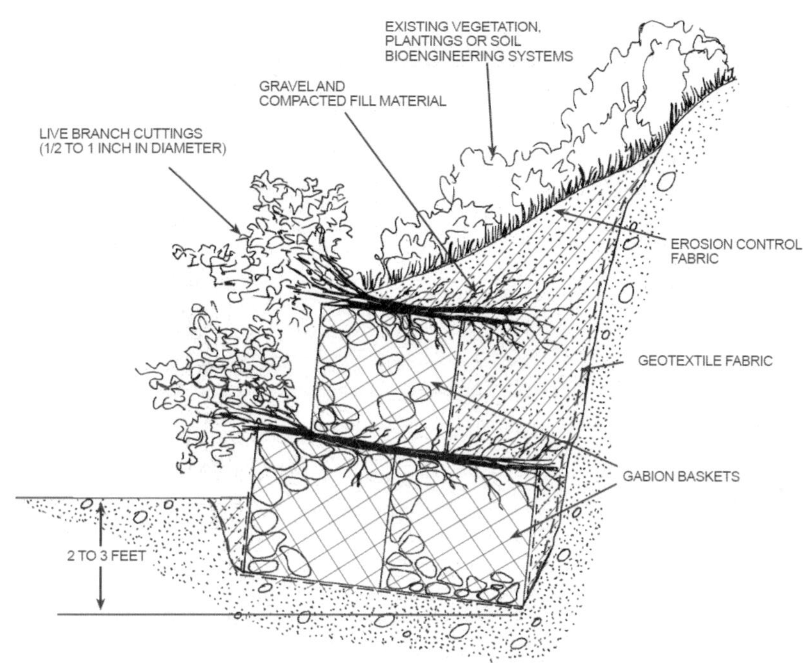

그림 2.5.19 Vegetated Gabions 공법

2.5.3 복합구조물 공법

한정된 부지를 효율적으로 사용하려면 안정된 비탈면을 형성하는 수직적인 옹벽구조물을 축조하는 것이 유리하다. 이제까지는 구조물 배면의 토사가 전면으로 유출되는 것을 방지하기 위해 폐쇄된 수직벽체를 형성했고, 배면에 침투된 빗물 등에 의한 수압을 제거하고자 구조물에 부분적으로 배수장치만 형성하는 옹벽이 주를 이루었다. 하지만 최근에는 이러한 폐쇄적 개념의 벽체를 개방함으로써 벽체 배면의 지반이 전면 노출되어 식생기반을 형성하는 것은 물론 배면에 침투된 빗물 등을 신속히 자연 배수시키는 안정된 구조의 환경친화적인 옹벽체가 소개되고 있다. 대표적인 공법으로는 선반식 식생옹벽, 격자틀(망) 식생 보강토 옹벽 및 블록식 식생옹벽 등이 있다.

1) 선반식 식생옹벽

(1) 공법의 개요

선반식 식생옹벽은 급경사면의 경우 활동저항력을 증가시키는 앵커나 네일을 보강해 안전율을 확보하고, 전면부에는 급경사로 인한 개방부의 토사 유실을 일정 간격으로 설치한 선반이 받쳐주는 공법이다. 선반이 표면부와 풍화진행 시의 안정성 및 표면부의 소규모 활동을 제어하는 전면판 역할을 하며 선반으로 받쳐진 노출된 토사를 기반으로 해 식생이 가능한 옹벽을 축조할 수 있다.

(2) 시공순서

(a) 네일 천공 및 설치	(b) 보강네일과 전면 선반체결	(c) 반복작업
(d) 조경 식재 후 완성	(e) 1년 경과 후	(f) 2년 경과 후

그림 2.5.20 선반식 옹벽 시공순서

(3) 공법의 특징

- 공장 제작된 제품을 사용하므로 품질관리 용이
- 전면부가 개방된 부분에 식생이 가능해 환경친화적 구조물
- 그린월에 비해 절토부의 절취량 감소로 공사비 절감 및 자연 훼손 최소화
- 전면체의 개방은 배면수의 신속한 배수가 가능해 수압작용 감소
- 규격품에 의한 블록 쌓기식 시공이어서 단순 기능의 인력이 시공 가능
- 구조가 유연해 강체 일체 콘크리트 옹벽에 비해 부등침하에 유리

2) 격자틀(망) 식생 보강토 옹벽(Slit Wall)

(1) 공법의 개요

보강토 옹벽의 구성요소인 전면판, 보강재, 뒤채움재 중 전면판을 형성하면서 패널이나 블록으로 폐쇄하는 것과 달리, 강제로 전면격자틀이나 망을 형성해 그 배면의 토사 유실을 방지하고, 식생이 가능하도록 그리드와 식생매트로 전면을 마감하는 자연친화적인 공법이다. 격자 전면틀 배면에는 아연도금 체인 보강재를 설치해 구조적인 안전성을 확보하도록 한다.

이 공법은 인위적인 절·성토 비탈면이나 자연비탈면 등에서 비탈면을 안정시키기 위해 적용하는 기존의 현장타설 콘크리트 옹벽의 시공상의 복잡함과 품질관리상의 문제점을 해결할 수 있다. 또한 기존의 현장타설 공법에 비해 안전하고 빠른 공기를 자랑하는 조립식 옹벽이면서도 외부에 식생을 겸할 수 있어 환경친화적이고, 자연친화적인 공법이다.

(2) 시공순서

(a) 토공 및 기초

(b) 전면틀 및 식생매트 설치

(c) 보강재 포설 및 뒤채움

(d) 뒤채움 다짐

(e) 반복작업

(f) 시공 직후

(g) 1개월 경과 후

(h) 2년 경과 후

그림 2.5.21 격자틀 식생 보강토 옹벽 시공순서

(3) 공법의 특징

- 공장에서 제작한 철제품을 사용하므로 시공이 간편하고 용이, 공기 단축
- 유지보수 시 전면판 교체가 가능
- 기후나 환경변화에 상관없이 최소 인력으로 볼트 조립하므로 시공이 신속
- 강재 격자 전면틀의 상호 결속작용으로 뒷면까지 장비다짐 가능
- 자재 반입, 야적이 소규모
- 인장력이 강한 아연도금 쇠사슬 보강재를 흙 속에 수평으로 설치해 성토 재료의 강도를 증가시킨 합성구조체로, 뒤채움흙과 보강재 간 마찰 저항력으로 토압을 분담하므로 구조적으로 안정하다. 또한 보강재가 크리프(creep) 변형에 저항성이 크므로 높은 인장강도에서 강하며 큰 유연성과 내구성을 갖는다.
- 구조체 전면이 필터 기능을 가진 격자망으로 전면 개방에 의한 자연배수
- 도심지의 깎기, 쌓기부 비탈면의 안정 및 조경을 겸할 때 이용 가능
- 산악지의 주변 자연환경과 조화를 이루는 옹벽구조물을 구축하고자 할 경우

3) 블록식 식생옹벽

이 공법은 블록을 전면의 일부가 개방되도록 쌓거나, 일부가 개방되도록 경사로 쌓는 방법이다. 개방된 부분을 바탕으로 식생이 가능하며 많은 유형의 블록이 개발 및 시공되고 있다. 그림 2.5.22는 그들 중 일부이다.

(a) 시공 직후

(b) 식생 전경

(c) 식생 근경

(1) 어긋나기 쌓기 식생블록옹벽

(a) 시공 직후

(b) 식생 전경

(c) 식생 근경

(2) 계단쌓기 식생블록옹벽

그림 2.5.22 식생블록옹벽(1)

(1) 식생블록옹벽

상·하면의 블록을 어긋나게 쌓거나, 블록을 단위별로 후진해 쌓는 방법이다. 블록 내의 공간에 있는 충진토를 식재 공간으로 삼아 식생을 하는 옹벽이다.

(2) 식재형 블록 식생옹벽

식재구가 있는 블록을 엇갈리게 쌓아 좌우 블록의 이격으로 인해 발생하는 공간에 조경 식재가 가능하도록 했다. 또한 블록 내부의 토양과 옹벽의 뒷면 토양이 연결되어 있기 때문에 수분을 블록 내에 지속적으로 공급할 수 있어서 식물의 자생적 생육조건을 확보할 수 있다.

시공 완료 후 전경

시간경과 후 전경

그림 2.5.23 상자형 식생옹벽 시공순서

(3) 식생블록 보강토 옹벽

식생블록 시공 전경

시간경과 후 전경

그림 2.5.24 식생블록옹벽(2)

일정한 규격의 망으로 된 상자틀에 흙을 다져 넣어 만든 식생블록을 보강토 옹벽 전면블록으로 사용함으로써, 노출된 전면에서 초본류 또는 초화류의 발아 및 식생이 가능하도록 한 식생 보강토 옹벽공법이다.

4) 기타 보강토 옹벽

(1) 지오웹 보강토 옹벽

벌집 형태의 셀로 이루어진 지오웹(셀)을 평면 설치한 후 셀 내에 토사를 충진하는 보강토체를 계단식으로 반복 축조해 옹벽 구조체를 형성하는 공법이다. 전면 계단부 내의 충진토를 기반으로 하여 식생이 이루어진다.

(a) 시공완료 직후

(b) 시공완료 후 식생 전경

(c) 시공완료 후 식생 근경

(d) 시간경과 후 식생 전경

그림 2.5.25 지오웹 보강토 옹벽

(2) 석재블록 보강토 옹벽

블록식 보강토 옹벽의 전면에 자연석재를 부착해 기존의 블록식 보강토 옹벽인 콘크리트의 이질감을 배제하고, 자연친화적인 느낌을 줄 수 있도록 했다. 또한 석재 전면판을 탈부착할 수 있어서 석재나 블록의 균열 발생 시 교체가 가능하다. 따라서 전면의 균열로 인한 시각적 불안감을 해소할 수 있고 시공 후 유지·관리가 쉽다.

석재블록 시공 중

시공완료 후 전경

그림 2.5.26 석재블록 보강토 옹벽

(3) 개비온 보강토 옹벽

두껍게 아연도금을 한 뒤 PVC로 코팅한 철선으로 된 (다양한 크기의) 메시패널을 블랭킷과 철망으로 보강하면서 뒤채움흙 속으로 연속적으로 설치, 보강토 역할을 하는 구조물이다. 미생물 분해 가능한 코코넛 섬유재료의 매트(혹은 합성매트)와 결합되며, 주위 자연환경의 재생을 촉진하기 위해 구성단위의 전면에 배치한다.

철망패널 시공 중

시공완료 후 전경

그림 2.5.27 철망패널 보강토 옹벽

(4) 연속장섬유 보강토 공법

① 공법의 개요

연속장섬유 보강토 공법은 프랑스 국립도로 및 교량연구소에서 개발했다. 모래를 압축공기로 타설하면서 동시에 폴리에스터 화학섬유에 고압수를 뿌려 잘 다지면 모래와 실이 뒤엉켜 모래 입자의 점착강도가 강해져 전단강도를 증가시키는 연속장섬유 보강토 공법이다.

연속장섬유는 특수한 장비를 사용해 자연산 모래에 화학섬유를 현장에서 혼합해 만든다. 여러 가닥의 연속장섬유를 모래의 0.15~0.25%(중량비) 사용할 경우 흙입자와 실이 마찰해 강도 발휘에 중요한 점착력이 얻어지며, 전단강도가 매우 증가한다. 강도는 모래의 입도와 실의 특성에 따라 결정된다.

연속장섬유 보강토 공법은 $1m^3$당 3~4kg의 연속장섬유가 소요되는데, 길이는 100~250km이다.

깎기부와 쌓기부 비탈면 보호공법으로 이용 시	구조물 기초공법으로 이용 시
– 토류벽 또는 옹벽	– 내진 및 진동기계 기초
– 경사면의 법면처리	– 충격흡수 구조물(철도의 노상 BALAST)
– 암 절개지의 식생	– 방음벽
– 절취 경사면의 풍화진행 방지	– 방호벽(군부대시설) 및 파탄방지 위장시설

② 공법의 특징

- 수직에 가까운 경사각으로 급속시공
- 거푸집, 뒤채움이 없는 즉석시공
- 표면에 잔디가 식생하여 환경친화적임
- 설치 시 부지면 적절감
- 각종 부지 형상에 맞도록 형태 조정 기능 및 미관 수려
- 양생기간이 필요 없는 현장타설
- 충격 및 소음흡수, 내진특성, 단열성
- 유연성 구조물로 기초지반의 부등침하 및 소성변형에 대한 문제점 해결

③ 시공 전후

시공 직후

시간경과 후

그림 2.5.28 연속장섬유 보강토 옹벽

(5) 자연석재 보강토 옹벽

강재보강재를 사용해 자연석 전면체의 배면을 보강토체로 형성한 후 전면에 자연석을 단계별로 축조하고 석간수를 식재해 친환경 조경미를 발휘하는 공법이다. 기존 옹벽의 외관에서 느끼는 단조로운 인공미가 아니라 자연석의 질감과 형상으로 아름다운 자연석옹벽, 자연석 보강토체를 형성하는 공법이다.

그림 2.5.29 자연석재 보강토 옹벽

185

참 고 문 헌

1. Lisa Lewis(2000), "Soil Bioengineering an alternative for Roadside Management", USDA Forest service.
2. Coppin, N.J., and Richards, I. (1990). "Use of vegetation in Civil Engineering", Butterworths, Sevenoaks, Kent.
3. Gray, D.H. and Sotir, R. (1996). "Biotechnical stabilization of cut anf fill slopes". Stability and Performance of slopes and embankments, ASCE Geotechnical Special Publication No. 31, Vol. 2, pp. 1395~1410.
4. Gray, D.H. and Sotir, R. (1996). "Biotechnical and soil bioengineering slope stabilization: A practical guide for erosion control". A Wiley-Interscience Publication, New York, NY. p. 378.
5. Greenway, D. (1987). "Vegetation and slope stability. In:Slope stability" (M. Andersen and K. Richards, eds). New York. Wiley.
6. Kraebel, C. (1936). "Erosion control on mountain roads". USDA Circular 380 Washington D.C., United States Department of Agriculture.
7. Land man, http://www.land-man.net/pilotc/pagine/pag01.html
8. Lewis, L. (2000). "Soil bioengineering an alternative for roadside management: A practical guide". USDA Forest Service. Technology & Development Program. 7700 Transportation Management. SDTDC-0077 1801. p. 44.

2.6 시공 및 품질관리

2.6.1 보강토 옹벽의 시공

보강토 옹벽은 비교적 단순한 작업을 반복하며 시공하므로 시공속도가 빠르다. 일반적인 경우, 보강토 옹벽 기초고에 맞춰 굴착 및 정지한 후 전면벽체 설치를 위한 기초를 준비한 다음 그 위에 전면벽체(전면블록 또는 전면판)의 설치, 성토 및 다짐, 보강재의 설치 등의 작업을 반복해 계획된 높이까지 시공한다.

이때, 기초지반이 보강토 옹벽의 하중을 지지할 수 있을 만큼 충분한 지지력을 확보하지 못하는 경우에는 치환하거나 보강하는 등 별도의 작업을 통해 지반지지력을 확보한 후 보강토 옹벽을 시공해야 한다.

보강토 옹벽의 일반적인 시공순서는 그림 2.6.1과 같이 요약할 수 있다.

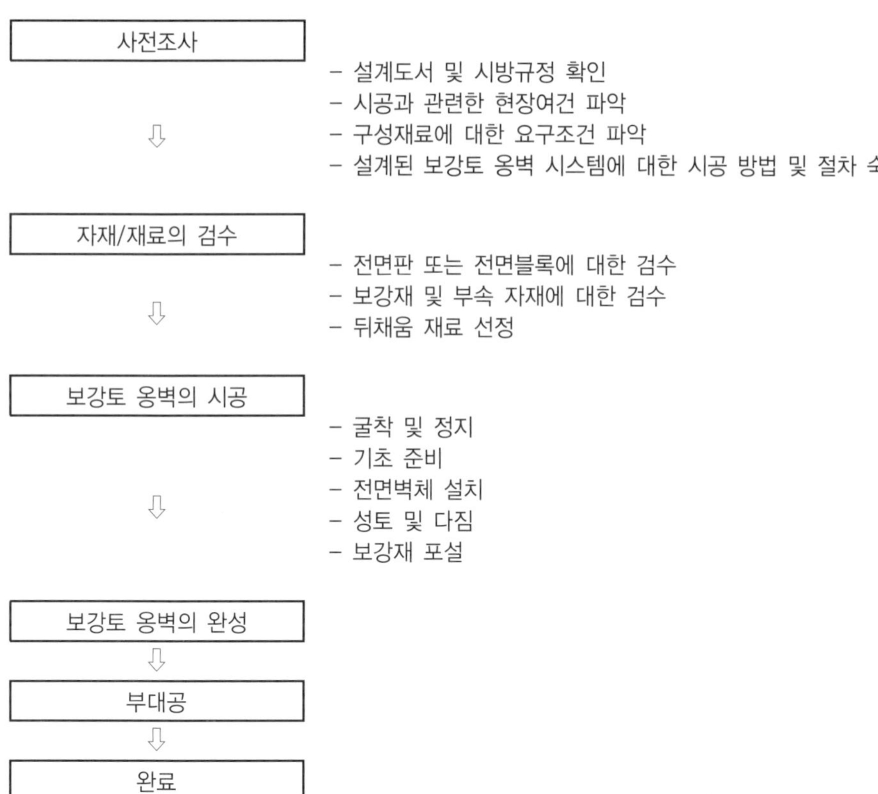

그림 2.6.1 보강토 옹벽의 개략적인 시공순서

1) 사전조사

보강토 옹벽의 시공에 앞서 현장의 시공책임자는 다음과 같은 항목을 확인한 후 숙지하고 있어야 한다.

- 설계도서 및 시방규정에 대한 확인
- 보강토 옹벽의 설치를 위한 현장조건 파악
- 각 구성재료에 대한 요구조건 파악
- 설계에 적용한 보강토 공법에 대한 시공 및 방법의 숙지

(1) 설계도서 및 시방규정에 대한 확인

보강토 옹벽 시공 전에 보강토 옹벽 전개도, 단면도, 구조계산서 등을 비교, 검토한 후 이상이 없으면 보강토 옹벽 시공을 위한 샵드로잉을 작성한다. 샵드로잉은 보통 보강토 옹벽 전개도에 보강재 설치 위치와 규격, 길이, 폭 등을 표시하여 시공자가 쉽게 시공할 수 있게 한다.

또한 시방규정을 확인해 설계에 적용된 보강토 옹벽이 요구하는 구성재료의 품질기준을 파악해 보강토 옹벽의 품질관리에 활용한다.

(2) 보강토 옹벽의 설치를 위한 현장조건 파악

설계도서 및 시방규정에 대한 확인이 끝나면, 보강토 옹벽이 설치될 위치를 답사하고 설계조건과 비교해 설계의 적정성을 검토한다. 보강토 옹벽의 시공을 위한 작업로 및 자재야적장 등을 확인한다.

또한 보강토 옹벽을 설치할 위치에 기존 구조물의 존재 여부 및 보강토 옹벽과의 간섭 여부를 확인하고, 지하매설물의 위치, 용출수의 유무 등을 확인한 후 설계도서에 제시된 설계조건과 다르면 설계자와 협의해 현장여건에 맞게 설계를 변경해야 한다.

(3) 각 구성재료에 대한 요구조건 파악

설계도서 및 시방서를 확인해 보강토 옹벽을 구성하는 각 재료에 대한 요구조건을 파악하고, 시공 시 품질관리에 활용한다.

(4) 설계에 적용된 보강토 공법에 대한 시공 및 방법 숙지

현재 국내에서도 다양한 종류의 보강토 옹벽이 적용되고 있으므로, 설계에 적용된 보강토 옹벽 시스템에 대한 시공상의 특징 및 방법을 파악해 숙지하고 있어야 하며, 현장의 품질관리에 적극 활용해야 한다.

2) 자재의 검수

콘크리트 전면판이나 전면블록, 보강재 등과 같은 보강토 옹벽의 주요 구성요소는 대부분 공장에서 미리 제작한 후 현장에 반입하며 현장에서는 조립 및 설치만 하는 것이 일반적이다. 따라서 보강토 옹벽을 시공하기 전에 공장을 방문해 각 구성재료의 제작과정을 살펴보고 시편을 채취해 품질관리를 위한 시험을 한다.

현장에 반입된 자재에 대해서도 육안 관찰에 의한 검수와 함께 시편을 채취해 품질관리를 위한 시험을 해야 하며, 시방규정에 부적합하다고 판단되는 자재는 즉시 반출해야 한다. 자재의 검수를 통해 설계도면 및 시방서에 규정된 기준에 적합한 자재만 사용해야 한다.

선정된 토취장에 대한 토질시험을 통해 설계에 적용된 뒤채움 재료의 품질조건을 만족시킬 수 있는지 확인하고, 만약 품질조건을 만족시키지 못한다면 별도로 토취장을 선정해야 한다.

3) 보강토 옹벽의 시공

그림 2.6.2와 그림 2.6.3에서는 패널식 및 블록식 보강토 옹벽의 시공순서를 보여주며, 일반적인 보강토 옹벽의 시공과정을 요약, 정리하면 다음과 같다.

(1) 굴착 및 정지

보강토 옹벽을 시공하려면 먼저, 설계도서에 따라서 원지반 터파기를 실시한 후 보강토 옹벽의 소요지지력을 확보할 수 있게 다짐장비를 사용해 다진다. 이때 기초지반이 연약해 소요지지력의 확보가 곤란하면 치환, 지반개량, 지반보강 등의 방법으로 소요지지력을 확보해야 하며, 보강토 옹벽 배면에 용출수가 있거나, 구조물의 수명 동안 지하수위가 상승할 우려가 있는 경우 또는 침수구조물인 경우에는 적절한 배수시설을 설치해야 한다.

(2) 기초의 준비

원지반에서의 터파기 및 준비작업이 완료되면 보강토 옹벽 선형에 맞추어 전면벽체의 기초를 설치하며, 이때 기초의 형식 및 규격은 설계도서에 따른다.

블록식 보강토 옹벽에서 전면블록의 기초는 보통 잡석기초를 사용하며, 지반조건이 좋지 않은 경우에는 무근 또는 철근콘크리트 기초를 적용할 수 있다.

패널식 보강토 옹벽에서는 전면판의 기초는 무근콘크리트를 사용하는 것이 일반적이며, 특별한 경우에는 철근콘크리트 기초를 적용할 수 있다.

(a) 기초터파기　　(b) 콘크리트 기초 설치

(c) 기초패널의 설치　　(d) 표준패널의 설치

(e) 성토 및 다짐　　(f) 보강재 설치

(g) 반복작업에 의해 보강토 옹벽 시공　　(h) 보강토 옹벽 완성

그림 2.6.2 패널식 보강토 옹벽 시공과정

(a-1) 기초의 준비(잡석기초)

(a-2) 기초의 준비(콘크리트 기초)

(b) 첫째단 블록의 설치

(c) 첫 번째 보강재층까지 성토 및 다짐

(d) 보강재 포설

(e) 성토 및 다짐

(f) 반복작업에 의해 보강토 옹벽 시공

(g) 보강토 옹벽 완성

그림 2.6.3 블록식 보강토 옹벽 시공과정

(3) 전면벽체의 설치

전면벽체의 기초가 준비되면 그 위에 전면블록 또는 전면판을 설치한다.

패널식 보강토 옹벽의 경우, 그림 2.6.2 (c)와 같이 먼저 표준패널의 1/2 크기인 기초패널을 일정간격으로 설치한 후 그 사이에 표준패널을 설치하며(그림 2.6.2 (d) 참조), 뒤채움 성토 및 다짐 시 패널이 밀릴 수 있으므로 이를 고려해 배면방향으로 약간 기울인 상태에서 버팀목을 설치해 넘어지지 않게 한다. 또한 인접한 패널들은 서로 클램프로 조여서 넘어지지 않도록 한다.

블록식 보강토 옹벽의 경우 블록의 빈 공간이나 블록 배면의 약 30cm까지 배수성 재료를 사용해 빈틈이 없도록 충분히 채우고, 상부를 깨끗이 정리해 다음 층의 블록을 쌓을 수 있게 한다.

(4) 성토 및 다짐

전면벽체의 설치가 끝나면 뒤채움 재료의 성토 및 다짐작업을 수행한다.

성토는 보강토 옹벽의 선형과 평행하게 진행하며, 전면벽체 쪽에서 시작해 보강재 끝단 쪽으로 진행한다. 뒤채움 재료에 대한 다짐은 보통 10톤 진동롤러를 사용하지만, 벽면 근처를 과도하게 다지면 벽면이 변형될 수 있으므로 벽면에서 1~2m 이내에서는 1톤 롤러나 콤팩터 등과 같은 소형의 다짐장비를 사용해 다진다.

보강토 뒤채움의 다짐은 실내다짐시험에서 얻은 최대건조밀도의 95% 이상의 다짐도를 얻을 수 있게 해야 하며, 일반적인 1층의 다짐두께는 20~30cm 정도이지만, 규정된 다짐도를 얻을 수 있다면 1층의 다짐두께를 조절할 수 있다.

(5) 보강재 포설

설계도서에 표시된 보강재 설치위치에 규정된 규격과 길이의 보강재를 설치한다. 이때 보강재는 벽면의 선형에 대해 항상 직각방향으로 설치해야 하고, 보강재의 길이방향에 대한 이음은 가급적 피해야 한다.

(6) 보강토 옹벽의 완성

앞의 (3)~(5)의 과정을 반복해 계획된 높이의 보강토 옹벽을 완성한다.

2.6.2 보강토 옹벽의 품질관리

표 2.6.1에서는 보강토 옹벽의 품질관리를 위한 개략적인 검토항목을 보여준다. 이들 검토항목은 현장여건에 따라 추가 또는 삭제될 수 있다.

1) 보강토 옹벽 시공 전의 품질관리

보강토 옹벽의 시공에 앞서 보강토 옹벽 시공관리 책임자는 다음 사항을 확인해야 한다.

- 설계도서 및 시방서의 확인

표 2.6.1 보강토 옹벽 품질관리를 위한 개략적인 검토항목

□ 1.	설계도면 및 시방서상의 다음 항목 파악	
	- 각 구성재료에 대한 요구조건 - 보강토 옹벽 시공순서	- 성토 및 다짐관리 기준 - 시공완료 후의 보강토 옹벽의 허용오차
□ 2.	시공도면에 대한 검토 및 다음 항목 파악	
	- 시공순서 - 설치를 위한 샵드로잉 - 부식 방지대책에 대한 요구조건 - 흙의 다짐과 관련한 제약사항	- 배수시설에 대한 상세 - 손상을 줄이기 위한 설치방법 - 설비(utility)의 시공과 관련한 상세 - 사면보호공의 시공
□ 3.	각 구성재료별 요구조건에 대한 검토 및 공급원 승인 설계에 적용된 보강토 옹벽 시스템에 대한 시공상의 특징 검토	
□ 4.	현장조건 및 기초지반에 대한 요구조건 확인 및 검토 - 기초의 준비 - 전면벽체 설치를 위한 기초(leveling pad) 시공(수평 및 선형 확인) - 현장 접근로, 자재 운반로 및 자재야적장 등 - 굴착 시의 제한사항 - 시공 시의 탈수대책(construction dewatering) - 배수와 관련된 특성 : 용출수 유무, 주변의 개울 또는 저수지의 위치 등	
□ 5.	현장에 반입된 기성제품에 대한 검수(공장을 방문해 검수할 수도 있음) 다음과 같은 경우에는 전면판 또는 전면블록을 불합격 처리해 반품	
	- 압축강도 ≥ 시방규정 - 몰딩의 결함(예, 휘어진 몰드 사용) - 벌집모양 균열(honey-combing) - 마감 색상의 변화	- 심각한 균열, 쪼개짐 또는 부서짐 - 치수가 허용오차를 벗어나는 것 - 연결부의 배치가 잘못된 것
□ 6.	보강재에 대한 검수 - 반입된 보강재가 공급원 승인서류와 일치하는지 검사 - 보강재의 결함 및 불균일성에 대한 조사 - 보강재 시편을 채취해 품질관리 시험	
□ 7.	가능하다면, 현장에서 사용할 보강재와 선정된 뒤채움 재료 및 토공장비를 사용해 시공 시 보강재 손상 정도를 평가하기 위한 시험 수행. 이는 다짐된 성토재 위에 보강재를 설치하고 그 위에 다시 성토한 후 다짐장비를 사용해 다짐한 후 보강재를 회수해 육안 관찰이나 품질시험을 통해 확인할 수 있음. 만약, 손상의 정도가 설계에 적용된 것보다 크면, 설계자와 협의해 이를 설계에 반영해야 함.	
□ 8.	초기 승인된 자재와 비교해 현장에 반입된 모든 자재에 대한 검수, 추가적인 시편의 채취 및 품질관리 시험.	
□ 9.	시공 중 도면 및 시방서의 요구조건에 따라 검사 및 품질시험 수행	
□ 10.	전면벽체의 배열상태에 대한 모니터링 - 선형 및 경사도 - 인접한 패널과의 줄눈간격	

- 시공상의 요구조건과 관련한 현장 여건의 확인
- 보강토 옹벽 구성재료에 대한 검수 및 사전승인
- 설계에 적용된 보강토 옹벽 시스템에 대한 시공순서 및 주의사항 확인

(1) 설계도서 및 시방서의 확인

현재 국내에서는 다양한 종류의 보강토 옹벽이 사용되고 있으므로, 보강토 옹벽 시공관리 책임자는 설계도서 및 시방서를 검토해 설계에 적용된 보강토 옹벽에 대해 사용할 재료의 품질기준, 시공순서, 뒤채움 다짐관리 방법 및 기준, 허용오차 등을 파악해야 한다.

보강토 옹벽의 시공에 들어가기 전에 설계도서와 현장의 조건이 일치하는지 확인해, 설계도서와 현장의 조건이 일치하지 않으면 현장조건을 반영해 설계를 변경한 후 보강토 옹벽을 시공해야 한다.

(2) 보강토 옹벽 시공을 위한 현장여건의 확인

설계도서 및 시방규정에 대한 파악이 완료되면 설계도서와 현장여건의 일치 여부를 확인해야 한다. 이때 다음 같은 사항을 검토해야 한다.

- 기초의 준비를 위해 치환, 지반보강 등 별도의 작업 필요 여부
- 현장 접근로의 확인
- 보강재 설치를 위한 굴착 범위
- 시공을 위한 수위저하 공법의 필요 여부 및 배수시설의 필요 여부

보통의 경우 설계 시에 보강토 옹벽 배면의 지하수위를 고려하지 않으나, 사면상에 위치하는 보강토 옹벽 특히, 계곡부에 설치되는 보강토 옹벽의 경우에는 우기 시 지하수위가 상승할 우려가 있으므로, 이를 적절히 고려해 배수층을 설치하는 등의 대책을 마련해야 한다.

또한 설계에 적용한 뒤채움재의 조건과 현장에서 사용할 수 있는 뒤채움재의 조건이 서로 다를 경우에는, 뒤채움재의 포설 및 다짐 시 보강재가 손상을 입을 수 있는지 검토해야 하며, 설계에 적용된 조건보다 보강재의 손상이 더 클 것으로 예상되면 토취장을 변경하거나 보강재를 변경해 시공해야 한다.

(3) 보강토 옹벽 구성재료에 대한 검수 및 사전승인

보강토 옹벽을 시공하기 전에 보강토 옹벽의 주요 구성재료인 콘크리트 전면판이나 전면블록, 보강재 등에 대한 검수 및 사전승인을 받아야 한다. 자재를 현장에 반입하기 전에는 제작공장을

방문해 생산과정과 생산 시 품질관리의 적정성 여부를 판단해야 한다. 공장 방문 시에는 품질관리시험을 위한 시편을 채취해 공인된 시험기관에 의뢰, 시방규정과 일치하는지 판단해야 한다.

현장에 반입된 자재에 대해 콘크리트 패널이나 블록, 보강재, 기타 부속자재에 대한 검수 및 품질시험을 실시해 시방규정과 일치하는지 확인해야 한다.

콘크리트 패널 또는 블록은 설치하기 전에 검수하고, 다음과 같은 결함이 있으면 사용하지 말아야 한다.

- 불충분한 압축강도
- 몰딩의 결함(예, 휘어진 몰드로 생산)
- 벌집모양 균열(honey comb)
- 균열, 갈라짐, 쪼개짐 등
- 마무리면의 색상이 다른 것
- 허용범위를 벗어나는 치수
- 연결부의 배치가 잘못된 것

콘크리트 패널이나 블록의 치수는 설계도서를 따르며, 콘크리트 패널의 경우 모든 치수는 ±13mm 이내의 오차여야 하며, 대각선 길이의 차이는 ±13mm 이내라야 한다. 모르타르 블록의 경우 높이의 오차는 ±1.6mm 이내라야 하며, 그 외의 모든 치수의 오차는 ±3.2mm 이내라야 한다.

콘크리트 패널의 압축강도시험은 KS F 2405의 규정에 따라 시험하며, 이때 시편은 KS F 2403의 규정에 따라 직경×높이가 ϕ100mm×200mm로 제작된 공시체를 사용해 시험한다. 제작된 콘크리트 패널에서 코어를 채취해 압축강도시험을 할 경우에는 KS F 2422의 규정에 따라 수행한다. KS F 2405 또는 KS F 2422의 규정에 따라 시험했을 때 콘크리트 패널의 압축강도는 28MPa 이상이라야 한다.

모르타르 블록의 경우 가로×세로×높이가 각각 100×100×100(mm)로 절단된 시편에 대해 수행한다. 다만, 100×100×100(mm)로 시편의 절단이 불가능한 경우에는 90×90×90(mm) 또는 50×50×50(mm)로 절단해 시험해도 된다(KCIC 703 : 2006). 모르타르 블록의 압축강도는 21MPa 이상이라야 한다.

모르타르 블록은 압축강도 외에 KS F 4004의 9.4항 또는 KS F 4419의 8.2항의 규정에 따라 흡수율 시험을 했을 때 평균흡수율은 7% 이내라야 하고, 각각의 흡수율이 10% 이내라야 한다.

보강재는 다양한 재질, 형상, 규격의 제품들이 사용되고 있는데, 동일한 구간 내에서도 다양한 강도의 보강재가 사용될 수 있다. 현장에 반입된 보강재에 대해 외형 및 손상 여부에 대한 육안검사 및 시편을 채취해 품질관리 시험을 수행하고 설계도서 및 시방규정과 일치하는지 판단해야 한다. 지오그리드나 지오텍스타일과 같은 토목섬유 보강재를 사용하는 경우에는 KS K ISO 10319의 규정에 따라 인장강도 및 파단 시의 신율을 확인해 시방규정과 비교한다.

보강재는 일반적으로 지반 내에 존재하는 산, 알칼리, 염 등에 변질되지 않고 미생물에 의해 분해되지 않아야 하며, 제품의 시험성적서를 근거로 해 적합 여부를 확인한다. 금속성 보강재의 경우 부식에 대한 저항성을 높이기 위해 표면에 최소 $610g/m^2$ 이상의 두께로 아연도금을 하거나 에폭시 등으로 코팅한 것을 사용해야 한다. 토목섬유 재질의 보강재는 적절하게 포장된 상태로 운반 및 취급되어야 하며, 현장에 반입된 보강재는 직사광선에 장기간 노출되지 않도록 포장을 씌워 보관해야 한다. 손상된 보강재는 사용해서는 안 된다.

뒤채움 재료는 보강토 옹벽의 품질에 가장 큰 영향을 미친다. 적절한 재료의 사용뿐만 아니라 포설 및 다짐관리도 상당히 중요하다. 보강토 옹벽에 사용할 뒤채움 재료는 일반적으로 입도분포, 소성지수, 전기화학적 특성 등에 의해 규정된다. 보강토 옹벽 시공 전에 품질시험을 통해 뒤채움재로 사용할 재료를 선정하고 시공 중에도 재료의 특성이 달라지거나 토취장이 바뀌면 품질시험을 수행해 보강토 옹벽 뒤채움 재료로 사용 가능한지 판단해야 한다.

일반적인 보강토 옹벽 뒤채움 재료의 선정기준은 표 2.6.2와 같다.

표 2.6.2 보강토 옹벽 뒤채움 재료의 입도기준

입경(mm)	통과중량백분율(%)	비고
102(4in.)	100	
19(3/4in.)	75 ~ 100	
4.75(No.4)	20 ~ 100	
0.425(No.40)	0 ~ 60	
0.075(No.200)	0 ~ 15	

※ 흙의 소성지수(PI)는 6 이하라야 한다.
※ No.200체 통과율이 15% 이상인 경우라도, 0.015mm 입경 통과율이 10% 이하이면 사용 가능하고, 0.015mm 입경 통과율이 10~20%이고, 흙의 내부마찰각이 30도 이상이면 사용 가능.
※ 뒤채움 재료의 최대입경은 102mm까지 사용할 수 있으나, 시공 시 손상을 입기 쉬운 보강재를 사용하는 경우에는 최대입경을 19mm로 제한할 수 있다.

토목섬유 보강재를 사용할 때 그 재질이 폴리에스터(PET) 섬유인 경우 뒤채움흙의 pH는 3~9의 범위라야 하고, 폴리올레핀 계열(PP 또는 HDPE)인 경우에는 pH가 3 이상이라야 한다.

강재(steel) 보강재를 사용하는 경우에는 강재의 부식속도를 감소시키기 위해 뒤채움 재료의 pH는 5~10이고, 전기비저항(resistivity)은 최소 3,000 Ω-cm 이상이라야 한다.

(4) 시공될 보강토 옹벽의 특징 및 시공 시 주의사항 확인

현재 다양한 형태의 보강토 옹벽이 사용되고 있으며, 각각의 시스템마다 독특한 보강재 및 전면벽체를 사용하는 경우가 있으므로, 설계에 적용된 보강토 옹벽 시스템에 대한 시공순서 및 시공상의 특성을 미리 파악해 시공 시 품질관리에 활용해야 한다.

2) 보강토 옹벽 시공 중의 품질관리(현장검측)

보강토 옹벽의 시공은 각 단계별로 정해진 방법상의 요구조건이나 허용오차에 의해 관리되며, 이러한 방법론이나 허용오차는 각각의 고유한 보강토 옹벽 시스템마다 다르게 적용할 수 있다. 여기서는 보강토 옹벽의 일반적인 시공상의 요구조건에 대해 설명한다.

(1) 사전준비

일반적으로 보강토 옹벽 설계 시에는 현장상황을 정확히 파악할 수 없으므로, 보강토 옹벽 시공 전에 설계도서를 검토해 현장여건과 다를 경우에는 현장여건에 맞게 설계를 변경해야 한다.

특히 보강토 옹벽의 설계 시 배수시설의 설치는 고려하지 않는 경우가 많지만, 보강토 옹벽 내부와 물이 유입될 경우 보강토 옹벽의 안정성 저하의 원인이 되므로, 보강토 옹벽 시공 전에 반드시 지하수의 유출 여부를 판단해 적절한 배수시설을 설치하는 것이 좋다.

(a) 기초지반의 치환

(b) 배수유공관 설치

그림 2.6.4 사전 준비

또한 보강토 옹벽이 설치될 위치에 상하수도, 지하공동구 등의 시설의 설치가 계획된 경우에는 보강토 옹벽 설치 전에 이들 시설물을 설치하고, 보강토 옹벽 시공완료 후에는 보강토 옹벽 전면 또는 보강토체 부분의 굴착을 피해야 한다.

보강토 옹벽은 침하에 대한 내성이 크기 때문에 기초지반이 비교적 연약한 경우에도 별도의 처리 없이 설계 및 시공하는 경우가 많다. 이러한 경우, 보강토 옹벽 완공 후 기초지반의 예상침하량이 75mm를 초과하면 상부 구조물을 축조하기 전에 약 2개월 동안 방치해두는 것이 좋다. 또 예상침하량이 300mm를 초과하면 방치기간이 너무 길어질 수 있으므로, 보강토체를 먼저 시공해 기초지반을 안정화한 다음 전면벽체를 설치하는 방법을 고려하는 것이 좋다.

일반적으로 보강토 옹벽은 전체침하보다는 부등침하의 영향을 더 크게 받으며, 보강토 옹벽에 아무런 영향이 없는 부등침하량의 한계는 패널식의 경우 1/100, 블록식의 경우 1/200 정도이며, 연성벽면을 갖는 보강토 옹벽의 경우 1/50 이상의 부등침하도 견딜 수 있다. 예상되는 부등침하량이 이 기준을 초과하는 경우에는 벽체 연장 약 15~30m마다 slip joint를 두어 부등침하에 대비하는 것이 좋다. 또한 보강토 옹벽이 높은 경우에는 2단 또는 3단으로 시공하면 1단으로 시공하는 것보다 침하에 대한 영향을 적게 받을 수 있다(The Reinforced Earth Company, 2005).

(2) 기초의 준비

전면벽체의 기초(levelling pad)를 설치하기 전에 보강토 옹벽의 선형 및 기초고에 맞춰 기초터파기를 시행한다. 터파기는 재료의 반입 정도, 인원 및 장비의 투입계획, 기상조건, 비탈면의 형상 및 높이, 되메우기 시기 등을 고려해 작업한다.

굴착된 바닥면은 평탄하게 지반고르기를 시행하고 터파기가 과도하게 된 부분은 성토재료나 기초용 잡석을 사용해 되메움한 후 소요지지력을 얻을 수 있도록 충분히 다진다. 기초지반이 준비되면 그림 2.6.5 (c)의 평판재하시험과 같은 기초지반에 대한 지내력 시험을 수행해 소요지지력을 확보할 수 있는지 평가해야 한다. 소요지지력을 얻을 수 없으면 지반을 치환하거나 기초의 형식을 변경해 소요지지력을 얻을 수 있게 해야 한다.

기초지반이 준비되면 그 위에 보강토 옹벽의 선형 및 기초고에 맞추어 보강토 옹벽 기초(levelling pad)를 설치하며, 기초의 형석 및 치수는 설계도서를 따른다. 패널식 보강토 옹벽에서는 콘크리트 기초를 주로 사용하고 블록식 보강토 옹벽의 경우 콘크리트 기초 또는 잡석기초를 사용하는 것이 일반적이다.

보강토 옹벽 전면벽체의 기초는 항상 수평으로 설치해야 하며, 기초의 높이에 고저차가 있는 경우에는 그림 2.6.6과 같이 계단식으로 설치한다. 이때에도 기초는 항상 수평으로 설치한다.

콘크리트 기초의 경우 보통 압축강도 18MPa 이상의 콘크리트를 사용해 두께 150mm 이상, 폭은 전면판 또는 전면블록의 폭보다 200mm 정도 넓게 설치하는 것이 일반적이며, 전면벽체를 설치하기 전에 최소 12시간 이상 양생시켜야 한다.

기초의 높이를 잘못 맞추면 전면벽체의 설치에 어려움이 따를 수 있고, 시공완료 후에 전면벽체에 균열이 발생하거나 선형에 오차가 발생할 수 있으므로 주의해야 한다. 패널식 보강토 옹벽을 설치하기 위한 콘크리트 기초에 대한 수직방향 허용오차는 표 2.6.3과 같다.

(a) 기초터파기

(b) 기초지반 준비

(c) 지내력 시험

(d) 기초지반 치환

그림 2.6.5 기초지반의 지내력 확인

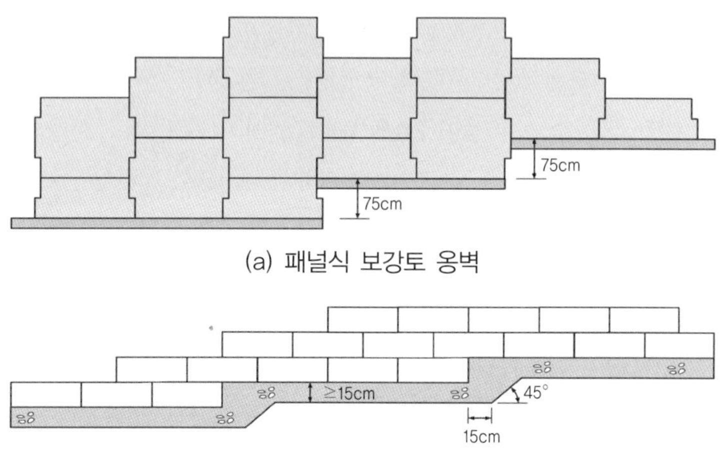

(a) 패널식 보강토 옹벽

(b) 블록식 보강토 옹벽

그림 2.6.6 콘크리트 기초를 계단식으로 설치하는 경우

(a) 거푸집 설치

(b) 거푸집 설치-계단식 기초

(c) 기초고 확인

(d) 콘크리트 타설

(e) 콘크리트 기초

(f) 잡석기초

그림 2.6.7 기초의 준비

표 2.6.3 콘크리트 기초의 관리기준(패널식 보강토 옹벽)

대상	관리항목	관리기준치	빈도	비고
기초 Con'c	기준 높이	±2cm	벽연장 30m마다	콘크리트 패널 조립 전에 측정
	각 측점별 상대차	±1cm	벽연장 1.5m마다	

블록식 보강토 옹벽의 경우에는 콘크리트 기초 대신 그림 2.6.7 (f)와 같은 잡석기초를 사용할 수 있다. 잡석기초를 사용하는 경우 잡석은 경질이고 변질될 염려가 없는 부순돌 또는 조약돌로서 대소알이 적당한 입도로 혼합된 것이라야 한다.

200

(a) 기초패널 설치

(b) 표준패널 설치

(c) 패널 사이의 간격 및 수평 확인

(d) 패널의 수평 확인

(e) 패널의 기울기 조정

(f) 버팀목 설치

(g) 쐐기목 및 클램프 설치

(h) 클램프 설치

그림 2.6.8 콘크리트 패널의 설치

(3) 전면벽체의 설치

패널식 보강토 옹벽의 경우 그림 2.6.8 (a), (b)와 같이 표준패널의 1/2 크기인 기초패널을 먼저 설치하고, 그 사이에 표준 패널을 설치한다. 패널 설치 시에는 다음 단 패널의 설치를 쉽게 하기 위해 패널과 패널 사이의 간격을 확인해야 하며, 패널 자체의 수평뿐만 아니라 인접한 패널과도 수평이 유지되는지 확인해야 한다(그림 2.6.8 (c)와 (d) 참조).

보강토 옹벽에서 뒤채움 재료의 포설 및 다짐 시에 전면벽체에 발생하는 변위는 피할 수 없으며, 패널식 보강토 옹벽의 경우, 시공완료 후의 정확한 수직선형을 확보하기 위해 보통 콘크리트 전면판을 배면 방향으로 1~3% 정도 기울여서 설치한다. 그림 2.6.8 (e)와 같이 패널의 기울기를 확인한 후 첫째 단 패널 전면에 버팀목을 설치하고, 인접한 패널들은 클램프로 단단히 조여서 뒤채움 재료의 포설 및 다짐 시에 콘크리트 패널이 전도되는 것을 방지한다.

콘크리트 패널이 설치된 후 패널과 패널 사이의 수직방향의 줄눈(joint)에는 그림 2.6.9 (a)와 그림 2.6.10과 같이 부직포 필터를 설치해 뒤채움 재료가 줄눈 사이로 빠져나가는 것을 방지한다.

또한 다음 단 패널을 설치하기 전에 하단 패널의 상단을 깨끗이 청소한 후, 그림 2.6.9 (b)와 같이 코르크, 고무패드 등의 수평줄눈 채움재를 삽입해 콘크리트가 서로 맞닿아 파손되는 것을 방지한다.

블록식 보강토 옹벽의 경우 준비된 기초 위에 계획된 선형에 맞추어 첫째 단 블록을 설치하며, 이때 블록은 항상 수평을 유지하도록 해야 한다(그림 2.6.11 (a)와 (b) 참조). 윗단의 블록을 설치할 때는 아랫단 상부를 깨끗이 청소한 후 설계도서에 명시된 방법에 따라 상·하단 블록을 연결한다. 블록은 한 단씩 쌓아 올리는 것을 원칙으로 하며, 단마다 블록 속채움 및 뒤채움 쌓기를 시행한 후 다음 단을 쌓아 올려야 한다. 시공 중에 전면블록이 밀리는 것을 고려해 계획된 수직선형보다 13~25mm 정도 더 뒤로 물려 설치한다. 최상단의 마감블록은 설계도서에 명시된 방법에 따라 접착제나 모르타르를 사용해 아랫단 블록에 완전히 고정해야 한다.

(a) 수직줄눈 채움재(부직포 필터) 설치   (b) 수평줄눈 채움재(코르크) 설치

그림 2.6.9 줄눈 채움재 설치

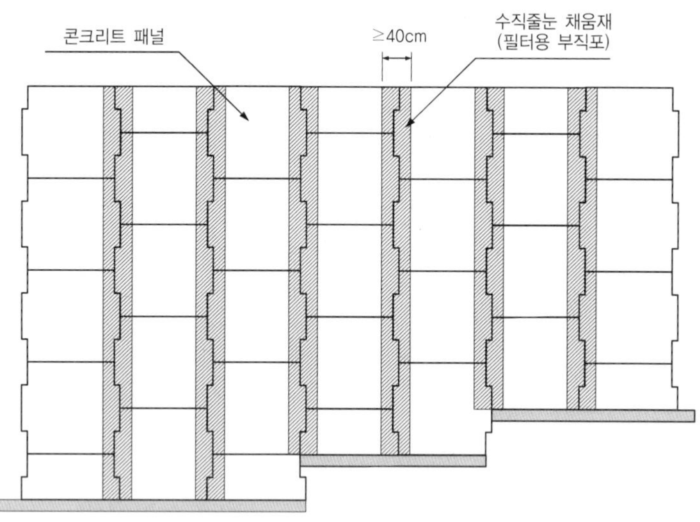

그림 2.6.10 수직줄눈 채움재(필터용 부직포) 설치

(a) 최하단 블록 설치

(b) 블록의 수평 확인

(c) 블록 속채움

(d) 블록 속채움 및 뒤채움

그림 2.6.11 전면블록의 설치

(4) 뒤채움 재료의 포설 및 다짐

뒤채움 재료의 포설은 전면벽체에서부터 시작해 보강재 끝단 쪽으로 진행한다. 설치된 보강재 위로 중장비가 주행할 경우 보강재에 손상을 입힐 수 있으므로, 보강재 위로 중장비가 직접 주행해서는 안 된다.

일반적으로 성토 두께는 성토재료, 다짐장비, 소요다짐도 등의 조건에 의해 결정되지만, 보강토 옹벽의 경우에는 이 외에도 보강재의 수직간격을 고려해 성토 두께를 결정해야 한다. 다짐 완료 후의 한 층의 두께는 200~300mm 이하가 되도록 관리하는 것이 일반적이며, 규정된 다짐도 이상의 다짐밀도를 얻을 수 있다면 층다짐 두께를 조절할 수 있다.

보강토 옹벽의 시공에서 다짐관리는 필수 항목이며, 뒤채움 재료로 양질의 사질토를 사용하는 경우라도 다짐관리가 제대로 되지 않는다면 문제를 야기할 수 있다. 보강토 옹벽 뒤채움 재료는 각 층마다 KS F 2312의 C, D 또는 E 방법에 의해 정해진 최대건조밀도의 95% 이상의 밀도를 얻을 수 있게 그림 2.6.12 (e)와 같이 대형 진동롤러를 사용해 균일하게 다져야 한다. 양족롤러를 사용해 뒤채움 재료를 다짐하면 보강재를 손상시킬 수 있으므로 양족롤러는 사용해서는 안 된다.

세립분이 많은 흙을 뒤채움 재료로 사용하는 경우 95% 이상의 다짐도를 얻기 위해 과도하게 다짐하면 벽면에 변위가 커질 수 있다. 이러한 경우 시험시공을 해서 최대의 밀도를 얻을 수 있는 다짐횟수로 관리하는 것이 더 좋을 수 있다.

또한 보강토 옹벽은 보통 조립식으로 시공되므로, 뒤채움 재료의 포설 및 다짐 시 다짐 유발 토압에 의해 전면벽체에 변형이 발생한다. 이러한 변형특성을 고려해 콘크리트 패널의 경우 배면방향으로 1~3% 정도 기울여 설치하고, 블록식 보강토 옹벽의 경우 13~25mm 뒤로 물려 설치하지만, 다짐에 의한 영향을 최소화하기 위해 벽면으로부터 약 1~2m 근처에는 대형장비의 진입을 방지하고 그림 2.6.12 (f)와 같이 소형의 다짐장비로 다져야 한다.

벽면 근처의 성토 및 다짐이 불량하면 전면블록이나 패널이 밀려날 수 있으며, 보강재의 침하가 발생해 연결부에 과도한 응력이 발생할 수 있으므로 주의해야 한다. 반대로 벽면 근처에서의 과도한 다짐은 벽면 변위 발생의 원인이 될 수 있으므로, 다짐도보다는 다짐횟수로 관리하는 것이 더 좋을 수도 있다. 블록식 보강토 옹벽의 경우에는 전면블록 배면 30cm 정도까지는 블록 속채움과 함께 골재를 포설하는 것이 좋다.

다짐이 완료되면 그림 2.6.13 (a)에서와 같이 KS F 2311 모래치환법에 의한 흙의 밀도 시험 방법에 규정된 방법에 따라 현장 들밀도 시험을 수행해, KS F 2312의 C, D 또는 E 방법에 의해 정해진 최대건조밀도의 95% 이상의 다짐도를 확보했는지 확인한다. 현장에서 다짐도 관리를 위한 시험은 보통 보강재가 설치되는 층에서 실시하며, 폭이 넓은 지역의 성토작업 시에는 토공

(a) 뒤채움 재료 포설

(b) 보강재 위에 뒤채움 재료 포설

(c) 보강재 위에 뒤채움 재료 포설

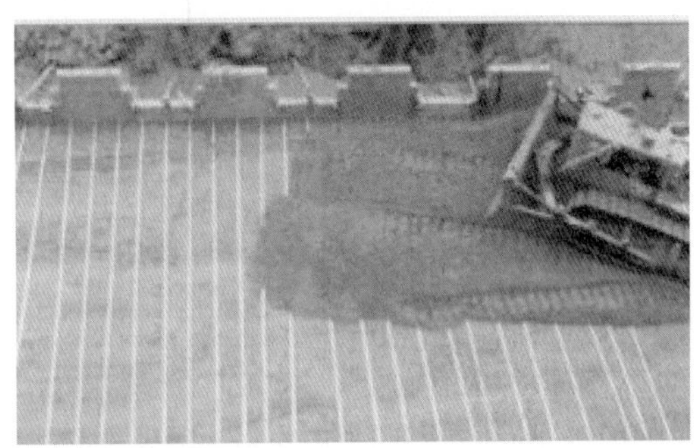

(d) 보강재 위에 뒤채움 재료 포설

(e) 다짐

(f) 벽면 근처에서 소형 롤러 다짐

그림 2.6.12 뒤채움 재료 포설 및 다짐

량 1,500m^{2}마다 1회 정도의 빈도로 현장 들밀도 시험을 수행한다.

재료의 최대치수가 37.5mm 이상이거나, 19mm 체의 잔류량이 50% 이상인 경우, 그 외 현장 들밀도 시험이 불가능한 경우에는 그림 2.6.13 (b)에서와 같이 KS F 2310 도로의 평판재하시험에 규정된 시험방법에 따라 침하량 0.125mm일 때의 지지력계수(K_{30})를 구해 K_{30}값이 15kg/cm^3 이상 확보되는지 확인한다.

(a) 현장 들밀도 시험(KS F 2311)

(b) 도로의 평판재하시험(KS F 2310)

그림 2.6.13 현장에서 다짐도 확인

(5) 보강재의 설치

설계도서에 표시된 보강재 설치 위치에 보강재의 규격, 길이, 간격 등을 정확하게 맞추어 설치하며, 보강재는 원칙적으로 벽면 선형에 대해 직각방향으로 포설해야 한다.

지장물 등으로 인해 벽면 선형에 직각 방향으로 보강재를 설치하기 어려우면 약간 경사지게 설치할 수 있으나, 20도 이상 경사지지 않도록 주의해야 한다.

그림 2.6.14 (a)와 (b) 같은 띠형 섬유보강재를 사용하는 경우에는 보강재를 길이에 맞게 잘라 설치하는 것이 아니라, 패널에서 보강재 길이만큼 이격된 거리에 정착철근을 설치한 후 패널의 부착고리와 정착철근 사이를 지그재그 형식으로 설치한다. 이때 띠형 섬유보강재는 느슨하지 않도록 팽팽하게 당겨야 한다. 이음이 필요한 경우에는 이음부가 보강재 끝단의 정착철근에 위치하도록 조정해야 하며, 이때 겹이음 길이는 최소한 2m 이상 확보해야 한다.

그림 2.6.14 (c)와 (d) 같은 강재 띠형(steel strip) 보강재는 길이에 맞춰 절단해 설치하며, 길이가 짧은 보강재를 길이방향으로 이어야 할 경우 이음부에서 꺾이지 않도록 주의해야 한다.

그림 2.6.14 (e), (f), (g)와 같은 전면포설형 보강재를 사용하는 경우에는 보강재 길이에 맞게 절단해 전면벽체에 연결한 후 보강재 끝단에서 팽팽하게 당겨 임시로 고정한다. 전면포설형 보강재는 길이 방향으로 잇는 것을 가급적 피해야 한다.

지오텍스타일이나 지오그리드와 같은 연성(flexible)의 보강재를 사용하는 경우에는 전면블록과 보강재 연결부가 느슨해지지 않도록 보강재 끝단에서 약간 당겨서 고정해야 한다. 특히 HDPE나 PP와 같은 강성(rigid)의 보강재를 사용하는 경우에는 보강재 끝단에서 핀 등으로 고정해야 한다. 보강재가 느슨해지지 않도록 당기면 뒤채움 성토 및 다짐 시에 발생되는 변위량을 감소시킬 수 있다.

(a) 보강재 설치(띠형 섬유보강재)

(b) 보강재 설치(띠형 섬유보강재)

(c) 보강재 설치(강재 띠형 보강재)

(d) 보강재 설치(강재 띠형 보강재)

(e) 보강재 설치(직조형 지오그리드)

(f) 보강재 설치(직조형 지오그리드)

(g) 보강재 설치(일체형 지오그리드)

(h) 보강재 설치(와이어 메시)

그림 2.6.14 보강재 포설

(a) 부착고리 + 빗장고리

(b) Tie Strip + 볼트

(c) 조인트 연결바

(d) 클립형

(e) 핀형

(f) 핑거형

그림 2.6.15 전면벽체와 보강재 연결부의 다양항 형식

보강재는 전면벽체와 연결해야 하며, 그림 2.6.15에서와 같이 다양한 형태의 연결부가 사용되고 있다. 패널식 보강토 옹벽의 경우에는 그림 2.6.15 (a)와 같은 연결고리나 (b)와 같은 tie strip 등을 사용하면 패널과 보강재가 견고하게 연결된다. 블록식 보강토 옹벽의 경우 조인트 바, 핀형, 클립형, 핑거형 등 다양한 형태의 연결부가 사용되고 있으나, 그림 2.6.15의 (d)와 (e) 같은 핀형이나 클립형의 연결부는 일체형 지오그리드에만 사용해야 한다. 직조형 지오그리

드에 사용할 때에는 연결부에 하중이 집중되어 문제가 발생할 수 있으므로 주의해야 한다.

지오그리드형 보강재나 지오텍스타일과 같은 전면포설형 보강재를 사용하는 경우에는 곡선부 및 우각부를 포함한 시공구간에서 인접한 보강재 사이에 보강재가 중첩되는 부분이 발생하거나 보강재로 덮이지 않는 부분이 생길 수 있다.

그림 2.6.16에서와 같이 오목한 곡선부에서 전면포설식 보강재 포설 시에 발생하는 '∇'모양의 보강재가 포설되지 않은 부분은 다음 층 포설 시에 메우고, 인접한 보강재가 이루는 각이 20° 이상이면 빈 공간에 추가적으로 보강재를 포설해 지반을 보강할 수도 있다.

반대로, 볼록한 곡선부에 전면포설식 보강재를 포설하는 경우에는 인접한 보강재끼리 겹치는 부분이 발생하는데, 이런 부분에서는 보강재 인발저항력이 감소할 수 있다. 이러한 마찰력의 저하를 고려해 겹치는 부분에는 최소 7.5cm 이상의 뒤채움흙을 포설해 보강재의 마찰력이 발현되도록 한다.

그림 2.6.17에서와 같이 90° 각진 코너 부분에 보강재를 포설할 때에는 짝수 층과 홀수 층의 주 보강 방향을 교대로 포설하며, 만약 동일한 층 내에 포설해야 하는 경우에는 7.5cm 이상의 토사를 포설해 마찰력의 저하를 방지해야 한다. 또한 오목한 코너부에서는 옹벽 높이의 1/4 정도까지 보강재를 추가로 포설해 지반을 보강하는 것이 좋다.

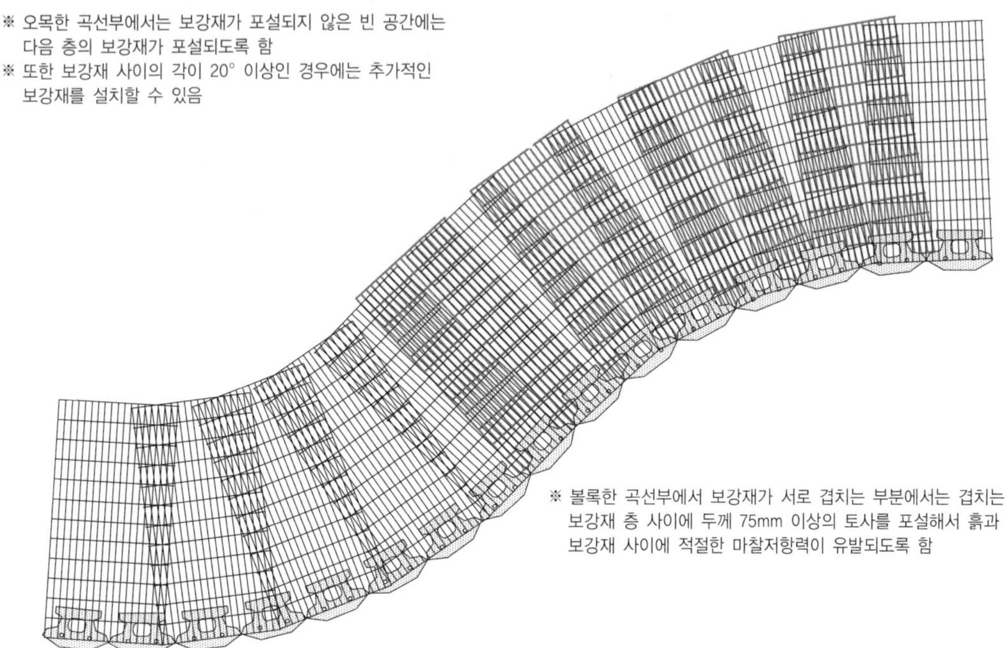

그림 2.6.16 곡선부에서의 보강재 포설

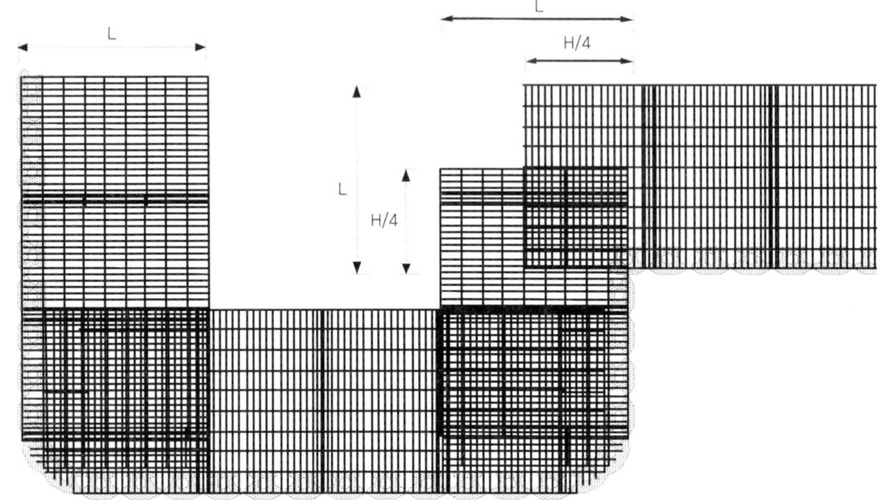

※ 코너부에서 보강재가 서로 겹치는 부분에서는 겹치는 보강재 층 사이에 두께 75mm 이상의
   토사를 포설해서 흙과 보강재 사이에 적절한 마찰저항력이 유발되도록 함

그림 2.6.17 90° 코너 부분에서의 보강재 포설

(a) 반복작업(패널식)   (b) 반복작업(블록식)

(c) 완성(패널식 보강토 옹벽)   (d) 완성(블록식 보강토 옹벽)

그림 2.6.18 반복작업에 의해 보강토 옹벽 완성

(6) 반복작업에 의해 보강토 옹벽 완성

앞에서와 같은 전면벽체의 설치, 뒤채움 재료의 포설 및 다짐, 보강재의 설치 등의 과정을 반복해 보강토 옹벽을 완성한다. 그림 2.6.18 (c)와 (d)는 완성된 패널식 보강토 옹벽과 블록식 보강토 옹벽의 시공사례이다.

보강토 옹벽에 벽면변위가 발생하면 시각적으로 불안할 수 있으므로 사전에 이를 고려해 전면벽체를 설치하고 벽면이 앞으로 기울어지지 않도록 주의해야 한다. 보강토 옹벽 수직선형과 관련한 각 기준별 허용오차는 표 2.6.4와 같이 매우 엄격하다. 하지만 지금까지의 시공실적을 보면 보강토 옹벽은 계획된 수직선형으로부터 ±0.03H 또는 최대 30cm 정도의 오차가 발생해도 구조물 자체는 충분히 안정한 것으로 평가되고 있다.

표 2.6.4 각 기준별 수직선형의 허용오차

구분	적용	수직선형	배부름	비고
FHWA (Berg et al. 2009b)	패널식	19mm/3m	13mm/3m	
	블록식	19mm/3m	32mm/3m	
NCMA(1997)	블록식	±32mm/3m (최대 76mm)	25mm/3m	
BS8006:1995 (BSI, 1995)		±5mm/m	±20mm/4.5m	
일본토질공학회 (1986)	패널식	±0.03H (최대 30cm)	–	연장 30m마다
일본철도시설협회 (1983)	패널식	±0.02H (최대 10cm)	–	연장 30m마다

3) 오차의 발생 조건 및 그 원인

보강토 옹벽은 구조적 안정성을 확보하는 것은 물론 미관적으로 만족할 만한 품질을 얻기 위해 설계도서에 제시된 요구조건을 충족하도록 시공되어야 한다. 일반적으로 시방규정에 적합한 재료를 사용하고 설계도서 및 시방서에 규정된 순서 및 방법에 따라 시공하고 적절하게 품질관리가 시행된다면 만족할 만한 결과물을 얻을 수 있다. 그러나 때로는 침하나 수평방향 변위가 발생해 콘크리트 전면판이나 전면블록과 같은 전면벽체의 배열이 흐트러지거나 균열이 발생하고, 과도한 선형의 오차가 발생해 심리적인 불안감을 초래할 수도 있다.

표 2.6.5는 허용범위를 벗어난 조건과 그 원인을 요약한 것이다.

표 2.6.5 오차의 발생조건과 그 원인

조건	발생 가능한 원인
벽면의 문제 1a. 부등침하 또는 국부적인 침하 　(원인 1a와 b 적용) 1b. 허용범위를 벗어난 수직선형 　(원인 1a 및 b) 1c. 전면벽체의 깨짐, 부서짐, 균열 　(원인 1a~e 적용)(예, 패널과 패널이 접촉하거나 　소형 블록의 부등침하에 의한)	1a. 기초지반이 연약하거나 함수비가 높음 1b. 불량한 성토재료의 사용 또는 부적절한 다짐 1c. 수평 및 수직방향 이음매의 부적절한 간격 1d. 부적절한 수평줄눈 채움재의 사용 1e. 전면벽체 사이에 돌이나 콘크리트 조각이 낀 경우 　(예. 깨끗이 청소하지 않았거나, 전면벽체의 수평 　을 맞추기 위해 사용한 경우)
2. 기초패널의 설치 또는 수평을 유지하기 어려움	2a. 기초콘크리트의 수평이 맞지 않음
3. 수직선형의 허용범위를 벗어난 배부름 현상 또는 　역기울기	3a. 패널을 충분히 기울이지 않음 3b. 전면판 근처에서 너무 큰 다짐 장비로 작업함 3c. 뒤채움 재료를 최적함수비의 습윤측에서 포설함 　뒤채움 재료가 세립분을 너무 많이 함유하고 있음 　(No.200체 통과율이 시방규정을 초과함) 3d. 보강재 위에 뒤채움 재료를 포설하고 다지기 전에 　전면판 뒤에 뒤채움 재료를 밀어 넣음 3e. 균질하고 중립인 모래(No.40체 통과율이 60% 이 　상)를 너무 과도하게 다짐 3f. 뒤채움 재료를 보강재 끝단에서 벽면 방향으로 포 　설해 보강재에 변위를 일으키고 패널을 밀어냄 3g. 쐐기목이 제대로 설치되지 않음 3h. 클램프가 탄탄하게 채워지지 않음 3i. 보강재와 전면벽체의 연결부가 느슨하게 연결됨 3j. 토목섬유 보강재를 적절하게 당기지 않음 3k. 전면블록 근처에서 국부적으로 과다짐됨
4. 수직선형의 허용범위를 벗어날 만큼 배면방향으로 　기울어짐	4a. 사용된 뒤채움 재료에 비해 패널을 과도하게 눕혀 　설치하거나 블록을 과도하게 뒤로 물려 설치 4b. 부적절한 뒤채움의 다짐 4c. 지지력 파괴의 가능성
5. 벽면의 수평선형이 허용범위를 벗어남 또는 배부름 　(bulging)	5a. 3c, 3d, 3e, 3j, 3k 참조. 　폭우로 인해 뒤채움이 포화되었거나 매일 작업완 　료 후 배수구배를 적절히 두지 못함
6. 패널이 계획된 위치에 적절하게 맞춰지지 않음	6a. 패널을 수평으로 설치하지 않았거나 부등침하 발 　생(1 참조) 6b. 패널의 규격이 허용치를 벗어남

4) 배수시설의 설치

　보강토 옹벽의 안정성은 흙과 보강재 사이의 상호결속력에 의존하며, 이러한 흙/보강재 결속력은 보강재 위에 작용하는 수직응력 σ_v의 함수이다.

만약, 보강토체 내부로 물이 유입되어 배수가 원활하지 않으면, 보강토체 내부에는 간극수압이 발생해 보강재 위에 작용하는 수직응력은 $\sigma_v' = \sigma_v - u$로 감소해 흙과 보강재 사이의 결속력은 감소하는 반면, 보강재가 부담해야 할 인장력 $T_{\max}$는 토체 내부에서 발생한 간극수압만큼 증가할 것이다.

이러한 경우 보강토체의 안정성 특히, 보강재의 파단 및 인발파괴에 대한 안전율은 급격히 저하될 수 있으며, 결국에는 보강토체의 붕괴에 이를 수도 있다. 국내에서도 해마다 장마철 및 집중호우 시에 피해를 입는 사례가 종종 있는데, 그 원인 중의 하나가 이러한 수압의 영향일 것이다.

보강토 옹벽 피해사례를 살펴보면 대부분 물과 연관이 있으며, 지표수 및 지하수의 부적절한 처리가 원인인 경우가 많다. 그러면 보강토 옹벽 내부로 물의 유입을 차단하기 위한 방법 또는 유입된 물에 의한 간극수압의 발생을 억제하기 위한 방법을 소개하기로 한다.

(1) 지표수 유입의 차단

보강토 옹벽의 전면벽체는 블록과 블록 또는 패널과 패널 사이에 충분한 배수공간을 확보하고 있어 보강토체 내부로 유입된 지표수는 대부분 원활하게 배수된다. 그러나 블록식 보강토 옹벽의 경우 전면블록에 인접한 뒤채움 토사의 다짐이 곤란한 점을 고려해 대부분의 경우 일정한 폭의 골재층을 두게 되어 있다. 이러한 골재층은 투수성이 좋기 때문에 강우 시 지표수가 유입될 우려가 있다. 전면블록 배면의 골재층을 통해 지표수가 유입될 때, 전면블록이 배수시킬 수 있는 수량보다 많은 양의 지표수가 유입되면 전면블록의 배면에는 수압이 작용할 것이다. 이러한 수압은 전면블록과 보강재 사이 연결부의 응력을 증가시켜 결국에는 전면블록이 탈락하는 피해가 발생할 수 있다.

그림 2.6.19는 이러한 과정에 의해 블록식 보강토 옹벽의 전면블록이 탈락한 사례이다. 따라서 이러한 피해를 방지하려면 보강토 옹벽 상단부에 그림 2.6.20과 같이 차수층을 설치하는 것이 좋다.

그림 2.6.19 지표수의 유입으로 인해 전면블록이 탈락한 피해사례

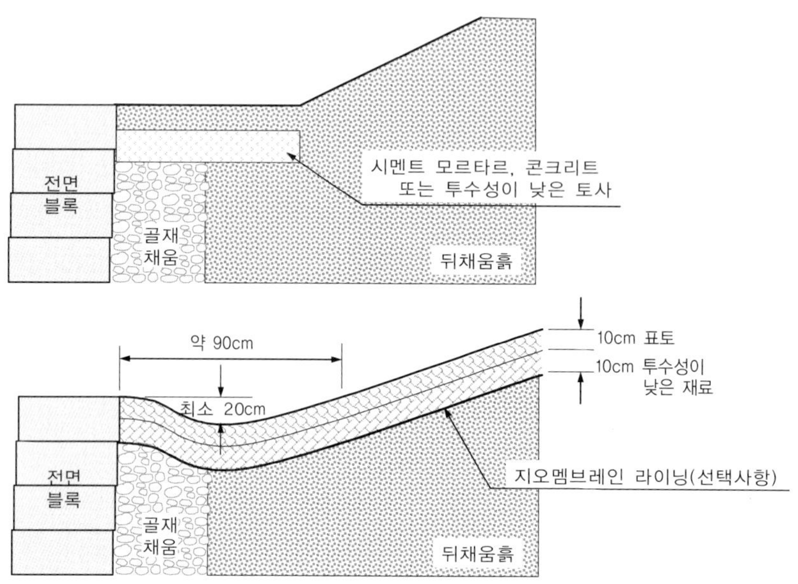

그림 2.6.20 지표수 유입의 차단 예(NCMA, 1997)

(2) 지하수 유입의 차단

보강토체에 이용되는 뒤채움 재료는 비교적 배수성이 양호한 양질의 토사이고, 전면벽체에는 배수공이 충분하지만, 다량의 배면 유입수로 뒤채움흙이 포화되면 흙의 전단강도가 급격히 저하돼 불안정한 상태가 될 수 있다. 따라서 배면 용출수의 유무, 수량의 과다에 따라 보강토체 내부로 물이 유입되지 않도록 배수시설을 설치하는 것이 좋다. 특히 계곡부에 설치되는 보강토 옹벽은 반드시 일반 성토의 경우와 동일하게 적정한 크기의 배수구를 설치해야 한다.

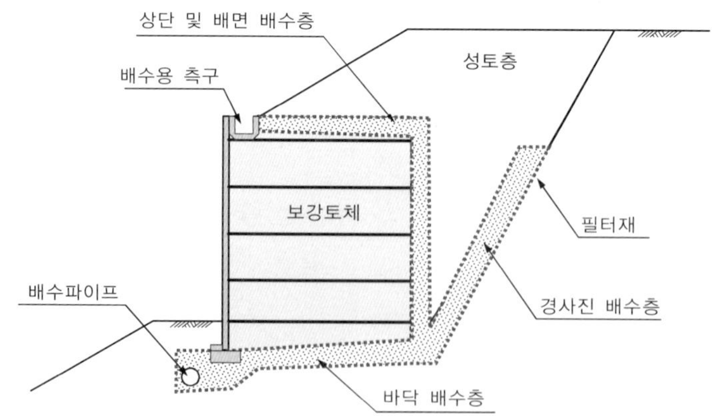

그림 2.6.21 보강토 옹벽의 배수시설 설치 예(GEO, 2002)

그림 2.6.21은 배수시설의 설치 예이며, 보강토체의 저면 외에는 토목섬유 형태의 배수재로 대체 시공할 수 있다.

(3) 침수구조물에서의 배수대책

침수 가능성이 있는 위치에 설치되는 보강토 옹벽은 보강토체의 투수성에 따라 수위 급강하 시 보강토 옹벽 외부와 내부의 수위 차가 발생할 수 있는데, 이러한 수위 차에 의해 보강토 옹벽의 안정성이 급격히 저하될 수 있다. 따라서 침수 가능성이 있는 보강토 옹벽은 그림 2.6.22 (a)와 같이 보강토체 내부에 배수층을 두거나, 그림 2.6.22 (b)와 같이 투수성이 좋은 골재로 홍수 시 수중에 잠기는 최고수위보다 약간 높게 시공하여 보강토체 내·외부의 수위 차가 발생하지 않도록 하는 것이 좋다.

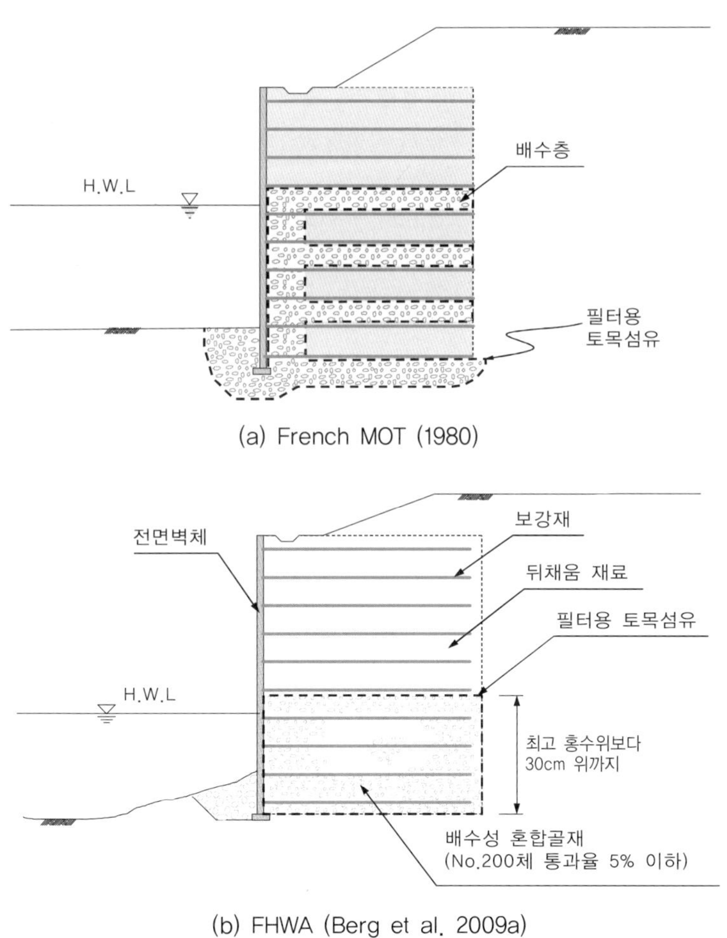

그림 2.6.22 침수 가능성이 있는 보강토 옹벽의 배수시설 적용 예

참 고 문 헌

1. KCIC 703 : 2006 콘크리트 호안블록
2. KS F 2302 흙의 입도 시험 방법
3. KS F 2306 흙의 함수량 시험 방법
4. KS F 2311 현장에서 모래치환법에 의한 흙의 단위중량 시험 방법
5. KS F 2312 흙의 다짐 시험 방법
6. KS F 2343 압밀 배수 조건 아래서 흙의 직접 전단 시험 방법
7. KS F 2346 3축 압축 시험에서 점성토의 비압밀·비배수 강도 시험 방법
8. KS F 2403 콘크리트의 강도시험용 공시체 제작방법
9. KS F 2405 콘크리트의 압축강도 시험 방법
10. KS F 2422 콘크리트에서 절취한 코어 및 보의 강도 시험 방법
11. KS F 4004 콘크리트 벽돌
12. KS F 4416 콘크리트 적층 블록
13. KS F 4419 보차도용 콘크리트 인터로킹 블록
14. KS K ISO 10319 지오텍스타일의 인장강도 시험방법
15. KS L 5201 포틀랜드 시멘트
16. Berg, R. R., Christopher, B. R. and Samtani, N. C.(2009a), Design of Mechanically Stabilized Earth Walls and Reinforced Soil Slopes − Volume I, Publication No. FHWA−NHI−10−024, FHWA GEC 011−Vol I, U.S. DOT FHWA.
17. Berg, R. R., Christopher, B. R. and Samtani, N. C.(2009b), Design of Mechanically Stabilized Earth Walls and Reinforced Soil Slopes − Volume II, Publication No. FHWA−NHI−10−025, FHWA GEC 011−Vol II, U.S. DOT FHWA.
18. BSI(1995), BS8006 : 1995 − Code of Practice for Strengthened/ Reinforced Soils and Other Fills, British Standard Institute, U.K.
19. Elias, V. and Christopher, B. R.(1999), Mechanically Stabilized Earth Walls and Reinforced Soil Slopes Design and Construction Guidelines, Technical Report FHWA−SA−96−071, U.S. DOT FHWA.
20. Elias, V., Christopher, B. R. and Berg, R. R.(2001), Mechanically Stabilized Earth Walls and reinforced Soil Slopes Design and Construction Guidelines, Publication No. FHWA−NHI−00−043, U.S. DoT, FHWA.
21. French MOT(1980), Reinforced Earth Recommendations and Rules of the Art, Issued by the French Ministry of Transport(English Translation 2nd Printing).
22. GEO(2002), GEOGUIDE 6 − Guide to Reinforced Fill Structure and Slope Design, Geotechnical Engineering Office Civil Engineering Department The Government of the Hong Kong Special Administrative Region, Hong Kong.
23. NCMA(1997), Design Manual for Segmental Retaining Walls 2nd Edition, edited by Collin,

J. G., National Concrete Masonry Association, Virginia, USA.
24. The Reinforced Earth Company, 2005, Design Manual for Reinforced Earth Walls.
25. 日本土質工學會(1983) 土質基礎工學ライブラリー-29 補强土工法.
26. 日本鐵道施設協會(1983), 補强土設計·施工の手引き, －テルアルメ工法.

2.7 피해사례

2.7.1 개요

보강토 옹벽은 성토흙 사이에 강재(steel)나 토목섬유(geosynthetics) 등의 보강재를 설치해 성토체의 안정성을 증가시킴으로써 수직벽체를 형성한 구조물이다. 보강토 옹벽은 1963년 프랑스의 H. Vidal이 개발한 Terre Armee 공법에서 시작된다. 이 공법은 성토된 흙 속에 띠 모양의 아연도강판을 포설하고 이 아연도강판을 패널 형태의 벽면재에 연결해 수직하는 성토체를 형성하는 공법이다.

국내에서는 1980년에 이러한 아연도강판을 보강재로 사용한 패널식 보강토 옹벽이 최초로 적용되었으나, 아연도금 기술 부족과 뒤채움흙 선정 및 시공관리 등의 문제가 발견되어 국내에서 활성화되지 못했다. 그 후 1986년에 아연도강판의 문제점을 해결할 수 있는 띠형 토목섬유 보강재가 도입되면서 보강토 옹벽의 사용량이 증가하기 시작했다. 국내에서 보강토 옹벽이 본격적으로 활성화된 것은 1994년에 고강도 지오그리드를 보강재로 사용하는 블록식 보강토 옹벽이 도입되면서부터이며, 현재는 띠형 토목섬유 보강재를 사용하는 패널식 보강토 옹벽과 지오그리드를 사용하는 블록식 보강토 옹벽이 폭넓게 활용되고 있다.

이와 같이 보강토 옹벽이 국내에 도입된 지 30년 정도가 되었고, 기존 콘크리트 옹벽의 대체 구조물로 자리매김하고 있으나, 아직까지도 국내 토목기술자들의 보강토 옹벽에 대한 인식 및 기술수준이 높지 않아 여러 현장에서 크고 작은 문제가 나타나고 있다. 최근에는 보강토 업체 간에 단가경쟁이 심해지면서 검증되지 않은 보강토 기법 적용과 저가의 보강재 사용 등에 따른 문제도 나타나고 있다. 특히 정부발주 공사에서도 보강토 옹벽의 피해사례가 지속적으로 발생하고 있어, 국토해양부에서는 현재 시공 중이거나 발주된 보강토 옹벽을 대상으로 대대적인 조사와 점검을 하고 있다. 이 절에서는 이와 같은 보강토 옹벽의 국내환경에 대한 반성과 함께 향후 피해사례를 최소화할 수 있도록, 국내외에서 발생한 보강토 옹벽의 피해사례를 통해 설계와 시공 시의 문제점을 검토해보고자 한다.

국내외 보강토 옹벽에 대한 설계와 시공 경험을 통해 살펴보면 보강토 옹벽이 붕괴되거나 손상되는 주된 원인으로는 전반활동 검토 미비, 기초지반 지지력 부족, 뒤채움흙 다짐 불량, 배수시설 미비, 부적절한 뒤채움흙 및 배수재 사용, 전면벽체 시공 불량 등을 들 수 있다. 이러한 원인으로 인해 발생할 수 있는 보강토 옹벽의 피해 형상으로는 저면활동, 전도, 침하, 전반활동 등의 외적파괴와 보강재 인발, 보강재 파단, 내적활동 등의 내적파괴 및 연결부파괴, 전면벽체 전단파괴, 상부 벽체 탈락 등의 국부적인 파괴 등을 들 수 있다(그림 2.7.1 참조).

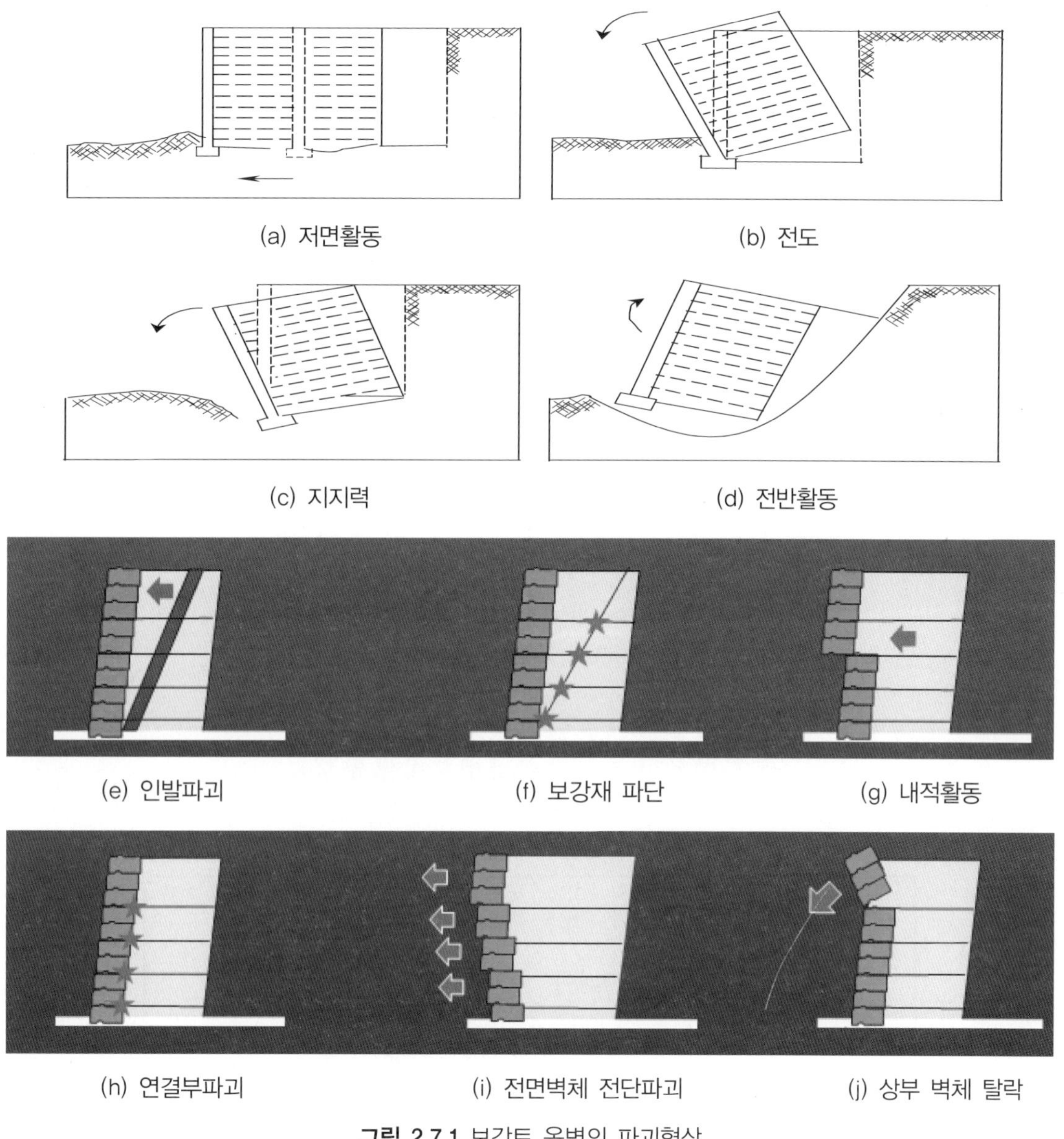

(a) 저면활동

(b) 전도

(c) 지지력

(d) 전반활동

(e) 인발파괴

(f) 보강재 파단

(g) 내적활동

(h) 연결부파괴

(i) 전면벽체 전단파괴

(j) 상부 벽체 탈락

그림 2.7.1 보강토 옹벽의 파괴형상

2.7.2 전체 보강토 옹벽의 붕괴사례

1) 고속도로 OO구간 교대 부근 보강토 옹벽(2004. 9)

• 옹벽개요 : 고속도로 건설을 위해 교대 부근에 고성토 블록식 보강토 옹벽을 2단으로 축조
  (최대높이 : 하단 옹벽 15m, 상단 옹벽 7m)

(붕괴 전 보강토 옹벽 시공 모습)　　　　　(붕괴 모습)

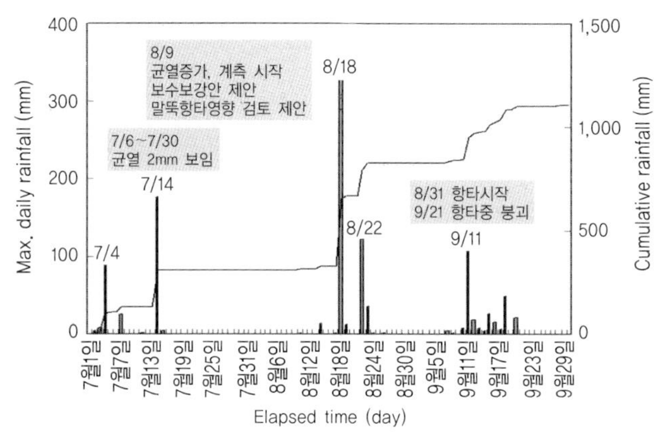

(시공기간의 강우량)

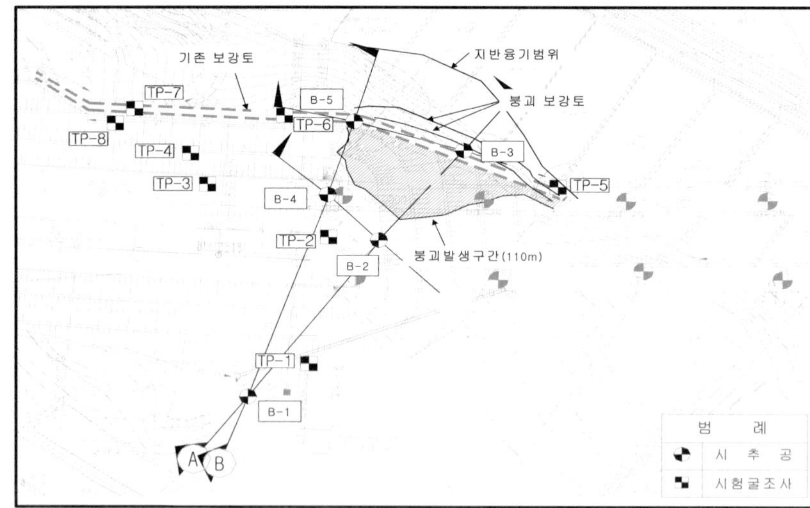

(현황 평면도)

그림 2.7.2 고속도로 ○○구간 교대 부근 보강토 옹벽의 붕괴 관련 자료

- 붕괴과정 : 시공기간 – 2003년 11월 ~ 2004년 8월

  미소균열(2mm 정도) 발생 – 2004년 7월

  집중호우 후 균열 진전, 벽체 수평변위(4~6cm) 발생 – 부등침하

  옹벽붕괴 – 전반활동 형태(옹벽 전면지반 융기 등)

- 특기사항 :
  - 보강토 옹벽 상부에 6m 높이의 성토층이 축조되고 그 위에서 말뚝 항타작업을 수행함.
  - 옹벽 기초지반의 구성상태는 지표로부터 매립층, 붕적층, 풍화토층, 풍화암층으로 분포하며, 붕적층은 3~8.5m 두께의 점토 및 모래 섞인 자갈층으로서 투수성이 매우 높음.

- 붕괴원인 :
  - 설계 시 전반활동에 대한 안정성 검토 미흡
  - 우기 시 산지 계곡부로부터 옹벽 하부 기초지반 내로 빗물이 침투해 기초지반의 지지력 및 전단강도가 약화됨. 부등침하로 인한 벽체균열 발생
  - 보강토 옹벽 상부에서의 항타에 의한 지반진동도 옹벽붕괴를 가속화한 것으로 추정됨.

- 사후처리 : 옹벽 하부의 기초지반을 micro pile 공법, 압성토공법 등으로 보강한 후 보강토 옹벽 재시공

2) 광주시 OO중학교 보강토 옹벽(1998. 7)

- 옹벽개요 : 학교 정문 좌측 담장을 위한 높이 6m, 길이 약 10m의 블록식 보강토 옹벽

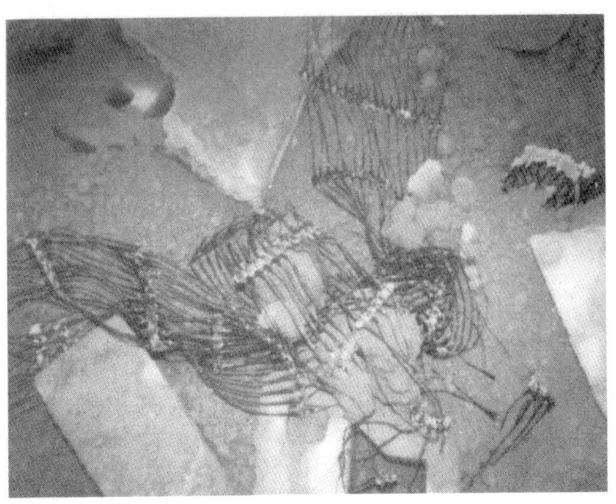

그림 2.7.3 광주시 OO중학교 보강토 옹벽의 붕괴 모습

- 붕괴과정 : 준공 – 1997년 11월

  보강토 옹벽 배부름현상 발생 – 1998년 4월

  안전진단 과업수행 중 강우에 의해 옹벽 일부 붕괴 – 1998년 7월
- 특기사항 : – 공사 중에 보강토 옹벽 시공사 변경 및 보강재 종류 변경

  – 세립분 많은 뒤채움흙 사용
- 붕괴원인 : – 세립분 많은 뒤채움흙 사용 및 다짐 불량·

  – 강우 시 보강토체 내부로 빗물 침투에 따른 수압 증가 및 흙/보강재 마찰저
  항력 감소

3) 경춘국도 OO휴게소 부근 보강토 옹벽(2003. 11)

- 옹벽개요 : 국도 오르막차선 확장공사를 위한 높이 5m 정도의 블록식 보강토 옹벽
- 붕괴과정 : 보강토 옹벽이 전도되면서 붕괴
- 붕괴원인 : 기초지반의 지지력 부족
- 사후처리 : 기초지반에 콘크리트를 타설해 지반보강 후 보강토 옹벽 재시공

그림 2.7.4 경춘국도 OO휴게소 부근 보강토 옹벽의 붕괴 모습

4) 충남 OO공장 보강토 옹벽(2003. 7)

- 옹벽개요 : 공장부지 조성공사 중 진입도로 개설을 위해 축조된 최고높이 7.4m, 연장 약
  150m의 블록식 보강토 옹벽(준공 2003년 6월)
- 특기사항 :

  – 보강토 옹벽 전면에서 10m 떨어진 위치에 저수지가 있으며, 4m 떨어진 위치에 용수로

　가 있음.

- 세립분 많은 뒤채움흙 사용

- 붕괴원인 :
  - 부적절한 단면설계 : 설계 시 상부 성토사면을 고려하지 않았으며, 전반활동에 대한 안정성 검토 미흡(그림 2.7.5 참조)
  - 세립분 많은 뒤채움흙 사용(#200 통과율 36.8 %)
  - 집중강우 시 보강토체 내부로 빗물 침투(5~6월 동안 500mm 강우, 최대강우강도 39mm/hr)

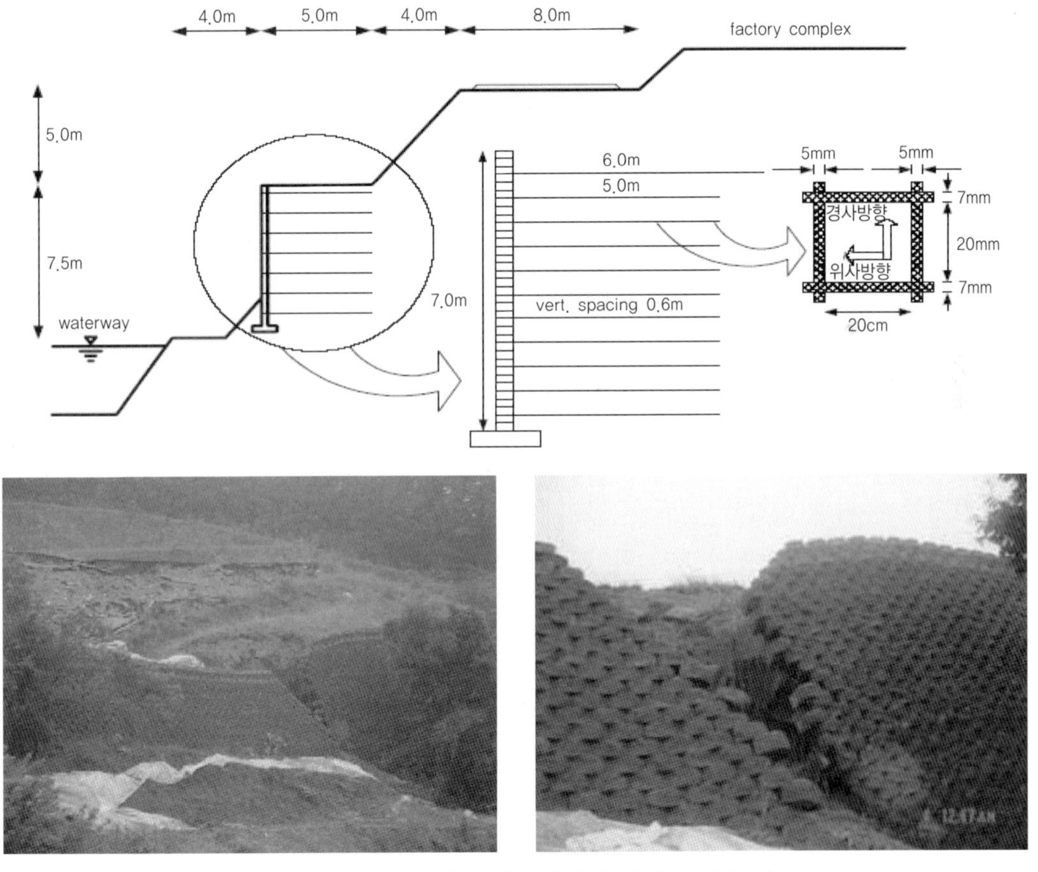

그림 2.7.5 충남 OO공장 보강토 옹벽의 단면도 및 붕괴 모습

5) 대둔산 부근 보강토 옹벽

- 옹벽개요 : 조사자료 없음

- 붕괴원인 : 정확한 원인은 알 수 없으나, 사면상에 시공된 보강토 옹벽을 포함해 전체 사면 활동파괴가 발생한 것으로 추정됨. 전반활동 파괴에 대한 검토 미흡

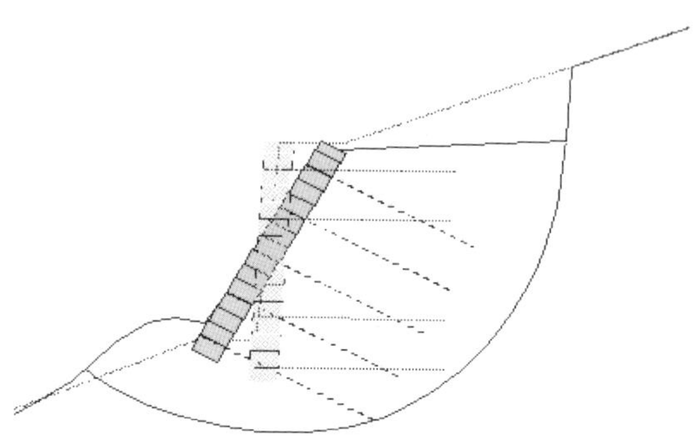

그림 2.7.6 대둔산 부근 보강토 옹벽의 붕괴 모습

6) 경기도 오산시 OO회사 부지 내 보강토 옹벽(1996)

- 옹벽개요 : 공장부지 내 도로 축조를 위해 공장을 둘러싸고 있는 산지를 절토해 축조한 높이 4~9m, 길이 70m의 블록식 보강토 옹벽
- 붕괴과정 : 보강토 옹벽과 산지부 절토면의 경계면을 따른 전반활동으로 붕괴(상부 경계부에 단차 발생, 옹벽 중앙부 돌출, 보강토 옹벽의 전면에 시공된 도로 융기)
- 붕괴원인 :
  - 보강토 옹벽과 산지부 절토면의 경계면을 따른 전반활동 미검토
  - 경계면을 따른 배수층 설계가 되어 있지 않아 강우 시 경계면을 따른 빗물 침투로 경계면의 전단강도 감소

7) 국도 OO호선 도로선형개선공사 보강토 옹벽(2003)

- 옹벽개요 : 도로확장부 시공을 위한 경사면상에 축조된 블록식 보강토 옹벽
- 붕괴내용 : 보강토 옹벽의 전도
- 특기사항 : 경사지상의 보강토 옹벽에 대한 사면안정 검토 미시행
- 붕괴원인 : 강우 시 부적절한 주변 도로 지표수 처리로 보강토 옹벽에 과도한 지표수가 유입되어 세굴 및 전도 발생

그림 2.7.7 국도 OO호선 보강토 옹벽의 붕괴 모습

8) 일본 효고현 야부시 보강토 옹벽(2004. 10)

- 옹벽개요 : 두 계곡부 사이의 보강성토를 위해 축조된 최대 높이 23m의 패널식 보강토 옹
  벽(아연도강판 보강재 사용)
- 붕괴내용 :
  - 보강토 옹벽의 배면 배수처리 미흡으로 인한 전반활동 파괴
  - 붕괴규모는 폭 80m, 길이 150m, 높이 23m
  - 붕괴구간은 크게 세 단면으로 천단부는 7%정도 경사졌음
- 특기사항 :
  - 붕괴 전에 8시간 넘게 시간당 10mm이상의 강우 있었음
  - 벽 일부분(콘크리트 패널, 아연도강판)이 붕괴 끝 지점까지 떠내려감. 그러나 보강재 파
    단이나 벽체/보강재 연결부 파단은 발견되지 않았음
  - 붕괴구간의 보강재는 수평에서 24~26도 기울어졌고, 이는 붕괴면과 일치함
  - 강우 동안 빗물이 붕괴지역으로 침투함
- 붕괴원인 :
  - 뒤채움재는 25% 이상 세립분을 많이 함유한 풍화된 실트질토

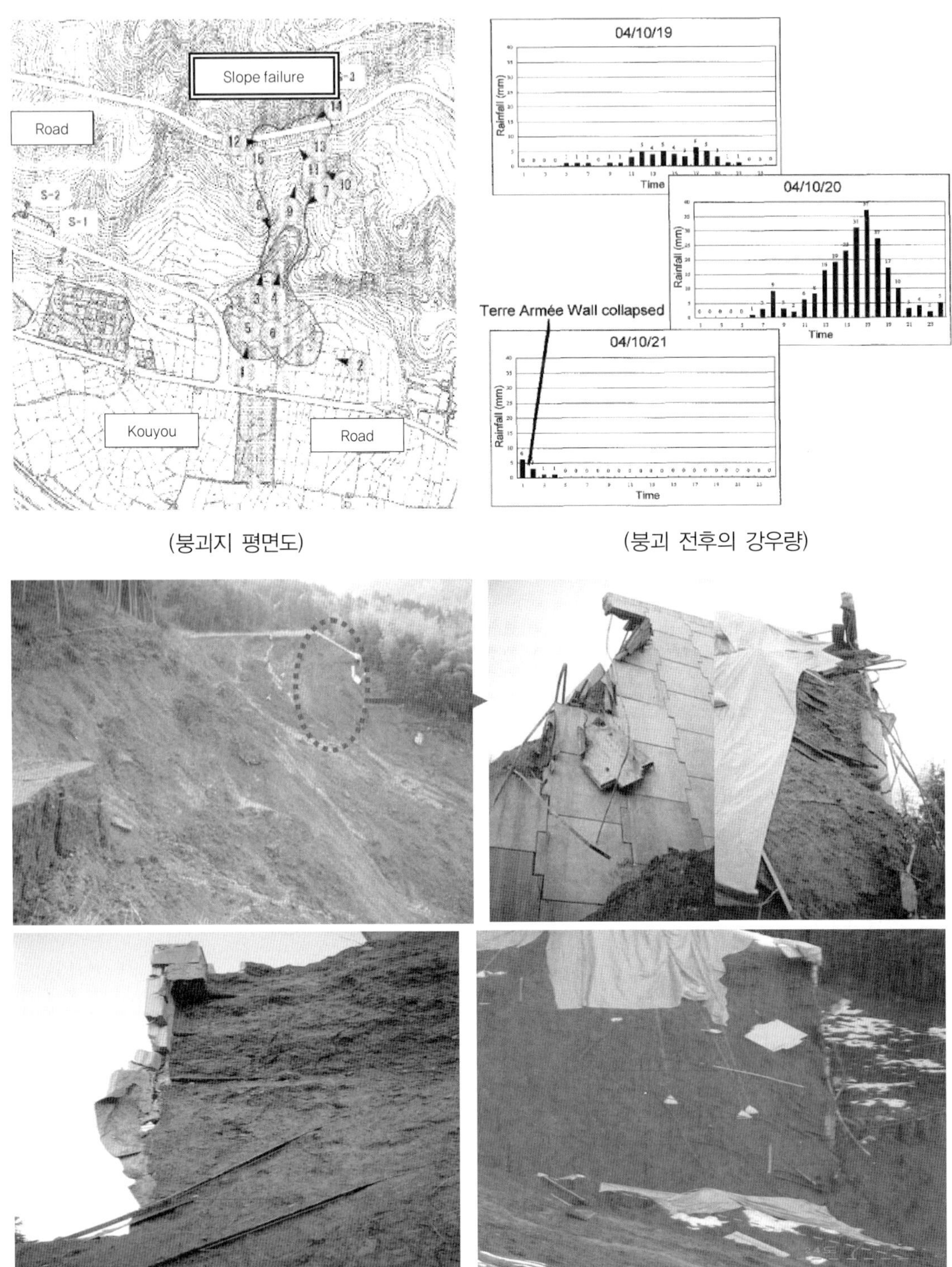

(붕괴지 평면도)　　　　　　　(붕괴 전후의 강우량)

그림 2.7.8 일본 효고현 야부시 보강토 옹벽의 붕괴 모습

- 직경 200mm 배수파이프가 옹벽 하부에 설치되어 있으나 보강토체 배면지역으로 연장되지 않음
- 과거 4년간 보강성토 상부에 표면 포장이 이루어지지 않았음
- 기초지반의 N값이 15-20 정도로 높이 23m의 보강토 옹벽을 지지하기에는 낮음

2.7.3 보강토 옹벽의 전면벽체 붕괴사례

1) 경기도 광주시 초월면 보강토 옹벽(2004. 8)

- 옹벽개요 : 수직 2단 블록식 보강토 옹벽
- 붕괴내용 : 집중호우 시 전면벽체 붕괴(2004. 8)
- 붕괴원인 : 상부 토사사면으로부터 흘러들어오는 빗물을 적절히 지표 배수시키지 못해 빗물이 보강토 옹벽 배면에 있는 수직배수층(골재층)으로 유입되었으나, 수직배수층의 배수용량이 작아 전면벽체에 수압으로 작용

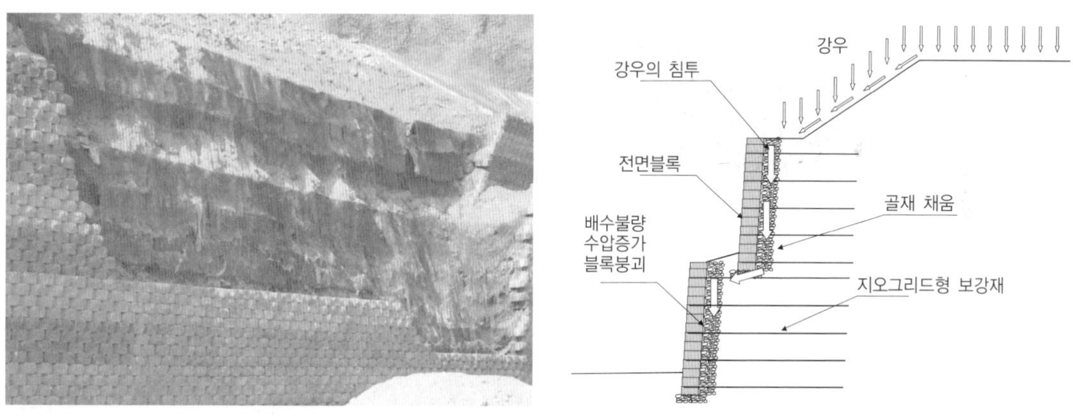

그림 2.7.9 경기도 광주시 초월면 보강토 옹벽의 피해 모습

2) 육군 OO부대 보강토 옹벽(2005)

- 옹벽개요 : 건물 축조를 위한 부지조성공사로 1차 블록식 보강토 옹벽을 축조하고, 생활하수 및 오수 처리시설을 설치하기 위한 공간 확보 차원에서 2차 블록식 보강토 옹벽 축조
- 붕괴내용 : - 일부 구간의 보강토 옹벽이 전면으로 밀려 나옴
  - 전면벽체 붕괴

- 특기사항 :
  - 1차 및 2차 보강토 옹벽 접합부분은 현장여건상 보강재 길이가 부족한데도 그대로 시공
  - 2차 보강토 옹벽의 경우, 터파기 공간이 부족해 소요 보강재 길이를 확보하지 못한 상태로 시공
  - 뒤채움 재료가 보강토 옹벽의 재료 선정기준에 부적합하며, 공간상 제약으로 1ton 롤러를 사용해 다짐(소요다짐도 확보 못함)
- 붕괴원인 :
  - 보강토 옹벽의 하단 보강재 길이 부족(약 1.5m 정도만 포설)
  - 1차 및 2차 보강토 옹벽 연결부분의 보강재 길이 부족
  - 불충분한 다짐(공간이 협소해 1톤 롤러로만 다짐)
  - 오수관 연결부의 이탈로 보강토체 내부로 생활하수 유입

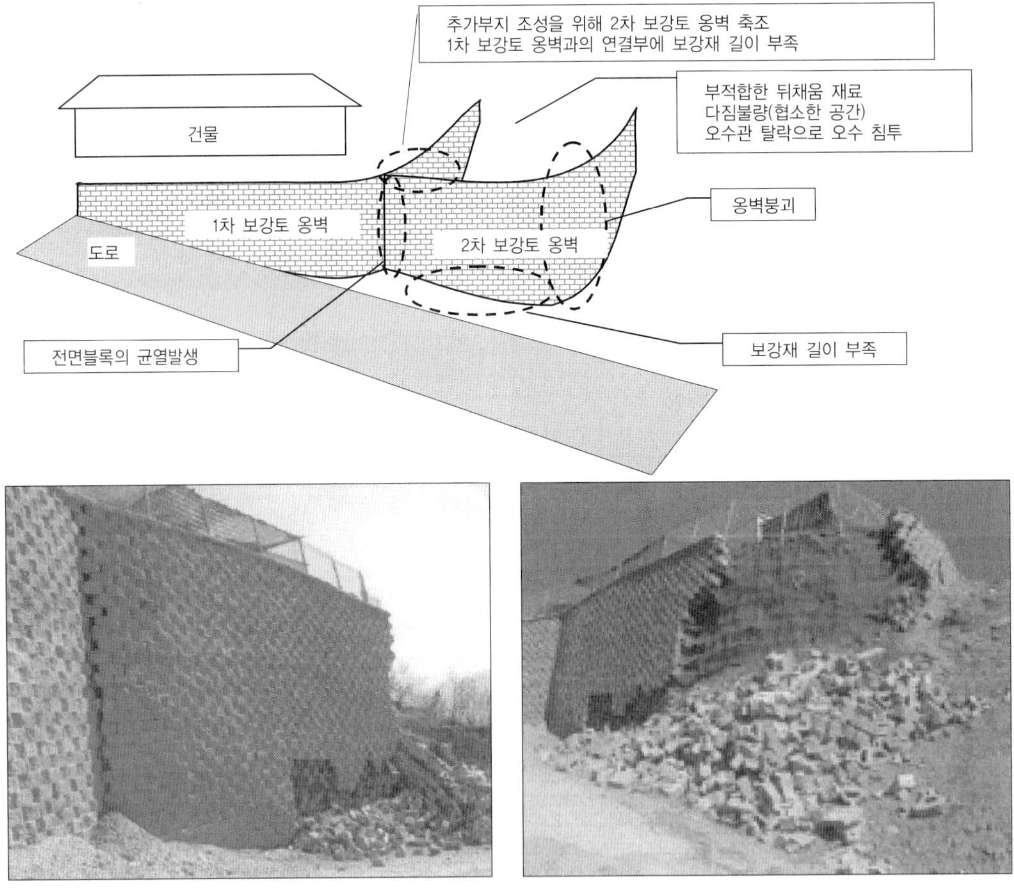

그림 2.7.10 육군 ○○부대 보강토 옹벽의 피해 모습

3) 강원도 영월 지방도로 보강토 옹벽

- 옹벽개요 : 급경사 도로의 곡선부에 축조된 수직 블록식 보강토 옹벽
- 붕괴내용 : 옹벽 중앙부에 배부름현상 발생 및 전면벽체 붕괴
- 붕괴원인 : 강우 시 노면의 빗물이 보강토 옹벽 내부로 침투해 수압의 증가 및 마찰저항력
  의 감소 유발

그림 2.7.11 강원도 영월 지방도로 보강토 옹벽의 피해 모습

4) ○○도로확장 및 포장공사 보강토 옹벽(2005. 6)

- 옹벽개요 : 도로건설을 위해 성토부 위에 축조된 수직 블록식 보강토 옹벽
- 붕괴내용 : 보강토 옹벽 상단부 전면벽체 붕괴
- 붕괴원인 : 현장조사 결과 타 구간은 특별한 변형이 발생하지 않았으나, 붕괴구간에서는
  뒤채움흙의 점토 및 실트성분 비율이 높으며, 빗물 침투 시 옹벽 배면의 배수가
  제대로 되지 않은 것이 붕괴원인으로 추정

그림 2.7.12 OO도로확장 포장공사 보강토 옹벽의 피해 모습

5) 동해 OO아파트 보강토 옹벽(2004. 8)

- 옹벽개요 : 아파트 부지 조성을 위해 축조된 수직 블록식 보강토 옹벽
- 붕괴내용 : 보강토 옹벽 상단부 전면벽체 붕괴
- 특기사항 : 보강토 옹벽 상단에 설치된 플륨관이 상부 토사 유실로 매몰되어 배수기능 상실
- 붕괴원인 : 강우 시 계곡지표수가 집중적으로 유입되어 상부 사면의 파괴와 함께 전면블록 붕괴

그림 2.7.13 동해 OO아파트 보강토 옹벽의 피해 모습

6) 강원도 OO 이주단지 보강토 옹벽(2004. 2)

- 옹벽개요 : 부지 조성을 위해 축조된 블록식 보강토 옹벽
- 붕괴내용 : 보강토 옹벽 상단부 전면벽체 붕괴
- 특기사항 : 특별한 빗물 유입이 발생하지 않는 구간에서 파괴 발생

- 붕괴원인 : 상부 사면을 고려하지 않은 설계(낮은 인장강도의 지오그리드 사용 등) 로 인해
  보강토 옹벽 상부 전면블록 붕괴

그림 2.7.14 강원도 OO 이주단지 보강토 옹벽의 피해 모습

7) 일본 長野縣 岡谷市의 市道 보강토 옹벽

- 옹벽개요 : 도로 하부에 축조된 수직 패널식 보강토 옹벽(강재 띠형 보강재 사용)
- 붕괴내용 : 전면벽체와 띠형 보강재 연결부 파단 및 전면벽체 탈락
- 붕괴원인 : 시공 완료 후 동절기 동상(凍上)에 의해 보강재 연결부에 과도한 응력이 작용

동상현상에 의해 콘크리트 패널이 떨어져 나갔으며,
내부의 토사도 같이 20cm 정도가 붕락되었음

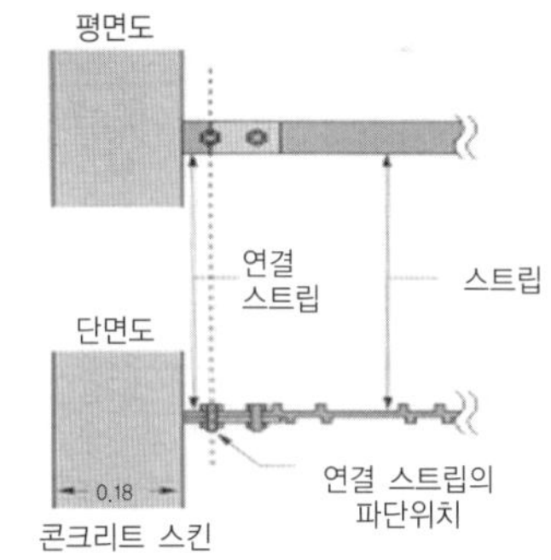

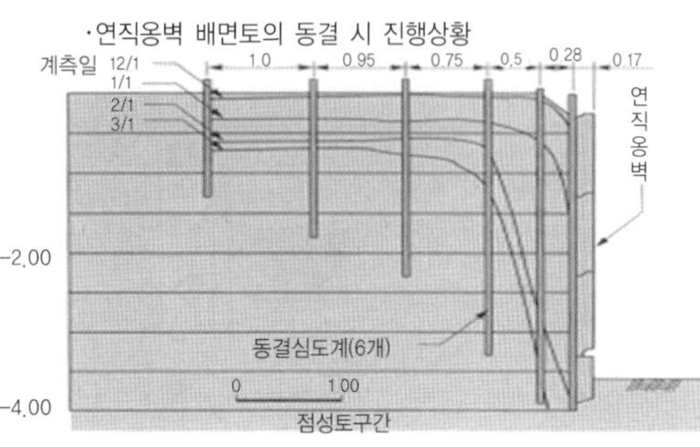

그림 2.7.15 일본 長野縣 岡谷市의 市道 보강토 옹벽의 피해 모습

8) 경기도 천안시 OO회사 부지 내 보강토 옹벽(1996)

- 옹벽개요 : 공장부지의 담장 축조를 위해 축조한 높이 6~8m, 길이 100m의 블록식 보강토 옹벽
- 붕괴과정 : 보강토 옹벽의 시공이 거의 완료되어가는 시점에 집중호우가 내린 직후 곡선부 보강토 옹벽의 전면벽체 붕괴
- 붕괴원인 :
  - 시공 중 집중호우에 대비한 가배수로 설치가 부실해 빗물이 보강토체 및 수직배수층 내부로 유입됨으로써 보강재와 뒤채움흙 사이의 마찰강도 감소
  - 전면벽체 배면에 설치된 20~30cm 두께의 수직배수층 재료로 투수성이 좋지 않은 석분을 사용해 전면벽체에 수압이 작용

2.7.4 보강토 옹벽의 침하사례

1) 경주 OO공장 부지 조성 보강토 옹벽(2000)

- 옹벽개요 : 공장부지 조성공사를 위해 성토지반에 축조된 패널식 보강토 옹벽

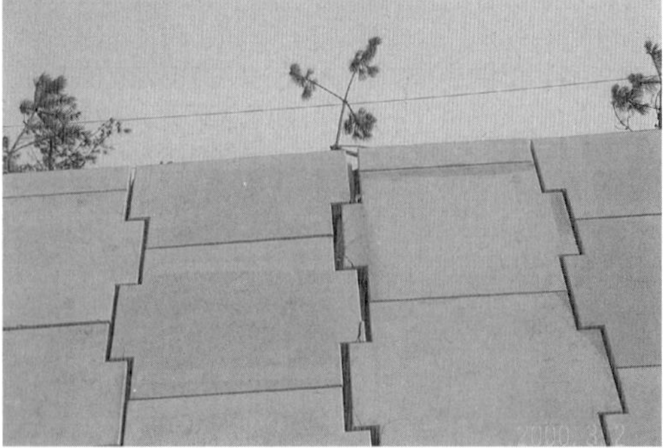

그림 2.7.16 경주 OO공장 부지 조성 보강토 옹벽의 피해 모습

- 피해내용 :
  - 보강토 옹벽이 약 30cm 침하 발생
  - 부등침하로 인해 콘크리트 전면판의 배열이 흐트러짐
- 피해원인 : 하부 성토지반의 다짐불량

2) 강원도 춘천시 경춘국도 입구 보강토 옹벽

- 옹벽개요 : 성토지반 상에 축조된 블록식 보강토 옹벽
- 피해내용 : 부등침하 발생 및 이로 인해 전면벽체의 배열이 흐트러짐
- 피해원인 : 기초지반의 부실한 처리로 지지력 부족

그림 2.7.17 강원도 춘천시 경춘국도 입구 보강토 옹벽의 피해 모습

3) 경기도 ○○골프장 보강토 옹벽

- 옹벽개요 : 골프장 부지 조성을 위해 축조된 블록식 보강토 옹벽
- 피해내용 : 기초부 세굴 및 벽체 침하, 균열 발생
- 특기사항 : 강우 시 보강토 옹벽의 상부 사면 및 상부 전면벽체에서부터 지하수 용출현상이
  발견될 정도의 과다한 빗물 유입 발생
- 피해원인 : 강우 시 과다 유입된 지표수가 하부에 설치된 배수잡석을 통해 기초부로 유입되
  어 세굴 및 침하 발생

(벽체 배면사면의 지하수 용출현상)

(기초부 세굴현상 및 벽체 침하, 균열현상)

그림 2.7.18 경기도 OO골프장 보강토 옹벽의 피해 모습

2.7.5 보강토 옹벽 전면벽체의 변형 및 균열사례

보강토 옹벽은 일종의 흙구조물로서 부적절한 설계와 시공에 의해 전면벽체의 균열과 수평변형 현상이 나타나는 경우가 많다. 전면벽체의 균열은 블록식 보강토 옹벽에서 주로 나타나며, 압축강도가 작은 전면블록 사용, 블록과 블록 간 연결상태 불량, 곡면부에서 과잉 인장응력 유발, 기초지반의 부등침하, 전반활동 등이 주요 유발인자이다. 이러한 경우에는 균열발생 원인을 충분히 파악해 대처하는 것이 중요하다. 대부분의 경우에는 균열이 더 이상 진전되지 않고 미세균열로 그치게 되어 구조물의 안정에 큰 영향을 미치지 않지만, 기초지반의 부등침하나 전반활동 등에 의한 균열은 상부 하중의 변화에 의해 지속적으로 진전될 수 있으므로 벽체 변위나 균열상태에 대한 지속적인 관측과 함께 기초지반 보강대책 방안의 강구가 필요하다.

그림 2.7.19 당진시 OO아파트 보강토 옹벽의 피해 모습(옹벽높이: 약 12m, 곡선부 전면벽체 인장균열 발생)

그림 2.7.20 남양주시 OO아파트 보강토 옹벽의 피해 모습(옹벽높이: 약 12m, 곡선부 전면벽체 인장균열 발생, 기초지반 지지력 부족)

그림 2.7.21 경기도 OO공장부지 보강토 옹벽의 피해 모습(2008. 8, 벽체의 과도한 수평변위 및 배면지반 균열 발생, 산마루측구와 연결된 맨홀의 규격이 작아 강우 시 빗물 유입 및 Overflow 발생)

그림 2.7.22 OO대학교 기숙사부지 보강토 옹벽의 피해 모습(2008. 8, 벽체의 과도한 수평변위 및 배면지반 균열 발생, 강우 시 옹벽 상부의 광범위한 지역에서 지표수가 보강토 옹벽의 코너부로 집중 유입)

2.7.6 기타 사례

1) OO지역 공장부지 보강토 옹벽(2005. 8)

- 옹벽개요 : 공장부지 조성공사를 위해 축조된 블록식 보강토 옹벽
- 피해내용 : 계곡부에 설치된 보강토 옹벽 전면블록에 지하수 누수 및 이끼 발생으로 민원 제기됨
- 특기사항 : 강우 시 보강토 옹벽의 상부 사면 및 상부 전면벽체에서부터 지하수 용출현상이 발견될 정도의 과다한 빗물 유입 발생
- 피해원인 : 계곡부와 같이 지하수 유출이 예상되는 구간은 이에 적합한 배수설비를 해야 하나 일반적인 하부 배수설비를 하여 배수용량 부족으로 인한 지속적인 벽체누수 발생

2) 강원도 OO우회도로상 보강토 옹벽

- 피해개요 : 패널식 보강토 옹벽 시공 후 배수시설의 미비로 강우 시 뒤채움흙 유실

그림 2.7.23 OO지역 공장부지 보강토 옹벽 피해 모습

그림 2.7.24 강원도 OO우회도로상 보강토 옹벽의 피해 모습

2.7.7 맺음말

이상에서 살펴본 바와 같이 보강토 옹벽은 피해 유형이 다양하며, 대표적인 피해 유형별로 주요 발생원인을 분석해보면 표 2.7.1과 같다. 보강토 옹벽은 흙구조물이기 때문에 표 2.7.1에서 보듯이 대표적인 피해 발생원인은 집중강우 시 전면벽체 배면이나 보강토체 배면, 보강토체

하부 기초지반으로 유입되는 빗물처리를 위한 배수시스템의 미흡으로 분석할 수 있다.

이에 대한 대책으로서, 보강토 옹벽 상부에 차수층을 포함하는 지표면 배수로를 설치해 지표수가 옹벽 내로 유입되는 것을 최소화해야 하는데, 원활한 지표수의 배수를 위해 지표면 배수로의 종단경사를 0.3~0.5% 이상 두고, 배수저점(low point)에는 맨홀 및 수직배수층을 설치해야 한다(그림 2.7.25 참조). 특히 보강토체가 절토사면과 붙어 있을 경우에는 그 경계면으로 유입되는 빗물의 원활한 배수를 위해, 경계면을 따라 배수층을 설치하고 하부에는 지중맹암거 또는 수로박스를 설치해야 한다(그림 2.7.26 참조). 배수층의 재료로 투수성이 낮은 재료의 사용을 피하고, 집중강우를 고려한 배수층의 설계배수용량 평가도 매우 중요하다.

또한, 보강토 옹벽의 대규모 붕괴가 발생하는 원인 중에는 보강토 옹벽 전체를 포함하는 전반활동에 대한 해석이 수행되지 않은 경우가 많으므로 발주처에서는 이에 대한 검토를 반드시 해야 한다. 이와 함께 보강토 옹벽의 피해를 최소화하기 위해서는 뒤채움흙의 적정성 검토와 철저한 다짐시공 관리, 기초지반에 대한 지지력 평가, 부등침하 평가, 보강토체 내 배수관 설치 억제 등의 검토, 조치가 필요하다.

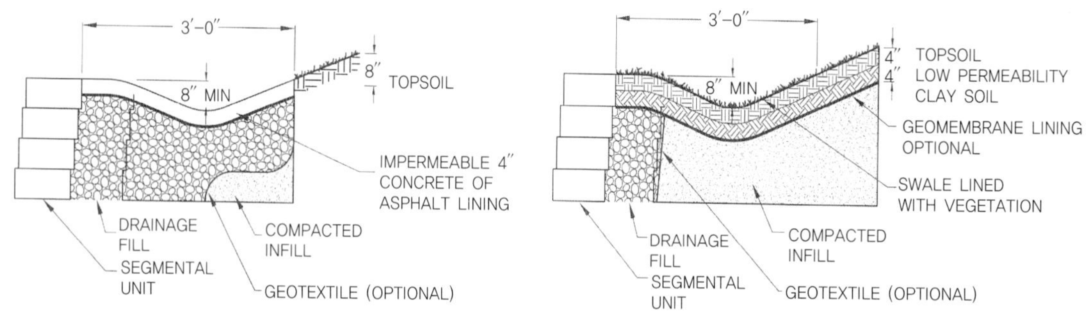

그림 2.7.25 보강토 옹벽 상부 지표수 배수처리 예(NCMA)

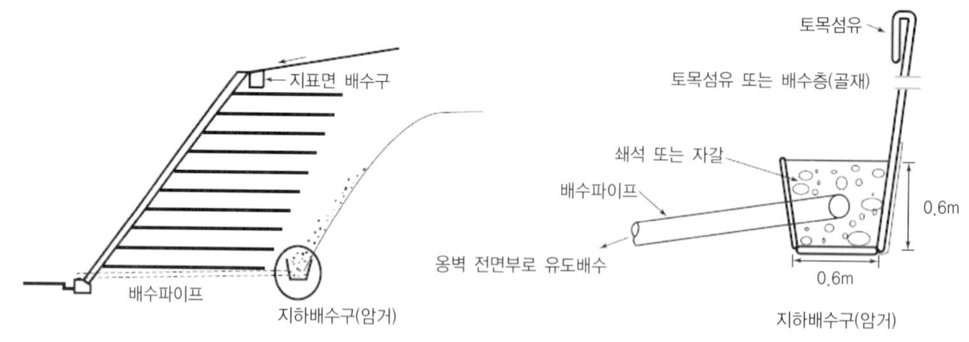

그림 2.7.26 보강토체 배면 배수처리 예(비탈면 설계기준)

표 2.7.1 보강토 옹벽의 대표적인 피해 유형별 주요 발생원인

대표적인 피해 유형	주요 발생원인
전체 보강토 옹벽의 붕괴	• 설계 시 전반활동에 대한 안정성 검토 미흡 • 강우 시 지표수 처리 미흡 • 보강토체 배면 배수처리 미흡 • 세립분 많은 뒤채움흙 사용 및 다짐 불량 • 기초지반의 지지력 부족 • 부적절한 설계
전면벽체 붕괴	• 강우 시 지표수 처리 미흡 • 보강토 옹벽 배면에 있는 수직배수층의 배수용량 과소설계 • 보강토 옹벽 배면에 있는 수직배수층에 투수성 낮은 재료 사용 • 보강토체 내에 설치된 배수관/오수관 연결부 이탈로 빗물과 오수 유입 • 동절기 동상(凍上)에 의해 보강재 연결부 파단
보강토 옹벽의 침하	• 보강토 옹벽 하부 성토지반의 다짐불량 • 기초지반의 부실한 처리로 지지력 부족 • 보강토 옹벽 하부의 배수시스템 설계와 시공 미흡
전면벽체의 균열	• 압축강도가 작은 전면벽체의 사용 • 전면벽체 간의 연결상태 불량 • 곡면부에서 과잉 인장응력의 유발 • 기초지반의 부등침하 • 전반활동
전면벽체의 변형	• 대부분의 보강토 옹벽에서는 다짐시공 시 전면벽체의 수평변위(배부름현상) 발생 • 과다한 수평변위(연직선에 대해 0.02H 이상) 발생원인은 매우 다양함

참고문헌

1. 권오현, 이광우, 조삼덕(2007), "국내 보강토 옹벽의 현황 및 문제점", 『한국토목섬유학회, 2007 가을 학술발표회논문집』, pp. 29~37.

2. 권오현, 박영주, 서동현(2009), "기후변화에 대비한 보강토 옹벽의 설계", 『한국토목섬유학회, 2009 가을 학술발표회논문집』.

3. 유충식, 정혁상(2003), "강우가 보강토 옹벽의 거동에 미치는 영향에 관한 연구", 『한국토목섬유학회 논문집』, 제2권, 제3호, pp. 47~55.

4. 조삼덕(2001), "국내 블록식 보강토 옹벽의 개선방안 및 전망", 『한국토목섬유학회 창립기념 학술발표회논문집』, pp. 43~53.

5. 조삼덕(2007), "국내 블록식 보강토 옹벽의 개선방안 및 전망", 『한국토목섬유학회, 2007 봄 학술발표회논문집』, pp. 3~13.

6. 한국지반공학회(2004), 『고속국도 ○○호선 보강토 옹벽과 성토사면의 안정성 검토 및 대책 연구』, pp. 95.

7. 한국토목섬유학회(2007), 『토목섬유의 특성평가 및 활용기법』, p. 660.

8. 국토해양부(2006), 건설공사 비탈면 설계기준

9. NCMA(1997), Design Manual for Segmental Retaining Walls, pp. 36~40, 118~128.

10. Shibuya S., Kawaguchi, T. and Chae, J-G.(2007), 'Failure of reinforced earth as attacked by typhoon no. 23 in 2004', Japanese Geotechnical Society, Soils and Foundations, Vol. 47, No. 1, pp. 153~160.

11. Vidal, H.(1969), The principle of reinforced earth, Highway Research Record 282, pp. 1~16.

기타 보강토 공법

chapter

03 기타 보강토 공법

3.1 보강재 삽입공법과 다짐말뚝

3.1.1 보강재 삽입공법의 개요

연약지반의 개량과 지반 보강을 위해 보강재를 삽입하는 공법은 지난 수십 년 동안 가장 활발하게 연구·응용된 분야이다. 보강재를 삽입해 지반을 개량하는 공법을 보강재 삽입공법(earth(soil) reinforcement method)이라고 하며 다음과 같이 종류를 구분할 수 있다.

- 모래다짐말뚝 공법(Sand Compaction Piles : SCP)
- 쇄석다짐말뚝 공법(Gravel(Crushed stone) Compaction Piles : GCP, CSCP)
- 암석기둥 공법(Stone Column)
- 뿌리말뚝 공법(Root Pile)/마이크로파일 공법(Micro Pile)
- 심층혼합(치환) 공법(Deep Mixing Method : DMM)
- 흙못치기 공법(Soil Nailing)/앵커 공법(Anchor)
- 보강토 공법(Reinforced Earth)

모래다짐말뚝 공법은 연약지반에 모래를 압입 시공해 큰 직경의 다져진 모래말뚝을 조성하는 공법이다. 진동식 해머로 케이싱관을 지중에 삽입하고 내부로 모래를 공급해 수직으로 반복해 다지면서 모래기둥을 조성하는 공법으로, 사질토와 점성토에 모두 사용한다. 적절한 크기의 상부 구조물 하중을 지지하기 위한 연약지반 보강에 효율적이고 경제적인 공법이다.

쇄석다짐말뚝 공법은 국내 모래자원의 품귀 및 단가 상승으로 인해 모래를 사용하는 대신 자갈이나 쇄석(crushed stone), 슬래그를 사용해 큰 직경의 다짐모래말뚝을 조성하는 공법이다. 이 공법은 1830년 고유기질 흙의 개량을 위해 처음 사용한 이후 1950년대부터 유럽에서 널리 사용되었으며 국내에서도 석산을 개발할 때 발생한 쇄석을 다수의 해안항만공사 현장에 사용했다. 최근에는 긴 말뚝과 직접기초의 중간적인 개념을 적용해 미국과 국내특허를 받은 짧은 쇄석말뚝 공법(지오피어, geopier)이 현장에 사용되고 있다.

암석기둥 공법은 1950년대 프랑스에서 개발되었으며, 진동프로브를 이용해 주로 수평진동을 일으켜 지반을 다진 후 자갈을 삽입해 기둥을 조성한다. 형성된 기둥의 직경은 약 0.6~1.0m이며 4~10m 깊이에 사용하고 21m까지 사용되는 경우도 있다. 쇄석다짐말뚝 공법과 다른 점은 후자는 맨드렐의 내부를 통해 쇄석을 넣고 수직으로 다지는 반면 전자의 경우에는 수평으로 진동하고 지표에서 로더를 이용해 조립토를 밀어 넣는다. 점성토보다 사질토의 액상화를 방지하기 위해 많이 사용된다.

느슨한 사질토 지반에서는 진동과 함께 압력수를 지주에 가해 토립자 사이에 유효응력이 영이 되게 하고 구속력이 해제된 토립자는 더 조밀한 층으로 재배열됨으로써 다짐효과를 얻는다. 실

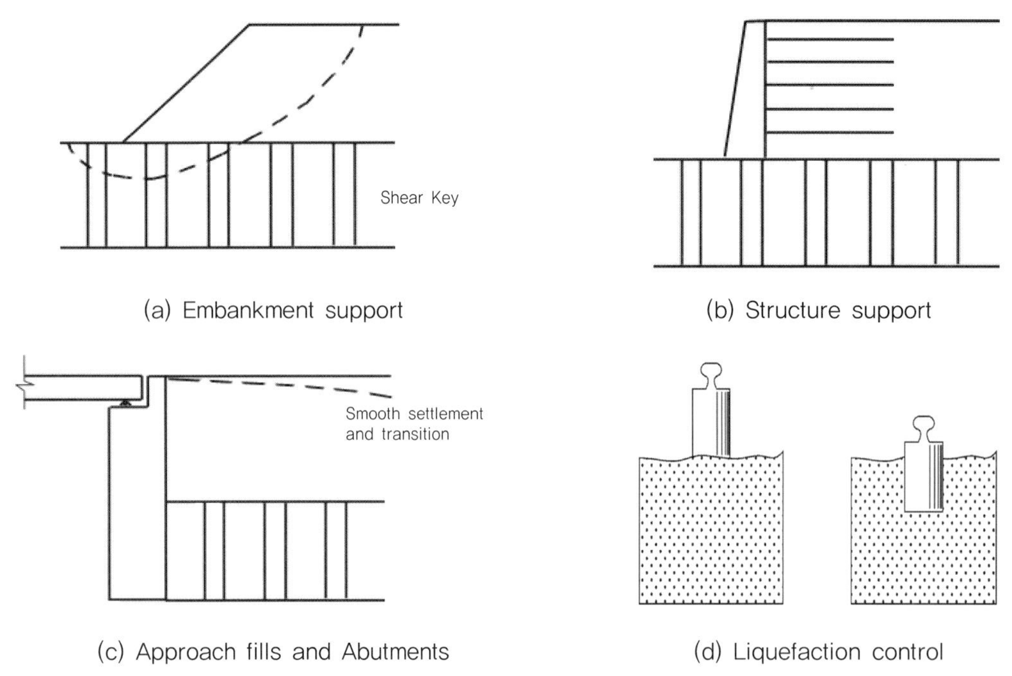

그림 3.1.1 다짐말뚝 공법이 활용되는 예

트 및 점성토 지반에서는 진동과 압력수로 연약토를 탈락 분출시켜 밖으로 흘려보내고, 연약토가 빠져나간 공간에 자갈이나 쇄석을 다져 자갈기둥을 형성해 배수 또는 지반강도를 증대시킨다.

이러한 다짐말뚝 공법의 목적은 연약지반의 지지력 증가, 침하 저감, 액상화 방지, 수평저항 증가이며 특히 점성토 지반에서는 지지력 증가 및 침하 저감 목적 이외에도 주변 지반의 압밀시간을 단축할 수 있다. 그림 3.1.1은 다짐말뚝 공법의 활용사례인데, 제방이나 구조물의 지지, 교대지지, 액상화 방지 등 다양하다.

뿌리말뚝 공법은 1950년대 초반 이탈리아의 Fondedile 건설의 Lizzi가 소구경(현장타설)말뚝(micropile)을 개발하며 시작되었다. 말뚝의 중심에 보강재가 들어 있으며 뿌리말뚝(Palo Radice)이라고도 한다. 소구경 타설말뚝을 그물식으로 엮은 그물식 뿌리말뚝(reticulated root pile, RRP)도 고안되었는데 뿌리말뚝이 흙을 에워싸면서 흙말뚝복합체를 구성한다. 뿌리말뚝은 다음과 같은 용도로 사용된다(그림 3.1.2).

- 도심지 내 지반의 강화, 기초지반 보강
- 사면활동 방지
- 다층지반의 터널 보강
- 말뚝으로 시공이 어려운 지반의 기초

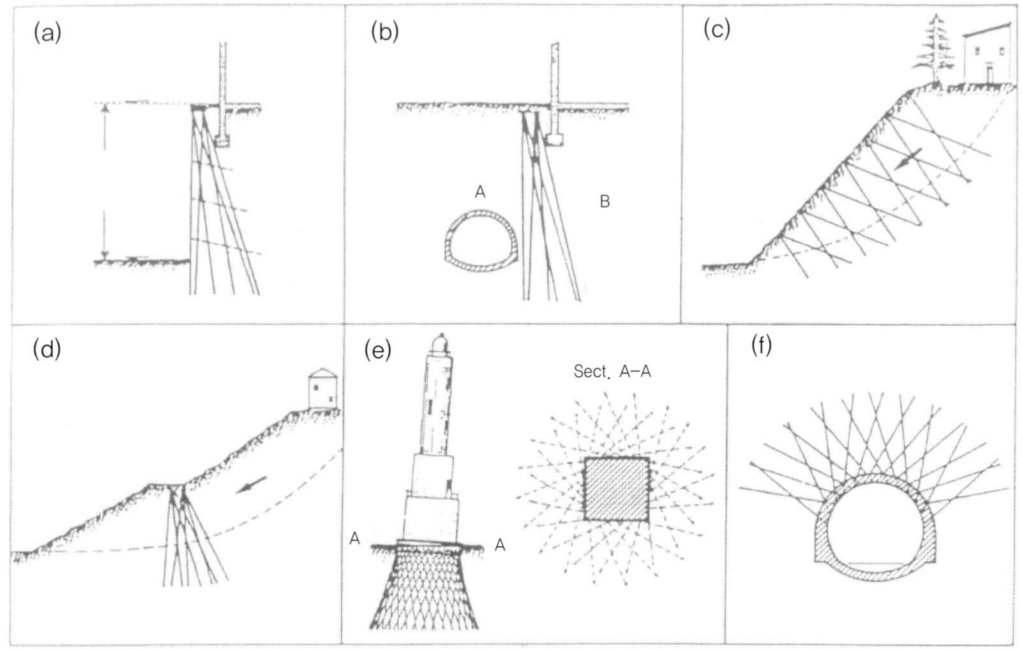

그림 3.1.2 뿌리말뚝의 용도

심층혼합 공법은 심층치환 공법이라고도 하며 교반날개를 이용해 생석회, 소석회, 시멘트, 또는 석고를 현장에서 원지반토와 혼합, 칼럼을 형성해 지반을 안정시키는 공법이다. 연안이나 바다에서 매립지반을 조성해 항만시설 및 공항택지 조성을 하기 위해 초연약지반을 안정화시킬 때 많이 사용한다. 그림 3.1.3은 교반장치의 개요와 시공순서이며 그림 3.1.4는 개량 용도이다.

흙못치기 공법은 일련의 보강봉을 지반에 그라우팅해 삽입, 굴착사면을 조성하는 공법이며 (그림 3.1.5) 이후 보강봉에 인발력을 가해 보강효과를 극대화하는 여부로 앵커 공법과 구별된다. 보강토 공법은 본 단기교육의 주요 주제(제2장 참조)로, 보강재를 흙과 수평으로 반복 삽입하는 공법이며 수직 또는 경사로 삽입하는 타공법과 구별된다.

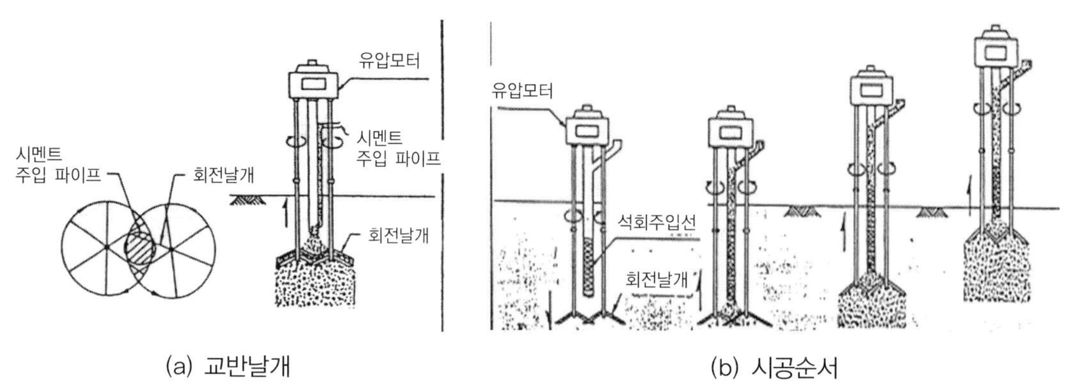

그림 3.1.3 심층혼합 공법의 시공

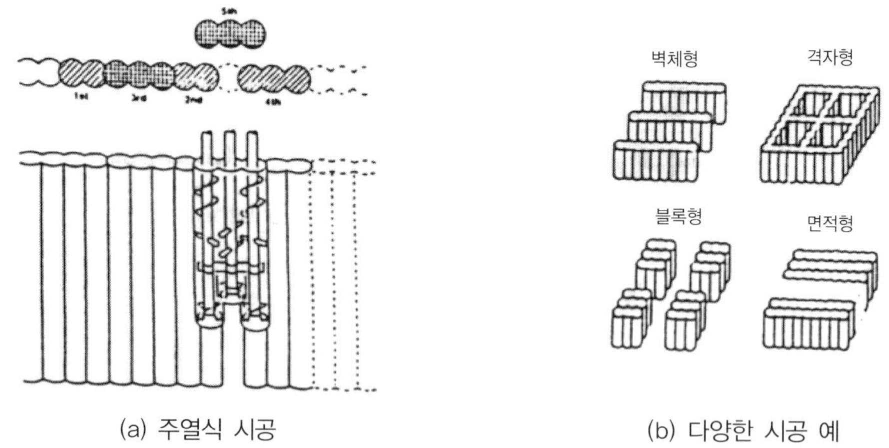

그림 3.1.4 개량용도의 예

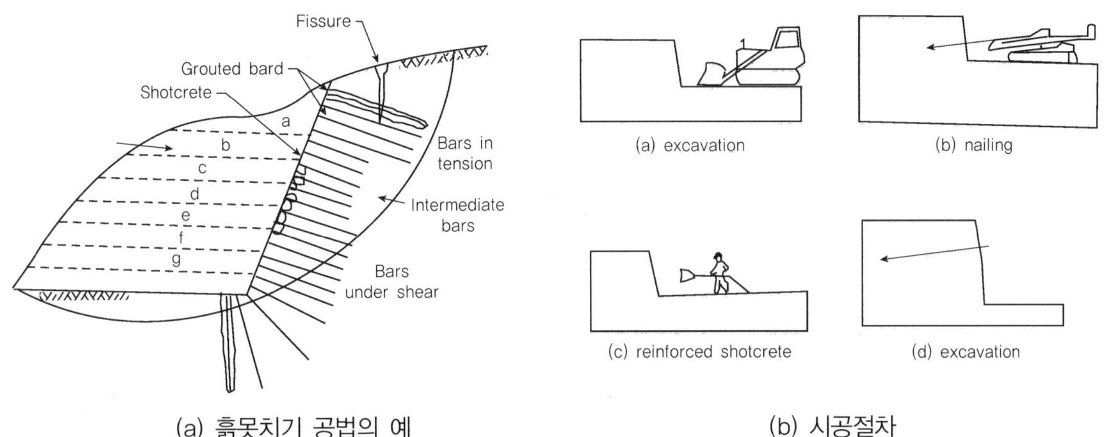

(a) 흙못치기 공법의 예   (b) 시공절차

그림 3.1.5 흙못치기 공법의 사례 및 시공순서

3.1.2 모래다짐말뚝 공법의 설계 및 시공

1955년 일본에서 특허권을 등록한 이후 충격식 모래말뚝 개발, 진동기 개발 등의 과정을 거쳐 현재의 SCP 공법이 확립되었다.

Hollow Mandrel(규격 800~1200mm)을 지중에 관입한 후 밑을 개방해 모래를 공급한다. 이후 압축공기를 가하면서 케이싱을 일정 길이만큼 인발하면 소정의 모래기둥이 지중에 형성된다. 이 모래기둥을 맨드렐 선단부가 닫힌 상태에서 상단에 장착된 바이브로 해머를 진동시키면서 하강시키면 모래기둥이 확장, 다져지면서 큰 직경의 다져진 모래기둥이 형성된다(그림 3.1.6 참조). 모래기둥을 지반에 삽입해 파일을 형성하는 방법은 사질토나 점성토의 경우가 동일하며 국내에는 3축식 전용선이 현장에 투입되어 해상기초공사를 수행하고 있다(그림 3.1.7 참조).

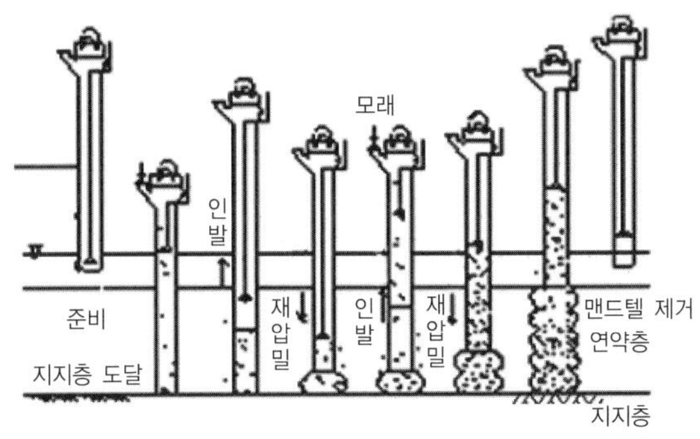

그림 3.1.6 모래다짐말뚝 공법 시공순서

그림 3.1.7 3연식 해상다짐말뚝 타입기

SCP와 유사한 공법에는 샌드드레인, 팩드레인, 페이퍼드레인(PBD) 등이 있는데 이들의 공법 효과와 시공특성을 비교해보면 표 3.1.1과 같다(김명모 등, 2004).

1) 치환율과 모래말뚝 간격

SCP가 타설된 복합지반 설계에서 중요한 요소는 치환율과 이에 따른 응력 분담비를 결정하는 것이다. 그림 3.1.8에는 모래말뚝의 치환율(a_s)에 대해 소개했다. 그림에 나타난 바와 같이 모래말뚝의 단면적을 A_s 원지반 단면적을 A_c, 지반전체 단면적을 A 라고 하면 치환율은 다음과 같이 타나낸다.

$$a_s = \frac{A_s}{A} = \frac{A_s}{A_s + A_c}$$

(3.1.1)

표 3.1.1 SCP와 유사 공법의 특성 비교

| 공법 | 공법의 효과 | | | | | | | | 시공 | | | | |
| | 침하대책 | | 안정대책 | | | | | | | | | | |
	압밀 촉진	침하 감소	전단 변형 억제	강도 증가 촉진	활동 저항	액상화 방지	대상 토질	개량 효과	공기	공비	시공 한계	표준모래 말뚝직경
샌드 드레인	●	X	○	○	○	X	점성토	○	중	보통	30m	400mm~ 500mm
모래다짐 말뚝 공법	●	●	●	●	●	○	점성토, 사질토	●	단기-중	약간 높음	30m	700mm
팩드레인	●	X	○	○	X	X	점성토	○	중	보통	20m	120mm
페이퍼 드레인	●	X	○	○	X	X	점성토	○	중	보통	20m	50mm

주: ● 매우 양호, ○ 양호, X 효과 없음

성토구조물 등 상부 구조물이 비교적 경량이면 치환율은 20~40% 정도의 저치환율 공법을 사용하고 항만공사 등 모래말뚝 자체로 지지력과 전단강도 증가를 이루어야 하는 경우에는 치환율 70% 정도의 고치환율 공법을 사용한다.

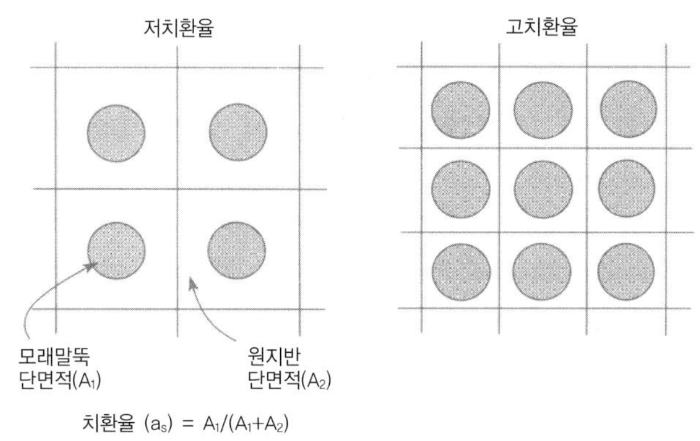

그림 3.1.8 치환율(a_s)

표 3.1.2는 지반조건과 사용목적에 따른 치환율의 범위이다.

표 3.1.2 여러 가지 조건에 따른 개략적인 치환율 범위

지반조건	목적	구조물 형식	치환율(a_s)
해상점토	안정, 침하	중력식 호안, 방파제	0.3~0.8
육·해상 모래	액상화	널말뚝	0.05~0.25
육상점토	안정, 침하	성 토	0.1~0.3
육상점토, 모래	안정, 침하, 액상화	교대, 교각, 배면성토	0.1~0.3
육상점토, 모래	액상화, 침하, 안정	탱크(tank) 건설	0.05~0.3
육상점토, 모래	액상화, 토압, 융기	지하 매설물	0.05~0.3

2) 응력분담비

SCP 공법에 의해 개량된 복합지반에 하중이 작용하면 변형률이 작은 모래말뚝에는 원지반보다 큰 응력이 작용해 응력집중이 발생하고 연약층이 그 나머지를 분담한다(그림 3.1.9). 이 응력의 비를 응력분담비(m)라고 하며 다음과 같이 표현할 수 있다.

$$m = \frac{\sigma_s}{\sigma_c} \tag{3.1.2}$$

여기서 m : 응력분담비, σ_s : 모래말뚝 내의 유효상재압, σ_c : 점성토지반 내의 유효상재압이다. 복합지반에 하중이 작용할 때 평균응력 σ는 다음과 같이 나타낸다.

$$\sigma A = \sigma_s A_s + \sigma_c A_c \tag{3.1.3}$$

$$\sigma A = m\sigma_c A_s + \sigma_c A_c = \sigma_c (mA_s + A_c) \tag{3.1.4}$$

식 (3.1.3), (3.1.4)로부터 상재압에 의해 점토층과 모래층에 각각 발생하는 응력비를 μ_c, μ_s 라고 하면 다음과 같이 나타낼 수 있다.

$$\frac{\sigma_c}{\sigma} = \frac{A}{mA_s + A_c} = \frac{1}{(m-1)a_s + 1} = \mu_c \tag{3.1.5}$$

$$\frac{\sigma_s}{\sigma} = \frac{mA}{mA_s + A_c} = \frac{m}{(m-1)a_s + 1} = \mu_s \tag{3.1.6}$$

식 (3.1.3), (3.1.5), (3.1.6)으로부터 다음과 같은 관계가 성립한다.

$$\mu_s \cdot a_s + \mu_c (1 - a_s) = 1 \tag{3.1.7}$$

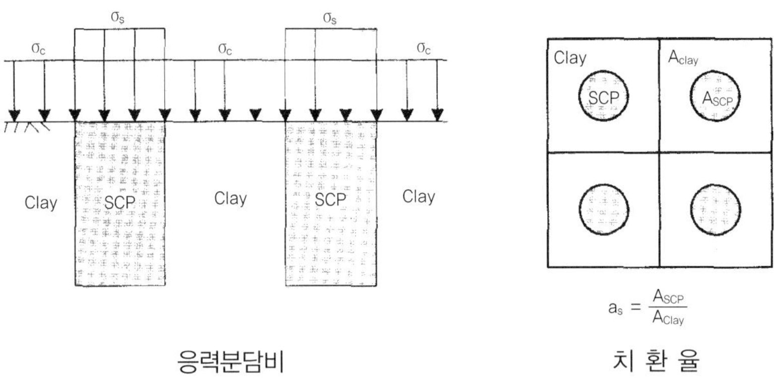

그림 3.1.9 SCP 공법의 응력분담비와 치환율

Aboshi 등(1970)은 대형삼축압축시험을 실시해 응력분담비는 압밀이 진행됨에 따라 증가하며, 압밀완료 시 응력분담비는 4~7의 범위로 추정했다. Masuo(1968)는 복합지반의 하중 재하시 전단변형과 압밀변형으로 인한 응력집중이 복잡하게 나타나며 응력분담에 미치는 영향인자가 불명확하기 때문에 설계 시 응력분담비는 현장경험에 의존해 2~6(보통 3)을 사용할 것을 제안했다. 일본토질공학회는 실무에서 적용하고 있는 일반적인 응력분담비를 치환율에 따라 표

3.1.3과 같이 제안했다.

표 3.1.3 치환율과 응력분담비(일본토질공학회, 1988)

치환율(a_s)	Φ_s	m
0~0.4	30°	3
0.4~0.7	30°	2
0.7 이상	30°~35°	1

3) SCP 시공지반의 지지력 산정공식

SCP가 시공된 복합지반에서의 모래말뚝의 파괴형태는 그림 3.1.10과 같이 벌징파괴(bulging failure), 전단파괴(shear failure), 관입파괴(punching failure)의 세 가지 경우로 나타난다. 점성토지반의 경우 지반의 전단강도가 최소인 지점(말뚝직경 D의 2~3배)에서 벌징의 형태로 나타난다. 만일 모래말뚝의 길이가 짧고 단부가 단단한 지반에 의해 지지된 경우에는 말뚝 상부에서 전반 전단파괴가 나타날 수 있다. 모래말뚝의 길이가 짧고 하부 지반이 지지되지 않는 경우에는 관입파괴의 형상이 나타난다.

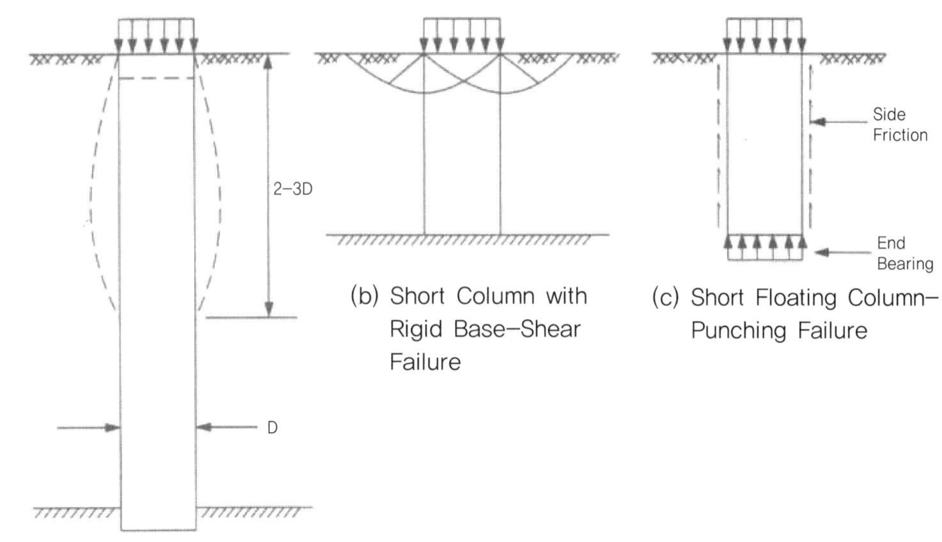

그림 3.1.10 복합지반에서의 모래말뚝 파괴형태

복합지반에서 각 파괴형태에 대한 극한지지력 산정식은 다음과 같다.

<u>벌징파괴에 대해</u>

- Greenwood(1970) 제안식

$$q_{ult} = (\gamma_c \cdot z \cdot K_{pc} + 2c_o \sqrt{K_{pc}}) \frac{1 + \sin\Phi_s}{1 - \sin\Phi_s} \qquad (3.1.8)$$

여기서 γ_c : 점토의 단위 중량 z : 복합지반의 깊이

      K_{pc} : 점성토 지반의 수동토압계수 c_o : 점성토 지반의 비배수 강도

      Φ_s : 모래말뚝의 내부마찰각

- Vesic(1972) 제안식

$$q_{ult} = (F_o' c_o + F_q' q) \frac{1 + \sin\Phi_s}{1 - \sin\Phi_s} \qquad (3.1.9)$$

여기서 F_0', F_q' : 말뚝지름에 대한 공동팽창계수 c_o : 점성토 지반의 비배수 강도

      Φ_s : 모래말뚝의 내부마찰각 q : 등가파괴심도에서의 평균 응력

- Hughes and Withers(1974) 제안식

$$q_{ult} = (\sigma_{ro}' + 4c_o) \frac{1 + \sin\Phi_s}{1 - \sin\Phi_s} \qquad (3.1.10)$$

여기서 σ_{ro}' : 프레셔미터에 의한 초기 유효방사응력($= K_0(\gamma_c \cdot h + p)$)

      c_o : 점성토 지반의 비배수 강도

      Φ_s : 모래말뚝의 내부마찰각

      h : 팽창파괴가 발생하는 깊이(보통 말뚝직경의 1~2배)

      p : 상재하중

<u>전단파괴에 대해</u>

- Madhave and Vitakar(1978)

$$q_{ult} = c_o N_c + \frac{1}{2} \gamma_c B N_\gamma + \gamma_c D_f N_q \tag{3.1.11}$$

여기서 B : 재하폭 c_o : 점성토의 비배수 강도

      γ_c, γ_s : 모래다짐말뚝과 점토의 단위 중량

      N_c, N_γ, N_q : 치환율과 모래말뚝과 점토에 의한 계수

- Wong(1975)

$$q_{ult} = 2A_s \left(K_{pc} q_o + 2c_o \sqrt{K_{pc}}\right) \frac{1}{K_{as}} \left[3d_s K_{pc} \gamma_c \left\{1 - \frac{3d_s}{2L}\right\}\right] \tag{3.1.12}$$

여기서 A_s : 모래다짐말뚝의 단면적 c_o : 점성토층의 비배수 강도

      q_o : 유효상재하중 K_{pc} : 점토의 수동토압계수

      K_{as} : 모래다짐말뚝의 주동토압계수 d_s : 모래다짐말뚝의 직경

      L : 모래다짐말뚝의 길이

4) SCP 공법의 일반적인 설계절차

모래다짐말뚝의 시공절차는 다음과 같다.
① 설계조건(지반 및 하중조건 등)을 결정한다.
② 설계조건에 따른 개량범위와 모래말뚝치환율을 결정한다.
③ 복합지반의 정수를 결정한다.
④ 안정성 및 침하량을 예측한다. 만일 NG인 경우 ②, ③ 절차를 반복한다.

3.1.3 쇄석다짐말뚝 공법

3.1.1절의 개요에서도 설명한 바와 같이 쇄석재를 포설하는 방법은 SCP의 경우와 같이 수직다짐에 의해 재료만을 자갈이나 쇄석, 슬래그재로 포설하는 경우(vibrocompaction, vibroflotation)와 수평진동을 주는 진동기를 삽입한 후 지표면에서 쇄석채움재를 삽입하는 경우(vibro replacement)가 있다. 진동다짐에 의한 암석기둥(vibro-replacement stone column)을 형성하는 공법은 돌기둥(stone column) 공법이라고도 한다.

개량방법은 워터제트로 진동프로브를 지반에 삽입한 후 서서히 끌어올리며 자갈 또는 쇄석을 채우고 다져서 칼럼을 형성한다. 구체적인 시공절차를 다음과 같다(그림 3.1.11).

Step 1 : 필요한 부분까지 진동관입해 수평으로 지름을 넓힌다. 사질토의 경우에는 하부 워터제트를 작동해 일시적인 액상화를 유도하며 관입한다.

Step 2 : 진동프로브 주변을 세척(flushing)하고 쇄석을 투입할 준비를 한다.

Step 3 : 뒤채움재(쇄석)에 0.4~0.8m 두께로 단계적 쇄석기둥을 형성한다.

(필요시 상부 워터제트 작동)

Step 4 : 진동 프로브의 단계상승(30초/30cm)을 유지해 칼럼 완성 후 상부 수평지반을 형성한다.

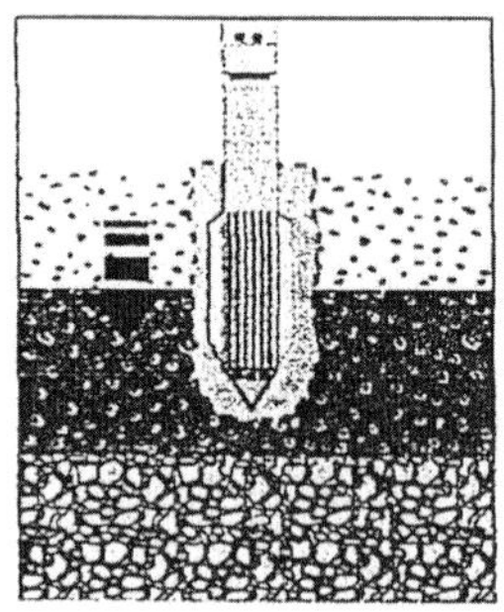

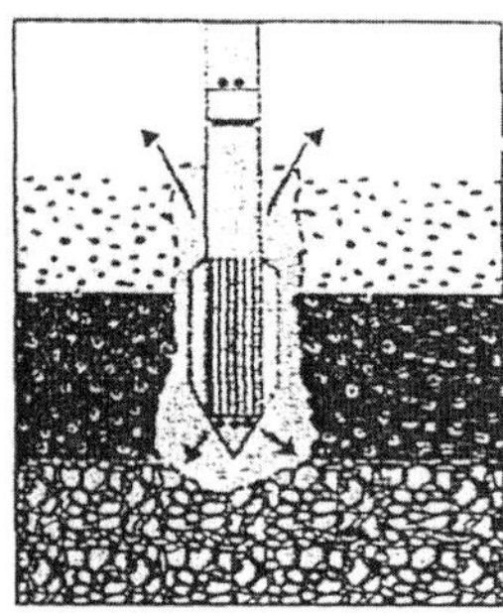

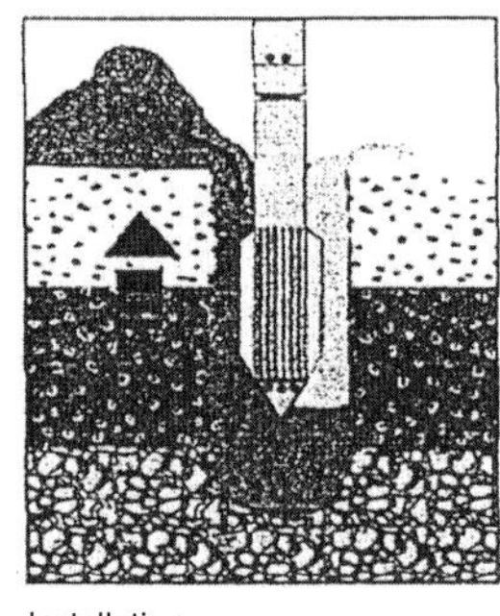

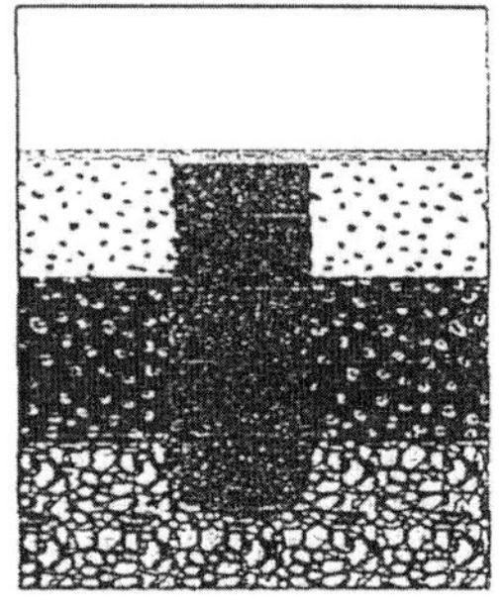

그림 3.1.11 진동치환 공법의 시공 순서

1) 적용 토질

쇄석말뚝은 실트 성분이 많은 점성토 또는 모래와 자갈이 섞인 실트질 점토 지반에서 개량효과가 크다. 특히 투수성이 작고 비배수 전단강도가 $1.5 \sim 5.0 t/m^2$ 범위의 점성토 지반에 적용하는 것이 좋다. 단단한 지반에서는 진동기의 관입이 어려워 적용이 곤란하다. 원지반의 전단강도가 $0.7 t/m^2$ 이하이고 예민비가 5 이상인 지반에서도 적용성이 떨어진다. 이는 강도가 매우 낮은 지반에서는 쇄석 틈으로 연약한 흙이 침입해 들어가는 현상(clogging)이 발생하기 쉽기 때문이다. 연약점토 지반의 강도가 $C_u = 10 \sim 50 \text{kPa}$ 이하로 약한 경우는 암석기둥을 지탱하기 부적합하므로 공법 적용이 불가하다. 예민점토와 유기질토에 적용할 때는 주의를 요한다.

원지반토의 비배수 전단강도의 변화에 따른 암석기둥에 대한 설계하중을 표 3.1.4에 나타냈다.

표 3.1.4 비배수 전단강도의 변화에 따른 암석기둥에 대한 설계하중

비배수전단강도(kPa)	설계하중(ton)	
	Foundation	Stability
20 ~ 30	15 ~ 30	20 ~ 45
30 ~ 50	25 ~ 45	30 ~ 60
〉50	35 ~ 60	40 ~ 70

2) 쇄석 채움재의 특성

채움재의 입도분포에 대한 기준은 여러 가지가 있으나 진동치환 공법(vibro-replacement) 적용 시 미연방도로국(FHWA)이 제시한 기준을 표 3.1.5에 나타냈다. 일반적으로 전단강도가 1.2t/m^2 이상인 지반에서는 No. 1과 3이 채움재로 추천되고 전단강도가 1.2t/m^2 이하이거나 큰 입경의 재료가 없을 경우는 No. 2, 4 또는 모래를 채움재로 사용할 수 있다.

표 3.1.5 쇄석 채움재의 입도분포(FHWA, 1983)

체눈 크기 (inch)	통과율(%)			
	No.1	No.2	No.3	No.4
4.0	–	–	100	–
3.5	–	–	90~100	–
3.0	90~100	–	–	–
2.5	–	–	25~100	100
2.0	40~90	100	–	65~100
1.5	–	–	0~60	–
1.0	–	2	–	20~100
0.75	0~10	–	0~10	10~55
0.50	0~5	–	0~5	0~5

일반적인 쇄석의 내부마찰각에 대한 실내 시험자료와 외국기관이 제안한 값은 표 3.1.6, 3.1.7에 나타나 있다(김명모 등, 2004).

표 3.1.6 기관별로 추천하는 내부마찰각과 응력분담비

기관	응력분담비(m)	내부마찰락(°)
Vibroflotation Foundation company	2.0	42
GKN Keller	2.0	45(쇄석), 40(자갈)
PBQD	1.0~2.0	42

표 3.1.7 조립재의 일반적인 내부마찰각

재료종류	현장 밀도(t/m^3)	내부마찰각(°)
모래	1.4~1.7	35~39
자갈	1.7~1.8	42~44
모래+자갈	1.9~2.0	37~38

점성토와 쇄석복합지반의 평균단위중량과 환산 내부마찰각은 다음과 같이 쓸 수 있다.

$$\gamma_m' = a_s \gamma_s' + (1 - a_s)\gamma_c' \qquad\qquad (3.1.13\ a)$$

$$\mu s = m/[1 + (m-1)a_s] \qquad\qquad (3.1.13\ b)$$

여기서 γ_m' : 복합지반의 평균 단위중량　　　Φ_m : 복합지반의 환산내부마찰각,

γ_c' : 점성토의 유효단위중량　　　Φ_s : 모래말뚝의 내부마찰각,

μ_s : 쇄석말뚝의 응력집중계수　　　$\mu_s = [m/1 + (m-1)a_s]$

3) 쇄석기둥의 두께, 깊이, 간격

일반적으로 적용되는 암석기둥의 직경은 0.6~1m 정도이며 사용하는 쇄석이나 자갈의 직경은 20~75mm이다. 그림 3.1.12는 원지반의 비배수 전단강도와 암석기둥의 직경의 비인데, 원

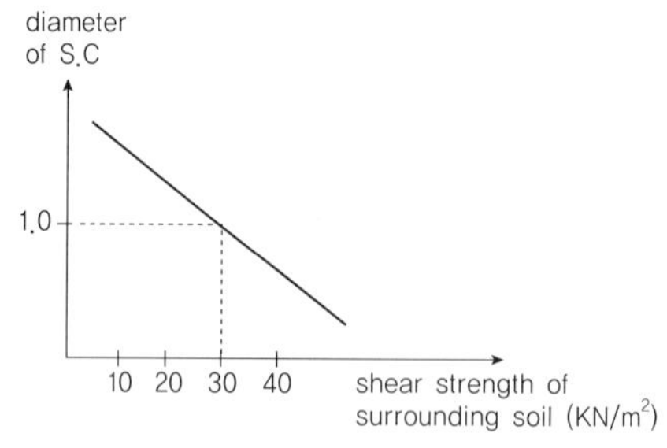

그림 3.1.12 원지반의 비배수 전단강도와 암석기둥의 직경의 비

지반의 전단강도가 약할수록 기둥의 직경은 증가하는 경향이 있다.

유럽에서는 일반적으로 4~10m 정도에 포설하며 깊이가 10m보다 크면 말뚝 등의 일반기초에 비해 비경제적이다. 유럽과 미국에서는 21m까지 설계하고 시공한 경험을 갖고 있다.

암석기둥의 포설간격(d)은 1.5~3.0m이며 삼각형(triangular)이나 사각형(square)의 격자패턴으로 포설한다(그림 3.1.13 참조). 여기서 d_e는 쇄석말뚝 등가원의 유효직경이다.

$$\text{사각형 배치} : \frac{\pi \cdot d_e^2}{4} = d^2 \rightarrow d_e \fallingdotseq 1.128d \tag{3.1.14 a}$$

$$\text{삼각형 배치} : \frac{\pi \cdot d_e^2}{4} = \frac{\sqrt{3}}{2} \cdot d^2 \rightarrow d_e \fallingdotseq 1.050d \tag{3.1.14 b}$$

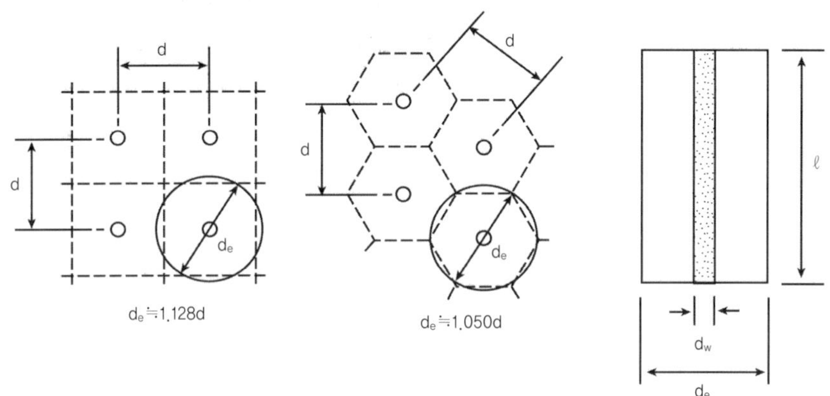

그림 3.1.13 암석기둥의 배치 및 단면

각 배치별 쇄석치환율을 다음과 같은 식으로 표현된다.

$$a_s = C_1 \cdot \left(\frac{D}{s}\right)^2 \tag{3.1.15}$$

여기서 사각형 배열 : $C_1 = \pi/4$ 정삼각형 배열 : $C_1 = \pi/2\sqrt{3}$

모래다짐말뚝과 같이 응력치환비를 식 (3.1.16)으로 나타낼 수 있다.

$$m = \sigma_s / \sigma_c \tag{3.1.16}$$

여기서 σ_s : 쇄석말뚝의 응력　　　　　　σ_c : 주변 점성토의 응력이다.

4) 쇄석말뚝의 개량기간

쇄석말뚝의 개량효과는 치환재로 인한 지반강도의 증가와 압밀배수 촉진효과이다.

이 중 배수 촉진효과는 부수효과로 설계과정에서 무시하는 것이 일반적이다. 따라서 개량기간은 시공기간 + 3~4주 정도이다.

5) 쇄석말뚝의 침하량 계산

모래다짐말뚝에서와 같이 쇄석다짐말뚝에서의 점토지반에 가해지는 응력은 식 (3.1.5)로부터 다음과 같이 쓸 수 있다.

$$\sigma_c = \mu_c \sigma \tag{3.1.17}$$

여기서 σ : 상재압　　　　　　　　μ_c : 응력감소계수이다.

쇄석복합지반의 최종 압밀침하량은

$$S_f = \frac{C_c}{1 + e_0} H \ \log\left(\frac{\overline{\sigma_0} + \sigma_c}{\overline{\sigma_0}}\right) \tag{3.1.18}$$

여기서 S_f : 쇄석말뚝으로 처리된 지반의 1차 압밀 침하량
　　　　C_c : 1차원 압밀시험으로부터의 압축지수
　　　　H : 쇄석말뚝으로 처리된 지반의 두께
　　　　$\overline{\sigma_0}$: 점토층의 평균 초기 응력
　　　　σ_c : 외부에 적용된 하중에 의한 점토층에서의 응력 변화
　　　　e_0 : 초기 간극비

무처리 점토지반 침하량(S)에 대한 복합지반의 침하량(S_f)의 비는 침하감소계수 β로 다음 식과 같다.

$$\beta = S_f / S = \log\left(\frac{\overline{\sigma_0} + \mu_c \sigma}{\overline{\sigma_0}}\right) \Big/ \ \log\left(\frac{\overline{\sigma_0} + \sigma}{\overline{\sigma_0}}\right) \tag{3.1.19}$$

$\overline{\sigma_0}$가 매우 크고 상재압 σ가 작으면 식 (3.1.19)는 아래와 같이 쓸 수 있고 침하감소계수는 점토층의 응력감소계수 μ_c에 수렴한다.

$$S_f / S = 1 / [1 + (m-1)a_s] = \mu_c \tag{3.1.20}$$

이를 체적압축계수(m_v)에 의한 침하량 추정식으로 다시 표현하면 다음과 같다.

$$S = m_v \cdot \Delta\sigma \cdot H \tag{3.1.21 a}$$

$$S_f = m_v \cdot \mu_c \cdot \Delta\sigma \cdot H \tag{3.1.21 b}$$

$$\beta = \frac{S_f}{S} = \frac{m_v \, \mu_c \, \Delta\sigma \, H}{m_v \, \Delta\sigma \, H} = \mu_c \tag{3.1.21 c}$$

여기서 s_f : 쇄석말뚝으로 개량된 지반의 침하량 S : 무처리지반의 최종 침하량

그림 3.1.14에는 치환율 a_s, 응력치환비 m의 변화에 대한 침하비 β의 변화를 도표로 나타냈다.

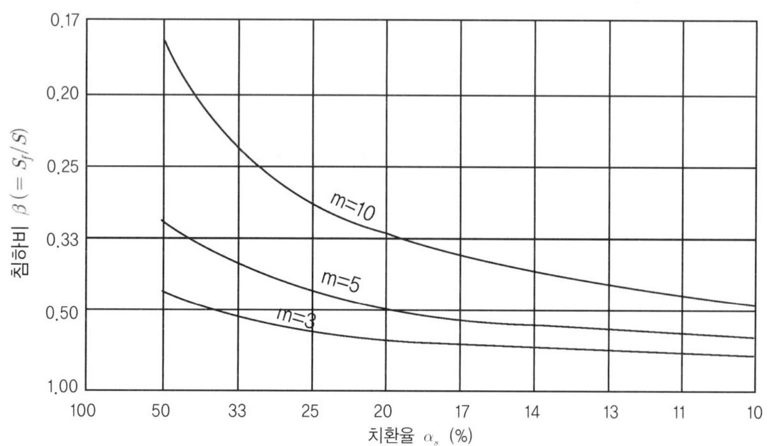

그림 3.1.14 치환율, 응력치환비의 변화에 대한 침하비의 변화

6) 쇄석지반의 극한 지지력

쇄석말뚝의 지지력을 얻는 방법으로는 다음에 소개하는 여러 가지 식이 제안되어 있다. 그러나 제안식의 지지력에 차이가 있으므로 중요 구조물의 경우 재하시험을 통한 설계지지력의 정밀한 측정이 요구된다. 쇄석말뚝은 주로 측방구속응력 σ_3에 의해 지지되는데 일반적으로 쇄석말뚝 팽창에 의해 발현되는 주변 지반의 극한 수동저항이다. 쇄석말뚝의 최대수직응력 σ_1은 쇄석말뚝이 파괴되면서 나타나는 쇄석말뚝의 수동토압계수(K_p)에 측방구속응력을 곱해 다음과 같이 나타낼 수 있다.

$$\sigma_1 / \sigma_3 = \frac{1 + \sin\Phi_s}{1 - \sin\Phi_s} = K_p \tag{3.1.22}$$

여기서 Φ_s : 쇄석말뚝의 내부마찰각이다.

Gibson and Anderson(1961)은 주변 지반에 의한 수동저항을 주변 지반의 극한 수동저항이 발휘될 때까지 대칭축에 대해 무한히 확장한 긴 원통으로 가정해 공동확장이론을 제안했다. 이 접근법에 의해 쇄석말뚝의 구속압은 다음 식과 같이 쓸 수 있다(Dayte 등, 1975; Walley 등, 1981).

$$\sigma_3 = \sigma_{ro} + c_u \left[1 + \ln \frac{E_c}{2c_u(1+\nu)} \right] \tag{3.1.23}$$

여기서 σ_3 : 최대비배수 측방응력　　　σ_{ro} : 현장측방응력(초기)　　　ν : 포아송비

　　　E_c : 흙의 탄성계수　　　c_u : 비배수 전단강도

식 (3.1.22)와 (3.1.23)을 조합하면 쇄석말뚝의 수직하중에 대한 극한 지지력은 다음 식과 같이 쓸 수 있다.

$$q_{ult} = \left\{ \sigma_{ro} + c_u \left[1 + \ln \frac{E}{2c_u(1+\nu)} \right] \right\} \left(\frac{1 + \sin\Phi_s}{1 - \sin\Phi_s} \right) \tag{3.1.24}$$

Hugh and Whither(1973)는 수직하중에 대한 극한 지지력을 다음과 같이 제안했다.

$$\sigma_v = \sigma_{rL}\left(\frac{1+\sin\Phi'}{1-\sin\Phi'}\right) = \sigma_{rL} \cdot K_p \tag{3.1.25}$$

여기서 σ_v : 쇄석말뚝의 한계 축응력 c_u : 비배수 전단강도

Φ' : 쇄석말뚝의 내부마찰각 σ_{rL} : 전한계 방사응력 $\sigma_{rL} \fallingdotseq 4c_u + \sigma_{ro}' + u_0$

σ_{ro} : 초기유효방사응력 u_0 : 초기 과잉 간극수압

만일 과잉간극수압이 쇄석말뚝으로 완전히 배수된다고 가정하면 식 (3.1.25)는 식 (3.1.26)과 같이 다시 쓸 수 있고, 이로부터 초기유효방사응력을 식 (3.1.27)과 같이 유도한다.

$$\sigma_v = \left(\frac{1+\sin\Phi'}{1-\sin\Phi'}\right)(4c_u + \sigma_{ro}') \tag{3.1.26}$$

$$\sigma_{ro}' = K_0(\gamma \cdot h + p) \tag{3.1.27}$$

여기서 K_0 : 정지토압계수 γ : 원지반 점성토의 단위 중량 p : 상재하중

h : 팽창파괴가 발생하는 깊이(보통 말뚝직경의 1~2배)

σ_{rL} 과 c_u 값은 쇄석말뚝의 한계깊이(L_c) 범위 내에서 최소값을 채택하는데, 여기서 L_c는 '팽창파괴와 선단파괴가 동시에 발생하는 최소길이' 또는 '침하에 무관하게 극한 하중을 지지할 수 있는 쇄석말뚝의 최소깊이'로 정의한다(김명모 등, 2004).

쇄석말뚝 측면을 따라 유발되는 연직전단응력이 흙의 평균전단응력과 같으면 쇄석기둥의 전단파괴가 발생할 수 있으므로 쇄석말뚝의 전단지지력은 주변 마찰저항력과 전단지지력의 합으로 보면(식 3.1.28) 쇄석말뚝의 한계깊이를 식 (3.1.29)와 같이 계산할 수 있다.

$$P = \bar{c}A_p + cN_cA_s = \bar{c}(\pi DL_c) + cN_cA_s \tag{3.1.28}$$

$$L_c = \frac{A_s(\sigma_v - cN_c)}{\bar{c}\pi D} \tag{3.1.29}$$

여기서 P : 쇄석말뚝의 극한하중($=\sigma_v \times A_c$) N_c : 지지력 계수(긴 말뚝은 보통 9)

A_p : 쇄석말뚝의 표면적(πDL_c) A_s : 쇄석말뚝의 선단면적($\pi D^2/4$)

L_c : 쇄석말뚝의 한계 길이 $\bar{c}$: 주면의 평균 점착력

c : 한계 길이 아래의 점착력

Hansbo(1994)는 쇄석말뚝의 파괴 시 방사응력을 식 (3.1.23)으로 보고

$$\sigma_3 = (\sigma_{rf} =)\sigma_{ro} + c_u\left[1 + \ln\frac{E_c}{2c_u(1+\nu)}\right] \tag{3.1.23}$$

점성토의 탄성계수를 $150{-}500c_u$, 비배수 상태에서 점토의 포아송계수를 0.5로 보아 파괴 시 방사응력을 $(\sigma_{ro} + 5c_u)$로 하여 쇄석말뚝의 한계 축응력은 식 (3.1.30)이라고 했다.

$$\sigma_v = (\sigma_{ro} + 5c_u)\frac{1+\sin\Phi'}{1-\sin\Phi'} \tag{3.1.30}$$

여기서 σ_v : 쇄석말뚝의 한계 축응력 $\qquad \sigma_{ro}$: 수평 상재압

Φ' : 쇄석말뚝의 내부마찰각

또한 쇄석말뚝의 극한 지지력 공식을 식 (3.1.31)로 쓰고 지지력 계수는 여러 기관에 의해 표 3.1.8과 같이 제안되었다.

$$q_{ult} = N_c \cdot c_u \tag{3.1.31}$$

여기서 q_{ult} : 쇄석말뚝의 지지할 수 있는 극한 응력 $\qquad c_u$: 점성토의 비배수 전단강도

N_c : 지지력 계수

표 3.1.8 제안된 지지력 계수(김명모 등, 2004)

제안자 또는 기관	지지력 계수(N_c)		비고
NAVFAC DM 7.3	25		안전율(보통 3.0)
Bergado & Lam(1987)	15~20		–
FHWA(1983)	18~22	18	강성이 작은 흙 (피트, 유기질토, 소성지수 30 이상의 매우 연약한 점토)
		22	초기 강성이 큰 흙 (무기질의 연약부터 단단한 점토 및 실트)
Mitchell(1981)	22		진동치환 공법
Datye(1982)	25~30		진동치환 공법
	45~50		유각 쇄석말뚝 공법
	40		무각 쇄석말뚝 공법

7) 쇄석다짐말뚝 설계 과정

일반적으로 적용되는 쇄석다짐말뚝 설계 과정은 다음과 같다.

(1) 쇄석 강도정수 결정(쇄석 직접전단시험 실시)

(2) 쇄석다짐말뚝 직경 및 간격, 응력 분담비, 복합지반 강도정수 등을 고려해 개량률을 결정한다.

(3) 지지력, 침하량, 사면안정성 검토 등 구조물의 안정성을 검토한다. 안정성이 NG이면 앞의 2)와 3) 과정을 안정성이 확보될 때까지 반복한다.

(4) 쇄석입도, 관입심도, 융기량 등 시공성을 검토한다.

8) Geopier 공법

동아지질(한국지반공학회, 2005)에 의하면 타격에너지를 쇄석에 직접 가하므로 스톤칼럼 공법에 비해 고강성인 짧은 쇄석다짐말뚝을 국내 현장에 적용하고 있다. 지오피어는 크게 기초구

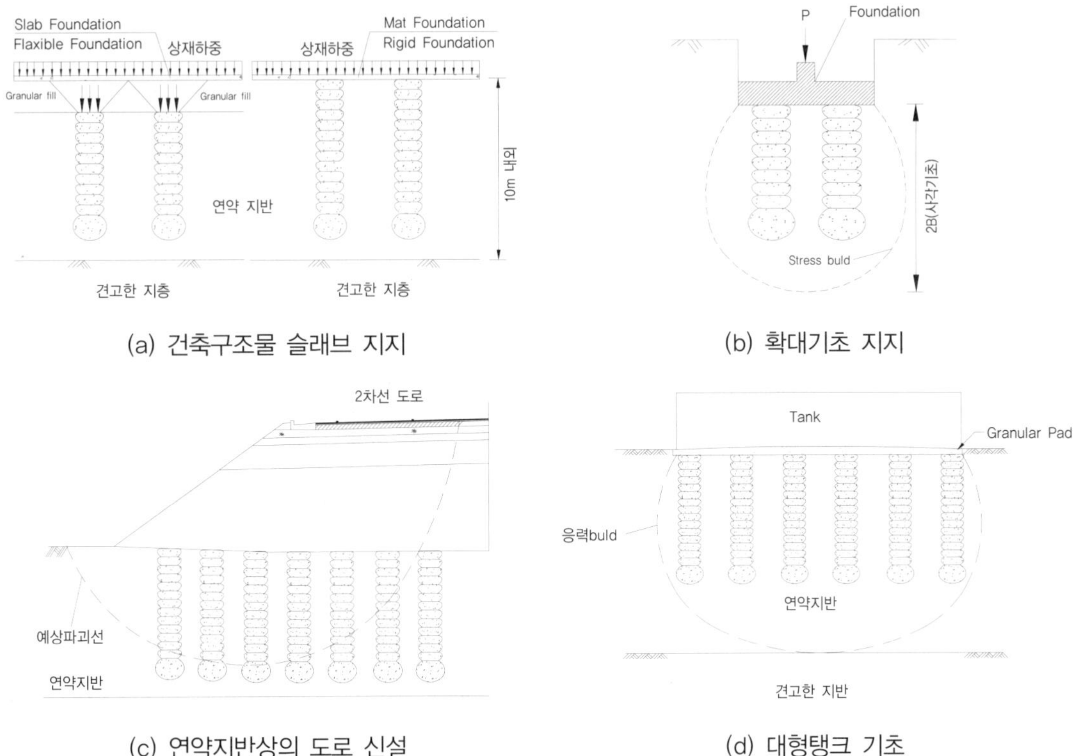

(a) 건축구조물 슬래브 지지

(b) 확대기초 지지

(c) 연약지반상의 도로 신설

(d) 대형탱크 기초

그림 3.1.15 지오피어 공법의 적용 예

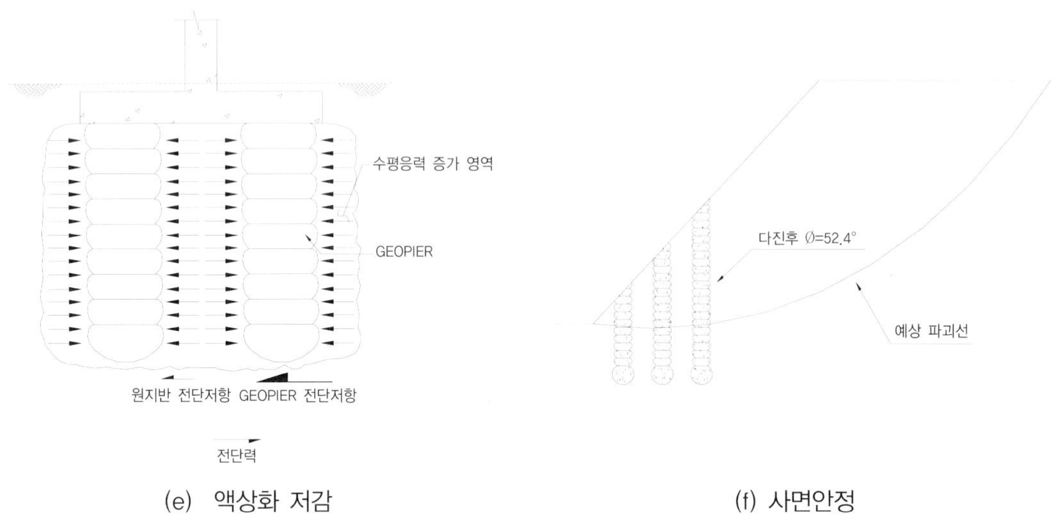

(e) 액상화 저감   (f) 사면안정

그림 3.1.15 지오피어 공법의 적용 예 (계속)

근(bottom bulb)과 기둥(shaft)으로 구성되어 있다.

일반적으로 사용되는 지오피어의 유효직경은 800mm 정도이며 보강심도는 10m 내외가 적합하다. 지반이 연약해 bulging 파괴가 우려되는 지반에 적용할 때에는 bulging 검토를 해야 한다. 미국의 경우 N=5 이하의 점성토 지반에서도 시공된 사례가 있으며 건축구조물 슬래브 지지, 확대기초 지지, 연약지반상의 도로 신설, 대형탱크의 기초, 사면안정 등 다양한 용도로 사용이 가능하다(그림 3.1.15).

시공방법은 그림 3.1.16과 같이 대구경 오거에 의한 천공 후 바닥에 골재를 부어 넣고 전용 래머로 다져 구근을 형성해가며 시공한다.

(a) 오거 천공   (b) 쇄석 투입   (c) 전용 래머

그림 3.1.16 지오피어의 시공방법

3.1.4 다짐말뚝 공법의 적용사례

1) SCP 국내 적용사례

1984년 광양제철소 기초지반 조성 시 샌드드레인과 SCP 공법을 병용해 연약지반 개량을 실시한 바 있다(해양수산부, 1999).

부산신항만 준설 투기장 2공구 호안공사에서는 연약층을 상·하부로 구분해 하부는 모래말뚝을 타설하고, 상부는 제체의 자중으로 연약토를 측방으로 밀어내어 치환하는 방식으로 시공하는 기초지반 처리공을 적용했다. 연약지반의 형성 두께는 해면 이하 −15~35m였으며 해저면 −10m 이하층에 SCP를 선시공하고 강제로 사석을 치환했다(김백영, 2000).

부산시 서구 암남동 산 193번지에 3만6천 평 부지의 복합유통시설을 갖춘 공영수산 도매시장으로 감천항 수산물 도매시장을 건설했다. 육상과 해상으로 각종 해산물을 하역, 인양하기 위한 중력식 안벽을 길이 500m, 수심 −11m로 축조했는데 하부 연약지반의 깊이는 12m로 SCP 공법으로 보강했다.

2) 쇄석다짐말뚝 시공사례

(1) 부산항 국제여객 및 해경부두 건설공사

부산항 국제여객 및 해경부두 건설공사는 포스코 건설에서 시공했으며 부산 해경소형선 부두의 기초지반에 쇄석다짐말뚝(GCP)을 포설해 기초보강을 했다(그림 3.1.17). 그림 3.1.18에 나타낸 바와 같이 쇄석치환율(a_s)은 71%로 고치환율을 적용하고 포설간격은 2.1m, 암석기둥의 배치는 사각형으로 했다.

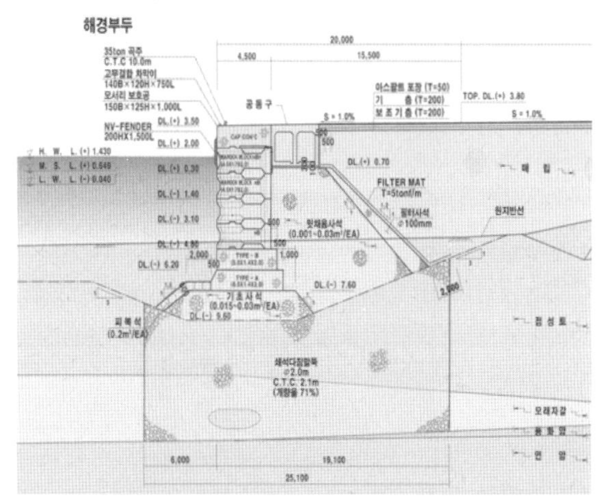

그림 3.1.17 GCP 기초보강 개요도

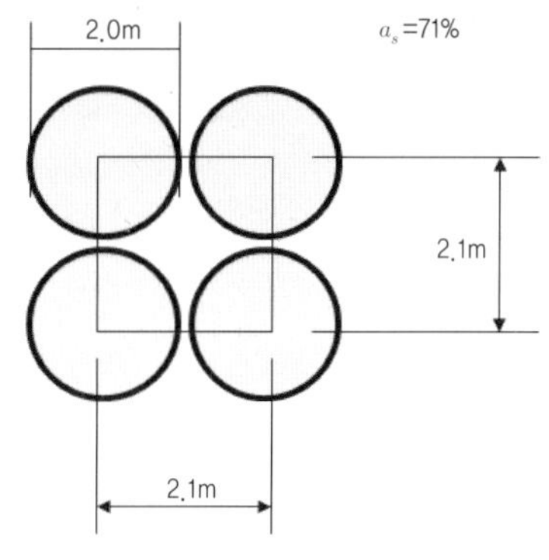

그림 3.1.18 배치형태 및 간격

GCP의 시공은 주 작업선으로 GCP선(3축 동시시공), 쇄석운반선, 쇄석골재선을 이용하고 GPS 위성측량으로 GCP 파일의 위치를 결정했다. 쇄석다짐용 맨드럴은 초기 관입 후 3m, 인발 2m 관입으로 반복다짐했다. 쇄석다짐말뚝 시공 후 현장재하시험으로 지지력을 검토한 결과 설계지지력을 만족하는 것으로 판명되었다.

(2) 지오피어 공법 적용사례(경전선 복선전철 및 부산신항 배후철도 제2-2공구)

경상남도 김해시 진례면 초전리–진래면 신월리 일원으로 2005년 12월부터 1년간 공사를 진행해 완료했다. 그림 3.1.19는 구간별 지오피어 설치사례이다. 제1구간의 경우 사질토로 구성된 연약지반으로 액상화와 지반파괴 및 침하에 대한 안정성 확보를 목표로 중앙부의 피어간격은 (1.6~2.4)×(1.6~2.4)m, 사면부는 1.6m×1.6m로 설치했다. 제2구간의 경우는 점성토로 구성된 연약지반이었으며 지오피어를 설치한 후 압밀에 의한 지반강도의 증가와 성토체의 안정성 확보를 목표로 했다. 대상 공법은 전체에 사전하중재하(Preloading) 공법을 적용하고 사면부에만 1.6m×1.6m 간격으로 지오피어를 설치했다.

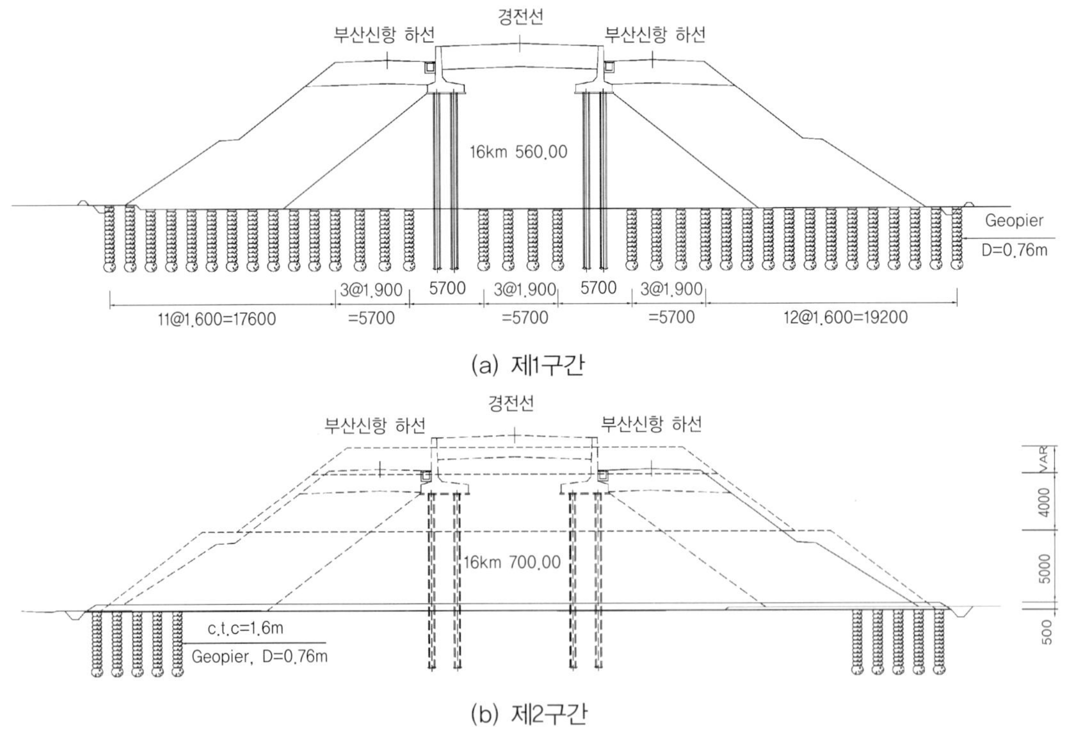

그림 3.1.19 구간별 지오피어 설치사례

(3) 토목섬유 보강 쇄석말뚝 공법

최근에는 스톤칼럼 및 조립토말뚝의 주변을 지오텍스타일로 감싸는 공법에 대한 많은 연구가 진행되었다(Kempert et al., 1997, 2002; Murugusen and Rajagopal, 2006). 국내에서도 건설교통기술평가원(2006)의 지원에 의해 스톤칼럼의 하중지지력 증대 방안으로서 스톤지오그리드 감쌈 공법(Geogrid encased stone column, GESC)에 대한 기초연구가 수행되었다. 유충식 등(2008)은 연약지반 성토에 사용하는 지오그리드 감쌈 스톤칼럼 공법의 하중지지 메커니즘에 대한 논문을 발표했다. 이 공법은 임의 시공조건에서 지오그리드 감쌈으로 발현되는 구속효과로 인해 스톤칼럼의 강성이 증가되어 상부 성토하중의 주변 연약지반으로부터의 하중 분담률을 감소시키고 과잉간극수압과 침하량을 감소시키는 효과가 있다. 그림 3.1.20은 국내에서 수행된 GESC 시험시공현장의 시공순서이다. 지오그리드 삽입을 위한 케이싱을 먼저 삽입하는 것을 제외하고는 기존 스톤칼럼 공법과 동일한 시공절차를 따른다.

(a) 선굴착 및 케이싱 삽입　　　(b) 지오그리드 설치　　　(c) 쇄석 투입 및 다짐

그림 3.1.20 GESC 시험시공 사례(한국건설교통기술평가원, 2006)

김병일 등(2005)은 속채움 재료로 모래 대신 입도조정 쇄석을 사용하고 골재 말뚝의 외벽을 소정의 인장강도를 갖는 토목섬유(polyester mat)로 보강하여 기존 쇄석말뚝 공법에 비해 높은 응력집중을 추구한 해상대구경팩말뚝(Marine large pack pile, MLPP) 공법에 대해 소개했다. MLPP 말뚝은 기존 GCP 말뚝 상부에서 발생하는 벌징 파괴를 방지해 지지력 및 전단강도를 증대시키고 침하량을 감소시킨다. 해상 SCP나 GCP 공법에 비해 지름이 작은 쇄석말뚝을 팩의 강성으로 보강해 강도 및 지지력을 증가시켜 고치환율을 저치환율 다짐시공으로 전환하는 데 목적이 있다. 국내의 모래자원 및 단가 상승의 문제를 해소해 경제적이고 환경적인 문제를 해결할 수 있다. SCP나 GCP 공법이 해상구조물 기초보강 공법에 치환율을 40%와 70%를 적용하는

한편 이 공법은 안정성과 경제성을 고려해 30%와 50%의 치환율을 적용할 수 있다.

그림 3.1.21에는 공법에 사용되는 토목섬유팩을 예시했는데 인장재료 3000kN/m를 갖는 토목섬유로 진동다짐에도 견디도록 4개소 겹침 직선이음에 6선으로 봉합하는 구조로 개발했다(이상익 등, 2004). 팩의 직경은 $\phi = 800 \sim 1000\,mm$이며 벌징 파괴의 억지를 위해 상부 1-3D를 2겹으로 보강하는 구조를 가지고 있다.

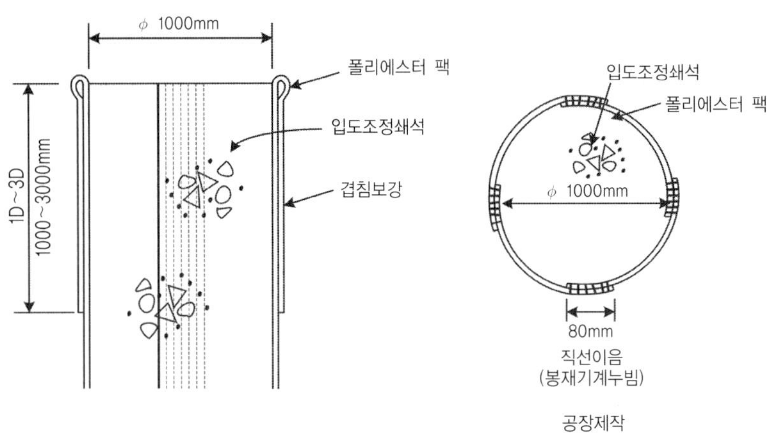

그림 3.1.21 MLPP 팩의 구조도(이상익 등, 2005)

(4) 쓰레기 매립지반에서의 쇄석다짐말뚝 적용

이봉직 등(2000)은 사용이 종료된 쓰레기 매립지반을 건설부지로 활용하기 위해 쇄석동치환 공법을 적용한 사례를 발표했다. 대상 매립지는 단순투기형 비위생 매립지로 쓰레기층이 7.7~15m의 두께로 분포하고 연탄재, 헝겊, 목재류, 유기물의 혼합층으로 구성되었다. 쓰레기층의 N치는 5~50 이상으로 느슨 내지 매우 조밀한 상태로 불규칙하게 분포하며 하부는 매립층(N=7~25), 풍화토층(N=17~50)으로 구성되었다. 대상 현장에 적용된 동 치환 공법은 동 다짐에 의해 쇄석말뚝을 형성해 강제치환에 의한 지반의 전단저항력이 증가되도록 했다.

쇄석기둥상부와 기둥 사이 지반에 대한 보강 후 N치를 측정한 결과 28~43회로 목표치 N=15를 상회하며 보강 전보다 1.5배 이상 상승한 것으로 나타났다. 파괴 시 쇄석말뚝은 관입파괴 거동을 보이며 탄성계수는 쇄석상부의 경우 평균 $751kg/cm^2$으로 설계기준을 만족했고 쇄석기둥 사이와 하부 지반의 경우도 각각 평균 148.7, $204.3kg/cm^2$의 값을 보여(말뚝체와 주변 지반의 탄성계수는 각각 420, $50kg/cm^2$으로 설계함) 매립지와 같은 압축성 지반에서도 쇄석말뚝 공법은 적용이 가능함을 확인했다.

참고문헌

1. 김명모, 김병일, 이승호, 조성민(2004), 『지반개량공법설계』, 도서출판 새론

2. 김백영(2000), "해상 Sand Compaction Pile 공법 적용사례연구", 기술기사, 지반(한국지반공학회지), 제16권, 제5호, pp. 28~32.

3. 김병일, 김영욱, 이상익, 최용성(2004), "모래다짐말뚝(SCP) 시공지반의 지지력에 관한 실험적 연구", 『한국지반공학회 논문집』, 제20권, 제4호, pp. 39~47.

4. 김병일, 이상익, 김제규, 정용우(2005), "SCP, GCP, MLPP 공법의 거동 특성비교", 『대한토목학회 논문집』, 제15권 4C호, pp. 267~273.

5. 유남재, 박병수, 정길수, 고경환, 김지성(2005), "SCP보강점성토 지반의 지지력 및 응력분담특성", 『한국지반공학회논문집』, 제21권, 제1호, pp. 81~91.

6. 유충식, 김선빈(2008), "연약지반에 시공되는 지오그리드 감쌈스톤켈럼의 하중 지지 메카니즘에 관한 연구", 『한국지반공학회논문집』, 제2권 제12호, pp. 93~101.

7. 이봉직, 배우석, 이준대(2000), "매립지반에 적용된 쇄석말뚝의 보강효과", 한국 산업안전학회지, 제15권 제2호, pp. 97~102.

8. 이상익, 임철웅, 김일곤, 이재현(2004), "해상대구경 팩말뚝 공법의 현장 적용성 연구, 대한토목학회", 『2004년도 학술발표회논문집』, pp. 5356~5357.

9. 정경환, 정선태, 문준배, 김동준, 백경종(2005), "구조물기초보강용 짧은 쇄석 다짐말뚝(Geopier)의 적용성 및 활용방안에 관한 연구", 『한국지반공학회 가을학술발표회, 10월 7~8일』, pp. 479~488.

10. 한국건설교통기술평가원(2006), "고강도 지오그리드 보강 Stone column 보강공법실용화 연구," pp. 135.

11. 해양수산부(1999), 『대수심방파제 및 연약지반 관련기술(II)』.

12. Abosh, H., Yoshkuni, H., and Harada, K.(1970), "Ko consolidation of clay with large sand pile," The 5th Conf. of JSSMFE, pp. 397~400.

13. Masuo, M., Inaba, N. and Teramura, M.(1968), Reasearch on bearing capacity of composite ground(part. 1, Tsuchi to Kiso, Vol. 16, No. 12, pp. 11~19.

14. Kempert, H.G., Jaup, A. and Raithel, M.(1997), "Interactive behavior of a flexible reinforced sand column foundation in soft soils," International Conference on Soil Mechanics and Foundation Engineering, Vol. 14, No. 3, pp. 1757~1760.

15. Kempert, H.G., Wallis, P., Raithel, M., Geduhn, M. and McClinton, R.G.(2002), "Reclaining land with geotextile encased columns," Geotechncial Fabrics Report, Vol. 20, No. 6, pp. 34~39.

16. Murugusen, S. and Rajagopal, K.(2006) "Numerical analysis of geosynthetics encased stone column," 8th International Conference on Geosynthetics, pp. 1681~1684.

3.2 심층혼합처리 공법(Deep Mixing Method)

DCM(Deep Cement Mixing) 공법은 1980년대 중반 이후 국내에 도입되어 육상 및 해상에서 기초공·흙막이로 적용되면서 많이 발전했지만, 아직 설계에서 시공단계에 이르기까지 국내 자체 기준보다는 JIS 또는 BS Code 등에 의존하고 있다. 따라서 구조물의 대형화와 준설토 처리에 따른 환경문제로 인해 원지반 상태에서 연약지반을 개량하는 구조물의 추세에 따라 DCM 공법의 적용이 늘어나고 있는 것을 감안하면 이에 대한 이해와 체계화가 절실하다.

3.2.1 심층혼합처리 공법의 원리와 개발

시멘트나 석회를 고화재로 사용하는 지반개량 공법은 압밀, 다짐, 치환 등의 물리적 지반개량 공법과는 달리 개량재가 개량체에 미치는 영향이 상당히 크므로, 고화재의 구조적 이해가 중요하다. 그림 3.2.1은 흙과 시멘트(또는 석회류)를 사용하는 경우, 매크로(macro)적인 반응의 메커니즘 및 반응생성물을 나타낸다.

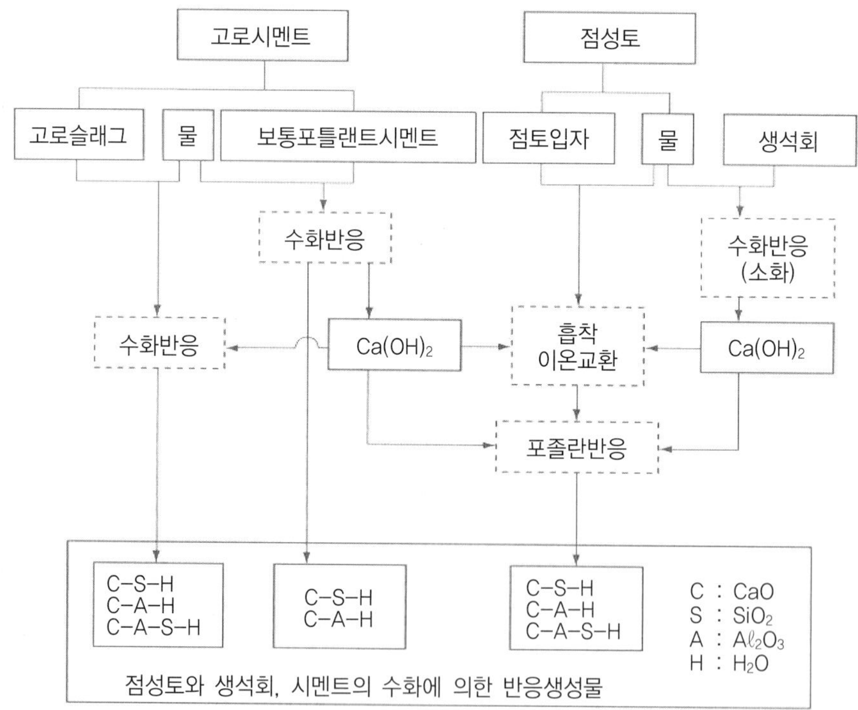

그림 3.2.1 시멘트계 개량재의 고화반응

1) 국외의 DCM 공법

심층혼합처리 공법은 1960년대 후반 거의 같은 시기에 석회를 고화재로 해 북유럽과 일본이 독자적으로 개발했다.

일본에서는 항만 구조물의 대형화와 대심도 연약지반지역의 개발로 준설토 처리에 대한 환경 문제가 빈번해지면서, 천연자원 이용과 무공해의 새로운 지반개량 공법으로 적용성이 높은 심층혼합처리 공법이 개발되었다. 1968년에는 일본 운수성(運輸省) 항만기술연구소에서 생석회와 소석회를 고화재로 사용해 1974년 과립과 분체형식의 DLM(Deep Lime Mixing) 공법을 개발하고, 1975년에는 시멘트 슬러리를 사용(CDM으로 명명)하는 공법을 실용화했다. 이후 슬러리 대신에 분체상태의 시멘트나 석회 고화재를 직접 분사해 원지반과 혼합 교반하는 DJM(Dry Jet Mixing) 공법이 육상용으로 개발되어 1980년대 중반 이후부터 적용되었다. 그 후 다양한 장비의 발전과 설계기준의 제정으로 사용실적이 급속도로 증가해 해상과 육상에서의 실적은 그림 3.2.2와 같으며, 2004년까지 5500만m^{3}의 실적을 나타내고 있다(Druss David L. 2005).

유럽은 1966년 폴란드 특허를 시작으로 북유럽의 석회 관련 기술이 발달해, 최근에는 핀란드와 스웨덴에만 그림 3.2.3과 같이 30만m^3/년 이상의 실적을 보이고 있다. 미국은 1987년 액상화 대책(DM으로 명명)으로 적용된 후, 1990년대에 보스턴 도심지에 Central Artery 고속도로건설의 굴착과 안정화 공법으로 50만m^3 이상의 적용실적으로 증가했다. 동남아에도 분체형태의 유럽 형식이 먼저 도입되었으나, 최근에는 슬러리 형태의 DCM 적용이 증가하고 있으며 2009년 싱가포르

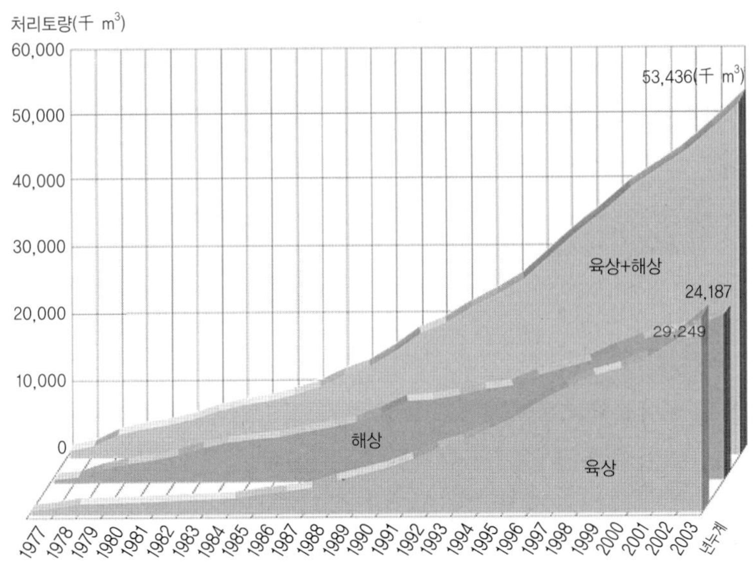

그림 3.2.2 DCM 공법의 일본 실적

271

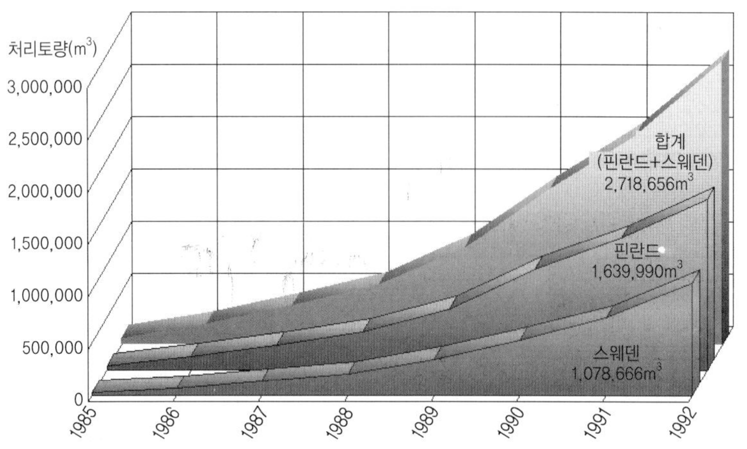

그림 3.2.3 북유럽의(핀란드, 스웨덴) 실적

에는 MCE 프로젝트에 대규모(DSM 공법으로 명명)로 적용되었다(Suck-Chan Lim et al, 2009.10).

한편, 고화재는 석회와 시멘트를 많이 사용하는데, 일본은 주로 시멘트를 사용하고 유럽은 시멘트와 석회를 혼합해 분체상태로 사용하고 있으며, 혼합석회 또는 시멘트에 석고·플라이애시·슬래그 등을 혼합해 특별한 용도로 사용하는 경우도 있다.

2) 국내의 DCM 공법

육상공사의 DCM 공법은 1985년 일본에서 SEC(Special Earth Concrete) 공법으로 도입되어 (박성재, 1988) '부산시 수영강 하수처리장 자립식 흙막이 및 기초공사'에 적용된 이후 ϕ 1,000×2축의 기초공(SC-F)과 ϕ550×3축의 주열식 벽체공(SC-W)으로 널리 적용되었다. 국내에서는 특별한 목적으로 혼화제를 첨가하는 경우를 제외하면 경제적이고 안정한 재료인 포틀랜드 또는 고로 시멘트가 주로 사용되어왔다. 국내 건설회사의 싱가포르 진출과 더불어 지반개량 공법으로 주로 적용되어온 Jet Grouting 대신에 ϕ1,300×2축의 DCM 공법이 대규모로 반영되었다.(Suck-Chan Lim et al, 2010)

해상 DCM은 1988년 '경상남도 창원시 삼미특수강 신설부두 호안구조물 축조공사'에 처음으로 적용되었는데, 육상용 파일드라이브를 대선(Barge)에 탑재한 조합선으로 시공했으며, 2003년까지 시공된 20개 현장은 모두 ϕ1,000×2축의 1연 방식이었다(사진 3.2.1 참조). 2004년 중반에 ϕ1,000×4축 1연 방식을 부산의 '○○-5951-2 시설공사에 해상 조합선으로 48m까지 시공되었으며, 2005년에는 국내 최초의 한국형 DCM 전용선인 '동지 1호'가 개발되어 '울산신항 남방파제공사(2공구)'에 적용했다(사진 3.2.2 참조).

사진 3.2.1 조합선(2축 1연)

사진 3.2.2 동지 1호 전경(4축 3연)

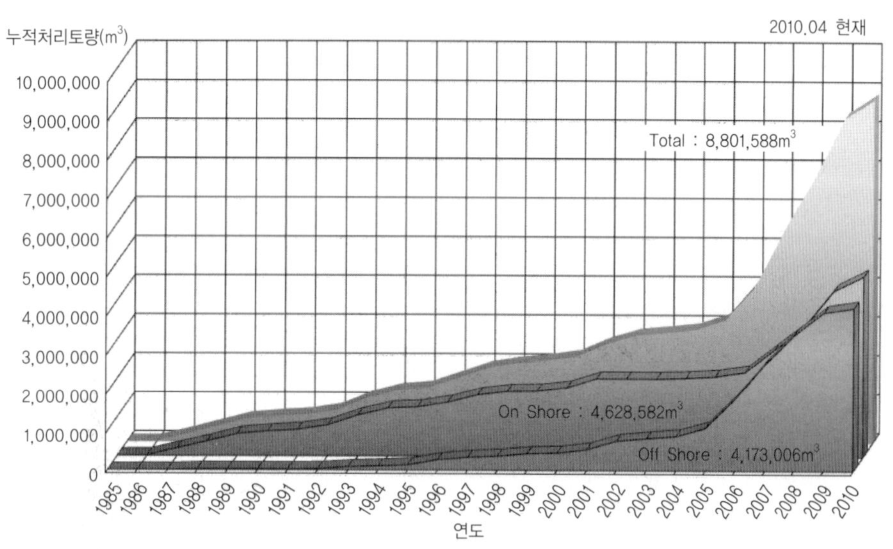

그림 3.2.4 DCM 공법의 동아지질 실적

그림 3.2.4는 (주)동아지질이 시공한 DCM 공법의 시공실적을 나타내는데, 1993년 이후는 해상실적이 증가하고 있으며, 2009년에 증가한 육상실적은 싱가포르 MCE 프로젝트의 영향이다.

그림 3.2.5와 그림 3.2.6은 일본과 국내의 해상공사에서 상부 구조물의 형식에 따른 DCM의 사용용도별 실적을 나타내는데, 일본의 경우 호안〉안벽〉구조물〉방파제 순이고 국내의 경우 안벽〉호안〉방파제 순의 적용실적을 나타내고 있다.

273

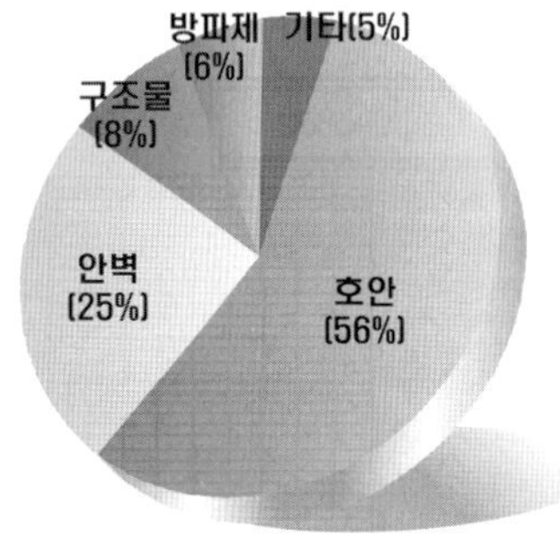

그림 3.2.5 해상공사 용도별 실적(일본)

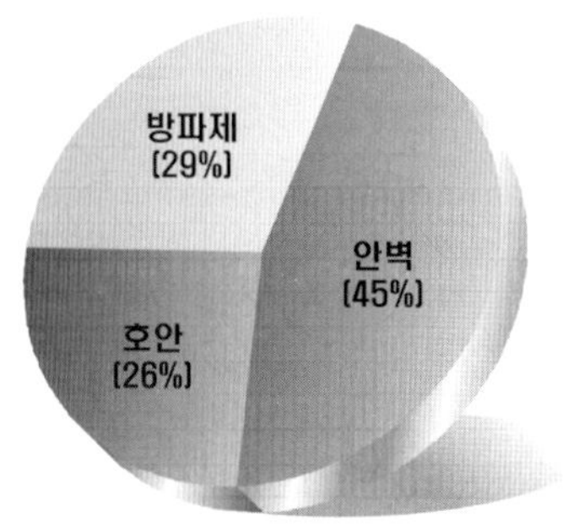

그림 3.2.6 해상공사 용도별 실적(국내)

3.2.2 설계법

1) 설계일반

국내의 DCM 공법은 육·해상의 상부 구조물 기초로 적용될 뿐만 아니라, 육상의 흙막이(자립식 또는 지보재 사용) 또는 차수벽체로 적용되어왔다. 상부 구조물의 기초로 적용되는 경우에는 기본적으로 표 3.2.1과 같은 항목을 토대로 경제성과 시공성을 고려해 적정한 단면과 개량형식을 선정하며, 지반조사결과를 참고해 하단부 지지형식, 개량폭 및 개량률 등을 선정한다.

표 3.2.1 상부구조물 기초용으로 설계 시 주요 검토사항

구분	주요 검토 사항
개량체 단면	시공성, 경제성에서 유리한 단면 선정
개량 형식	안정성, 시공성, 경제성 등을 충분히 파악해 적절한 개량형식 선정
하단부 지지형식	외적안정(전도, 활동, 지반지지력, 원호활동)에 대해 충분히 안정하도록 선정
개량폭	DCM 내적안정, 외적안정에 충분히 안정하도록 선정
개량률	상부 하중에 대해 재료허용응력을 만족하는지 검토해 선정

해상 DCM 설계에는 구조물 전체의 외적안정검토와 개량체의 응력상태에 대한 내적안정검토가 필요하다. 개량지반계에 작용하는 외력으로는 상재하중·자중·토압과 잔류수압·파력과 부력·지진력·선박의 견인력과 충격력·개량지반의 저면반력과 전단저항력을 고려하며, 기준에 따라 산정한 주동·수동토압 및 잔류수압을 이용해 계산한다. 내적안정검토는 개량지반을 지중구조물로 간주해 내부응력을 검토하며, 개량지반에 발생하는 내부응력은 허용압축응력과 허용전단응력보다 작아야 한다. 설계기준강도는 개량체의 허용응력을 설정할 때의 기준강도로 하고, 실내배합시험의 일축압축강도를 원칙으로 한다(이충호, 2009).

육상에서 하수처리장 등에 시공실적이 많은 자립식 흙막이 벽체의 적용 시에는 수평말뚝 거동해석에서 이용되는 Chang의 식을 사용하고 있다(정경환, 2006.3).

2) 적용 매뉴얼

국내에서 DCM 설계 시 사용하는 기준은 "해상공사에서의 심층혼합처리 공법 기술매뉴얼"(연안개발기술연구센터, 2000. 4월)과 "육상공사에서의 심층혼합처리 공법 설계·시공 매뉴얼"(토목연구센터, 2004. 4)이다. 해상공사의 경우 국내의 해양수산부에서 발간한 항만 및 어항설계기준(1999)이 있는데, 일본의 매뉴얼 일부분을 인용하고 있다. 표 3.2.2는 해상공사의 설계에 사용하는 1996년 매뉴얼과 2000년에 개정된 매뉴얼의 차이를 발췌해 정리한 것이다.

표 3.2.2 국내에 적용하는 해상매뉴얼 개정내용

구분		1996년 매뉴얼	2000년 매뉴얼
외적 안정	개량지반계의 지반반력 검토	합력작용위치 $x = \dfrac{\Sigma M_R - \Sigma M_A}{\Sigma V}$	합력작용위치 $x = \dfrac{\Sigma M_R - \Sigma M_A}{\Sigma V + \Sigma W_u}$
		$\bullet$ M_R : 저항모멘트	$\bullet$ M_A : 주동토압에 의한 전도모멘트
		$\bullet$ V : 상부구조물과 개량토의 하중	$\bullet$ W_u : 미개량토의 하중
내적 안정	단지압	t_1 or $t_2 < f_{ca}$	$(t_1 - p_1)$ or $(t_2 - p_2) < f_{ca}$
		$\bullet$ t_1, t_2 : 전·후면에서의 단지압	$\bullet$ f_{ca} : 허용압축응력
		$\bullet$ p_1, p_2 : 전·후면 측방구속압	
	개량지반의 전단응력도	$S_1 = \lambda_1 \cdot \dfrac{T_1 - W_1}{A}$	$S_1 = \dfrac{T_1 - W_1}{A}$
		$\bullet$ S_1 : 전단응력도	
		$\bullet$ T_1 : 개량지반 전면에서 단부 아래 연직면까지 작용하는 지반반력 합	
		$\bullet$ W_1 : 개량지반 전면에서 단부 아래 연직면까지의 개량체 유효중량	
		$\bullet$ A : 개량체 전단위치까지의 단면적	
		$\bullet$ λ_1 : 최대전단응력도와 평균전단응력도의 비=1.5	

지반반력검토의 합력위치 계산 시 1996년 매뉴얼은 미개량토의 유효하중 W_u를 고려하지 않았지만, 개정된(2000년) 매뉴얼은 이를 고려한다. 내적안정검토의 단지압 검토 시 이전 매뉴얼은 측방구속압을 고려하지 않지만, 개정된 매뉴얼은 이를 고려한다. 또, 개정된 매뉴얼은 개량

지반 전단응력도 계산 시 1996년 매뉴얼에 적용하였던 전단응력비 λ_1을 고려하지 않는 등 이전 매뉴얼보다 경제적인 설계로 발전하고 있다.

3) 개량체의 적용단면(국내)

구조물 기초용이나 자립식 벽체용의 DCM 개량체 단면은 $\phi 1,000 \times 2$축이 사용되었으나, 2004년 이후는 다축에 의한 교반성이 좋고 경제성이 높은 $\phi 1,000 \times 4$축이 주로 적용되며, 엄지말뚝이 근입되는 흙막이 벽체나 차수벽체용으로는 $\phi 550 \times 3$축이 주로 적용되어왔다. 표 3.2.3은 국내에서 적용되는 DCM 개량체 단면의 제원을 비교한 것이다.

표 3.2.3 국내 DCM 개량체 단면의 제원

DCM	3축(ϕ 550×3rod)	2축(ϕ 1,000×2rod)	4축(ϕ 1,000×4rod) 1~3연
개량체	275 450@2=900 275 / 1,450 / 550	500 900 500 / 1,900 / 1,000	500 900 500 / 1,900 / 500 900 500 1,900
개량 단면적	0.671m^2	1.541m^2	3.024m^2

4) 개량체의 적용단면(해외)

국외의 DCM 개량체 단면은 일본과 유럽을 중심으로 사용목적에 따라 다양하게 적용되고 있으며, 대표적인 개량체 단면은 표 3.2.4, 표 3.2.5와 같다. 싱가포르의 MCE는 경질지반의 교반에 유리한 $\phi 1,300 \times 2$축이 적용되었다(Suck-Chan Lim, 2009.10).

표 3.2.4는 일본의 대표적인 DCM 개량체의 단면을 나타내는 것으로 2축부터 8축까지 다양하게 적용되고, 개량체의 직경이나 개량단면적도 국내 DCM에 비해 훨씬 다양하다. 표 3.2.5는 유럽에서 사용되는 DCM 개량체의 단면을 나타내는 것으로 한국과 일본에 비해 개량직경이 작고, 1축의 개량체가 많이 적용되고 있는데 이는 고속회전에 의한 건식방법을 채택하는 것과 관련이 있다.

표 3.2.4 일본의 DCM 개량체의 단면제원

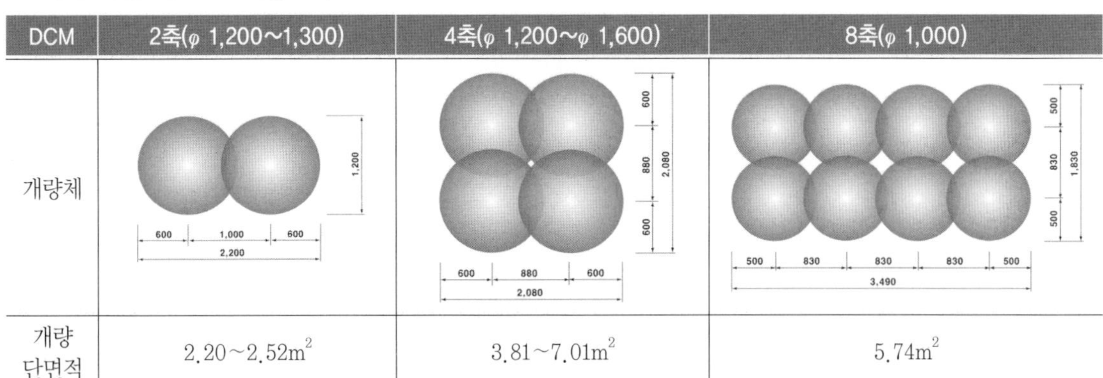

DCM	2축(φ 1,200~1,300)	4축(φ 1,200~φ 1,600)	8축(φ 1,000)
개량체			
개량 단면적	$2.20{\sim}2.52\text{m}^2$	$3.81{\sim}7.01\text{m}^2$	5.74m^2

표 3.2.5 유럽의 DCM 개량체의 단면제원

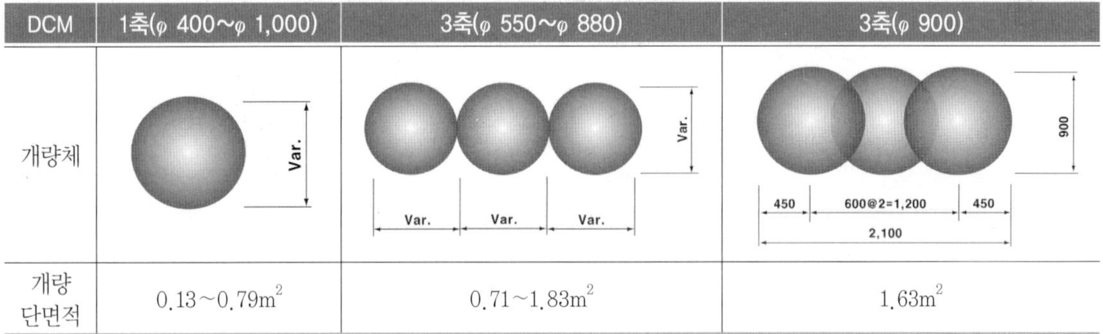

DCM	1축(φ 400~φ 1,000)	3축(φ 550~φ 880)	3축(φ 900)
개량체			
개량 단면적	$0.13{\sim}0.79\text{m}^2$	$0.71{\sim}1.83\text{m}^2$	1.63m^2

5) 개량체의 형식

DCM 개량체의 형식은 접원식·블록식·벽식·말뚝식 등이 있으며 구조물 계획에 따른 안정성·경제성·시공성 등을 고려해 적절하게 선정해야 한다.

육상공사의 경우에는 자립식 흙막이 용도로 사용 시 토압을 지지해야 하는 흙막이의 특성상 블록식이 적용되고 있으며, 지반개량 및 기초용으로 사용되는 경우에는 말뚝식이 많이 적용되고 있다.

국내 해상공사의 실적은 그림 3.2.7과 같이 과거에는 접원식·블록식의 실적이 많았지만, 최근에는 안정성과 경제성을 고려하는 벽식(또는 벽식의 개량형인 격자식)의 적용사례가 증가하고 있다. 표 3.2.6은 해상공사에서 주로 적용되고 있는 개량형식의 특성을 비교한 것이다.

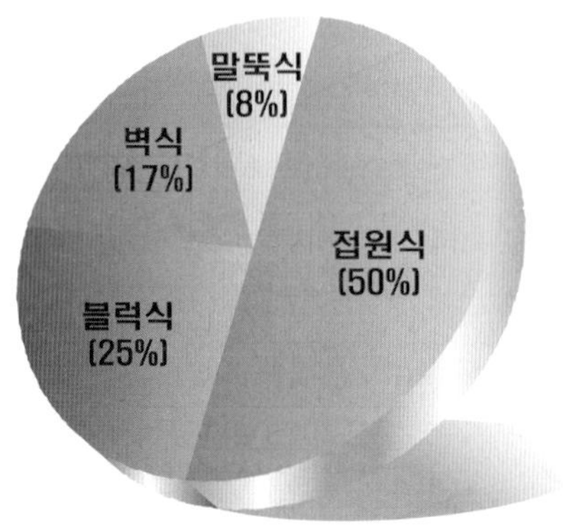

그림 3.2.7 DCM 형식별 적용실적(국내)

표 3.2.6 DCM 개량형식의 비교

구분	접원식	블록식	벽 식
개념도			

개량
방법
	• 장주를 법선방향으로 접해 일
	  정간격으로 배치
		• 개량범위 90% 이상 개량	• 장주·단주를 법선 직각방향으
			  로 접해 번갈아 배치

검토 방법	• 검토방법은 벽식과 동일 • 단벽 전단 검토 불필요	• 전체가 개량되므로 압밀침하 검토 불필요	• 장벽·단벽 전단검토 필요 • 압밀침하검토 불필요
안정성	• 블록식과 유사한 안정성	• 안정성이 높음	• 블록식과 유사한 안정성
시공성	• 벽식보다 시공관리 용이	• 90%이상 개량 : 공기증가	• 중첩부 시공관리가 필요
경제성	• 벽식과 블록식 중간정도	• 상대적으로 고가	• 블록식에 비해 저렴

6) 설계기준강도

설계기준강도는 허용응력도를 설정할 때 기준으로 한다. 설계기준강도는 개량대상토를 이용한 실내배합시험의 일축압축강도를 기본으로 설정하는 것이 원칙이다.

중요한 구조물의 경우 혹은 벽식 개량 및 격자식 개량의 경우, 식 3.2.1과 같이 개량체를 중첩할 때의 단면유효계수 α 와 중첩부의 신뢰도계수 β 를 고려하는 경우도 있으며, 표 3.2.8에서 구조물적 설계방법의 허용압축응력 계산 시 단면유효계수(α)와 중첩부 신뢰도계수(β)를 고려하는데, 매뉴얼에서는 $\alpha \times \beta$를 0.8~0.9를 제안하고 있다. 현재 국내 DCM 설계 시에는 개량체의 단면이 2축과 4축인 것에 상관없이 $\alpha \times \beta$값으로 0.8을 주로 사용하고 있는데, 4축인 경우

2축보다 중첩개소가 적어지므로 중첩부의 신뢰도가 높아진다. 따라서 4축인 경우에는 2축보다 일체성이 양호하므로 $\alpha \times \beta$를 0.85 정도로 적용해도 무난할 것으로 판단된다.

$$\sigma_{ca} = \alpha \cdot \beta \cdot \gamma \cdot \lambda \cdot \frac{1}{F_s} \tag{3.2.1}$$

여기서 α : 단면유효계수 β : 중첩부의 신뢰도계수 $\alpha \cdot \beta \fallingdotseq 0.8 \sim 0.9$

DCM 공법의 설계 시 설계기준강도를 선정하고 이에 따른 허용강도 등을 결정하는 것은 매우 중요하다. 현재 국내에는 이러한 기준강도의 제시가 없어서 일본기준을 따르고 있으며(연안개발기술센터, 2000 ; 토목연구센터, 2004), 각 매뉴얼에서 제안하는 실내배합강도와 설계기준강도의 관계 및 허용응력도는 표 3.2.7, 표 3.2.8과 같다.

표 3.2.7 DCM 설계기준강도

구분	해상공사	육상공사
실내배합강도	q_{ul}	q_{ul}
현장강도	$q_{uf} = \lambda \times q_{ul}$ λ : 현장강도/실내강도비 = 1(대형공사)	$q_{uf} = \lambda \times q_{ul}$ λ : 현장강도/실내강도비 = 1/2~2/3
설계기준강도	$q_{uck} = \gamma \times q_{uf} = \lambda \times \gamma \times q_{ul}$ γ : 현장강도계수 = 2/3	$q_{uck} = \gamma \times q_{uf} = \lambda \times \gamma \times q_{ul}$ γ : 현장강도계수 = 1/2 일반적으로 $q_{uck} = (1/3 \sim 1/4)q_{ul}$

표 3.2.8 설계방법에 따른 DCM 허용응력도

구분	구조물적 설계방법	복합지반적 설계방법
f_{ca} (허용압축응력)	$f_{ca} = \dfrac{1}{F_s} \times \alpha \times \beta \times q_{uck}$ $\alpha \times \beta = 0.8 \sim 0.9$ α : 단면유효계수, β :중첩부 신뢰도계수 $F_s = 3(평상시),\ 2(지진 시)$	$f_{ca} = \dfrac{1}{F_s} \times q_{uck}$ $F_s = 3(평상시),\ 2(지진 시)$ 일반적으로(평상시) $f_{ca} = (1/6 \sim 1/9)q_{ul}$
v_a (허용전단응력)	$v_a = \dfrac{1}{2} \times f_{ca}$	$v_a = \dfrac{1}{2} \times f_{ca}$
f_{ta} (허용인장응력)	$f_{ta} = 0.15 \times f_{ca} \leq 2.0\ \mathrm{kgf/cm}^2$	$f_{ta} = 0.15 \times f_{ca} \leq 2.0\ \mathrm{kgf/cm}^2$

7) 안정성 검토

DCM 개량체의 안정성 검토는 내적·외적 및 원호활동을 검토하며, 필요에 따라서는 변형해석에 의한 거동도 검토한다.

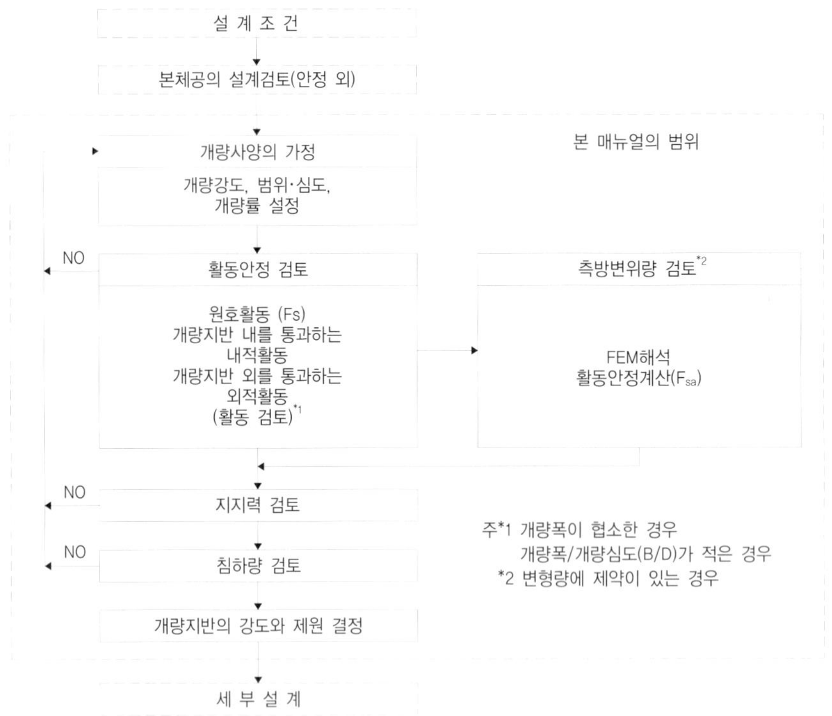

그림 3.2.8 복합지반의 설계 흐름도

(1) 말뚝식 지반개량

성토나 옹벽 등의 구조물 기초지반이 연약한 경우 활동파괴방지·침하량 저감·지지력 증가·측방변위량 저감 등을 목적으로 널리 이용되며, 복합지반의 전단강도에 의한 안정성(지지력·활동·침하 등) 확보를 기본으로 말뚝식 개량의 개량체강도·개량형식(배치)·개량폭/개량길이(B/D) 등은 대상이 되는 하중에 대해 가능한 한 복합지반적인 거동으로 취급하지 않도록 결정한다. 그림 3.2.8은 말뚝식 복합지반의 설계 흐름도이다(토목연구센터, 2004).

(2) 블록식 지반개량(구조물적 지반개량)

블록식 개량지반의 설계방법은 구조물에 요구되는 기능에 따라 다르기 때문에, 기본적으로는 각종 기준에 준거해 설계를 실시한다. 즉, 구조물적 설계방법에서는 개량체를 일체화된 지중구조물로 간주하므로 개량체가 거의 전 하중을 부담하고, 개량체의 파괴는 취성적인 개량지반의 파괴에 직결되기 때문에, 개량체의 품질은 분산도가 적고 중첩접합부의 강도나 정밀도에 있어서도 충분한 배려를 한 시공을 조건으로 하고 있다. 그림 3.2.9는 블록식 지반개량의 설계 흐름도이다(토목연구센터, 2004).

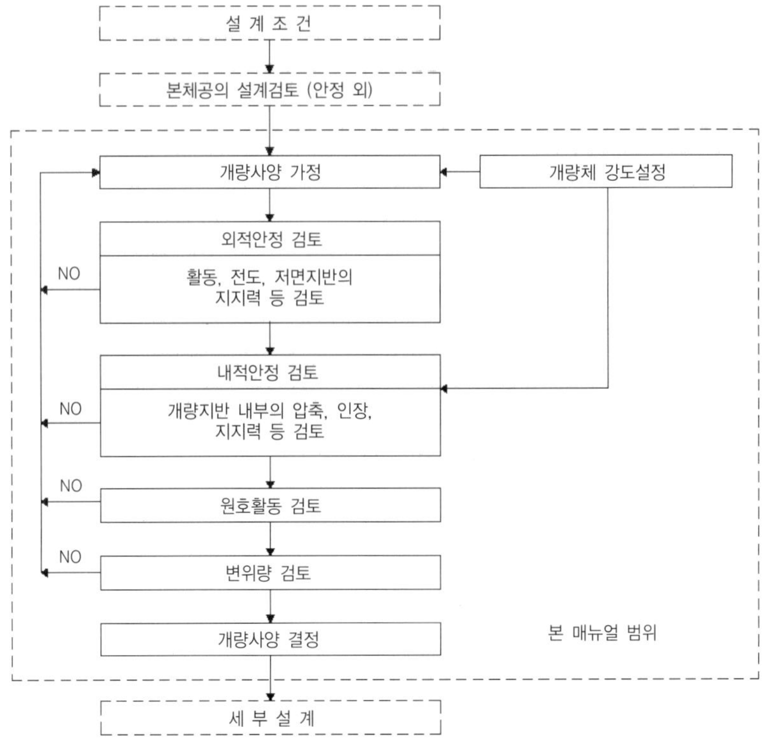

그림 3.2.9 블록식 개량지반의 설계 흐름도

8) 실내배합시험

실내배합시험의 시료제작은 일본지반공학회 기준 「JGS 0821-2000 : 안정처리토의 다짐을 하지 않은 공시체 제작방법」에 준거해 실시한다.

(1) 목적

실내배합시험은 현장에서의 강도 확보를 위한 예비시험으로 다음과 같은 강도에 영향에 미치는 요소를 결정한다.

① 개량 대상지반의 물리 및 화학적 특성 : 전단 및 인장강도와 변형계수, 압밀특성, 6가크롬 (Cr^{+6})

② 사용개량재의 종류 및 양 : 통상은 포틀랜드 시멘트(OPC)와 고로 시멘트(PBFC)를 사용

③ 양생조건 : 사용하는 물의 종류(담수, 해수)와 양, 양생온도의 영향

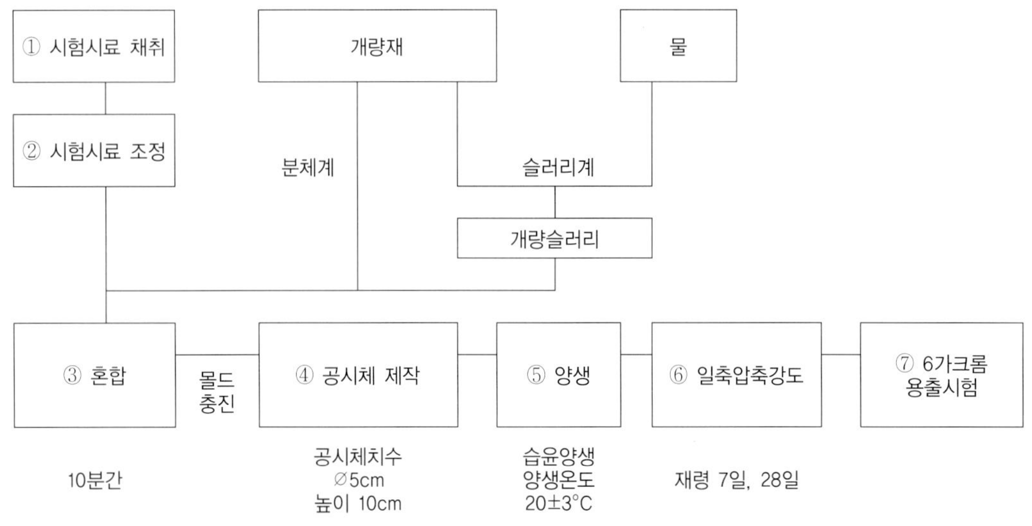

그림 3.2.10 실내배합시험 순서

(2) 시험순서

실내배합시험 순서를 그림 3.2.10과 사진 3.2.3에 나타낸다(DongAh, 2009).

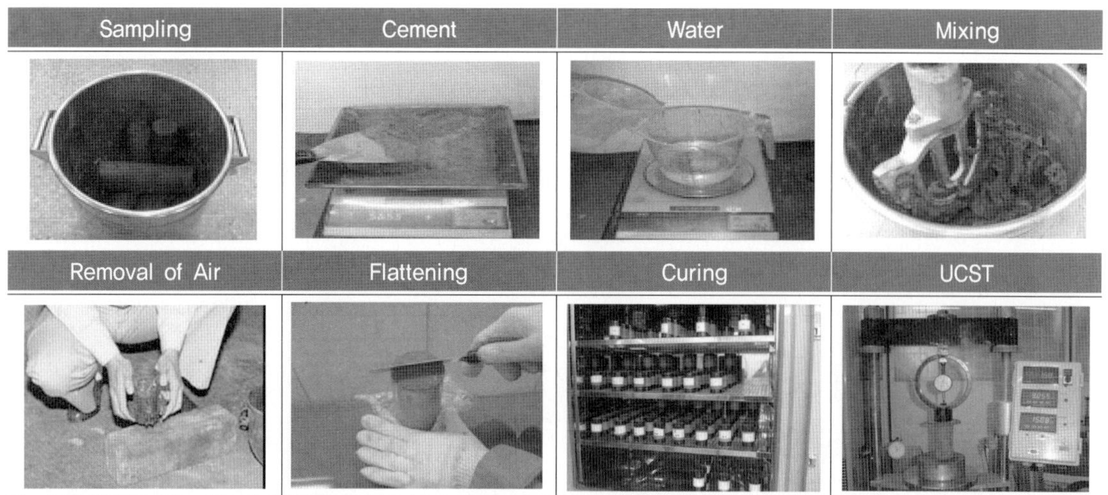

사진 3.2.3 실내배합시험

3.2.3 심층혼합처리 공법의 시공

1) 시공 및 품질관리

DCM 공법은 개량체를 직접 확인하면서 시공할 수 없고 재시공이 곤란하기 때문에, 시공 중에 실시간으로 시공 상황을 파악할 수 있는 관리시스템을 운용해 교반기 승강속도 및 회전수·고화재의 토출방식·선단처리 방식·착저층 심도 등을 관리해야 한다.

시공관리를 통한 DCM 시공 후에는 설계 시 결정된 품질확보 여부를 파악하기 위해 확인조사를 통해 채취된 DCM 개량체 코어로 개량체의 연속성을 조사하고, 일축압축강도시험으로 설계 시 설정한 강도와 비교한다.

(1) 교반횟수

개량체의 품질을 좌우하는 가장 중요한 요소 중의 하나는 고화재와 개량 대상 지반의 혼합정도이며, 이를 위해 교반기의 교반횟수가 중요한 지표로 사용된다.

$$T = \Sigma M \times \left(\frac{N_d}{V_d} + \frac{N_u}{V_u} \right) \tag{3.2.2}$$

T : 교반기의 회전수(회/m) N_u : 승강 시 날개 회전수(회/분)

ΣM : 교반기의 총 날개수 V_d : 교반기의 하강속도(m/분)

N_d : 하강 시 날개 회전수(회/분) V_u : 교반기의 승강속도(m/분)

교반기의 회전수는 식 3.2.2와 같으며, 일본의 경우에는 교반횟수 350회/m 이상을 관리기준으로 하고 있다. 국내도 DCM 교반기의 rpm(분당 회전수)을 조정하거나 하강 및 승강속도를 조절함으로써 교반횟수를 제어하고 있다(구임식, 2006).

(2) 고화재 토출방법

표 3.2.9 DCM 공법 고화재 토출방법

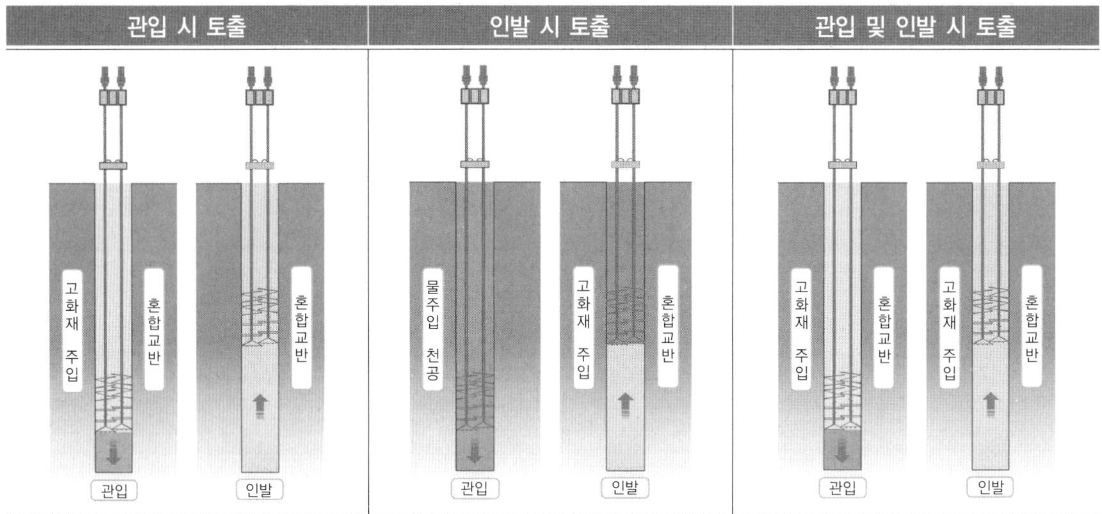

교반횟수와 더불어 고화재의 토출방법에 따라 개량체 품질의 차이가 있으며, 토출방법은 지층특성과 공사기간을 고려해 결정한다. 일반적으로 고화재 토출방법은 교반기의 하강 및 승강 시 고화재의 토출 여부에 따라 표 3.2.9와 같이 관입 시 토출방식과 인발 시 토출방식으로 구분하는데, 슬러리계 DCM에서는 관입 시 토출방식을 많이 사용한다. 관입 시 토출방식은 흙과 고화재의 교반이 관입 시와 인발 시에 모두 가능하므로 교반의 균질성이 향상된다. 그러나 토질조건에 따라서는 교반시간이 많이 소요되거나 교반기 인발 시에 고화로 인해 시공성이 떨어질 수 있으므로, 불균질 또는 단단한 지층이거나 대심도 시공인 경우에는 인발 시 토출방식을 사용한다.

최근에는 관입 시와 인발 시에 모두 토출할 수 있는 방식도 사용하며, 지층조건에 따라서 선별해 사용할 필요가 있다.

(3) 선단처리 방법 및 착저 확인

교반횟수 및 고화재 토출방법과 더불어 DCM 시공관리에 필수적인 항목이 선단처리인데, 선단부 시공관리에 따라 DCM 개량체의 품질이 크게 좌우되기 때문이다. 선단처리를 위한 방법은 선단부에서의 교반속도를 관입 및 인발 시의 속도보다 느리게 하는 방법, 선단부에 해당하는 길이만큼 관입 및 인발을 반복해 교반하는 방법 등이 있으며, 두 가지 방법 모두 교반횟수를 증가시켜 품질을 확보하는 방법으로 단주시공에도 적용할 수 있다.

이상과 같이 선단처리를 통한 품질확보를 위해서는 DCM 지지 형식이 착저형인 경우 개량체 최하단이 지지층에 양호하게 착저되었는지를 판단해야 한다. 착저 여부의 판정은 시공심도와 지반조건에 따라서, 교반기의 관입시간 및 부하량 등을 통해 결정된다.

(4) 실내배합과 현장 확인강도의 상관성

DCM 품질관리의 목적은 개량체 강도를 확보하는 것이다. DCM 개량체의 일축압축강도는 원지반의 성질, 고화재 종류, 배합조건, 교반방법, 중첩조건 등 많은 요소에 의해 결정된다.

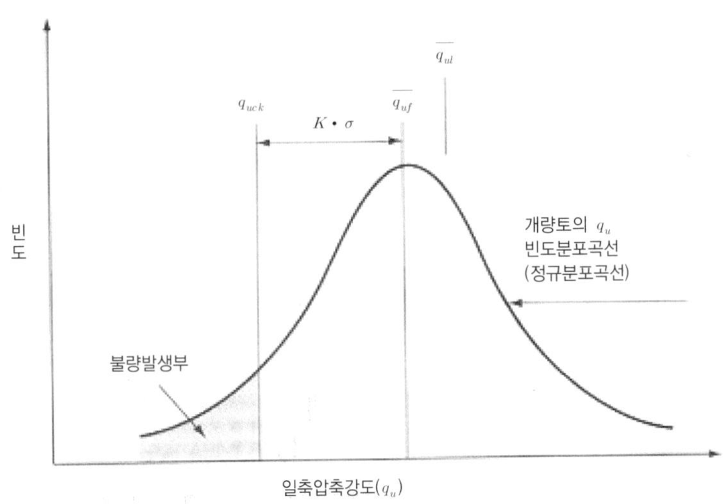

그림 3.2.11 실내배합강도와 현장강도의 상관관계

설계기준강도(q_{uck})는 원지반 개량대상토를 이용한 실내배합시험으로 결정하고, 실내배합시험에서 결정된 설계기준강도가 실제 현장시공을 통해 제대로 발현되는지를 현장 확인시험으로 확인한다. 실내배합강도와 현장강도와의 상관관계는 그림 3.2.11, 표 3.2.10과 같다. 그림 3.2.11은 실내배합강도와 현장강도, 설계기준강도와의 상관관계를 나타내는 것으로 설계기준강도

(q_{uck})는 현장에서 발휘될 수 있는 개량체의 일축압축강도(q_{uf})로 결정하며, 현장강도(q_{uf})에는 분산도가 있는 점, 현장강도(q_{uf})와 실내배합시험에 의한 일축압축강도(q_{ul}) 사이에 차이가 있는 점을 고려해 적절하게 설계기준강도(q_{uck})를 결정해야 한다.

표 3.2.10 계수 K와 불량률의 관계(일본)

계수 K	0.5	1.0	1.3	1.645	2.0
불량 발생률(%)	30.9	15.9	10.0	5.0	2.3

일본의 경우에는 많은 시험데이터를 분석하고 현장강도와 설계기준강도의 관계에서 계수 K에 대한 불량 발생률을 정하고 있는데, 이는 목표로 하는 개량토의 설계기준강도에 대해 어느 정도의 불량 발생률을 허용하는가의 지표가 되므로, 국내에서도 이런 자료의 축적이 필요하다 (H.Y.Kim et al, 2009).

(5) 확인조사

DCM 시공 후에 개량효과를 검정하기 위한 확인조사 시에는 물성시험뿐만 아니라, 채취한 DCM 코어의 일축압축강도시험으로 현장강도를 평가한다. 확인조사 위치와 수량은 시공규모와 조사목적에 따라 결정하지만, 조사 시기는 통상 개량체의 양생기간을 고려해 개량 후 28일 이후에 실시하고 있다.

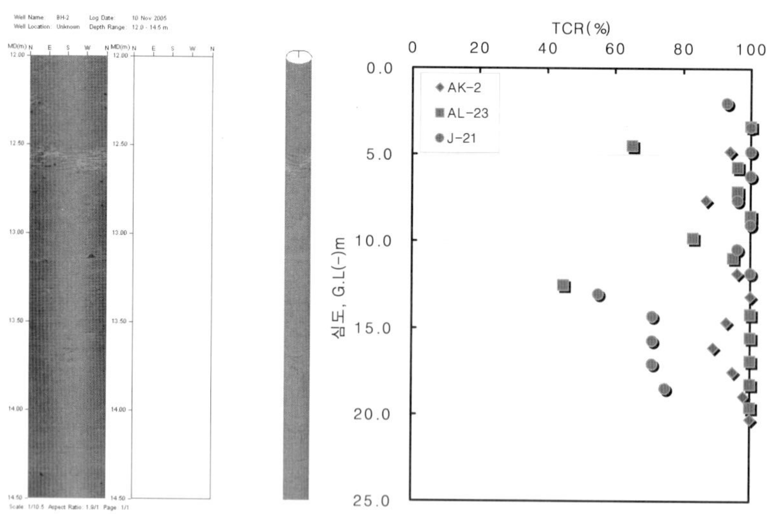

그림 3.2.12 개량체의 연속성 확인(BIPS, TCR 측정 예)

개량체의 강도 확인뿐만 아니라, 채취된 코어의 RQD나 TCR 값이나 그림 3.2.12와 같이 BIPS(시추공 내 영상촬영)로 개량체의 연속성을 확인할 수 있다(정경환, 2006.3).

(6) 기타 조사

필요에 따라서 개량체의 육안조사, 샘플링을 하지 않는 현지조사 및 계측 등을 실시한다. 육안조사는 개량체 시공 후 중첩부 등의 시공상태를 직접 관찰하는 경우와 실물 크기의 일축압축 강도시험을 하는 경우인데, 주로 육상공사에서 실시하며 해상공사에서는 실시하기 어렵다. 샘플링을 하지 않는 현지조사는 표준관입시험과 탄성파에 의한 비파괴검사가 있고, 계측은 시공 후 개량체의 거동을 각종 계측기로 관측해 설계조건과의 비교나 안정성을 확인해야 하는 경우에 실시한다.

2) 시공 장비

(1) 육상장비

사진 3.2.4 육상공사용 DCM 장비(135P, 170P)

국내의 DCM 육상장비는 표 3.2.11과 같이 파일드라이브에 따라 구분되는데, 사진 3.2.4는 장비 전경을 나타낸다. 2003년까지는 2~3축 개량체의 단면을 시공하기 위한 장비가 중심이었지만, 2004년에 이르러 처음으로 4축의 형태가 도입되었고, 2005년 국내에 처음으로 170P 파일드라이브가 도입되면서 현재는 4축 형태의 시공이 대세를 이루고 있으며, 약 40m까지 시공할 수 있다.

표 3.2.11 국내 적용되는 파일드라이브 제원

모델	항목	사양	시공 가능 심도			
			2축 시공		4축 시공	
DH608-110M M90D	리더 높이	33m	33m	Max.36m	33m	Max.36m
	리더 크기	Φ711×600	26m	29m	26m	
	총 하중	120ton				
	접지압	153kPa				
DH658-135M M95D	리더 높이	36m	36m	Max.42m	36m	Max.39m
	리더 크기	Φ711×600	29~30m	35~36m	29~30m	32~33m
	총 하중	136ton				
	접지압	173kPa				
DH808-170M M115D	리더 높이	39m	39m	Max.45m	39m	Max.42m
	리더 크기	Φ812×1000	32~33m	38m	32~33m	35~36m
	총 하중	180ton				
	접지압	178kPa				

(2) 해상장비

표 3.2.12는 (주)동아지질이 보유한 해상장비의 제원을 나타낸다. 해상작업은 풍속이나 파고보다는 너울(장주기파)의 영향을 받는 경우가 많다.

표 3.2.12 해상공사용 DCM 장비

항목	전용선(동지 1호)	전용선(동지 2호)
장비 전경		
크기(L×W×H)	75×32×5(m)	69× 23×3.5(m)
흘수	3.0m	1.8m
DCM 시공 심도	56.6m	54.0m
Leader 높이	64.6m	63.4m
연식	4축 3연	4축 2연
작업 가능 풍속	15m/sec	
한계파고	파고 1.5m, 8sec(회)	

3) 시공관리 시스템

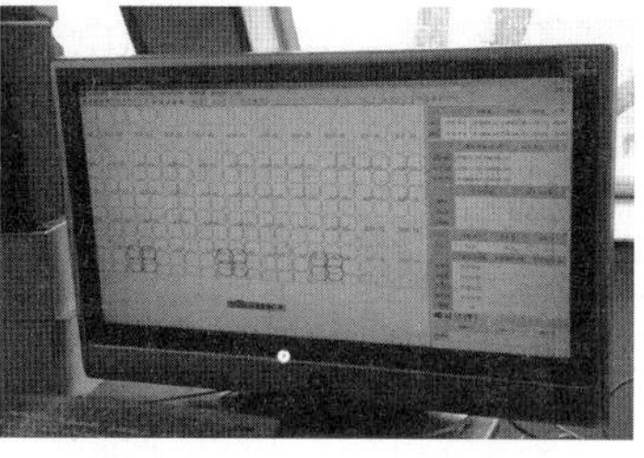

사진 3.2.5 계근 기록장치　　**사진 3.2.6** GPS 시스템　　**사진 3.2.7** 심도기록장치

　육상 및 해상 공사용 DCM 장비에는 사진 3.2.5~사진 3.2.7과 같은 시공관리 시스템으로 DCM의 주재료인 물·시멘트의 배합량 계근장치, 시공위치 확보를 위한 GPS시스템, 개량심도 확인을 위한 심도기록장치 등이 있다. 이 외에도 연직성 확보를 확인하기 위한 경사계, 착저지반 확인을 위한 유압계 및 하중계, 굴진속도계 등도 있다.

4) 환경 문제

(1) 수질

　해상 DCM 공사 시의 수질은 민감한 환경요인 중 하나이다. 수질에 대한 시험항목으로는 pH (수소이온 농도), SS(부화물질), 염도, 수은 등이 있으며, 필요에 따라서는 DO(용존산소량), COD(화학적 산소요구량), 투명도 조사 등을 실시한다.

　그림 3.2.13은 일본의 해상 측정사례로 시공 전, 시공 중, 시공 후의 지속적인 측정 자료에

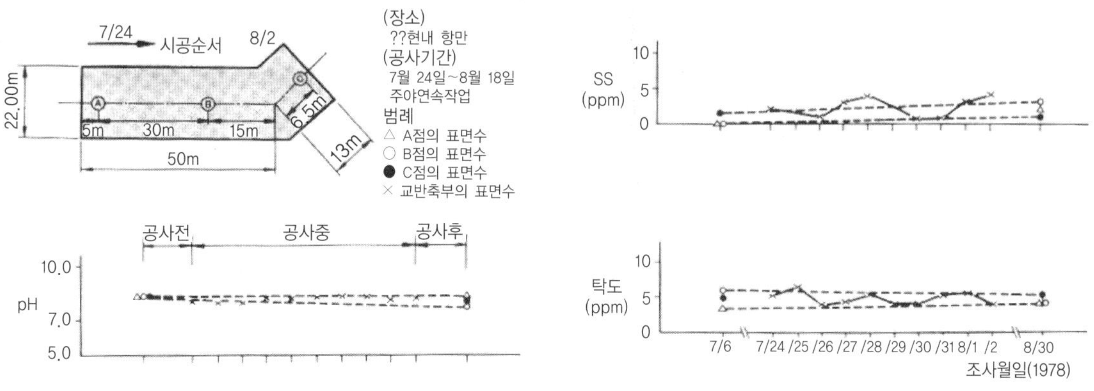

그림 3.2.13 일본 수질 측정사례(pH, SS, 탁도)

의하면 공사에 미치는 영향이 없다(CDM 研究會, 1996). 일본의 DJM 자료에 의하면, 개량체와 개량체 사이 지반의 pH를 측정한 자료를 비교해 주변 수역에 미치는 수질영향이 없음을 입증했다(토목연구센터, 2004).

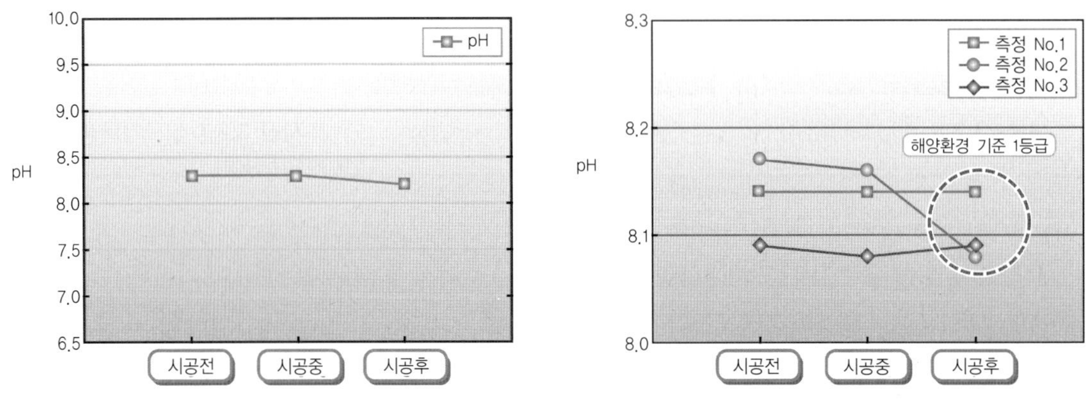

그림 3.2.14 수질 측정사례 – (a) 일본사례 및 (b) 국내사례(전남 외나로도항)

그림 3.2.14는 일본과 국내의 수질(pH) 측정사례를 비교한 것이며, 국내의 해양환경기준 1등급에 해당하는 것으로 분석되었다.

(2) 소음 및 진동

소음의 영향은 소음의 크기와 현장에서부터의 거리, 생활시간대 등 주변 상황에 따라 다르다. 그림 3.2.15는 소음감각과 소음레벨의 거리감쇄를 나타내는데(CDM研究會, 1996), DCM 공법이 바이브레이터를 사용하는 다른 지반개량 공법에 비해 저소음 공법이다.

일본의 예를 보면, DCM 전용선의 경우 소음 발생원에서 30m 이상이면 측정소음이 국내 소음기준인 75dB 이하를 만족하지만, SCP 공법이 동일한 소음기준을 만족하기 위해서는 소음 발생원에서 약 100m의 거리가 필요하다. 그림 3.2.16은 지반개량 공법의 종류에 따른 진동감각, 진동레벨의 거리감쇄를 나타내는데, DCM 공법이 다른 공법에 비해 훨씬 낮은 것으로 나타난다.

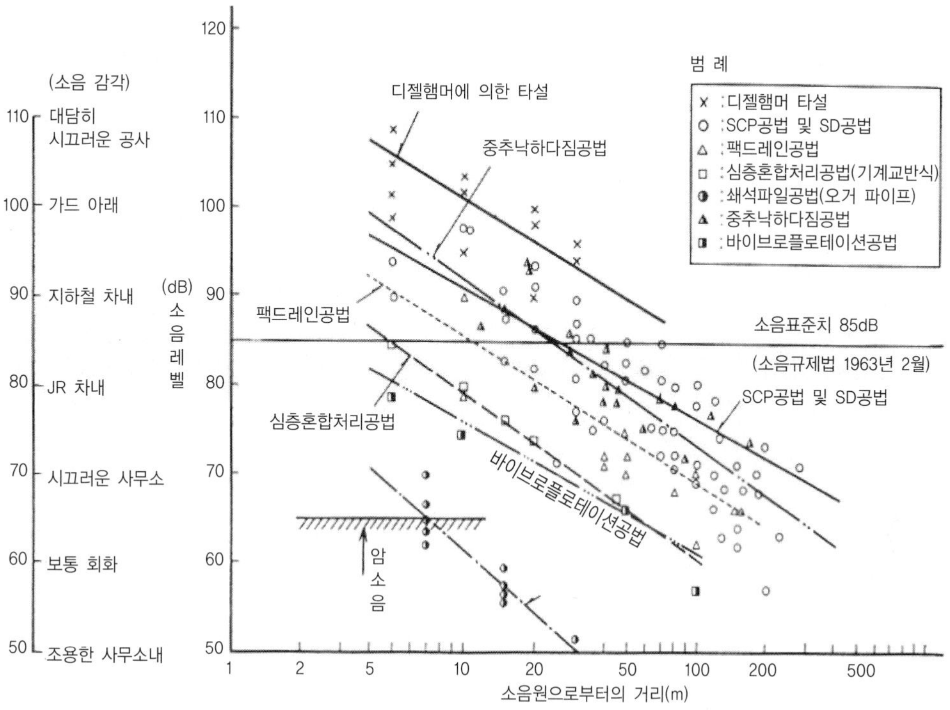

그림 3.2.15 소음감각, 소음레벨의 거리감쇄

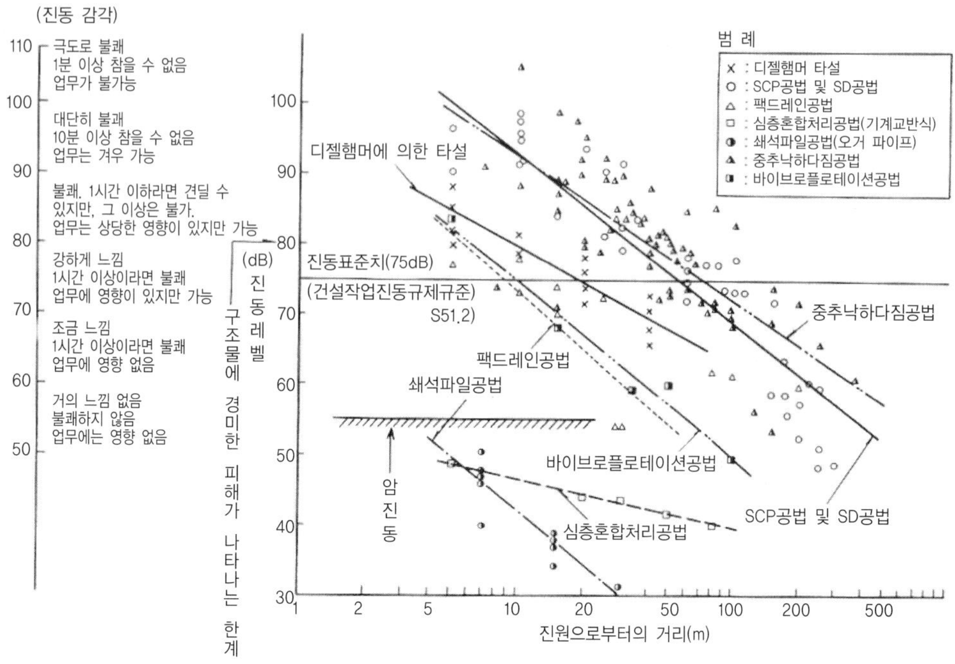

그림 3.2.16 진동감각, 진동레벨의 거리감쇄

(3) 6가크롬(Cr^{+6})

- 국내분석시험 예

시멘트 등의 고화재로 지반을 개량한 개량토의 경우 토질조건에 따라 6가크롬(Cr^{+6})의 용출에 대한 시험이 필요하다.

표 3.2.13 6가크롬(Cr^{+6}) 분석결과 사례

구분	Cr^{+6} 분석치(mg/kg, mg/ℓ)			성분분석기관
	시멘트	원지반	개량토	
김해내외지구(DH-8)	미검출	0.08	0.09	한국○○연구원
광양항(BH-B5-7)		1.12	0.23	
감천항(NBH-8)		0.08	0.24	
신선대부두(R-13)		미검출	미검출	
신선대부두(5-13)		미검출	미검출	

표 3.2.13은 부산, 김해 및 전남(광양, 나로도) 등의 남해안지역의 연약지반과 DCM 공법을 적용한 개량체의 6가크롬(Cr^{+6}) 성분을 조사한 결과이다. 시멘트 자체에 대한 성분 분석결과, 6가크롬(Cr^{+6}) 성분은 없는 것으로 나타났고 원지반은 지역에 따라 6가크롬(Cr^{+6})이 미량으로 함유되어 있었다. 흙과 시멘트($300kgf/m^3$)를 물시멘트비 1:1 배합으로 혼합한 경우 원지반의 성분과 유사했으며, 토양환경 보전법·해양오염 방지법·폐기물 관리법의 관련 기준치를 만족했다.

- 일본의 6가크롬(Cr^{+6}) 현황

일본은 1999년 이후 국토교통성(구 건설성) 관할의 공사에서 시멘트계 고화재 등을 사용해 지반개량을 하는 경우 6가크롬(Cr^{+6}) 용출시험을 실시했다. 6가크롬(Cr^{+6}) 용출시험은 그림 3.2.17과 같이 실시하는데, 시공 전의 사전시험과 시공 후의 사후시험으로 구분하며, 공사의 규모·토질조건 등에 따라 시험횟수 등을 결정한다. 사전시험은 실내배합시험에서 재령 7일째에 일축압축시험을 실시한 후, 실제 시공 시 사용할 고화재량을 산출해 그것과 유사한 공시체로 실시한다. 사후시험은 채취한 공시체로 실시하며, 용출시험 방법은 사전시험과 동일하다.

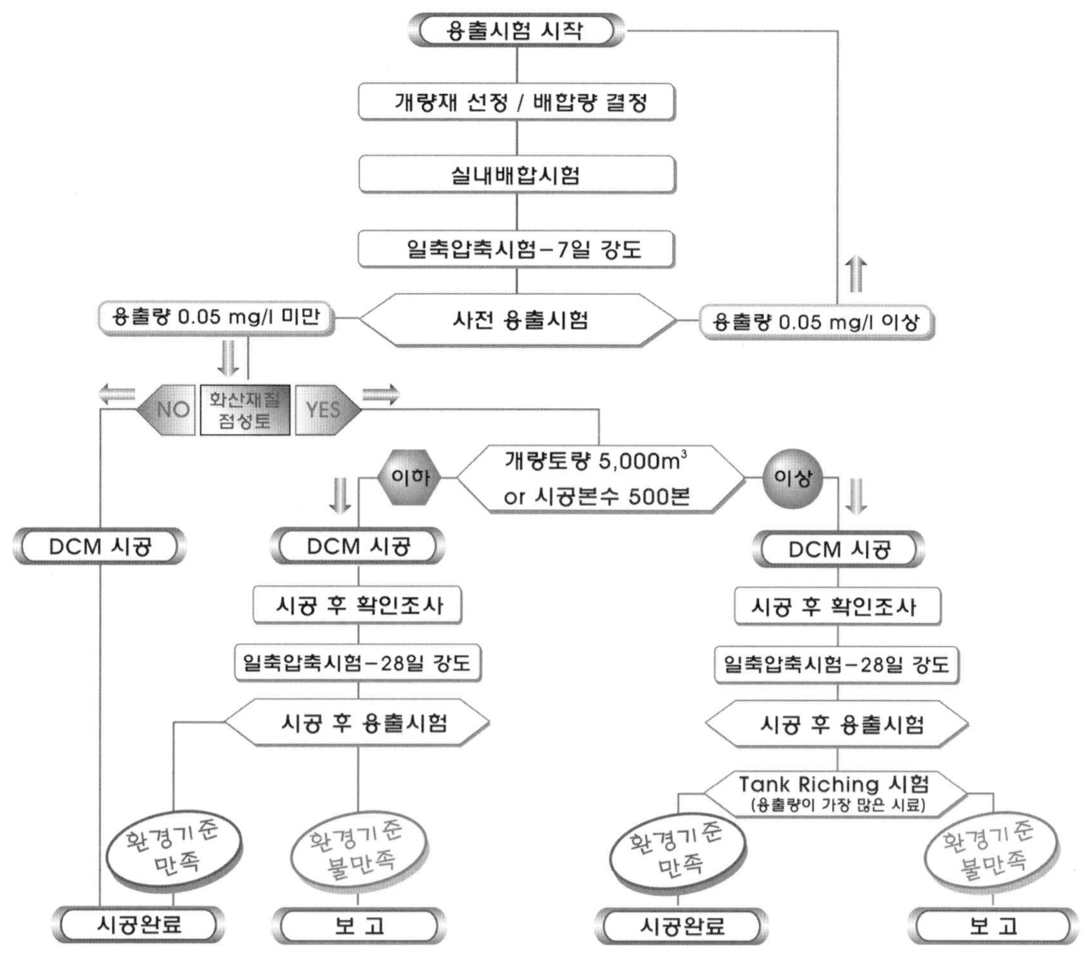

그림 3.2.17 6가크롬(Cr^{+6}) 용출시험 흐름도

일본 국토교통성에서는 현장용출시험과 주변에 미치는 영향을 확인하기 위해 1999년 12월부터 과거에 시공된 개량토의 자료를 수집·검증했으며, 공공기관에서 시공한 34개소에 대한 현지 샘플링조사 결과, 6가크롬(Cr^{+6})의 용출치가 토양환경기준을 초과하는 경우라 할지라도 지금까지 주변 토양이나 지하수에 영향을 미치는 경우는 보이지 않았으며, 이는 주변 토양에 의한 흡착이나 환원작용에 의한 것으로 보고하고 있다(토목연구센터, 2004).

(4) 부상토 처리방안

DCM 공사 시에는 원지반 토사와 시멘트 슬러리가 혼합된 일부가 지중에서 상승해 지표부근에 형성되는 것을 부상토라고 한다. 부상토량은 시공지역의 지층상태 및 DCM 개량층의 폭·두께·개량률 및 DCM공의 시공순서·해저면 상태·DCM의 공삭공 길이·기존 구조물의 유무 등에 따라 다르지만, 설계 시에는 통상 시멘트 페이스트 주입량의 70%로 산정한다(CDM 硏究會, 1996). 부상토의 강도는 원지반의 토질상태 및 시멘트 배합량에 따라 다르지만, 부상토 상부에 서 약 40~50cm 아래의 강도가 5~20kgf/cm^2 정도로 보고되고 있다.

부상토의 처리방법은 설계 시 결정한 DCM 개량천단까지 준설·제거하는 방법, 표층부근까지 DCM 개량 후 표층부와 함께 준설하는 방법, 그리고 표층까지 DCM 개량 후 부상토를 제거하지 않고 상부에 기초사석을 설치하는 방법 등 세 가지로 구분할 수 있다. 부상토량을 줄이기 위해 서는 물·시멘트 배합비를 낮추어 주입량을 감소시키는 방법을 채택하는 것이 바람직하며, 목표 강도와의 관련성을 염두에 두고 결정해야 한다.

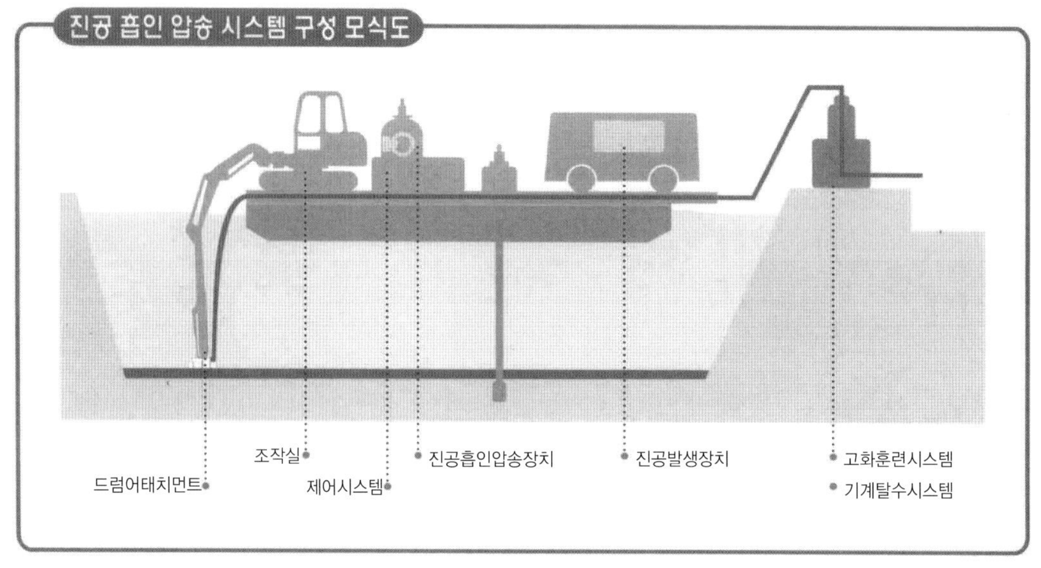

그림 3.2.18 부상토 흡입장치의 모식도

또한, 그림 3.2.18과 같이 DCM 시공 직후에 발생한 부상토를 즉시 흡입처리(suction)하는 방안이 있는데 처리심도의 제한을 받는 문제점이 있다. 마지막으로 사석체를 대체하는 방법으로 시공 전 예상되는 두께의 모래를 DCM 계획 상단에 부설하고 DCM 시공 시 융기되는 부상토와 모래를 강제 교반시켜 사석체로 대체하거나 고화재를 추가하여 재활용하는 방안도 있다 (CDM 硏究會, 1996).

5) 시험시공

실내시험에서 결정한 배합비를 현장에 적용할 경우, 필요에 따라서 시험시공을 실시한다. 실내시험과 동일하게 고화재의 종류와 배합량, 물/배합비 등에 따라서 시험시공의 패턴을 설정하며 그림 3.2.19는 싱가포르 MCE 프로젝트에서 실시한 시험시공 배치 예를, 그림 3.2.20은 시험시공 결과 예를 나타낸다(DongAh, 2009).

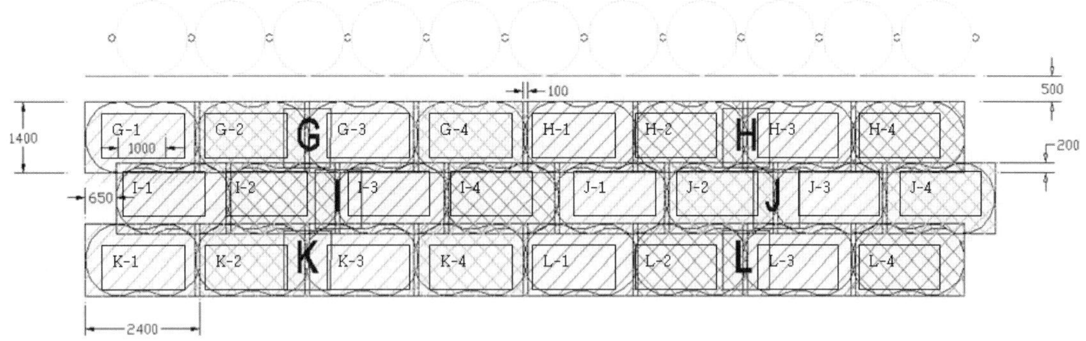

그림 3.2.19 시험시공 배치(싱가포르 MCE 예)

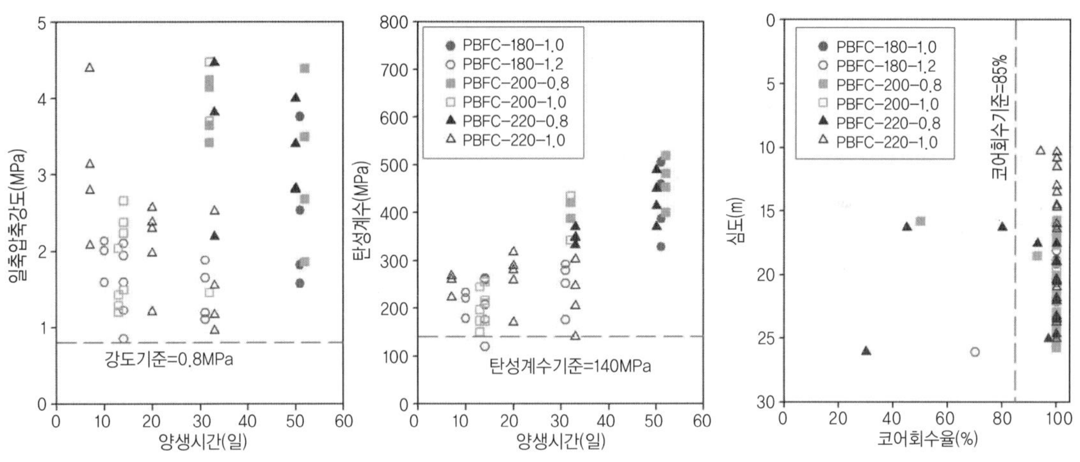

그림 3.2.20 시험시공 결과(싱가포르 MCE 예)

3.2.4 심층혼합처리 공법의 적용사례

- 육상사례 1 : 자립식 벽체(김해 배수펌프장)
- 육상사례 2 : 흙막이 지중보(싱가포르 MCE)
- 해상사례 1 : 방파제 기초(울산신항)
- 해상사례 2 : 침매터널 기초(거가대교)

3.2.5 DCM 공법의 연구동향과 개선방향

1) 최근 연구동향

DCM 공법은 최초 개발과 국내도입의 역사나 적용실적에 비해서, 국내의 학술적인 연구는 상당히 미진했다. 국내는 지반공학회에 소개(박성재, 1986)된 이후 DCM의 설계인자나 역학적 성질에 관한 연구, 수치해석기법에 대한 연구, 실내모형시험에 대한 연구, 현장적용사례 및 품질관리에 관한 연구 등이 있다.

(1) 역학적 성질에 대한 연구

양태선 등(2000)은 실내 및 현장 배합시험에 따른 강도결과를 시험과 설계사례를 통해 분석하고 변형계수가 일축압축강도에 대해 선형관계를 보인다는 결과를 언급하고, 실제 침하량과 측방변형 등의 수치해석 시 적용 가능한 강도–변형률 관계식을 제안했다.

유찬 등(2003)은 심층혼합처리 방식에 의한 연구결과와 국내외 시공 실적을 정리했으며, 처리토의 강도발현 특성과 내구성 등의 역학적 성질에 대해 고찰했다. 장기강도는 시멘트의 첨가량이 높을수록 강도가 증가하며, 내구성은 중량 손실률 기준을 만족하는 것으로 나타났다.

김영상 등(2006)은 국내 DCM 사례를 토대로 실내배합시험 조건과 강도시험 결과와 현장에서 채취한 개량체의 현장일축압축강도 등을 D/B화하고, 이 자료로부터 원지반 및 고화재의 특성과 기타 설계조건으로부터 개량체의 일축압축강도를 예측하기 위한 인공신경망 모델을 구축해, 남해안 지역의 DCM 사례로 검정했다. 이 모델은 추후 다양한 조건에 의한 개량체의 강도변화에 대한 선행설계 및 예측에 활용될 수 있을 것이다.

정경환 등(2008)은 통계적 방법을 이용해 설계기준강도와 현장강도 및 실내강도와의 관계를 설정했고, 국내사례를 토대로 국내여건에 적합한 실내강도와 현장강도와의 비(λ)를 제안했다.

K. H. Lee 등(2009)은 일본의 오키나와에서 열린 Deep Mixing Symposium에서 카오린 점토–시멘트에 대한 실내배합시험 연구결과를 발표했고, G. H. Jeong 등(2009)은 Deep Mixing Symposium의 working group 활동을 통해 배합비·배합시간·양생온도 등 국제적으로 통일되어 있지 않은 실내배합시험의 공동연구에 참여했다.

이충호 등(2009)은 DCM 설계에서 고려해야 할 주요인자 중에서 안정처리제의 화학반응, 개량체의 주요 제원, 배합강도에 미치는 인자와 설계 시 고려해야 할 요소 등을 정리하고, 내·외적 안정해석에 주의해야 할 사항들을 제시했다.

(2) 수치해석기법에 대한 연구

정두회 등(2005)은 2차원 유한요소해석을 통해 제방하부 DCM 개량체의 측방변위 및 휨모멘트 등을 평가했으며, 두 가지 요소, 즉 plane strain과 beam 요소를 사용할 때 DCM 개량체의 파괴양상을 비교했다.

(3) 실내모형시험

이광렬 등(2009)은 심층혼합처리 공법의 교반기 형상과 모터효율에 따른 개량체의 형상변화에 대한 개량효과를 검토하기 위해 교반날개의 각도, 양생기간, 혼화제 분출방식 등을 영향인자로 모형시험을 실시했다.

(4) 현장 적용사례에 대한 연구

조성태 등(2006)은 국내 최초로 서해안 지역의 토질특성을 반영해 군장안벽공사에 적용된 DCM 공법의 특성, 설계 및 환경평가의 결과를 나타냈다. 그리고 실내모형토조 실험결과 DCM 개량 시 원지반조건에 따른 지지력의 증가 정도를 평가했으며, DCM 적용 시 수질시험 결과 국내의 해양환경기준 1등급을 만족하는 것으로 나타났다.

구임식 등(2006), G. H. Jeong 등(2009)은 울산신항 방파제에 적용된 DCM 공법에 대해 국내 처음으로 건조된 한국형 DCM 전용선의 특징과 품질관리를 위한 시스템을 소개했으며, 실내배합시험에 의한 일축압축강도와 탄성계수의 관계를 분석하고 지역별로 비교했다. 인접지역의 방파제에 사례로 H. Y. Kim 등(2009)과 강연익 등(2009)의 연구도 있다.

2) DCM 공법의 향후 개선방향

(1) 설계법

일본의 경우 육상 및 해상공사에 대한 설계 매뉴얼을 별도로 제정해 개량목적 및 형식에 맞는 설계를 수행하고 있고, 유럽의 지반공학 분야 설계는 Eurocode 7 ENV 1997-1을 따르는데, DCM 설계는 prEN 14679 'Execution of special geotechnical works-deep mixing'을 기준으로 한다. 최근에는 일본과 유럽을 중심으로 DCM 설계법을 통합하기 위한 연구도 진행 중이다. 하지만 국내의 경우에는 해상공사용 기준이 일부 있지만 특정 개량형식에 한정되어 있어서 대부분 외국의 설계 및 시공매뉴얼을 참고하고 있어 국내의 여건에 맞는 설계기준 마련이 필요하다.

설계 영향인자인 설계기준강도의 확립도 국내여건에 부합해야 한다. 일본의 경우 실내배합강도와 현장강도와의 상호 관련성에 근거해 결정되므로 국내에서도 지반특성에 좌우되는 DCM

개량 후의 강도에 대한 객관적인 자료축적을 위해 여러 현장의 원지반 물성치, 사용 시멘트량, 실내배합강도, 현장강도 등에 대한 데이터의 수집·분석이 필요하다. 뿐만 아니라, DCM 공법에 대한 수치해석기법도 더욱 활성화되어야 하고 계측결과와의 비교 검정도 필요하며, 신뢰성 기법에 대한 연구발전도 동시에 이루어져야 할 것이다.

저개량률 DCM 공법의 적용 확대를 위한 장·단주 개량체의 활용방안과 DCM 상부에 토목섬유를 설치하는 방안 및 부상토의 활용방안에 대한 연구도 이루어져야 할 것이다.((財)土木硏究セン一タ, 2000)

(2) 시공관리

DCM 시공에서 중요한 교반횟수, 고화재 토출방식, 그리고 선단처리방식 및 착저 확인에 대해서는 국내에서도 관심 높게 다루어지고 있지만, 이에 대한 연구성과 발표 및 확립은 아직 미진하다. 따라서 교반횟수 및 고화재 토출방식은 현장강도의 확인에 따른 데이터베이스화를 통해서 국내여건에 적합한 형식을 선정해야 하며, 이로부터 시멘트의 사용량을 줄여 시공원가와 환경에의 영향을 줄이는 효과를 기대할 수 있을 것이다. 선단처리방식 및 착저 확인은 DCM 기초로서의 기능에 영향을 줄 수 있고, 이에 대한 시공관리가 부족할 경우 상부 구조물에 영향을 미칠 수 있다. 선단처리방식은 외국의 사례와 비교·분석해 적합한 방식을 채택하는 것이 바람직할 것으로 판단되며, 착저 확인은 현재 여러 항목(관입저항, 모터의 토크 등)에 대해서도 향후 장비의 시공시스템과 관련해 과학적이고 합리적인 자동화 방식으로 개선해야 한다.

(3) 품질관리

현재 사용되고 있는 DCM 장비에는 시공 중 실시간으로 품질관리를 확인할 수 있는 시스템이 개발되어 운용할 수 있지만, 이의 반영과 관리 및 개발이 지속적으로 이루어져야 한다. 그리고 관리시스템 이외에도 국제적인 요구에 상응하고 국내여건에 맞는 실내배합시험 방법의 확립이 요구되며, 아직 국내에서는 시도된 적이 없지만 현장의 지반조사 중 회전관입 사운딩으로 개량된 강도를 추정하는 방법(楠本太, 1993·塚田辛廣, 1997)에 대한 연구로 강도뿐만 아니라 개량체의 연속성에 대한 평가를 위한 시스템의 개발이 필요하다. 또한, 시추공을 이용해 실시하는 토모그라피 등의 비파괴방식에 의한 조사방법에 대한 지속적인 연구도 필요하다(동아지질, 2009).

(4) 개량체의 특성규명

DCM은 시멘트(또는 석회 등)를 고화재로 사용한 화학적 고결 공법으로서, 개량체를 형성하는 과정에서 고화재의 종류, 배합조건, 대상지반의 특성, 혼합방법, 양생환경 등에 의해 강도, 균질성 등의 개량효과가 영향을 받는다. 그중에서 대상지반의 성질은 입도분포, 함수비 등의 물리적 성질과 pH, 유기물 함량 등의 화학적 성질에 따라 지역별로 특색이 다양하므로 지역별, 원지반 특성별로 데이터베이스를 구축해야 한다. DCM 공법은 주로 고함수비의 연약지반에 적용하므로 개량체를 개량된 지반으로 취급할 때에는 전단과 압밀특성이 중요하지만, 현재는 개량체의 일축압축강도 평가에 한정되어 있어서 삼축압축시험이나 압밀시험 등을 통한 관련 데이터도 축적해야 한다. 뿐만 아니라, 실내배합시험과 현장시험과의 상관관계, 개량체의 내구성 및 장기강도특성에 대해서도 연구해야 하며, 시공지역의 지층상태, DCM 개량률, 공삭공 길이 등에 따라 달라지는 부상토량과 강도특성에 대한 분석을 통해 향후 부상토의 처리방법 및 재활용방안에 대해서도 연구해야 한다.

(5) 시스템

동일한 공법이지만 일본과 유럽의 DCM은 시스템상의 차이가 있다. 일본은 다축의 대형화 장비를 많이 적용하지만, 유럽은 단축 위주의 소규모 장비 중심으로 적용하고 있다. 교반날개도 일본은 대형화 추세이지만, 유럽은 소형 중심이며, 교반방식도 일본은 저속회전, 유럽은 고속회전을 지향한다. 일본에서는 고압분사와 교반을 혼합한 형식의 장비도 개발되어 있다.

국내 DCM은 일본 방식의 기술을 채택하고 있는데, 일본에 비해 적용하는 단면의 다양성이 부족하며, 최근에 4축 단면을 개발했다. 하지만 2004년, 해상공사용 DCM 전용장비(동지 1호)는 일본에서 채택하지 않은 4축 3연 방식을 적용해 일본보다 높은 시공효율을 지닌 시스템을 국내여건에 맞게 개발했다. 또한 육상·해상 장비에 장착할 수 있는 위치 시스템도 개발해 국내외 현장에서 적용되고 있다(DongAh, 2009).

서해안의 경질지반(점성토 N=4~15, 사질토 N=10~30)에 적용하기 위한 특수 교반날개를 개발했고(정경환, 2006), 싱가포르에서는 4축보다는 단면적이 작지만 보다 효율적인 2축 단면의 적용사례도 있다(Suck-Chan Lim et al, 2009.10).

또한, 고압분사를 동시에 할 수 있는 DCM 시스템뿐만 아니라, 국부적으로 관입이 어려운 지층이 분포하는 경우에 적용할 수 있는 타입식 해머를 부착한 공법도 개발되고 있다.

(6) 재료개발

DCM 초기에는 고화제로 포틀랜드 시멘트를 많이 사용했지만, 최근에는 경제적이고 일축강도도 큰 고로 시멘트를 주로 사용하고 있다. 소수이기는 하지만, 대심도용을 위한 지연성이나 조강성을 갖는 등의 특수한 목적에 따라서 혼화제를 사용하는 경우도 있다. 추후에는 재활용

재료와의 혼합을 목적으로 하는 재료개발에 대한 연구도 필수적이다.

(7) 장비 개선 및 개발

최근 장비의 개선 방향은 다음과 같은 특징을 갖고 있다.

① 교반의 능률을 올리기 위해 교반날개의 축을 증가시키거나(다축) 교반성을 향상시키는 시
　스템

② 교반과정에 지반의 융기나 변형을 최소화하는 시스템 : CDM-LODIC

③ 벽체 형식의 개량체를 조성하는 시스템 : TRD, CSM

④ 친환경성을 높이는 시스템

다축으로의 개발은 2~3축으로 시작된 DCM 공법이 4~5축일 뿐만 아니라 단면적도 점차
큰 시스템을 도입하는 것으로 개선되고 있어서, 시공성과 경제성 및 교반의 품질이 향상되고
있다. 또한 이 분야의 개선은 비트나 날개 형상 개선에 따른 개량체의 강도증가와 균질성 등도
향상시키는 데 기여하고 있다.

인접 구조물에 근접해 DCM을 시공할 때 발생하는 변위를 저감하는 방법은 다음 세 가지가
있는데, 주변 지반의 변위를 최소화하기 위해 배토시공 타입을 채택하고 있다.(DCM-LODIC
技術資料)

① 구조물 주변에 변위 흡수공을 설치하는 방법

② 대상 구조물과의 위치관계에 주목한 타설방법·타설순서를 고려하는 방법

③ 지반변위를 발생시키는 주요 인자인 관입기계 체적과 개량재 주입량에 상당하는 지반 중
　의 흙을 시공 중에 배출하는 배토시공 타입을 적용

벽체형식의 개량체를 현성하는 방법 중에는 TRD와 CSM이 있다.

1994년에 개발된 일본의 TRD(Trench cuttdng & Re-mixing Deep wall method) 공법은
시멘트 슬러리를 주입하며 체인 비트를 상하로 회전시키면서 수평으로 이동하는 시스템이다.
지반을 수평으로 교반시키는 기존의 개량방식과는 달리 상하로 교반시키므로 상하 방향의 균질
한 개량체 품질관리가 용이하다는 장점이 있다. 조성할 수 있는 개량체의 두께는 450~850mm
이고 최대 50m까지 시공할 수 있다(TRD工法協會, 1994).

독일의 Bauer 사가 개발한 CSM(Cutter Soil Mixing) 시스템은 수평으로 교반시키는 기존
방식과는 달리 2개의 Cutter Wheel로 구성되어 폭 500~1,200mm이고 길이 2,200~
2,800mm인 패널을 35~70m까지 cut-off wall과 유사한 형식으로 중첩시켜 연속적으로 개량
벽체를 조성할 수 있다(Fiorotto et al., 2005).

300

그림 3.2.21 TRD 시스템

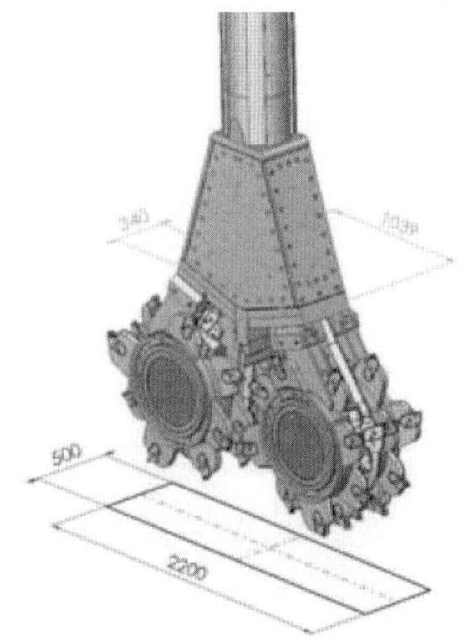

그림 3.2.22 CSM 시스템

최근 일본에서는 천연에너지(태양열) 사용과 고효율(에너지 재생)을 고려한 하이브리드 시스템의 CDM 전용선을 개발한 사례도 있다.

참고문헌

1. 강연익, 심민보, 심성현, 김하영, 심재범, 천윤철, 윤종익(2009.10), "방파제 기초에 적용된 DCM 공법의 설계 및 시공사례", 『한국지반공학회 2009년 가을학술발표회 논문집』, pp. 815~826.

2. 구임식, 김영상, 정경환, 최정욱, 신민식, 김재현(2006. 3), "DCM 공법에 의한 방파제 기초 적용사례", 『한국지반공학회 2006년 봄학술발표회 논문집』, pp. 372~382.

3. 김영상, 정현철, 허정원, 정경환(2006. 3), "심층혼합처리된 개량토의 일축압축강도 추정을 위한 인공신경망의 적용", 『한국지반공학회 2006년 봄학술발표회 논문집』, pp. 1159~1164.

4. 동아지질(2009. 5), "DSM 탄성파 토모그라피 결과(MCE 485 공구)"

5. 박성재(1986), "심층혼합처리 공법", 『한국지반공학회 학술발표회 강연집, pp. 73-105.

6. 양태선, 정경환, 신민식(2006. 5), "흙막이 구조물 공사에서 심층혼합처리 공법의 적용", 한국구조물진단학회 2006년 봄학술발표회 논문집』, pp. 449~454.

7. 양태선, 정경환, 여봉구, 이상수(2000), "심층혼합처리 공법에서 설계기준강도와 변형계수에 관한 연구(A Study on Design Strength and Elastic Modulus Using Deep Cement Mixing Method)", 『대한토목학회 2000년도 학술발표회 논문집』, pp. 615~618.

8. 연안개발기술연구센터(2000), "해상공사에서의 심층혼합처리 공법 기술 매뉴얼",(주)동아지질 교육자료.

9. 유찬(2003. 12), "폐기물매립장 및 하천제방의 차수 및 보강공법", 한국건설기술연구원 2003 지반환경, pp. 129~148.

10. 이충호, 정승용, 한상재(2009), "DCM설계에서 주요인자의 결정과 내·외적 안정해석", 『한국지반공학회 2009년 가을학술발표회 논문집』, pp. 793~808.

11. 정경환, 김용완, 신민식, 한경태, 김태효(2006. 3), "DCM(심층혼합처리 공법)에 의한 자립식 흙막이 적용사례", 『한국지반공학회 2006년 봄학술발표회 논문집』, pp. 257~267.

12. 정경환, 배종견, 정문식, 신민식, 한경태, 신평수(2006. 2), "경질지반용 DCM 특수 교반날개의 개발에 관한 연구", 『한국지반공학회 준설매립기술위원회 학술발표회 논문집』, pp. 193~206.

13. 정경환, 신민식, 한경태, 이정화, 김재환(2008. 3), "통계적 방법을 이용한 DCM설계정수 결정을 위한 제안", 『한국지반공학회 2008년 봄학술발표회 논문집』, pp. 462~471.

14. 정두회, 김희준, 김우식, Tam, N. M.(2005), "Factors Affecting Strength Characteristics of Stabilized Clay", 대한토목학회 2005년 학술발표회 논문집』, pp. 3417~3420.

15. 조성태, 박중배, 양봉근, 진성기, 정경환(2006. 2), "서해안 군장지역 DCM 공법의 안벽기초 설계사례", 『한국지반공학회 2006년 준설매립위원회 학술발표회 논문집』, pp. 119~136.

16. 토목연구센터(2004) : "육상에서의 심층혼합처리 공법 설계·시공 매뉴얼", (주)동아지질 교육자료

17. 해양수산부(2005), "항만 및 어항설계기준"

18. CDM연구회(1996), "시멘트계 심층혼합처리 공법, 설계와 시공 매뉴얼(설계·시공편)–번역판",(주)동아지질 교육자료.

19. DongAh(2009. 5) : "Marina Coastal Expressway Contract 485(Marina East) Report for Lab Mixing Test and Trial Test of DSM"

20. Druss, David L(2005) : "Challenge of Employing Deep Mixing Methods in the US", Deep Mixing 2005 Stockholm Symposium.
21. Fiorotto R., Stotzer E., Schopf M., Brubber W.,(2005) : "Cutter soil mixing(CSM) — An innovation in soil mixing for creating cut-off and retaining walls. International conference on deep mixing — best practice and recent advances. Swedish Deep Stabilization Research Centre. Proceedings.
22. H.Y.Kim, S.H.Shim, S.G.Shin, M.B.Shim(2009.5) : "Optimum design for the deep cement mixing in a soft soil with deep water depth", Deep Mixing 2009 Okinawa Symposium.
23. Jeong G.H, Shin M.S, Han G.T, Kim J.H, Kim Y.S.(2009.5) : "DCM Application to South Breakwater Foundation in Ulsan New Port", Deep Mixing 2009 Okinawa Symposium.
24. Jeong G.H, Shin M.S, Han G.T, Lee J.H, Kim J.H,(2009.5) : "Studying for Lab Mixing Test of Task 2 in Korea", Deep Mixing 2009 Okinawa Symposium.
25. K.H.Lee, G.L.Yoon(2009.5) : "Mechanical properties of weakly bonded cement stabilized Kaolin", Deep Mixing 2009 Okinawa Symposium.
26. Suck-Chan Lim, Gyeong-Hwan Jeong et al(2009.10) : "Case study of DCM trial tests for MCE project(C-486) in singapore", 2nd World Roads Conference Singapore.
27. CDM 研究會(1996) : "セメント系深層混合處理工法と施工マニュアル(設計・施工編)"
28. CDM-LODIC 技術資料.
29. TRD工法協會(1994) : "Trench cutting & Re-mixing Deep wall method"
30. 楠本太, 乾純司, 竹中久(1993) : "簡便な地盤調査システムの開發", 土木學會第48回學術講演會6部門, pp. 126~127.
31. 財團法人 土木研究センータ(2000.2) : "ジオテキスタイルを用いた補強土の設計・施工マニュアル(改訂版), 第5章 ジオテキスタイルを用いた軟弱地盤對策工法"
32. 塚田辛廣, 光橋尙司(1997) : "ロータリーサウンディング"の現場實驗と混合處理地盤の強度分布の檢討, 第32回地盤工學研究會, pp. 189~190.

3.3 소일네일링 공법

3.3.1 소일네일링 공법

1) 공법의 개요

소일네일링 공법은 강봉과 같은 보강재(일반적으로 이형철근)를 적용한 지반보강 공법으로 토체와 보강재 사이에 발생하는 상대변위에 따라 보강효과가 발현되는 수동보강 공법이다.

소일네일링 공법은 여러 건설현장에서 경사지나 옹벽 등의 보강에 널리 사용되고 있는 공법으로, 1960년대 터널에서의 NATM(New Austrian Tunneling Method) 공법과 동일한 개념의 원위치 지반보강 공법으로 개발되었으며, 1972년 프랑스에서 철도사면의 보강에 최초로 사용한 이후 프랑스와 독일을 중심으로 유럽과 북미지역에서 가시설 흙막이구조물 및 사면보강에 널리 사용되고 있다.

우리나라에서는 1993년 대구 동아일보 사옥 지하 터파기 공사에 처음 적용되어 가시설 흙막이 보조 공법으로 사용되기 시작했다.

소일네일링 공법은 붕괴위험이 큰 자연사면이나 굴착에 의한 인공사면의 안정성을 확보하기 위한 공법으로 상부 지반부터 시작해 굴착해 내려오면서 지반이 완전히 이완되기 전에 네일(철근보강재)과 전면판을 설치해 지반의 전단 및 인장강도를 증가시켜서 사면안정을 확보하고 보강된 원지반이 중력식 옹벽과 같이 작용하도록 하는 원리이다.

소일네일링 공법은 일반적으로 지반을 천공 후 네일체를 삽입하고 그라우팅하는 순서로 시공한다. 최근에는 기존의 중력식 그라우팅 방식이 아닌 압력식 그라우팅을 실시해 지반과의 부착력을 증대시키거나 다수의 보강재를 이용해 네일 보강체의 휨 강성 및 전단력을 향상시키고, 앵커 공법과 유사하게 프리텐션을 가해 지반의 보강효과를 보다 증대시킬 수 있는 다양한 공법으로 연구·개발되고 있다.

2) 소일네일링의 연구 동향

1960년대 NATM 터널 공법에 적용되기 위해 개발된 소일네일링 공법은 1972년 프랑스에서 철도사면의 보강에 최초로 사용한 이후 프랑스와 독일을 중심으로 유럽과 북미지역에서 가시설 흙막이구조물 및 사면보강에 널리 사용되고 있다. 실무에서의 성공적인 적용과 함께 1970년대 후반 해석과 설계에 대한 연구가 독일, 미국 및 프랑스를 중심으로 활발하게 진행되었다.

미국에서는 Shen 등(1981)에 의해 소일네일을 사용해 60ft 깊이의 굴착에 성공했고 후에 극한상태에서 힘의 평형조건을 이용한 설계방법을 제시했다. 독일의 Stocker 등(1979, 1990)은 기존의 사면안정해석법을 수정해 소일네일로 보강된 토체에 대해 잠재활동면을 2개의 직선으로 가정해 한계평형해석을 실시했으며, 후에 실험적 결과를 바탕으로 한 설계방법을 제시했다.

또한 프랑스의 Schlosser(1983, 1991)는 수정된 사면안정해석법을 이용해 보강재의 인장력, 휨·전단응력에 대한 영향을 모두 고려한 일반적인 안정해석법을 제안했다. Juran 등(1990)은 운동학적 해석방법을 이용해 보강재 각각에 대해 인장 및 휨·전단저항에 대한 안전율을 평가하고 구조물의 국부안정과 전체안정을 평가하는 방법을 제안했다.

소일네일링에 대한 실험적인 연구로는 Schlosser와 Guilloux(1979)가 인발시험을 통해 보강재와 인접지반 사이에서 발현되는 마찰계수 μ^*를 측정했고 Gässler와 Gudehus(1981)는 정적 및 동적하중이 작용하는 경우의 마찰력이 발현되기 위한 흙–보강재 사이의 상대변위를 측정했다.

Guilloux와 Schlosser(1982)는 모형실험을 통해 벽체 최상단에서 발생하는 변위는 벽체높이의 0.3%(3H/1000)를 초과하지 않는다고 발표했다.

또한 Gässler(1987)는 점성토 및 사질토 지반을 네일로 보강한 실물크기의 실험을 통해, 보강된 토체의 거동과 파괴메커니즘의 영향인자를 분석하고 이에 대한 해석법을 제시했다.

국내에서는 1993년 처음 적용된 이래 1995년부터 활발한 연구가 진행되었다. 김홍택 등(1995)은 소일네일링 시스템의 최적설계방법, 벽체변위를 고려한 소일네일링 안정해석(지반–보강재 상호작용의 영향)에 대해 연구했고 김준석 등(1995)은 소일네일링 공법의 파괴구조에 관한 실험적 연구를 수행했다.

최근에는 신기술, 신공법에 대한 연구와 네일–지반과의 상호작용·하중전이, 설계변수에 따른 거동분석, 수치해석을 통한 안정해석 등 많은 연구가 이루어지고 있다.

3.3.2 소일네일링의 공학적 원리

1) 소일네일링의 기본원리

(1) 개요

소일네일링 공법은 보강재를 원지반에 삽입, 그라우팅에 의해 지반과 일체화하고 숏크리트, 현장타설콘크리트, 기성패널 등으로 절토면을 보호하는 표면보호공을 시공하는 비탈면 안정화 또는 굴착보강 공법이다.

소일네일링 공법은 토체를 지지하는 것이 아니라 토체를 보강하는 개념으로 많은 수의 네일이 하나의 형태로 설치되어 지반 자체가 중력식 옹벽과 같이 안정된 블록으로 거동하게 된다. 즉 보강된 토체 자체가 주된 구조요소로 작용하고 전면판은 보강재와 보강재 사이에 국부적인 안정만을 유지시키는 역할을 한다. 그림 3.3.1 은 소일네일 보강에 의해 블록화된 지반의 모형을 보여준다.

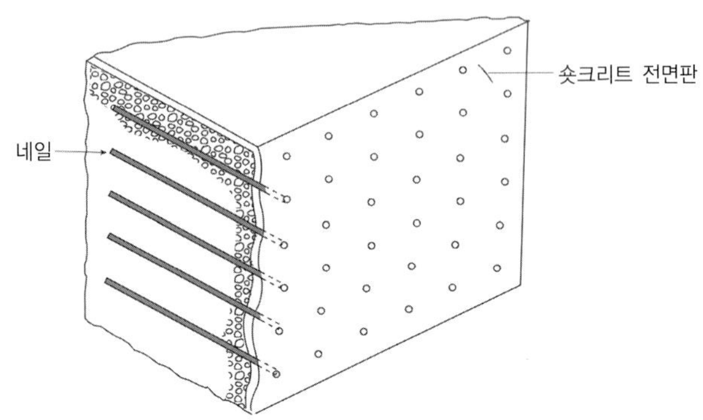

그림 3.3.1 블록화로 보강된 토체

지반 굴착 시 굴착 측의 구속응력이 급감해 Mohr원이 파괴포락선에 접하면서 파괴가 발생하게 된다. 그러나 보강을 하게 되면 보강재 사이의 흙이 보강재들에 의해 구속되어 쉽게 변형되지 않으므로 구속응력 감소를 줄일 수 있고 Mohr원은 파괴포락선까지 도달하지 않는 안정한 상태를 유지할 수 있다.

소일네일링 공법으로 보강된 비탈면에서의 거동은 변위해석 방법과 한계평형해석 방법을 토대로 한 분석이 일반적이며 네일과 파괴면이 교차하는 지점에서의 변위 벡터성분 파악이 중요하다. 네일에 발현되는 힘은 구조물의 기하학적인 형태, 흙의 파괴거동, 네일의 파괴거동 및 두 재료의 상호작용에 의한 거동 등을 토대로 결정된다. 네일의 효과가 발휘되려면 한계상태에

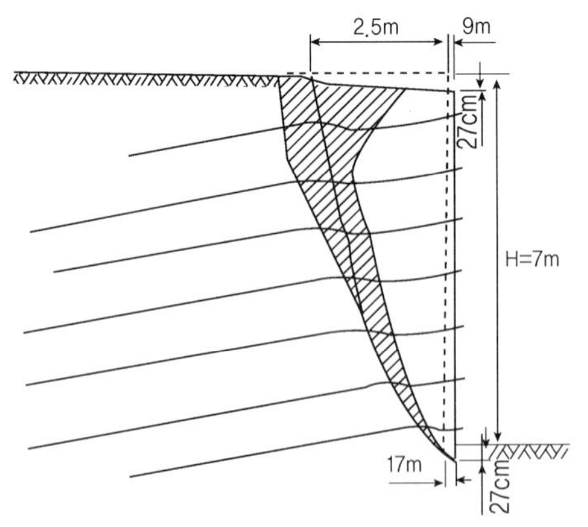

그림 3.3.2 네일과 벽체의 변형(CEBTP NO.1 1986)

서 흙과 네일이 같이 거동한다는 가정이 필요하다. 다시 말해 네일은 연성, 흙은 점차 소성 상태로 변화한다는 전제조건에서 시작한다.

수평네일로 보강된 수직에 가까운 벽체에서는 네일의 인장응력에 의한 보강효과가 지배적이고 전단과 휨응력에 대한 분포는 적게 나타난다(Jewell and Pedley, 1991; Schlosser, 1991). 실제 설계에서 사용하중 조건하의 전단과 휨저항은 무시할 수 있고 파괴조건에서도 마찬가지다. 일반적으로 휨과 전단응력은 사용하중 상태에서 인장응력의 10%보다 작게 나타난다. 이로 인해 대부분의 네일 설계나 해석프로그램에서도 인장하중만 고려한다.

그러나 이러한 설계개념은 수평 혹은 수평에 가까운 각도로 네일이 설치된 벽체 구조물의 경우에 유효한 것으로 비탈면과 같이 네일의 휨거동이 뚜렷한 경우에는 적용에 한계가 있다.

따라서 인장력만을 고려하는 현재의 설계개념으로 네일보강 비탈면을 설계할 경우 휨거동을 고려하지 않아도 될 정도의 충분한 휨저항을 확보하는 방안을 강구해야 한다.

그림 3.3.3은 네일에 발생하는 저항력을 도시한 것으로 (a)는 인장저항만을 고려한 경우를, (b)는 휨 및 전단저항까지 고려한 경우를 나타낸 것이다.

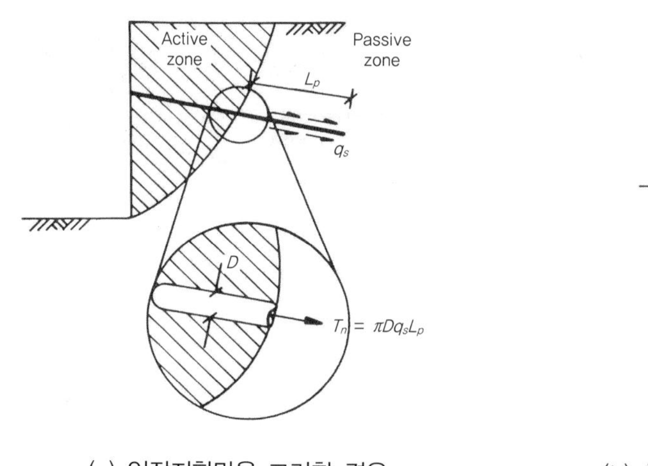

(a) 인장저항만을 고려한 경우   (b) 휨 및 전단저항까지 고려한 경우

그림 3.3.3 네일의 보강메커니즘(Ortigao, 1995)

(2) 공법의 장단점

① 장점

소일네일링 공법의 장점으로는 우선 공사비가 저렴하다는 것이다. 이 공법의 경우 원지반 자체가 주된 구조적 요소의 하나로 이용되고 또한 그 이외의 주된 구조적 요소인 네일은 여타 보강

재에 비해 상대적으로 가격이 저렴한 편이다. 숏크리트 또는 기성패널은 단지 전면에 존재하는 지표면 흙의 유실을 방지하기 위한 역할이 전부이므로 비교적 두께가 얇고 가격도 저렴하다. 결과적으로 두꺼운 철근콘크리트 전면판 또는 프리스트레싱을 가하는 앵커 공법에 비해 공사비 절감효과가 크다.

둘째는 시공장비의 경량성과 빠른 시공성을 들 수 있다. 간단한 천공 및 그라우팅 장비를 이용해 시공하고 top-down 방식에 의한 단계별 시공이므로 장비를 다루기가 비교적 쉽다. 따라서 접근이 용이하지 않은 현장여건의 경우 더욱 효율적인 공법이며, 공정이 단순하므로 천공작업이 적절하게 진행되는 경우 매우 빠른 속도로 연속적인 시공이 가능해 공기를 상당히 단축할 수 있다.

셋째는 현장여건과 지반조건에 적응성이 뛰어나다는 점이다. top-down 방식으로 시공하므로 현장여건 및 각 토층별 강도특성을 감안해 이에 적합한 전체 구조체의 기하학적 형상 및 네일의 강도, 치수 등을 선택할 수 있다.

넷째는 유연성이 뛰어나 큰 변위발생이 허용된다. 이 공법으로 시공된 흙막이 구조체는 통상적인 현장타설 철근콘크리트 흙막이 구조체와 비교할 때 훨씬 유연하다. 이는 주변 지반의 움직임에 대한 적응성 향상과 큰 수직침하 및 부등침하에 지탱하는 특성을 보여주게 된다.

이 외에도 Gässler-Gudehus(1981)의 연구결과에 따르면 동적하중이 작용하는 경우, 과다한 변위가 발생하지 않고 저항능력이 큰 것으로 밝혀져 지진이 자주 발생하는 지역에 유용한 공법으로 알려져 있다.

마지막으로 보강효과의 분배가 탁월해 보강재의 상호보완효과가 큰 점을 들 수 있다. 이 공법의 경우 다수의 보강재가 설치되므로 한두 개의 네일이 기능을 상실하더라도 전체적인 벽체의 안정성은 충분히 확보될 수 있다.

② 단점

소일네일링 공법의 단점은 자기직립성이 있는 지반에만 적용할 수 있다는 점이다. 앵커 공법의 프리스트레싱과 같은 주동하중이나 활동변위를 구속해주는 옹벽구조물과는 달리 소일네일링에서는 보강효과가 보강재 자체로만 발현되기 때문에 매우 연약한 지반에서는 적용성이 떨어진다.

둘째는 지하수가 높게 존재하는 경우에 배수시설을 추가로 설치해야 한다는 점이다. 점성토에서 지반 포화도의 증가는 경우에 따라 네일과 주변 지반 사이의 마찰 또는 부착을 크게 감소시킬 수 있다. 또한 포화도의 증가는 대상 지반의 전단강도를 감소시켜 결과적으로 네일에 작용하는 인장력의 증가를 초래할 수 있으며, 지하수가 굴착면을 따라 많은 양이 유출되는 경우 숏크리트 타설이 매우 어렵게 된다.

마지막으로 소일네일링-벽체 상단에 과다한 변위가 발생한다는 점이다. 네일이 설치된 구조물에 있어서 보강재-지반 사이의 상호작용 효과가 발현되기 위해서는 주변 지반과 보강재의 상대적인 변위가 수반되어야 한다. 이와 관련한 현장실험 측정결과에 따르면 벽체상부 최대 횡방향 변위는 벽체높이의 0.3% 정도이나, 복잡한 도심지에서는 주변 구조물의 움직임이 제한되어야 하는 경우 지반침하 등의 문제가 발생할 수 있다. 이와 같은 문제는 큰 변위가 발생하는 지점에 대해 네일 대신 프리스트레싱 앵커를 추가 설치함으로써 변위를 최소화할 수 있다.

2) 소일네일링의 거동

(1) 마찰저항

Cartier와 Gigan(1983)은 소일네일링 벽체와 보강토 옹벽에 설치된 보강재의 축방향으로 작용하는 마찰저항력을 실물 크기의 모형인발 시험을 통해 비교, 분석했다. 실험결과에 따르면 타입된 네일과 사질토 지반 사이의 마찰계수는 일반 보강토 토류벽체 설계에 적용되는 값과 일치하는 경향을 보인다.

네일의 한계주면마찰력 τ_l은 다음의 식과 같다.

$$\tau_l = f_l S = \mu^* \gamma h S \tag{3.3.1}$$

여기서 μ^* : 흙과 보강재 사이의 겉보기 마찰계수

S : 보강재의 단위 표면적

γ : 흙의 단위중량

h : 각 보강재의 근입깊이이다.

그러나 흙-보강재 사이에서 발현되는 마찰저항은 보강재를 설치하는 방법에 따라서 달라진다. 일반 보강토 벽체의 경우, 시공 시 보강재의 주변 지반이 다져지면서 정지토압상태의 응력이 유발하는 반면, 네일을 시공하는 경우에는 천공 과정에서 주변 지반의 교란으로 인해 원지반의 성질 변화에 영향을 준다. 또한 그라우팅 후 흙-보강재 사이의 마찰저항은 그라우팅에 의한 다짐효과 영향을 받게 되며 그라우트의 주입방법이나 속성에 따라 달라진다.

그림 3.3.4는 강재와 그라우트의 이상적인 경계면을 거시적으로 그려놓은 모습으로 두 재료의 관계를 나타낸 것이다.

일반적으로 점성토 지반에 설치되는 네일은 사질토 지반에 설치되는 네일에 비해 마찰저항력

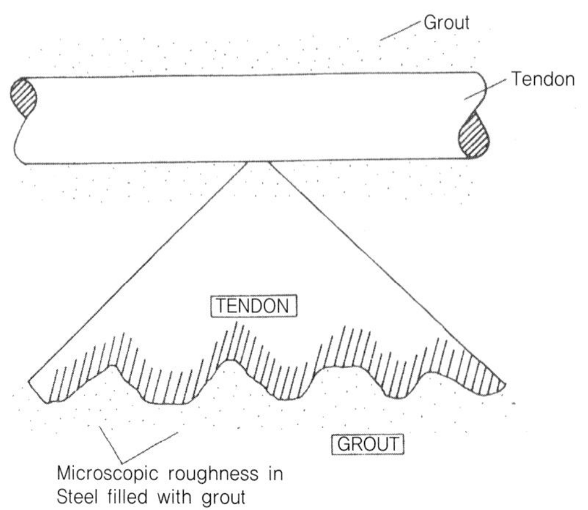

그림 3.3.4 거친 강재면에 부착된 그라우트(Petros, 2001)

이 비교적 낮게 산정된다. 점성토 지반에 설치되는 네일은 비배수 전단강도로 표현되는 마찰력에 의해 지지되며 일반적인 마찰저항력은 다음과 같이 나타낼 수 있다.

$$Q = \pi D L f = \pi D L \alpha S_u \tag{3.3.2}$$

여기서 α는 지반에 따른 점착계수, S_u는 비배수 전단강도이다.

표 3.3.1은 외국의 점토지반에 현장시험을 수행한 결과로 비배수 전단강도와 점착 계수값을 정리한 것이다. 그러나 시공자가 선행된 시험에 대한 경험이 없고, 설치될 점성토 지반에 대한 자료가 없을 경우에는 0.3의 점착계수를 사용하는 것이 일반적이다(Hanna, 1977).

표 3.3.1 비배수 전단강도에 따른 점착 계수

지반 분류	전단강도	α
Stiff Clayey silt at Johnnesburg South Africa	95kPa	0.45
Heavily Overconsolidated Clay in Sweden	50kPa	0.5
Stiff London Clay	90kPa	0.3~0.35
Stiff Overconsolidated Clay at Taranta Italy	270kPa	0.28~0.36
Stiff to Very Stiff Marl at Leicester, England	287kPa	0.48~0.6

(2) 축강성에 의한 인장력

네일 보강재의 저항력은 보강재의 축인장력에 의한 것이라기보다는 보강재-그라우트의 복합

적인 성질에 의한 것으로 보아야 한다(Thompson and Miller, 1990; Elias and Juran, 1990). 즉, 변형률의 크기에 따라 그라우트에 의해 상당량의 네일 인장력이 분담될 수 있다.

그라우트에 의한 네일 축인장력의 분담량은 네일의 복합축강성($A_{total}\,E_{total}$)에 대한 그라우트의 축강성도($A_g\,E_g$)의 분담비를 고려해 산정해야 하나 정확한 분담비를 계산해내기는 매우 어렵다. 첫 번째 이유로는 그라우트 재령에 따른 시간의존성 즉 크리프 발생이고, 두 번째는 그라우트의 비탄성 거동이며, 마지막으로는 임의 하중 또는 변형률에서 그라우트 인장균열 발생으로 네일의 인장강도 감소를 들 수 있다.

기존의 방법(Thompson and Miller, 1990)은 크리프에 의한 강성을 무시하고 특정 재령에서 적정 크기의 콘크리트 강성을 결정하고 변형률 게이지에 의해 측정된 변형률이 네일 전단면에 걸쳐 일정하다고 가정($\varepsilon = \varepsilon_s = \varepsilon_s$)해 네일의 복합축인장력을 구하는 것으로 이 값이 네일인장력의 상한값이 된다. 이 방법으로 크랙이 발생하지 않았을 경우에는 식 (3.3.3)과 같이 두 재료에 발생하는 인장력의 합으로 산정된다.

$$T = T_s + T_g = \varepsilon_s\,A_s\,E_s + \varepsilon_g\,A_g\,E_g \tag{3.3.3}$$

여기서 첨자 s : 이형철근
　　　　첨자 g : 그라우트

인장력의 하한값은 그라우트부에 한계인장력이 작용해 균열이 발생, 이형철근에만 인장력이 집중되는 경우이다.

$$T = T_s = \varepsilon_s\,A_s\,E_s \tag{3.3.4}$$

따라서 일반적인 축인장력은 식 (3.3.1), (3.3.2)의 두 극한값 사이에 놓이게 되며 네일 전단면적에 대해서 차지하는 면적(A_g)과 크리프의 적용 여부, 그라우트의 재령, 응력 완화 정도에 따라 그 값이 크게 변한다(임유진 등, 2002).

(3) 수동토압

보강재에 작용하는 토압은 강성의 차이에 따라 그림 3.3.5와 같이 강성이 큰 경우와 유연성이 있는 경우로 구분해 생각할 수 있다.

보강재가 유연한 경우에는 평형상태에 도달할 때까지 변형이 계속되며, 강성이 큰 보강재의 경우에는 변형에 저항함과 동시에 횡방향 수동토압이 활동면 양쪽에 발생하고 보강재의 단면에 저항력이 발생한다.

현재 연성을 지니고 있는 네일의 경우 파괴면을 따라 토체가 움직이는 동안 네일이 휘게 되는데 이로 인해 취성파괴를 막을 수 있다는 유리한 점을 가지고 있지만 현재의 여러 설계방법에서는 이를 고려하지 않고 있다.

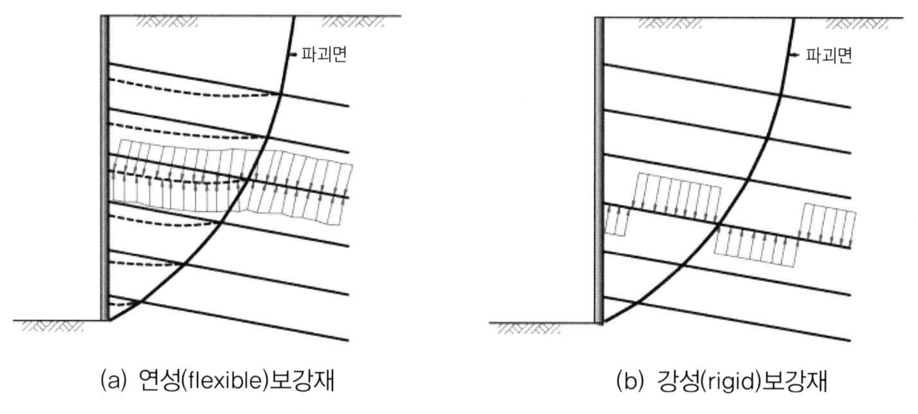

(a) 연성(flexible)보강재   (b) 강성(rigid)보강재

그림 3.3.5 보강재에 작용하는 수동토압(건설교통부, 1999)

(4) 전단 및 휨거동

그림 3.3.6은 전단 및 휨저항력이 최대인 지점을 보여주는데 최대전단력이 발생하는 지점은 파괴면과 보강재의 교차점으로 이 점에서는 모멘트가 0이다. 최대모멘트는 파괴면 바깥쪽의 수동영역에서 발생한다. 그림에서 l_0는 흙에 대한 보강재의 상대강성비에 해당하는 특성장, K_s는 지반반력계수, D는 보강재의 직경, 그리고 E_s는 지반의 탄성계수이다.

$$l_0 = \sqrt[4]{\frac{4EI}{K_s D}} \ \text{(Schlosser, 1982)} \tag{3.3.5}$$

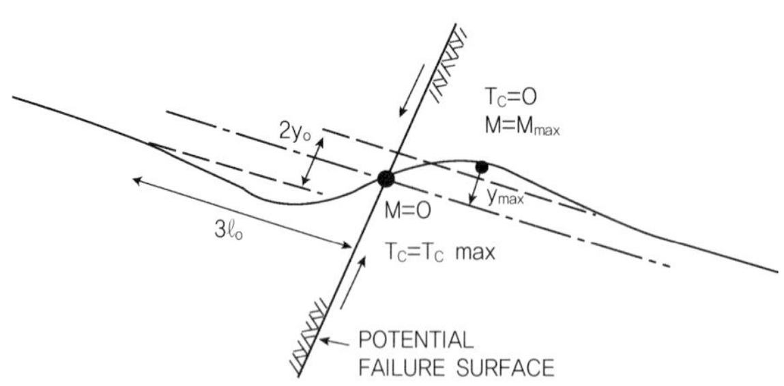

그림 3.3.6 최대전단력과 최대휨모멘트 발생지점

1991년 Fatani 등은 그림 3.3.7과 같이 전단상자를 이용해 무보강, 강성 및 연성 보강의 경우와 설치각의 변화에 따른 지반과의 전단거동을 실험했다.

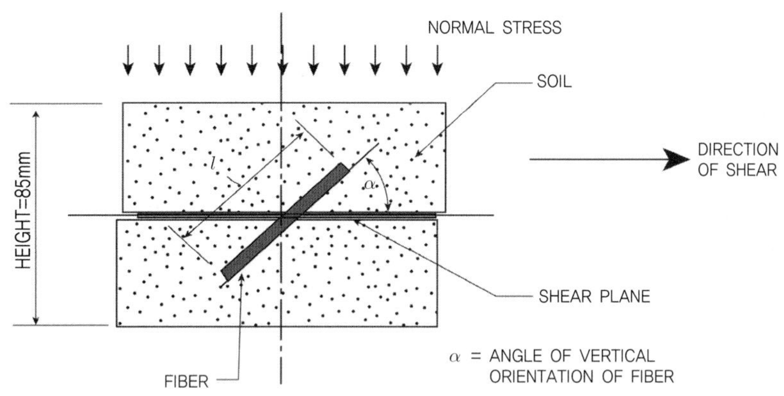

그림 3.3.7 보강재-지반 전단시험(Fatani, 1991)

실험 결과는 수평변위에 대한 전단변위와 전단응력으로 그림 3.3.8과 같다.

그림 3.3.8 (a)는 30°로 설치된 강성네일의 거동으로 보강의 경우 최대강도 값이 약간 증가하

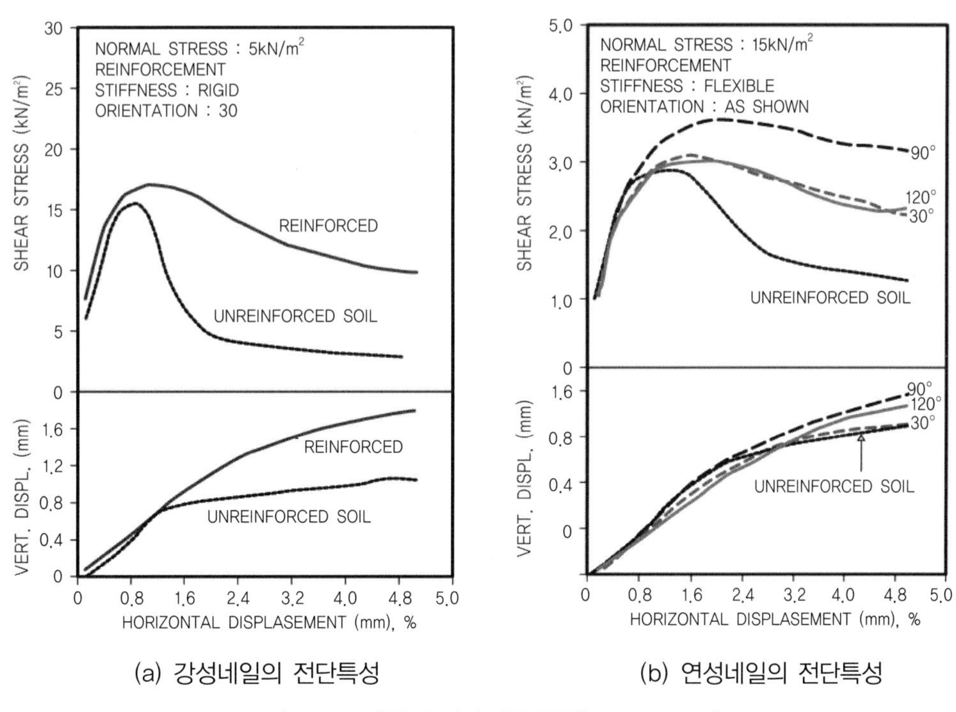

(a) 강성네일의 전단특성   (b) 연성네일의 전단특성

그림 3.3.8 네일의 전단거동 특성(Fatani, 1991)

나 무보강의 경우와 그리 큰 차이를 보이지 않는다.

그러나 최대점을 지난 후 무보강의 경우는 강도가 급격히 떨어져 초기강도에 못 미치는 반면 보강의 경우는 잔류강도가 최대강도의 30~40%로 서서히 감소한다.

그림 3.3.8 (b)는 연성네일의 경우 30°, 90°, 120°로 설치각을 달리했을 때 그에 따른 거동을 도시한 것이다.

여기서 주목할 점은 설치각에 따른 강도의 변화로 30°, 120°의 경우에는 강성네일과 비슷한 감소폭을 보이나, 파괴면과 직각인 90°를 이룰 때는 최대강도와 잔류강도 모두 다른 설치각에 비해 큰 값을 나타낸다.

또한 수평변위가 증가함에 따라 강도감소의 변화가 가장 적어 보강효과나 연성파괴에 있어서 가장 안정적이다.

네일의 휨강성과 설치각이 변위에 미치는 영향을 보여주는 그림 3.3.9는 유한요소 해석결과를 바탕으로 작성되었다.

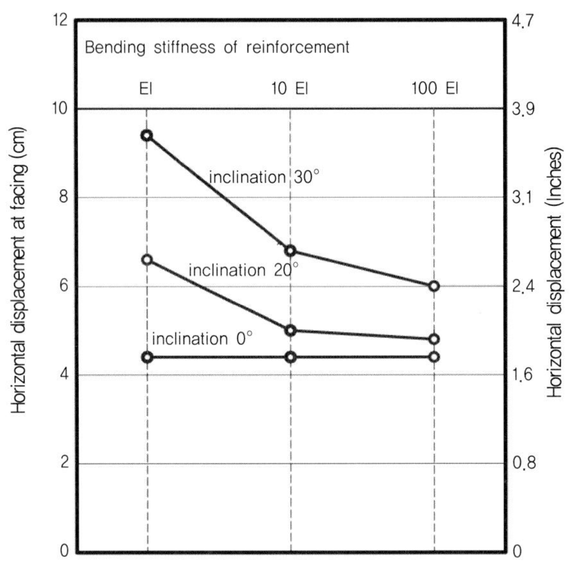

그림 3.3.9 보강재의 휨강성과 설치각에 따른 분석(FHWA, 1989)

그림에서 네일의 휨강성이 클수록 네일의 전면벽체에서 작용하는 수평변위가 줄어듦을 알 수 있다. 10배가 증가했을 경우 설치각이 30°일 때 28% 감소했고, 20°일 때는 20% 감소했다.

100배 증가했을 경우는 변위의 감소폭이 줄어들며 30°일 때 12%, 20°일 때 4%로 나타났다. 설치각이 0°일 경우에는 휨강성 영향이 전혀 없음을 알 수 있다.

그림 3.3.10은 30°각도로 설치된 네일의 휨강성 크기에 따른 인장력 분포를 도시한 것이다. 그림에서 보듯이 휨강성이 증가하면 축방향의 인장력은 감소한다.

이는 휨강성이 클수록 축방향으로 발생되는 하중이 휨저항으로 많이 전이되는 것을 의미한다.

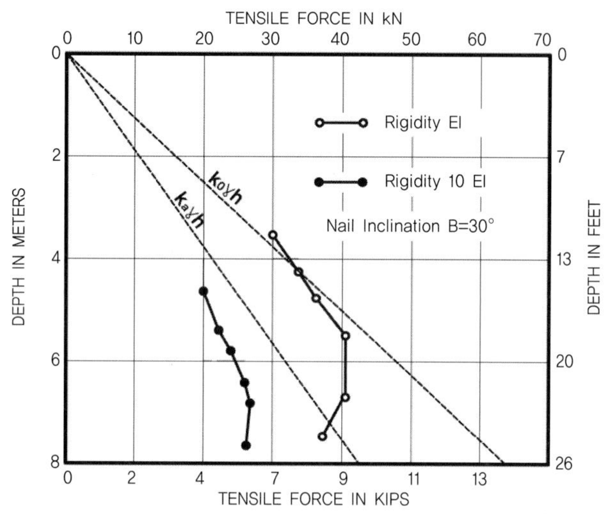

그림 3.3.10 휨강성이 축방향 저항력에 미치는 영향(FHWA, 1989)

3) 설계 및 해석개념

(1) 소일네일링 보강사면의 파괴유형

소일네일링 보강사면의 붕괴형태는 그림 3.3.11에 도시한 바와 같이 파괴면과 보강재의 상대

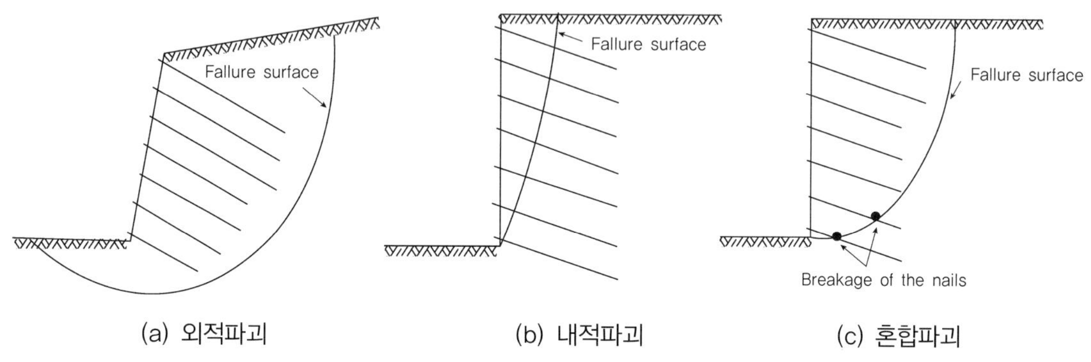

그림 3.3.11 소일네일링 보강 사면의 파괴유형(소일네일링의 원리 및 지침, 2001)

적인 위치에 따라 외적파괴, 내적파괴, 그리고 혼합파괴로 분류한다.

외적파괴는 기초지반의 취약성과 불충분한 보강 길이로 인해 발생하며 보강재 바깥쪽으로 파괴면이 형성된다는 가정 아래 사면전체의 안정성을 검토한다. 내적파괴는 보강 길이 이내로 파괴면이 형성되는 경우로, 예를 들어 보강재와 지반 간의 부착력 부족으로 발생하는 인발파괴가 이에 해당한다. 이외의 내적파괴 유형으로는 절토고가 너무 높은 경우나 파이핑 현상에 의한 파괴 등을 들 수 있다. 혼합파괴는 외적파괴와 내적파괴가 혼재되어 발생하는 경우에 해당된다.

소일네일링 보강사면의 경우 지반과 보강재의 상호작용에 의한 보강효과를 고려해야 하므로 각 보강재와 주변 지반에 대한 부분안정성도 검토해야 한다.

또한 보강사면의 역학적 거동해석은 안정해석뿐만 아니라 변위해석도 포함하게 되는데 안정해석은 비교적 간단한 한계평형해석으로 검토가 가능하나, 변위해석은 유한요소해석이나 유한차분해석 등의 수치해석을 수행해 검토해야 한다.

이러한 수치해석에서는 지반과 보강재의 응력-변형률 관계를 고려하는 수치 모델링 기법이 가장 중요한 역할을 한다.

(2) 안정해석법

안정해석법은 크게 2가지로 나눌 수 있는데 한계평형해석과 운동학적 해석방법이다. 이들은 재료의 강도를 고려, 파괴 시 토체의 평형조건을 검토함으로써 구조물 전체의 안정성을 평가할 수 있다. 하지만 변형을 최소화할 수 있도록 네일을 배치하거나 구조물 내 각각의 네일 작용력이 어떻게 분포될지는 규명하기 어렵다.

우선 Fellenius(1918), Bishop(1916)의 절편법과 같은 방법으로 무보강 사면을 해석하는 데 적용해왔던 한계평형해석 방법이다. 잠재파괴면에서 토체의 자중과 외력, 네일에 발생하는 응력성분에 대한 평형조건을 검증하는 것으로, 발생하는 응력에 대해 몇 가지 가정사항을 설정한 후 파괴규준에 근거해 분석하는 방법이다. 이를 통해 각 보강재의 최대인장력이 발휘되는 위치와 크기는 계산할 수 없지만 전체적인 외적·내적 안정성을 검토할 수 있다.

다음은 Juran에 의해 1988년에 제시되었던 운동학적 평가방법으로 항복이론에 근거한다. 잠재파괴면에 의해 설정된 국부 토체의 평형해석으로 토체는 외력에 대한 영향과 잠재파괴면에 인접한 네일과 지반의 저항력에 영향을 받는다. 이 방법은 추가적인 가정사항이 필요 없기 때문에 다소 엄격한 기준을 적용하고 있으나 아직 실제조건에서 충분히 검증되지 못했다. 표 3.3.2는 한계평형설계 방법과 해석인자를 비교한 것이다.

(3) 변위해석법

한계평형해석으로는 분석할 수 없는 국부파괴나 보강재-그라우트-지반의 상호 하중전의 문제를 규명하기 위해서 최근 변위해석법의 경향이 두드러지고 있다. 변위해석법 중에서도 네일 보강 구조물의 거동을 비교적 정확하게 알 수 있는 방법이 수치해석이다.

수치해석 방법은 지반-구조물의 상호작용을 효과적으로 고려하고 굴착 단계별 응력변화나 변위양상을 확인하기 쉬우며 단면형상에 제한이 없어 여러 영향변수를 바꿔가며 해석할 수 있는 장점이 있다. 그러나 많은 입력자료의 정밀도가 요구되고, 경계조건, 구조물과 지반 사이의 상호작용 및 지반의 거동특성 모델링 등 적용하는 데 있어서 전문적인 지식과 경험이 상당히 필요하며 해석결과에 대한 검증이 비교적 제한적이다.

수치해석 방법에는 유한요소법, 유한차분법, 개별요소법 등 여러 모델링 방법이 있으며 각각

표 3.3.2 안정해석 방법의 비교

구분	프랑스 방법	독일 방법	데이빗 방법	수정데이빗 방법	운동학적 방법
제안자	Schlosser, 1983	Stoker et al., 1979	Shen et al., 1981	Elias & Juran, 1988	Juran et al., 1989
해석 방법	한계평형해석 전체안정	한계평형해석 전체안정	한계평형해석 전체안정	한계평형해석 전체안정	작용응력해석 국부안정
매개 변수	c,ϕ' 한계네일력 휨강성	c,ϕ' 횡방향 마찰	c,ϕ' 횡방향 마찰 휨강성	c,ϕ' 횡방향 마찰 휨강성	$c/\gamma H,\ \phi'$ 무차원 휨강성 계수(N)
네일력	인장력, 전단력 모멘트	인장력	인장력	인장력	인장력, 전단력 모멘트
파괴 형상	원형, 임의 형상	Bi-linear	포물선	포물선	대수 나선
파괴 개념	복합	인발	복합	복합	비적용
안전율	토질정수	1.5	1.0 (잔류전단강도)	1.5	1.0
	인발력	1.5	1.5 또는 2.0	2.0	1.5
추천한계 네일력	인장력	항복 응력	항복 응력	항복 응력	항복 응력
	모멘트	소성모멘트	–	–	–
설계 결과	전체안정에 대한 안정률	전체안정에 대한 안정률	전체안정에 대한 안정률	전체안정에 대한 안정률	전체안정에 대한 응력 및 한계파괴면
지하수 고려	가능	–	–	–	가능
지층 구분	가능	–	–	–	가능
하중	경사 및 임의의 하중도 가능	경사하중	등분포 하중	경사 및 등분포 하중	경사하중
단면 형상	임의의 단면 가능	경사단면 및 수직단면	수직단면	경사단면 및 수직단면	경사단면 및 수직단면

의 이론에 따라 모델링과 해석방법, 해석과정 등이 다르므로 이들 차이점을 명확하게 인지하고 평가하고자 하는 목적에 맞는 해석법을 이용해야 한다.

4) 시공

그림 3.3.12는 소일네일링 공법의 공정순서를 나타낸 그림으로 굴착 → 네일의 설치 → 숏크리트 타설 → 굴착의 연속적인 방법으로 이루어진다. 시공 단계별 세부사항은 이후에 설명되었다.

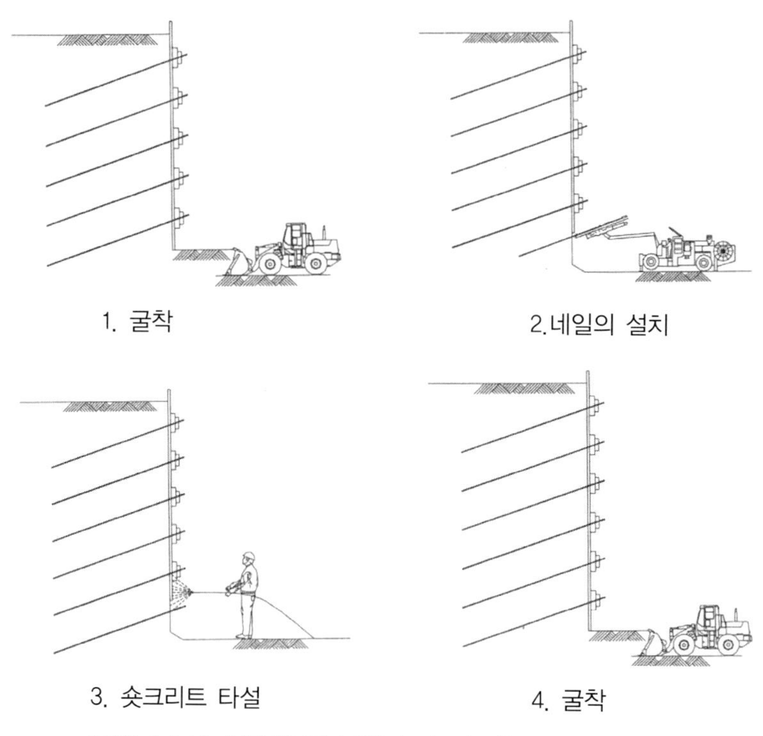

그림 3.3.12 소일네일링 공법의 시공순서(Clouterre, 1991)

(1) 지반굴착

소일네일링에서의 굴착면은 구조물의 설치기반이 되므로 이에 유의해 정확한 위치와 형상을 고려해야 한다. 또한 보강재 없이 자립할 수 있는 굴착 깊이를 결정해야 하며 그라우트나 숏크리트 양생 시간에 맞춘 굴착 깊이, 굴착 시기 결정이 공기에 영향을 주므로 사전에 이에 대해 계획해야 한다.

지반조건에 따라 다르지만 대체로 0.9~1.8m가 적합하며 한계 굴착 깊이는 최대 2m로 제한(1~2일간 자립성 유지)하는 것이 좋다.

또한 자립성이 떨어지거나 대수층, 연약층의 경우 미리 보강재를 삽입하거나 부분 굴착을 통해서 어느 정도 시공성과 안정성을 유지할 수 있다.

(2) 천공

천공은 보강재 삽입을 위한 필요조건으로 보링기를 사용하며 천공 시 주변 지반 교란과 공벽 붕괴를 예방하기 위해 케이싱이나 벤토나이트 유체를 사용하기도 한다.

특별한 경우를 제외하고 습윤천공은 피하는 것이 좋으며 천공장비의 시공방식에 따라 충격식과 회전식 또는 두 방법의 조합을 이용하기도 한다. 지반조건에 따라 지반 굴착 후 동시에 천공하는 방법과 굴착 후에 숏크리트 타설에 이은 천공 등 다양한 시공변수에 따른 천공방법이 있다.

일반적으로는 압축공기를 이용하는 크롤러 드릴이 효과적으로 사용되는데 점성토 지반이나 느슨한 매립토 지반의 경우 유압식 드릴을 이용하거나 네일링 전용 천공장비를 이용하지 않으며 시공이 곤란한 경우가 있다.

천공이 이루어진 후에는 반드시 공벽 내부를 깨끗하게 해줘야 한다. 또한 천공의 간격, 지름, 위치, 방향, 깊이 등에 주의하며 천공 지반 내 지하·매립 구조물, 건물기초, 공동 등을 파악한 후 천공계획을 세워야 지하구조물의 손상을 막을 수 있다.

그림 3.3.13 천공장비에 의한 천공

(3) 보강재의 삽입

보강재는 그라우트와의 부착을 위해 접촉면에 유해한 물질은 미리 제거해야 한다. 또한 영구 보강 목적으로 설치된 네일에 대해서는 부식 여부를 고려하거나 방청 처리된 보강재를 사용해야 한다. 보강재는 이음매 없이 그대로 사용하는 것이 좋으나 소요 길이가 길 경우에는 용접을 피하고 커플러를 이용해야 한다.

또한 그라우트의 최소 두께를 유지하기 위해 보강재가 천공홀의 중앙에 위치할 수 있도록 간격재(spacer)를 사용해야 한다. 간격은 2m 내외로 하는 것이 적절하다.

319

그림 3.3.14 보강재 삽입

(4) 그라우팅

일반적으로 무압으로 시멘트 밀크를 흘려 넣으며 케이싱을 설치한 경우는 그라우팅이 끝난 후 완전히 고결되기 전에 공벽이 무너지지 않게 회수해야 한다. 그라우팅은 천공홀 안에 완전히 충진해야 하며 지반의 투수성에 따라 3~6회에 걸쳐 추가적으로 작업해야 한다. 주입호스는 최소 2개를 설치하는데, 하나는 천공홀 최저부에 설치하고 다른 하나는 천공 입구에서부터 3/4 지점에 설치해서 2차 이후 주입을 실시해야 한다.

그라우트가 차오르면 서서히 빼내면서 주입하고 1차 주입은 지표에 흘러 넘칠 때까지 하며 마지막 주입은 지표의 천공 입구에서 흘려 넣도록 한다. 또한 각 단계별 그라우트 주입시간은 그라우팅은 천공각도와 관련된다. 따라서 그라우팅 시간을 산정하는 방법이 공기에 영향을 미칠 것이다.

그라우팅이 끝나면 소요강도를 얻기 위해 최소 1주일 정도 양생기간을 갖는데, 이때는 외부의 하중이 네일에 작용하지 못하도록 해야 한다. 그러나 보통 급결재를 사용하기 때문에 1~3일 정도면 소요강도의 80%를 얻을 수 있다.

그림 3.3.15 그라우팅

(5) 전면보강공

소일네일링을 비탈면에 적용하는 경우, 소일네일을 시공한 후 비탈면의 법면에 숏크리트를 타설해 마무리한다. 일반적으로 소일네일의 두부는 그림 3.3.16 (a)와 같이 숏크리트와 연결해 고정하거나, 그림 3.3.16 (b)와 같이 콘크리트 전면판에 연결해 고정한다. 또한 와이어메시를 설치하고 숏크리트를 분사하는 기존의 방식 대신에 강섬유 보강 숏크리트(SFRS; Steel Fiber Reinforced Shotcrete)를 이용하기도 한다.

강섬유 보강 숏크리트는 연성 증가와 균열방지 효과가 탁월해 적용이 점점 늘고 있다. 최근에는 친환경성을 고려해 전면판과 와이어메시를 네일두부에 완전 결속한 후 숏크리트 대신 표면 녹화 공법을 적용하고 있다. 이러한 경우 네일과 네일 사이 비탈면 법면의 국부적인 안정을 확보하기 위해 고장력 와이어메시를 이용하기도 한다(Rüegger et al., 2001).

굴착면 보호를 위한 전면판은 숏크리트, 현장타설 콘크리트, 기성패널 등을 이용할 수 있다. 보통 가시설의 경우는 숏크리트로 전면을 마감하지만 영구구조물의 경우 현장타설 콘크리트, 기성패널, 숏크리트의 두께를 크게 해 시공한다.

현장타설 콘크리트는 철근을 배근하고 거푸집을 사용해 타설하는 방법이고 기성패널은 공장에서 제작되는 콘크리트 패널을 이용해 마감하는 것이다.

숏크리트의 타설 방법에는 소요 두께를 절반으로 나누어 1차 타설 후에 와이어메시와 지압판을 고정하고 이후에 2차 작업을 하는 경우와 미리 1/2지점에 보강재를 고정한 후 한꺼번에 타설하는 2가지 방법이 있다. 현재는 후자의 시공방법이 주로 사용되고 있다.

지압판은 150×150×12(mm)의 강판을 사용하는데, 숏크리트 타설 직후에 너트로 고정하며 숏크리트가 양생되어 소요강도를 가지면 견고하게 조여야 한다.

소일네일의 두부는 지반에 구속력을 가함으로써 안정성 확보에 기여하는 역할을 한다. 그림 3.3.17에서 보는 바와 같이 네일에 발생한 인장력은 저항영역의 지반으로 전이되어 보강효과가

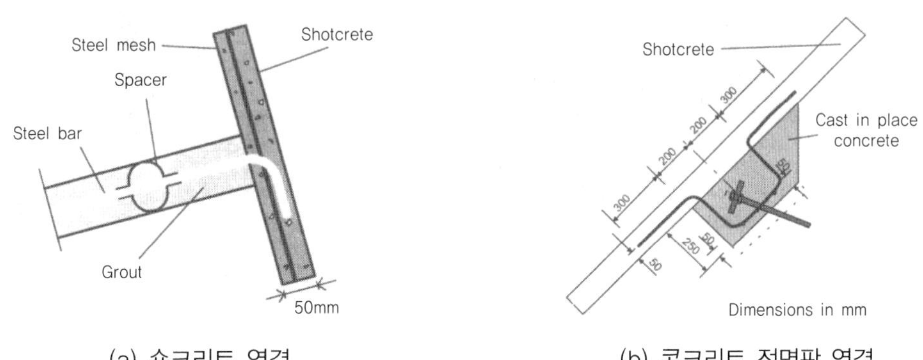

(a) 숏크리트 연결   (b) 콘크리트 전면판 연결

그림 3.3.16 네일두부의 처리(Ortigao and Sayao, 2004)

발현되는데, 이러한 하중전이효과는 네일-지반의 마찰저항뿐만 아니라 네일-네일두부의 상호
작용에 의해서도 좌우된다.

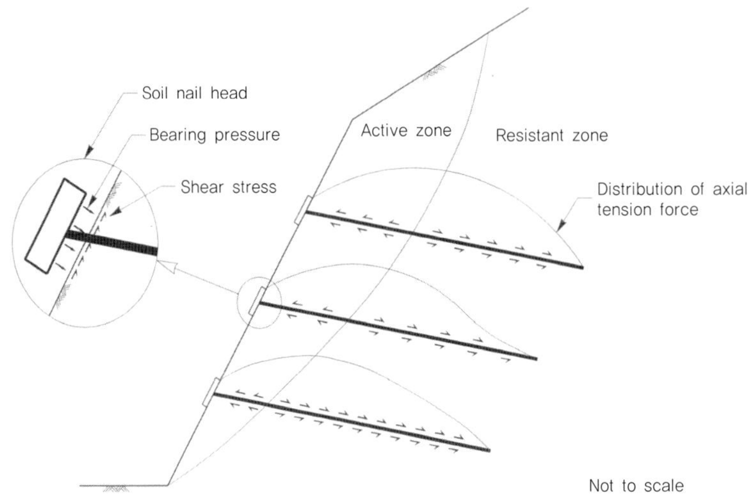

그림 3.3.17 소일네일의 하중전이(Shiu and Chang, 2004)

네일두부에서는 전면판의 강성이나 국부적 변위에 의해 네일 사이에 응력전이현상이 발생해
불균등한 응력부포가 발생하게 된다.

그림 3.3.18은 이러한 네일두부에서의 토압분포를 도시한 것으로 전면판 부근에서 응력집중
이 발생함을 알 수 있다.

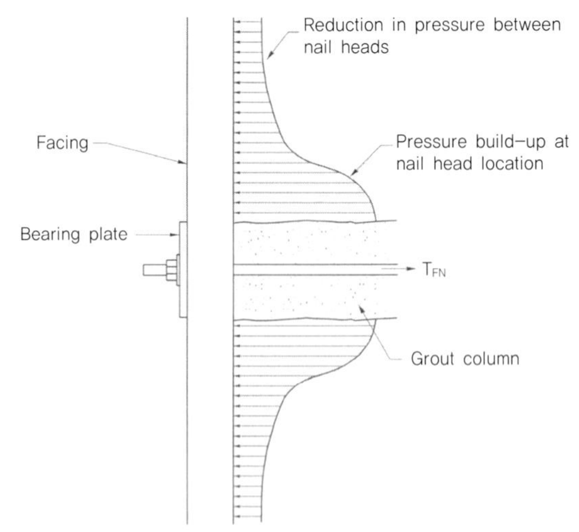

그림 3.3.18 전면의 토압응력분포(Shiu and Chang, 2004)

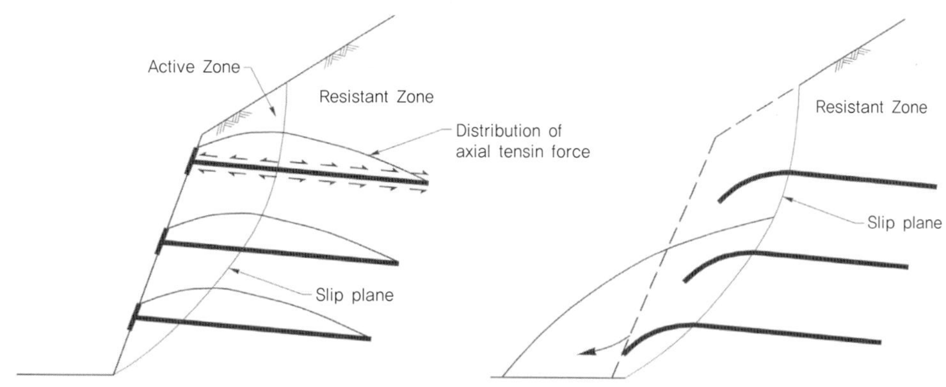

그림 3.3.19 주동영역에서의 사면파괴(Shiu and Chang, 2004)

이러한 응력집중으로 인해 전면판의 이완이나 탈락이 발생할 수 있으며 이러한 경우 네일에 인장력이 충분히 발현되지 않는다.

따라서 네일두부는 네일의 인장력이 충분히 발현될 수 있도록 네일과 지반으로부터의 이완이나 탈락이 없어야 하며 접촉면에서의 지지력 파괴가 발생하지 않아야 한다. 그림 3.3.19는 네일두부가 위치하는 주동영역에서의 대표적인 파괴양상을 도시한 것이다.

그러나 현재 이러한 네일두부의 역할에 대한 연구 및 실측자료가 부족한 상황이며 이에 대한 지금까지의 대표적인 연구는 주로 모형시험에 치중되었다(Gässler and Gudehus, 1981; Gutierrez and Tatsuoka, 1988; Plumelle and Schlosser, 1990).

특히 Gutierrez and Tatsuoka(1988)의 연구는 무보강, 두부 처리를 하지 않은 네일보강, 그

그림 3.3.20 지압판 설치

리고 두부 처리를 한 네일보강 비탈면에 대한 모형시험을 통해 네일두부의 보강효과에 대한 실증적인 자료를 제시했다. 또한 현장실물계측을 통해 네일두부에 작용하는 하중에 대한 연구가 진행되어 네일에 발생하는 최대인장력에 대한 네일두부 하중의 비율이 제안된 바 있다(FNRP, 1991; FHWA, 1998).

(6) 배수시설

지하수위가 높은 경우에 소일네일을 보강하는 경우는 마찰 저항력 부족에 의한 인발파괴와 네일보강 공법 자체에 문제가 생길 수 있으므로 배수시설 구비는 반드시 필요한 공정이다. 배수시설은 굴착지반과 숏크리트 벽체 사이에 드레인을 설치해서 물을 배수하는 벽면 배수시설과 weep hole을 설치해 유출수를 배제시키고 강우 시 표면에서 유입되는 것을 방지하는 표면 배수시설로 나눌 수 있다.

5) 계측 및 시공관리

현장 계측은 시공 중이나 시공완료 후 보강에 대해 검토할 수 있으며 이상 유무를 발견하게 되면 이에 따라 유지, 보수를 가능하게 하는 방법이다. 또한 database화된 계측 자료는 추후 설계 시 더 정확한 설계와 시공을 하는 데 목적이 있다. 소일네일 공법의 경우 벽체 또는 지중에서 발생되는 변형이 안정성을 평가하는 데 중요한 지표가 된다. 따라서 보강구조물 자체에서 굴착벽면의 변위와 보강재의 변형률, 주변 지반과 주변 구조물의 변위, 그리고 지하수위의 변동 측정은 반드시 필요한 주요 계측항목이다. 계측에 의해 벽체 상단에 0.3% 이상의 과다변위나 안정성에 문제가 있을 때에는 네일을 추가 설치해야 한다.

시공관리는 시공 전이나 시공 중에 많은 검사 항목이 있는데 이에 따른 조사와 분석이 시공계획과 얼마나 일치하는지를 평가하는 방법이다. 검사 중에 계획된 자료와 일치하지 않는 문제가 발생하면 즉시 문제해결을 위한 대책을 마련해야 하며 동시에 계측을 통한 정확한 분석도 해야 한다. 또한 위에서 언급한 계측방법과 시공검사 항목은 많이 있지만, 시공관리에 중점적으로 이용될 뿐 유지·보수에 따른 정확한 규정이 자세히 제시되지 않으므로 소일네일 공법에 대한 기준을 명확하게 제시할 필요가 있다.

다음은 한국시설안전관리공단에서 제시한 「절토사면유지관리메뉴얼」에 있는 소일네일링 공법의 유지·관리에 대한 내용이다.

"수리조건이 열악한 지반에 소일네일링 설치 시 숏크리트 열화나 네일의 부식, 숏크리트 배면 지반의 세굴로 인한 공동 형성 등의 폐해가 발생되므로 사용을 제한해야 한다. 점착력이 없는 마사토 지반이나 팽창성이 큰 점토질 지반에도 사용을 제한해야 하며, 일시적인 지하수 유출이

예상되는 지반의 경우 신속한 배수를 위해 수발공을 설치해야 한다."(한국시설안전관리공단, 2004)

3.3.3 소일네일링의 신기술·신공법

1) 개요

소일네일링 공법은 1960년대 NATM 터널 공법에 적용하기 위해 개발되어 1972년 프랑스에서 철도사면의 보강에 최초로 사용한 이후 프랑스와 독일을 중심으로 유럽과 북미지역에서 가시설 흙막이구조물 및 사면보강에 널리 사용되고 있다. 실무에서의 성공적인 적용과 함께 1970년대 후반부터 해석과 설계에 대한 연구가 활발하게 진행되어 비약적인 기술발전이 이루어졌다.

최근 기존의 소일네일의 단점을 보완하기 위해 방추형 콘이나 압력식 그라우팅을 적용해 인발저항량을 증대시키거나, 다수의 보강재를 이용해 보강체의 휨강성과 전단항력을 증대시키고, 프리텐션을 가해 지반의 보강효과를 증대시킬 수 있는 다양한 신기술·신공법이 연구, 개발되고 있다.

이 장에서는 최근 국내에서 개발되어 건설 신기술로 등록된 압력식 소일네일링과 방추형 콘네일, 다철근 스프링 네일링의 원리와 보강효과에 대해 소개하고자 한다.

표 3.3.3 건설 신기술로 등록된 소일네일링 공법

등록번호	공법명	특성
신기술 474호	발포우레탄 패커를 이용한 압력식 소일네일링 공법	발포성 우레탄 주입을 통한 패커시스템 도입
신기술 529호	케이싱과 고무튜브형 또는 에어투브형 패커를 이용한 압력식 소일네일링 공법	케이싱과 재사용 패커시스템 도입
신기술 530호	방추형 콘네일 공법	방추형 콘을 철근 보강재에 장착
신기술 540호	다철근 보강재와 스프링 신축장치를 이용한 소일네일링 공법(MS-Nail)	다철근(4~5ea) 보강재를 사용하고 스프링이 내장된 신축장치 부착

2) 발포우레탄 패커를 이용한 압력식 소일네일링

(1) 공법의 원리

발포우레탄 패커를 이용한 압력식 소일네일링 공법은 그라우팅 부두에 설치한 패커에 급결성 발포우레탄 약액을 주입해 네일 정착부를 완전히 밀폐하고 네일 정착부에 압력 그라우팅

$(5{\sim}10\text{kgf/cm}^2)$을 실시해 유효경 및 인발저항력을 증가시킨 공법이다. 그림 3.3.21은 압력식 소일네일링 구성도이다.

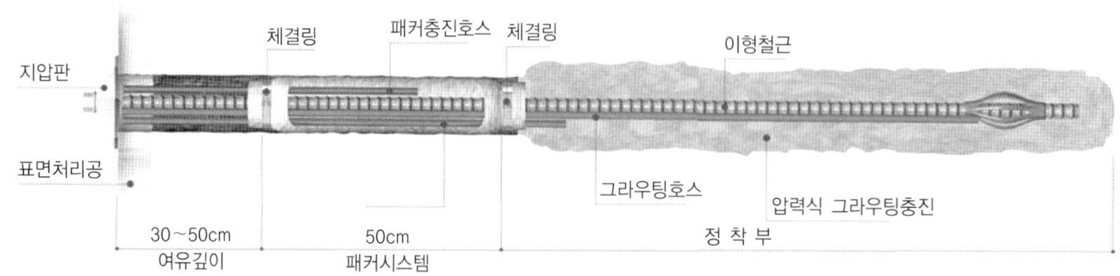

그림 3.3.21 압력식 소일네일링 구성도

(2) 발포우레탄 패커시스템

그라우팅 두부에 고무패킹, 부직포, 체결링으로 구성된 패커를 설치하고 우레탄 주입기를 이용해 급결성 팽창제(발포 우레탄 약액)를 정량 주입함으로써 네일 정착부를 완전히 밀폐해 압력 그라우팅이 가능하게 하는 시스템이다. 그림 3.3.22는 발포우레탄 패커시스템 및 주입 방법을 나타낸 것이다.

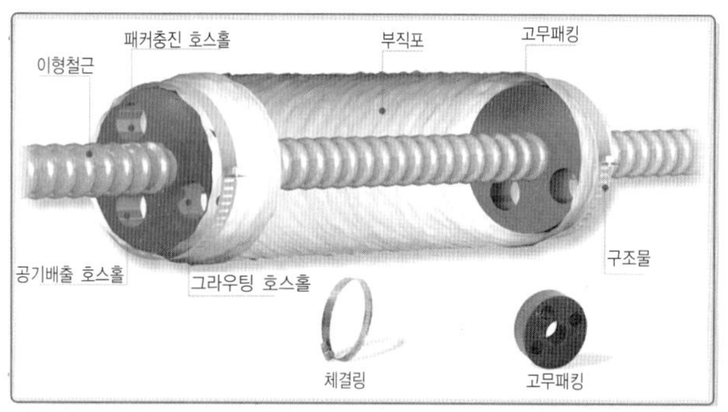

그림 3.3.22 발포우레탄 패커시스템 및 주입 방법

(3) 압력식 소일네일링의 개선효과

압력식 소일네일링 공법은 발포성 우레탄 주입을 통한 패커시스템을 도입하므로 밀폐성이 우수하며, 패커 부착력을 확보했다. 이는 기존 공법에 비해 유효경 확대(16~35%) 및 암반 불연 속면 충진 등으로 인발저항력(21~26%)을 증가시켰으며 중력 그라우팅의 충진불량 해소, 그라 우트 유출 등의 문제점을 해소하므로 안정성 및 경제성을 향상시켰다. 그림 3.3.23은 압력식 소일네일링의 개념도이다.

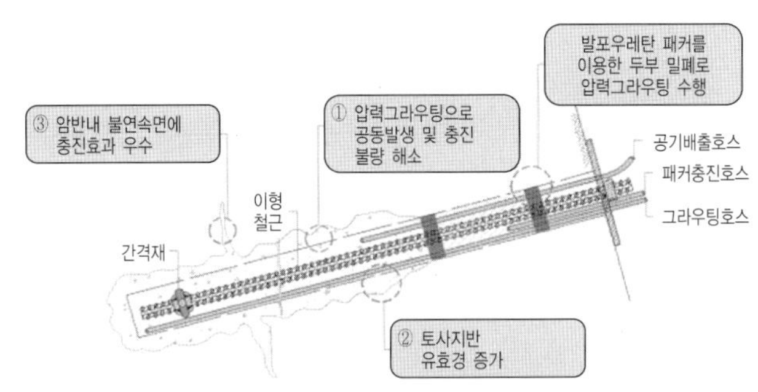

그림 3.3.23 압력식 소일네일링의 개념도

(4) 압력식 소일네일링 시공

압력식 소일네일링 시공방법은 비탈면이나 터파기 굴착면을 자립할 수 있는 안정높이로 굴착한 후, 굴착배면 지반에 천공을 해 패커시스템이 정착된 네일(이형철근, D25~32mm)을 설치하고 우레탄 패커를 발포해 네일 정착부를 완전히 밀폐한 후 5~10kgf/cm^{2}의 일정한 압력으로 그라우팅을 실시, 1~3일 이상 양생한 후 전면보호공 및 숏크리트 등으로 표면보호공을 시공해 보강토체를 조성한다.

(a) 패커 조립

(b) 패커 충진(우레탄 주입)

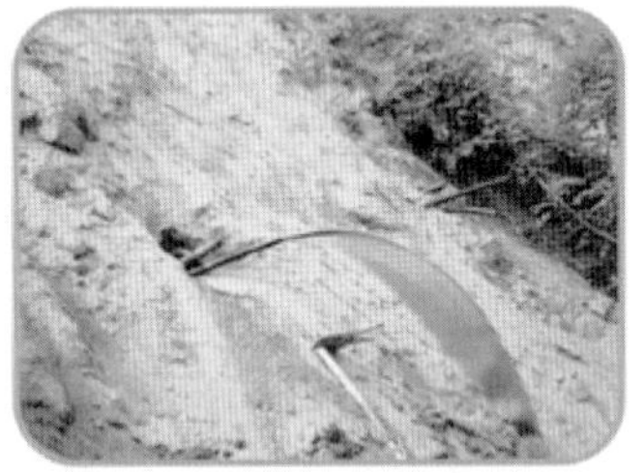

(c) 압력 그라우팅

그림 3.3.24 압력식 소일네일링의 주요 공정

3) 케이싱과 고무튜브형 또는 에어튜브형 패커를 이용한 압력식 소일네일링

(1) 공법의 원리

이 신기술은 저압(0.5~0.7MPa 이하) 그라우팅으로 압력식 소일네일링을 하는 공법이다. 케이싱과 재사용 패커를 보강재와 결합해 천공홀 내에 삽입, 천공홀 하부에서부터 그라우팅재를 충진한 후 가압을 하여 공내의 공동현상, 그라우트재의 불연속면 충진 불가 등의 소일네일링의 문제점을 해결한 기술로, 기존 패커시스템으로는 불가능했던, 네일이 삽입된 천공홀에서 패킹이 가능하

고 더 나아가 패커를 완벽하게 회수할 수 있는 패커시스템 공법이다. 이 공법은 지반 내의 소규모 공극과 불연속면의 틈에 맥상 그라우팅 및 유효경 증가를 목적으로 한다. 케이싱이 결합된 패커를 이용한 압력식 소일네일링 공법은 기존의 타 공법과 달리 다단그라우팅 및 코킹·실링 같은 공정이 필요 없기 때문에 공사기간의 단축을 기대할 수 있으며, 패커를 무제한 사용할 수 있다. 또한 일정한 주입압을 유지할 수 있어서 공내 그라우팅 시 원지반의 변형을 방지하고 품질관리가 용이하다.

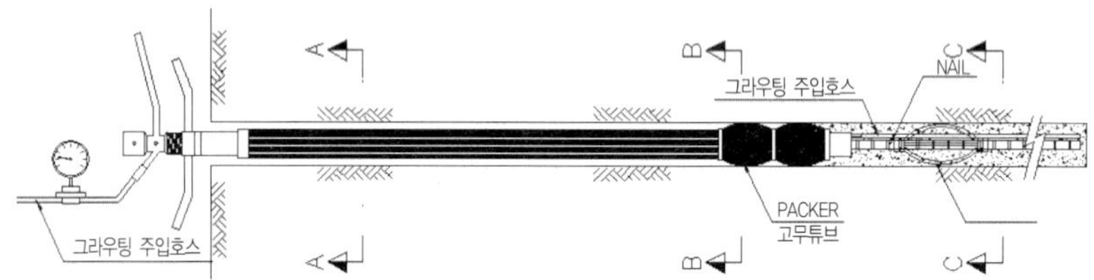

그림 3.3.25 고무튜브형 패커(암반용)

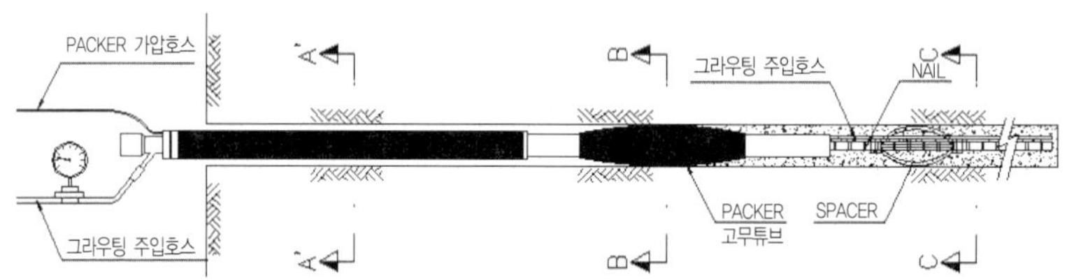

그림 3.3.26 에어튜브형 패커(토사용)

(2) 시공순서

그림 3.3.27 압력식 소일네일링 시공순서도

(3) 공법의 개선효과

- 복잡한 공정의 해소 : 패커를 이용하는 기존의 압력식 그라우팅에서는 패커와 보강재의 조립 후 양생 시간이 필요했으나, 이 기술은 천공하는 시간 동안 여러 개의 패커를 보강재와 조립할 수 있고 조립 공정 또한 간단하다.
- 공사기간의 단축 : 패커를 이용하는 기존의 압력식 그라우팅 기술의 다단그라우팅 시 코킹이나 실링 같은 작업이 필요 없으며 코킹의 양생 시간도 필요 없어 공사기간을 단축할 수 있다.
- 경제성의 증대 : 케이싱과 재사용 패커시스템은 타 공법과 달리 패커를 무제한 재사용이 가능해 패커 비용을 절약할 수 있다. 따라서 경제적 효과를 얻을 수 있고 공사기간이 단축돼 인건비를 줄일 수 있어서 경제적이다.
  일반적인 소일네일링에 비해 압력 그라우팅으로 네일 설치 본수를 줄일 수 있어서 경제적이다.
- 품질향상 : 천공홀 내 시멘트 밀크 그라우팅액의 재료가 분리되면 시멘트가 침강해 고결 그라우팅체가 감소하는데, 패커를 제거하고 시멘트 침강완료 시점에 재주입하면 크라우팅제를 완벽하게 채울 수 있다(패커 설치 및 제거 가능).

4) 방추형 콘네일

(1) 방추형 콘네일 공법의 원리

일반 소일네일링 공법을 영구사면 보강 목적으로 적용할 경우, 시멘트 그라우트체의 시공불량, 지진 및 암발파에 의한 진동 등에 의해 시멘트 그라우트체에 크랙이 발생하기도 하는데, 이로 인해 네일의 인발파괴 등이 빈번하게 발생하고 있다. 또한 장기 크리프(creep) 인발변형에 따른 응력손실을 감안한 설계에 대한 필요성이 대두되고 있다.

방추형 콘을 철근보강재에 장착한 네일링 공법은 나선형 철근에 직경 75mm의 방추형(spindle shape) 철재 콘을 장착해 네일 인발 시, 전단저항 구근을 그라우트체뿐만 아니라 원지반까지 방사방향으로 발생시켜, 마찰저항력 성능을 크게 향상시켰다.

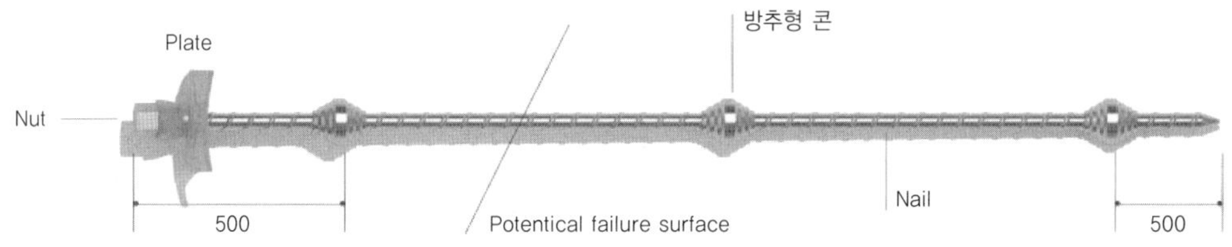

그림 3.3.28 방추형 콘을 장착한 네일시스템

그림 3.3.28과 같이 방추형 콘을 장착한 네일시스템의 경우, 보강철근에 장착된 방추 모양의 콘에 의해 그라우트체와 철근 사이의 부착저항력이 증가하고, 철근의 항복강도까지 그라우트체와 방추형 콘이 분리되지 않으므로 일반 네일에 비해 우수한 인발저항 특성을 나타낸다.

또한 보강사면의 파괴 영역이 불명확한 경우에도 방추형 콘의 경사면이 양측 방향으로 형성되어 있어 파괴선이 어디가 되어도 인발저항력을 발휘할 수 있는 구조를 가지고 있다. 따라서 평면 및 쐐기 파괴 등에 의해 유발할 수 있는 네일의 인발파괴 등에 대한 억제능력이 우수하며, 인발 시 유발하는 항복인장강도 이후의 잔류강도 또한 큰 것으로 나타나 진동 및 장기 크리프 변형에 따른 응력손실이 상당히 작게 유발하는 것으로 평가되었다.

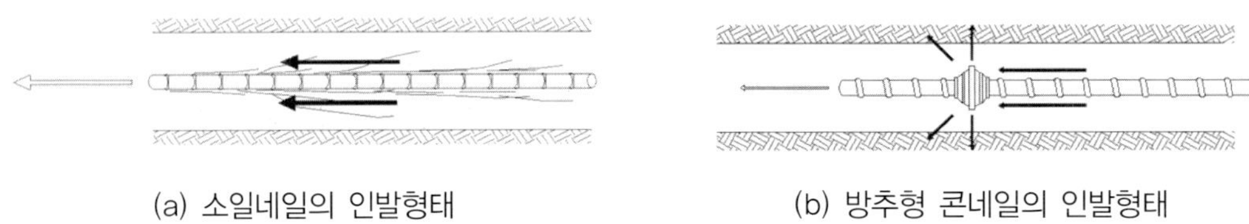

(a) 소일네일의 인발형태　　　　(b) 방추형 콘네일의 인발형태

그림 3.3.29 네일의 인발형태

(2) 방추형 콘네일의 개선효과

방추형 콘을 장착한 네일의 단기 인발거동특성을 알아보기 위해 풍화암과 연암에 대해 각각 1회씩 총 4회 변위제어방식의 인발 시험을 수행했다. 25.0톤의 인발하중을 가했을 경우 연암층에서 유발한 수평변위량을 살펴보면, 방추형 콘네일의 경우 5.6mm, 일반 소일네일의 경우 8.5mm 정도인 것으로 나타나, 방추형 콘네일의 마찰저항특성이 34% 정도 우수한 것으로 평가되었다. 아울러 일반 소일네일의 최대인발력 21톤을 기준으로, 풍화암층에서 유발한 수평변위량을 살펴보면, 방추형 콘네일은 8.7mm, 일반 소일네일은 12.7mm 정도인 것으로 나타나, 방추형 콘네일의 마찰저항특성이 31% 정도 우수한 것으로 평가되었다.

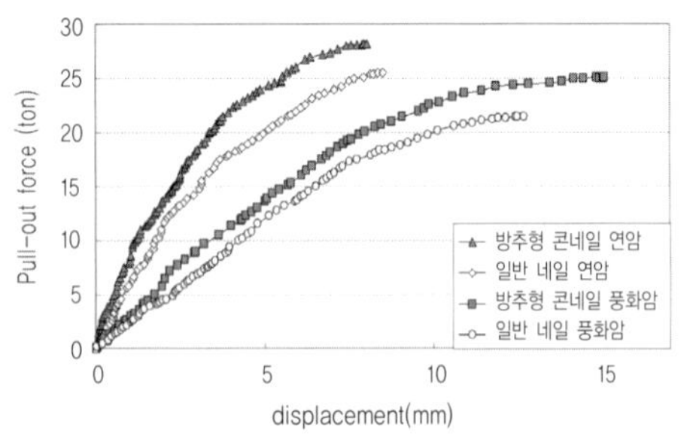

(a) 현장인발 시험사진　　　　(b) 현장인발 시험결과

그림 3.3.30 방추형 콘네일과 일반 네일의 단기 인발거동특성

　방추형 콘을 장착한 네일의 장기 인발거동특성을 알아보기 위해 단기인발 시험에서 평가된 최대인발력($T_{\max}$)을 토대로, 응력제어방식 현장인발 시험을 수행한 결과, 한계 크리프 인발력은 연암의 경우 방추형 콘네일이 일반 소일네일에 비해 5.71톤(25.35%) 정도 큰 것으로 평가되었고, 풍화암의 경우 5.12톤(27.67%) 정도 큰 것으로 평가되었다.

　크리프 인발력 또한 방추형이 일반 네일에 비해 연암은 5.14톤, 풍화암은 4.16톤 정도 큰 것으로 평가된다. 따라서 방추형 콘을 장착한 네일이 일반 소일네일에 비해 장기 크리프 거동특성이 상당히 우수하다고 판단되므로 영구사면 보강목적으로 적용할 경우, 상당히 유리할 것으로 보인다.

표 3.3.4 한계 크리프 인발력

Case	최대인발력($T_{\max}$)	한계 크리프 인발력($T_c{'}$)	k
방추형 콘네일 연암	28.37톤	28.23톤	1.12
일반 네일 연암	25.40톤	22.52톤	1.25
방추형 콘네일 풍화암	25.07톤	23.61톤	1.18
일반 네일 풍화암	21.39톤	18.49톤	1.29

5) 다철근 보강재와 스프링 신축장치를 이용한 소일네일링

(1) MS 네일 공법의 원리

　MS(Multi-Bar Spring) 네일 공법은 다철근(4~5가닥)을 특수 간격재로 일정한 간격으로 배치함으로써 보강재의 구조를 개선하여 인발저항력과 전단저항력, 휨저항력을 극대화해 비탈면

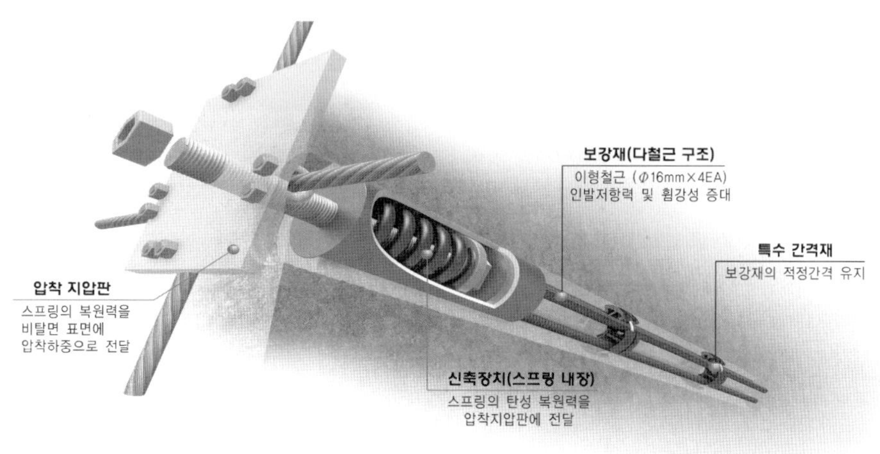

그림 3.3.31 MS 네일의 구조(다철근과 스프링 신축장치 2중효과)

내부의 안정성을 증대시키는 '다철근 구조 네일'과, 스프링 탄성복원력에 의한 압축효과로 낙석, 낙반 및 세굴 등의 표면파괴를 억제하는 '신축장치를 이용한 표면 압착 시스템'을 결합한 것으로 비탈면 내부와 표면을 동시에 보강해 안정성을 증대시키는 신개념의 비탈면 보강 공법이다.

(2) MS 네일 공법의 개선효과

MS 네일 공법은 기존 소일네일링 공법의 구조와 기능을 대폭 개량해 다음과 같이 보강효과를 개선했다.

① 네일 보강재의 휨저항력 극대화 : 인장측에 철근 배치

② 다수의 철근 사용으로 인발저항력 증대 : 부착면적 2배(4가닥 철근 사용 시)

③ 휨 및 전단을 고려한 설계 가능 ⇨ 휨강성(EI) 9.8배 증가로 안전율 증대

④ 사면 표면부 낙석, 낙반 및 토사유출 방지 : 보강 와이어와 압착 지압판 체결

⑤ 굴착에 의한 초기지반 이완 억제 또는 지연 : 지압판을 통해 신축장치의 스프링 탄성복원력이 압착력으로 지반에 작용

(3) 다철근 구조 네일의 효과

MS 네일링은 4~5가닥의 이형철근 보강재를 특수간격재로 일정 간격으로 배치함으로써 인장영역 내 보강재가 위치해 대형 전단시험결과, 그라우트가 완전 파손되는 일반 네일과는 달리 그라우트 파손 없이 미세균열만 다수 발생하고, 전단 및 휨저항력이 일반 네일 대비 30%이상 증대되는 것으로 확인되었다. 또한 신기술 현장실사 중 시행한 인발 시험결과, 일반 네일(D32mm)보다 6tonf 이상의 인발하중을 더 지지하는 것으로 확인되었다.

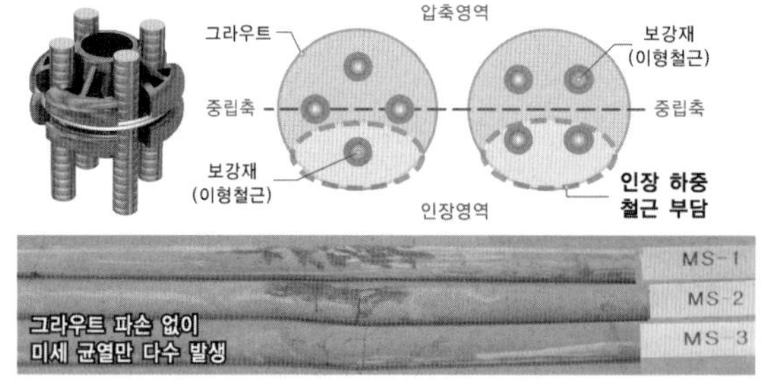

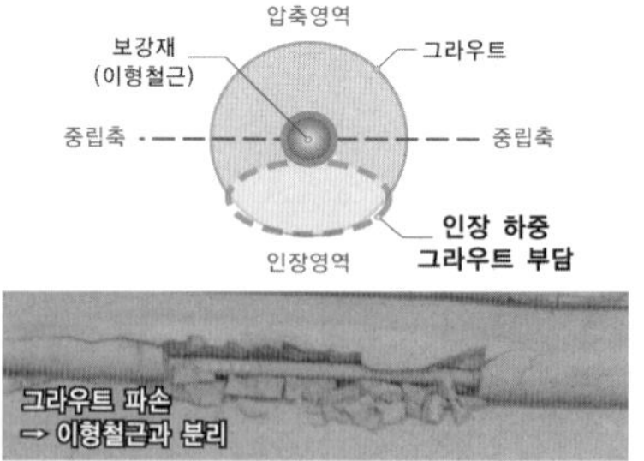

(a) MS 네일 : 인장영역 내 철근배열(인장철근)　　　(b) 일반 네일 : 인장영역 내 그라우트만 존재

그림 3.3.32 다철근(Multi-Bar) 보강재의 효과(휨성 증대)

(4) 신축장치를 이용한 압착시스템의 효과

스프링 신축장치의 탄성복원력은 계측결과, 비탈면 표면부에 약 700kgf 압착력으로 작용하는 것이 확인되었다. 이러한 MS 네일의 표면압착효과는 표면파괴를 효과적으로 억제하기 때문에 일반 네일에서 자주 발생하는 낙석이나 낙반, 세굴, 보호 식상망의 하자 등을 최소화할 수 있는 최적의 표면보강 시스템이다.

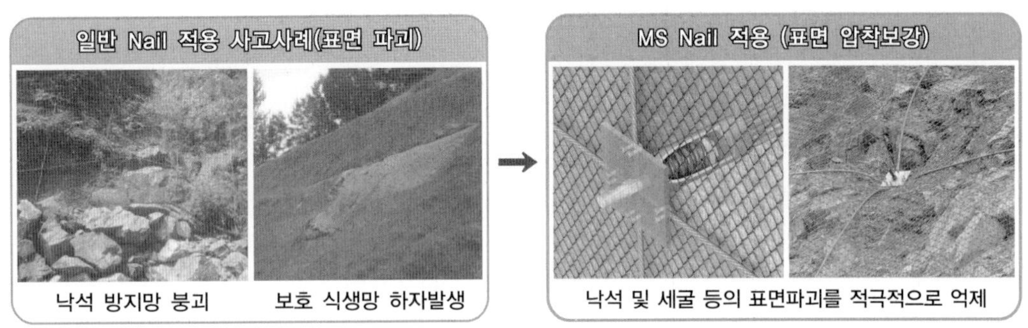

그림 3.3.33 스프링 신축장치의 표면압착효과(수동적인 보호망 ⇨ 선행 압축하중에 의한 적극적인 표면보강)

참고문헌

1. 건설교통부(1999), 『쏘일네일링 공법의 실용화방안 연구』

2. 김홍택(2001), "쏘일네일링의 원리 및 지침"

3. 김홍택, 강인규(1995), "쏘일네일링 시스템의 최적설계방법에 관한 연구", 『한국지반공학회 가을학술발표회 논문집』, pp. 91~96

4. 김홍택, 강인규(1995), "Nailing System으로 보강된 억지벽체 공법에 관한 연구", 『한국지반공학회지』, 제 11권, 제 1호, pp. 79~99

5. 이송, 김종수(2001), "현장 인발 시험에 의한 지반－네일의 하중전이 특성 연구", 『대한토목학회논문집』, 제21권 제3-C호, pp. 291~288

6. 한국시설안전관리공단(2004), 『절토사면유지관리매뉴얼』

7. CEBTP(1986). Compte rendu de l'exp rimentation en vraie grandeur de la paroi clouee NO 1. Pupture d'une paroi clou e par cassure des armatures, Mai Reprot on the experiment No.1 of a full-scale soil nailed wall. Failure of soil nailed wall as a result of breakage of the nails.

8. Fatani, M. N. and Bauer, G. E.(1991), Strength Characteristics of Sand Reinforced with Rigid and Flexible Elements / ; Soil mechanics and foundation engineering, pp. 471~474

9. FHWA(1998), Manual for Design and Construction Monitoring of Soil Nail Walls, SA-96-069R

10. FNRP(1991), Recommendations Clouterre: Soil Nailing Recommendations for Designing, Calculating, Constructing, and Inspecting Earth Support Systems Using Soil Nailing

11. Gässler, G. and Gudehus, G.(1981), "Soil Nailing – Some Aspects of New Technique", Proceedings of 10th International Conference on Soil Mechanics and Foundation Engineering, Vol. 3, pp. 665~670

12. Gässler, G.(1988), "Soil Nailing Theoretical Basis and Practical Design", Proceedings of the Geotechnicla Symposium on Theory and Practice of Earth Reinforcement, Balkema, pp. 283~288

3.4 앵커 공법

3.4.1 앵커의 기본구조와 지지방식

구조물과 지반을 결합하기 위해 설치하는 앵커는, 그 힘의 전달경로로 볼 때 그림 3.4.1과 같이 기본적인 3가지 구성요소로 나누어서 생각할 수 있다.

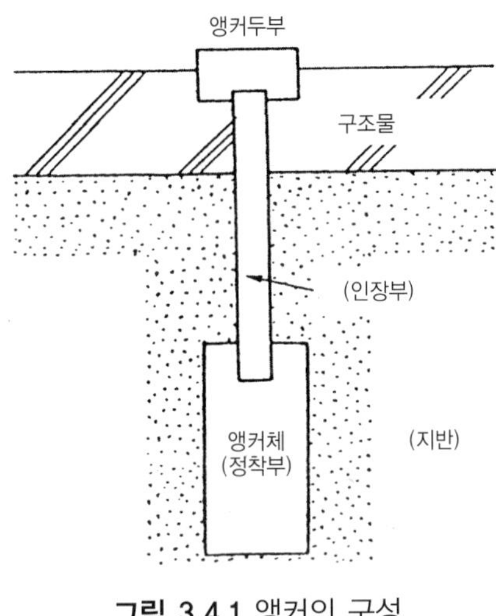

그림 3.4.1 앵커의 구성

1) 앵커체

앵커체(anchor root 또는 anchor body)는 지표면으로부터의 인장력을 지반에 전달하기 위한 저항부분이다. 앵커는 앵커체의 모양에 따라 그림 3.4.2와 같이, 마찰방식, 지압(支壓)방식, 복합방식 등으로 나누어지는데, 여기에서는 앵커의 대부분을 차지하는 마찰방식 앵커에 대해서만 기술하기로 한다.

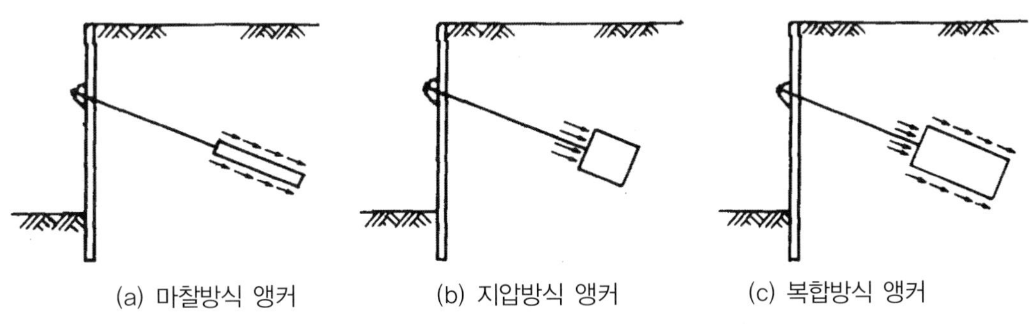

(a) 마찰방식 앵커   (b) 지압방식 앵커   (c) 복합방식 앵커

그림 3.4.2 앵커체의 형상에 따른 앵커의 종류

2) 인장부

인장부(tendon)는 구조물로부터 앵커두부를 사이에 두고 지중의 앵커체에 인장력을 전달하기

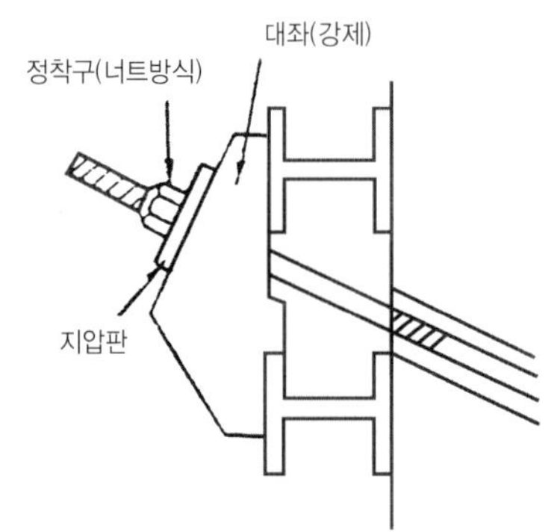

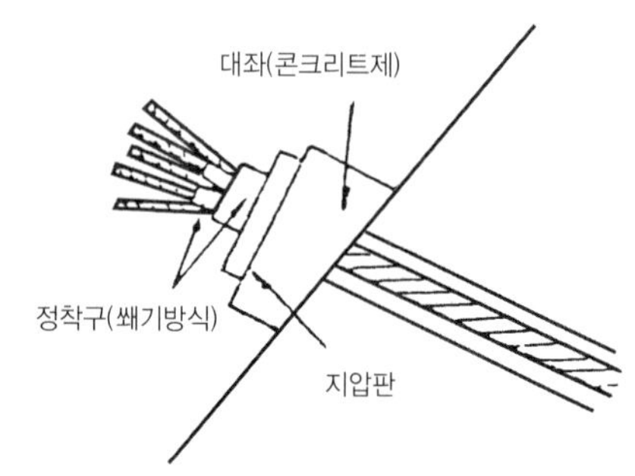

(a) 너트방식의 정착구와 강제(鋼製) 대좌   (b) 쐐기방식의 정착구와 콘크리트제 대좌

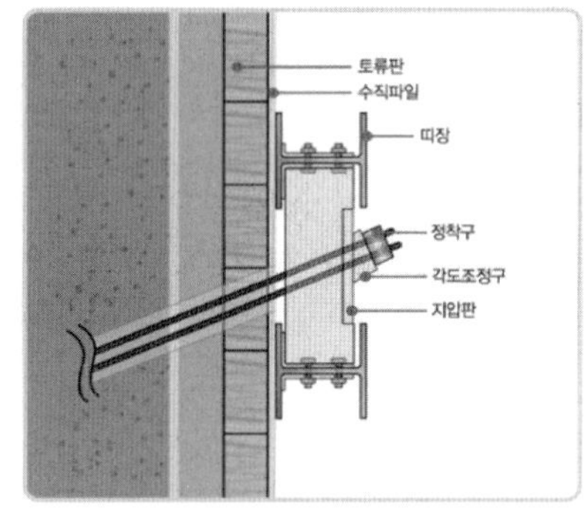

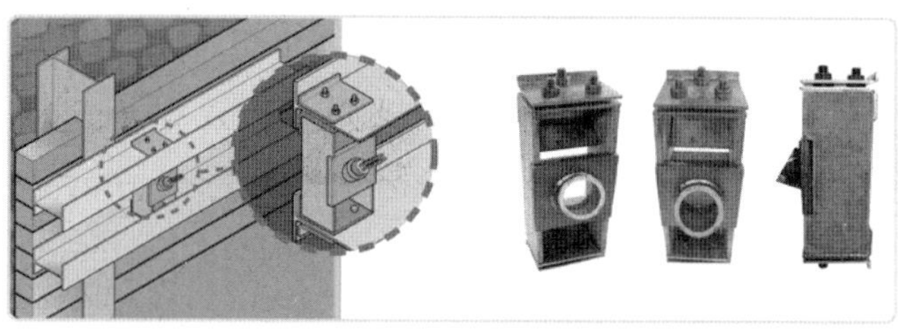

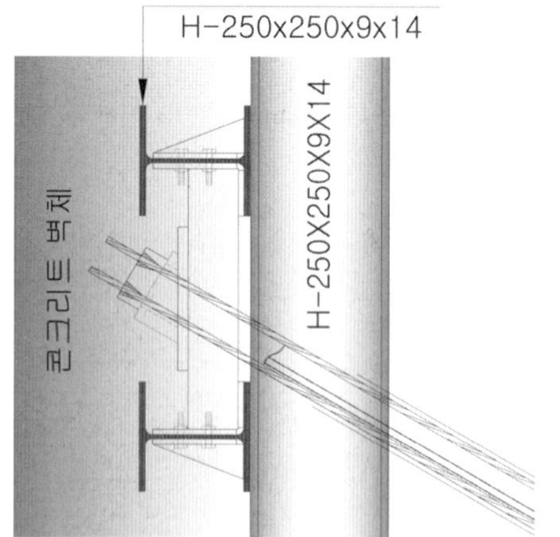

(c) 매입형 대좌

그림 3.4.3 앵커두부의 구성 예

위한 부분으로, 일반적으로 강봉(鋼棒, PC steel bar), 강선(PC steel wire), PC 강꼰선(PC steel strand) 등으로 구성되어 있다. 설치 시의 조건에 따라 드릴파이프를 그대로 사용하기도 한다.

3) 앵커두부

앵커두부(頭部)(anchor head)는 구조물로부터 힘을 무리 없이 인장부에 전달하기 위해 설치한다. 일반적으로 구조물로부터의 힘은 앵커의 설치방향과 일치하지 않는 경우가 많으므로, 단지 인장재를 구조물에 정착하는 것만이 아니라 인장재에 인장력만을 전달하기 위해서는 적절한 앵커두부의 설계가 필요할 것이다. 앵커의 집중적인 힘을 분산해서 구조물에 안전하게 전달하는 것도 앵커두부의 중요한 기능이다.

앵커두부는 일반적으로 그림 3.4.3과 같이 정착구(定着具), 지압판(支壓板), 대좌(臺座)의 3부분으로 되어 있다.

3.4.2 마찰방식 앵커

마찰방식 앵커는 영어로 그라운드 앵커(ground anchor)이며, 암반에 정착하는 것은 rock anchor, 모래·점토 등의 퇴적 토사에 정착하는 것은 soil anchor, 충적 점토지반에 사용될 때는 alluvial anchor라고 한다(鷹野, 1984).

종전에 일본에서 사용되던 earth anchor(アースアンカー)(日本土質工學會, 1979)는 대개 soil anchor를 지칭하는 용어였는데, 통틀어 ground anchor라고 부르기도 했다. 최근에는 각각의 경우에 따라 soil anchor(ソイルアンカー), rock anchor(ロックアンカー) 등을 사용하고, 총칭어로서는 earth anchor(アースアンカー)가 아니라 ground anchor(グラウンドアンカー)를 사용하고 있다. 또한, 1988년 11월에는 그라운드앵커 設計·施工基準(日本土質工學會, 1990)이 제정되어 총칭적인 의미로 사용되고 있으나, 번역해 지반앵커(榎並, 1987; 幾田 등, 1987)라고 불리기도 한다.

종래에는 암반앵커가 대부분이었으나, 최근에는 재료 및 공법의 발달로 비교적 단단한 점토지반이나 세립모래지반, 실트지반 등에 타설된 soil anchor도 많이 시공되고 있는데, 비교적 높은 인발력을 얻고 있다(Xanthakos, 1991).

우리나라에서는 아직 정립된 용어가 없으나 여기서는 앵커를 통틀어 지반앵커, 분리해서 정의할 때는 토사앵커, 암반앵커 등으로 부르기로 한다. 마찰방식 지반앵커(이후 간단히 '앵커'라고 부르기로 한다)는 다음과 같이 분류할 수 있다.

1) 구조물 지지 기간에 따른 분류

가설앵커(temporary anchor)와 영구앵커(permanent anchor)로 나누어지는데, 대표적 구조는 그림 3.4.4와 같다. 또, 시공된 앵커가 그 목적을 이룬 후에 인장재를 철거하도록 되어 있는 제거식 앵커도 있다. 제거식 앵커가 영구앵커로 사용되기도 하지만 한 개의 강선에 이상이 생기면 2개의 강선에 동시에 결함이 생겨 위험을 초래할 수 있으므로 이 사용을 피하는 것이 좋을 것으로 생각된다. 가설앵커와 영구앵커가 구별되는 기간은 보통 2년(1.5~3년)(日本土質工學會, 1990; 日本土質工學會, 1991)을 기준으로 하고 있다. 영구앵커는 특히, 인장재의 부식 방지와 지반의 크리프 변형 등에 대한 대책이 필요한 점이 가설앵커와 다른 점이다.

시공 순서를 간단히 쓰면 다음과 같다.

착공(자유장 부분에 케이싱 설치) → 인장재 삽입 → 주입재 1차 주입 →

케이싱 제거 → 가압 → 양생 → 시험 → 긴장 정착 → 주입재 2차 주입 → 두부 보호

시공 시 특히 주의해야 할 점은, 주입재 2차 주입은 인장재 긴장 후에 한다는 것이다. 왜냐하면, 1차 주입 후 앵커체가 형성되면 확인인발시험을 하게 되는데, 이때 자유장부까지 주입하면 자유장부의 저항력까지 더해져 앵커체의 인발력이 과대평가되어 위험할 수 있기 때문이다.

가설앵커의 경우, 주입재 2차 주입은 공벽이 비교적 견고하고, 지하수가 거의 없을 때는 생략할 수도 있다.

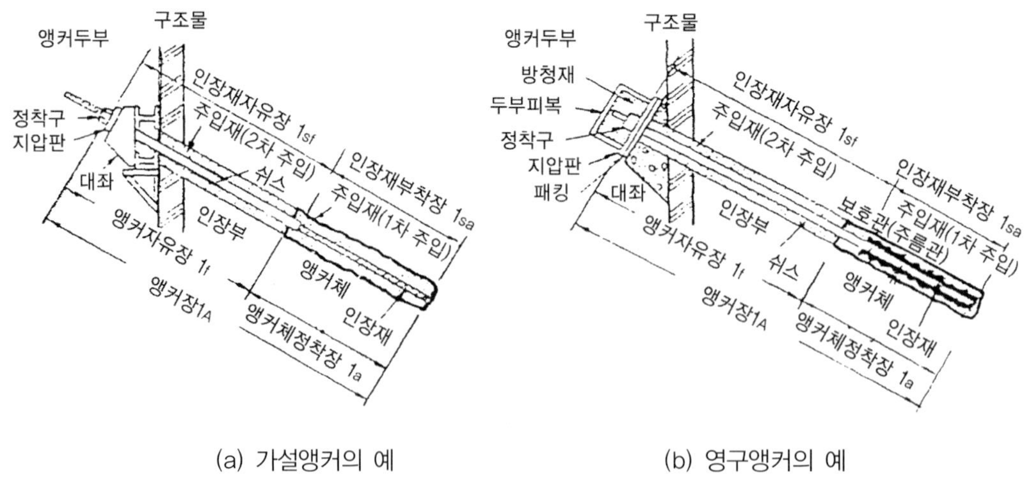

(a) 가설앵커의 예   (b) 영구앵커의 예

그림 3.4.4 구조물 지지 기간에 따른 앵커의 분류(인장형 앵커의 경우)(패커를 사용해 가압하는 경우도 있음)

2) 가압력에 따른 주입재의 분류

그림 3.4.5와 같이 무가압형, 저가압형, 고가압형, 확공형 등으로 분류할 수 있으며(Wernick, 1977), 이 그림에서 p_i는 가압력(加壓力)을 의미한다. 스즈키 등(鈴木 등, 1980)에 의하면, 가압 주입에 의한 인발력의 증가는, 주로 주입재량의 증가에 따른 앵커체 직경의 증대에 의한 것이라고 하고 있다. 따라서 가압에 의해 앵커체 직경이 크게 증대되기 어려운 견고한 점성토 지반 내의 앵커는 가압 효과가 별로 크지 않다. 오히려 무리한 가압에 의해 주변 지반이 변형되어 인접 구조물을 손상하는 일도 있으니 주의해야 한다. 가압에 의해 앵커체와 주변 지반이 잘 밀착되어 높은 저항력을 얻을 수 있다고 생각할 수도 있으나, 앵커체의 주입재에는 적정량의 팽창재를 혼합하므로 앵커체와 주변 지반의 밀착 목적으로 가압하는 것은 별로 의미가 없다고 하겠다.

그러나 균열이 많은 암반이나 간극이 많은 사질토 지반 내에 앵커체를 시공할 때는 균열이나 간극에 주입재가 충전되어 주변 지반과 앵커체와의 마찰저항력은 증대하므로, 가압에 의한 효과는 비교적 클 것이다.

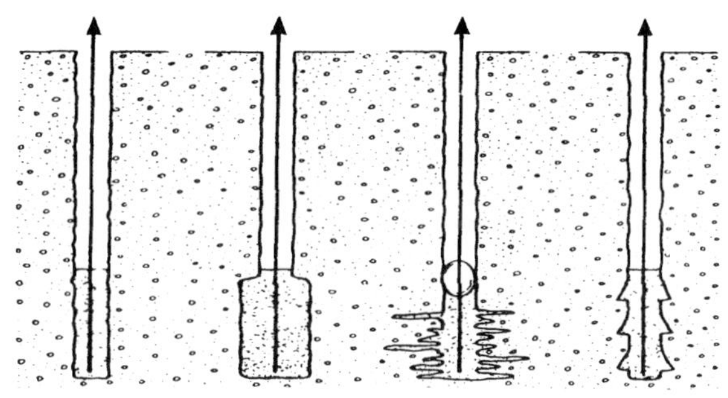

(a) 무가압형　(b) 저가압형　(c) 고가압형　(d) 확공형
$$(p_i < 1,000\text{kN/m}^2)(p_i > 2,000\text{kN/m}^2)$$

그림 3.4.5 가압력에 따른 앵커의 분류(Xanthakos, 1991)

3) 인장재의 정착방식에 따른 분류

이 분류는 인장재로부터 주입재로의 힘의 전달방식에 따른 분류 또는 앵커체의 변형방향에 따른 분류라고도 할 수 있다(그림 3.4.6 참조). 지반앵커의 본래의 형태는 인장형 앵커(tension anchor)였고, 지금도 인장형 앵커가 많이 시공되고 있으나, 1970년대에 들어와서 압축형 앵커(compression anchor)가 개발되어 현재 많은 종류의 압축형 앵커가 시공되고 있다. 인장형 앵커는 앵커에 인발력이 작용할 때, 앵커두부 방향의 앵커체에서부터 인발력이 전달되므로 위에서부터 아래(앵커체 선단방향)로 앵커체의 인장이 진행된다. 반면에 압축형 앵커는 앵커체의 선단에서 위쪽으로 인발력이 전달되므로 선단에서부터 위로 앵커체의 압축이 진행된다(그림

3.4.7 참조). 압축형 앵커의 인발저항 기구는 그림 3.4.8, 그림 3.4.9 참조.

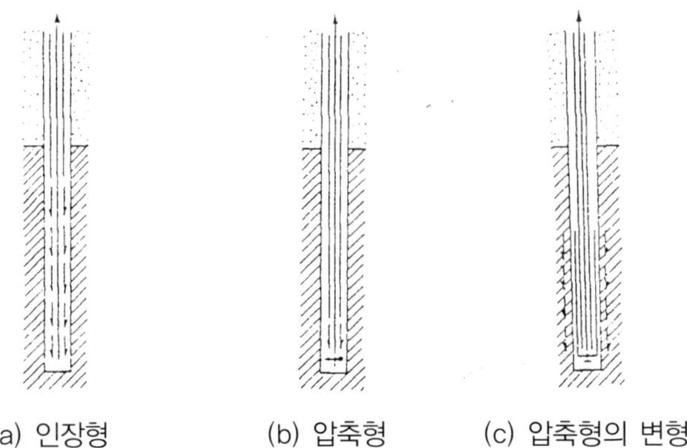

그림 3.4.6 인장재의 정착방법에 따른 앵커의 분류

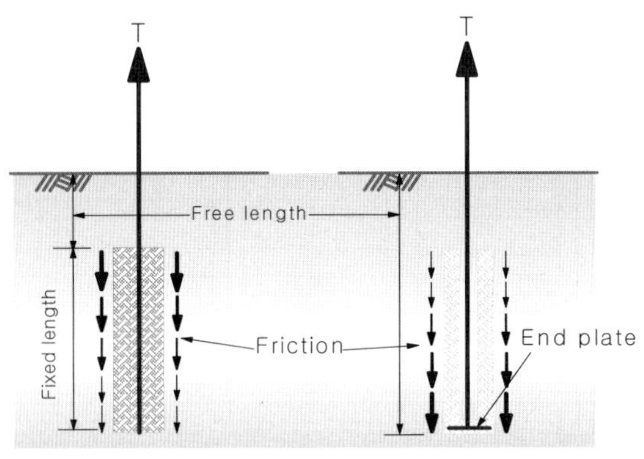

(a) Tension anchor　　(b) Compression anchor

그림 3.4.7 인장형 앵커와 압축형 앵커의 인발저항 기구

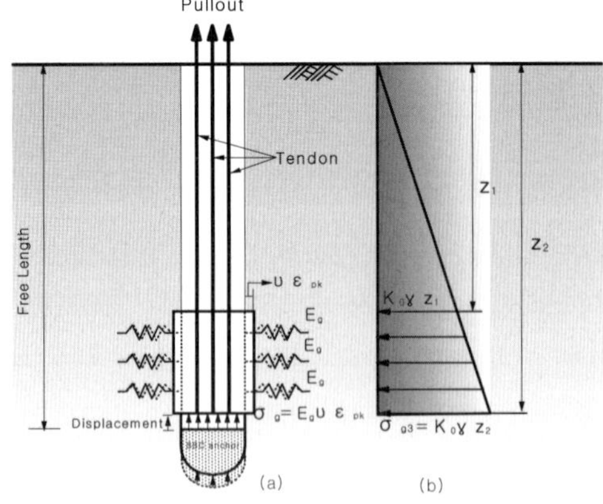

그림 3.4.8 압축형 앵커의 구속압 효과

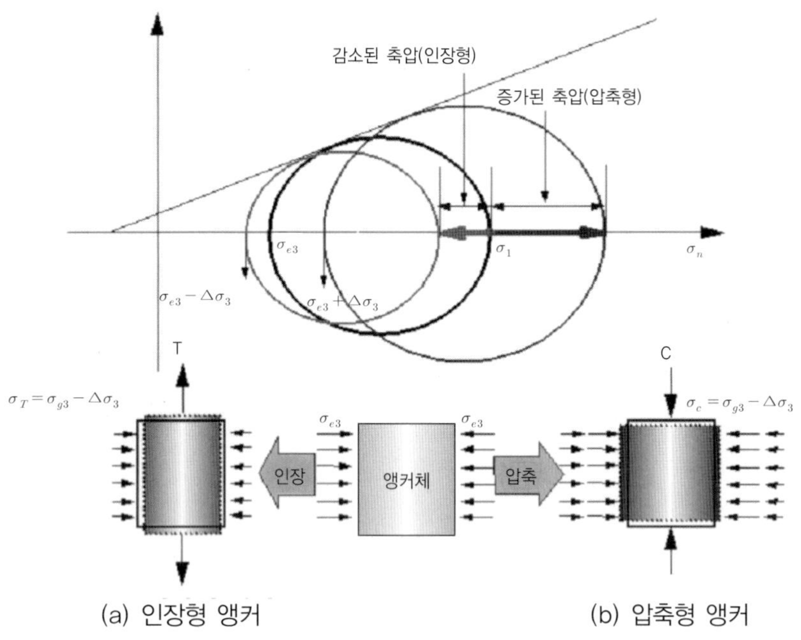

그림 3.4.9 모아원을 이용한 구속압 효과 산정

3.4.3 설계

1) 앵커체의 주면마찰저항

표 3.4.1은 일본앵커협회에서 통계적으로 정리한 앵커체의 단위면적당 지반과의 주면마찰저항(τ_u)을 나타내고 있는데, 이 값은 대부분이 가압형 앵커의 인발시험에 의해서 구해진 값이므로, 무가압형 앵커의 극한인발력을 산정할 때에는 이 표의 값을 그대로 사용하는 것은 피해야 할 것이다. 또 가압형 앵커라도 토피가 4m 이내일 경우에는 표의 값을 그대로 사용하는 것은 문제가 있다.

스즈키 등(鈴木 등, 1980)은 반복가압주입에 의한 앵커의 인발력 증대에 대해 연구했는데, 가압주입에 의해 인발력이 증대하는 것은, 주로 주입재량의 증가에 따른 앵커체 직경의 증대에 따른 것이라고 하고 있으나, 앵커체 주면마찰저항(τ_u)의 변화에 대해서는 명확하게 연구되지 않았으며 아직 가압의 영향에 대한 연구는 드물다.

무가압형 앵커의 마찰저항은, 표 3.4.1의 값을 줄여서 사용하든가, 말뚝의 주면마찰저항의 계산에 종종 사용하는 $\tau_u = N/5 + 3(\times 10\mathrm{kN/m^2})$로 하는 등 여러가지 방법이 있으나, 인발시험에 의해서 τ_u를 결정하는 것이 가장 좋은 방법이라고 할 수 있다.

표 3.4.1 앵커체의 주면마찰저항(τ_u)

지반의 종류			주면마찰저항($\times 10^2 \mathrm{kN/m^2}$)
암반	경암		$15 \sim 25$
	연암		$10 \sim 15$
	풍화암		$6 \sim 10$
	이암		$6 \sim 12$
사력	N값	10	$1.0 \sim 2.0$
		20	$1.7 \sim 2.5$
		30	$2.5 \sim 3.5$
		40	$3.5 \sim 4.5$
		50	$4.5 \sim 7.0$
모래	N값	10	$1.0 \sim 1.4$
		20	$1.8 \sim 2.2$
		30	$2.3 \sim 2.7$
		40	$2.9 \sim 3.5$
		50	$3.0 \sim 4.0$
점성토			$1.0c$ (c는 비배수 전단강도)

2) 진행성 파괴에 의한 극한인발력의 감소

앵커의 설계 시, 앵커체의 길이 방향으로 주면마찰저항(τ_u)이 동일하다고 보고 면적에 대해 적분해 극한인발력을 구하는 방법을 사용하면, 앵커체정착장에 비례해서 극한인발력이 증가하지만, 이 방법을 적용하면 상당히 위험하고 앵커의 안정성을 확보하지 못하는 설계가 된다. 앵커에 인발력이 작용할 때 앵커체의 표면에 발생하는 마찰(전단)응력분포는 인발력의 증가에 따라 그림 3.4.10과 같은 양상을 띠는데, 지표면에 가까운 쪽의 앵커체에서부터 마찰응력이 지반의 전단강도를 초과해서 지반이 파괴되고, 이 현상이 점차로 앵커체의 뒷부분으로 발달해나가는 진행성 파괴(progressive failure) 형태를 띠게 되며, 이 마찰응력의 분포도 직사각형이 아닌 그림과 같은 형태가 된다. 따라서 극한인발력은 I, II, III과 같은 마찰응력 분포곡선을 적분한 결과가 최대가 될 때 발휘된다.

그림 3.4.11은 점토지반 내의 경사앵커(인장형 앵커 및 압축형 앵커) 인발 시의 인발력과 앵커체 각 위치에서의 인장변형률(인장형 앵커의 경우) 또는 압축변형률(압축형 앵커의 경우)의 분포를 나타낸다. 이 그림에서도 앵커체의 위치에 따라 변형률이 크게 다름을 알 수 있다. 이 점에서도 진행성 파괴의 양상을 알 수 있으며, 인장형 앵커가 압축형 앵커보다 진행성 파괴의 영향이 더 크다는 것을 알 수 있다.

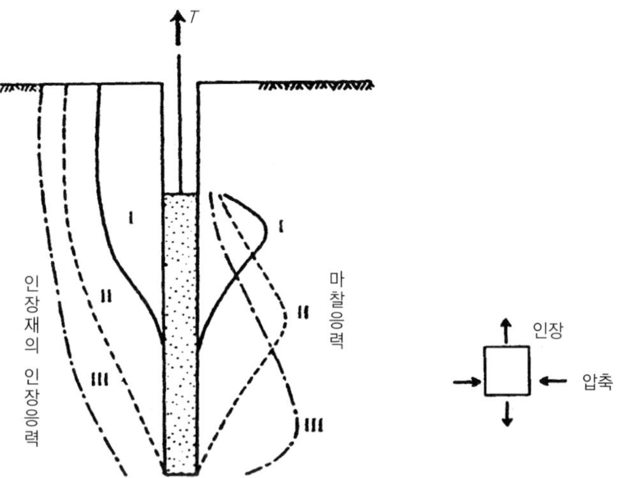

그림 3.4.10 앵커의 인발(I→II→III)에 따른 앵커체의 마찰응력분포 및 인장재의 인장응력분포(인장형 앵커의 경우)

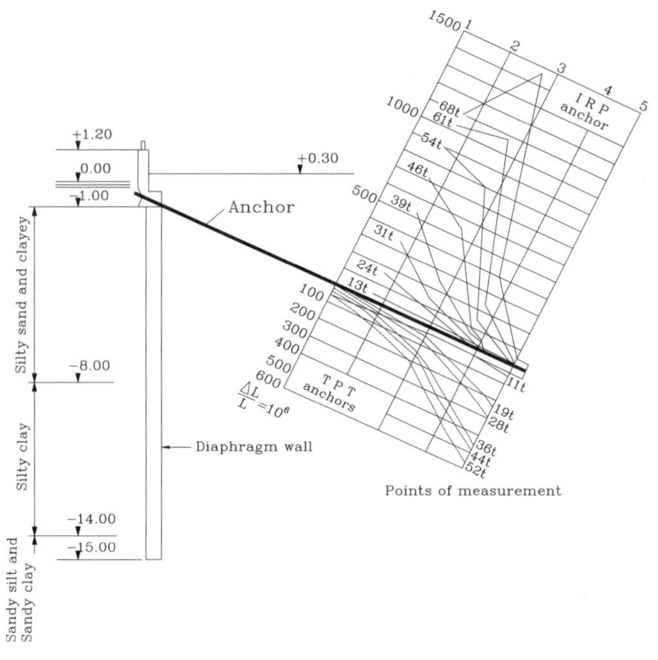

그림 3.4.11 점토지반 내 앵커체의 변형률분포(Xanthakos, 1991)

진행성 파괴의 양상은 그림 3.4.12에 의해서도 명확히 알 수 있다. 즉, 정착장이 약 10m 이상이면 극한인발력의 증가는 거의 없는 것으로 나타났다.

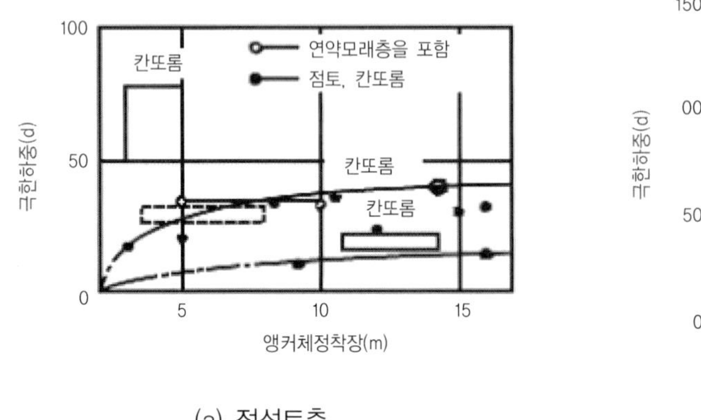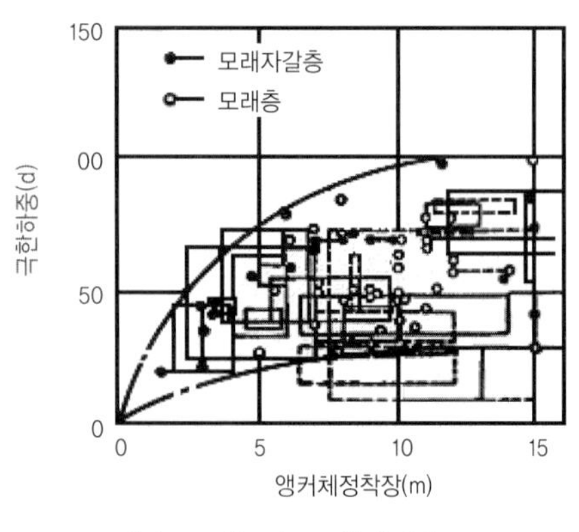

(a) 점성토층   (b) 모래 및 모래자갈층

그림 3.4.12 앵커체정착장과 극한인발력의 관계

이상과 같이, 진행성 파괴의 문제 때문에 통상 앵커체정착장은 10m 이하로 제한하고 있다. 또, 앵커체정착장이 너무 짧으면 조금의 시공 부주의나, 지반의 불균일성(변화) 등이 앵커의 인발력 저하에 큰 영향을 미치므로 급작스러운 붕괴 등의 방지를 위해 외국 기준에서는 앵커체 정착장의 길이를 표 3.4.2와 같이 규정하고 있다.

여기서 주의해야 할 점이 있다. 표 3.4.1은 극한인발력 발휘 시의 인장형 앵커의 평균 주면마찰저항을 나타내는 것으로, 앵커체 표면의 각 위치에서의 최대값을 의미하지는 않는다는 것이다. 이 표의 적용도 정착장 10m 이내에 한정해야 할 것이다.

표 3.4.2 앵커체정착장에 대한 기준

기준명	앵커체정착장
JSF(D1-88) BSI(DD81) FIP	3m~10m
PTI	4.6m 이상

3) 허용인발력(T_{ag})

일본 그라운드앵커위원회(日本土質工学会, 1990)의 제안에 의하면 앵커의 허용인발력 및 안전율은 표 3.4.3과 같다.

표 3.4.3 앵커의 허용인발력 및 안전율(日本土質工学会, 1990)

앵커의 종류		극한인발력(T_{ug})에 대해서
가설앵커		T_{ug} / 1.5
영구앵커	평상시	T_{ug} / 2.5
	지진 시	T_{ug} / 1.5~2.0

* 분모는 안전율을 의미

4) 허용인장력(T_{as})

허용인장력(T_{as})은, 인장재 극한하중(T_{us}), 인장재 항복하중(T_{ys})에 대해서 표 3.4.4의 값 중 작은 값을 사용한다. 여기서 인장재 극한하중이란 주로 인장재의 파단이나 인장재와 주입재의 부착강도 등, 지반 이외의 조건에서 파괴가 발생하는 경우의 파괴에 필요한 힘을 말한다. 인장재의 개수는 허용인장력(T_{as})≥설계앵커력(T_d)의 관계가 성립하도록 정한다.

표 3.4.4 허용인장력(日本土質工学会, 1990)

앵커의 종류		인장재 극한하중(T_{us})에 대해서	인장재 항복하중(T_{ys})에 대해서
가설앵커		$0.65\,T_{us}$	$0.80\,T_{ys}$
영구앵커	평상시	$0.60\,T_{us}$	$0.75\,T_{ys}$
	지진 시	$0.75\,T_{us}$	$0.90\,T_{ys}$

5) 앵커체정착장

앵커체정착장(l_a)은 「주입재와 지반의 마찰저항(극한인발력)으로부터 구해지는 앵커체정착장(앵커체마찰장, l_f)」과 「주입재와 인장재의 부착으로부터 구해지는 앵커체정착장(인장재부착장, l_s)」 중 큰 값을 표 3.4.2의 규정에 맞도록 결정한다.

6) 근접 구조물에 대한 영향

앵커를 배치할 때는 앵커 타설 지반의 지중매설물, 구조물, 말뚝 등에 대해서 앵커의 계획 전에 충분히 조사해야 하고, 또 앵커 설계 시 구조물, 지중매설물 등의 장애물이 있는 경우는 앵커경사각, 앵커수평각에 대해서 충분히 검토해서 설계해야 한다.

BS, FIP에서는 앵커와 인접하는 기초, 지하구조물과는 수평거리로 3.0m 이상으로 하도록 규정하고 있다.

그림 3.4.13은 지표면이 수평인 지반에 설치된 경사앵커가 극한인발력을 발휘할 때, 앵커 주변 지반의 연직응력을 등고선으로 나타낸 것이다. 앵커체는 깊이 6m~9m에 놓여 있으며 빗금친 부분은 연직응력이 증가된 영역을 나타낸다. 이 그림에서도, 앵커 인발 시의 주변 지반의 응력의 영향범위는 대략 앵커체 부근 3m까지라는 것을 알 수 있다. 물론, 영향범위는 앵커체의 길이, 설치 깊이, 경사도 등에 따라 다르겠지만, 아직 명확한 이론적인 근거가 확립되어 있지 않고, 구조물과 대략 3m 이상 떨어지도록 설계하고 있다.

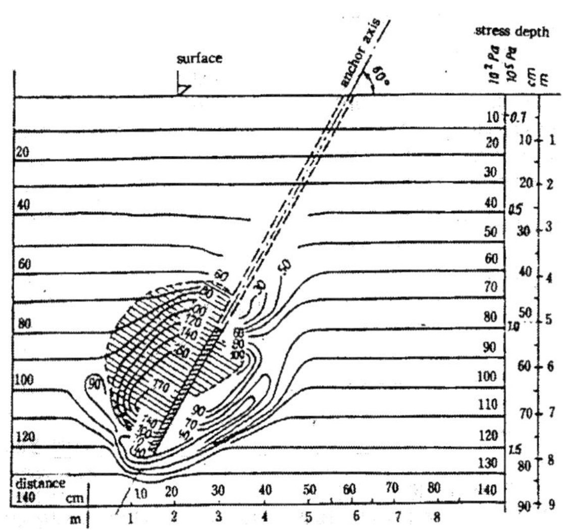

그림 3.4.13 경사앵커 주변 지반의 연직응력의 분포(Hobst et al., 1983)

7) 긴장력

앵커를 긴장할 때 가하는 최대인장력을 초기긴장력이라 하고, 정착 후 인장재에 가해져서 앵커에 지속되는 긴장력을 유효긴장력이라 한다.

통상, 앵커에 긴장력을 가할 때, 구조물 등의 여러 가지 조건으로부터 유효긴장력을 생각하고, 이것에 후술할 구조물의 변형 등 긴장력을 저하시키는 여러 가지 요소를 고려해서, 소요 초기긴장력을 정한다.

유효긴장력은 구조물의 하중조건에 따라 정해지는데, 이때 일반적인 설계하중 외에 가장 하중이 작은 경우도 고려해서 구조물의 응력을 검토해야 한다. 왜냐하면, 실제로 하중이 작은 경우에는 앵커긴장력이 역하중으로 너무 커져서 구조물이나 지반에 지장을 초래할 수 있기 때문이다. 따라서 큰 초기긴장력을 가하는 것이 반드시 바람직하다고는 할 수 없다. 또, 유효긴장력의 최대치와 최소치는, 구조물의 허용변위량으로부터 결정해야 하므로, 구조물의 허용변위량에 대해 충분히 검토하지 않으면 안 된다.

일반적으로 흙막이공에 앵커를 사용하는 경우는, 굴착 시의 지반 변형을 억제하기 위해 설계 앵커력의 50~100%의 초기긴장력을 가하고 있다.

그러나 앞에서 기술한 바와 같이, 상재하중을 제외한 측압에 의해서 앵커에 작용하는 하중 이하의 초기긴장력을 가하는 것이 바람직하다. 또, 다단(多段)앵커에 의한 흙막이공의 경우는, 측압분포와의 균형을 생각해서 각 단의 앵커의 초기긴장력을 정하는 것이 좋다.

영구구조물에 사용되는 앵커의 경우는, 긴장력의 시간에 따른 변화에 대해서도 검토하지 않으면 안 된다. 초기긴장력과 유효긴장력의 차이를 일으키는 주된 요인은 다음과 같다.

(1) 지반의 크리프

앵커를 포함한 전체 구조물이 대상으로 하고 있는 지반과 앵커정착부 주변 지반의 크리프가 있다. 앵커정착부 주변 지반의 크리프에 대해서는 인장재 항복하중의 90% 이내이며, 설계하중의 1.2~1.3배인 인장력을 어느 기간(크리프가 거의 끝날 때까지) 동안 가한 후 설계하중으로 되돌아 감으로써 크리프 양을 줄일 수 있다. 중요 구조물 등에 대해서는 크리프 시험을 행해서 확인한다.

(2) 인장재의 릴랙세이션(이완)

이것에 의한 변위량은 작으므로 긴장력의 감소율도 낮다(표 3.4.5 참조).

표 3.4.5 PC강재의 릴랙세이션에 의한 감소율

PC강재의 종류	감소율(%)
PC강선	5
PC강 꼰선	5
PC강봉	3

(3) 쉬스와 강재의 마찰

쉬스란, 인장재의 자유장 부분의 기능을 충분히 발휘시키기 위해서 사용하는 원통형 부재이다. 야마다(山田)(日本土質工學會, 1979, 1990)에 의하면 쉬스와 강재의 마찰에 대한 근사식은 다음과 같다.

$$P = P_0(1 + \lambda l) \tag{3.4.1}$$

여기서 P : PC강재의 잭 위치의 인장력($\times 10$kN)

P_0 : 앵커체에서의 PC강재의 인장력($\times 10$kN)

λ : PC강재의 길이 1m당 마찰계수(m^{-1})

(강선다발 : 0.004, 강봉 : 0.003, 강 꼰선 : 0.004)

l : PC강재의 길이(m)

마찰계수는 앵커인장재의 자유장의 가공상태에 따라 다르지만, 일반적으로 플라스틱 쉬스로 피복한 경우, 「자유장이 20m 이내이면 무시」할 수 있다.

(4) 지반 내부 점토층의 압밀

앵커에 의해서, 지반 내부의 점토층에 새로운 응력이 가해져서 압밀이 발생할 경우가 있다.

(5) PC강재의 정착 변위

PC강재 정착구(定着具)의 정착 시 이동량을 고려해서 미리 예상 이동량만큼의 인장량을 가해야 한다.

(6) 인접앵커의 긴장

정착된 앵커는 인접앵커가 긴장될 때 이완되는 경우가 많이 발생하는데, 특히 지반이 견고하지 못할 경우에 인접앵커의 긴장에 의해 흙막이구조물이 내측으로 변위를 일으킴으로써 이미 정착된 앵커가 이완되는 일이 많이 발생한다. 이런 경우에는 재긴장을 위한 계획을 세워두어야 한다. 그림 3.4.14와 같은 타이롯의 경우는 이완에 더욱 주의를 기울여야 한다.

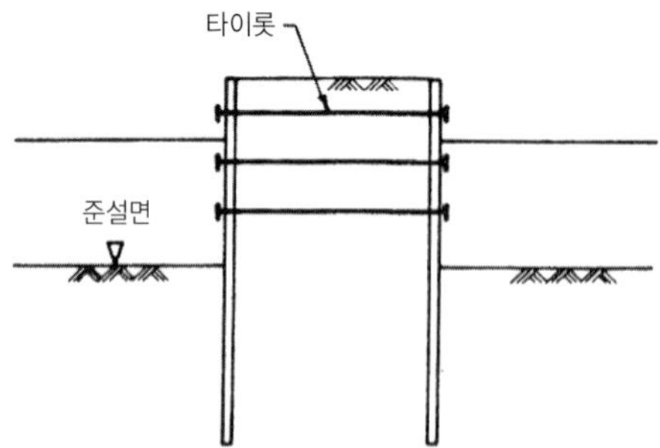

그림 3.4.14 타이롯 설치 흙막이구조물

8) 기타

(1) 앵커경사각, 앵커수평각

앵커에 가해지는 힘의 작용선의 방향은, 앵커의 축방향과 일치하는 것이 역학적으로 가장 유리하지만, 실제로는 일치하지 않는 경우가 더 많다. 또, 앵커경사각(α), 앵커수평각(θ)이 커짐에 따라, 앵커분력이 발생하므로 분력에 대한 검토도 필요하다. 따라서 앵커를 계획할 경우, 그 타설각도는 역학적 유리성만으로 결정할 것이 아니라, 여러 가지 조건을 고려해서 결정해야 하는데, 일반적으로 $\theta \le 45°$로 설계된다.

한편, 앵커경사각을 $-10° \sim +10°$로 타설하면, 시공 시 주입재 경화 시에 잔류슬라임(slime) 및 주입재블리딩(bleeding)이 앵커저항력에 크게 영향을 미칠 가능성이 있으므로 이 범위는 피하는 것이 좋다.

(2) 앵커자유장(自由長)

앵커자유장은 변형을 고려하고, 또한 소요의 긴장력을 확보할 수 있도록 정한다. 앵커자유장이 극단적으로 짧으면 앵커된 구조물에 앵커체로부터의 응력이 직접 지반을 통해 작용하거나, 앵커체가 얕은 곳에 설치되면 지반의 전단저항이나 토괴중량이 작아져서 충분한 인발저항력을 얻을 수 없기 때문에 최소길이를 규정하고 있다. 표 3.4.6은 여러 기준에 의한 앵커자유장을 나타내고 있다.

표 3.4.6 여러 기준에 의한 앵커자유장

기준	앵커자유장	비고
일본 : JSF(D1-88)	4m 이상을 표준으로 한다. 단, 앵커체의 위치가 활동면보다 깊도록 한다(그림 3.4.15 참조).	
미국 : U.S. Department of Transportation Fedral Highway Administration	- 암반, 토사 : 활동면의 위치로부터 5ft(1.5m) 이상 - 옹벽 : 활동면의 위치로부터 최대옹벽높이의 1/5을 더한 길이 - 그림 3.4.15, 그림 3.4.16 참조	- 지반과 인장재 부분이 프리스트레스에 의해 압축되지 않을 것 - 활동선 부근이 충분한 안전율을 갖고 수동역이 되지 않을 것

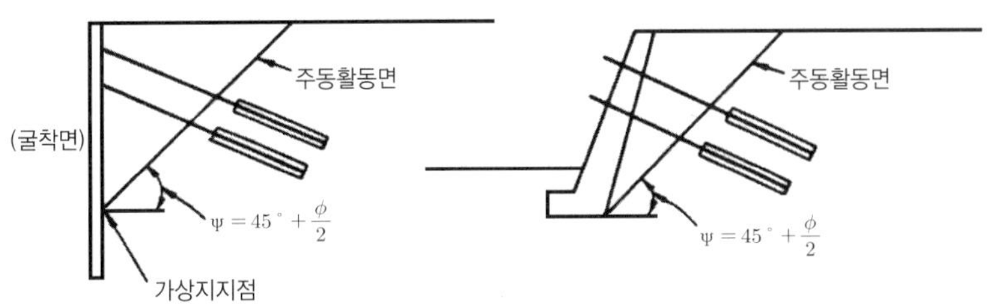

그림 3.4.15 토압을 받는 구조물의 자유장

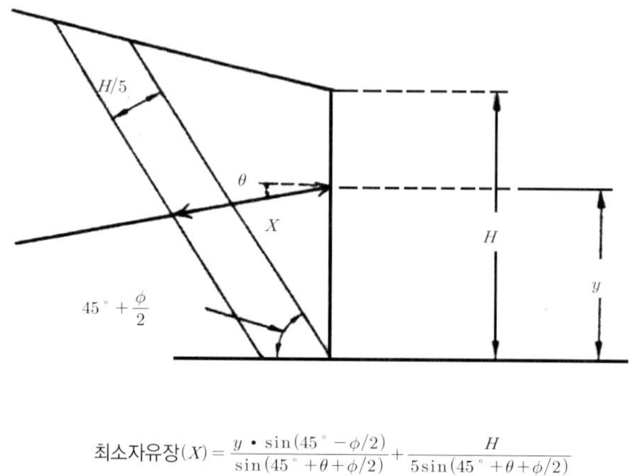

$$최소자유장(X) = \frac{y \cdot \sin(45° - \phi/2)}{\sin(45° + \theta + \phi/2)} + \frac{H}{5\sin(45° + \theta + \phi/2)}$$

그림 3.4.16 최소자유장의 검토 예(U.S. Department of Trnasportation Federal Highway Administration)

3.4.4 시험

앵커의 시험은 앵커의 설계 및 시공을 그 사용목적에 따라 적절히 행하는 데 필요한 자료를 얻기 위해, 또 시공된 앵커가 소요의 성능을 가지고 있는지 확인하기 위해 행해진다. 앵커의 시험이 특히 중요한 것은, 다음과 같은 요인에 의해 앵커의 성능에 차이가 생기기 때문이다.

- 토질조사, 토질시험의 방법
- 토성의 변화

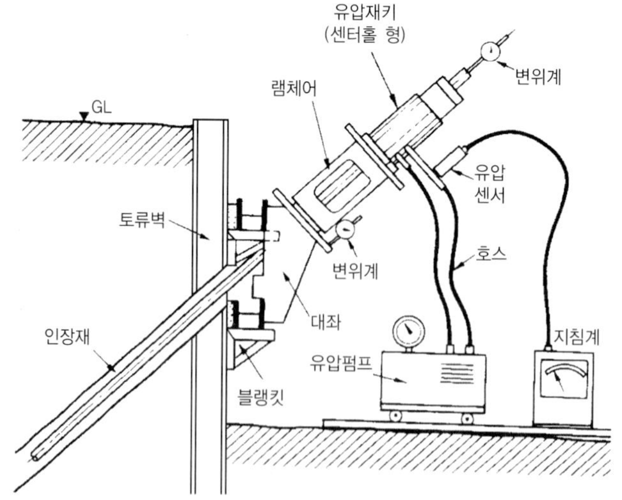

그림 3.4.17 앵커 인발시험장치의 일례

- 눈으로 직접 확인할 수 없는 지중에서의 시공
- 시공기계, 시공법의 상이에 따른 차이, 작업자의 시공기술의 차이 등

따라서 앵커가 다른 구조물과 동등한 신뢰성을 확보하려면 앵커의 시험은 필수불가결하다고 할 수 있다. 앵커의 개략적인 설계순서는 다음과 같은데, 보다 정확한 설계를 위해 시험이 대단히 중요하다 하겠다.

원설계(예비설계) → 기본시험(또는 정밀기본시험) → 설계변경(실시설계 : 진행성 파괴, 군효과, 근접 구조물에 대한 영향 등을 고려)

앵커의 인발시험은 시험목적, 확인항목 및 시험 실시 시기 등에 따라 기본시험, 정밀기본시험, 적성시험, 확인시험, 특수시험 등으로 표 3.4.7과 같이 나눌 수 있다. 설계단계에서는 기본시험을 행하는 일이 많으나, 앵커의 사용목적이나 구조물의 기능, 지반조건의 특이성에 따라 특수시험이 실시되기도 한다. 적성시험과 확인시험은 시공관리를 위해 시공 시 행하는 일이 많다. 시험장치는 가압장치, 반력장치, 계측장치 등으로 되어 있는데, 그림 3.4.17은 흙막이벽에서의 앵커 인발시험장치의 일례를 나타내며, 이하에 각 시험에 대해 기술한다.

표 3.4.7 앵커 인발시험의 종류 및 실시내용

시험	목적	주된 확인 항목	시험 실시시기
기본시험	– 극한인발력(T_{ug})으로부터 단위면적당의 주면마찰저항(τ_u)을 구한다.⇨설계를 피드백한다. – 앵커의 거동을 조사한다.	– 하중–변위특성을 구해서 극한인발력을 확인한다.	실시설계 전
정밀 기본시험	– 앵커의 인발에 따른 주면마찰저항(τ)의 분포를 구해서, 진행성 파괴 등을 고려한 정도 높은 극한인발력(T_{ug})을 구한다. – 앵커의 거동을 조사한다.	– 하중–변위특성을 구해서 극한인발력을 확인한다. – 주면마찰저항(τ)을 구해서 진행성 파괴의 양상을 확인한다.	실시설계 전
적성시험	– 설계대로 앵커가 조성되어 있는지 확인한다. – 확인시험 시의 판정의 기준으로 사용한다. – 시공법의 양부를 판정한다.	– 하중–변위특성으로부터 인장재자유장, 마찰손실량을 추정하고, 설계앵커력에 대해서 안전한지 확인한다.	시공 초기
확인시험	– 앵커가 설계대로의 내력(耐力)을 갖는지 확인한다.	– 설계앵커력에 대한 안전 여부와 하중 – 변위 특성이 적성시험의 결과와 크게 차이가 없는지 확인한다.	시공 시
특수시험	– 사용목적에 따른 앵커의 성능이 얻어졌는지의 여부를 확인하고, 설계에 필요한 정수들을 구한다.	– 사용목적에 따른 항목에 대해서 확인한다.	원칙으로, 설계 전

1) 기본시험

　기본시험은, 앵커 정착지반의 적부, 앵커체의 설계에 필요한 주면마찰저항 τ_u 및 자유장부에서의 마찰손실, 탄성특성 등을 명확히 구하는 것이 목적이다. 목적에 따르기 위해서는 계획·설계를 행하기 전에 실시하는 것이 바람직하지만, 실제로는 현장의 상황 등에 의해 실시가 곤란한 경우, 본체공사가 개시되고 나서 시험을 실시하는 일도 많다. 그러나 이와 같은 경우라도 기본시험의 결과에 따라 최종적으로 설계를 수정할 수 있는 시기까지는 실시해야 한다.

(1) 재하방법과 측정항목

　계획최대시험하중(T_t)은, 종래의 유사지반에서의 앵커체의 주면마찰저항의 값을 참고로 해서 계산된 극한인발력 부근의 값으로 결정한다. 실제에서는 2배 정도 차이가 생길 수도 있으므로 인장재의 인장강도에는 여유를 두는 것이 좋다.

　재하는 그림 3.4.18과 같이 다주기(多週期)방식으로 행하는데, 다주기방식의 장점은 하중과 잔류변위 및 탄성회복량의 관계를 알 수 있다는 것이다. 하중단계수는, 가능한 한 많이 해서 시험의 정도를 높이는 것이 바람직하다. 계획최대시험하중까지 재하해도 극한인발력을 확인할 수 없을 경우에는, 하중단계수를 늘려서 재하해가서 앵커체가 인발될 때까지 행하는데, 인장재 항복하중의 0.9배를 초과해서는 안 된다. 또, 하중의 증감은 급격히 행하지 않도록, 거의 일정한 속도로 해야 한다. 하중속도는 표 3.4.8을 기준으로 해서 정하며, 각 재하 단계의 하중 지속시간은 표 3.4.9를 표준으로 한다.

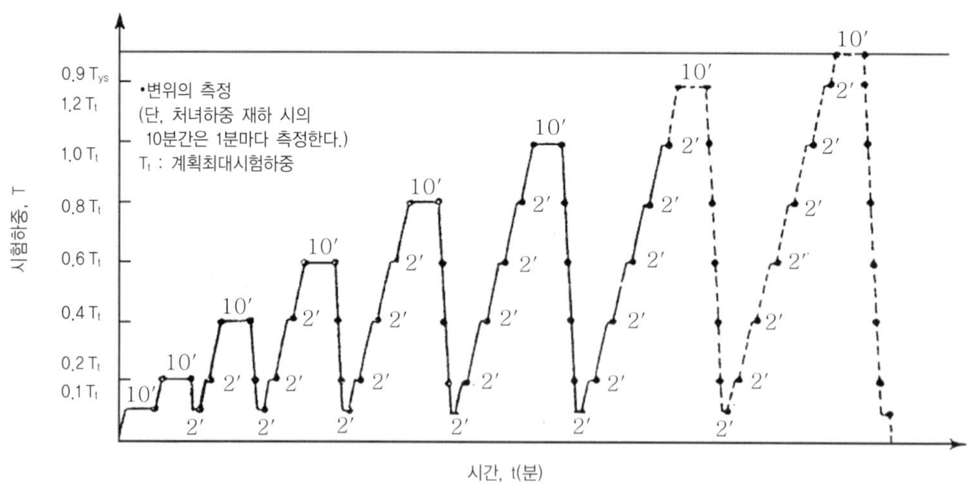

그림 3.4.18 기본시험의 재하계획도(사질토의 경우)

표 3.4.8 앵커 인발시험 시의 하중속도

하중속도	증하시(增荷時) : $\dfrac{계획최대시험하중}{10 \sim 20}(\times 10)\,\mathrm{kN/min}$ 정도의 일정 속도
	감하시(減荷時) : $\dfrac{계획최대시험하중}{5 \sim 10}(\times 10)\,\mathrm{kN/min}$ 정도의 일정 속도

표 3.4.9 기본시험 시의 하중 유지시간

정착지반 하중종별	점성토	사질토	암반	비고
처녀하중	15분 이상	10분 이상	5분 이상	단, 변위가 안정하지 않는 경우는, 안정할 때까지 하중을 유지한다.
이력하중	3분 이상	2분 이상	1분 이상	

각 하중단계에서 변위가 안정될 때까지 계속 측정하는데, 변위의 안정 여부를 판정하기 위해서는, 1분마다 변위를 플롯하는 것이 좋다. 변위안정판별에 대해서는 여러 가지 외국기준(日本土質工學會會, 1990)이 있는데, 종래의 시험결과들로 비추어볼 때, 일반적으로 하중지속시간의 「최후의 3분간의 변위의 변화가 1mm 이하」인 것을 변위 안정의 기준으로 삼아도 좋다고 생각된다. 1mm 이상의 변위량의 변화가 있는 경우에는, 1분간 더 하중을 유지하고, 최후의 3분간의 변화가 1mm/(3분) 이하의 조건이 만족될 때까지 하중을 유지한다.

재하 시의 측정은, 각 하중 단계마다 앵커두부의 변위와 반력장치의 변위에 대해서 1분마다 행한다. 또, 재하 시는 각 하중단계에서 앵커두부의 변위의 개략치를 측정해둔다.

(2) 시험결과의 정리와 판정

시험의 결과는, 하중-변위곡선으로 그림 3.4.19와 같이 정리한다. 또한, 이것을 탄성변위(δ_e)와 소성변위(δ_p)로 나누어서 하중-탄성변위곡선과 하중-소성변위곡선을 그린다. 여기서 δ_p는 초기하중까지 재하한 시점에서의 잔류변위이고, δ_e는 각 하중단계의 총변위(δ_c)에서 δ_p를 뺀 값이다.

극한인발력은 그림 3.4.19의 하중-소성변위곡선이 완전히 하향으로 될 때의 하중이며, 일반적으로는 변위가 일정률로 지속되는 시험하중의 최대치를 극한인발력이라고 해도 좋다. 앵커체가 인발되지 않은 경우에는, 인장재항복하중을 극한인발력으로 본다.

마찰손실량은 그림 3.4.19의 하중-탄성변위곡선의 직선부분을 연장해서 하중축(T축)과의 교점을 구해서, 이것과 초기하중(T_o)과의 차로서 구한다.

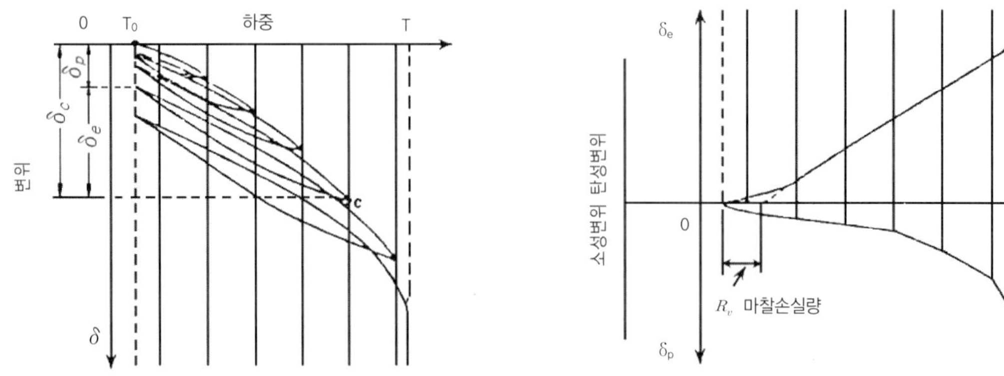

그림 3.4.19 앵커의 인발에 따른 하중–변위곡선

인장재자유장은 하중–탄성변위곡선의 직선부분의 기울기를 이용해서, 식 (3.4.2)로 계산한다.

$$l_{sf} = K \cdot E \cdot A_s = \Delta T \cdot E \cdot A_s \tag{3.4.2}$$

여기서 l_{sf} : 인장재자유장

K : 하중–탄성변위곡선의 직선부분의 기울기

E : 인장재의 탄성계수

A_s : 인장재의 단면적

극한인발력(T_{ug})이 발휘될 때의 앵커체 주면마찰응력(τ_u)은 식 (3.4.3)에 의해 구하며, 이 값으로 실시설계를 하게 된다. 여기서 주의할 것은, τ_u는 극한인발력이 발휘될 때 앵커체의 위치에 따라 다른 마찰응력의 평균값이지 앵커체 길이 방향으로 동시에 발휘되는 극한마찰응력을 의미하지는 않는다는 것이다.

사실 식 (3.4.3)으로 계산된 τ_u는 시험앵커에 대한 값이고, 앵커체정착장이 다른 앵커의 경우는 진행성 파괴 등의 영향으로 달라지지만, 보통 한 현장에서 앵커체정착장이 크게 다르지 않는 경우가 많으므로 이 값을 적용하며, 설계 시 안전율을 적용하기 때문에 별 문제가 없다. 그러나 보다 정확한 설계를 위해서는 정착장의 길이가 다른 경우의 τ_u를 추정할 수 있는 정밀기본시험을 실시하는 것이 좋다. 앵커체정착장이나 정착지반이 상당히 다른 경우에는 식 (3.4.3)에서 구한 τ_u를 적용하기에는 무리가 있으므로 추가시험이 필요할 것이다.

$$\tau_u = \frac{T_{ug}}{\pi \cdot D \cdot l_a} \tag{3.4.3}$$

여기서 D : 앵커체 직경

l_a : 앵커체정착장

2) 정밀기본시험

앵커체의 각 위치에서 변형률을 직접 측정해서 극한인발력이 발휘될 때의 앵커체 각 위치에서의 τ를 계산하며, 당연히 이 값을 앵커체 길이에 대해서 적분하면 극한인발력이 계산되며 시험에서 측정된 값과 동일해야 하지만 약간의 차이는 불가피할 것이다. τ의 분포 형상을 이용하면 앵커체정착장이 다른 앵커일 경우의 분포도 추정할 수 있고, 이 값을 앵커체 길이에 대해 적분해서 극한인발력을 구한다.

기본시험에서 구한 τ_u는 표 3.4.1의 값보다 정도가 높다는 것은 말할 필요도 없다. 그러나 시험지반과 거의 같은 지반에 앵커가 설치되는 경우라도 앵커체정착장이 다를 때는 진행성 파괴의 영향으로 인해 기본시험에서 구한 평균 τ_u를 그대로 적용할 수 없다. 그대로 적용한다면, 시공되는 앵커의 앵커체정착장이 시험앵커의 앵커체정착장보다 길면 극한인발력은 과대평가되어 위험한 설계가 되고, 짧으면 과소평가되어 비경제적인 설계가 된다.

앵커체정착장의 각 위치에서 측정된 변형률(ϵ)을 이용해서 앵커체 길이 방향의 주면마찰응력(τ)의 분포를 구하는 방법은 그림 3.4.20, 식 (3.4.4)와 같다.

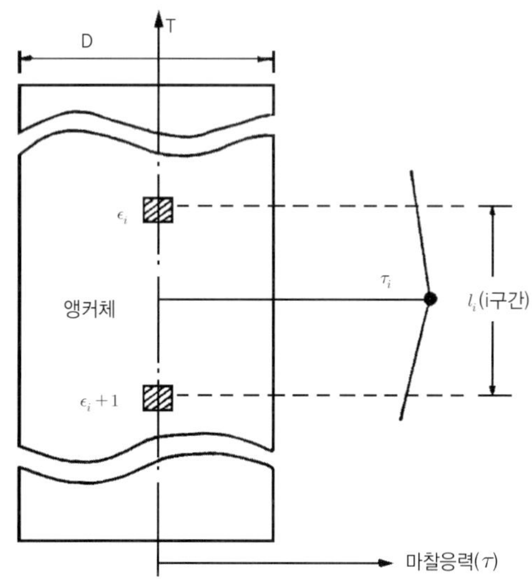

그림 3.4.20 앵커체의 변형률을 이용한 마찰응력의 계산

그림 3.4.20에서 i구간의 마찰저항력은 다음 식과 같다.

$$S_i = (E_s \cdot \epsilon_i \cdot A_s + E_m \cdot \epsilon_i \cdot A_m) - (E_s \cdot \epsilon_{i+1} \cdot A_s + E_m \cdot \epsilon_{i+1} \cdot A_m)$$

$$= (E_s \cdot A_s + E_m \cdot A_m)(\epsilon_i - \epsilon_{i+1})$$

$$= E \cdot A(\epsilon_i - \epsilon_{i+1})$$

여기서 S_i : i 구간의 마찰저항력

$\epsilon_i,\ \epsilon_{i+1}$: i지점 및 $i+1$지점의 변형률(인장 : $+$)

E_s : 인장재의 탄성계수

E_m : 주입재의 탄성계수

A_m : 인장재의 단면적

A_s : 주입재의 단면적

$$E = \frac{E_s \cdot A_s + E_m \cdot A_m}{A}, \quad A = A_s + A_m = \frac{\pi D^2}{4}$$

따라서 i구간의 평균 마찰응력 τ_i는 식 (3.4.4)와 같다.

$$\tau_i = \frac{S_i}{i구간의\ 앵커체\ 표면적} = \frac{S_i}{\pi D \cdot l_i} \tag{3.4.4}$$

3) 적성시험

적성(適性)시험은 인장(引張)시험이라고도 불리고, 실제로 사용하는 앵커로 행하며, 그 하중~신장(伸張) 특성으로부터 앵커의 설계와 시공의 타당성 및 적성시험을 실시하지 않는 앵커의 적부를 판단하는 자료를 얻기 위해서 행한다.

적성시험에 관한 일본지반공학회의 방법은 표 3.4.10과 같다. 그림 3.4.19는 시험결과인데, 변위를 탄성변위와 소성변위로 나누고, 각각 하중과의 관계곡선을 나타냈다. 소성변위(δ_p)는 각 사이클에서 초기하중까지 재하했을 때의 잔류변위이고, 탄성변위(δ_e)는 그 주기(週期; cycle)의 최대하중 시의 전(全)변위량(δ_c)에서 δ_p를 뺀 값이다.

표 3.4.10 적성시험방법

항목	시험방법			
시험앵커 수	3% 이상 및 5개 이상			
계획최대시험하중	$0.9\,T_{ys}$로 한다. 단, 다음 하중을 초과하지 않는다. 영구앵커 : 설계하중(상시)×1.5 또는 설계하중(지진 시)×1.0 중 큰 값 가설앵커 : 설계하중×1.2			
하중단계	5~10단계 초기하중 : 계획최대시험하중×0.1			
하중유지 시간	정착지반	점성토	사질토	암반
	처녀하중	15분 이상	10분 이상	5분 이상
	이력하중	3분 이상	2분 이상	1분 이상
	단, 변위가 안정하지 않는 경우는 안정할 때까지 하중을 유지한다.			
측정항목	하중, 변위량, 시간			

하중~탄성변위 곡선의 직선부분을 연장해서, 이것과 하중축의 교점의 값으로부터 초기하중을 뺀 것이 인장재의 마찰손실량이 된다. 이 곡선이 설계상 허용범위 내에 있는지의 여부에 따라 시공의 양부를 판단한다. 인장재자유장은, 직선부분의 기울기로부터 식 (3.4.5)로 산출한다.

$$l_{sf} = K \cdot E \cdot A_s = \frac{\Delta\delta_e}{\Delta T \cdot E \cdot A_s} \tag{3.4.5}$$

여기서 l_{sf} : 인장재자유장

K : 하중~탄성변위 곡선의 직선부분의 기울기

E : 인장재의 탄성계수

A_s : 인장재의 단면적

허용범위를 그림 3.4.21에 나타낸다. 그림의 A선이 상한이고, D선 및 C선을 하한치로 하고, 각각 다음의 방법으로 결정하고 있다.

A선 : 인장재 자유장과 인장재 부착장의 50%의 길이를 가산한 값을 겉보기 인장재 자유장으로 해서 구한 한계치

B선 : 설계상의 이론치

C선 : 설계자유장의 90%의 길이를 겉보기의 자유장으로 해서 구한 한계치

D선 : 최대시험하중의 75%와 초기하중의 합계하중 이하에서 마찰손실을 고려한 하한의 허용
한계치

$$T_0 = 0.1\,T_t\text{의 경우}$$

$$T_R = T_0 + 0.15\,T_t = 0.25\,T_t$$

$$T_s = T_0 + 0.75\,T_t = 0.85\,T_t$$

적성시험의 하중단계에 관해서는, 확인시험의 계획최대하중과 같은 값으로 하는 것이 적성시
험과 확인시험을 비교하기 좋다.

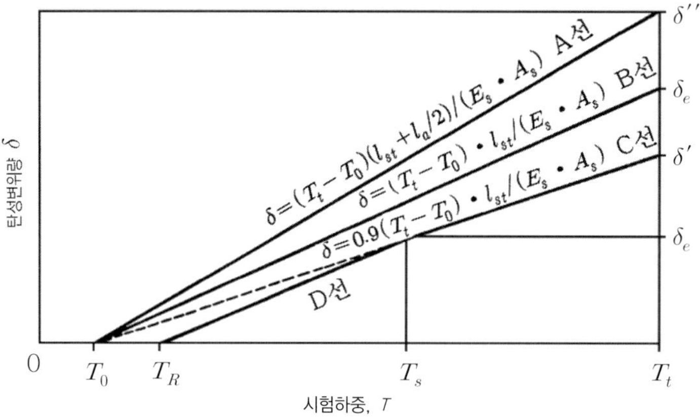

그림 3.4.21 적성시험 결과의 판정도

4) 확인시험

확인시험은, 타설한 앵커가 설계앵커력에 대해 안전한지를 확인하기 위해서 행한다. 표
3.4.11은 일본지반공학회의 확인시험 방법이다.

표 3.4.11 확인시험 방법

항목	시험방법
시험앵커 수	적성시험을 실시하지 않은 모든 앵커
계획최대시험하중	$0.9\,T_{ys}$ 이하로서 다음 하중으로 한다. 영구앵커 : 설계하중(상시)×1.2 이상, 설계하중(지진 시)×1.0 이상 가설앵커 : 설계하중×1.1 이상
하중단계	10개에 1개의 앵커는, 초기하중을 계획최대시험하중×0.1로 하고, 1주기(cycle)의 재하, 재하를 행한다. 그 외의 앵커는, 계획최대시험하중까지 재하해서 초기긴장력으로 정착한다.
측정항목	하중, 변위량

확인시험 결과로부터 얻은 앵커의 하중~변위의 관계를 적성시험의 결과와 비교하고, 설계앵커력에 대해 안전하고, 소정의 성능을 만족한다는 것을 확인한다. 확인시험의 하중~변위 관계가, 적성시험에서 얻은 하중~변위 곡선의 기울기 및 잔류변위량 등과 큰 차이가 없는 것, 또, 허용범위 내에 있다는 것 등으로부터 앵커의 양부를 판정한다.

주의할 점은, 확인시험이 설계앵커력에서 인발되는지 여부를 확인하는 시험이 아니라는 것이다. 설계안전율이 적용되어야 하므로, 당연히 설계인발력에서 인발되어서는 안 되고, 하중~변위 관계가 적정한지 확인하는 시험인 것이다.

5) 크리프 시험

크리프(creep)에는 일정하중을 유지한 경우, 크리프의 증가율이 감소하는 1차 크리프, 증가율이 거의 일정한 2차 크리프, 및 크리프의 증가율이 급격히 증가하는 3차 크리프로 나눌 수 있다. 3차 크리프는 크리프 파괴로 이어지며, 2차 크리프의 단계에서도 크리프 증가율이 큰 경우에는, 장래 파괴로 이어질 가능성도 있으므로 주의해야 한다.

(1) 크리프에 대한 극한앵커력을 구하는 방법

크리프 증가율의 개념을 이용해서 앵커의 크리프에 대해서 정량적으로 판단하는 방법으로서의 지침을 준 DIN 4125(Teil 2)에 대해서 기술한다.

일정의 앵커력에서 지반 내에서의 앵커체의 변위(S)의 증가에 대한 비율로서 K_s(크리프계수)를 식 (3.4.6)과 같이 나타낸다.

$$K_s = \frac{S_2 - S_1}{\log t_2 - \log t_1} \tag{3.4.6}$$

그림 3.4.22에서 시간~변위 곡선의 기울기가 시간의 대수에 따라 증가하는 경우, 관측시간은 측점이 적어도 t_1으로부터 $t_2 = 10t_1$까지의 시간간격 내에서 충분한 정도(精度)를 갖고 직선에 근사할 때까지 연장되지 않으면 안 된다. 크리프계수 K_s는 직선부분(그림 3.4.22의 두꺼운 실선)에서 구한다.

$K_s > 1.0\mathrm{mm}$인 경우는, 세립토(점토) 지반에 대한 최소관측시간(표 3.4.12)을 지켜야 한다.

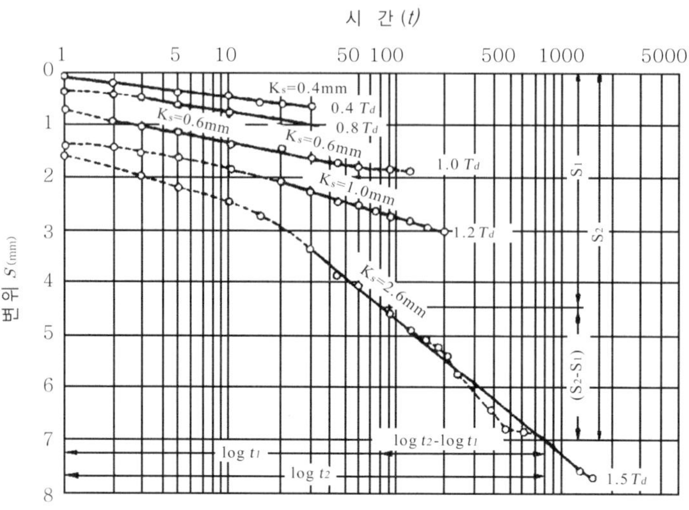

그림 3.4.22 크리프 시험에서의 시간~변위 곡선

표 3.4.12 최소관측시간

하중	조립토(비점성지반)	세립토(점성지반)
$0.2\,T_d$		
$0.4\,T_d$	15분	30분
$0.8\,T_d$	15분	30분
$1.0\,T_d$	1시간	2시간
$1.2\,T_d$	1시간	3시간
$1.5\,T_d$	2시간	24시간

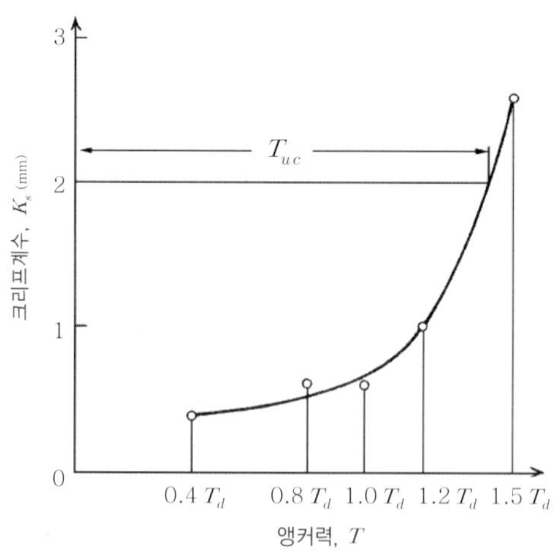

그림 3.4.23 앵커력과 크리프계수 관계 곡선

K_s는 각 하중단계마다 구해서 그림 3.4.23과 같이 나타내고, $K_s = 2.0\text{mm}$에 대응하는 앵커력을 크리프에 대한 극한앵커력(T_{uc})으로 하고, 크리프에 대한 허용앵커력(T_{ac})을 식 (3.4.7)과 같이 안전율 1.5를 적용해 구한다.

$$T_{ac} = \frac{T_{uc}}{1.5} \tag{3.4.7}$$

(2) 크리프 양을 추정하는 방법

앵커에 허용앵커력 이내인 일정한 긴장력을 가한 경우, 어느 정도의 크리프 양이 생기는지 추정하는 방법으로서, 다음 식에 나타낸 쌍곡선법이 사용될 수 있다.

$$S_t = S_0 + \frac{t}{\alpha + \beta t} \quad S_f = S_0 + \frac{1}{\beta} \tag{3.4.8}$$

여기서 S_t : 시간 t 시의 변위

S_0 : 초기변위($t = 0$)

S_f : 최종변위($t = \infty$)

t : 경과시간

α, β : 실측으로부터 얻은 정수(그림 3.4.24)

실측치는 장기간일수록 정도가 높아지고, 적어도 2개월 이상의 실측치가 있는 것이 좋다. 이 쌍곡선법을 적용할 때는, 타설된 시험앵커에 대해서 크리프시험을 실시하기 전에 적성시험을 허용앵커력까지 행하고, 그 거동을 확인해야 한다. 위 식의 S_0(초기변위)는 긴장하중에 의한 탄성변위와 거의 같다고 생각해도 좋다.

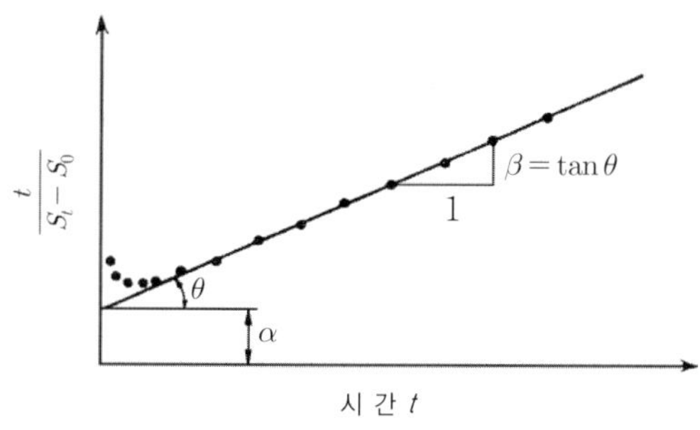

그림 3.4.24 쌍곡선법에 사용되는 $t \sim \dfrac{t}{S_t - S_0}$ 곡선

여기서 실측변위의 경시변화로부터 크리프 양을 추정하는 방법의 하나인 쌍곡선법이 크리프 성상에 따라 타당하지 않은 경우에는 대수법 등 다른 방법에 의해 추정한다.

3.4.5 설계 및 시공상의 유의 사항, 기타

1) SI(Soil Improvement ; 지반 개량) 앵커

SI 앵커(홍석우 등, 1992; 임종철 등; 1992)는 그림 3.4.25와 같이 지반 개량을 통해 앵커체의 직경을 확대함으로써 극한인발력을 향상시키는 구조로, 앵커를 시공하기 어려운 풍화토 지반(N치가 15이하의 지반)에 시공하면 매우 효과적이다. N치가 15정도인 풍화토 지반 내에 직경 약 5인치의 일반적인 앵커를 타설할 경우, 앵커체정착장을 길게 해도 진행성 파괴의 영향으로 극한인발력은 별로 증대하지 않으므로(보통 10m 이상부터는 극한인발력의 증대는 거의 없다고 하고 있다) 전체 구조물에 필요한 극한인발력을 얻기 위해서는 앵커수를 증가시킬 수밖에 없다. 그러나 앵커수를 늘려서 앵커 간격을 좁히면 군효과가 발생할 수도 있으므로, 이러한 사항을 감안해, 앵커체의 표면적을 증대시켜서 극한인발력을 증대시키는 SI 앵커가 적절하다고 판단된다. 또한 토사지반에서의 크리프에 대한 영향을 감소시키는 효과도 크다.

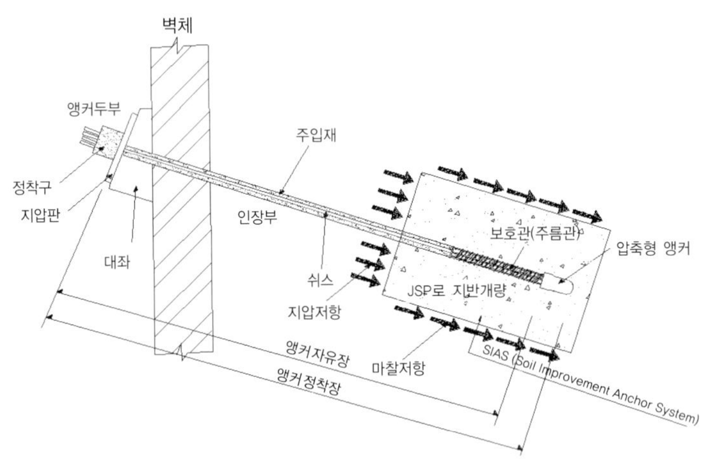

그림 3.4.25 SI 앵커의 구조

앵커체정착장의 각 위치에서 측정된 인장변형률(ϵ)을 이용해서 앵커체 길이 방향의 주면마찰응력(τ)의 분포를 구하면 그림 3.4.26과 같다. 이 그림에서 τ값은 앵커의 인발에 따라 극한값(τ_u) 1.5kgf/cm² 전후, 잔류값(τ_r) 0.35kgf/cm² 전후의 값을 취하고 있어, 결과로부터 앵커체

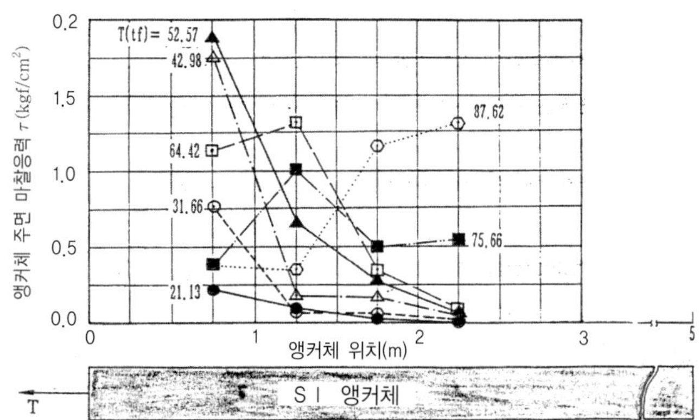

그림 3.4.26 앵커의 인발력(T)에 따른 앵커체 각 위치에서의 주면마찰응력(τ)의 분포

깊이 방향으로 명확한 진행성 파괴가 발생하고 있음을 알 수 있다.

그림 3.4.27은 앵커의 인발에 따른 주변 지반의 변위를 나타내며 변위가 매우 작기 때문에 인접의 영향도 작음을 알 수 있다.

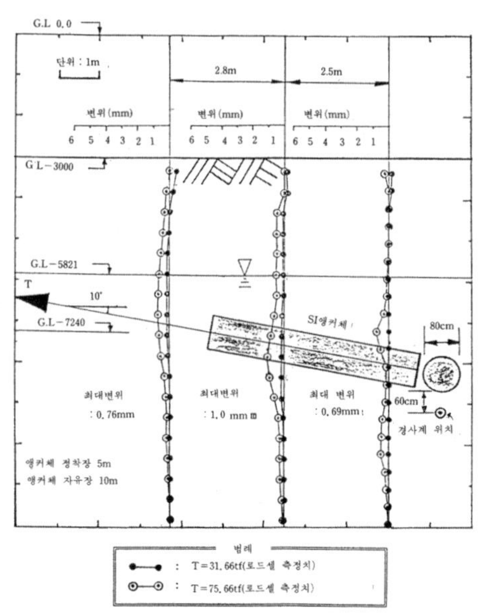

그림 3.4.27 앵커의 인발에 따른 주변 지반의 변형

본 실험에서의 앵커체 마찰저항력은 약 74.07tf이었다. 앵커두부에서 측정된 극한인발력은 94.74tf를 넘는다. 여기서의 94.74tf − 74.07tf = 20.67tf의 저항력은 그림 3.4.28과 같은 지압

력(q)에 의한 것이라고 생각할 수 있다.

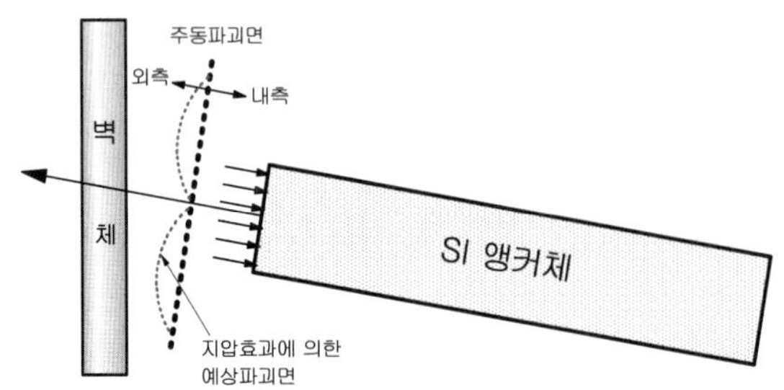

그림 3.4.28 앵커두부의 지압력의 발생과 주동파괴면의 위치

2) 압축형 앵커의 시공

- 인장형 앵커(그림 3.4.29)의 시공 순서 : 착공(케이싱 설치) → 공내 청소 → 인장재 삽입(패커 사용) → 케이싱 제거 → 패커 가압 → 주입재 1차 주입(패커 내부의 정착장부만 채움) → (가압 주입) → 그라우터 양생 → 인장재 긴장·정착 → 주입재 2차 주입(자유장부를 그라우터로 채움, 가설앵커의 경우는 생략 가능) → 두부 보호

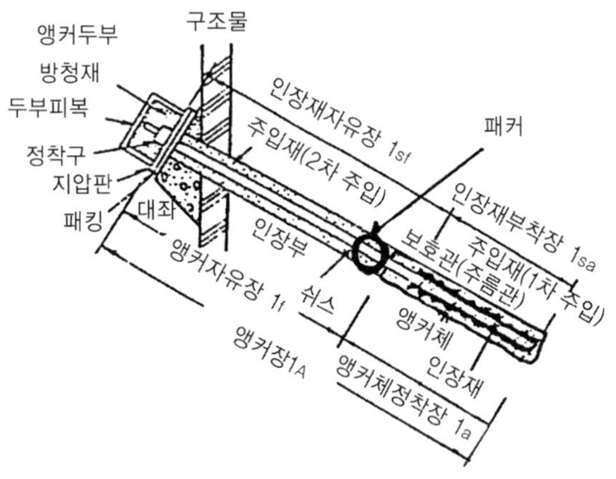

그림 3.4.29 인장재 조립 시 정착장부와 자유장부를 분리하지 않은 경우의 시공도(영구앵커 경우의 예)

패커를 설치하는 경우는 반드시 1차 주입 후 인장재를 긴장·정착해야 한다. 그렇게 하지 않고 전체적으로 주입 후 긴장을 하게 되면 그림 3.4.30과 같이 자유장부에서 인발저항을 하게 되므로 지반 변형의 원인이 될 수 있다.

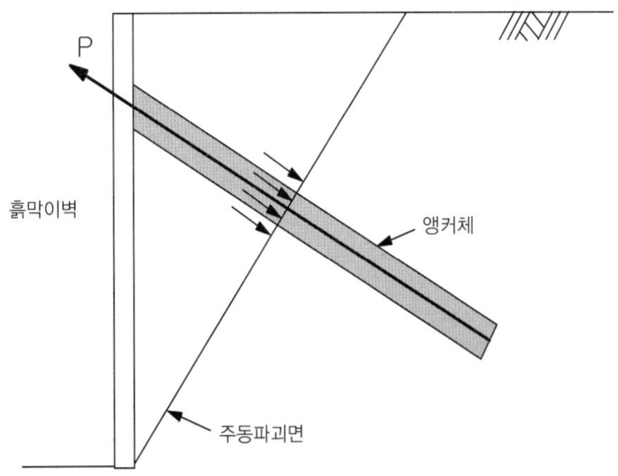

그림 3.4.30 1차 주입과 2차 주입을 분리하지 않고 시공한 앵커의 인발기구

- 압축형 앵커의 일종인 SSC 앵커(Simple Strong Compression Anchor)의 시공순서 : 착공 (케이싱 설치) → 공내 청소 → SSC 앵커 삽입 → 케이싱 제거 → 주입재 주입(1차 주입과 2차 주입을 나눌 필요가 없음) → 그라우터 양생 → 인장재 긴장·정착 → 두부 보호

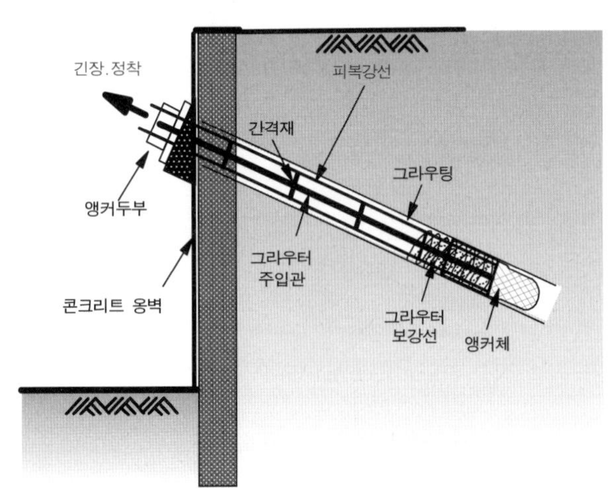

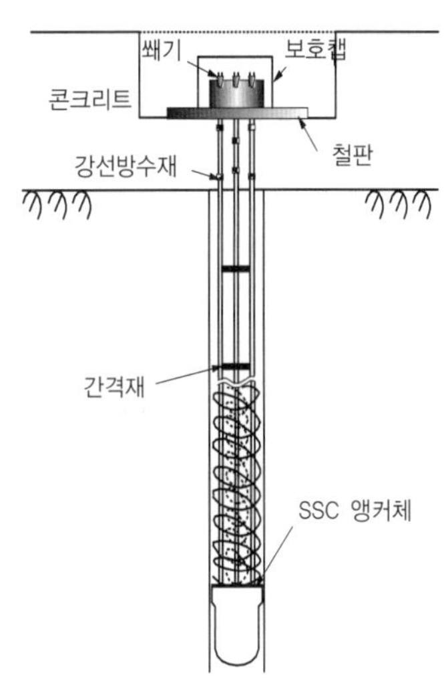

<table>
<tr><td>**그림 3.4.31** SSC 앵커의 시공방법</td><td>**3.4.32** 부상(浮上) 방지용 SSC 앵커</td></tr>
</table>

3) 돌기형 팩(pack)앵커

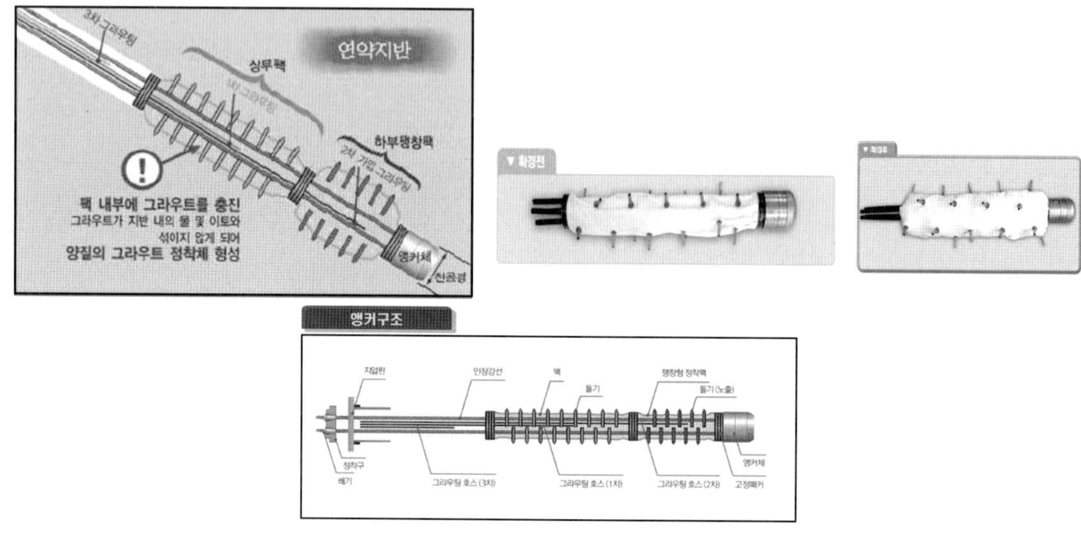

그림 3.4.33 돌기형 팩앵커

4) 라딧슈앵커(RAtional DIlated SHort anchor; ラディッシュアンカー)

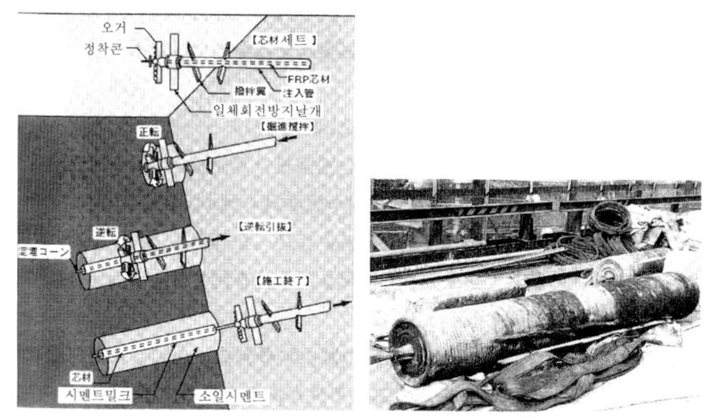

그림 3.4.34 라딧슈앵커의 시공방법(직경 60cm; D37mm FRP rod 사용)

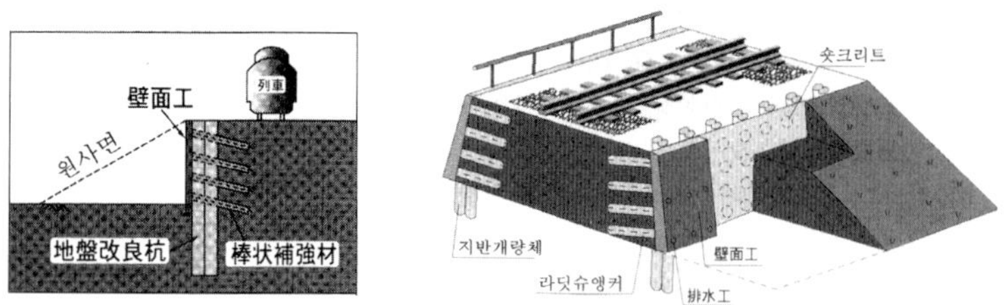

그림 3.4.35 라딧슈앵커로 보강된 옹벽의 개요와 구성

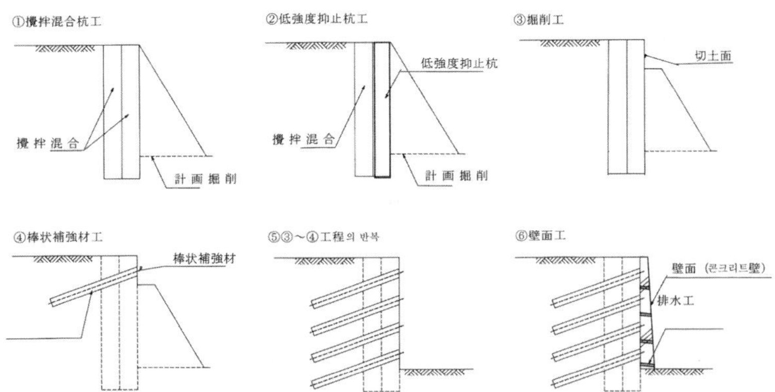

그림 3.4.36 라딧슈앵커로 보강된 옹벽의 시공순서

5) 앵커의 문제발생 사례

(1) 현황

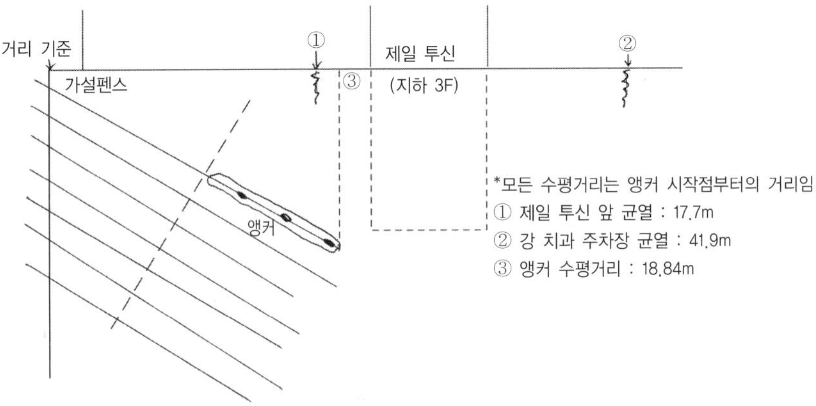

그림 3.4.37 현장 주변 균열 발생부위의 대표단면도

그림 3.4.38 도로면의 균열 상태

(2) 지반 균열의 원인

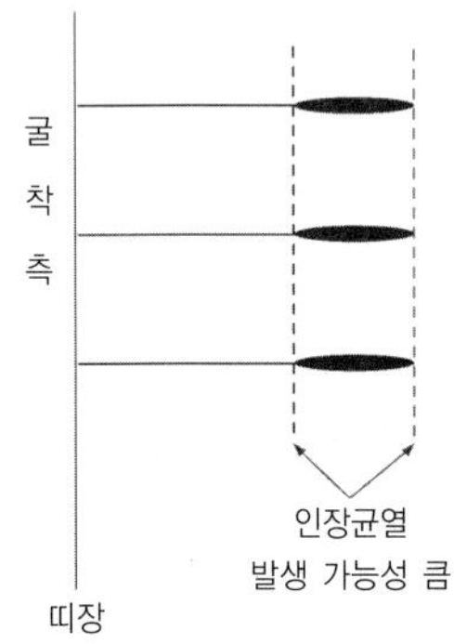
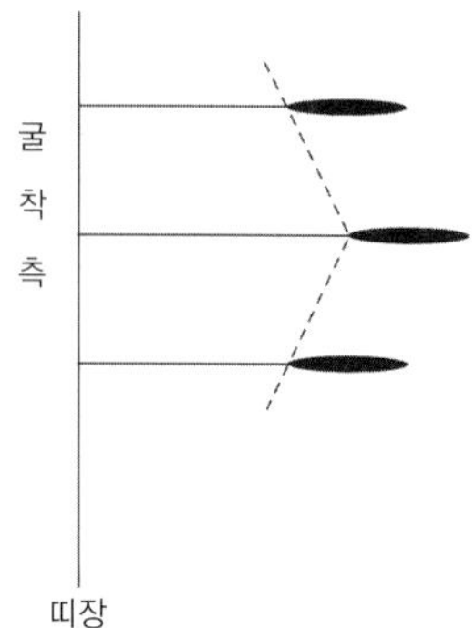

(a) 앵커체가 일렬로 정렬
(지반균열 발생 가능성 높음)

(b) 앵커체가 지그재그로 위치
(지반균열 발생 가능성 낮음)

그림 3.4.39 지반앵커 설계 및 시공 시의 앵커체 위치의 정렬상태에 따른 차이점

본 현장에서 사용된 앵커(SW−RCD앵커)는 그림 3.4.40과 같이 내하체가 2m 간격으로 나누어져 있어 인장력이 강선 길이의 영향을 받으므로 어떤 정착인발력에 대해 각 내하체까지의 강선의 변위량이 달라진다. 또한 추가 하중이 발생하면 변위량도 달라져서 각 강선의 인장력에 차이가 나므로 주의를 요한다. 그림 3.4.41의 KTB 앵커도 유사.

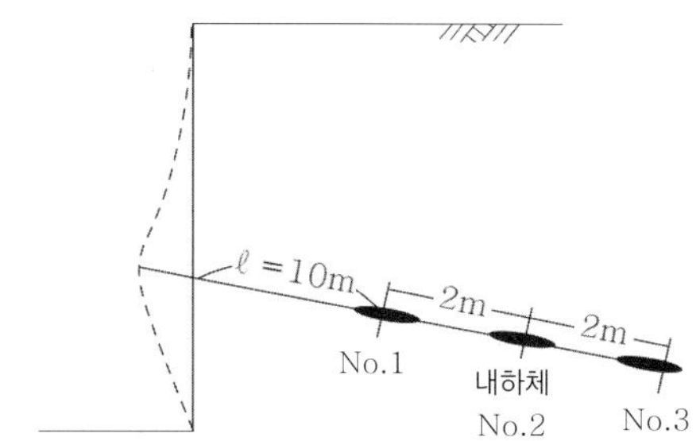

그림 3.4.40 본 현장에서 사용된 SW−RCD 앵커의 내하체 위치

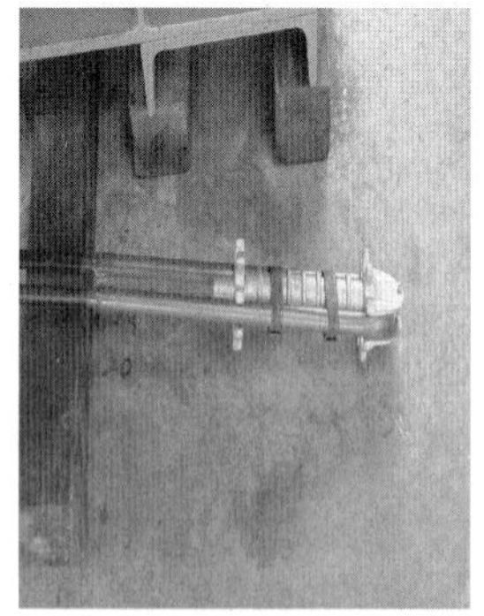

그림 3.4.41 하중 분산형 KTB 앵커

6) 앵커체 정착 위치

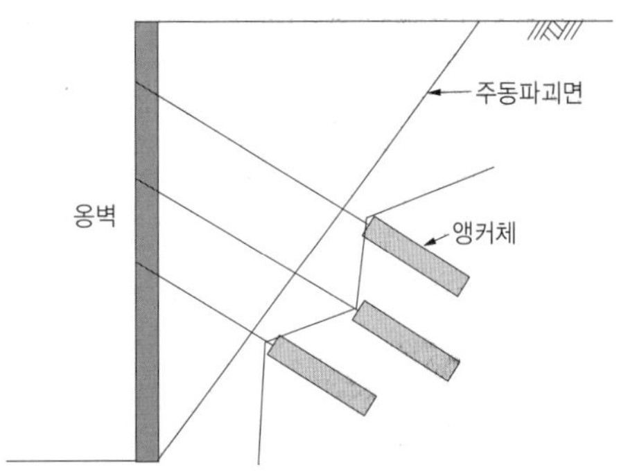

그림 3.4.42 바람직한 앵커체의 정착 위치

7) 인장 실린더의 종류

표 3.4.13 인장용 실린더 종류

이름	센터홀 인장장치	복수 실린더 인장장치
사진		
특징	• 가장 널리 쓰이는 인장용 실린더 강선 전체가 하나의 실린더로 구성 • 각 강선에 발생하는 변위가 일정 • 별도의 인장용 헤드 및 웨지가 필요	• 각 강선마다 단독실린더 사용 • 강선에 동일한 하중 작용 • 각 강선에 발생하는 변위가 다름 • 실린더 내에 웨지 장착 • 인장 시 정착되지 않은 강선 찾기 용이

8) 터널에서의 적용

터널의 경우 그림 3.4.43에서 알 수 있는 바와 같이 측벽이 터널 외측으로 변위를 일으키고자 하므로 그림 3.4.44와 같이 앵커로 강한 긴장력을 적용하면 천단침하를 오히려 증가시킬 수 있다. 따라서 가급적 긴장력이 없는 록볼트나 소일네일을 사용하되, 측벽의 변위가 커서 부득이 앵커로 저항해야 하는 경우에는 긴장력을 가급적 작게 적용하고 측벽의 변위에 따라 두부의 이완을 막도록 조금씩 재긴장하는 것이 좋다.

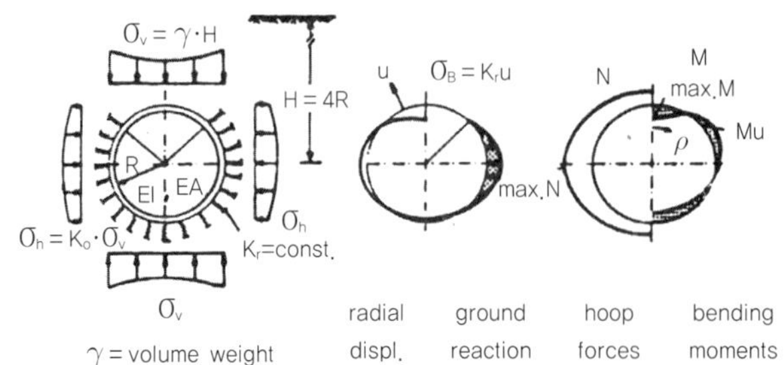

그림 3.4.43 보요소법에 의한 터널복공의 거동 분석(한국지반공학회, 1996)

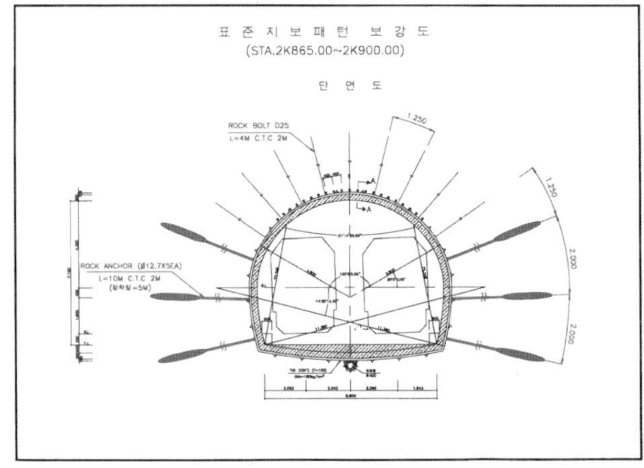

그림 3.4.44 터널 보강안의 예

9) 기타

① 강선 두부 방식(防蝕)의 필요 : 그림 3.4.45와 같이 앵커공을 통해 물이 유출되는 경우 급속하게 부식될 우려가 있다. 따라서 유로를 차단하고 앵커강선에 보호 비닐팩을 씌우며 두부 등은 그리스를 도포해 보호해야 한다.

그림 3.4.45 앵커 시공 위치의 물 유출

② 혈암(shale) 지반 등 이완이나 팽창성 지반에서의 앵커의 프리스트레스 효과로 인해 네일
보다 역학적 안정성이 우수하다(팽창성 지반의 사면 활동 사례).

- 사면 활동 전경

그림 3.4.46 사면 활동 전경

- 지층 형태

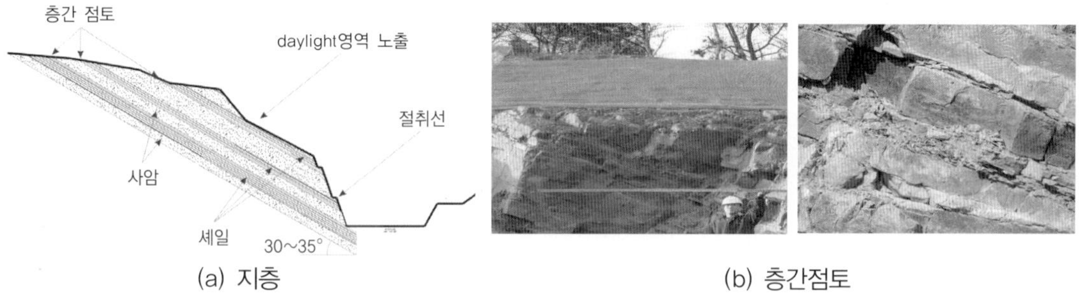

그림 3.4.47 지층 형태 및 종류

- 팽윤성 : 팽윤도시험 결과 층간점토는 팽윤도가 3.6~4.0ml/2g으로 일반적인 점토의 팽윤
도인 1~2ml/2g보다 상당히 높은 것으로 확인되었다.
- 보강대책

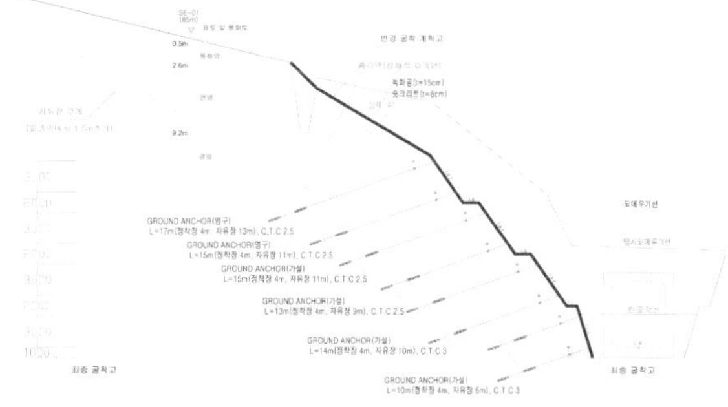

그림 3.4.48 보강대책(압축형인 SSC 앵커 적용)

③ 격자보의 모양

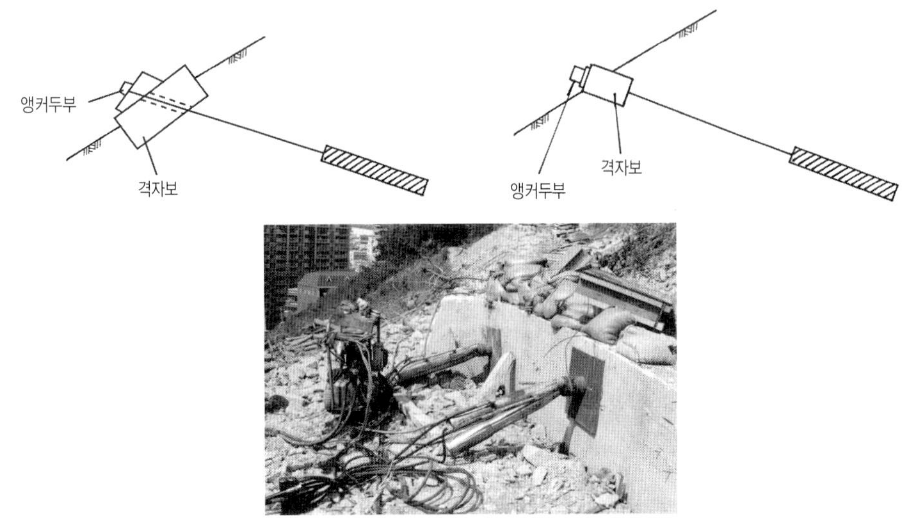

그림 3.4.49 앵커 정착 격자보의 예

④ 사면에서의 적용 : 최소안전율면으로의 보강이 아님
⑤ 앵커, 네일 복합구조일 경우의 변위에 따른 문제점

참고문헌

1. 임종철 등(1992), "SI앵커의 인발저항 기구(II) − 인발시험 결과 및 고찰," 대한토목학회 발표회, pp. 643~646.
2. 한국지반공학회(1996), 지반공학시리즈 7, 『터널』, p. 225.
3. 홍석우 등(1992), "SI앵커의 인발저항 기구(I) − 인발시험 장치 및 방법−," 대한토목학회 발표회, pp. 639~642.
4. Hobst, L. and Zajic, J.(1983), "Anchoring in rock and soil," Developments in Geotechnical Engineering, Vol.33, Elsevier Science Publ., Amsterdam, pp. 75.
5. Wernick, E.(1977), "Stresses and Strains on the surface of anchors," Proc. of the 9th ICSMFE, Ground Anchors, pp. 113~119.
6. Xanthakos, P.P.(1991), Ground anchors and anchored structures, A Wiley−interscience Publication, John Wiley & Sons, Inc.
7. 日本土質工學會(1991), 『グラウンド−アンカー設計·施工例』
8. 日本土質工學會(1979), 『アースアンカー工法』
9. 日本土質工學會(1990), 『グラウンドアンカーの設計·施工基準, 同解說』
10. 鈴木 和夫, 酒井 文雄, J.モクソー(1980), "反覆加壓注入裝置を用いたアンカーの繰返し注入效果について," 日本土質工學會, 『第25回土質工學シンポジウム, アースアンカー工法』, pp. 9~14.
11. 鷹野 昭治(1984), "グラウンド−アンカー,"『土質と調査, 1989年 第4號』, pp. 38~44.
12. 榎並 昭(1987), "新しい基礎工法(永久アンカーを中心として),"『最近の土質·基礎に關する諸問題講習會』, 日本土質工學會, pp. 149~155.
13. 幾田 悠康, 靑木 雅路(1987), "地盤アンカーの引拔き抵抗,"『基礎工』, Vol.15, No.12, pp. 36~45.

제 4 장

보강용 토목섬유의 시험 및 평가

4.1 보강용 토목섬유의 감소계수 및 장기 성능평가

4.2 보강용 토목섬유의 내후성 및 내구성 평가

4.3 보강용 토목섬유의 신뢰성 평가

4.4 보강용 토목섬유 시험방법의 비교 분석

보강용 토목섬유의 시험 및 평가

4.1 보강용 토목섬유의 감소계수 및 장기 성능평가

4.1.1 보강용 토목섬유의 시험과 성능평가

1) 실내시험과 성능평가

표 4.1.1 토목섬유 특성별 시험항목 및 시험방법

특성	시험항목	시험방법
기본 특성	무게	KS K ISO 9864, ASTM D 5261, 5993
	두께	KS K ISO 9863, 9073-2, ASTM D 5199
역학적 특성	인장강도	KS K 0743, KS K ISO 10319, ASTM D 4595, 6637
	인열강도	KS K 0536, 0537, 0796, ASTM D 4533
	꿰뚫림강도	KS K 0744, KS K ISO 12236, ASTM D 4833
	봉합강도	KS K 0530, KS K ISO 10321, ASTM D 4884
	직접전단	KS K 0747, KS K ISO 12957-1, ASTM D 5321
내구 특성	내시공성	KS K ISO 10722-1
	크리프 특성	KS K ISO 13431, ASTM D 5262, ASTM D 6992
	자외선 안정성	KS K 0746, ASTM D 4355
	내온도 안전성	ASTM D 4594
	산화 저항성	KS K ISO/TR 13438
	가수분해 저항성	EN V 12247
	미생물 저항성	EN V 12225

보강용 토목섬유는 흙에 작용하는 외력을 수용해 토류 구조물의 역학적 안정성을 향상시키는 보강재 역할을 수행한다. 따라서 특성 평가에서도 역학적 특성과 흙에 작용하는 외력의 전달기능을 평가하는 마찰 및 인발거동에 대한 평가가 주요 평가항목이다. 보강용 토목섬유의 특성평가방법은 실내시험(index test)과 현장시험(performance test)으로 구분되며, 제품의 품질관리와 시공관리 등에서 간편하고 일관되게 관리하는 기준이 된다. 표 4.1.1은 토목섬유의 특성별 시험항목에 적용되는 시험방법이다.

(1) 기본 물성 평가

① 시료의 채취기준

가) 품질관리 및 납품을 위한 시료의 개수 선정

(a) 건설기술관리법 시행규칙 건설공사 품질시험기준에 규정된 시료 개수 선정

국내의 토목건설 현장에서 품질관리를 목적으로 납품하여 시공되는 토목섬유의 품질이 시방서에 정해진 기준과 일치하는지 판정하기 위해 건설기술관리법 시행규칙 제15조의 4 제1항 건설공사 품질시험기준에 규정된 시험 빈도 및 로트의 크기 등을 표 4.1.2에 나타냈다.

표 4.1.2 건설기술관리법 시행규칙 시험 빈도

로트의 크기 건설기술관리법 시행규칙	시료 개수
$20,000\text{m}^2$이하	1
$20,001{\sim}40,000(\text{m}^2)$	2
$40,001{\sim}60,000(\text{m}^2)$	3

비고) 1. $20,000\text{m}^2$마다, 제조회사별, 제품규격마다 시료 개수를 추가한다.
    2. 터널용은 $7,000\text{m}^2$마다, 제조회사별, 제품규격마다, 재질 변화 시마다 시료 개수를 추가한다.

(b) ASTM D 4354 샘플링 방법에서 정해지는 시료 개수 선정

구매자와 판매자 간에 합의한 제품단위가 없을 때는 $1,000\text{m}^2(1,200\text{yd}^2)$ 를 제품단위로 추천해 로트의 크기를 정하고, 정해진 로트크기의 세제곱근($\sqrt[3]{N}$)시험용 시료 개수로 했으며, 이 때 이 값이 소수일 때는 그 값보다 큰 정수를 시료 개수로 정한다. 예를 들어 어느 현장에 납품된 토목섬유 총량이 $6,000\text{m}^2$이면 로트의 크기는 6이 되며 시험을 위해 정해지는 시료 개수는 2개가 된다.

나) 시험실에서 모든 시험을 위한 시험편의 준비

토목섬유의 샘플링 및 시험편 준비는 KS K ISO 9862에 규정된 다음의 과정에 따라서 실시한다.

- 선정된 시료에서 처음 두 바퀴를 풀어낸 다음 샘플링을 한다.
- 시료의 전 폭과 필요한 길이에 걸쳐서 균일하게 분포하도록 해 가장자리에서 100mm보다 안쪽에서 채취한다.
- 클레임과 관련 있는 시험 시료를 제외하고는 모든 시험편은 겉(먼지, 불균일한 부분, 구겨진 부분, 구멍이 뚫리거나 제조 후 사고로 발생한 눈에 보이는)으로 보기에 손상되어 있지 않아야 한다.
- 동일한 시험의 경우, 동일한 길이와 폭 방향에서 2개 이상의 시험편을 준비하지 않아야 한다.
- 시험편은 기계 방향(생산된 방향-롤의 길이 방향)과 수직 방향(롤의 폭 방향)으로 절단한다.
- 시험결과에 영향을 줄 수 있는 경우, 불가피한 경우에 시험편의 현상을 시험보고서, 샘플링보고서에 표시한다.
- 시험편은 시험할 때까지 건조한 곳, 어두운 곳, 먼지가 없는 곳에 보관해야 하며, 실온에서 화학적 및 물리적 손상으로부터 보호되어야 한다.

② 무게(단위면적당 중량)

보강용 토목섬유의 무게를 측정할 때는 일반적으로 단위면적당 중량을 측정하는데, KS K ISO 9864, ASTM D5261과 ISO 9864 등에 의거해 평가된다.

보강용 토목섬유의 전체에서 무작위로 일정 부위를 선택한 후 면적을 알 수 있도록 일정한 크기로 잘라 무게를 측정하고 이를 환산해 일정 면적(일반적으로 m^2)에 대한 중량으로 표시한다.

한편, 제품의 폭이 좁거나 전체 폭을 기준으로 측정하고자 할 경우 일정한 길이에 대한 무게를 측정하며, 지오그리드처럼 원형 또는 정사각형의 면적으로 시험편을 채취하기 곤란한 경우는 반복단위로 채취한 시험편의 면적 및 중량을 측정해 무게를 산출한다.

일반적으로 단위면적당 중량을 구하는 방식은 아래와 같다.

$$제곱미터당 \ 무게(g/m^2) = \frac{시험편 \ 무게(g)}{시험편 \ 면적(cm^3)} \times 10000 \tag{4.1.1}$$

③ 두께

일반적으로 두께를 측정하는 시험기는 정하중식 다이얼게이지로서 0.01mm까지 측정할 수 있는 장비가 사용되며, 프레스 풋은 최소 $25cm^2$의 원형으로 평평한 면의 프레스 풋이 사용되지만, 두께가 균일하지 않은 시험편의 전체 두께나 부분 두께를 측정하는 경우에는 프레스 풋의 치수가 달라질 수 있다. 두께 측정 시 영향을 미치는 인자에는 시험편에 가해지는 압력, 압력판의 크기, 가압속도, 가압시간 등이 있는데 이 중 적용압력에 따른 영향이 가장 크다.

두께 측정에 사용되는 시험규격별 주요 인자는 표 4.1.3과 같다.

표 4.1.3 시험방법별 두께 측정 조건 비교

시험방법	가압판 면적	적용압력(kPa)	시간	시험편수	비고
KS K ISO 9863	원형 25cm^2	2 20 200	30 초	10	A법 : 개별하중법 B법 : 증가하중법
KS K ISO 9073-2	2500mm^2	0.1~0.5	10 초	10	방법 1, 2, 3
ASTM D 5199	원형 2500mm^2 이상	2 20 50~200	5 초	10	지오텍스타일 지오멤브레인의 적용압력규정

(2) 역학적 특성 평가

① 인장강신도

보강용 토목섬유의 역학적 특성 중에서 인장강도는 가장 중요하고 기본적인 성능이다. 인장성질이란 섬유에 축방향의 힘을 작용해서 인장시킬 때 이 힘과 변형과의 관계로부터 얻으며 이 인장성질은 측정조건, 주위의 온도와 습도, 시료의 크기, 시료의 배열방법 등에 따라 그 값이 다르게 나타난다. 보강용 토목섬유의 인장시험을 통해 응력－변형률 곡선을 얻고 아래와 같은 파라미터를 구하게 된다.

- 최대인장강도
- 최대변형률
- 파단일(toughness, work of rupture)
- 초기 탄성계수

인장강도 시험방법은 그랩(grab)법과 스트립(strip)법으로 구분할 수 있으며, 그림 4.1.1에 여러 시험방법별 시험편 파지 모양이 나타나 있다. 그랩법은 시험편의 중간 부분이 파지되고, 클램프 사이에 있는 실의 인장강도가 아니라 직물이 실제 사용될 경우의 실질적 인장강도를 측정할 때 주로 사용된다. 이 방법에서는 양쪽에 존재하는 측사의 영향을 받게 된다. 시험방법에 따라 다소 차이는 있으나 보통은 폭이 100.6mm, 길이가 203.2mm인 시험편을 가로 50.8m, 세로 25.4m의 클램프를 이용해 시험하고 그 결과 값은 kgf, lbf, N 등으로 표현한다.

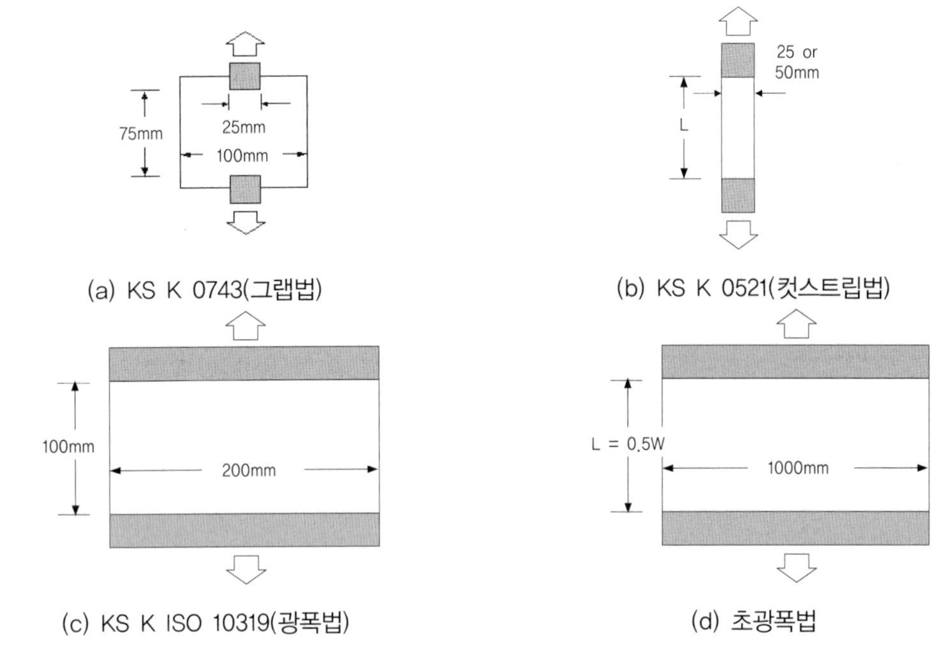

그림 4.1.1 토목섬유 인장강도 시험편 파지 모양

스트립법은 토목섬유에 대해서 전폭 또는 폭 200mm의 시험편을 이용하는 광폭 스트립법 (wide-width strip)을 사용한다. 한편, 일반적으로 토목섬유나 그 관련 제품들은 두께를 감안한 단면적을 측정하기 어렵기 때문에 스트립 인장강도의 단위는 N/m, lbf/in. 등과 같이 단위폭당 강도로 표현한다. 신장변형률은 원래의 클램프 간격에 대한 시험편이 파단될 때까지 신장된 길이의 백분율로 표현된다.

광폭 시료가 사용되는 이유는 지오텍스타일이나 지오그리드가 인장시험 과정에서 인장이 계속됨에 따라 그 두께의 포아송비 효과가 심해지는 경향을 보이므로 인위적으로 큰 수치의 값을 구해 이러한 형태 효과를 최소화하기 위해서이다. 시료 형태에 따른 여러 시험 결과 사이에는 보편적인 상관관계가 없기 때문에 시료 크기의 선택은 사용하려는 데이터의 목적에 따라 선택해야 한다. 그러므로 시험과정에서 시료의 크기에 대한 정확한 서술이 이루어져야 한다.

한편, 고강도 지오텍스타일이나 지오그리드는 기본적인 클램프 형태로는 측정이 불가능하기 때문에 재료의 특성에 적합한 그립을 적용하기도 하는데, 그림 4.1.2에서와 같이 다양한 형태의 그립을 사용한다.

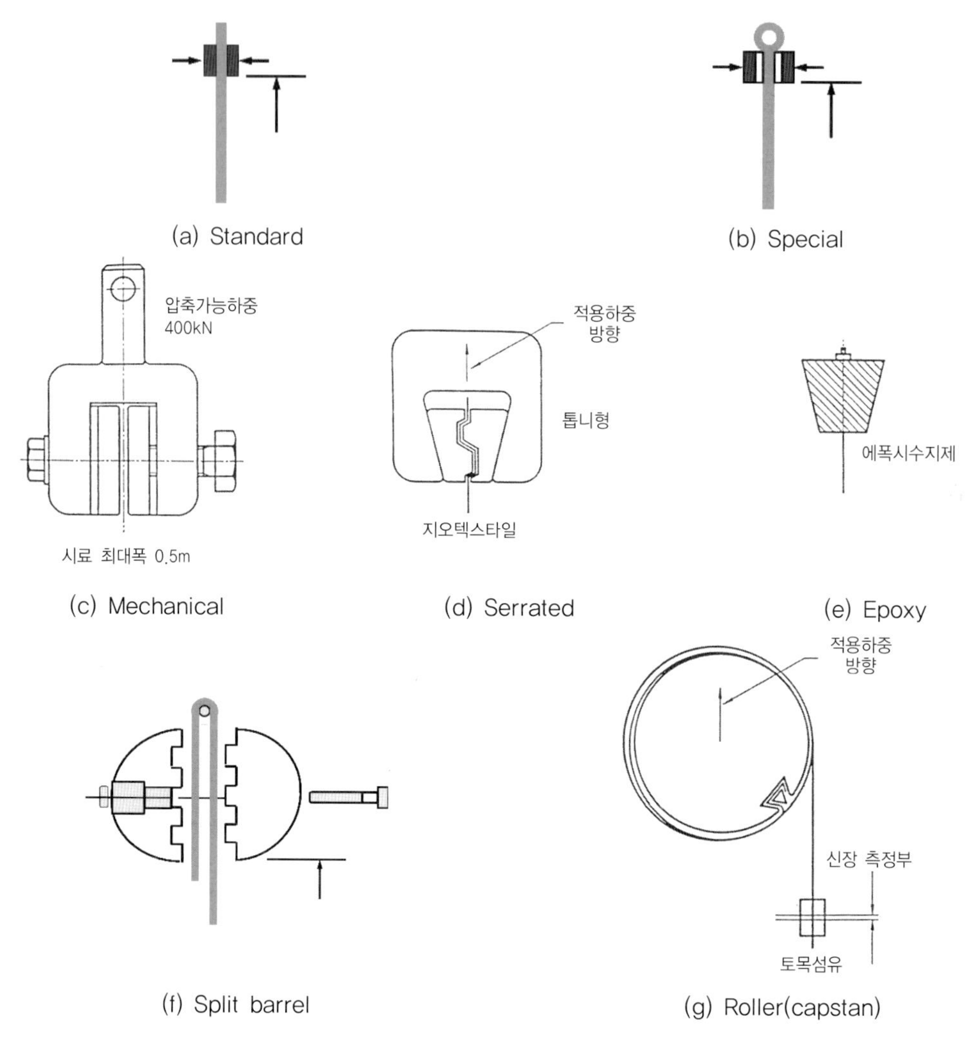

그림 4.1.2 토목섬유 인장강도 시험용 그립의 모양

표 4.1.4 토목섬유의 인장강도 시험규격별 시험 조건비교

시험방법	시험편 크기	시험속도	파지거리
KS K 0743	폭 : 101.6mm 길이 : 203.2mm	300mm/min	75mm ± 1mm
ASTM D 4632			
KS K ISO 10319	폭 : 200mm 길이 : 100mm	20% strain rate/min	60mm 또는 100mm
ISO 10319			
BS EN ISO 10319			
ASTM D 4595	폭 : 200mm 길이 : 200mm	10% strain rate/min	100mm

② 지오그리드의 접점강도

보강용 토목섬유의 대표제품인 지오그리드의 독특한 역학적 특성이 접점강도이다. 지오그리드의 축방향 리브(세로 리브)에 수직 연결된 리브를 죄어 고정하는 장치를 이용해 접점에서의 결합강도를 구한다(그림 4.1.3). 표 4.1.5에 나타낸 것처럼 지오그리드 결합효율은 100%까지 다양하게 분포한다. 이 시험이 구속되지 않은 상태에서 행해진 시험이란 것을 인지하는 것 또한 중요하다.

압출형 지오그리드는 결합효율(접결점 강도/단일 리브 강도)이 크게 나타나는데, 지오그리드의 구조가 일체형으로 형성되었기 때문이다. 직조형 지오그리드는 제직이나 편직에 의해 접점을 형성하고, 접점강도는 결합을 형성하는 일부 필라멘트에 의해 유지되기 때문에 결합효율이 낮게 나타난다. 이는 지오그리드가 수동저항력을 발현하는 경우 가로 리브에 저항력이 작용할 때 지오그리드 형태를 유지하면서 외력을 정확히 수용하는가 하는 관점에서 중요하다.

지나치게 낮은 결합강도는 세로 리브와 가로 리브를 분리시켜서 수동저항력을 제대로 발현할 수 없기 때문이다. 그러나 지오그리드와 흙 사이의 상호작용이 수동저항력에 의해서만 이루어지는 것이 아니며, 마찰에 관한 인자도 또한 기여한다는 점을 주지해야 한다.

표 4.1.5 지오그리드의 단일 리브 강도와 접점강도, 결합효율

지오그리드	결합강도(kN/m)	단일 리브 강도(kN/m)	결합효율(%)
압출형(일축)	1.12~2.6	1.16~2.77	97~104
압출형(이축)	0.57~1.44	0.61~1.51	93~96
직조형 1	1.96	4.16	47
직조형 2	0.29	4.4	7
직조형 3	0.18	1.42	13

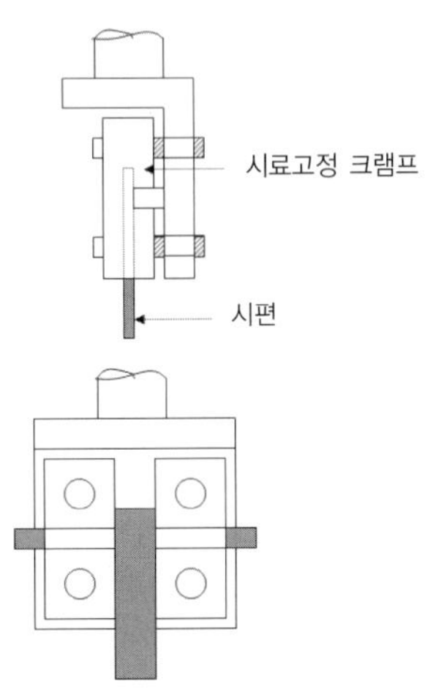

그림 4.1.3 접점강도 시험장치

383

③ 인열강도

인열강도란 특정 조건에서 보강용 토목섬유(특히 지오텍스타일)가 찢어지기 시작하거나 지속, 전파되는 데 필요한 힘을 말한다. 시험의 목적은 토목섬유가 힘을 받아 한 방향으로 찢어지는 특성을 측정하는 데 있다. 인열현상은 크게 2가지로 나눌 수 있다. 첫째, 직물의 동일 면에서 받는 응력에 의해 발생하는 인열이다. 이러한 종류의 인열 특성을 시험하는 방법은 사다리형(trapezoid)의 시료를 사용해 각 구성사를 인장시켜 얻는 인열현상이다. 둘째, 직물 면에 수직한 방향에 의해 발생하는 인열현상이다. 이러한 인열현상은 산업용 직물뿐만 아니라 의류용이나 작업복이 외부의 각진 부분에 걸려서 발생한다. 이러한 인열의 특성은 인열이 시작되면 상대적으로 작은 부하에 의해서도 파괴가 진행된다는 것이다.

인열강도를 측정하는 방법으로는 trapezoid법, tongue법, elmendorf법 등이 있는데 토목섬유의 시험방법으로는 trapezoid법이 가장 많이 이용된다. 대부분의 지오텍스타일은 이 시험법을 사용할 수 있으며 직물의 구조에 따라서 시험편 파지 방법을 변경할 수 있다. 트래피조이드법은 시험편의 모양에서 유래한 용어로서 그림 4.1.4를 보면 직사각형의 시험편에 사선방향으로 클램프에 파지되는 선이 그려 있고, 중앙부분의 한쪽을 폭 방향과 평행하게 15mm정도 잘라준다. 시험편은 트래피조이드의 잘린 부분이 중앙에 위치하도록 파지시키며 트래피조이드의 긴쪽이 겹치지 않도록 해야 한다.

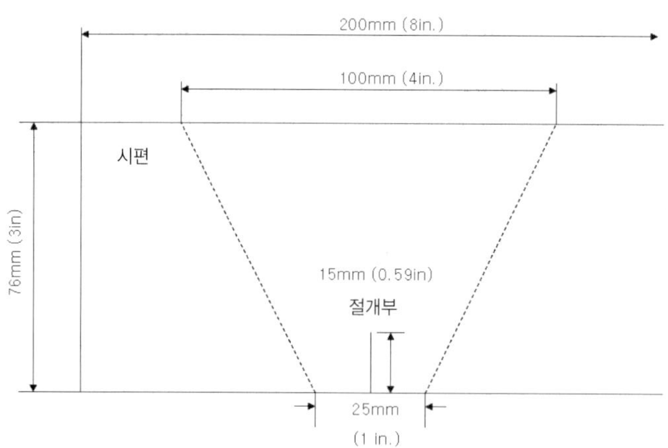

그림 4.1.4 트래피조이드법 인열시험편 모양

클램프의 크기는 시험편이 파지되는 폭보다 넓어야 한다. 시험기의 클램프가 일정한 속도로 움직이기 시작하면 시험편은 하중을 받고, 시험이 진행되는 동안 클램프는 서로 평행하게 유지된다. 시험이 진행되는 동안 그림 4.1.5와 같이 강도변화를 그래프로 기록한다. 시험이 끝나면

384

기록 장치에 기록된 강도를 인열강도로 한다. 예를 들어 KS K 0796에서는 길이 방향과 폭 방향 시험편의 최대인열강도의 평균을 각각 계산한다.

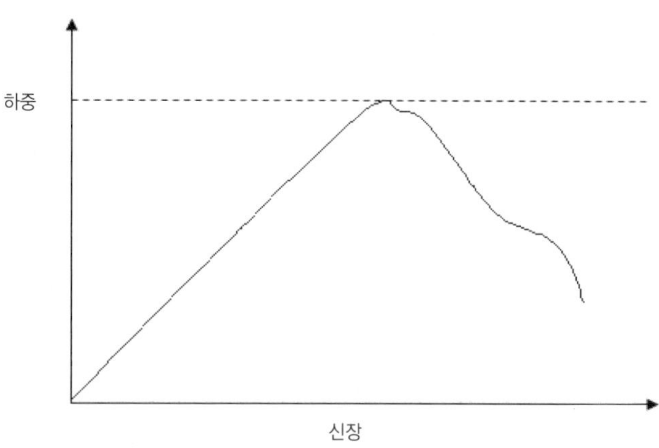

그림 4.1.5 토목섬유의 인열 하중 신장 곡선

표 4.1.6 인열강도 시험방법의 요약

구분	KS K 0537	KS K 0796	ASTM D 533
시험편 크기	76 × 152mm	76 × 200mm	76 × 200mm
중앙부 베는 거리	9.5mm	15mm	10mm
파지거리	25.4mm 이상	25mm	10mm
인장속도	305±13mm/min	300±10mm/min	150~200mm/min
시료수	경사, 위사 5개씩	가로, 세로 10개 이상	경사, 위사 10개
결과	최대값의 평균	최대값의 평균	최대값의 평균

④ 봉합강도

보강용 토목섬유는 일정한 폭을 가진 평면상의 제품으로 생산된다. 이 때문에 현장에서 포설을 할 때 토목섬유의 가장자리를 연결해 사용하는데, 이때 연결하는 방법으로 봉합(sewing)을 하게 된다. 토목섬유의 원단부분이 보유하고 있는 인장강도가 기준과 일치한다고 해도 연결 또는 봉합 부위의 인장강도가 기준에 부적합하다면 본래의 사용목적을 달성할 수 없을 것이다. 따라서 봉합 부위를 시험해 어떤 결점이나 강도저하 등의 문제점이 있는지 확인해야 한다. 토목섬유의 봉합은 현장봉합과 공장봉합이 있으며, 그림 4.1.6과 같은 방식들이 기본적인 봉합방법으로 사용된다.

토목섬유의 봉합강도를 측정하기 위한 방법으로는 그래브법과 광폭 스트립법 등이 있으며, 일정한 폭을 가진 시험편을 인장강도 시험방법을 적용해 시험한다(KS K ISO 10321 지오텍스타 일의 접합/봉합 강도시험 : 광폭 인장시험법). 그림 4.1.7과 같이 봉합선이 시험편의 중앙부분에 오게 샘플링을 해 클램프와 평행하게 파지되고 규정된 인장속도로 시험을 진행한다. 시험이 진행될 때 봉합부위에서 일어나는 현상을 관찰해 봉사가 끊어지는 현상이나 원단이 찢어지는 현상을 결과에 표시한다. 파단 시의 최대하중을 봉합강도로 결정하며, 결과의 표시는 그래브법의 경우에는 kN, kgf, lbs 등이 사용되며, 광폭 strip법은 kN/m로 표기한다.

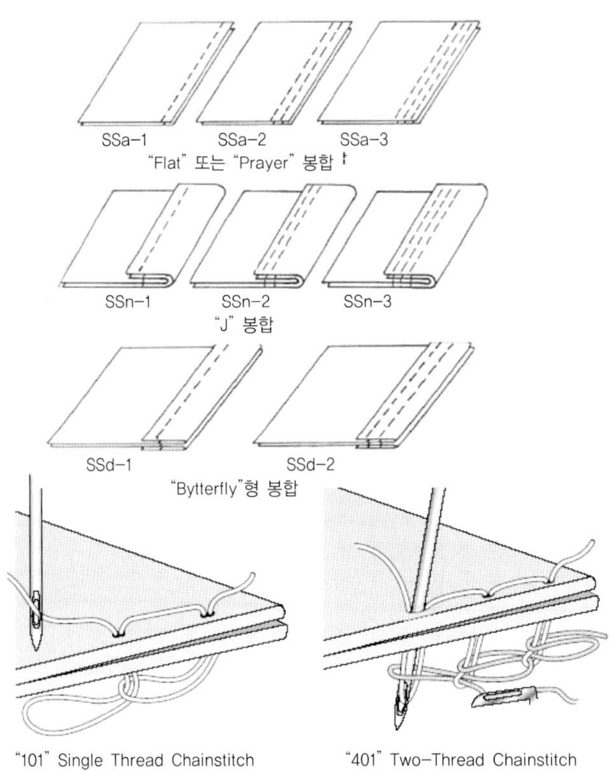

그림 4.1.6 토목섬유의 여러 가지 봉합 방법

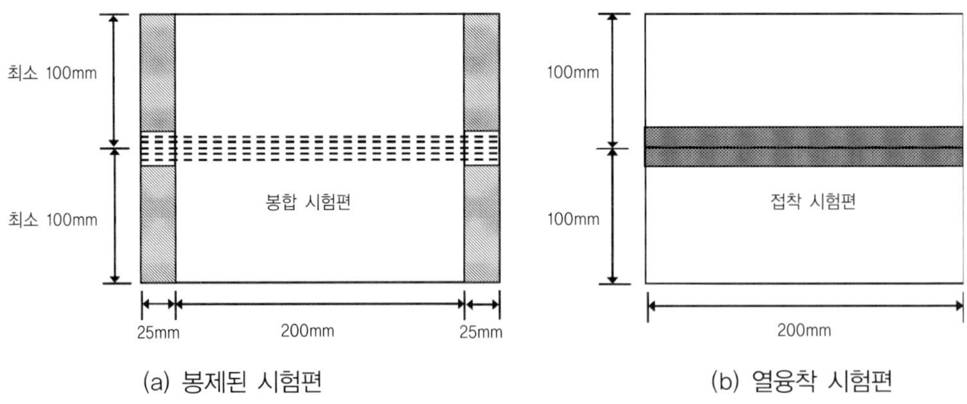

그림 4.1.7 광폭 봉합강도 시험용 시험편

⑤ 연결강도

 보강토 옹벽에서 독특하게 평가되는 특성이 블록 전면체와 보강용 토목섬유 사이의 연결특성을 평가하는 연결강도이다. ASTM D6638-07에 의거해 평가되며 인발시험장비와 유사한 그림 4.1.8과 같은 장비를 이용해 시험을 실시한다. 블록 전면체 상부에 하중을 가해 보강용 토목섬유의 파단이 발생하거나 전단파단(인발)이 나타나는 변위에서 강도값을 얻어 여러 상재하중에 때한 파단강도(또는 전단파단 시 강도)에 대해 도시해 안정성을 판단하는 기준이 된다. 보통 보강토체 단면에서 보강용 토목섬유 각 층에서의 설계강도값 이상을 확보해야 한다. ASTM D6638에서는 시편의 폭은 최소 750mm, 시편의 길이는 200~600mm로 시험하도록 규정하고 있다.

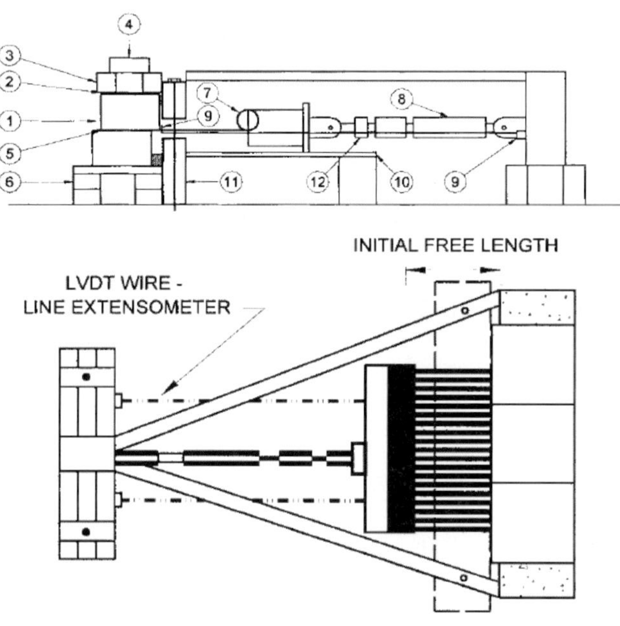

그림 4.1.8 보강용 토목섬유의 연결강도 시험장비 개념도

⑥ 직접전단

 토목섬유의 직접전단시험은 토목섬유와 흙, 또는 서로 다른 토목섬유 사이의 전단특성을 결정하기 위해 적용되는 시험방법으로 ASTM D5321에 의거해 평가된다. 시험장치는 그림 4.1.9와 같이 접촉면이 일정한 전단상자와 수직 및 수평응력을 가할 수 있는 가압장치, 수평변위 및 전단응력을 측정할 수 있는 장치로 구성되어 있다.

 시험방법은 수직응력이 전단상자 위에 가해지고 수직응력의 크기를 고정한 상태에서 수평응

387

력을 가해 전단시키며, 전단응력과 수직응력과의 관계는 다음과 같다.

$$\tau = c_a + \sigma_n \tan\delta \tag{4.1.2}$$

여기서 τ : 전단응력

$\quad\quad\quad \sigma_n$: 전단면에 대한 유효수직하중

$\quad\quad\quad c_a$: 점착력

$\quad\quad\quad \delta$: 마찰각

여러 수직 응력조건에서 최대전단응력이 구해지면, 그림 4.1.9의(c)에서처럼 '파괴포락선 (failure envelop)'을 얻을 때까지 여러 수직하중 조건에서 충분히 반복한다. 이 시험을 통해 흙과 보강용 토목섬유 사이의 전단력 파라미터가 얻어진다(즉, c_a 와 δ).

토목섬유와 흙의 직접전단시험에서 전단강도에 영향을 미치는 인자로는 흙의 입도분포와 형상과 같은 공학적 특성과 섬유의 형상, 인장강도, 탄성계수, 마찰계수, 섬유혼합률 등과 같은 섬유의 물리적·역학적 특성 및 다짐상태 등의 외적 인자 등을 들 수 있다. 따라서 직접전단 시험은 두 계면에서의 마찰특성을 평가하기 위해 실제 현장에서 적용되는 모델에 기초해 계면의 마찰력에 미치는 영향을 각 계면에서의 최대전단응력과 수직응력의 비를 통해 평가할 수 있다.

$$E_c = (c_a/c) \times 100 \tag{4.1.3}$$

$$E_\varnothing = (\tan c\delta / \tan\varnothing) \times 100 \tag{4.1.4}$$

E_c = 점착 효율

$E_\varnothing$ = 마찰 효율

c_a = 토목섬유 보강재와 흙 사이의 부착력

c = 흙의 점착력

δ = 토목섬유 보강재와 흙의 전단 저항각

$\varnothing$ = 흙의 내부 마찰각

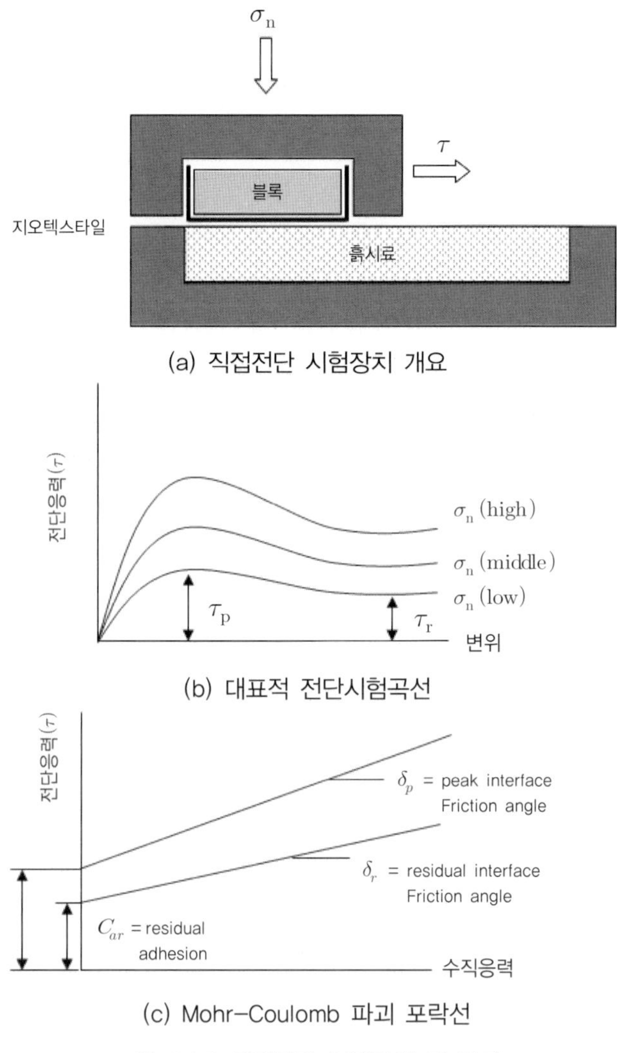

그림 4.1.9 직접전단 시험장치 및 결과

⑦ 토목섬유의 인발저항 특성

보강용 토목섬유에 대한 인발시험은 ASTM D 6706에서 일반적인 시험장치 및 시험방법을 명기하고 있으나, 정확한 조건의 특성시험과 달리 다양한 현장조건과 장비여건에 따른 시험이 가능하다(그림 4.1.10).

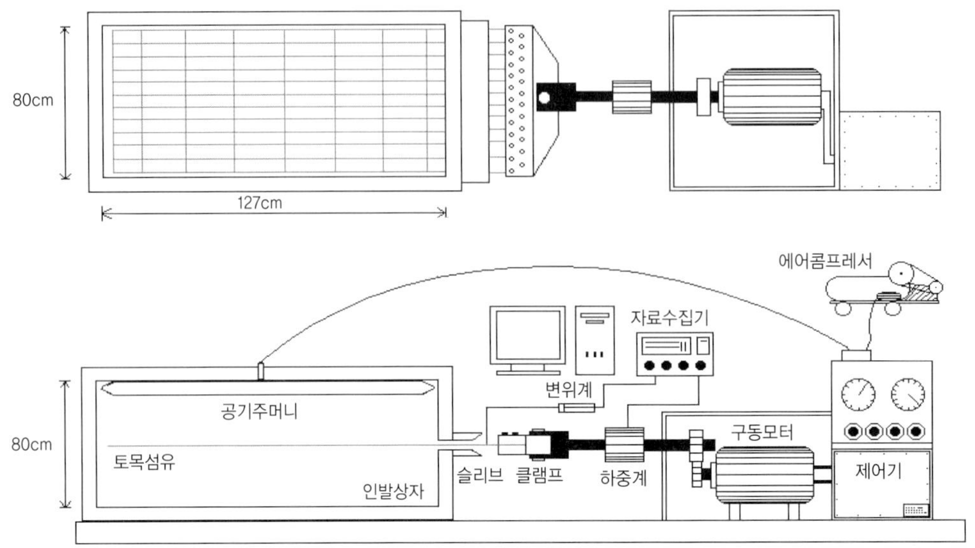

그림 4.1.10 대형 인발실험기의 모식도

지중에 부설된 보강용 토목섬유의 선단에 인발력이 가해지면, 그림 4.1.11과 같이 주변 흙과 보강재의 길이 방향 부재에서의 마찰에 의한 저항력과 이에 직각으로 교차하는 횡방향 부재에서의 수동저항력이 동시에 발휘되는 형태로 나타난다.

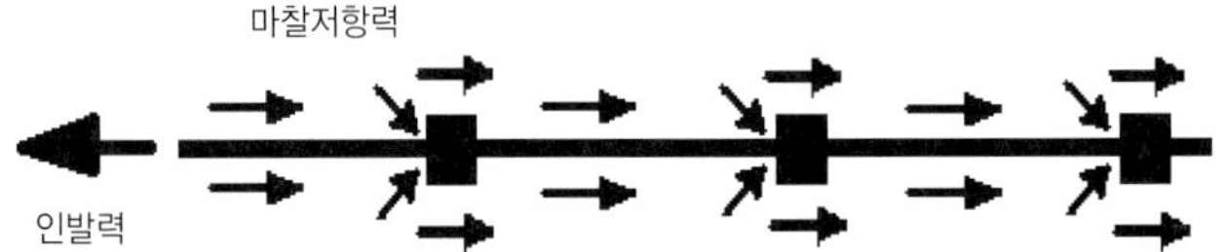

그림 4.1.11 지오그리드와 흙의 마찰저항 형태

일반적으로 흙 속에 묻힌 토목섬유의 인발저항력은 다음 식과 같이 표현된다

$$F_{Tmax} = 2bL\,\sigma_V\,\mu^*$$

(4.1.5)

여기서 F_{Tmax} : 인발파괴 또는 항복할 때의 인발저항력(tf), b : 토목섬유의 부설폭(m), L : 토목섬유의 부설 길이(m), σ_V : 연직응력(tf/m^2), μ^* : 흙−토목섬유의 결속계수이다.

식 (4.1.5)에서 μ^*로 표현된 흙과 보강재 사이의 결속계수(bond coefficient)는 마찰저항 및 수동저항을 동시에 고려하는 요소이며, 인발저항력에 동원된 포괄적 의미의 저항계수로서 겉보기마찰계수라고도 한다.

⑧ 내시공성 실내시험

내시공성 시험(installation damage test)은 토목섬유 상부에 성토재가 포설되고 시공 작업이 진행될 경우, 이러한 시공 조건에 의해 토목섬유가 손상되는 성도를 평가하기 위한 시험이다.

KS 및 ISO 10722-1과 10722-2 규격에 규정된 내시공성 시험은 규정된 토사의 2개 층 사이에 토목섬유가 위치할 때, 시공 중 손상을 예측하기 위한 시험실 내에서의 손상에 대한 시뮬레이션 절차 및 시험방법에 대해 설명하고 있다. 내시공성의 평가는 외관의 손상 정도를 시각적으로 판정하는 방식과 처리 전후 시료의 인장강도를 측정해 강도손실을 평가하는 방법이 있다. 또한 본 시험에서 발생하는 손상의 정도를 평가하는 방식은 다른 기준을 적용해 시험을 수행할 수도 있다.

- ASTM D 5818은
  - 실제 현장에 포설된 시료의 회수방법에 대해 기술하고 있는 시험법이다.
  - 단순히 시료의 채취방법만 기술하고 있기 때문에 엄밀히 따지자면 시공 시 손상 전반에 관한 시험방법을 제시하는 시험법은 아니다.
  - 뿐만 아니라, 채취장소의 제한으로 인해 현장전역에 걸친 전반적인 해석이 힘든 시험법이다.

- ISO 10722-1은
  - 2개의 다짐상자 사이에 대상 토목섬유를 포설한 다음 채움재를 넣고 다짐장비로 다진 후 물성 시험을 거쳐 시공 시 손상계수를 평가(그림 4.1.12)한다.
  - 사용되는 상자는 350×350×135(mm)의 크기를 가지며 이용되는 채움재는 천연골재를 사용하지 않고 표면이 거친 합성재료(sintered aluminum oxide)를 사용함으로써 내구성을 증가시켰을 뿐만 아니라 자연조건과 유사한 상황을 표출할 수 있게 했다.
  - 또한, 채움재의 입도분포는 10mm 체에서는 100%가 통과하고 5mm 체에서는 0% 통과된다.
  - 다짐기는 진동다짐기를 사용하며, 시료는 다짐기에 의해서 진동수 1 Hz로 압력 5±5kPa~900±10kpa의 크기로 다짐된다.

$$\Delta R = \frac{R_d}{R_o} \times 100 \tag{4.1.6}$$

여기서 Rd = 손상된 시료의 물성 측정값, Ro = 손상되지 않은 시료의 물성 측정값, △R = 재료의 손상된 정도 값(퍼센트)이다.

(a) 다짐상자

(b) 다짐장비

그림 4.1.12 ENV ISO 10722 −1 시공 시 손상 시험장비

⑨ 크리프 특성

일반적으로 보강용 토목섬유는 영구적인 구조물에 이용되므로 토목섬유의 장기물성 해석을 위해 사하중(dead weight)을 이용해 시간변화에 따른 변형률의 변화를 해석하는 방법인 크리프 시험이 사용된다.

크리프 시험은 일정한 하중에 의한 토목섬유의 시간대별 변형특성을 보기 위한 시험으로, 일정한 폭을 가진 시험편의 길이방향으로 일정한 하중을 주어 장기간의 변형 거동을 관찰해 현장 조건에 적용하는 데 그 목적이 있다. 크리프 시험방법은 ASTM, GRI 시험방법에 규정된 방법이 널리 통용되며, 고분자물질의 장기 물성의 예측을 위해 Boltzman이 실험적으로 제시한 시간-온도 중첩원리가 사용되고 있다. 도한 시간-온도 중첩의 원리를 응용한 단계등온법(SIM)이 S. Allen 등에 의해 새롭게 제시되어 크리프 시험 방법으로 널리 이용되고 있다.

크리프 특성은 재료, 제조공정, 구조, 시간, 온도, 하중에 의해서 영향을 받는다. 따라서 크리프 특성 시험은 온도 21±2℃, 상대습도 50~70%에서 진행되며, 필요에 따라 온도조건이 변할 수도 있다. 그리고 변형률 측정 장비를 이용해 최대하중의 20%, 30%, 40%, 60% 하중으로 시험될 때 정해진 시간 간격마다 시험편의 변형률을 측정한다(그림 4.1.13).

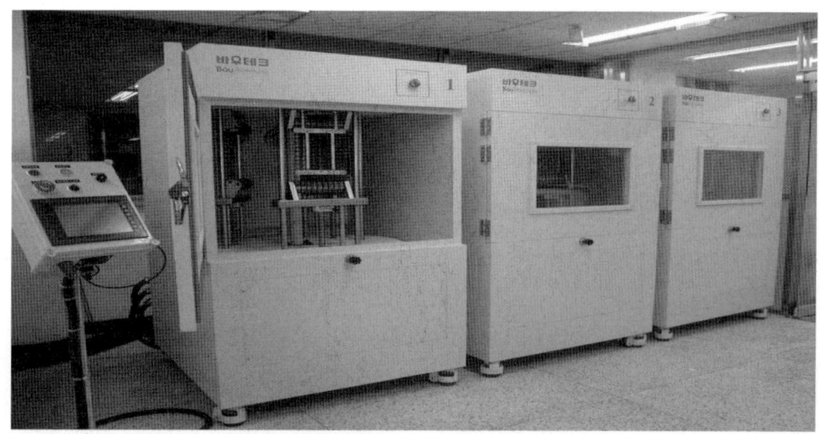

그림 4.1.13 크리프 특성 시험장비

2) 현장시험과 성능평가

(1) 시공 시 손상 현장시험

국내에서는 자체적인 시험방법이나 기준이 아직 마련되지 않은 상태로, 주로 해외규격을 준용해 시험하고 있다. 미국 TRI시험규격과 영국 BS 9006 규격을 참조해 실시하고 있다.

① TRI 시공 시 손상시험법

- TRI(texas research institute, U.S.A)는 미국의 텍사스 오스틴(Texas Austin)에 위치한 섬유와 화학분야의 시험기관으로, 특히 토목섬유에 관한 시험분야에서는 세계 최고의 수준을 자랑하는 기관이다.
- TRI에서 시행한 시공 시 손상시험은 기존의 시공 시 손상에 관한 연구자인 Watts와 Brady(1994)의 TRL 현장시험방법(그림 4.1.14)과 결과에 기초를 두고 있으며 이를 응용

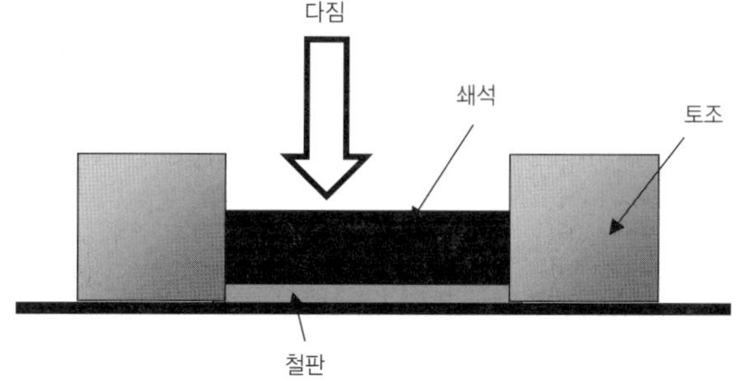

그림 4.1.14 TRL 시공 시 손상 실외 시험장치 모식도

해 ASTM D5818 조건을 만족하도록 자체적으로 개발한 시험방법이다.

- 규모가 1.07m×1.32m×12.5mm(t) 정도이며, 골재는 현장조건을 고려해 천연재료를 사용한다. 또한, 골재의 입도분포는 현장조건을 고려해 그때의 상황에 따라 달라진다(그림 4.1.15).

(a) 시료의 포설　　　　　　　　　　(b) 다짐

그림 4.1.15 TRI 시공 시 손상 실외시험 모습

② BS 8006(1995)의 시험규정

영국표준협회(BSI)에서는 보강토 및 보강성토에 대한 설계기준을 BS 8006에 규정하고 있다. 이 규정의 첨부규정에 현장시공 손상시험에 대한 내용을 포함하고 있으며 자세한 시험방법을 소개하고 있다.

이 규정은 섬유보강재뿐만 아니라 강재 보강재에 대해서도 적용할 수 있다고 규정하고 있으며 시험수행 범위는 발주자가 조정할 수 있지만 구체적인 배치 및 시험과정은 규정을 따르도록 하고 있다.

(2) 내후성 현장시험

보강용 토목섬유가 장기간 일광에 노출되는 경우에 대한 내후성 평가를 위한 현장노출시험이 수행된다. 해당 현장에 일광에 대해 일정 각으로 시편을 거치해 자연일광조건에 노출해 실내 내후성 시험과 마찬가지로 시간의 경과에 따른 역학적 특성치의 저하를 평가한다(그림 4.1.16). 노출 전의 특성(인장특성)에 대해 노출 기간에 대한 특성 저하를 퍼센트(%)로 표기하며, ISO EN12224에 따라 시행된다.

그림 4.1.16 자연광 노출에 의한 보강용 토목섬유의 내후성 시험

4.1.2 보강용 토목섬유의 장기성능 해석

보강용 토목섬유의 장기성능은 장기설계허용강도로 도출되며 장기설계허용강도는 보강토체에서 설계 수명 동안 발휘하는 인장력을 말한다. 이 값은 토체의 작용력과 비교해 안정성 평가와 설계 정수로 적용된다.

현재까지 보강토 공법에서 보강용 토목섬유의 장기허용강도를 결정하는 모델은 식 (4.1.7)과 같다. 즉 단기인장시험을 통해 얻어진 최대인장강도에 여러 감소요인을 고려해 최종적으로 설계연한에서 감소되리라 예상되는 수준의 인장강도를 보강용 토목섬유의 장기허용강도로 결정하고 있다.

$$\text{장기허용강도} = \frac{\text{최대 인장 강도}}{\text{강도 감소 인자}} \tag{4.1.7}$$

그리고 고려하는 감소요인의 형태에 따라 다음의 감소계수를 적용하는 방법(Koerner, 1994)과 물질계수를 이용한 방법(Collin, 1997 and BS 8006, 1995)으로 분류해 적용하고 있다.

1) 감소계수를 적용하는 방법

미국의 토목합성재료 연구소인 GI(Geosynthetic Institute)의 부속기관인 GRI(Geosynthetic Research Institute, Drexel University)시험법 GRI GG-4에 제안된 방법으로 보강용 토목섬유의 강도감소를 유발할 수 있는 모든 인자의 영향을 고려해 설계 허용강도를 산출하는 방법이다. 고려되는 감소계수의 종류는 적용분야에 의해 좌우된다. 장기허용인장강도는 아래와 같은 산출식이 적용된다.

$$T_{allow} = T_{ult}\left[\frac{1}{(\Pi RF)}\right] \qquad (4.1.8)$$
$$= T_{ult}\left[\frac{1}{(RF_{lD} \times RF_{CR} \times RF_{CD} \times RF_{BD} \cdots)}\right]$$

T_{ult} = 광폭 인장시험에서 얻어진 최대인장강도

T_{allow} = 장기허용강도

RF_{ID} = 시공 시 손상에 대한 감소계수

RF_{CR} = 크리프 거동에 대한 감소계수

RF_{CD} = 화학적 분해에 대한 감소계수

RF_{BD} = 생물학적 분해에 대한 감소계수

위 식에서 고려된 감소계수의 항 이외에 적용분야와 공법 등에 따라 다수의 감소계수를 고려할 수 있다. 대표적인 보강용 토목섬유인 지오텍스타일과 지오그리드에 대한 권장 감소계수 값이 표 4.1.7과 4.1.8에 제시되어 있다. 또한 표 4.1.9에는 선행 연구된 결과로서 지금까지 제안된 모델들을 정리해 제시했다.

표 4.1.7 지오텍스타일 보강재의 권장 감소계수

Application	RF_{ID}	RF_{CR}	RF_{CD}	RF_{BD}
unpaved road	1.1~2.0	1.5~2.5	1.0~1.5	1.0~1.2
pavement	1.1~1.5	1.0~2.0	1.0~1.5	1.0~1.1
embankment	1.1~2.0	2.0~3.5	1.0~1.5	1.0~1.3
retaining wall	1.1~2.0	2.0~4.0	1.0~1.5	1.0~1.3
slope	1.1~1.5	2.0~3.0	1.0~1.5	1.0~1.3
load support	1.1~2.0	2.0~4.0	1.0~1.5	1.0~1.3

표 4.1.8 지오그리드 보강재의 권장 감소계수

Application	RF_{ID}	RF_{CR}	RF_{CD}	RF_{BD}
unpaved road	1.1~1.6	1.5~2.5	1.0~1.5	1.0~1.2
pavement	1.2~1.5	1.5~2.5	1.1~1.6	1.0~1.2
embankment	1.1~1.4	2.0~3.5	1.0~1.4	1.0~1.3
retaining wall	1.1~1.4	2.0~3.0	1.0~1.4	1.0~1.3
slope	1.1~1.4	2.0~3.0	1.0~1.4	1.0~1.3
load support	1.2~1.5	2.0~4.0	1.0~1.6	1.0~1.3

표 4.1.9 장기허용강도 산출을 위한 다양한 모델

LDTS (장기허용강도 산출모델)		참고문헌	비고
$LDTS = \dfrac{T_{ult}}{RF \times FS_{un}}$			
$LDTS = \dfrac{T_{ult-OSU}}{FS_{un}}$		Forest Service, U.S(1974)	• $T_{ult-OSU}$ = 80% of T_{ult} • FS_{un} = 1.5~1.75
$LDTS = \dfrac{T_{creep}}{RF_{ID} \times FS_{un}}$		Netlon, U.K(1983)	• $T_{Creep-rupture}$ strength • FS_{un} = 1.35
$LDTS = \dfrac{T_{creep}}{FS_{un}}$		Tensar, U.S(1986)	• FS_{un} = 1.5
$LDTS = \dfrac{T_{creep-level}}{RF_D \times RF_{ID} \times FS_{un}}$ (a) $LDTS = \dfrac{T_{creep-5\%}}{RF_D \times RF_{ID}}$ (b)		Task Force 27 (1987) AASHTO(1991)	• RF_D = 1.25, eq(a) RF_{ID} = 1.25, eq(b) RF_{ID} = not recommended
$LDTS = \dfrac{T_{ult} \times CRF}{RF_D \times RF_{ID} \times FS_{un}} \leq T_s$		FHWA Report(1989)	• RF_D & RF_{ID} = 1.1, FS_{UN} = 1.5
$LDTS = \dfrac{T_{ult-marv}}{RF_{CD} \times RF_{BD} \times RF_{ID} \times FS_{un} \times RF_{CR} \times RF_M}$ $LDTS = \dfrac{T_{ult-marv} \times CRF}{RF_{CD} \times RF_{BD} \times RF_{ID} \times FS_{un} \times RF_M}$		NCMA(1993)	• $T_{ult-MARV}$ = 85~95% of T_{ult}, • RF_{MU} = 1.5 • RF_{to} = 1.2 • RF_{BD}, RF_{CD} = 1.1 • RF_{CE} = 1.3~1.5
$LDTS = \dfrac{T_{ult-marv}}{RF_D \times RF_{ID} \times FS_{un} \times RF_{CR}}$ (a) $LDTS = \dfrac{T_{ult-marv}}{7 \times FS_{un}}$ (b)		NCMA(1997)/ FHWA / AASHTO (1994-1996)	• 1994~1996, AASHTO, FS_{UN} = 1.78, RF_{ID}, RF_D = 각 1.1, 1.05 • FHWA/AASHTO, FS_{UN} = 1.5 • default = 7

AASHTO(American Association of State Highway and Transportation Officials)
FHWA(Federal Highway Association, USA)
NCMA(National Concrete Masonry Association)

2) 물질계수를 적용하는 방법

영국의 BRITISH STANDARD BS 8006 'Code of practice for Strength/reinforced soils and other fills'에 기초한 방법으로 보강용 토목섬유의 강도 감소에 기여하는 인자로 감소계수 대신에 물질계수(materials factor)를 적용해 장기허용강도를 산출하는 방법이다. 그 대표 산출식은 아래와 같다.

$$T_{allow} = \frac{T_{CR}}{f_m} \ \text{또는} \ \frac{T_{CS}}{f_m} \qquad\qquad (4.1.9)$$

T_{CR} = 크리프 파단강도에 기초한 최대인장강도

T_{CS} = 크리프 한계변형률에 기초한 최대인장강도

f_m = 보강용 토목섬유의 물질계수

위 식에 도입된 물질계수 f_m는 보강용 토목섬유 재료의 고유특성과 관련한 부분물질계수 f_{m1}과 시공 및 적용 환경과 관련한 부분물질계수 f_{m2}에 의해 결정된다. 다시 각 부분물질계수 는 표 4.1.11에 제시된 바와 같이 f_{m11}, f_{m12}, f_{m21}, f_{m22} 등으로 세분화해 구한다.

$$f_m = f_{m1} \times f_{m2} \qquad\qquad (4.1.10 \ a)$$

$$f_{m1} = f_{m11} \times f_{m12} \qquad\qquad (4.1.10 \ b)$$

$$f_{m2} = f_{m21} \times f_{m22} \qquad\qquad (4.1.10 \ c)$$

보강용 토목섬유 고유의 특성과 관련한 물질계수인 f_{m1}은 생산 및 특성 평가단계에서 정확한 품질관리를 위한 시험시방을 구비해 정해진 바에 따라 모든 품질관리가 철저히 실시되는지에 따라 결정된다.

즉 생산과정에서 사용되는 원료가 동일하고 동일한 생산기기와 동일한 생산환경에서 생산된 제품이고, 동일한 시험방법과 시험기기 등으로 평가된다면 물질계수 f_{m11}은 1.0으로 설정할 수 있다. 하지만 외주제작에 의해 생산단계마다 업체가 달라지고 사용하는 원료의 공급처가 다르 다면 이 부분을 고려해야 한다.

물질계수 f_{m12}는 장기거동을 평가할 때, 즉 T_{CR}과 T_{SC}의 결정을 위한 크리프 시험에서 실제 시험기간과 설계연한 사이의 상관관계에 의해 고려되는 물질계수로 매우 중요한 항목이다. 크 리프 거동은 전술한 크리프 시험법에 의해 평가되며 시간-온도 중첩의 원리나 외삽 등에 의해 설계연한 동안의 거동을 예측하고 있다.

이때 실제 시험데이터를 외삽할 때 외삽의 확장된 단위가 log '1'이 넘지 않은 것이 타당하며, 더 넓은 영역으로 외삽을 확장할 때는 표 4.1.12에 따라 f_{m12}를 결정해야 한다.

물질계수 f_{m21}과 f_{m22}는 각각 시공 시 손상과 관련한 강도 감소와 적용환경에 의해 발생할 수

있는 강도 감소를 고려한 값으로, 전술한 감소계수를 이용한 방법에서 시공 시 손상에 의한 강도 감소를 고려한 감소계수와 분해거동에 의한 강도 감소를 고려한 감소계수의 결정방법과 유사하다.

표 4.1.10 보강용 토목섬유의 대표적 물질계수

Principle Factor	Component Factor	Intended Purpose
f_{m1}	f_{m11}	to cover the possible reduction in the cpacity of material as a whole compared with the characteristic value deduced from the control test specimens and possible inaccuracy in the assessment of the resistance of a structural element resulting from modelling errors.
	f_{m12}	extrapolation of test data
f_{m2}	f_{m21}	susceptibility to damage
	f_{m22}	environment conditions

표 4.1.11 크리프 물질계수 f_{m12}

Extrapolation Design Life/Test Period	Time–Temp. Superposition Testing	Base polymer Historical Test Data	Product Data Unavailable
1	1.0	1.0	1.0
〉1~10	1.1	1.2	1.7
〉10~100	1.3	1.5	2.2
〉100	1.7	1.9	3.0

4.1.3 토목섬유의 장기성능 영향인자

1) 내시공성

보강용 토목섬유는 적용조건에 따라 다양한 시공방법으로 설치되며 시공과정 동안에 부가되는 하중 이력이 각기 다르다. 대부분 시공 시에 발생하는 손상(damage)은 설계 시 고려한 하중조건보다 실제 응력이 큰 경우에 발생하며, 부주의한 시공과 취급에 의해 유발한다.

시공 시 손상의 발생에 영향을 미치는 인자는 흙 입자의 모난 정도, 최대 입경, 다짐장비의 무게와 형태 그리고 다짐두께 등이다. 이러한 인자들에 대한 표준값은 제시되어 있지 않다.

보강용 토목섬유 시공 시 손상에 대한 평가는 보강용 토목섬유를 적용하는 분야가 다르고 시공과정에서 보강용 토목섬유에 부가되는 하중의 과정이 다르기 때문에 통일된 실내시험을 통해 그 특성을 평가하는 것은 타당하지 않다. 다만 해당 보강용 토목섬유의 상호 비교를 위해서

라면 적용이 가능하다 하겠다. 이러한 실내시험법으로는 ASTM D5818과 ISO 10722가 적용되고 있으며 그 외 다수의 선행연구를 통해서 타당한 실외 현장시험법이 제안되어 있다.

그 결정법은 손상 전 최대인장강도에 대해 시공 시 손상이 유발한 시료에 대해 얻어진 최대인장강도 사이의 비를 통해 얻어진다.

$$RF_{ID} = \frac{T_{ult}}{T_{install-damage}} \tag{4.1.11}$$

여기서 $T_{install-damage}$ 는 시공에 따른 손상이 유발한 시료에 대해 얻어진 단기최대인장강도이다.

표 4.1.12에 미국 Federal Highway Association에서 제안하는 시공 시 손상에 대한 감소계수의 권장 값이 제시되어 있다.

표 4.1.12 FHWA installation damage findings

보강용 토목섬유 형태	Max size 100mm D50 ≒30mm	Max size 20mm D50 ≒0.7mm
HDPE uniaxial geogrid	1.20–1.45	1.10–1.20
PP biaxial geogrid	1.20–1.45	1.10–1.20
PVC–coated PET geogrid	1.30–1.85	1.10–1.30
Acrylic–coated PET geogrid	1.30–2.05	1.20–1.40
Woven geotextiles(PP & PET)	1.40–2.20	1.10–1.40
Nonwoven geotextiles(PP & PET)	1.40–2.50	1.10–1.40
Silt–film woven PP geotextiles	1.60–3.00	1.10–2.00

2) 내화학성

화학액체, 미생물, 열, 가수분해, 응력균열 등은 보강용 토목섬유의 장기강도의 강도 감소를 유발하며 이에 대해 감소계수를 고려해 장기설계강도를 결정하게 된다. 수지의 종류, 첨가제의 종류와 적용방식, 제품의 구조 등에 의해 거동이 서로 다르게 나타난다.

폴리에스테르 원료의 보강용 토목섬유는 가수분해에 취약하며 폴리올레핀 계열의 보강용 토목섬유는 산화에 의한 강도 감소가 쉽게 발생한다. 가수분해에 대한 감소계수는 노출조건의 pH에 따라 감소계수를 결정하며 표 4.1.13에 제시된 바와 같이 노출 pH와 사용된 원료의 분자량과 카르복실말단기의 수에 의해 감소계수를 결정한다.

표 4.1.13 가수분해를 고려한 감소계수

조건	보강용 토목섬유	감소계수	
		5〈pH〈8	3〈pH〈5 8〈pH〈9
PET 원료	분자량 〈 20,000 40 〈 CEG 〈 50	1.6	2.0
	분자량 〉 25,000 CEG 〈 30	1.15	1.3

산화의 경우 ASTM D4355에 의해 500시간 노출 후 강도유지율이 90% 이상인 경우 상온에서 100년의 설계수명을 고려할 때 감소계수는 1.1 적용을 허용하고 있다.

3) 크리프 변형

보강용 토목섬유의 크리프 거동의 해석은 일정한 하중을 부가해 나타나는 변형률의 추이를 시간 축에 대해 도시하는 기본적인 크리프 시험방법을 적용해 평가하고 있다. 최대인장강도를 기준으로 일정 크기의 하중(대략 최대인장강도의 30~60%)을 부가해 크리프 곡선을 얻는다. 시험 지속시간이 길어지는 단점을 보완하기 위해 시간-온도 중첩의 원리를 이용한 속성 시험을 통해 장기간의 거동을 예측하는 기법이 적용되며, 단계적 등온법(stepped isothermal method)이 제안되어 적합성 및 타당성에 대한 검증 연구가 행해지고 있다. 크리프 인장의 결정은 2가지 평가항목에 근거해 이루어지는데 크리프 한계변형률과 크리프 파단강도이다.

그림 4.1.17에 나타낸 변형률 10%의 값을 한계 크리프 변형률로 해 설계연한에 해당하는 시간 축에서 크리프 거동곡선이 한계 크리프 변형률 이내에 존재하는 부가하중을 크리프 강도로 한다. 이 값과 최대인장강도 사이의 비를 크리프 거동에 대한 감소계수로 결정하는 방법이 크리프 한계변형률을 평가항목으로 선정하는 방법이다.

$$RF_{CR} = \frac{T_{ult}}{T_{\lim-creep}} \tag{4.1.12}$$

여기서 RF_{CR}은 크리프 거동에 대한 감소계수이고, T_{ult}는 단기 최대인장강도, $T_{\lim-creep}$은 크리프 한계 변형률 항에 의해 구해진 크리프 강도이다.

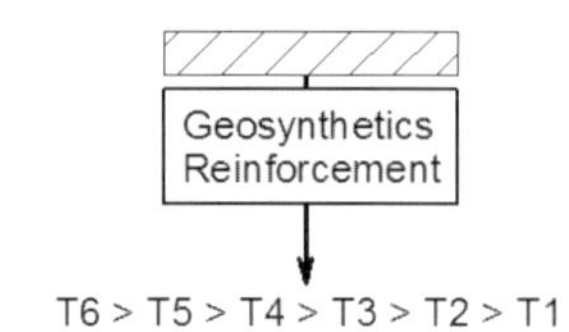

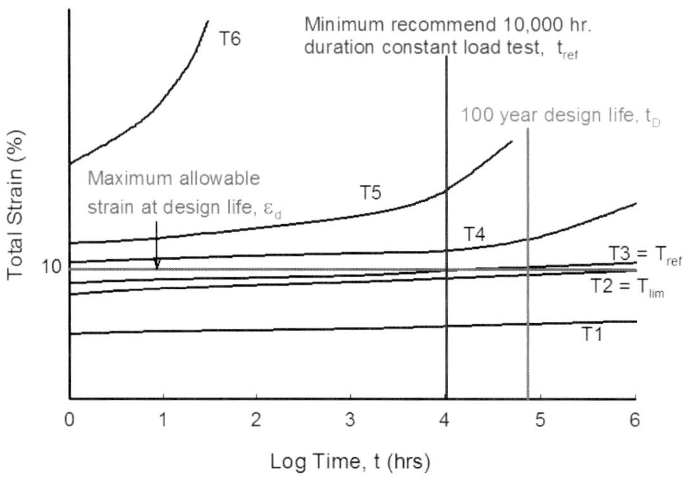

그림 4.1.17 보강용 토목섬유의 대표적 크리프 거동 곡선

크리프 파단강도 항에 의한 크리프 강도결정법으로는, 전술한 크리프 시험에서 부가하중의 수준을 최대인장강도의 120~80% 수준으로 해 단기에 크리프 파단을 유도하는 시험을 실시한다. 이때 얻어진 부가하중과 파단시간을 부가하중과 시간 축에 도시해 얻어진 데이터를 회귀분석을 통해 설계수명 축과 만나는 하중 값을 크리프 강도로 결정하는 방법이다. 그림 4.1.18에 이러한 크리프 파단시험을 통해 얻어진 데이터의 예시를 나타냈다. 그림 4.1.18 (a)는 크리프 거동곡선으로 각 곡선의 종점은 파단을 의미한다. (b)는 파단시간과 부가하중의 관계를 도시한 곡선을 회귀분석을 통해 설정된 설계수명에 해당하는 부가하중 값을 구하고 이 값을 크리프 강도로 구하게 된다.

수학적 모델은 전술한 크리프 한계변형률의 식과 같고, 다만 결정된 크리프 강도의 값이 다르며, 동일한 제품에 대해 2가지 방법에 의해 결정된 감소계수가 다르게 나타나는 문제점이 있다.

$$RF_{CR} = \frac{T_{ult}}{T_{creep-ruprure}} \tag{4.1.13}$$

여기서 $T_{creep-rupure}$ 는 크리프 파단강도에 의해 구해진 크리프 강도이다.

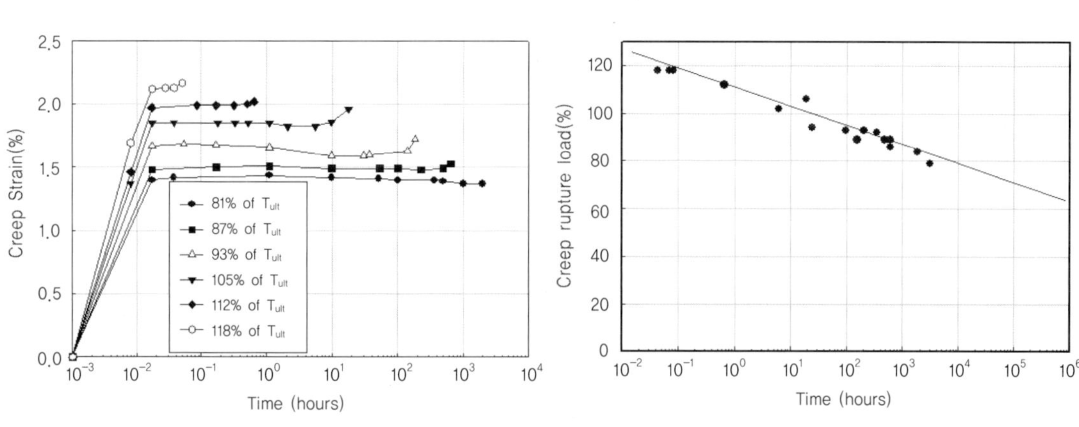

(a) 크리프 파단곡선　　　　　(b) 설계수명 대비 크리프 파단하중 외삽곡선

그림 4.1.18 보강용 토목섬유의 크리프 파단하중 결정

4) 연결특성

보강토 옹벽의 전면블록과 보강용 토목섬유 사이의 연결특성을 평가하는 것은 보강토체의 보강재로 적용되는 보강용 토목섬유의 적합한 설계허용강도(Ta)의 결정을 위해 검토된다. 보강토 전면블록과 보강용 토목섬유의 연결은 기계적 방법에 의한 연결과 마찰에 의한 연결, 전단키에 의한 연결 등 다양한 방법이 이용되고 있다.

고정핀이나 bodkin bar를 이용해 연결하는 패널식 보강토 옹벽에서는 연결강도의 평가는 핀이나 연결 바(bar)를 적용한 보강토 토목섬유를 가정해 인장시험을 통해 결정이 가능한 반면, 블록식 보강토 옹벽에서는 ASTM D 6638과 같은 실대형기기를 통해 파단이나 전단파괴가 나타나는 강도를 연결강도로 결정하는 시험법이 적용되고 있다.

기계적 연결방법에서의 연결강도를 고려한 감소계수는 다음과 같다.

$$CR_u = \frac{T_{ultc}}{T_{lot}} \tag{4.1.14}$$

여기서 T_{ultc} 는 최대연결강도이고, T_{lot} 는 보강용 토목섬유의 인장강도이다.

한편 블록식 보강토 옹벽의 경우 보강용 토목섬유가 전술한 시험방법에 의해 장치된 상하

블록에서 인발파단이 발생하면 최대하중을 연결강도로 적용하고, 보강용 토목섬유의 파단이 발생하면 파단 시 강도를 연결강도로 적용해 식 (4.1.14)와 같은 방식으로 감소계수를 결정해 장기 설계강도 결정에 적용하도록 권장하고 있다(FHWA NHI-07-092).

4.1.4 보강용 토목섬유의 내시공성 해석

1) 실내시험 및 현장시험 비교 분석

국내외적으로 보강용 토목섬유의 내시공성을 평가하는 방법과 기본적인 시험조건을 정리하면 표 4.1.14와 같다. 실제 흙이 가지는 불확실성만큼이나 내시공성 시험에서 나타나는 결과의 분산 정도는 크다고 볼 수 있다. 게다가 적용되는 다짐하중의 형태와 크기 또한 일률적이지 않기 때문에 시험결과의 편차는 더욱 커진다.

현장시험 시 재현성 부족과 일관성의 부족 그리고 실내시험 시 현장성의 부족 등을 모두 해소할 수 있는 연구가 부족한 상황이다. 많은 선행연구에서 실내시험과 현장시험의 상관관계의 정량적 도출을 위한 연구가 행해졌지만 만족할 만한 답을 얻지 못하고 있다.

표 4.1.14 내시공성 평가방법 및 시험조건

시험규격	다짐매체	다짐방법	다짐두께	비고
ISO 10722-1	인공골재	다짐판(10x20 cm) 1kHz(5~900kPa)	30mm	
BS 9006	현장토사	표준다짐 과다짐 2중 다짐	150mm 또는 최대입경의 1.5배	
ASTM D5818	현장토사	현장 다짐조건		

다음과 같은 문제점을 내포하고 있다.
- 다짐매체의 일관성 결여
- 재현성 부족
- 시험자의 선택에 따른 편차
- 객관성 결여

실내 표준시험의 한계와 현장시험의 한계를 상호 보완하는 규격의 개발 및 관련 연구가 추가로 진행되어야 각 현장에서 품질관리 및 시공관리의 기준을 명확히 할 수 있다. 각 시험규격이 갖는 한계점을 간단히 정리하면 표 4.1.15와 같다.

표 4.1.15 내시공성 평가방법 및 시험조건

평가방법	문제점
실내시험 (index test)	• 한국 토질조건 및 시공조건 등을 고려한 실내시험 불가 • 생산, 시공/관리, 평가 업체에 공통으로 적용될 수 없음 • 현장시험과 실험실시험 간의 상호 개연성이 없음
현장테스트 (field test)	• 기술적으로 매우 정확한 데이터를 산출하지만 경비가 많이 들고, 시간이 많이 소비되며, 다른 현장조건에 대한 충분한 데이터를 제시하지 못함

2) 내시공성 평가의 개선방안

시공 시 손상에 관한 시험법들의 한계를 파악하고, 다양한 현장조건을 고려하면서 경제적이고 합리적인 표준시험법의 제정 및 보급에 목적을 두고 있다. 따라서 다양한 현장조건을 고려하기 위해 먼저 시공 시 손상에 영향을 미치는 인자들에 대한 정확한 이해가 필요하다. 표 4.1.16에 시공 시 손상에 영향을 미치는 일반적인 요인들을 나타냈다.

표 4.1.16 시공 시 손상에 영향을 미치는 일반적인 인자들

인자	내용
토양	강성(stiffness), 강력(strength)
건설장비와 시공절차	시공 중 발생하는 응력 시공 장비의 무게 다짐의 정도 채움의 두께
시공 현장의 기후	습도, 온도
채움재	입경(grain size), 각진 정도(angularity)
보강용 토목섬유의 물성	고분자 형태, 파이버 형태 제조공정 두께 단위중량

토양과 시공 현장의 기후 그리고, 토목섬유의 물성은 인위적으로 바꿀 수 없는 인자이기 때문에 시공 시 토목섬유의 물성을 저해하는 중요한 요소는 채움재와 건설장비의 시공 절차가 된다. 실제로 현장조건에 따라 채워지는 채움재의 크기와 각진 정도의 종류가 매우 다양하기 때문에 예를 들면, 쓰레기 매립지의 경우 토목섬유를 포설하고 채움재로 양질의 모래를 사용하지만,

주변 도로의 경우에는 입경이 더욱 큰 자갈을 포설하게 된다. 또한 토목섬유를 연약지반 필터재의 보호층으로 사용할 경우 토목섬유의 상층부에 입경이 매우 크고 각진 쇄석을 포설하게 된다. 이러한 이유로 다양한 입경과 각진 정도를 고려하는 것이 매우 타당하다.

또한, 시공 시 사용되는 건설장비 또한 매우 다양한데, 채움재와 건설장비의 시공절차를 다양하게 고려해 실제 인덱스 테스트 시 사용되는 채움재와 다짐조건을 다양하게 함으로써 개선된 방법을 도입하는 것이 타당하다.

이러한 시공상의 중요한 변수를 고려하기 위해 중요한 2가지 개념을 도입한다. 시공 시 손상을 고려하지 않아도 되는 상황도 있으며, 시공 시 손상을 반드시 고려해야 상황이 있다. 다시 말하면, 시공 시 손상이 일어날 확률이 매우 낮을 수도 있고 매우 높을 수도 있다. 뿐만 아니라, 파괴가 일어나더라도 토목섬유의 손상 정도가 매우 약할 수 있으며, 반대로 손상 정도가 매우 심각할 수도 있다. 이러한 파괴의 정도를 단계별로 나누기 위해 파괴의 수준을 결정하며, 이때 사용된 파괴의 수준을 결정하기 위해 손상의 가능성(possibility for damage)과 손상의 정도(consequence of damage)의 2가지 개념을 도입했다.

각각의 현장에 적합한 시험방법을 설정하고 실내시험을 실시한 후 결과값을 실제 현장에서의 시험 결과값과 비교 분석하여 오류를 수정하는 과정을 거쳐 표준을 제정하면 현장조건을 완벽하게 시뮬레이션할 수 있는 시험법을 확립할 수 있다.

표 4.1.17 손상 가능성과 손상 정도의 조합을 통한 파괴의 수준

Possibility for damage	Consequence of damage		
	Low	Medium	High
Low	No special precautions	Specification of characteristics	Specification of characteristics Pre installation trials
Medium	Specification of characteristics	Specification of characteristics Pre installation trials	Specification of characteristics Pre installation trials Control during installation
High	Specification of characteristics	Specification of characteristics Pre installation trails	Specification of characteristics Pre installation trials Control during and after installation and construction

표 4.1.18 각각의 시공조건에 따른 수준의 결정과 CQC/CQA

Function and type of structure	Possibility for damage	Consequence of damage	Level of evaluation
Separation in road, soft subsoil, gravel fill	M	L	Specification of characteristics
Slope surface erosion control	L	L	No special precautions
Reinforcement in concrete block retaining structure, sand backfill	M	M/H	Specification of characteristics Pre installation trails
Separation and filter in waterways	M	M	Specification of characteristics Pre installation trails
Reinforcement in bridge abutment, crushed rock backfill	H	H	Specification of characteristics Pre installation trails Control during and after installation and construction

4.1.5 보강용 토목섬유의 변형거동 해석

1) 크리프 거동에 의한 장기변형률-하중의 관계

실내시험을 통해 얻어지는 크리프 시험은 단기간에 단기 최대인장강도의 일정 수준의 하중을 부가하는데, 이때 하중을 부가하는 속도의 영향은 지금까지는 고려되지 않았다. 크리프 시험에 소요되는 시간과 경제적인 부담 때문에 속성시험에 의한 방법들이 제안되고 있는데, 각각의 시험법에서 고려해야 하는 부분이 이러한 하중부가속도이다. 대부분 속성, 특히 SIM과 같은 경우는 시간축을 초(sec) 단위로 표기해 시험시간을 단축한다. 이는 하중부가가 시료에 영향을 미치는 기간에 얻어지는 데이터를 과대해석할 소지가 있기 때문이다.

부가하중 속도에 대해 T. M. Allen과 R. J. Bathurst의 연구를 보면 실제 보강토 옹벽에서 크리프 거동은 전체 옹벽의 시공이 완료되는 시점까지 하중이 매우 느린 속도로 부가된다고 고찰했으며, 상대적으로 실내시험에서는 매우 빠른 부가하중 속도를 보인다고 보고했다. 그림 4.1.19 (a)는 실제 크리프 부가하중 속도를 제어한 상태에서의 시험결과이며, (b)는 이러한 결과를 토대로 얻어진 하중부가 속도의 영향에 대한 개념도이다.

이 거동 역시 단기인장강도 시험에서 나타나는 시험속도의 영향과 동일한 경향을 보인다. 일정 시간 동안에 일정 수준의 하중을 점진적으로 가하는 크리프 시험에서는 일정 시간의 값이 커지게 되어 시험 속도가 느려지기 때문에 전체적인 크리프 변형거동이 감소된다. 그래서 현재

407

부가하중은 대부분 1~10분 이내에 완료되며 이로 인해 과대한 크리프 변형이 나타나는 것이다. 또한 취성의 크리프 파단을 유도해 실제보다 거동이 과대하게 평가된다.

즉, 일정시간 이내에는 하중 부가속도가 빠른 경우 과대한 크리프 변형률을 보이며 일정시간 이후에는 하중 부가속도에 따른 영향이 최소화되는 시간이 존재하게 된다. 하중 부가속도의 영향이 시료에 남아 있는 동안의 데이터를 이용한 값을 사용한다면, 실제 얻고자 한 값보다 과다한 크리프 변형률을 얻게 되므로 최종적으로 고려한 값은 지나치게 보수적인 값이 된다.

따라서 최소한의 시간을 설정해 하중 부가속도에 의한 영향이 최소화되는 시기를 결정하는 것이 타당하며, 참고자료의 곡선 추이와 실내시험의 경제성 등을 고려해 10~100 시간을 정해 그 이하의 데이터는 고려 대상에서 제외하는 것이 합리적일 것으로 판단된다.

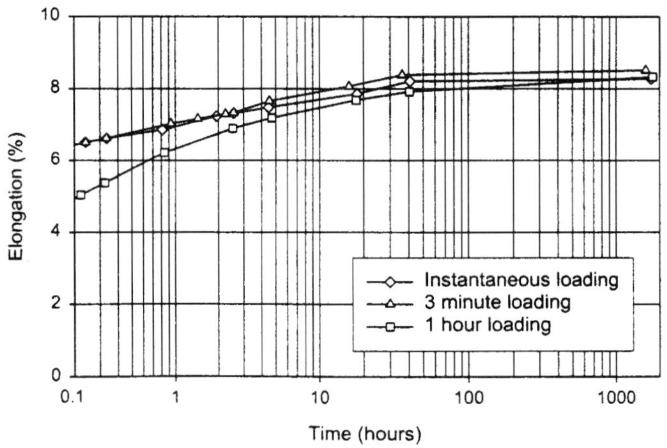

(a) 하중 부가율의 영향(HDPE geogrid)

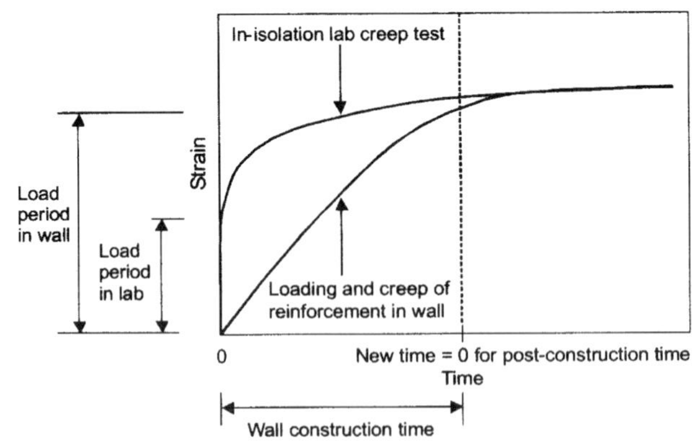

(b) 하중 부가율의 영향에 대한 개념도식

그림 4.1.19 보강용 토목섬유의 크리프 거동에 미치는 하중 부가율의 영향

2) 한계 크리프 변형률과 장기거동

보강용 토목섬유의 크리프 관련 거동의 인자를 평가할 때 평가 항목으로 한계 크리프 변형률을 적용하고 있다. 그리고 GRI의 시험법에서 제안하는 10% 크리프 변형률의 설정에는 특별한 근거가 제시되어 있지 않다. 또한 고정된 기준값으로 적용 활용성의 제한이 나타난다. 여기서 살펴보고자 하는 것은 실제 보강용 토목섬유에서 이러한 큰 값의 크리프 변형률이 장기거동에서 유발하는 것이 허용 가능한가이다.

보강토 옹벽과 같이 구조물의 시공 시 허용오차나 시공 후 추가변위의 허용이 협소한 범위를 가지는 경우에는 위와 같은 과대한 장기 크리프 변형률은 타당하지 않다. 10% 한계 크리프 변형률이 가지는 의미는 설계연한에 10% 미만의 한계 크리프 변형률을 보이는 부가하중에 대해 보강용 토목섬유가 수용 가능하다는 의미이며, 이런 수준의 변형에서는 전면체의 과대 변위에 의한 파손 등이 유발해 구조물의 안정성을 해치게 된다.

따라서 보강용 토목섬유의 허용 변형률의 개념으로 한계 크리프 변형률의 개념 전환이 필요하며 보강용 토목섬유의 허용 변형률의 결정은 보강토 옹벽 구조물의 허용오차 등에 근거해 정하는 것이 현실적이라 판단된다. 또한 시스템과 공사형태별로 정해진 장기허용변형 기준에 따라 쉽게 결정될 수 있는 장기허용강도를 구하는 것이 타당하다.

3) 크리프 파단거동과 장기거동

보강용 토목섬유의 크리프 파단거동에 근거해 장기거동을 예측하는 방법은 전술한 10%의 한계 크리프 변형률을 보이지 않은 제품에 대해서 타당하다. 실제 유리섬유를 이용한 지오그리드나 케블라 섬유 등을 이용한 제품에서는 2~5% 수준의 단기 인장거동에서 파단 변형률을 보이고 있다. 따라서 정상상태에서는 어떠한 하중을 부가하더라도 10%의 크리프 변형률을 보이는 경우는 나타나기 어렵다. 따라서 다른 방식에 의해 크리프 거동을 해석하는 것이 요구됨에 따라 크리프 거동에 의해 파단이 발생하는 부가하중을 적용하도록 하고 있다.

그러나 동일한 방법을 상대적으로 단기 인장거동에서 큰 변형률을 보이는 보강용 토목섬유에 적용하는 경우에는 문제가 있다. 상대적으로 작은 부가하중에서보다는 큰 부가하중에서는 전술한 재료의 크리프 파단거동이 취성거동을 보이므로 장시간에 걸쳐 나타나는 연성경향의 파단거동과는 상이한 거동을 보이는 것이다. 특히 부가하중속도나 하중의 크기에 따라 취성 경향이 심하게 나타나는 폴리올레핀 계열의 소재로 이루어진 보강용 토목섬유는 그 차가 큼을 그림 4.1.20과 4.1.21, 표 4.1.19를 통해 확인할 수 있다.

예로, T사의 기술자료에 제시된 PP 소재의 지오그리드 데이터를 보면 한계 크리프 변형률에 의한 값과 크리프 파단강도에 의한 값이 동일한 시료에 대해 다른 값을 보이고 있다. 이는 전술한 취성 파괴의 거동이 실내시험을 통해 얻어진 크리프 파단거동에서 나타나는 이유로 판단되며 실제 고려 하중보다 부가하중이 크고, 하중부가속도가 너무 크기 때문이다.

표 4.1.19 크리프 파단 및 크리프 한계변형률에 따른 각 한계강도– % of Tult

	60 years	120 years
T_{CR}	47.9	47.1
T_{CL}	44.0	41.0

* T_{CR} = creep rupture criteria
T_{CL} = creep limit strain criteria

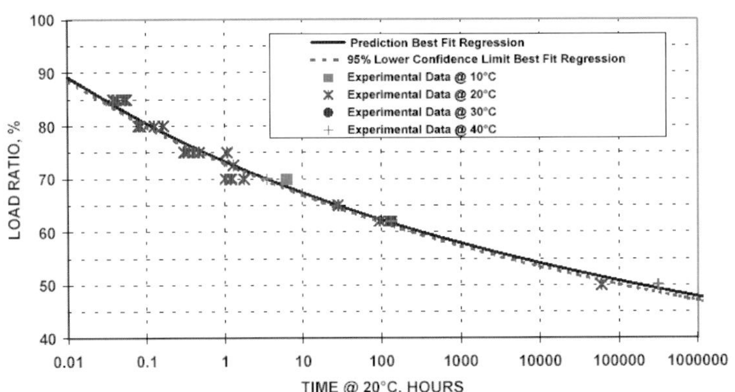

그림 4.1.20 크리프 파단 회귀곡선(PP geogrid at 20°C)

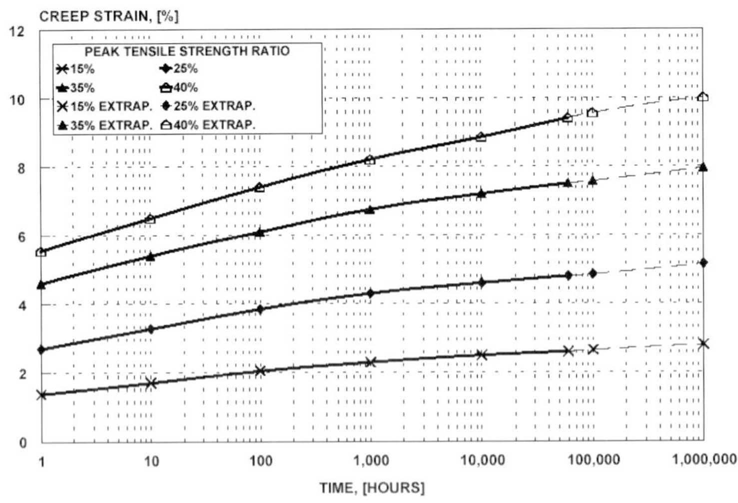

그림 4.1.21 크리프 변형률 곡선(PP geogrid at 20°C up to 104 hours)

4) 보강토 토체에서 보강용 토목섬유의 장기인장변형

보강용 토목섬유의 변형률에 대한 현장계측은 스트레인 게이지를 보강재에 직접 설치해 측정하며, 얻어진 보강용 토목섬유의 변형률은 대부분 2% 안팎의 작은 값을 보인다. 이 값을 기준으로 단기인장거동곡선에 대응하는 인장강도를 산출하고 이로써 보강재의 인장력 분포를 얻는다.

T. M. Allen과 R. J. Bathurst의 연구를 보면 보강토 옹벽의 현장계측을 통해 산출된 보강용 토목섬유의 인장력 분포를 보면 최대인장강도의 1~18%이며 대다수는 6~7% 미만의 아주 작은 값의 하중만이 보강용 토목섬유에 작용하는 것으로 보고되었다. 이러한 결과의 이유는 보강토 체에서 유발되는 토압에 근거한 작용력의 과대평가와 보강용 토목섬유의 단기인장강도의 과대 평가에 의한 보수적 설계에 기인한 것으로 판단된다.

P. Carrubba 등은 폭 10m, 높이 4m의 시험시공 옹벽에 대해 현장계측을 실시해 그 결과를 보고했다. 옹벽은 2구간으로 나누어 보강용 토목섬유를 PP 소재의 지오그리드(Tult = 20kN/m)와 HDPE 지오그리드(Tult = 45kN/m)를 3층으로 포설하고 상재하중은 옹벽 상부에 약 3.5m

표 4.1.20 옹벽의 사례 분석을 위한 규격, 기간 등의 기초자료

Wall Case	Wall Height	Surcharge	Geosynthetic Type	Time for Wall Construction (hrs)	Duration of Monitoring	Wall Type
GW5	4.9	none	HDPE extruded uniaxial geogrid	350	11 years	geogrid + concrete panel facing
GW7	4.8	3.0m slope	HDPE extruded uniaxial geogrid	960-2600	11 years	geogrid
GW8	6.1	2.1m slope	HDPE extruded uniaxial geogrid	920	1 years	geogrid + concrete panel facing
GW9	6.1	2.1m	woven PET geogrid	920	1 years	geogrid + modular block facing
GW11	3.0	0.7m soil	PP extruded biaxial geogrid	65	1 month	geogrid + wrapping
GW16	12.6	5.3m slope	woven PP,PET	1650	1 years	geogrid + wrapping
GW18	6.1	none	HDPE extruded uniaxial geogrid	100	1.2 years	geogrid + concrete panel facing
GW20	4.0	3.5m	PP extruded biaxial geogrid	5500	1 years	welded wire facing + geogrid

높이로 성토해 부가했다. 그 결과 각 보강재에 유발된 인장변형률은 그림 4.1.22와 4.1.23에 나타낸 바와 같다. PP 지오그리드의 경우에서는 최대변형률은 4%, HDPE 지오그리드의 경우에는 2% 정도의 최대변형률을 보이고 있다. 동일한 현장조건에 상이한(인장강도 차이가 나타나는) 제품의 보강용 토목섬유를 적용했을 때 얻어지는 장기인장변형의 크기가 다르며, 파괴강도 기준일 때와 인장변형 기준일 때 설계에서 결정되는 보강재가 달라질 수 있음을 알 수 있다.

다시 말해 구조물의 허용변위 수준과 보강재의 적용강도에서의 변형률의 상관관계에 의해 선택의 폭이 넓어지며 이는 경제성과 관련한 적용 시스템의 경쟁력 우위를 의미한다.

표 4.1.21 각 사례별 보강재의 변형률 계측 데이터

Wall Case	Depth Below, $z(m)$	Load Level (% of T_{ult})	Wall Case	Depth Below, $z(m)$	Load Level (% of T_{ult})
GW5	1.14	1	GW9	0.8	2
	3.28	2		2.6	4
	4.2	1		4.0	5
				5.2	4
				5.8	1
GW7 (Section J)	1.2	4	GW11	0.6	14
	2.4	5		1.35	18
	3.6	2		2.1	9
	4.2	6		2.85	1
	4.8	1	GW16	3.1	5
GW7 (Section N)	0.6	7		6.5	3
	1.2	6		9.6	4
	1.8	6		11.5	3
	2.4	6	GW18	2.44	3
	3.0	6		4.88	3
	3.6	6	GW20 (HDPE section)	1.1	5
	4.2	5		2.7	8
	4.8	2	GW20 (PP section)	1.6	12
GW8	1.2	3			
	2.5	5			
	4.2	6		3.2	9
	5.0	6			
	5.2	1			

(note : all load level in this table represent the maximum value in the soil backfill zone)

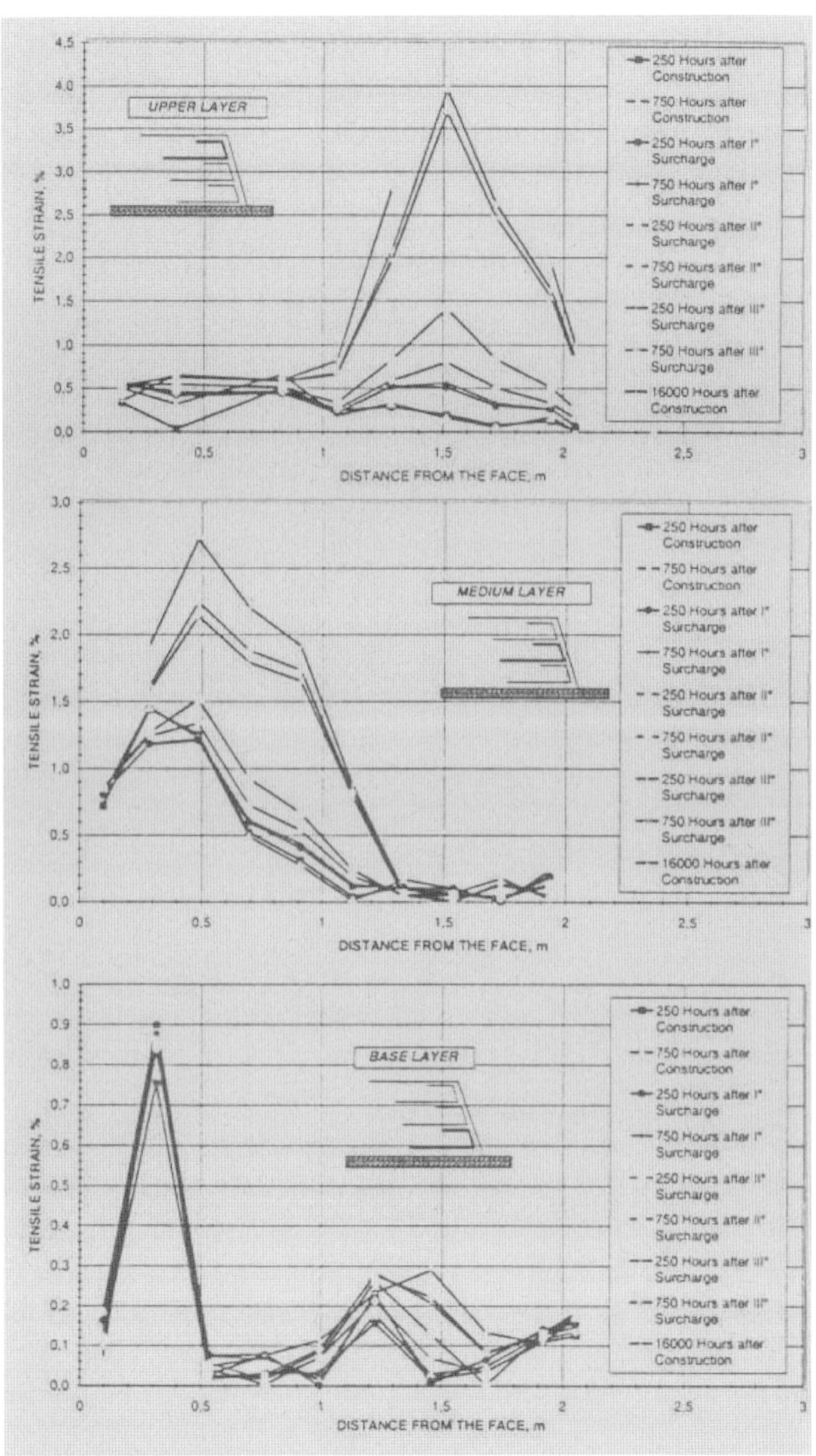

그림 4.1.22 인장변형률 vs. 전면체에서 거리거동(PP(20kN/m) geogrids)

413

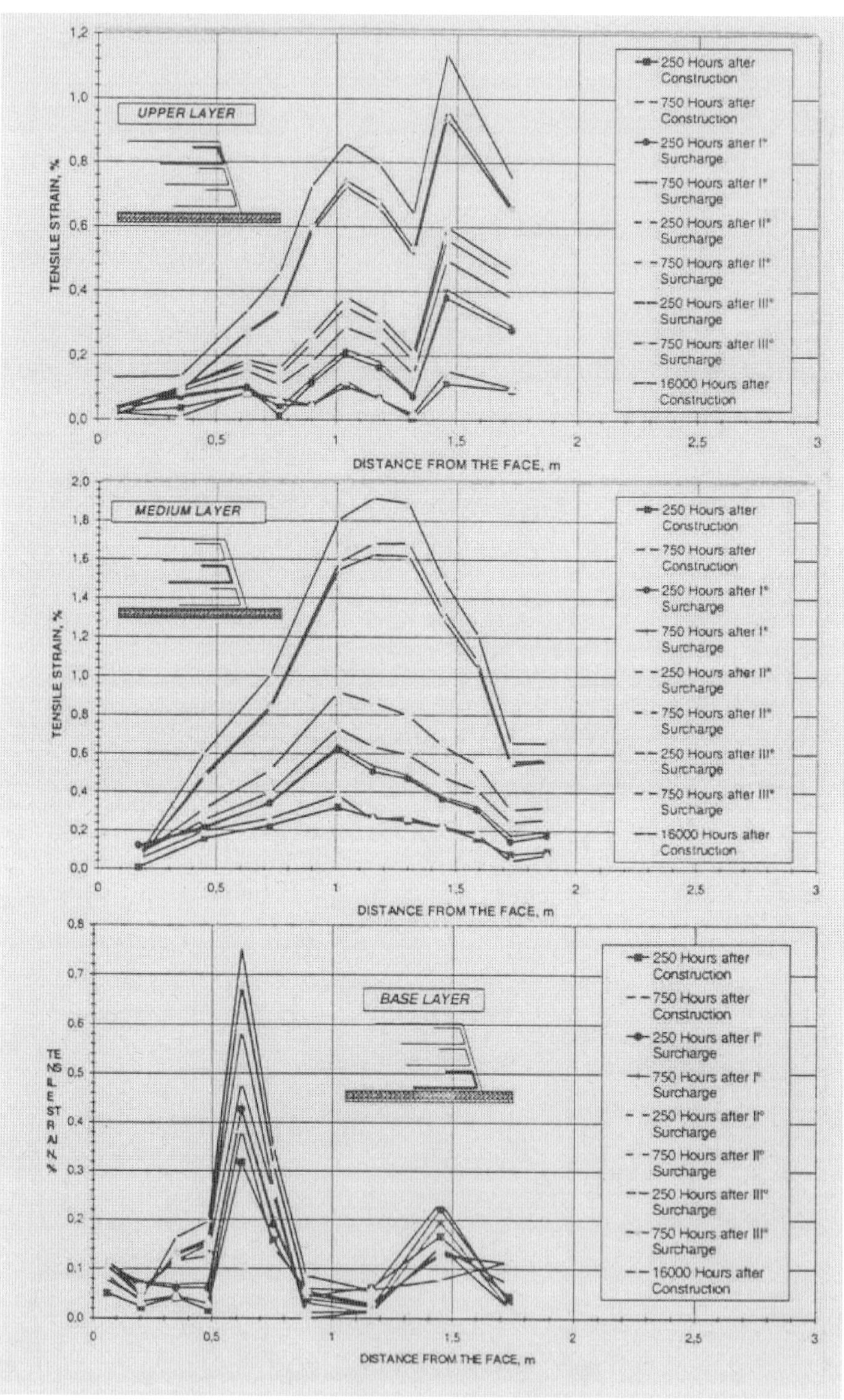

그림 4.1.23 인장변형률 vs. 전면체에서 거리거동(HDPE(45kN/m) geogrids)

4.1.6 보강용 토목섬유의 연결거동

1) 연결강도 시험 및 결과 분석

연결강도의 장기거동 해석은 기본적으로 보강용 토목섬유가 보강토체 내에서 보이는 장기거동과 비교되어 평가된다. 즉 토체 내에서 보강용 토목섬유가 보이는 장기설계허용강도와 연결부의 장기허용강도를 비교해 동등 이상의 값을 만족해야 보강토체의 안정성을 확보할 수 있다.

보강용 토목섬유의 연결강도는 기계적 연결에 의한 경우는 보강용 토목섬유가 가지는 재료 자체의 특성에 의해 장기거동이 결정되는데, 이는 토체 내 보강용 토목섬유의 장기거동과 유사하다. 국내에 적용되는 주요 기계적 연결방법은 보강띠(geostrip)를 핀 방식으로 전면 패널에 연결하는 방식으로 보강띠 자체의 인장특성에 의존하는 연결강도를 갖고 있다(그림 4.1.24). 일체형 지오그리드의 경우 bod-kin이라는 연결부재에 의해 연결되는데, 이때는 지오그리드의 인장강도 시험규격과 동일하게 시험하되 시편의 중심부에 연결부가 형성되도록 해 시험하고 그 결과를 지오그리드의 인장강도와 비교한다.

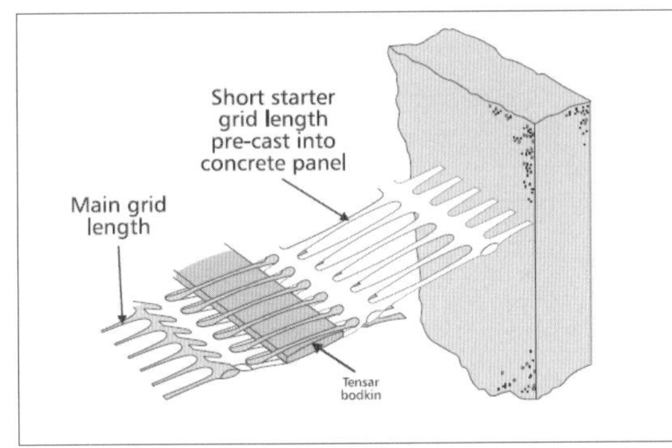

그림. 4.1.24 보강용 지오그리드의 대표적 기계적 연결방법

한편, 전단키와 마찰 방식에 의한 연결법을 이용하는 블록식의 경우에는 고정되는 힘과 상하 블록과의 마찰특성 등에 의해 연결강도가 결정된다. 또 장기연결강도의 변화도 토체 내의 보강용 토목섬유가 갖는 그것과는 다른 거동을 보인다. 따라서 연결강도의 장기거동 해석의 블록식 보강토 옹벽에서는 특히 별도의 과정을 통해 검토해야 한다. ASTM D6638-07에 의거해 시험되며 미리 결정된 연직하중에 대해 연결강도를 구하고(그림 4.1.25), 여러 연직하중 구간에 대해 연결강도를 도시해 보강토체에서 설계조건으로 고려된 연직하중에 대한 연결강도를 얻는다 (그림 4.1.26).

　　연결부의 강도는 파단 또는 인발에 의한 파괴로 결정된다. 그림 4.1.25와 같이 과도한 변형을 방지하기 위한 사용 조건을 감안한 service state 변위를 고려한 연결강도의 결정이 중요하다. 이는 전면체의 수평변위와 연계되는 항으로서 전면체의 수평변위로 보강토 옹벽의 파괴를 유발하는 요인이 될 수 있다. 장기거동 및 적용 보강토시스템의 조건을 고려해 연결강도의 결정에서 최대하중(peak load)과 사용조건을 고려한 강도(service load)를 결정하는 것이 중요하다.

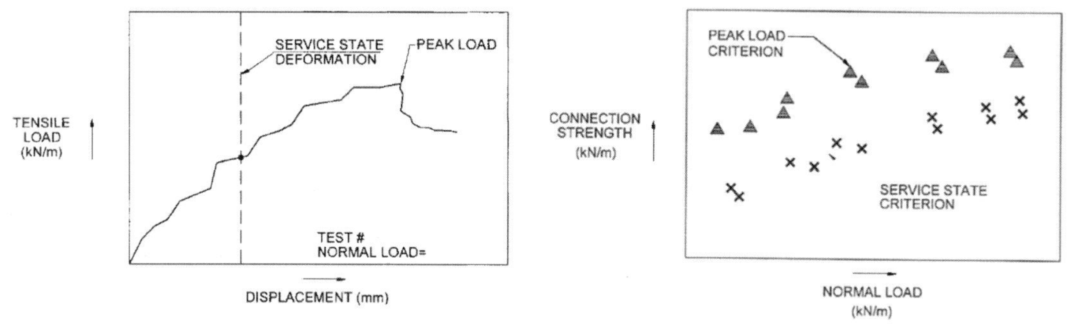

그림 4.1.25 최대연결강도−변위 곡선　　　　**그림 4.1.26** 연직하중 vs. 연결강도 곡선

　　연결부에서의 파괴는 기계적 연결방법의 경우 보강용 토목섬유의 파단에 의해서 나타나고 전단키와 부분 마찰/고정 방법 등에 의한 연결방법은 토목섬유의 파단 또는 고정부의 인발에 의해 파괴거동이 나타난다. 그림 4.1.27에서와 같이 기계적인 연결방법의 연결강도는 보강용 토목섬유 고유의 특성에 지배되며, 부분 마찰/고정 방식은 보강용 토목섬유와 블록의 접촉면 특성과 연직하중에 의해 지배됨을 알 수 있다.

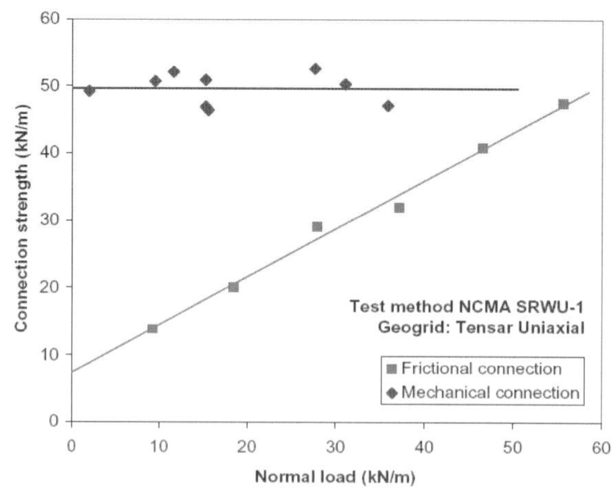

그림 4.1.27 연결방법에 따른 연결강도

2) 장기연결강도 거동

보강용 토목섬유가 전면체에 연결되는 방식에 따라 실내시험을 통해 결정되는 연결강도는 파단강도와 전단(인발)강도의 항으로 결정된다.

패널식과 같이 기계적인 방법으로 연결되는 경우의 장기허용연결강도는 다음 식으로 결정된다.

$$T_{ac} \leq \frac{T_{ult} \times CR_u}{RF_D \times RF_{CR} \times FS} \tag{4.1.15}$$

여기서 T_{ac}는 장기허용연결강도, CR_u는 연결강도를 고려한 감소계수, FS는 전체안전율(최소 1.5), RF_{ID}, RF_{CR}와 T_{ult}는 전술한 식과 같다. 그리고 CR_u는 다음과 같다.

$$CR_u = \frac{T_{ult-c}}{T_{lot}} \tag{4.1.16}$$

여기서 T_{ult-c}는 연결강도, T_{lot}는 최대인장강도이다.

블록식과 같이 전단키나 부분 마찰에 의한 연결방식에서 인발에 의한 파괴가 이루어질 때 장기연결강도는 다음 식으로 결정된다.

$$T_{ac} \leq \frac{T_{ult} \times CR_s}{RF_D \times FS} \tag{4.1.17}$$

여기서 CR_s는 전단(인발)파괴에 의한 연결강도를 고려한 감소계수이다.

그리고 CR_{sc}는 다음 식과 같다.

$$CR_s = \frac{T_{sc}}{T_{lot}} \tag{4.1.18}$$

여기서 T_{sc}는 연직하중조건에서 연결강도(인발파괴)이다.

보강용 토목섬유의 파단에 의한 경우에서는 장기파단강도를 고려한 영향인자를 고려하는 다음 식으로 결정된다.

$$T_{ac} \leq \frac{T_{ult} \times CR_{cr}}{RF_D \times FS} \tag{4.1.19}$$

여기서 CR_{cr} 는 연결부의 장기파단강도를 고려한 감소계수이다.

$$CR_{cr} = \frac{T_{crc}}{T_{lot}} \tag{4.1.20}$$

여기서 T_{crc} 는 연결부의 장기파단강도이다.

연결부의 장기파단강도는 크리프 파단강도의 결정 과정과 동일하게 이루어진다. ASTM D6638에 의해 부가된 연직하중에서의 최대연결강도(파단)의 일정수준(보통 90, 80, 70%)의 하중이 작용하도록 연결시편에 하중을 부가해 파단이 나타나는 시간을 부가하중에 대해 도시하여 설계연한(보통 75~100년)에서 파단이 나타나는 하중을 장기파단강도로 결정하는 방법이다.

이 부분에서는 보강용 토목섬유의 크리프 거동에 대해 재고해야 한다. 연결부에서의 장기파단(크리프 파단)이 예상된다면 보강용 토목섬유도 장기변형이 발생한다는 의미이다. 이는 곧 전면블록의 변형을 의미하는데, 실질적으로 보강용 토목섬유의 전면체가 변형되지 않더라도 파단에 이르기 위해서는 변형이 필연적이라면 잠재적으로 전면체의 변형(변위)이 유발한다고 볼 수 있다. 그리고 수평변위에 취약한 블록식 전면체의 경우에 이러한 보강용 토목섬유의 장기변형은 안정성에 영향을 미치는 심각한 요인이 될 수 있다. 이러한 보강용 토목섬유의 변형을 고려하는 검토과정을 보완할 필요가 있다.

참 고 문 헌

1. 전한용, 유한규, 김홍택, 유중조(2000), 『토목합성보강재』, 전남대학교 출판부.

2. 한국지반공학회(1999), 『토목섬유설계 및 시공요령』, pp. 253~305.

3. 한국지반공학회(1998), "토목섬유", 『지반공학시리즈』 9, pp. 228~288.

4. Allen, T. M.(1991), "Determination of Long-Term Tensile Strength of Geosynthetics: A State-of-the-Art Review", Proceedings of Geosynthetics '91, Atlanta, USA, pp. 351~379.

5. Allen, T. M. and Elias, V.(1996), Durability of Geosynthetics for Highway Applications (Interim Report), FHWA-RD-95-016.

6. Aklonis J. J. and Macknight W. J.(1983), Introduction to Polymer Viscoelasticity, John Wiley and Sons, 2nd edition, New York, pp. 36~56.

7. ASTM D 5262, Standard Test Method for Evaluating the Unconfined Tension Creep Behavior of Geosynthetics, American Society for Testing and Materials, Pennsylvania, USA.

8. Berg, R. R., Allen and Bell, J. R.(1998), "Design Procedure for Reinforced Soil Walls - A Historical Perspective", Proc. of 6th IC on Geosynthetics, pp. 491~496.

9. Bathurst, R. J. and Cai, Z.(1994), "In-isolation cyclic Load-Extension Behavior of two geogrids", Geosynthetics International, Vol. 1, No.1, pp. 1~19.

10. Billing, J. W., Greenwood, J. H. and Small, G. D.(1990), Chemical and mechanical durability of geotextiles, Proc. of the 4th international conference on geotextiles, geomebranes and related products, Vol. 2, pp. 621~626.

11. Bonaparte, R, Holtz, R. D. and Giroud, J. P.(1985), "Soil Reinforcement Design Using Geotextiles and Geogrids", Geotextile Testing and the Design Engineer, Joseph E. Fluet, Jr., Editor, ASTM Committee D-35, LA, CA, pp. 69~118.

12. BRITISH STANDARD INSTITUTION(1995), BS 8006 : 1995, Code of practice for Strengthened/ reinforced soil and other fills, London, pp. 7.

13. Bush, D. I.(1990), "Variation of Long-term design strength of geosynthetics in temperature up to 40℃", Proc. of the 4th international conference on geotextiles, geomebranes and related products, Balkema, Vol. 2, The Hague, Netherlands, pp. 673~676.

14. Cancelli, P. and Montanelli, F.(2000), Geogrid construction Damage Resistance: Preliminary Test Results, Proc. of the 2nd European Geosynthetics Conference, Vol. 2, pp. 883~888

15. Carrubba, P., Luchetta, F., Montanelli, F. and Moraci N.(2000), "Instrumented Reinforced Wall: Measurements and FEM Results", Proc. of Sessions of GEO-DENVER 2000, Zonberg, J. G. & Christopher, B. R.(ed.), pp. 271~291.

16. Christopher, B. R., Gill, S. A., Giroud, J. P., Juran, I., Mitchell, J. K., Schlosser, F. and Dunnicliff, J.(1990), "Design and Construction Guidelines for Reinforced Soil Structures - Volume I", Report No. FHWA-RD-89-043, Federal Highway Administration, U.S. Department of Transportation, pp. 285.

17. Christopher, B. R., Holtz, R. D. and Bell, D.(1986), "New Tests for Determining the In-Soil Stress-Strain Properties of Geotextiles", Proceedings of Third International Conference on Geotextiles, Vol. 3, Vienna, 1986, pp. 683~688.

18. Collin, J. G.(ed.)(1997), Design Manual for SEGMENTAL RETAINING WALLS(2nd Ed.), NCMA, Herdon, Virginia, pp. 249~276

19. Elias, V. and Christopher, B.R.(2001), Mechanically Stabilized Earth Walls and Reinforced Soil Slopes, Design & Construction Guidelines, U.S. DOT, FHWA, Washington, D.C., pp. 289.

20. Ferry J. D.(1980), Viscoelastic Properties of Polymers, John Wiley & Sons, Inc., 3rd edition, New York, pp. 273~290.

21. Giroud, J. P.(2002), "Lessons Learned from successes and failures Associated with geosynthetics", Proc. of 2nd European Geosynthetics Conference, Vol. 1, pp. 77~118.

22. GRI GS-10, GRI Test Method & Standards, Geosynthetic Research Institute, Philadelphia, USA.

23. Ingold, T. S.(1982), "Reinforced Earth", Thomas Telford, London. pp. 89-99.

24. Jansson, Jan E.(2000), "Contraction Issues Related to the SRW Industry" Proc. of 14th GRI Conference, Dec. 14~15, 2000, Geosynthetic Institute, pp. 361~374.

25. Jewell, R. A.(1990), "Reinforcement bond capacity", Geotechnique, Vol. 40, No. 3, pp. 513-518.

26. Jewell, R. A.(1996), Soil reinforcement with geotextiles, CIRIA, London, pp. 46~47.

27. John, N. W. M.(19878), Geotextiles, Chapman and Hall, NewYork, pp. 46.

28. Kasahara, K., Kataoka, H. and Yokota, Y.(1992), Development of new FRTP-geogrid and its application to test embankment, Earth Reinforcement Practice, Ochiai, Hayasi and Otani(eds), pp. 357~362.

29. Koerner, R. M.(1994), Designing with Geosynthetics, Prentice Hall, New Jersey, pp. 328-393.

30. Koutsourais, M.(1995), Correlation the Creep-Strain Component of the Total Strain as a Function of Load-Level for High-Tenacity Polyester Yarns Geogrids and Geotextiles, Proc. of Geosynthetics'95, Vol.3, pp. 989~1002.

31. Lawson, C. R.(1992), "Applied Ground Improvement Techniques", GEOTECH 92, pp. 7.

32. Mitchell, J. K. and Villet, W. C. B.(1987), Reinforcement of earth slopes and embankments, National Research Council, Washington, D.C., pp. 153~163.

33. Miyata, K.(1996), Walls reinforcement with Fiber Reinforced Plastic geogrids in Japan, Geosynthetics International, Vol. 3, No. 1, pp. 1~11.

34. M. O. T. of France(1980), "Reinforced Earth Structures : Recommendations and Rules of the Art", pp. 3~4, 97~102.

35. Muller-Rochholz, J., Alexiew, D., Recker, C. & Lothpeich, S. E.(1998), "Coated PET-geogris, Woven and yarn-comparion of long time performance under tension", Georgia, USA, Vol. 2, pp. 679~682.

36. Niegel E. Wrigley(1989), "The Durability and Aging of Geogrids", in Koerner, R. M.(Ed.), Durability and Aging of Geosynthetics, pp. 128.

37. Orsat, P. and Khay, M.(1998), Study on Creep-Rupture of Polyester Tendons : Full Scale Tests, Geosynthetics 98, IFAI, Atlanta, pp. 675~678.

38. Tatsoka, F.(1993), "Roles of facing rigidity in soil einforcing", Earth Reinforcement Practice, Keynote Lecture, Ochiai, H., Hayasi, S. and Otani, J., Editors, Balkema, Proc. of International Symposium on Earth Reinforcement Practice, IS Kyushu'92, Vol. 2, pp. 831~870.

39. Tenax Technical Report, "Assessment of Tenax TTSAMP Geogridd for Reinforced Soil".

40. Thorton, J. S.(1998), Conventional and Stepped Isothermal Methods for Characterizing Long Term Creep Strength of Polyester Geogrid, Geosynthetics 98, IFAI, Atlanta, pp. 691~698.

41. Thorton, J. S. and Allen, S. R.(1998), "The Stepped Isothermal Method for Time-Temperature Superposition and Its Application to Creep Data on Polyester Yarn", Geosynthetics 98, IFAI, Atlanta, pp. 699~706.

42. Thorton, J. S. and Sprague, C. J.(1999), "The Relationship of Creep Curves to Rapid Loading Stress-Strain Curves for Polyester Geogrids", Geosynthetics 99, IFAI, Boston, pp. 735~744.

43. Troost, G. H. and Ploeg, N. A.(1990), "Influence of weaving structure and coating on thedegree of mechanical damage of reinforcing Mats and woven geogrid-caused by difference fills, during installation", Proc. of the 4th international conference on geotextiles, geomebranes and related products, Balkema, Vol. 2, The Hague, Netherlands, pp. 609~614.

44. Turner, S.(1966), Polymer Eng. Sci., Vol. 6, pp. 306.

45. Van Zanten, R. V.(Ed.)(1986), Geotextiles and Geomembranes in Civil Engineering, Balkema, Rotterdam.

46. Viezee, D. J., Voskamp, W., G. den Hoedt, Troost, G. H. and Schmidt, H. M.(1990), "Designing Soil Reinforcement with Woven Geotextiles — the effect of mechanical damage and chemical aging on long-term performance of polyester fibres and fabrics", Proc. of the 4th international conference on geotextiles, geomebranes and related products, Balkema, Vol. 2, The Hague, Netherlands, pp. 651~656.

47. Voskamp, W.(2000), Index and performance testing a new geogrid made of highly oriented straps, Advances in Transportation and Geoenvironmental Systems Using Geosynthetics, Zonberg, J. G. and Christpher, B.R.(ed.), ASCE, Virginia, pp. 360~372

48. Allen, T. M., & Bathurst, R. J.(2002), "Long-term Performance of Geosynthetic Walls", Geosynthetics International, Vol. 9, No. 5~6, pp. 575~578.

49. Allen, T. M., & Bathurst, R. J.(1996), "Combined Allowable Strength Reduction Factor for Geosynthetic Creep and Installation Damage", Geosynthetics International, Vol. 3, No. 3, pp. 407~437.

4.2 보강용 토목섬유의 내후성 및 내구성 평가

4.2.1 내후성·내구성과 영향인자

내후성·내구성 실험(weathering & durability experiments)을 계획할 때 재료가 기후나 주변의 환경에 영향을 받는 변수를 이해하는 것이 중요하다. 이 장에서는 이러한 변수들을 확인하고 토목섬유가 실외뿐만 아니라 실험실에서도 시험을 해야 하는 조건과 현재 적용하고 있는 조건들에 대해 설명하고자 한다.

이 장에서 다루게 될 현장에서 나타날 수 있는 다양한 노출 변수는 다음과 같다.

- 복사선
- 온도
- 습도
- 산소
- 강우 및 응결 수증기
- 미립자 및 기체 오염물질
- 응력

풍화 조건을 분석할 때는 이들 각각의 범위와 그 중요성을 이해해야 정확하게 분석할 수 있다. 다음은 반드시 확인해야 될 사항들이다.

(1) 재료가 노출될 수 있는 퇴화 조건의 형태와 범위를 알아야 한다.

일부 물질은 특정한 지정학적 위치에서 사용되지만 다른 물질들은 전 세계적으로 또는 특정한 기후 조건에서 작용하도록 설계되어야 한다. 각각의 현장 특성에 따라 설계과정이 다르며, 종종 서로 다른 제품 성분을 사용해야 한다. 보편적인 환경 조건과 짧은 기간에 파괴나 붕괴가 발생할 수 있는 아주 가혹한 부수적인 조건을 구분해야 한다.

실험실 풍화 조건을 선택하기 위해 이 변수의 범위와 평균을 알아야 한다. 붕괴 연구에서 왜 이러한 변수를 고려해야만 하는지, 이들이 어디에 영향을 미치는지, 이들을 다양하게 조합하면 어떤 결과를 얻을 수 있는지, 피해를 제한하기 위해 무엇을 해야 하는지를 이해하는 것도 중요하다.

(2) 특정 지정학적 위치의 정확한 기후 조건을 알아야 한다.

전문적인 풍화관측소에서 주로 재료의 풍화에 관한 연구를 수행한 다음 다른 지역의 환경에 맞게 그 결과를 외삽해 추정한다. 서로 다른 장소의 조건이 심한 정도를 서로 비교하는지 파악해야 한다.

잠재되어 있는 다양한 기후 조건의 변동이 재료의 성능에 어떤 영향을 미치는지, 또 이런 환경에 견디기 위해 재료를 어떻게 설계해야 하는지를 확립하는 것이 중요하다.

기후가 일정하게 유지될 것인지, 아니면 풍화를 일으키는 조건이 발생할 것인지를 확인하기 위해 현장의 상태를 감시하는 것도 중요하다. 실험실 연구와 실외 연구 사이의 상관관계를 구하기 위해 특정 조건을 이해하는 것이 중요하다. 재료가 서로 다른 장소에서 기능을 유지하도록 공정을 수정해야 하는지, 기후변화에 대한 재료의 내구성은 어느 정도인지를 알아야 하는데, 그러기 위해서 확인해야 할 변수는 다음과 같다.

- 기후 변수의 원인 및 범위
- 서로 다른 위치의 기후 조건

복사 유속(radiative flux)은 재료가 기능을 유지하거나 붕괴될 수 있는 조건을 결정하는 중요한 변수이다. 퇴화 속도(degradation rate)에 온도가 미치는 영향도 고려해야 하는데, 이는 열이 다른 변수와 동시에 재료에 작용하기 때문이다. 대기 환경은 복사 유속에 영향을 미치지만, 대부분 다른 대기 환경과 함께 가해지는 수증기가 변화를 촉진해 노출된 재료에 큰 피해를 입힌다. 화산이 폭발할 때 기체 및 미립자 오염물질이 만들어지는데, 바람은 이런 오염물질의 이동에 영향을 미치며, 대기 내 오염물질의 체류 시간(residence time) 및 기후 형성에 기여한다. 구름은 강수를 만들어내지만 태양 복사선을 흡수하고 재복사된 에너지를 반사하거나 흡수하기도 한다. 번개는 대기에서 화학 반응에 활용되는 에너지를 생성한다. 이들 모두, 대순환(general circulation)과 이동 과정으로 인해, 노출된 재료에 영향을 미치는 기후 또는 환경 조건의 원인이 된다. 다음은 이러한 환경 조건의 중요한 특징과 그 관련성에 대한 설명이다.

1) 온도에 의한 물성변화

토목섬유 재료는 다음과 같은 외부의 온도 변수에 따라서 물성이 변한다.

- 공기 온도
- 적외선

- 공기 이동
- 재료의 특징(색상 및 온도 계수)

한 지역에서의 공기 온도는 계절적인 편차, 기후 조건 및 실제 기후에 따라 달라진다. 공기 온도의 계절적인 편차는 위도에 따라 달라진다. 적도에 가까울수록 온도가 안정하며 노르웨이, 바르도의 온도 분포는 연안 지역의 특징을 가진다. 대륙의 내부에서는 온도 편차가 크게 나타난다고 보고되었다.

적외선은 지표면에서 전체 태양 복사선 에너지의 40% 이상을 구성한다. 모든 물질은 동일한 효율로 복사 에너지를 흡수하지 않는다. 적외선 에너지의 흡수는 물질의 색상에도 의존하는데, 물질의 형태와 색상이 표면 온도를 결정한다. 열 침투 속도는 물질의 열 확산도, 열 용량 및 열 전도도에 영향을 받는다. 이 3가지 요소가 모두 표면 온도를 결정한다. 태양 복사선의 흡수는 표면의 형상에 의존한다. 광택을 낸 표면은 그렇지 않은 표면에 비해 더 많은 복사선을 반사하고, 연한 색의 물질이 진한 색보다 더 많이 복사선을 반사한다. 풍속은 열 교환의 속도를 증가시키면서 표면 온도에 큰 영향을 미친다.

위에서 논의한 예들에서 풍화 연구를 할 때 온도를 제어하는 것이 단순히 공기 온도를 측정하는 것보다 훨씬 복잡함을 알 수 있다. 대개 주변 온도보다 30℃ 더 높은 온도에서는 많은 물질의 붕괴 속도에 상당한 영향을 미친다. 온도는 물질의 성능에 영향을 미치는데, 그 이유는 다음과 같다.

- 화학 및 광화학 반응 속도에 영향을 미치기 때문
- 첨가제(안정제, 가소제)뿐만 아니라 외부 성분(오염물질)의 확산 속도에도 영향을 미치기 때문
- 온도 변화로 인해 물질의 이동에 영향을 미치기 때문

온도의 변화는 물질의 수축과 팽창으로 이어지며 따라서 잔금과 균열을 가속시킨다. 물을 흡수하고 방출함으로써 물질의 이동이 보다 증가하므로, 따라서 이 2가지(습기 및 열에너지)를 물질을 붕괴시키는 변수로 고려해야 한다.

지구는 점점 따뜻해지고 있으며 2100년까지 온도가 평균 1.4~5.8℃ 높아질 것으로 예상하고 있다. 기후변화와 관련한 파리국제위원회는 최근에 2100년까지 1.8~4℃ 증가할 것으로 예측하고 있다. 이 정도의 온도 변화가 물질의 붕괴를 격렬하게 증가시킬 수 있다고 예상하지는 않지만 다소의 영향을 미칠 수는 있을 것이다.

2) 액체(물, 습도)에 의한 물성변화

대기는 지구의 물 저장고 중에서 가장 작아, 전체 물 질량의 0.001%만 담고 있다. 그렇지만 이처럼 작은 양의 물이 태양에너지의 산란과 흡수의 책임을 맡고 있다. 태양 유입량의 1/4보다 약간 작은 양이 물 증발에 사용되는데, 지구 온도를 조절하는 중요한 조절자이다.

물 분자 무게는 평균 대기 성분의 분자 무게보다 약 40% 작은데, 물 분자가 유동성이 큰 이유 중의 하나이다. 증발에서 응결까지 가는 물 분자의 평균 수명은 약 9일로, 물 분자가 응결되기 전에 대류권의 풍계에 의해 물 분자를 전 세계로 운반하는데 충분히 긴 시간이다. 이로써 위도에 따라 증발과 응결이 상당히 차이 나는 부분이 설명된다. 습도와 응결량은 전 세계적인 기후 현상에 비해 지엽적이며, 풍화 연구의 주요 인자로 중요하게 다루어지고 있으며 관련 연구도 계속하고 있다.

대표적인 기후 조건을 분석한 결과, 중앙유럽에서는 평균 일수의 10~16%가 비가 온다. 비의 양은 아열대 기후, 예를 들면 플로리다와 건조 기후인 애리조나를 비교할 때 보다 폭넓게 변한다. 플로리다, 마이애미에서는 물질의 표면이 평균적으로 연간 50%에 가깝게 젖어 있는 한편, 애리조나, 위트만에서는 연간 약 4% 동안만 평균적으로 젖어 있다. 플라스틱의 많은 첨가제가 물질의 표면에서 작용하기 때문에 이 변수가 아주 필수적인 요소로 작용한다. 가장 대표적인 첨가제는 자외선 안정제, 정전기 방지제 및 살균제 등이다. 예를 들면 다양한 필수 첨가제 중에 가소제와 같은 첨가제는 손실된 농도의 균형을 맞추기 위해 표면으로 이동하는 경향이 있다. 과도한 비 또는 응결 조건에 노출된다면 재료는 자연적인 조건에 견디지 못하고 그 성능을 잃어 버린다. 과도한 습도에 노출될 경우에도 응결 때문에 비슷한 경향이 나타난다.

일부 재료들은 가수분해의 영향도 받는다. 폴리카보네이트, 폴리에스테르, 폴리아미드 등과 같은 폴리머들은 물이 있을 때 가수분해된다. 가수분해는 시간, 물 농도와 관련 있는 현상이기 때문에 재료에 공급되는 물의 양이 증가하면 붕괴 메커니즘이 변한다. 과도한 응결 조건이나 과도한 비에 노출되면 붕괴 메커니즘을 변화시키므로, 이런 환경에 노출되지 않은 재료의 실험실 연구 결과는 정상적인 물질 성능 조건과 비교할 수 없다.

3) 빛에 의한 물성변화

태양 중심핵에서 나온 열에너지는 복사와 대류에 의해 가시광선을 방출하는 표층 또는 광구(태양의 표면층)로 전달된다. 광구는 아주 얇고 상대적으로 차가운 층이다. 그 온도는 태양 쪽 경계 부분의 5,840K부터 광구와 채층(태양 둘레의 홍색 가스층) 경계 가까운 부분의 약 4,500K까지, 태양의 중심핵에서 멀수록 감소한다. 채층은 태양 대기의 다음 층으로 상대적으로 얇다

(4,000km). 채층의 온도는 바깥 대기층과 함께 기부 근처에서 약 25,000K까지 급속하게 증가한다. 코로나는 태양의 제3 대기층이다. 여기에는 아주 뜨거운 이온화된 플라스마(약 1,000,000K)가 들어 있다. 자기장이 이 뜨거운 플라스마를 유출하게 해, 일명 태양풍이라고 불리는 현상을 유발한다. 코로나는 태양 직경의 3배에 달하는 거리까지 채층에서 연장될 수도 있다.

이 설명을 보면 복사선이 일정한 조건에서 생성되는 것으로 보일 수도 있다. 하지만 태양 중심핵에 있는 미량원소의 온도와 조성을 포함한 수많은 요소가 유출되는 복사선에 영향을 미친다. 이러한 요소들은 복잡한 파장 스펙트럼을 만들어내며, 다음 절에서 기술하는 바와 같이, 태양 내의 과정은 일정하지 않고 주기적으로 변한다.

태양면 각도는 태양 광도를 변화시킨다. 태양 광도는 총 에너지 출력이다(태양풍, 플레어 양자, 뉴트리노, 광화학 열, 등을 포함). 태양의 구체가 대칭이 아니기 때문에, 특정 태양면 각도에서 여분의 태양 출력이 생성된다. 그러나 이러한 종류의 효과는 관측되지 않았다. 지구가 항상 태양의 적도 가까이에 있기 때문에 그럴 수도 있다고 생각된다.

방출된 에너지는 자외선 영역에 9%, 가시광 영역에 45%, 나머지 46%는 적외선 영역에 분포되어 있다. 위의 데이터는 지난 10년에 걸쳐 연속적으로 위성을 관찰한 결과에 기초한다. 측정 오차는 복사선 파장에 따라 5~15%이다.

태양 활동의 증가로 인해 온도 및 자외선 특성의 작은 변화뿐만 아니라 입자 방출, 전도도 변화 및 이온화와 같은 다른 현상들도 태양의 활동 변화와 상관관계가 있다. 이러한 요소들이 조합되어 물질의 성능에 영향을 미칠 수도 있다.

표 4.2.1 태양 스펙트럼 영역

영역	범위, nm
고주파(Radio)	1,000,000
원적외선(Far infrared)	10,000~1,000,000
적외선(Infrared)	750~10,000
가시광(Visible)	380~750
자외선(Ultravioltet)	120~380
극자외선(Extreme ultraviolet)	10~120
연질 X-선(Soft X-rays)	0.1~10
경질 X-선(Hard X-rays)	〈0.1

지구는 다른 행성, 특히 목성과 상호작용을 하기 때문에 타원 궤도가 뒤틀린다. 타원을 완전히 회전하는 데에는 21,000년이 소요되며 이 기간에 지표면에서 복사선 분포가 변한다. 예를

들면, 현재 근일점은 1월에 발생하지만 지금으로부터 11,000~15,000년 후에는 7월에 일어날 것이다. 이 말은 지금으로부터 11,000~15,000년에 여름이 더 더워지고 겨울이 더 추워질 것이라는 뜻이다.

10일 동안 지구가 받아들이는 에너지의 양은 지구에서 구할 수 있는 화석 연료 전체를 연소시켜 유도되는 총 에너지와 동일하거나, 또는 동일한 기간에서 전 세계에서 생산되는 전기에너지의 양보다 100만 배는 더 크다.

지구 반사율은 아주 가변적이며 파장에 민감하다. 예를 들어, 풀은 대체로 60%의 적외선을 반사하지만 자외선과 가시광은 몇 퍼센트만 반사한다. 눈은 전체 파장의 63~79%를 반사한다. 이는 겨울과 봄 또는 여름의 반사율이 다름을 나타낸다. 모래나 콘크리트는 가시광이나 적외선(24~38%)보다는 자외선을 덜(10~20%) 반사한다. 이로써 도시의 온도가 더 높은 이유 또한 전원 지역보다 자외선이 덜 존재하기 때문이다.

각 반구의 표면 반사율이 다른 것은 구름 분포의 차이 때문이다. 구름이 덮인 면적 및 표면의 반사력이 다르기 때문에 지형학적, 계절적 또는 매일매일의 편차가 발생한다. 눈과 얼음이 덮인 면적이 변함으로써 북반구의 반사율 곡선은 겨울에 최대가 된다.

4) 대기 환경

실외 노출로 물질이 취화될 때, 대부분 붕괴의 메커니즘을 완전히 바꾸어놓은 산소가 있을 때 발생한다는 사실을 종종 잊어버린다. 물질을 둘러싸고 있는 대기에는 여러 가지 중요한 특징이 있다.

지구를 둘러싸고 있는 공기의 총 질량은 $5.1 \times 1,018 kg$이다. 대기 밀도는 고도에 따라 지수적으로 변한다. 전체 대기 질량의 약 80~85%가 대류권에 머무는데, 고위도에서는 지표면에서 7~9km까지 연장되며 열대 지방에서는 15~18km까지 연장된다. 나머지 대기의 질량은 다음 층인 성층권에 있다. 성층권은 대기 오존 전체의 90%를 담고 있으며 표면에 도달하는 태양 자외선의 많은 부분과 지구의 기후를 조절한다. 성층권의 온도는 산소와 오존이 자외선을 흡수하기 때문에 약 50km에서 최대에 도달한다. 질소와 산소의 비율은 100km까지 거의 일정하다. 또한 이산화탄소는 대기 전체를 통해 꽤 고르게, 요즘에는 360ppm 수준에서 분포하고 있다(평균 CO_2 농도는 지난 160년간 80ppm이 증가했다).

대기의 기체 분자는 여러 가지 원인과의 상호작용에 의해 끊임없이 교환된다. 약 50km까지 수직 혼합이 발생하며, 따라서 적도에서 극지까지의 거리가 훨씬 더 멀기 때문에(10,000km) 수평 혼합(반구 간)에 비해 더 빨리 혼합된다. 반구 간 공기가 교환하는 데에는 약 1년이 걸린다. 성층권에서는 이 교환이 훨씬 느리므로, 성층권의 남쪽과 북쪽이 사실상 분리된다. 체류 시간에 기초해 대기 조성을 3그룹으로 분류할 수 있다.

- 반영구 기체   1000년
- 가변적 기체   수년
- 아주 가변적 기체   1년

다음의 표 4.2.2에서 보다시피, 이 분류를 이용해 대기의 조성을 나눈다.

표 4.2.2 대기 조성

성분	단위	농도	체류 시간
반영구적(quasi-permanent)			
산소	%	20.964	3~10 × 103년
질소	%	79.084	1.6 × 107년
가변적(variable)			
이산화탄소	ppm	330	3~4년
메탄	ppm	1.5	9년
수소	ppm	0.5	4~8년
산화질소	ppm	0.3	150년
아주 가변적(highly variable)			
물	ppm	20,000	10일
오존	ppm	0.03	100일
일산화탄소	ppm	0.15	60일
아산화질소	ppm	0.003	0.5~2일
암모니아	μg	5	2~10일
이산화황	μg	5	1일
황화수소	μg	0.5	1~5일
유기탄소	μg	25	1일 미만

표 4.2.3 N_2O의 출처

발생원	기여도,%
농업 및 삼림지	82.2
자동차 연소	11.2
산업	2.9
고정 출처	3.7

성층권의 조성은 물과 오존 농도에 있어서 본질적으로 다르다. 대류권에 비해 성층권에서 물 농도는 평균적으로 약 100배 낮으며 오존은 약 100배 더 높다. 성층권의 오존 농도는 지상이 10~40ppb인 데 비해 10ppm에 달한다. 대류권과 성층권에서 다른 성분도 비슷한 조성을 가지는 것은, 효과적인 교환 메커니즘이 존재함을 암시한다. 권계면은 대류권과 성층권 사이에 뚜렷한 안정 경계를 형성하지만 그 위치는 아주 가변적이다. 때로 권계면은 6km 아래까지 연장될 수 있으며 성층권의 공기가 대류권으로 들어올 수도 있다. 대기의 상층부(중간권, 열권)에서는 수소, 헬륨 및 빠른 산소 원소의 농도가 높아진 것을 제외하고 조성이 크게 다르지 않다. 수소와 헬륨을 제외하고, 대기의 성분은 공간으로 잘 손실되지 않기 때문에 상대적으로 일정하다.

5) 오염물질

(1) 질소 화합물

이 화합물군에는 질소 산화물 및 암모니아가 포함된다. 표 4.2.3에 그 평균 농도 및 수명을 나타냈다. 아산화질소를 제외한 모든 화합물이 대기 성분 속에 들어 있으며, 농도가 아주 가변적이고 수명이 짧다. 아산화질소는 대기 수명이 약 150년으로 아주 길며 지형적으로 농도 편차가 아주 작다(⟨1%). 아산화질소는 지구온난화에 기여하는 온실 기체군에 속한다. 아산화질소(N_2O)와 산화질소(NO)에 더해, 질산염 라디칼(NO_3)도 대류권/성층권 반응의 중요한 성분인 것으로 밝혀졌다.

표 4.2.2에 아산화질소의 출처가 나와 있다. 아산화질소의 대기 농도는 0.319ppb이며 매년 0.07%씩 증가하고 있다(약 250년 전에는 0.270ppb였다). 유럽연합에서는 1990~2000년 동안 아산화질소 방출이 26% 감소했다. 미국에서 아산화질소 방출은 1998~2003년에 7.6%로 줄어들었다. 주요 감축 이유는 자동차 배출을 더 잘 제어했기 때문이다.

질소 산화물은 주로 생물 지리학적 질소 사이클의 일부로 생성된다. 아산화질소는 박테리아의 질소 제거 과정에 의해 자연적으로 생성되는데, 이것은 열대우림을 농지로 전환하고 암모늄염과 요소 비료의 사용을 줄임으로써 감소시킬 수 있다. 질화 및 질소 제거 과정 동안 아산화질소와 산화질소가 모두 형성된다.

산화질소는 전 대륙에서 볼 수 있는 방목하지 않은 목장, 목초지, 초원, 대초원, 사바나, 온대림 및 연안 등과 같은 다양한 생태계에 의해 생성된다. 산화질소는 번갯불에서 질소 분자와 산소 분자 사이의 반응에서도 생성된다. 방출 경로는 4,000K만큼 높은 온도까지 도달할 수도 있다. 전 세계적으로 1초 동안에, 평균적으로, 약 수백 볼트의 번개가 있으므로, 산화질소의 예상 결과는 그다지 높지 않다. 산성 토양에서의 질소 제거 과정도 산화질소를 생성하는데, 이것은 대기 중에서 이산화질소로 쉽게 산화된다. 생물량(biomass) 연소(대부분 열대 국가에서)는 생물량의 질소 함량이 높고 산화에 필요한 저온에서 자극을 받아 산화질소를 대량생산한다. 생물량 연소가 토양의 pH를 증가시키는 것에 더해, 유기 질소를 광물화하며, 생물 처리 과정으로 인해 NO의 방출을 증가시킨다.

자동차 엔진, 발전소 및 산업 연료의 연소는 전체적인 산화질소 방출에 아주 크게 기여한다. 대도시에서, NOx는 자동차 배출에 의해 생성된다. 그리스, 아테네에서 NOx 배출의 75%가 자동차 배출과 관련한 것으로 여겨진다(약 40kt/년). 오전의 교통량은 3배로 농도를 증가시킨다.

(2) 산소류

산소류에는 산소 원자(원소), 산소 분자의 단일 여기 상태 및 오존이 포함된다. 성층권과 중간권에서 여분의 산소가 형성되는 것은 산소 분자의 광해리에서부터 시작하는데, 2단계로 진행한다. 산소 분자는 자외선을 흡수하면 단일 여기 산소로 변형되는데, 이것은 해리되어 산소 원자 2개를 만들어낸다. 광해리 과정에 이어 중성 원자(산소 또는 질소)가 있을 때 산소 분자와 2차적으로 열 반응을 해 오존이 생성된다. 산소 분자는 176~210nm의 태양 복사선을 흡수한다. 오존은 280~320nm일 때 최대로 흡수한다.

오존 붕괴도 2단계 과정이다. 첫 번째 단계에서, 오존은 자외선을 흡수하고 산소 분자와 원자로 해리된다. 산소 원자는 추가적으로 또 다른 오존 분자와 반응해 산소 분자 2개가 형성된다. 오존은 200~320nm의 자외선 및 450~700nm의 가시광도 흡수한다. 자외선 영역에서 흡수해, 오존은 자외선을 열로 변환하는데, 때문에 성층권의 온도 기울기가 양이 된다. 위의 반응이 한 번만 발생한다면, 열 및 복사선의 균형이 일정할 것이다. 실제에서는, 오존과 산소 원자에 비견하는 반응이 더 많이 있다. 연관된 과정이 지상에서의 삶에 큰 영향을 미칠 수 있기 때문에 이 사실은 대중의 많은 관심을 받았다. NOx와의 반응, 염소와의 반응, 산소 분자와의 재결합 등의 세 반응이 오존 파괴에 거의 동일한 영향을 미친다고 여겨지고 있다.

풍화 연구의 결과에 영향을 미칠 수도 있는 예외 사항이 2가지 있다. 한 가지는 지표면에서 오존 농도가 급격하게 증가하는 것이며 다른 한 가지는 오존 구멍이 형성되는 것이다. 권계면의 위치가 변하면 성층권의 공기가 대류권으로 들어오며, 이는 지표면 가까운 곳의 오존 농도를 크게 증가시키는데, 아마도 풍화 거동을 변경시킬 수 있을 것이다.

풍화 연구에서는 2가지 독립적인 과정을 고려해야 한다. 한 가지는 위에서 논의한 대로 자외선을 증가시키는 오존 파괴와 관련이 있다. 다른 것은 기저 상태의 오존 농도에 관계된다. 오존은 수명이 아주 짧으므로(지상에서 약 2분), 성층권에서의 오존 형성 및 붕괴 과정은 기저 상태에 있는 오존의 형성과 관련이 없다. 이와 유사하게, 성층권의 오존은 기저 상태에 있는 오존 농도에 직접적으로 기여하지 않는다. 오존의 기저 준위는, 아주 반응성이 크기 때문에 그 주변 물질의 붕괴에 영향을 미친다. 지표면에서 오존은 산업과 운송에 의해 생성된다. 겨울에 비해 여름에 농도가 2~3배 더 높다. 낮 동안 농도가 최대이고 이어 오전 및 교통량이 최대인 오후에 농도가 가장 높다. 오존은 아산화질소에서 간접적으로 형성되는데, 아산화질소는 자외선을 흡수해 산소 분자를 형성한 다음 산소 분자와 반응해 오존을 형성한다. 그러므로 오존의 농도가 질소 산화물의 농도 특성을 따르는 것이 당연하다.

(3) 황 함유 성분

이 군에는 이산화황, 황화수소, 황화카르보닐 및 이황화탄소 등 여러 가지 화합물이 포함된다. 대기 중 황 함유 성분은 대기에서 수명이 짧은데, 이산화황의 경우 2일, 황화수소는 0.5일, 황화카르보닐은 1년 이상, 이황화탄소는 몇 주일이다. 이렇게 짧은 수명 때문에 오염은 국부적이다. 이 설명은 지역의 농도를 20~40%까지 증가시키는 데 기여하는 화산 폭발의 관찰 결과와 일치한다. 예를 들면, 1991년에 필리핀에서 폭발한 피나투보 화산은 15~20메가톤까지 이산화황을 성층권으로 보냈다. 폭발 직후 26km 고도에서 이산화황의 농도는 16ppb였으며 그 후 4개월 이내에 0.01에서 0.05ppb의 정상값으로 감소했다.

이산화황 방출의 대부분은 화석 연료를 태우는 데서 온다. 다른 출처로는 생물량 연소, 화산 폭발, 황화디메틸(대양에서 발생)의 산화 및 대기 중 황화수소의 산화 등이 포함된다. 일반적으로 높은 오염원이 되는 자동차는 인공적인 오염의 2%에 불과하다. 미국의 전기 회사가 전체 방출의 74%, 산업 부문에서 22%를 만들어낸다.

황화합물 반응의 부산물을 보면 최종 부산물이 산성비인 것임을 알 수 있다. 이것이 생성되자마자 귀중한 수산기 자원이 소모된다. 산성비 및 이산화황은 아주 공격적이고 부식성이 강한 물질이다. 예를 들면, 이 오염물질이 있음으로 해서 건축 자재는 황 함유 화합물과의 반응으로 부식되고 있다. 황산과 탄산칼슘 사이의 전형적인 반응에서 석고가 생성되는데, 이것은 결국 씻겨나간다. 이 악화 과정은 대개 산성비를 불러오지만 수많은 건물은 오염이 생성되는 곳에 위치한다.

(4) 염소 함유 성분

염소화 탄화플루오르는 대기 중의 오존 농도에 미치는 영향 때문에 특별히 주목을 받게 되었다. 1970년대에 대류권의 CFCs 농도를 연구했다. 그런 후에 CFCs가 대류권으로 이동해 그곳에서 에너지가 높은 자외선 광자에 의해 파괴될 수 있다고 예측되었다. 이러한 과정에서 오존의 농도가 영향을 받는다. 이러한 예상은 그 후에 측정을 통해 확실해졌다. 대류권의 총 염소 함유

량은 성층권에서의 농도에 대응하지만 대류권과 성층권 사이의 이동이 느리기 때문에 약 3~5년이 지연된다. 대류권에서 총 염소의 농도는 1994년에 최대였다. 그러므로 성층권에서 염소의 총 농도는 1998년부터 감소하기 시작했다. CFCs는 수명이 길고 오존을 직접적으로 소모하기 때문에 미래의 에너지 균형에 위협을 가한다. 염소화 탄화플루오르는 300nm보다 낮은 파장에서 자외선을 흡수하고 자유 래디컬로 해리되거나 단일 산소와 반응해, 보다 더 많은 자유 래디컬을 생성한다. 연쇄 반응의 다음 단계에서 오존이 포함되며, CI 원자(1차 반응의 부산물)가 불활성인 HCl로 재활용되기까지 반응 주기는 수백 번 이상 발생할 수도 있다. 이러한 반응 원리는 이 성분에 대해 광범위하게 연구한 이후에 밝혀졌다. $CFCl_3$와 CF_2Cl_2의 2가지 화합물이 가장 일반적이다. 대기 중의 $CFCl_3$ 농도는 0.28ppb이며 체류 시간은 80년이다. CF_2Cl_2의 농도는 0.48ppb이며 체류 시간은 80년이다. 불소를 포함하지는 않더라도, 사염화탄소 및 염화메틸렌은 광화학적 특성이 비슷하다. 대부분의 염소 함유 물질은 인간의 활동에서 온다. 염화메틸만이 해양 환경에서 조류의 성장에서 생성된다.

염화수소에 관해 수행된 연구는 별로 없었으며 현재까지 그 결과도 확실하지 않다. 염화수소는 2가지 주요 원인에서 기인한다. 한 가지는 다른 염소 함유 화합물(대개 염화메틸렌)이 광화학적으로 분해되는 것이며, 다른 한 가지는 화산 침전물이다. 다른 원인으로는 석탄 연소, 소각(주로 PVC의 연소 때문) 및 알칼리 산업 등이 있다. 염화수소는 널리 분포되어 있으며 전체 대기층에 모두 존재한다. 그러므로 이것은 대기의 화학 활동에서 중요한 반응성 성분이어야 할 것이다.

(5) 미립자

대기 중 미립자의 원인은 2가지이다. 즉, 지표면에서 형성된 입자와 대기 중 화학 반응에서 형성된 입자이다. 열대 지방에서는 토지 개간과 대초원의 연소가 정기적으로 발생할 것이다. 먼지를 가장 많이 만들어내는 지역으로는 사하라 사막 주변, 아시아의 사막 및 미국의 일부 지역 등이다. 바람이 입자를 아주 멀리까지 운반할 수 있다. 예를 들어, 하마탄은 사하라 사막의 입자를 약 3,000마일이나 떨어진 영국까지 운반할 수 있다.

화산 폭발은 위로 들어 올리는 힘이 아주 거대해, 높은 분출 속도 때문에 입자를 먼 거리까지 이동시킨다. 이러한 입자는 최대 10,000nm까지 직경이 아주 크며, 에어로졸은 아주 많이 농축된다. 바다의 소금 입자도 상대적으로 직경이 크다. 이들은 바다 거품이 작은 물방울로 깨지면서 생성되는데, 증발되고 난 후에 작은 소금 입자가 만들어진다.

대기에서 형성되는 두 번째 미립자 물질은 황산염(주로 황산암모늄) 및 질산염으로 이루어진다. 에어로졸의 조성은 대개 현지 조건에 의해 결정되지만, 입자가 꼭 그 출처와 관련해 단순한 조성만 가지는 것은 아니다. 예를 들어 수은, 카드뮴, 셀레늄과 같은 원소는 해수에서 발견되는 것보다 대기 미립자에서 농도가 훨씬 더 높다. 이로써 입자들이 그 조성을 변화시키는 농축 과정을 진행하는 것을 알 수 있다. 이러한 과정에는 메틸화를 통한 금속의 휘발, 표면 활성 유기종의 침전 및 에어로졸 조성을 변화시키는 생물학적 과정 등이 있을 수 있다. 마지막으로, 기체분자가 흡수되어 열 및 광화학 반응이 이어질 수도 있다. 높은 고도에서는 이러한 과정의 대부분이 지속적으로 활발할 수도 있다.

미립자는 물질의 풍화 과정에 2가지 영향을 미친다. 즉, 샘플 표면에 침전될 수 있으며(주로 충돌에 의해), 또한 태양에서 오는 복사 에너지의 일부를 흡수할 수 있다. 흡수는 적외선보다는 자외선과 가시광 영역에서 보다 두드러진다.

태양으로부터 지구에 도달하는 UV-B(280~320nm)는 인체의 피부와 눈에 해로우며 또한 면역체와 비타민 D의 합성에 악영향을 끼치는 것으로 밝혀졌다. 특히 290nm의 파장에서는 돌연변이와 피부종양을 일으키는 원인 물질의 생성률이 330nm의 파장에서보다 1,000배나 더 많다. 일반적으로 성층권의 오존농도가 1% 감소하면 UV-B의 양은 2% 증가하고 비 melanoma계 피부암의 발생률은 약 4% 증가하며, 백내장은 0.6% 증가해 시력을 잃는 사람이 매년 10만 명 이상 증가될 것으로 예상되고 있다. 또한 자외선에 과도하게 노출되면 인체의 면역 기능이 저하돼 폐결핵 등 전염병의 예방이 어려워진다. 자외선은 토목용 재료의 물성을 저하시키는 데 가장 큰 영향을 미친다. 대부분의 고분자 재료들은 자외선 파장 영역 내에서 분자가 파괴되는 특성을 나타낸다.

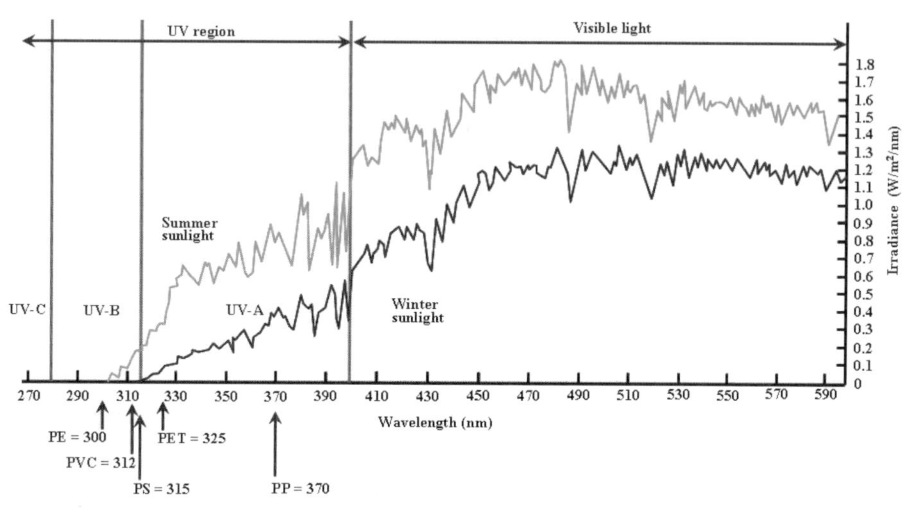

그림 4.2.1 계절 변화에 따른 자외선 조사량 차이 비교

6) 응력에 의한 물성변화

응결, 결정화, 용제 증발, 성분의 열팽창 차이, 제작 시에 가해진 하중 등을 포함한 여러 가지 이유로 내부 응력이 물질에서 발생할 수도 있다. 조건이 허락되는 경우에 물질에 형성된 응력이 이완되거나 물질의 상태로 남을 수도 있다. 예를 들어, 재료에서 용제가 증발하는 동안 용제가 제거되어서 만들어진 여유 체적을 물질의 성분이 아직까지 충분히 채울 수 있을 만큼 이동성이 있는 한 응력은 이완된다. 물질을 중합시키는 동안에도 유사한 상황이 발생한다. 폴리머의 분자 무게가 연쇄적인 이동성을 제한할 만큼 증가하면, 물질의 체적을 변경시킬 수도 있는 추가적인 물리적인 변화(온도, 결정화, 증발 등) 때문에 내부 응력이 생성된다.

시편의 온도 분포가 또 다른 응력 형성의 원인이 될 수도 있다. 표면의 응력 형성에는 2가지 메커니즘이 원인이 될 수 있다고 여겨진다. 폴리머의 표면이 분해됨으로써 결정성을 변화시키는 분자 조각을 방출해, 물질을 고밀화시킬 뿐만 아니라 수축시켜 내부 응력을 형성한다. 또 다른 메커니즘은 물질의 후면부보다 대체로 시편이 따뜻한 온도에 노출되는 표면부 때문에 온도 기울기가 생기는 샘플의 변화와 관련이 있다. 또한, 샘플 표면의 온도 변화 속도는 바닥에서의 속도와 다르며 이 때문에 자연적으로 온도가 순환하는 동안 응력이 형성된다. 샘플 표면 가까운 곳의 응력은 압축성을 가졌으며 노출로 분해된 이후에는 이것이 바뀌어 표면에 응력이 가해진다. 온도 기울기가 더 높아진 상태에서 여전히 유리와 같은 상태에 있으면 응력을 축적하기 때문에, 물질은 점점 더 부서지기 쉬워진다.

내부 응력은 물질에 가해진 외부 힘에 의해서도 형성될 수 있다. 폴리머는 점탄성 물질로 고려하는데, 이들이 액체와 고체의 특성을 결합하며 가소성 및 탄성을 가지고 있다는 뜻이다. 물질의 탄성 때문에 응력이 이완될 수 있다. 결과적으로 외부 힘은 물질의 구조에 한정된 변화를 주고 소산된다. 소성 변형은 외부 힘이 인가됨으로 해서 응력 이완으로 이어진다. 응력은 구조가 변하는 대가를 치르고 물질에서 제거된다. 물질의 탄성은 결정 부분에서 작용하기 시작하는 한편, 소성 변형은 초기에 비정질 부분에서 발생한다. 인가된 힘이 특정 양을 초과하면, 결정 부분이 영향을 받아 결정 구조가 재편성된다(더 섬세해지고, 결정 방향이 정렬됨). 특정한 변형을 야기하기 위해 어느 정도의 힘이 가해지는지를 아는 것도 중요하지만 이러한 힘이 어떻게 물질의 성질과 관련 있고 가해진 기계적인 에너지가 분포되고 활용되는지를 이해해야 한다. 따라서 탄성 계수보다 낮은 저변형과 완전히 새로운 물질 구조를 만드는 고변형 사이의 효과 차이를 예측하는 것이 가능하다.

물질의 분해에 응력이 미치는 영향을 평가할 때에는 이러한 힘이 물질에 가해지는 역학도 고려해야 한다. 대부분의 경우, 시편에 가해진 하중은 자유롭게 시편 내에서 분포될 수 있으며 응력 분포는 시편의 구조에 의존한다. 샘플이 기질(예를 들면, 콘크리트의 코팅)에 달라붙는 경우가 있다. 물질의 확장 또는 압축은 물질과 그 기질 양쪽의 팽창계수 및 온도와 관련 있다. 온도 주기 및 수분의 흡수와 탈착으로 인해 열리고 닫히는 기질의 균열도 국부적으로 아주 높은 응력을 생성할 수 있다.

7) 복합작용에 의한 물성변화

풍화 변수는 절대 단독으로 작용하지 않는다. 이 점을 설명하기 위해 몇 가지 예를 나타냈다. 그림 4.2.2에 온도 및 자외선이 셀룰로오스 필름에 미치는 복합작용의 예를 나타냈다. 이 연구에서 두 변수의 작용이 서로 더해짐을 알 수 있다. 단순한 화학 규칙에 따라 온도가 10℃ 증가함에 따라 반응 속도는 2배가 된다. 그림 4.2.3은 폴리에틸렌의 광산화에 대해 이를 증명하고 있다. 이 특정 경우에, 온도가 1℃ 상승하면 반응 속도는 8% 증가한다.

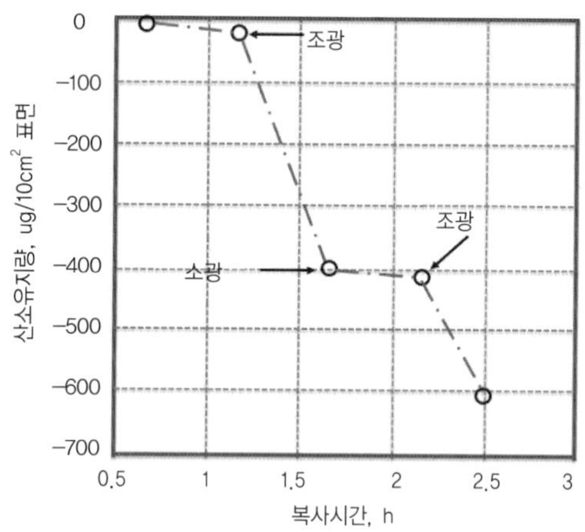

그림 4.2.2 온도 및 자외선에 의한 셀룰로오스 필름의 광산화 복합작용

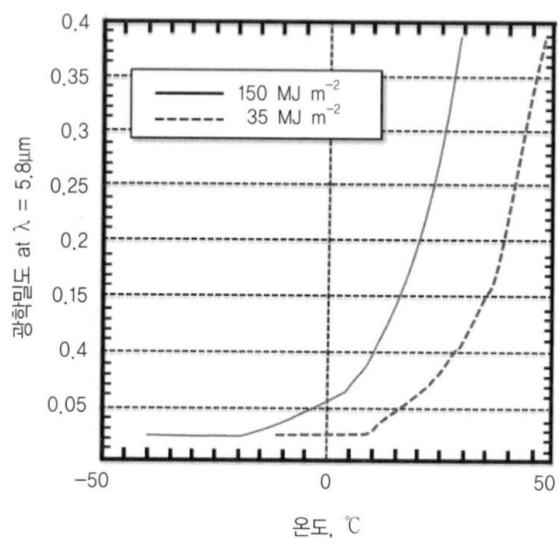

그림 4.2.3 폴리에틸렌의 광산화에 대한 온도 의존성

한편으로 온도가 약 1℃ 증가했는데 반응 속도가 8% 증가한다는 점은, 온도가 풍화 연구의 결과에 아주 큰 영향을 미치며 그렇기 때문에 붕괴 메커니즘의 변화를 고려하지 않고 이를 선택해서는 안 된다는 것을 보여주고 있다. 폴리프로필렌 필름에 관한 연구에서, 반응의 메커니즘은 온도 범위에 따라 현저하게 변할 수도 있는데, 열 붕괴가 가지는 강한 영향 때문이다. 측정된 붕괴 속도는 순수한 광산화, 광산화와 열 붕괴의 혼합이거나 아니면 순수한 열산화일 수도 있다. 화학 반응의 속도는 분자의 구조, 입체장애, 형태론, 시약과 부산물의 용해도, 충돌 확률, 충돌 충격과 각도, 시약의 농도 및 기타 다양한 변수에 의존한다. 이들 변수 중의 일부는 온도 의존성이 없다. 때문에 실제에서는 규칙대로 잘 일어나지 않는다. 풍화와 관련해서는, 온도가 일부 화학 반응에 직접적인 영향을 미칠 수도 있지만 풍화의 다른 필수적인 변수들인 자외선, 물, 오염물질, 응력의 영향을 자극할 수도 있음을 고려해야 한다. 일반적인 환경 조건과 같지 않은 온도 범위를 선택함으로써 유용한 거동을 예측하지 못할 수도 있기 때문에, 온도를 선택하는 것이 보다 중요하다.

물과 온도의 집합 작용은 가수분해가 일어나는 반응이기 때문에 쉽게 이해할 수 있다. 중요한 점은, 온도가 분해반응에서 아주 필수적인 인자이지만, 그 관계가 선형적이지 않다는 것이다. 온도를 배가함으로써 가수분해 속도를 거의 3배까지 높일 수 있다. 아주 간단한 규칙으로(예를 들면, 온도가 10℃ 증가함에 따라 반응 속도가 두 배가 된다) 온도의 영향을 예측하면 실제와는 다른 결과를 초래할 수도 있다.

위에서 아주 간단한 폴리머 가수분해의 경우에서도 수명 예측에 온도와 물이 미치는 영향은 이 2가지의 다소 복잡한 함수임을 알 수 있다. 물이 다양한 형태를 가질 수도 있으며 따라서 여러 가지로 영향을 미친다는 사실을 포함시킨다면 보다 더 복잡해질 것이다.

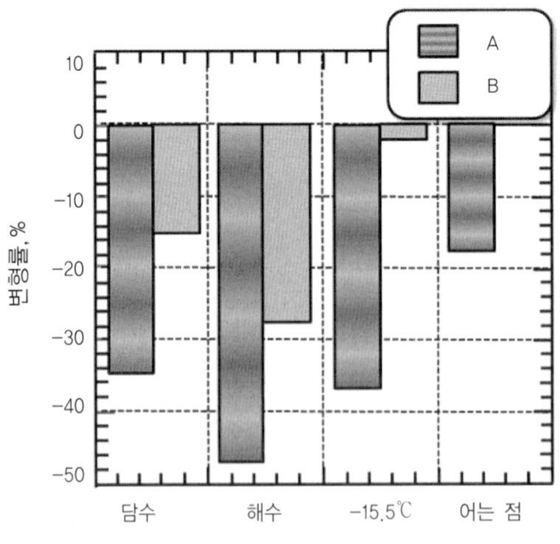

그림 4.2.4 콘크리트 보강을 위해 사용한 에폭시의 파괴 하중 변화에 환경 노출이 미치는 영향

재료가 외부 환경에 노출되었을 때, 무엇보다도 물질을 물에 담그고, 소금기 있는 물, 저온과 냉동 및 해동에 노출되었을 때를 가정하는 것이 중요하다. 많은 구조재는 대개 이렇게 변하는 조건에서 기능을 하기 때문에 이와 유사한 방식으로 시험한다. 이 말은 물이 가수분해제, 부식성 물질용 용제 및 특정 온도(냉동)에서 체적과 상태가 크게 변하는 물질에 함유되어 있을 때 여러 가지 역할을 할 수도 있음을 뜻한다. 그림 4.2.4는 두 종류의 에폭시 레진 처리된 제품을 비교했다.

위에서 언급한 풍화의 변수는 붕괴 과정에 누적되는 영향을 미침을 알 수 있다. 이 내용을 종합하면, 관찰된 변화는 이런 변수들의 복합 작용에 의한 것으로 판단되며, 단일 성분의 작용의 결과가 아니다. 풍화에 영향을 주는 변수 중의 하나가 변하면 결과가 변할 수도 있다. 변화의 복잡성 및 변수들 간의 상호작용 때문에, 한 변수의 변동이 전체 풍화 결과에 어떤 영향을 미칠지 예측하기는 아주 힘들다. 따라서 고려하고 있는 기후에 가깝게 시뮬레이션하는 것이 풍화 조건을 선택하는 최선의 접근이다.

샘플의 형태 및 그 풍화 단계에 따라 재료가 변하는 조건에 대해 영향을 미치는 점도 주목해야 한다. 붕괴가 진행되는 동안 샘플은 특성이 변하며, 수분 흡수, 온도 충격, 또는 응력 형성에 대한 특성과 반응이 서로 다르다.

4.2.2 내후성 및 내구성 평가방법

1) 온도 저항성 평가

고분자 재료로 제조된 토목섬유는 일상적인 온도 범위에서는 비교적 안정하지만 온도가 높아지거나 낮아지면 재료가 늘어지거나 딱딱하게 변하는 고분자 재료 고유의 거동을 보인다. 시공 현장에서 장시간 일광이나 자외선 등에 노출되거나 도로 포장에 사용될 때 일시적인 뜨거운 역청재료 및 혹한기의 낮은 기온에 의해서 토목섬유의 구조와 물성이 변하면 인장강도 및 투수계수의 성능 저하 및 수축에 의한 치수변형이 발생한다. 이와 같은 경우처럼 일상적인 온도의 범위를 벗어날 경우에는 물리적 특성 변화, 특히 응력과 신장률의 관계가 크게 변할 수 있다.

특히, 높은 온도에서는 고분자 재료의 취화 메커니즘이 발생하는데, 이러한 현상을 응용해 시간–온도 중첩법(TTS, time tempreature superposition)에 따른 수명예측기법으로도 사용한다. 따라서 토목섬유에 사용한 고분자 재료의 고유점도, 방사조건, 연신조건, 제직 조건 등 생산공정의 조건을 체계적으로 관리해 열에 대한 안정성을 높이는 것이 바람직하다. 내온도 저항성을 평가하기 위한 방법으로는 정해진 온도 범위에서, 일반적으로 50~100℃, 단순히 처리 전후의 역학적·수리적 특성의 변화를 비교하는 방식이 일반적이며, 좀 더 정확한 내온도 저항성을 평가하기 위해서는 온도 구간별로 촉진노화 처리를 한 후 물성의 변화를 측정, 현장조건과 비교해 수명을 예측하는 방법도 있다.

국내에서는 시공환경에 일치되는 온도에서 평가를 진행하거나 KS K ISO TR 13434 토목섬유 및 관련 제품의 내구성에 관한 지침에 따라 특정 조건을 지정해 평가하기도 하지만, KS K 0757 지오텍스타일의 온도 안정성 시험방법을 적용해 온도 처리하고 난 후 KS K 0743 지오텍스타일의 인장강도 및 인장신도 시험방법에 따라 평가한다. 또한 ASTM D 4594 Standard Test Method for Effects of Temperature on Stability of Geotextiles의 방법을 적용하기도 한다.

그림 4.2.5 온도 처리장치

그림 4.2.6 인장강도 시험기

2) 액체 저항성 평가

지오텍스타일 및 관련 제품의 가수분해에 대한 저항성을 측정하기 위해, 고온의 물에 노출함으로써 나타나는 시험편의 성능 변화를 평가하는 방법은 가수분해에 민감한 모든 지오텍스타일과 지오텍스타일 관련 제품에 적용된다. 특히 폴리에스테르와 폴리아미드로 이루어진 재료, 그리고 이러한 지오텍스타일을 구성하는 실에 적용할 수 있다. 액체에 의한 고분자 재료의 가수분해 현상은 재료의 내·외부의 섬유나 실의 반응에 의해서 발생되는 취화현상을 말한다. 특히, 토목섬유 재료로 널리 쓰이는 폴리에스테르의 경우 강산(pH > 10)이나 강알칼리(pH < 3)의 액체에 침지했을 때 취화현상이 나타난다. 영구적인 토목구조물에 사용되는 폴리에스테르 제품의 경우에는 이런 취화현상을 방지하기 위해서 분자량이 높고(25,000 이상), 카르복실말단기(CEG)의 수가 낮은(30 이하) 원료를 사용해야 한다. 그러나 이 방법은 강산이나 강알칼리 조건에서 가수분해에 대한 지오텍스타일의 저항성을 측정하고자 하는 것은 아니다.

이 시험의 원리는 시험편을 모두 규정된 지속기간 동안 규정 온도에서 뜨거운 물에 침지시킨 후 시험편의 성능을 측정한다. 시험 시 컨테이너의 온도를 95±1℃ 유지해 규정한 시간 동안

처리한다. KS K 0936 물에 대한 가수분해 저항성 측정을 위한 스크리닝 시험방법에서는 처리 기간을 28일로 규정하고 있으며, 물과 시험편의 무게비는 최소 30 : 1이어야 하고, 최소한 일주일에 한 번은 pH를 점검해 실온에서 pH가 8을 넘으면 물을 교체해야 한다.

또 하나의 평가방법인 액체저항성 시험은 토목섬유 및 토목섬유 관련 제품이 외부의 기계적인 응력을 받지 않는 상태에서 산 또는 염기성 액체와 접촉했을 때 이에 저항하는 정도를 측정하기 위한 스크리닝 시험 방법으로 KS K ISO TR 12960에 규정되어 있다. 이 시험은 모든 토목섬유 및 토목섬유 관련 제품에 적용이 가능하며 시험편이 액체 상태에 완전히 침지될 경우에만 적용한다. 이 시험방법은 또한 풍화작용, 수용액 추출 상태, 시공 손상 등에 의해 미리 처리된 시험편에도 적용 가능하다.

시험편은 일정한 온도에서 주어진 시험시간 동안 계속 시험 액체에 완전히 침지시킨 후 침지 전후에 각각 시험해 비교한다.

시험기는 휘발 성분의 증발을 막는 환류장치와 액체의 균질성을 유지할 수 있는 교반장치, 시료의 일정한 간격을 유지시키는 고정장치로 구성되어 있으며 시험방법은 A법과 B법으로 구분된다.

A법(무기산)은 − 0.025M(mol) 황산, B법(무기 염기)은 − 산화칼슘[Ca(OH)₂], 리터당 2.5g 정도의 포화된 현탁액을 사용하며, ISO 3696의 grade 3에 따른 물을 사용해 시험용액을 제조하고 시험액의 온도는 60±1℃로 유지해 3일간 처리한다.

이때 사용되는 시험용액의 양은 시험편을 완전히 덮을 수 있고, 시험편 무게의 30배보다 커야 한다. 기준 시험편은 노화 시험편과 같은 온도의 용액에 1시간 침지시킨 후 헹굼, 세척, 건조의

그림 4.2.7 액체저항성 시험용 컨테이너

과정을 거친 후 물리적 특성 변화 시험을 ENV 12226에 의해 실시한다. 시험과정에서 수산화칼슘에 노출했을 때는 부착된 칼슘 테레프탈레이트 결정을 제거해야 하며, 교반기에서 무게로 10% 농도의 NTA(trisodiumnitrilotriacetate) 용액에서 5분간 헹군 후, 무게 3% 농도 초산 용액으로 헹구고 마지막으로 물로 헹군다. 시험편은 상온에서 건조하거나 60℃보다 낮은 온도에서 건조시킨다. 이때 시험편에 과도한 응력을 받게 해서는 안 된다.

이 시험에 사용되는 컨테이너는 그림 4.2.7과 같이 시험용액을 저장할 수 있을 정도로 충분히 커야 하고 내화학성이 있어야 하며 일정한 온도를 유지해야 한다. 이러한 조건을 만족하는 컨테이너로는 스테인리스스틸이나 붕규산염 유리가 일반적으로 사용된다.

3) UV(자외선) 안정성 평가

토목섬유는 포설 또는 저장 중 장시간 자외선에 노출되었을 때 토목섬유를 구성하고 있는 고분자가 광산화작용을 일으켜 본래의 물리적 성능이 저하된다. 고분자 재료인 지오텍스타일이 자연광에 노출되는 경우 태양광의 UV영역의 광에 의해 분해가 나타나며, 이때 지오텍스타일의 원료에 따라 분해거동이 나타나는 자연광의 파장영역이 조금씩 다르다. 분해거동은 전체 영역에서 나타나는 것이 아니라 해당 파장 전까지 발생하지 않다가 분해가 발생하는 파장에서부터 분자쇄의 절단 등으로 시작된다. 폴리에틸렌이 약 300nm 부근에서, 폴리에스테르가 약 325nm 그리고 폴리프로필렌이 370nm 부근에서, PVC는 312nm 부근에서, 폴리스티렌은 315nm 부근에서 주로 분해가 시작되는 것으로 파악되었으며, 대부분의 고분자 재료는 UV-A와 UV-B 영역의 파장에서 취화된다는 것을 알 수 있다. 그 중 폴리에틸렌이 자외선에 가장 취약하며 폴리에스테르가 상대적으로 더 안정한 것으로 알려졌다. 이러한 자외선에 의한 취화작용을 방지하기 위해 폴리올레핀계의 토목섬유 제품에는 자외선 안정제로서 카본블랙이 널리 사용되고 있으며 폴리에스테르의 경우에는 트리페닐포스페이트와 같은 안정제를 첨가해 자외선에 의한 물리적 성능 저하를 방지하고 있다.

일반적으로 토목합성재료의 내후성은 사용되는 원료 물질, 기후조건, 하중조건, 노출기간 등에 따라 서로 다른 결과를 나타내며, 이러한 영향인자에 대한 많은 연구가 국내외적으로 이루어졌다. 하지만 이들 연구는 각 적용지역의 환경조건을 고려해 실시되었기 때문에 지역적인 조건과 기후가 다른 국내 여건에 적합한 데이터라 할 수 없다. 자연광의 조사량은 동절기와 하절기에 따르며 지리적 위치, 온도, 구름, 오존, 습도 등에 따라 다르다. 따라서 동일한 토목섬유를 시험하더라도 자외선 분해거동은 지역적인 차이에 따라 서로 다르게 나타날 수 있다. 일반적으로 자외선 안정성 평가에 적용되는 방법 중 자외선 처리에 사용되는 KS K 0746 지오텍스타일의 내후성 시험방법은 크세논 아크법이 주로 사용되며, KS K 0521 직물의 인장강도 및 신도 시험방법은 스트립법에 따라 평가한다.

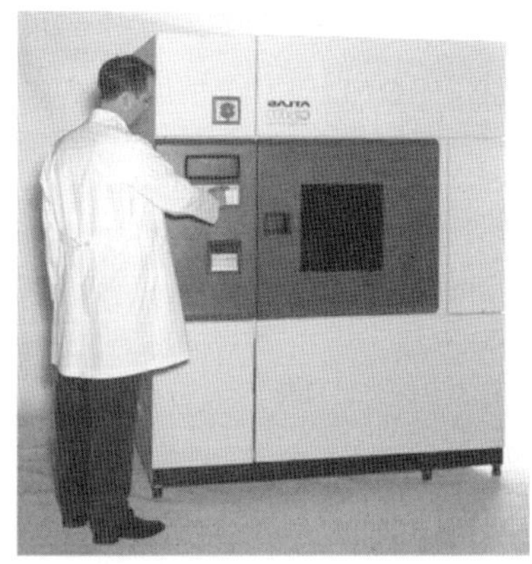

그림 4.2.8 내후도 시험기

그림 4.2.9 인장강도 시험기

표 4.2.4 자외선 안정성 시험방법 요약

항목 \ 방법	KS K 0746	ASTM D 4355
적용범위	토목섬유	토목섬유
인공광원	Xenon Arc	Xenon Arc
광조사 주기	102분 조광, 18분 물 분사	90분 조광, 30분 물 분사
조광시간	150, 300, 500	150, 300, 500
블랙패널온도	(65±5) ℃	(63±3) ℃
인장강도 시험방법	KS K 0521 컷스트립법	2inch 스트립법
결과표시	인장강도 보유율(%)	인장강도 보유율(%)

4) 산화 저항성 평가

모든 고분자 재료는 산소와 반응해 물성이 취화되는 현상이 있으며, 특히 올레핀계 고분자 재료 (폴리에틸렌, 폴리프로필렌) 분해의 주된 원인은 산화이다. 산화반응은 주요 고분자 사슬을 절단하고, 분자량을 감소시키며 강도를 저하시킨다. 또 다른 영향은 부서지기 쉽고, 표면에 균열 및 변색을 일으킨다. 이 시험은 토목섬유 및 토목섬유 관련 제품이 토질 속의 산소에 노출되었을 때 이에 저항하는 정도를 측정하는 스크리닝 시험방법으로, KS K ISO 13438에 규정되어 있다. 이 시험방법은 폴리프로필렌 및 폴리에틸렌 지오텍스타일 제품에 적용 가능하다. 폴리프로필렌의 오븐 노화는 온도 110±1℃에서 실행한다(방법 A1과 A2). 폴리에틸렌의 오븐 노화는 온도 100±1℃에서 실행한다(방법 B1과 B2). 시험에 사용되는 시험편은 강제 공기 순환이 있거나 없음에 관계없이 온도가 제어되는 시험실용 오븐을 사용해 일정기간 동안 고온의 공기 중에 노출한다.

내열오븐 처리 중 시험편에 수축이 발생할 수 있으므로 기준시험편도 오븐 시험조건과 동일한 조건으로 6시간 노출한다. 오븐의 온도가 시험에 사용하기 위한 온도에 도달하면 오븐 안에 시험편을 고정하고 서로 닿지 않도록 충분한 거리를 유지하면서 벽면으로부터 거리는 최소한 100mm가 되도록 한다. 토목섬유 및 토목섬유 관련 제품이 보강재로 이용되거나 장기간의 강도 값이 중요한 인자로 적용되는 시험편은 표 4.2.5에 제시된 기간 동안 노출한다.

표 4.2.5 시험온도와 기간

방법	재료	재료의 용도	온도	기간
A1	폴리프로필렌	비보강재	110 ℃	14일
A2	폴리프로필렌	보강재	110 ℃	28일
B1	폴리에틸렌	비보강재	100 ℃	28일
B2	폴리에틸렌	보강재	100 ℃	56일

비고) 시험결과의 재현성을 높이기 위해서는 다음을 따라야 한다.
a) 오븐 중앙에 시험편을 위치시킬 것.
b) 만약 재현성이 있는 공기 순환을 유지하려면 외부 공기의 유입을 피할 것.
c) 새로운 시험 전에 오븐과 시험편 걸개에 남아 있는 잔여물을 청소할 것.
d) 고분자 재료(예, 폴리프로필렌)의 열적 산화 분해는 촉매의 효과를 가지고 있는 물질을 방출한다. 따라서 복합형 지오텍스타일의 경우를 제외하고는 서로 다른 열 안정제를 함유한 고분자는 동일 시간에 동일한 오븐에서 시험해서는 안 된다.

이 밖에도 C1법과 C2법이 사용되고 있다. 이 시험방법은 시험편을 80℃, 5,000kPa 압력 조건에서 산소를 충전한 수용액에 일정기간 동안 노출한다.

C1법 : 14일, C2법(보강재로 사용하거나 인장강도가 관련인자로 적용되는 시험편들) : 28일간 노출한다.

노출 후 시험편은 A법, B법과 동일하게 기준 시험편과 노출된 시험편 모두 인장강도와 최대하중에서의 변형률을 측정한다.

5) 미생물 저항성 평가

이 시험은 토목섬유 및 토목섬유 관련 제품이 토질 속의 균 및 미생물에 노출되었을 때 이에 저항하는 정도를 평가하는 것으로, 균 및 미생물의 증식으로 인한 악취의 발생과 섬유물의 침해에 의한 물리적, 화학적 성능의 저하를 초래할 수 있으므로 이에 대한 성능을 측정하는 방법으로 ENV 12225에 규정되어 있다. 토목섬유 및 토목섬유 관련 제품에서 활동하며 배수량을 저하시키는 미생물의 증식에 대해 측정하는 일반적인 시험액은 지하수이지만, 생물학적 구멍막힘과 관련한 시험액을 합성해 사용하기도 한다.

이 시험방법은 규정된 용기 속에 시험편을 넣고 100~150mm의 깊이로 흙을 매설한다. 시험용 흙의 수분 함량을 약 60%로 유지하고, 배양기 내부에는 빛이 완전히 차단해야 하며 95±5%의 상대 습도와 26±1℃의 온도를 유지한 상태로 16주간 방치한 후 물리적 특성 변화 시험을

ENV 12226에 의해 실시한다.

기타 시험방법으로는 일반적인 항균시험법인 KS K 0692 – halo test method, KS K 0890 – 평행획선 시험법, shake flask method 등이 있으나 단기적으로 균의 증식을 억제하는 성능을 확인하는 것보다 균의 증식으로 인해 배수성능을 저하시킬 수 있다는 점에 주목해 시험을 선정해야 한다. 따라서 토목섬유 및 토목섬유 관련 제품의 경우 균이 증식해 생물학적 구멍막힘에 의해 유속변화가 생기는 정도를 측정하며, 이때 이끼류 또는 철 이온에 의한 응고 침전 등도 유속 변화를 초래할 수 있다는 점을 유의해야 한다.

6) 응력 저항성 평가

(1) 내환경응력 시험(Environmental stress crack resistance(ESCR) test)

과거에 주로 사용했던 ASTM D 1693에 규정된 시험방법으로 일명 'Bent strip test'라고도 부른다. 이 방법은 그림 4.2.10 (a)과 같이 시료의 중앙부위에 노치를 한 후 180° 구부려 홀더에 끼우고 10% 농도의 Igepal CO-630 용액에 침지시킨다. 시료가 담긴 용기를 50℃의 항온기에 넣어두고 1,500시간 후에 시료의 cracking 현상이 발생되었는지를 확인한다.

이 방법은 매우 간단하다는 장점이 있는 반면에 시험과정에서 시료의 응력이 완화되는 현상이 발생해 재료가 다르거나 두께가 다른 시료에 따라 일관성 없는 결과가 나타나는 것이 단점이

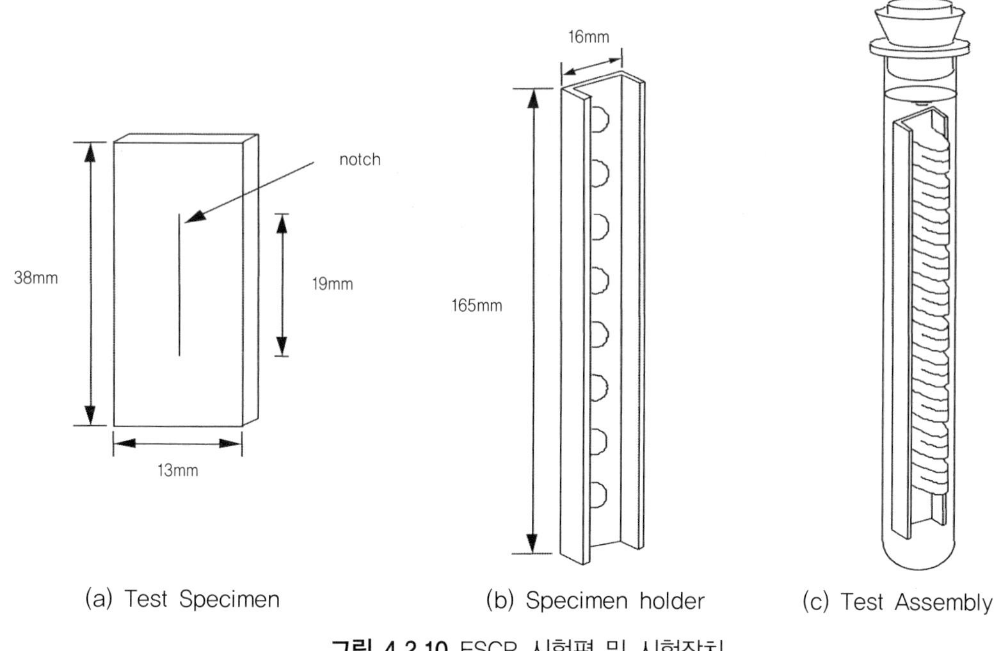

(a) Test Specimen   (b) Specimen holder   (c) Test Assembly

그림 4.2.10 ESCR 시험편 및 시험장치

다. 또한 시료의 파괴시점을 정확히 알 수 없어 실제 현장에서 발생할 수 있는 stress cracking resistance 현상을 정량화할 수 없는 문제점이 있다.

(2) 내응력 균열성 시험(Notched constant tensile load(NCTL) test)

HDPE 지오멤브레인에 적용되는 방법으로 제품으로부터 ASTM D 5397 시험방법에 따라 인장시험용 시험편의 모양으로 작은 크기의 시험편을 그림 4.2.11과 같이 채취해 제품 두께의

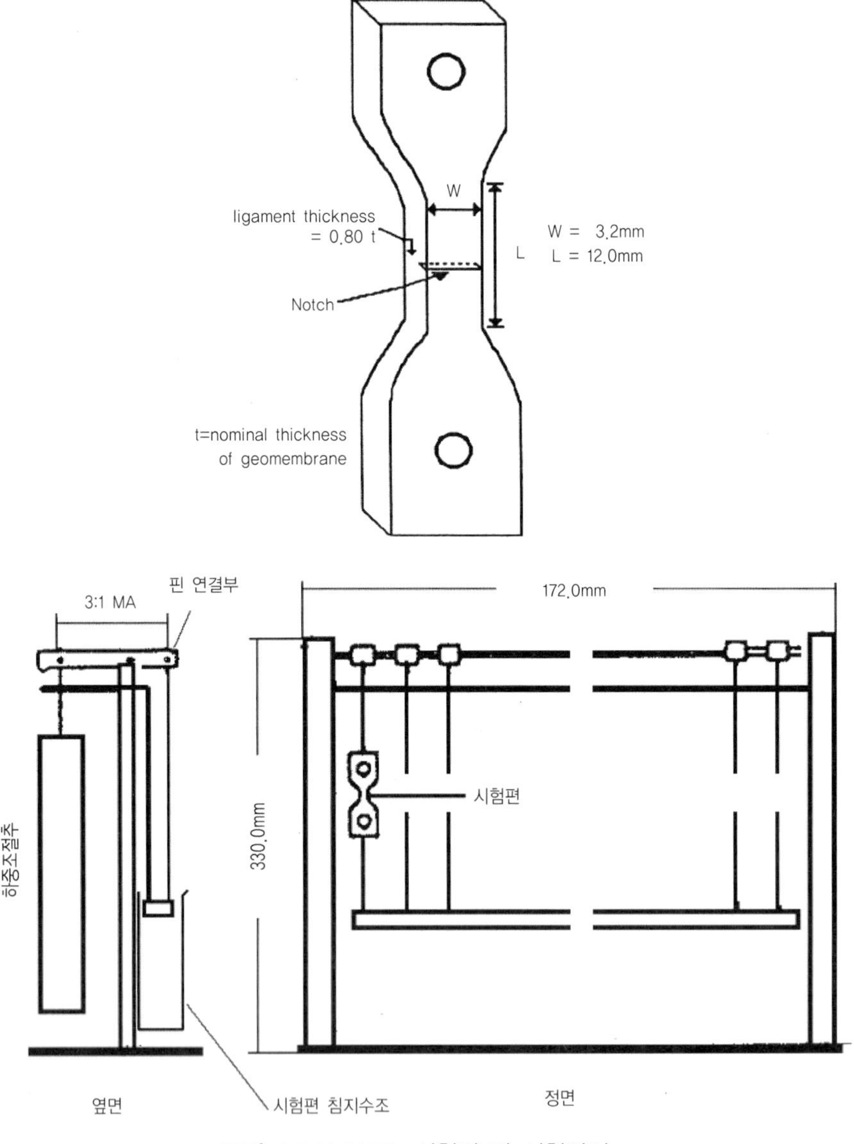

그림 4.2.11 NCTL 시험편 및 시험장치

20%의 깊이를 노치(notch)해준다. 준비된 시험편을 인장시험 시 측정된 항복인장강도의 20~ 65%에 해당하는 하중을 5% 간격으로 가하고 시험장치의 10% Igepal CO-630 계면활성제 용액에 담근다. 시험온도는 50℃이며 시험편이 파단될 때까지의 시간을 측정한다.

SP-NCTL(single point notched constant tensile load)는 항복인장강도의 한 수준(일반적으로 30%)의 하중을 가해 시험편이 파단될 때까지의 시간을 측정하는 것이다. 현재 폐기물처리시설의 설치기준 및 KPS M 6000의 규격에 따르면 항복인장강도의 30%에 해당하는 하중을 가한 후 시험편이 파단될 때까지의 시간을 측정하도록 규정되어 있다.

시험편에 가해지는 각각의 하중조건 및 재료의 연성 정도에 따라서 그림 4.2.12와 같이 3종류의 응력파단현상이 일반적으로 나타난다.

그래프에서 'Knee' 윗부분에서는 연성(ductile) 파단현상이 나타나고 그 아래에서는 유사강성(quasi-brittle) 파단현상이 나타난다. 'Knee' 아랫부분에서는 stress cracking에 의해서 재료가 파괴된다. 그러므로 요구수명에 필요한 최대사용응력을 결정하기 위해 그래프의 연성부분의 선분을 외삽하는 것은 맞지 않다.

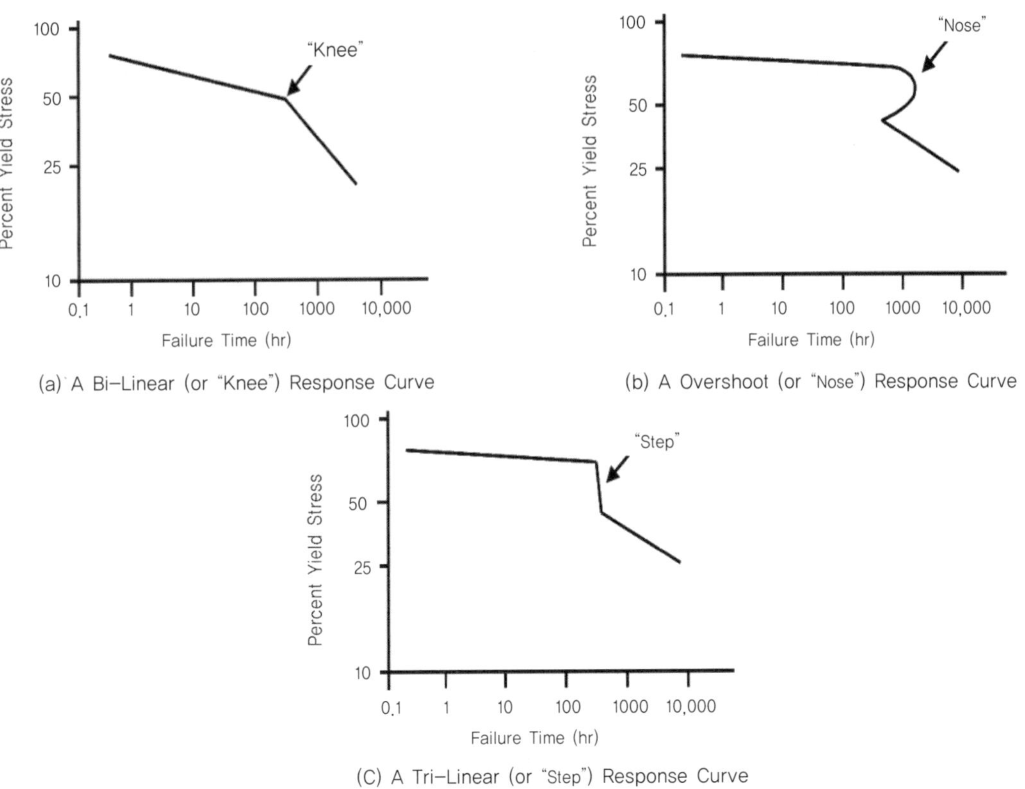

그림 4.2.12 NCTL 시험의 결과에서 나타나는 다양한 반응현상 그래프

참고문헌

1. ASTM D 1693 Standard Test Method for Environmental Stress-Cracking of Ethylene Plastics.
2. ASTM D 4355 Standard Test Method Deterioration of Geotextiles by Exposure to Light, Moisture and Heat in a Xenon Arc Type Apparatus.
3. ASTM D 4594 Standard Test Method for Effects of Temperature on Stability of Geotextiles.
4. ASTM D 5397 Standard test method for evaluation of stress crack resistance of polyolefin geomembranes using notched constant tensile load test.
5. ASTM D 882 Standard Test Method for Tensile Properties of Thin Plastic Sheeting.
6. Atmospheric Ozone 1985, World Meterological Organization, Global Ozone Research and Monitoring Project, Vol. I and II.
7. Brimblecombe, P, Air. Composition & Chemistry, Cambridge Univ. Press, Cambridge, 1986.
8. E. Lord, Jr., T.Y. Soong and R.M. Koerner(1995), "Relaxation behavior of thermally-induced stress in HDPE geomembranes", technical note, geosynthetics international, Vol.2
9. Henderson-Sellers, A. McGuffie, K, A Climate Mondeling Primer, Wiley, Chichester, 1987.
10. Henderson-Sellers, A: Robinson, J, Contemporary Climatology, Longman, Harlow, 1986.
11. Hewitt, CN, Sturges, WT, Eds., Global Atmospheric Chemical Change, Elsevier Applied Science, Barking, 1993.
12. Hilscher, E, Problems with coated polyester fabrics, Ann, Conf. Ind. Textile Group, Textile Inst., Manchester, 1975.
13. KS K 0746 지오텍스타일의 내후성 시험 방법 : 크세논 아크법
14. KS K ISO TR 12960 지오텍스타일 및 관련 제품－액체 저항성 평가를 위한 스크리닝 시험법
15. KS K ISO TR 13434 토목섬유 및 관련제품의 내구성에 관한 지침
16. Levine, JS, The Photochemistry of Atmospheres, Academic Press, Olando 1985.
17. Meszaros, E, Atmospheric Chemistry, Fundamental Aspects, Elsevier, Amsterdam, 1981.
18. Ohring, G; Gruber, A, Adv. Geophys., 25, 1983.
19. Schmetz, H, Phil, Trans. Roy. Soc., A308, 382, 1983.
20. Wells, N, The Atmosphere and Ocean: a Physical Introduction. Taylor & Francis, London, 1986.
21. Y. G. Hsuan(1995), "In the LAB/Testing for stress cracking in HDPE"
22. Y. G. Hsuan(1998), "Temperature effect on the stress cracking resistance of high density polyethylene geomembranes", GRI. DREXEL UNIVERSITY, PHILADELPHIA, PA 19104.

4.3 보강용 토목섬유의 신뢰성 평가

토목 시공 사용되는 토목섬유(Geosynthetics)는 위생 매립장이나 성토 보강 구조물의 장기 성능을 좌우하는 매우 중요한 요소이다. 이러한 위생 매립장 라이너 시스템에 적용되는 지오텍스타일 부직포는 차수재로 사용되는 지오멤브레인을 보호해 매립장의 침출수 누출을 방지한다. 또한 성토 보강용 지오그리드는 사면이나 옹벽 등의 구조물을 지속적으로 유지시키는 보강재로 사용된다. 그러므로 토목섬유의 고장은 구조물의 파괴나 붕괴로 이어지므로 매우 높은 수준의 신뢰성이 필수적으로 요구된다.

4.3.1 신뢰성 평가방법

1) 신뢰성 개요

신뢰성(Reliability)이란 제품의 최초품질을 목표수명기간 동안 만족스럽게 유지할 수 있는 특성으로 '시간에 따른 기본품질'을 의미한다. 학술적인 정의는 '어떤 제품이 규정된 조건에서 정해진 기간 동안 의도한 기능을 수행할 가능성[1]'으로 규정하고 있다. 결국, 언제 무엇 때문에 고장이 발생할지를 사전에 예측해 개선하는 등 하나의 제품을 얼마나 오랫동안 안심하고 사용할 수 있는지를 정량적인 수치로 나타낸 것이라 할 수 있다. 또한 신뢰성 평가(reliability assessment)는 제품의 내환경성(environmental resistance)을 평가하고 내구수명[1] 또는 고장률[1]을 사전에 예측·검증하는 핵심기술로, 소재 〈 부품 〈 모듈 〈 완제품의 순으로 신뢰성 평가가 시급히 요구되고 있으며, 이들 상호간에는 깊은 연관관계가 있다.

이러한 신뢰성은 표 4.3.1에 나타낸 바와 같이 수요(소비)자들이 체감하는 실제품질(Quality) 이라는 측면에서 생산자 중심의 공정품질(협의의 품질)과는 구분된다. 약속을 잘 지키거나 언행

표 4.3.1 품질(협의)과 신뢰성의 비교

구분	품질	신뢰성
개념	공정(현재)품질	시장(미래)품질
평가요소	품질(기능, 성능)	종합성능+사용조건+시간
평가결과	양불량	정상고장
평가지표	불량률	고장률 및 수명
시간영역	정적/출하이전(사내)	동적/출하이후(시장)
주요원인	설계결함, 공정산포	설계/제조결함, 스트레스, 시간
개선방법	설계품질확보/공정관리	좌동, 고장원인분석 및 설계변경

이 일치하는 사람을 보통 '신뢰성이 있는 사람'으로 인정하듯이 고장이 잘 나지 않고 오래 쓸 수 있어 소비자가 만족하는 제품을 '신뢰성 있는 제품'이라고 할 수 있다. 이러한 신뢰성은 오랜 시간 동안 축적되어온 산물로 일시에 형성되거나 무너지지 않는 속성을 지니고 있다.

최근 국제경쟁력이 심화되고 사회적 환경의 변화에 따라 신뢰성 예측 및 보증의 중요성이 증대되고 있으며, 국내기업도 신뢰성 확보의 중요성을 인식해 생산자 중심(요구조건 일치)에서 소비자 중심(고객만족, Customer Satisfaction)으로 변하고 있다. 이러한 배경에는 소비자의 품질에 대한 요구수준이 크게 증대되어 과거에는 인식하지 못한 사소한 고장도 최근에는 A/S를 요구하고 있으며, 소비자의 권리도 한층 강화되고 시장개방에 따른 제품선택의 기회가 확대되고 있는 소비 환경의 변화가 자리 잡고 있다.

현재 유럽연합 등 선진국에서는 2007년도 ISO TR 20432[2], ISO 13434[3]가 제정된 이후 보강용 토목섬유의 신뢰성 확보의 중요성이 더없이 강조되고 있으며, 소재별 사용환경 및 토목구조물에 따라 내후성(weathering), 화학적·생물학적 열화(chemical and biological degradation), 산화(oxidation), 가수분해(hydrolysis), 장기 크리프 특성(long-term creep property), 시공 시 손상(installation damage)에 대해 25년(temporary use)에서 100년(permanent use)까지의 신뢰성 보증을 요구하고 있다.

2) 신뢰성 척도(Reliability Statistics)

신뢰성을 정량적인 값으로 표현하는 수치를 신뢰성 척도라고 한다. 여기서는 일반적으로 사용되는 신뢰성 척도[1]에 대해 설명하려고 한다.

(1) 수명: 신뢰성 공학에서는 수리가 불가능한 제품이 고장 날 때까지의 시간 또는 수리 가능한 제품이 더 이상 수리할 수 없는 고장이 발생할 때까지의 기간을 수명이라고 한다. 수명을 나타내는 일반적인 단위는 시간이지만 제품의 특성에 따라 사이클, 거리 등을 사용하기도 한다.

(2) 고장밀도함수(probability density function), $f(t)$: 단위시간당 고장 나는 제품의 비율을 나타내는 함수로 대표적인 고장밀도함수는 지수(exponential), 와이블(weibull), 정규(normal), 대수정규(lognormal)분포가 있다.

(3) 누적분포함수(cumulative density function), $F(t)$: 제품이 특정 시간까지 고장 날 확률을 나타내는 함수이다.

(4) 신뢰도 함수(reliability function or survival function), $R(t)$: 제품이 특정 시간까지 주어진 조건에서 요구 기능을 수행할 수 있는 확률로 $R(t)=1 - F(t)$.

(5) B 수명(B life): B 수명은 특정 비율의 제품이 고장 나는 시간으로 백분위수를 달리 표현

한 것이라고 할 수 있다. 예를 들어, B_{10} 수명은 누적고장확률이 10%인 시간, B_{50} 수명은 누적고장확률이 50%인 시간으로 중앙수명(median life)이라고도 한다. B_{100p} 수명은 제품의 누적고장 확률이 100p%가 되는 시점이다.

(6) 고장률함수(hazard function): 고장률함수는 주어진 구간(t, $t+\triangle t$)의 시점까지 고장 나지 않은 제품이 순간적으로 고장 날 조건부 확률로서, 고장 메커니즘에 대한 정성적 해석에 중요한 척도이다. 즉, 고장률함수가 증가하면 시간이 지남에 따라 고장이 많아지는 마모고장이 발생한다고 볼 수 있고, 일정한 상수이면 우발적으로 고장이 발생한다고 해석할 수 있다. 고장률함수의 형태에 따라 증가형(increasing failure rate), 감소형(decreasing failure rate), 일정형(constant failure rate)으로 구분하며, 일반적인 고장률함수는 이들이 결합된 욕조형(bathtub)이다.

3) 신뢰성 평가 프로세스

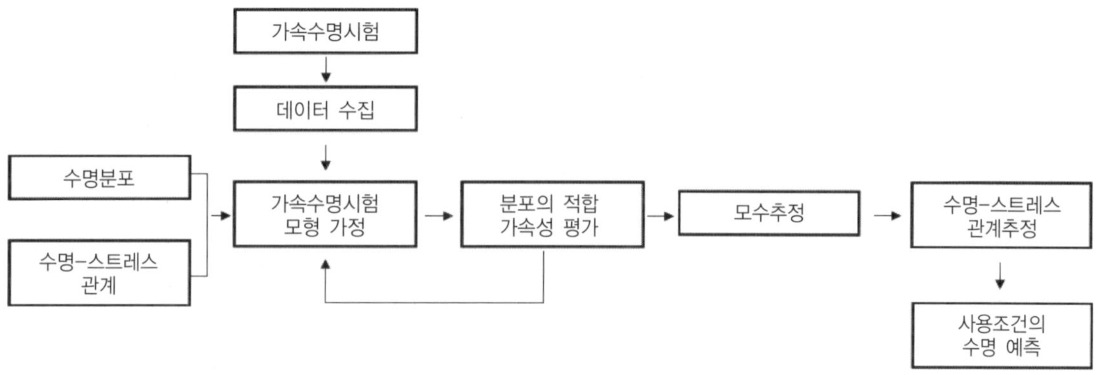

(1) 사용환경에 따른 고장 및 수명 정의

(2) 고장분석(Failure Mode & Effect Analysis)을 통한 수명에 영향을 미치는 주요 스트레스 인자(main stress factors) 추출

(3) 스트레스 인자들을 조합한 실험계획을 통한 고장 메커니즘(failure mechanism)을 재현할 수 있는 복합 가속 수명시험 설계

(4) 가속환경에서의 수명분포 및 신뢰성 척도 추정

(5) 가속수명과 정상수명의 관계를 나타내는 수명-스트레스 관계 규명을 통한 가속계수 산출

(6) 사용조건에서의 수명 예측

4.3.2 고분자 소재의 고장 메커니즘

고장은 '요구 기능을 수행하지 못함'을 의미하며, 제품의 기능 중에서 특정 기능을 수행할 수 없는 경우만 의미하는 것이 아니라 기능을 수행하지만 성능이 요구수준(보통 설계 엔지니어에 의해 결정된 성능 규격을 의미함)을 만족하지 못하는 경우도 포함한다.

예를 들어, 보강용 토목섬유는 토목구조물의 보강기능을 수행한다. 만일, 토목섬유의 크리프 변형이 과도하게 발생되어 토목구조물의 형태 변형의 원인이 되었다면 고장이 발생한 것이다.

신뢰성은 제품의 고장이 발생하지 않고 오랫동안 사용할 수 있을 가능성이다. 제품의 신뢰성을 향상시키기 위해서는 설계나 제조 단계에서부터 발생 가능한 고장에 대해 철저히 대비해야 하며, 사용자도 무리하게 또는 의도한 목적 이외로 사용해서는 안 되며, 예방정비를 하는 등의 노력을 기울여야 한다.

고장 메커니즘은 물리적, 화학적, 기계적, 전기적, 인간적 원인 등으로 고장을 일으키는 것으로 정의할 수 있으며, 대상 제품이 외부에서 스트레스 및 사용환경의 변화에 따라 물리적·화학적으로 변해서 고장에 이르는 것을 고장 메커니즘이라고 한다. 또한, 고장 모드는 고장 메커니즘과 구별되어야 하는데, 고장 모드는 메커니즘을 나타내는 방법이며, 징후이지 고장의 근본원인은 아니다. 고장 난 제품에서 처음에 확인할 수 있는 것은 고장 모드이고 고장 메커니즘은 근본원인의 고장 분석을 통해서 규명될 수 있다.

고장 메커니즘은 고장이 발생하는 유형에 따라 우발고장과 마모고장으로 구분할 수 있고, 또한 고장 메커니즘을 유발하거나 가속하는 부하의 성질에 따라 기계, 열, 전기 및 화학 등으로 분류할 수 있다.

4.3.3 가속수명시험

1) 가속수명시험의 정의

시험기간을 단축하기 위해 기준조건보다 가혹한 스트레스(온도, 습도, 자외선 등) 조건에서 실시하는 시험을 가속수명시험(Accelerated Life Test)이라 한다. 가속조건에서 관측된 고장 데이터를 분석해 추정된 수명-스트레스 관계식을 그림 4.3.1과 같이 사용조건으로 외삽해 사용조건에서의 수명을 정확하게 추정하기 위한 시험이다.

가속수명시험의 수학적 정의는 다음과 같다. T_d를 사용조건에서의 수명, T_a를 가속조건에서의 수명이라 하면, $T_d = \mathrm{AF} \times T_a$ 이다. 이때, AF를 가속계수(Acceleration Factor)라 한다.

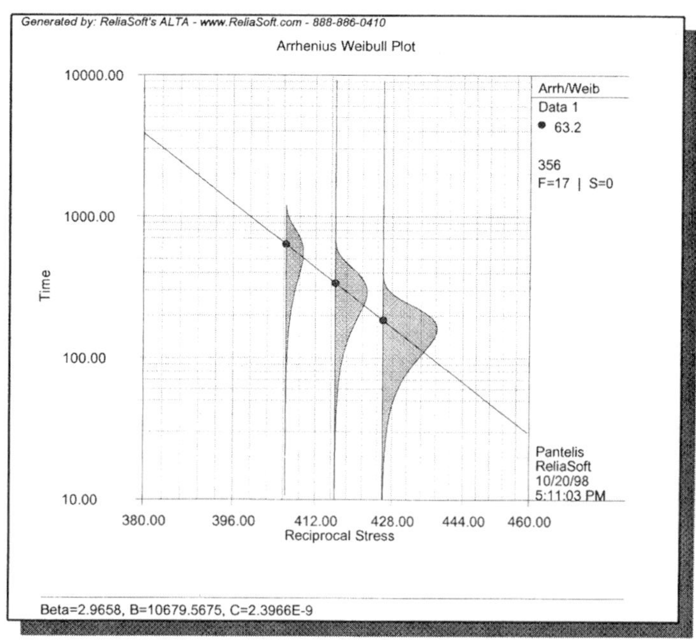

그림 4.3.1 가속수명시험의 개념

2) 가속수명시험의 원리

가속수명시험은 외부 스트레스(주위 온도, 습도, 온·습도 변화, 진동 등)를 사용조건보다 높게 인가해 고장현상이 진행되는 (반응)속도와 열화를 촉진하는 시험이다. 가속수명시험에서 가속이 가능하기 위해서는 스트레스의 범위에서 다음과 같은 조건을 만족해야 한다.

(1) 율속과정의 존재 : 고장이 단일 물리·화학적 반응에 의해 발생하는 경우는 극히 드물며, 여러 반응이 조합되어 발생하는 경우가 대부분이다. 이때 전체 반응속도를 결정하는 과정을 율속과정(rate determining step 혹은 rate controlling step)이라 한다. 따라서 고장 메커니즘 중에서 속도를 결정하는 율속과정을 가속하는 것이 가속수명시험의 전제이다.

(2) 고장 메커니즘의 일치성 : 동일 소재 및 제품에 동일한 스트레스를 인가하더라도 스트레스의 수준에 따라 서로 다른 형태의 고장 메커니즘이 발생할 수 있다. 스트레스를 가혹하게 인가하더라도 고장 메커니즘이 변하지 않고 실 사용조건에서 발생하는 동일한 고장 메커니즘을 재현하는 것이 가속수명시험의 기본 원칙이다.

(3) 가속성의 성립 : 사용조건과 가속조건의 고장 메커니즘이 일치하면서, 율속과정이 존재해 $T_d = \mathrm{AF} \times T_a$(가속수명시험의 정의)를 만족하면, 가속성이 성립한다고 한다.

3) 가속수명시험 절차

일반적인 가속수명시험의 실시 절차는 다음과 같다.

(1) 고장 메커니즘의 선정 : 가속수명시험에서 가속시킬 고장 메커니즘을 선정한다. 하나의 제품에 여러 고장 메커니즘이 존재할 수 있지만 고장 분석을 통해 문제가 되는 율속과정을 단일 고장 메커니즘으로 취급해 선정한다. 보강용 지오그리드의 경우 크리프 메커니즘을 주요 고장 메커니즘으로 선정할 수 있고, 배수용 연직배수재의 경우 배수성능 저하를 선정할 수 있다.

(2) 가속 스트레스의 결정 : 고장 메커니즘을 가속할 수 있는 스트레스를 결정한다. 예를 들어, 보강용 지오그리드의 크리프를 가속하고 싶다면, 온도 또는 하중을 스트레스로 결정할 수 있다.

(3) 가속 스트레스의 범위 결정 : 고장 메커니즘의 일치성이 성립하는, 즉 사용조건의 고장 메커니즘이 변하지 않는 가속 스트레스의 범위를 결정한다. 가속 스트레스의 범위는 유리전이온도, 용융온도, 항복강도 등 재료의 물성에 의해 결정된다.

(4) 시험조건 결정 : 가속 스트레스 수준을 선정하거나 여러 스트레스의 수준을 조합해 시험조건을 결정한다. 각 스트레스별로 2~3개의 수준을 선정하는 것이 일반적이다.

(5) 시료 수의 결정과 배분 : 가속수명시험에 필요한 총 시료 수를 결정하고, 각 시험조건에 배분한다. 일반적으로 데이터 분석을 위해 필요한 5개 이상의 시료를 각 시험조건에 배치하는 것이 바람직하며, 균등하게 배분하는 것보다 가혹도가 낮은 조건에 더 많이 배분하는 것이 데이터 분석의 정확성을 높일 수 있다.

(6) 가속수명시험 실시 : 가속수명시험을 실시하고, 데이터를 수집한다. 어떤 고장 메커니즘으로 인해 고장이 발생했는지를 확인하기 위해 시험 중 고장 분석이 수행되어야 한다.

(7) 가속수명시험 모형개발 및 데이터 분석 : 가속수명시험 모형을 가정하고 데이터를 분석해, 각 시험조건에서의 수명분포의 모수와 수명–스트레스 관계를 추정한다. 이때, 수명분포의 적합성과 시험조건 사이의 가속성을 검정하는 것이 필요하다.

(8) 사용조건에서의 수명과 가속계수 추정 : 추정된 수명–스트레스를 사용조건으로 외삽해 사용조건에서의 수명을 추정한다. 또한, 사용조건과 특정 가속조건 사이의 가속계수를 추정한다.

(9) 유효성 검증 : 수명–스트레스 관계와 가속계수의 유효성은 지속적으로 검증되어야 한다. 유효성 검증의 한 가지 방법은 필드 데이터와 비교하는 것이다.

4) 수명-스트레스와의 관계식

토목섬유와 같은 고분자 재료의 경우 가장 많이 사용되는 가속인자는 온도이다. 시간-온도 중첩원리(Time-Temperature Superposition, TTS)와 아레니우스 모델은 온도에 의한 가속수명시험에서 가장 널리 사용되는 수명-스트레스 모델로 다음과 같이 표현한다.

(1) 시간-온도 중첩원리

크리프 변형률을 가속 시험할 경우, 시간-온도 중첩원리를 이용해 온도를 가속인자로 하는 크리프 가속시험을 수행한다. 크리프 변형률에 대한 온도와 시간의 연관성은 아래와 같이 표현할 수 있다.

$$E(T_0, t) = E\left(T, \frac{t}{a_T}\right) \tag{4.3.1}$$

여기서 T_0 : 기준온도

T : 이동온도

a_T : 시간 t에 따른 시간 축 이동인자로 가속계수의 역수

$$a_T = \frac{t_T}{t_{T_0}}, \ Log_{10}a_T = Log_{10}t_T - Log_{10}t_{T_0}$$

여기서 t_{T_0} : 기준온도에서 크리프 변형률 $x\%$에 도달하는 데 걸리는 시간

t_T : 이동온도에서 크리프 변형률 $x\%$에 도달하는 데 걸리는 시간

WLF(William-Landel-Ferry) 식에 의해 가속계수의 역수인 a_T는 다음과 같이 얻을 수 있다.

$$Log_{10} \ a_T = \frac{-C_1(T-T_g)}{C_2 + T - T_g}, \tag{4.3.2}$$

여기서 T_g : 기준온도로 사용된 유리전이온도

C_1, C_2 : 시간-온도 중첩에 사용되는 WLF 상수

최근에는 시간-온도 중첩원리의 몇 가지 단점을 보완하기 위해 미국의 TRI (Texas Research International)에서 개발한 단계등온법(SIM, stepped isothermal methods using time-temperature superposition)이 ASTM D 6992[4]와 RS K 0023[5]에 가속 크리프 시험법으로 표준화되어 수명 예측에 관한 연구가 활발히 진행되고 있다. 단계등온법의 정의는 '하나의 시료에 하중을 부여하여 온도를 순차적으로 상승시킨 후 일정시간 유지시키며 크리프 변형률을 측정하는 방법'으로, 기존의 TTS와 비교할 때 시험시간을 혁신적으로 단축할 수 있고, 시료 간 편차와 이동인자로부터 오는 불확도를 최소화할 수 있는 장점이 있다. 그러나 이 방법은 장기 크리프시험 데이터가 없는 경우 많은 주의를 요한다.

(2) 아레니우스 모델(Arrhenius Model)

온도를 가속인자로 하는 가속수명 모델로 가장 널리 사용되는 수명-스트레스 모델이다. 활성화 에너지는 반응의 고유한 상수이며 정상상태에서 열화상태로 이행에 요구되는 에너지의 크기를 나타낸다.

$$\tau = A \exp\left(\frac{E}{kT}\right) \tag{4.3.3}$$

τ : 고장시간,
A : 상수,
E : 활성화에너지(eV),
k : 가스상수($= 8.6173 \times 10^{-5}$ eV/K)
T : 절대온도(K)

5) 수명분포

가속수명시험의 정의에서, 사용조건에서의 수명 T_d와 가속조건에서의 수명 T_a는 수명분포를 갖는 확률변수이다. 토목섬유의 고장은 주로 스트레스 누적에 의한 증가형 고장률함수(Increasing failure rate)를 나타내므로 와이블 분포(Weibull distribution)를 가정하는 것이 바람직하며, 신뢰성을 평가할 수 있는 척도인 신뢰도 함수(Survival function), 고장률(Harzard function), B_{100p} 수명은 다음과 같이 구한다.

$$\text{분포함수: } F(t) = 1 - \exp\left[-\left(\frac{t}{\alpha}\right)^{\beta}\right] \qquad (4.3.4)$$

$$\text{고장률 : } h(t) = \frac{\beta}{\alpha}\left(\frac{t}{\alpha}\right)^{\beta-1} \qquad (4.3.5)$$

$$\text{평균수명 : } MTTF = \Gamma(1 + 1/\beta)\,a \qquad (4.3.6)$$

$$B_{100p} \text{ 수명 : } B_{100p} = -a\left[\,\log(1-p)\,\right]^{1/\beta} \qquad (4.3.7)$$

여기서, a : 척도모수(Scale Parameter) (시간)
       β : 형상모수(Shape Parameter)
       t : 수명 (시간)

또한, 와이블 분포의 형상모수(β)는 값이 1보다 적으면 감소형 고장률함수(Decreasing failure rate)를 나타낼 수 있고, 1보다 크면 증가형 고장률함수를 나타낼 수 있으며, 1이면 고장률이 일정한 우발고장을 나타낼 수 있다. 그러므로 수명분포를 추정할 때 와이블 분포가 일반적으로 사용되며, 그 외에도 대수정규분포, 지수분포 등이 수명분포 및 신뢰성 척도 추정에 사용된다.

4.3.4 토목섬유의 신뢰성 평가기준

토목섬유의 종류는 지오텍스타일, 지오그리드, 지오멤브레인, 지오네트, 지오셀, 지오드레인, 지오매트, 지오파이프, 토목섬유 점토차수재, 지오컴포지트 등을 들 수 있다. 이러한 토목섬유는 모래, 자갈, 흙 등의 환경에 사용되는 고분자 재료로 사용기간 동안 성능 변화가 클 경우 토목구조물의 안전성에 심각한 영향을 미치므로 품질 및 신뢰성 인증에 대한 기준의 마련이 시급히 요구되어왔다. 이에 따라 2002년부터 부품·소재 전문기업 등의 육성에 관한 특별조치법을 근거로 한 신뢰성 평가기반 구축사업을 통해 토목섬유 분야에 총 9종의 신뢰성 평가기준이 제정되었다. 신뢰성 평가기준은 신뢰성 인증을 받기 위한 평가기준으로 품질인증, 내환경성이 확보된 제품에 대해 수명을 보증할 수 있는 신뢰성 평가를 포함하고 있고, 토목섬유의 요구수명은 토목구조물의 수명을 고려해 적용되었으므로 성토보강용 토목섬유는 100년 수명, 위생매립장에 적용되는 토목섬유의 경우 50년 수명, 연약지반 개량용 토목섬유 배수재는 3년 수명이 요구된다.

지식경제부 기술표준원에서 부여하던 국가인증인 신뢰성 인증이 2009년 7월 민간에 이양됨에 따라 8개 분야의 신뢰성 지정 인증기관을 통해 인증을 신청할 수 있고, 신뢰성 인증을 획득하기 위한 절차는 그림 4.3.2와 같다. 신뢰성 인증을 신청한 제품의 생산공장이 안정된 상태로 관리되어 제품에 대한 신뢰성이 유지될 수 있는지 품질경영, 공정관리, 전문기술 등에 대한 공장심사와 제품의 신뢰성 평가결과가 신뢰성 평가기준에 적합한지에 대한 신뢰성 심사로 이루어져 있다.

9종의 신뢰성 평가기준 중 RS K0022[9], 0023[10], 0029[12] 3종은 가속 크리프 시험법에 대한 방법규격이며, 고분자 재료의 대표적인 고장 메커니즘인 크리프를 가속 시험할 수 있게 개발된 기준으로 지오신세틱스뿐만 아니라 엔지니어링 플라스틱, 케블라(Kevlar)와 같은 슈퍼 섬유에도 적용이 가능한 시험법이다. 이러한 기준을 개발하는 과정에서 토목섬유의 사용환경, 요구성능, 사용수명 등을 정의해야 하는데, 그 내용은 표 4.3.2와 같다.

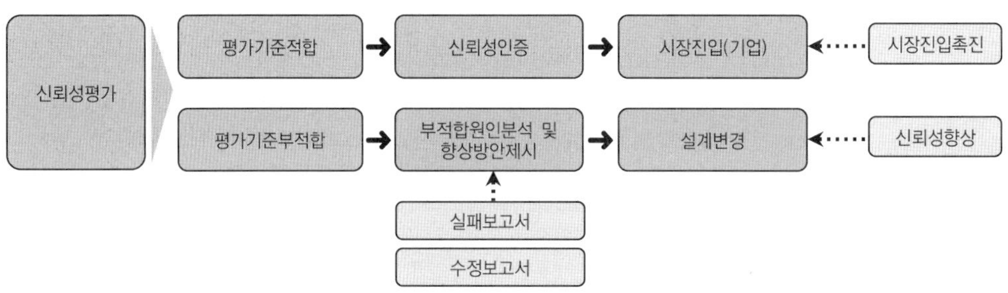

그림 4.3.2 토목섬유 신뢰성 인증절차

그림 4.3.3 토목섬유 분야의 신뢰성 평가장비

표 4.3.2 지오신세틱스 분야의 신뢰성 평가기준 요약

기준번호	기준명	주요품질 시험항목	고장시점	내구수명 보증등급
RS K 0008	위생매립장 라이너시스템용 부직포	– 인장강신도 – 꿰뚫림강도 – 공극특성 – 소재저항성 외	투수 계수 1.0×10^{-3}cm/s 미만	신뢰수준 90% B_{10} 수명 50년
RS K 0009	성토보강용 지오그리드	– 인장강신도 – 내시공성 – 직접전단마찰성 – 소재저항성 외	크리프 감소계수 – PET : 1.7 – HDPE : 3.0	내구수명 100년
RS K 0019	위생매립장 라이너시스템용 지오멤브레인	– 인장강신도 – 꿰뚫림강도 – 산화유도시간 – 카본블랙함량 외	산화유도시간(OIT) 유지율이 10%가 되는 시점	신뢰수준 90% B_{10} 수명 50년
RS K 0021	연약지반 개량용 토목섬유 배수재 – 플라스틱 연직배수재	– 인장강신도 – 배수성능 – 수직투수계수 – 유효구멍크기 외	배수성능 q_w(cm^3/s)가 5cm^3/s 미만	신뢰수준 90% B_{10} 수명 3년
RS K 0022	지오신세틱스의 가속인장크리프 수명평가방법(A) – 시간·온도 중첩원리	– 인장강신도	과도한 크리프 변형률	신뢰수준 90% B_{100p} 수명
RS K 0023	지오신세틱스의 가속인장크리프 수명평가방법(B) – 단계등온법	– 인장강신도 – 램프 앤 홀드	과도한 크리프 변형률 또는 크리프 파단	내구수명 100년에서의 크리프 감소계수
RS K 0024	보강토옹벽용 띠형 섬유보강재	– 인장강신도 – 내시공성 – 소재저항성 – 인발계수 외	크리프 감소계수 1.7 미만	내구수명 100년
RS K 0029	배수용 지오신세틱스의 가속 압축 크리프 수명 평가 방법 : 단계등온법	– 압축 응력 – 램프 앤 홀드	현장에서 요구하는 RF_{CR}에서의 고장시간	신뢰수준 90% B_{100p} 수명
RS K 0030	옹벽 및 터널용 돌기형 일면 배수재	– 재질, 밀도 – 두께, 중량 – 압축강도 – 수평투수량	압축 크리프 감소계수 – 돌기형 : 1.8 – 터널용 : 2.0	신뢰수준 90% B_{10} 수명 100년
RS K 0031	위생 매립장용 지오컴포지트	– 두께, 중량 – 접착강도 – 수평투수율 등	수평투수율 3.3×10^{-5}m^2/sec 미만	신뢰수준 90% B_{10} 수명 50년

4.3.5 보강용 토목섬유의 신뢰성 평가사례

현재 토목섬유 중 신뢰성 평가·인증이 가장 활발히 진행되는 분야는 성토보강용 지오그리드

와 띠형 섬유보강재로 RS K 0009[6], RS K 0023[9]와 RS K 0024[10]에 의해 시간-온도 중첩
원리를 적용한 단계등온법에 의한 지오그리드의 신뢰성 평가 사례를 소개하려고 한다. 지오그
리드의 신뢰성 평가기준을 요약하면 표 4.3.3과 같다. 품질성능과 소재의 저항성에 대한 평가법
은 4.1, 4.2절에서 다루었으므로 신뢰성 평가방법 및 결과에 대해서만 다루기로 한다.

표 4.3.3 성토보강용 지오그리드 신뢰성 평가기준(RS K 0009) 요약

품질성능		단위	종류	
			고분자성형 지오그리드	섬유제 지오그리드
인장강도		kN/m	표시치 이상	표시치 이상
인장신도		%	표시치 이하	표시치 이하
접점 강도		kN	표시치 이상	표시치 이상
내시공성		%	50	50
직접전단 마찰성		도	20	20
카르복실기 정량		mmol/kg	–	30 이하
수평균 분자량		–	–	25 000
산화유도시간		분	100	–
			400	–
카본블랙 함량		%	2~3	–
소재 저항성	가수분해	%	–	70
	산화	%	50	–
	액체	%	50	50
	미생물	%	50	50
	자외선 (150시간)	%	70	70
신뢰성 평가 시험	토압 및 온도에 의한 복합 가속 시험	기준온도 20℃, 사용 수명 100년(87만6000시간)에서 크리프 감 소계수: – 섬유제 지오그리드의 경우 1.7 미만 – 고분자 성형 지오그리드의 경우 3.0 미만		

1) 단계등온법을 적용한 가속 크리프 시험법

토목섬유를 구성하고 있는 주요 고분자 재료는 온도에 따라 다른 크리프 변형률을 나타낸다.
1990년대 말 미국의 TRI의 Dr. Thornton은 이와 같은 시간-온도 중첩원리를 적용해 단계등온
법(Stepped Isothermal Method)이라는 가속크리프 시험법을 개발했다. 단계등온법의 장점은
시험시간이 짧고, 하나의 시험편에 단계적으로 온도를 승온시키면서 크리프 변형률을 측정하므
로 시험편 간의 편차를 최소화할 수 있다. 또한, 기존의 시간-온도 중첩원리에서 적용한 WLF

(William-Landal-Ferry) 이동인자[15] 대신 경험적인 이동인자를 이용하므로 이동인자에 대한 불확도를 최소화할 수 있다. 그러나 폴리에스테르 및 폴리올레핀 외의 고분자 재료에 대한 표준 프로토콜이 아직 개발 중이므로 새로운 소재의 토목섬유에 적용할 경우 주의가 요구된다.

표 4.3.4 크리프 시험방법 비교

항목	장기 크리프시험	시간-온도 중첩원리	단계등온법
시료	1개의 시료	온도 수준당 1개 (최소 3개의 시료/ 최소 3수준의 온도)	1개의 시료 (1개의 시료/ 최소 5단계의 온도)
최소시험시간	1만 시간	3,000시간	16시간
장기크리프 예측가능시간	1만 시간	100년 이상	100년 이상
이동인자	없음	WLF 이동인자	경험적인 이동인자

단계등온법은 그림 4.3.4와 같이 하나의 시료에 일정하중을 부여한 후, 온도를 단계적으로 올리면서 크리프 변형률을 측정한다. 크리프 변형률 곡선(그림 4.3.5, 그림 4.3.6)을 탄성률 곡선으로 변환한 후, 각각의 크리프 탄성률 곡선의 기울기를 동일하게 맞추는 방법(그림 4.3.7)으로 크리프 탄성률 마스터 곡선을 구한 후(그림 4.3.8), 로그시간-크리프 변형률 곡선으로 전환해 크리프 마스터 커브(그림 4.3.9)를 구하는 방법이다.

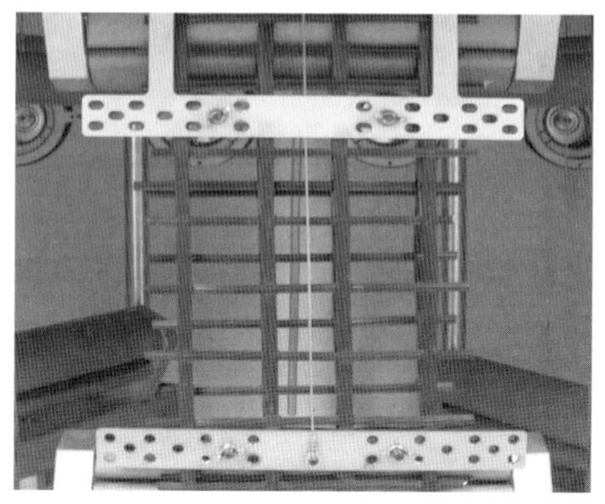

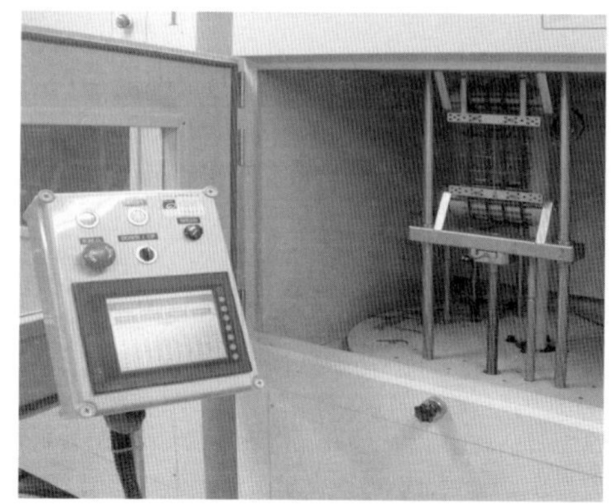

(a) 변위측정장치 장착   (b) SIM 시험준비 완료

그림 4.3.4 단계등온법 시험장치 및 시험준비

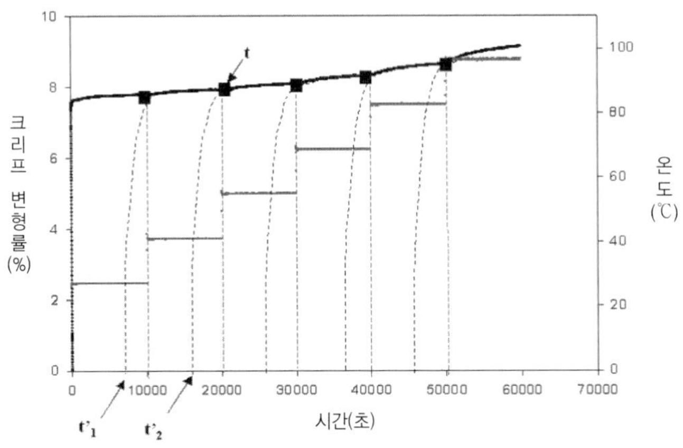

그림 4.3.5 크리프 변형률 곡선

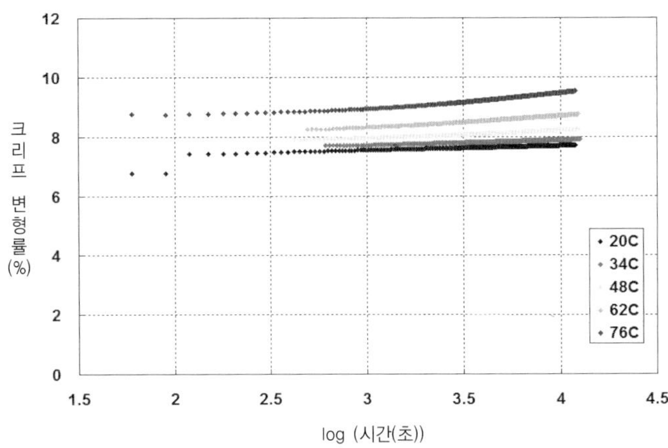

그림 4.3.6 크리프 변형률–온도 단계별 로그시간

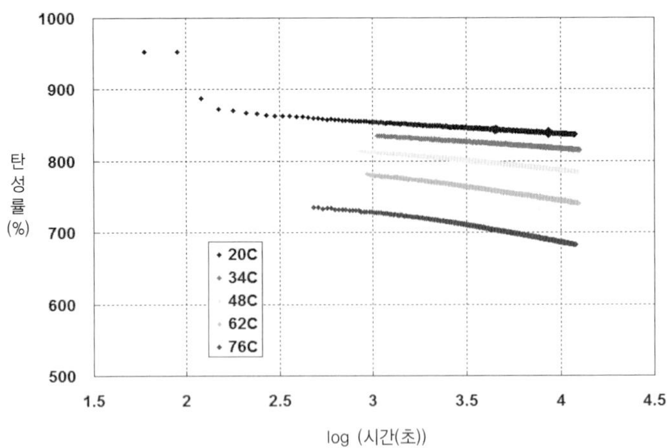

그림 4.3.7 크리프 탄성률–온도 단계별 로그시간

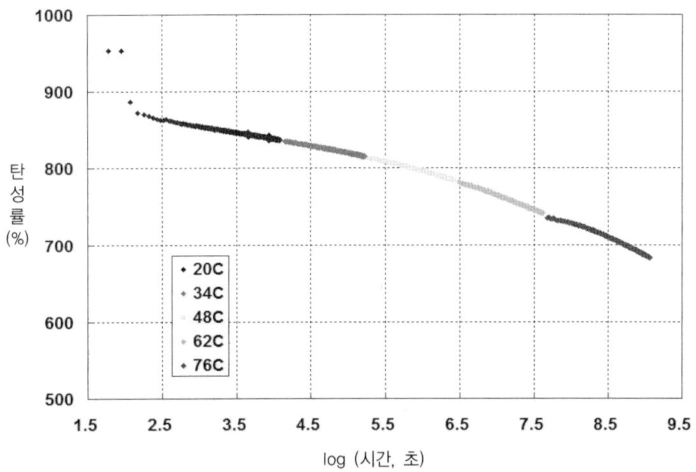

그림 4.3.8 크리프 탄성률 마스터 곡선

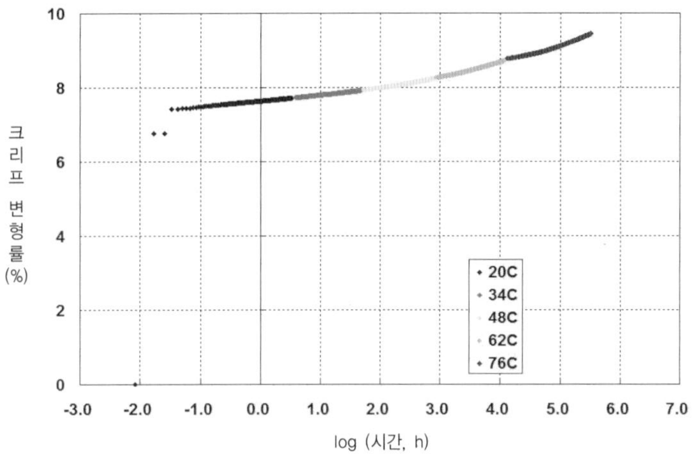

그림 4.3.9 크리프 변형률 마스터 곡선

표 4.3.5 단계등온법 파라미터 및 결과 요약

평균 크리프 하중(kN/m):	34.9			크리프 하중(%):		51.30
인장강도(kN/m):	68.0			파단 여부:		NO
승온순서(i)	보정시간(t')	등온유지시간(t)	(t-t')i	수직이동인자	수평이동인자	온도(℃)	단위온도당 이동인자(℃)
1	0	30	30	−	−	20.02	−
2	11600	12030	420	0.01	1.10	33.83	0.1121
3	23600	24030	410	0.02	1.15	47.78	0.1156
4	35700	36030	420	0.02	1.20	61.84	0.1192
5	47800	48030	460	0.03	1.20	75.79	0.1207
결과 요약	초기값	말기값	단위	기준온도(20℃)	평균	0.1182
시험시간	3600	60030	sec	−		
로그이동인자(t-t')	3.5527	9.0761	log(sec)	9.1417		
이동인자(t-t')	−	37.90	년	37.12		
크리프 변형률	7.63	9.50	%	−		
크리프 탄성률	850	663	kN/m	−		

2) 성토보강용 지오그리드의 수명평가

지오그리드에 일정 하중을 부여한 후, 단계등온법에 의해 크리프 마스터 커브를 반복해 최소 3개 이상 구한다. 크리프 고장시간은 마스터 곡선에서 한계 크리프 변형률 또는 크리프 파단에 도달하는 시간을 구하고, 와이블 분포를 적용해 그림 4.3.10과 같이 신뢰성 척도를 계산했다. 그 결과, 90% 신뢰수준에서 B_{10} 수명은 316년으로 추정된다.

3) 성토보강용 지오그리드의 크리프 감소계수 평가

단계등온법에 의한 수명예측과 크리프 마스터 곡선을 구하는 과정은 동일하나, 크리프 파단이 발생되는 최소 8 수준의 크리프 하중을 적용하고, 각각의 크리프 하중에서 반복 시험 없이 그림 4.3.11과 같이 크리프 마스터 곡선 및 크리프 파단시간을 구한다. 단, 최소 3 수준의 크리프 하중에서의 크리프 파단시간이 1,000~10만 시간 사이, 최소 3 수준의 크리프 하중에서 크리프 파단시간이 10만~1,000만 시간이어야 한다. 각 크리프 하중별로 크리프 파단시간(로그시간)과 크리프 하중을 그래프로 나타낸다. 크리프 파단시간(로그시간)을 종속변수로 하고 크리프 하중을 독립변수로 하는 회귀분석식을 구한 후, 회귀분석식을 이용해 현장에서 요구하는 수명을 만족하는 크리프 하중을 추정한 후, 크리프 감소계수를 구해 결과를 표시한다.

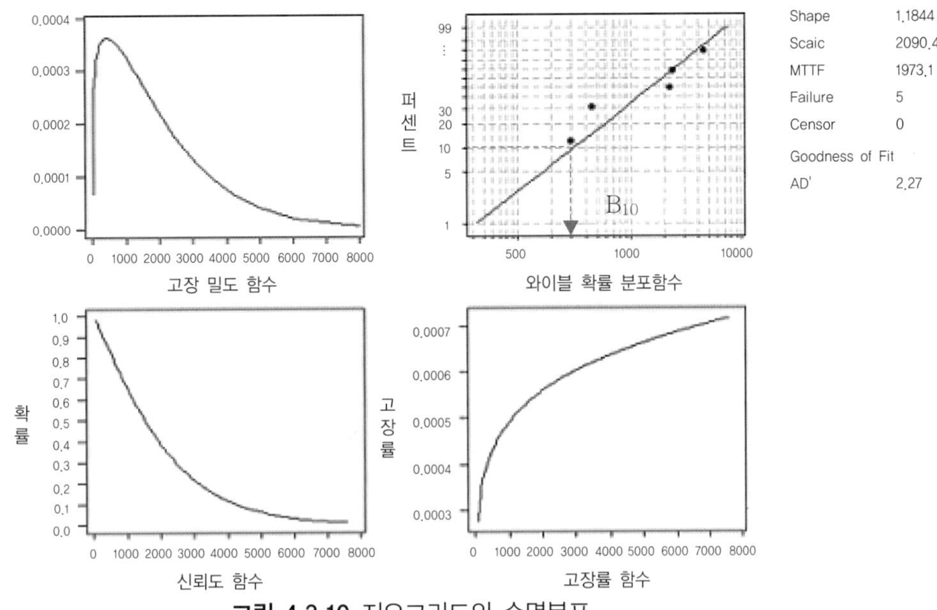

그림 4.3.10 지오그리드의 수명분포

실제 지오그리드의 크리프 감소계수를 산출한 사례를 보면, 크리프 파단이 발생되는 크리프 하중에서 각각의 크리프 파단시간을 표 4.3.6과 같이 구한다. 크리프 하중별로 크리프 파단시간 (로그시간)과 크리프 하중을 그림 4.3.12와 같이 그래프로 나타낸다. 크리프 파단시간(로그시간) 을 종속변수로 하고 크리프 하중을 독립변수로 하는 회귀식을 구한 후, 회귀식을 이용해 현장에

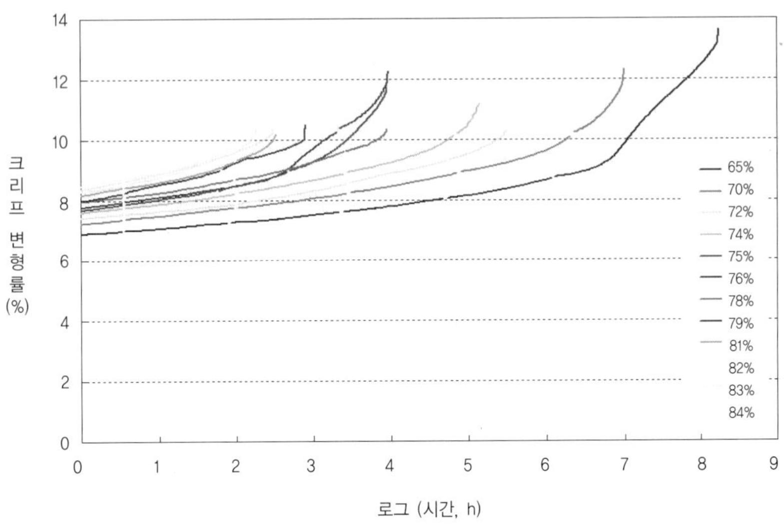

그림 4.3.11 지오그리드의 하중별 크리프 파단시간

서 요구하는 수명에서의 크리프 하중을 구한다. 결과는 크리프 하중의 역수를 취해 크리프 감소 계수로 표시한다. 예를 들면, 현장요구 수명이 100년이고, 회귀식을 이용해 산출한 100년에서의 크리프 하중이 71.3%일 경우, 현장에서 요구하는 100년에서의 크리프 감소계수(RF_{CR})를 1.402 (=100/71.3)로 표시한다.

표 4.3.6 크리프 파단시간

크리프 하중 (% of UTS)	크리프 파단시간 (hours)	크리프 파단시간 (log(hours))
70	172,495,961	8.24
72	9,950,253	7.00
74	310,790	5.49
76	138,576	5.14
77	9,121	3.96
78	9,575	3.98
79	9,134	3.96
80	798	2.90
81	328	2.52
82	196	2.29
83	309	2.49
84	88	1.94

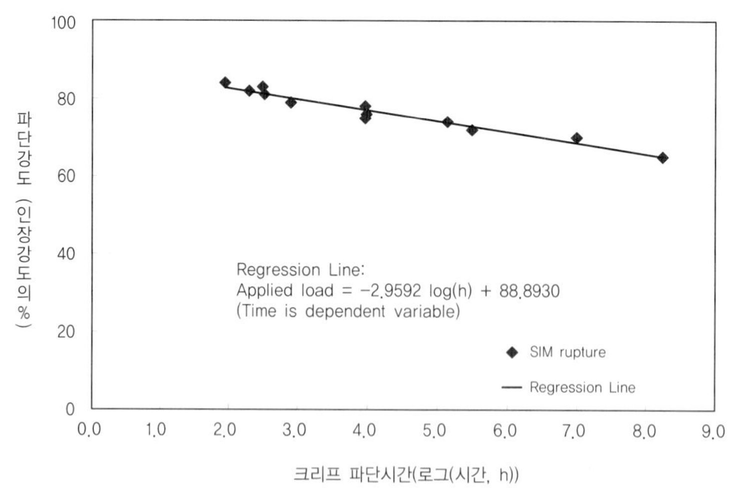

그림 4.3.12 크리프 파단시간과 크리프 하중 간의 회귀분석 결과

4.3.6 맺음말

토목섬유의 신뢰성 평가방법에 대해 방법론과 사례를 들어 정리해보았다. 토목섬유는 고도의 안전성과 100년 이상의 영구수명이 요구되는 토목구조물에 적용되므로 토목구조물 설계 시 요구되는 신뢰성 수준을 만족해야 한다. 그러므로 신뢰성 평가방법 개발, 신뢰성 향상 및 나아가서는 제품의 설계단계에서 신뢰성을 확보할 수 있는 요소기술의 개발이 시급히 요구되고 있다.

이러한 평가기술이 우리나라에서는 최근에 정부 주도로 개발되었지만 이미 유럽 등 선진국에서는 이와 같은 수명 평가방법들이 50년 전부터 활발히 연구되고 있다. 기업과 전문협회에서는 수명, 신뢰성을 내포한 품질 기준을 정하고, 각국 정부에서 품질 인증기관으로 인정한 기업 또는 전문 협회가 이를 기준으로 개별적인 시험평가 및 인증시험을 수행하는 형태가 많아지고 있으며, 국가는 해당 제품의 인증획득 여부를 기준으로 자국 내의 사용과 유통을 규제하는 방법을 적용하는 예가 대부분이다. 또한, WTO(World Trade Organization) 출범 이후, 각국이 신뢰성을 포함한 품질인증 제도를 자국의 산업육성과 수출촉진 차원으로 전환하여 기술장벽으로 작용하고 있다.

이에 대응하기 위해, 토목섬유 분야의 신뢰성 인증을 포함한 국내 제품 인증의 해외 인지도 제고와 국내 신뢰성 평가능력 제고를 위해, 전방산업의 신뢰성 요구를 정확히 파악해 적절히 대처한다면 향후 토목섬유의 경쟁력 향상에도 크게 기여할 것으로 기대된다.

참고문헌

1. 『신뢰성 용어 해설서』, 산업자원부 기술표준원(2007)
2. ISO/TR 20432:2007 Guidelines for the determination of the long-term strength of geosynthetics for soil reinforcement
3. ISO/TS 13434:2008 Geosynthetics-Guidelines for the assessment of durability
4. ASTM D 6992-03 Standard Test Method for Accelerated Tensile Creep and Creep-Rupture of Geosynthetic Materials Based on Time-Temperature Superposition Using Stepped Isothermal Method
5. RS K 0008:2007 위생매립장 라이너시스템용 부직포
6. RS K 0009:2009 성토보강용 지오그리드
7. RS K 0019:2007 위생매립장 라이너시스템용 지오멤브레인
8. RS K 0021:2006 연약지반 개량용 토목섬유 배수재-플라스틱 연직배수재
9. RS K 0022:2008 지오신세틱스의 가속인장크리프 수명평가방법:시간-온도 중첩원리
10. RS K 0023:2009 지오신세틱스의 가속인장크리프 수명평가방법 : 단계등온법
11. RS K 0024:2010 보강토옹벽용 띠형 섬유보강재
12. RS K 0029:2007 배수용 지오신세틱스의 가속압축크리프 수명평가방법 : 단계등온법
13. RS K 0030:2007 옹벽 및 터널용 돌기형 일면배수재
14. RS K 0031:2008 위생매립장용 지오컴포지트
15. J. J. Aklonis and W. J. MacKnight(1983), Introduction to Polymer Viscoelasticity, Wiley-Interscience, New York, p. 48

4.4 보강용 토목섬유 시험방법의 비교 분석

토목섬유 제품은 일반적으로 합성고분자 소재를 사용해 제조되며 제품생산 단계에서부터 품질을 관리하고, 시공자에 의한 포설 시 정확한 품질특성에 따라 시공되어야 제품의 성능과 장기 내구성이 모두 발휘될 수 있다. 이러한 소재와 제품의 특성을 평가하는 방법과 절차를 객관적으로 규정한 것이 표준이다. 따라서 표준의 선택에 따라 토목섬유의 소재와 제품의 성능, 특성이 달라질 수 있다. 따라서 토목섬유 제품을 선정하는 데 있어 표준의 중요성이 매우 커지고 있다.

4.4.1 토목섬유 시험방법과 표준

토목섬유를 위한 표준은 '품질규격(specification)', '샘플링 절차(sampling practice)', '시공 가이드(installation guide)', '시험방법(test method)' 등 다양한 형태의 관련 표준으로 구성되어 있다. 특히 시험방법은 생산기업, 시공 사용자 간의 명확한 품질 평가방법으로서 매우 중요한 역할을 담당한다.

토목구조물의 설계 반영을 위해 토목섬유 소재, 제품이 설계 성능을 만족하는지 여부를 평가하는 절차와 기준이 필요하며, 또한 토목섬유 신제품 디자인, 개발과 시공 현장에서 도입 적용을 위한 빠른 의사 결정 자료의 확보가 필요하다.

토목섬유의 품질 평가를 위한 시험방법은 제품의 디자인, 제조를 위한 소재 선정과 제품화에 대한 것과 제조된 토목섬유 소재 및 제품을 시공에 적용하기 위한 적합성을 평가하는 부문 등으로 구분될 수 있다.

이에 따라 국내외 토목섬유 관련 표준을 구분하면 다음과 같다.

표 4.4.1 토목섬유 관련 표준화 내용 분류

분야	기술의 정의	표준화 내용
소재 선정	토목섬유 소재의 선정	• 토목섬유 종류별 소재의 요구특성 평가법 최종 제품별 고분자 소재의 특성 평가(예, 융점, 내환경성, 화학적 저항성, 물리적 특성 등) • 토목섬유 용도별 소재의 요구특성 평가법(보강, 분리, 보호, 차단, 저장 등) 제품의 용도별 소재의 부가 요구특성 평가(예, 매립장침출수에 대한 화학적 안정성)
제품화	토목섬유 제품 생산	• 토목섬유 제품 설계 반영을 위한 필요 성능 규격 제품의 필요 품질 기준 및 성능 평가를 위한 규격(specification) 개발 • 제품의 안정적 품질 유지를 위한 검사법 제품의 샘플링 방법, 품질관리를 위한 시험실시, 안정적 공급을 위한 수시 품질 평가를 위한 가이드라인 개발

분 야	기술의 정의	표준화 내용
제품 선택	초장기 내구성, 화학적 안정성, 가혹조건에서의 내구성, 수명 예측 기술	• 기계적 특성에 대한 품질 평가법 보강 안정용 소재의 초장기 크리프 내구성
		• 화학적 특성에 대한 품질 평가법 제품의 장기 내구성, 화학적 저항성 평가법
		• 내 환경성 평가에 의한 제품의 성능 평가법 가혹 조건에서의 안정성, 내구성 평가를 통한 감소계수 산출
시공	제품의 운반, 보관, 시공을 위한 지침	• 시방서를 위한 제품의 취급 및 보관 시공 이전 토목섬유에 대한 기계적·화학적 손상 방지를 위한 실행 (practice) 또는 가이드라인 개발
		• 시공 시 installation damage를 최소화하기 위한 가이드 lab scale에 의한 시험법, 현장에서의 installation damage 등에 대한 시험 practice 등

1) 시험방법과 표준 활용

토목섬유는 토목건설 현장에서 특정한 공학적 문제를 해결해주는 용도로 많이 사용되고 있으며, 여타의 공학적 재료들과 마찬가지로 매우 정밀한 재료를 사용해 제조되고 있다. 설계자는 현장에서 필요한 특성을 고려해 사용할 토목섬유의 종류를 선택하고 설계 시에 필요로 하는 세부 물성을 고려해 기준을 정한다. 따라서 이들 특성을 파악하기 위해서 적용하는 평가방법이 필요하게 된다.

토목섬유의 특성 평가방법은 사용되는 재료 및 제품의 기능별로 구분해 적용하고 있으며, 토목섬유의 다양하고 복잡한 특성을 평가하기 위해서는 각 제품 자체가 지닌 고유의 특성을 정확하게 이해하고 적절한 평가방법을 선택하여 적용하는 것이 중요하다.

일반적으로 토목섬유를 제조하는 생산업체에서는 제품이 품질관리 기준에 적합한지 확인하기 위해, 토목섬유를 시공하는 현장에서는 설계 시 설정된 시방기준에 적합한지 판단하기 위해 품질시험 절차에 따라서 토목섬유 제품의 일반물성, 역학성능, 수리성능, 내구성능 등을 평가한다. 이러한 각각의 특성은 표준화된 시험방법을 채택해 평가하게 된다.

표준화된 시험방법은 국가나 단체별로 다양하게 규정되어 있으며, 국내에서는 한국산업규격인 KS와, 국제규격인 ISO(International Organization for Standardization), 미국재료시험협회 규격인 ASTM(American Society for Testing and Materials), 미국토목섬유연구소 규격인 GRI(Geosynthetic Research Institute) 시험방법 등이 주로 이용되고 있다. 최근 한국산업표준(KS)의 경우 토목섬유 관련 시험법이 ISO규격과의 부합화 사업 및 신규 제정 등으로 상당수의 시험방법이 국제 표준화되었으며, 지속적인 제·개정을 통해 국제적인 수준의 표준이 우리나라 국가표준으로 도입될 예정이다.

표 4.4.2 국내외 토목섬유 표준화 관련 기술

관련 기술	기술의 내용	표준화기구/단체		표준화 수준		기술 개발 수준	
		국내	국외	국내	국외	국내	국외
소재 선정	토목섬유 소재의 평가법	KS	ASTM ISO EN GSI	외국 표준의 도입을 통한 적용	제품 설계 단계에서부터 표준 반영	단순 소재 도입 및 적용	신소재의 적용, 개발 주도
제품화	용도별 특성에 따른 규격 (specification)	KS	GSI AASHTO ASTM EPA EN ISO	5개 제품에 대한 규격 개발	철도, 도로, 매립장, 사면, 옹벽 등 용도에 따른 세분화 개발 완료	시제품 (상용화 도입 추진)	용도별, 소재의 특성별 차별화 제품군 형성
시공	제품의 운반, 보관, 시공을 위한 지침	공사시방서 KS	ISO AASHTO GSI EN	기본적 수준의 관리지침 적용	lab scale 및 현장 시공 적용성 동시 평가 제품의 안정적 취급 관리에 큰 비중 부여	현장 시공성 평가를 위한 practice, guideline 제시 부족	다양한 현장에서의 제품 시공 안정성 및 관리 지침 개발
제품 평가	품질특성, 내구성, 수명예측, 감소계수 산출	공사시방서 KS K RS K	ASTM ISO EN	신뢰성 평가에 의한 품질 및 수명의 통계적 분포 제시	획일적인 감소계수 산출을 위한 내구성 평가 위주	신뢰성 평가를 통한 구조물 설계 반영을 위한 제품의 감소계수 도출	가속시험에 의한 초장기 내구성 평가

ASTM : American Society for Testing & Matrials
EN : European Norm
ISO : International Organization for Standardization
AASHTO : American Association of State Highway and Transportation Officials
EPA : Environment Protection Agency
GSI : Geosynthetic Institute
KS K : Korean Standard K(한국산업표준, 섬유분야)
RS K : Reliability Sstandard K(신뢰성 평가표준, 섬유분야)

한편 국내외에서 토목섬유의 특성평가를 위해 적용되는 시험방법들은 분리기능, 여과기능, 보강기능, 배수기능, 차수기능 등과 같이 사용 용도에 따라서 그 항목이 각각 다르며, 제품의 형태 및 설계의 중요도에 따라서 내구특성, 수리특성, 역학특성 등에 해당되는 항목을 선택해 적용하기도 한다.

2) 표준의 개요 및 종류

표준(Standard)은 사물, 개념, 방법 및 절차 등에 대해 이해관계자들의 동의를 얻어 합리적으

로 정한 기준으로 정의하며, 표준을 정하고 이를 활용하는 조직적인 행위를 통틀어 표준화
(Standardization)라고 정의된다.

표준의 종류는 그림 4.4.1과 같이 표준을 제정하는 주체에 따라 국제·지역·국가·정부·단체·
사내표준으로 구분할 수 있다. 표준의 개발자이자 수요자로서 기업체 자체적으로 규정하는 작
업 매뉴얼이나 규정 등을 포함하는 사내표준으로부터 국가 간의 이해를 협의를 거쳐 완성한 국
제표준에 이르기까지 표준 개발의 당사자에 따라서 구분할 수 있다. 여기서 사내표준과 단체표
준은 그 개발의 주체가 정부나 국가가 아니라는 점에서 민간표준으로 구분한다.

ISO(International Organization for Standardization) : 일반기기에 대한 국제표준화기구
IEC(International Electrotechnical Commission) : 전기전자기기에 대한 국제표준화기구
ITU(International Telecommunication Union) : 통신기기에 대한 국제표준화기구
CEN(Comite Europeen de Normalisation) : 유럽표준화위원회
CENELEC(Comite Europeen de Normalisation Electrotechnique) : 유럽전기표준화위원회
PASC(Pacific Area Standards Congress) : 태평양 지역 표준회의
APES SCSC(Sub-Committee on Standards Conformance) : 표준적합성 소위원회

그림 4.4.1 제정 주체에 따른 표준의 구분

일반적으로 표준은 국제 상품 교역에서 가장 기본적인 'global trade'의 기준으로 인용되며,
글로벌 마켓 진출과 기업 혁신을 위한 유용한 수단으로 인식되고 있다. 또한 기업에는 대량생산
의 기회가 발생하여 시장을 확대함으로써 생산비용을 절감할 수 있고 소비자의 부담은 감소시

키는 역할을 한다. 따라서 기업은 국제표준을 채택한 시장에서의 경쟁이 더욱 심화되고 있으며, 토목섬유 제품의 경우에도 글로벌 마켓 등을 대상으로 하는 기업들이 서로 경쟁하면서 관련 표준을 개발하기 위해 활발한 활동을 벌이고 있다.

토목섬유와 관련한 표준은 국제표준으로 인용되는 ISO 표준, 미국 단체표준인 ASTM, 유럽연합의 표준인 EN, 그리고 우리나라의 국가표준인 KS 한국산업표준 등이 공적 표준으로 인용, 활용되고 있다. 또 각 생산자 및 사용자 단체에서 제정한 국내 단체표준 등도 시공 현장에서 활용하는 표준에 포함되고 있다.

4.4.2 ISO 국제표준

대표적인 국제표준화 기구인 ISO(International Organization for Standardization)는, 정관(statute) 제2조 규정에 명기된 바와 같이 "상품 및 서비스의 국제적 교환을 촉진하고, 지적·과학적·기술적·경제적 활동 분야에서의 협력증진을 위해 세계의 표준화 및 관련 활동의 발전을 촉진"하기 위해 다음과 같은 조직을 가지고 1947년 설립되었다.

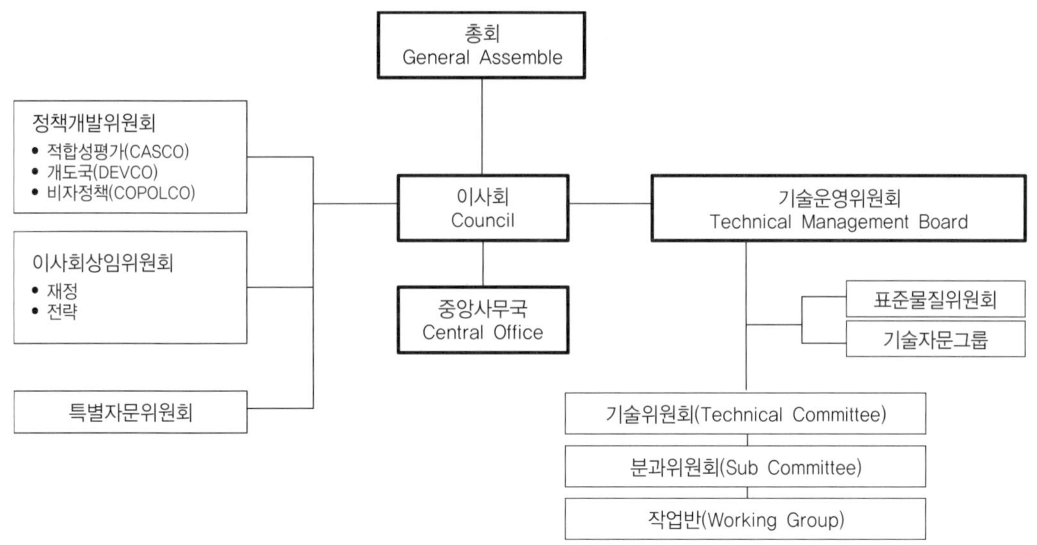

그림 4.4.2 ISO 기구 조직표

ISO에는 2010년 4월 현재 161개국이 회원으로 등록되어 있으며, 252개의 기술위원회(TC: Technical Committee)가 설치되어 표준을 개발하고 있다. 이 중 토목섬유 기술위원회인 ISO/TC 219 Geosynthetics는 2000년에 ISO/TC38 Textile 기술위원회로부터 분리되어 설치되었다.

1) ISO/TC 221 Geosynthetics 기술위원회 활동

2010년 4월 현재 P-member 27개국, O-member 11개국이 회원으로 참여하고 있다. 우리나라의 대표기관으로 National Standard Body(NSB)인 지식경제부 기술표준원이 담당하고 있으며, FITI 시험연구원이 ISO/TC 221 Geosynthetics에 대응할 수 있는 국내 간사기관으로 2004년 지정되어 「Mirror Committee」 운영을 통해 국내 토목섬유 분야 전문가들의 의견을 국제표준에 반영하는 표준화 체계를 구축하고 있다.

ISO/TC221 Geosynthetics 기술위원회는 SC(subcommittee) 구성 없이 5개 WG(Working Group)를 설치 운영하고 있다.

표 4.4.3 토목섬유 관련 표준화 내용 분류

Working Group	Title	활동 범위
TC 221/WG1	Liaison with CEN/TC189	유럽표준 EN과의 협력, 연계를 위한 WG으로 Vienna Agreement에 의한 ISO-CEN 간의 표준 개발 협력업무의 효율적 진행을 위해 설치
TC 221/WG2	Terminology, identification and sampling	용어 정의, 감별, 샘플링 등 토목섬유 소재 및 제품에 대한 품질 평가를 위한 기본 표준 개발
TC 221/WG3	Mechanical properties	토목섬유 소재 및 제품의 인장강도 등 기계적 특성에 대한 표준 개발
TC 221/WG4	Hydraulic properties	토목섬유 소재 및 제품의 수리적 특성에 대한 표준 개발
TC 221/WG5	Durability	토목섬유 소재 및 제품의 장기 내구성 평가를 위한 화학적·물리적·생물학적 내구특성에 대한 표준 개발

2) 제정 표준 현황

ISO/TC 221 Geosynthetics 기술위원회에서 발행된 표준 30건, 개발 중인 표준 4건이다. 토목섬유 소재 및 제품의 index test를 위한 시험방법의 표준이 주로 개발되어 있다.

표 4.4.4 ISO/TC221 Geosynthetics 개발 표준 목록(2010. 4.)

ISO 10319:2008	Geosynthetics – Wide-width tensile test
ISO 10320:1999	Geotextiles and geotextile-related products – Identification on site
ISO 10321:2008	Geosynthetics – Tensile test for joints/seams by wide-width strip method
ISO 10722:2007	Geosynthetics – Index test procedure for the evaluation of mechanical damage under repeated loading – Damage caused by granular material
ISO/DIS 10769	Clay geosynthetic barriers(GBR-C) – Determination of water absorption of bentonite

표 4.4.4 ISO/TC221 Geosynthetics 개발 표준 목록(2010. 4.) (계속)

ISO/CD 10772	Test method for pore size determination under turbulent water flow conditions
ISO/DIS 10773	Geosynthetic clay barriers − Determination of permeability to gases
ISO/CD 10776	Geotextiles and geotextile−related products − Determination of water permeability characteristics normal to the plane, under load
ISO 11058:2010	Geotextiles and geotextile−related products − Determination of water permeability characteristics normal to the plane, without load
ISO 12236:2006	Geosynthetics − Static puncture test(CBR test)
ISO 12956:2010	Geotextiles and geotextile−related products − Determination of the characteristic opening size
ISO 12957−1:2005	Geosynthetics − Determination of friction characteristics − Part 1: Direct shear test
ISO 12957−2:2005	Geosynthetics − Determination of friction characteristics − Part 2: Inclined plane test
ISO 12958:2010	Geotextiles and geotextile−related products − Determination of water flow capacity in their plane
ISO/TR 12960:1998	Geotextiles and geotextile−related products − Screening test method for determining the resistance to liquids
ISO 13426−1:2003	Geotextiles and geotextile−related products − Strength of internal structural junctions − Part 1: Geocells
ISO 13426−2:2005	Geotextiles and geotextile−related products − Strength of internal structural junctions − Part 2: Geocomposites
ISO 13427:1998	Geotextiles and geotextile−related products − Abrasion damage simulation(sliding block test)
ISO 13428:2005	Geosynthetics − Determination of the protection efficiency of a geosynthetic against impact damage
ISO 13431:1999	Geotextiles and geotextile−related products − Determination of tensile creep and creep rupture behaviour
ISO 9863−1:2005	Geosynthetics − Determination of thickness at specified pressures − Part 1: Single layers
ISO 13433:2006	Geosynthetics − Dynamic perforation test(cone drop test)
ISO/TS 13434:2008	Geosynthetics − Guidelines for the assessment of durability
ISO 13437:1998	Geotextiles and geotextile−related products − Method for installing and extracting samples in soil, and testing specimens in laboratory
ISO 13438:2004	Geotextiles and geotextile−related products − Screening test method for determining the resistance to oxidation
ISO/TS 19708:2007	Geosynthetics − Procedure for simulating damage under interlocking−concrete−block pavement by the roller compactor method
ISO/TR 20432:2007	Guidelines for the determination of the long−term strength of geosynthetics for soil reinforcement

표 4.4.4 ISO/TC221 Geosynthetics 개발 표준 목록(2010. 4.) (계속)

ISO/TR 20432:2007/Cor 1:2008	ISO 25619-1:2008
ISO 25619-1:2008	Geosynthetics − Determination of compression behaviour − Part 1: Compressive creep properties
ISO 9863-2:1996	Geotextiles and geotextile-related products − Determination of thickness at specified pressures − Part 2: Procedure for determination of thickness of single layers of multilayer products
ISO 25619-2:2008	Geosynthetics − Determination of compression behaviour − Part 2: Determination of short-term compression behaviour
ISO 9864:2005	Geosynthetics − Test method for the determination of mass per unit area of geotextiles and geotextile-related products
ISO 10318:2005	Geosynthetics − Terms and definitions

* CD : committee draft로서 등록된 상태의 개발 중인 표준(안)
 DIS : draft international standard로서 technical committee의 1차 승인을 확보한 표준(안),
  이후 FDIS(final draft international standard)를 거쳐 최종 표준으로 발행됨
 TR : technical report로서 기술적인 데이터를 포함한 표준의 형태
 TS : technical specification

4.4.3 ASTM 표준

ASTM International(American Society for Testing and Materials International)은 1898년 미국에서 설립되어 현재는 100여 개국에서 3만2000여 회원이 참가하고 있는 대표적인 국제 표준 단체이다. 1만1000여 건의 표준과, 1,500여 권에 이르는 기술보고서와 자료집을 발간하고 있다. 개발되어 제정된 표준은 매년 15개 분야 73권으로 구성된 표준집으로 발행되고 있다.

민간산업 관련 전문가들의 자발적 참여에 의해 진행되는 표준화 활동은 ISO 표준과 달리 개인회원을 바탕으로 이루어지고 있어, 각 기술위원회에 참여하는 회원들에게 투표권이 주어진다. 단, 각 기술위원회에 참여하는 기업은 1사 1표이므로 같은 기업에 소속된 개인 회원 중 대표 회원에게만 투표권이 주어지며, 참여하는 제품 생산 공급자, 수요자 그리고 제3의 이해당사자 회원 간의 구성 균형을 맞추는 제도를 가지고 있어, 소수의 의견을 존중하며 합리적인 논의와 합의를 통해 표준을 개발할 수 있는 시스템을 갖추고 있다.

1) ASTM D35 Geosynthetics 기술위원회 활동

ASTM D35와 ISO/TC 221 기술위원회는 2002년 6월 양 기구 간의 MOU를 체결하고 중복되는 표준의 개발을 방지하는 데 합의했다. 이는 표준 개발을 통해 소요되는 비용과 검토, 논의 단계의 낭비 발생을 방지함으로써 표준 개발의 효율성을 기하고, 국제적으로 수용되는 단일 표

준을 개발하는 데 노력하기로 합의했다. 이는 ASTM 측에서 이미 개발되어 있는 많은 토목섬유 관련 표준이 ISO와 경쟁하지 않고 향후에도 국제적인 표준으로 활용할 수 있는 기반을 마련한 것으로 보인다.

ASTM D35 Geosynthetics 기술위원회 내에는 다음과 같은 subcommittee를 두고 있으며, D35.96 US TAG to ISO/TC221 on Geosynthetics subcommittee는 ISO/TC 221 기술위원회에 미국을 대표해 국제표준화 활동을 담당하고 있다.

D35.01 Mechanical Properties
D35.02 Endurance Properties
D35.03 Permeability and Filtration
D35.04 Geosynthetic Clay Liners
D35.05 Geosynthetic Erosion Control
D35.10 Geomembranes
D35.90 Executive
D35.93 Editorial and Terminology
D35.94 Statistics
D35.95 Awards
D35.96 US TAG to ISO/TC221 on Geosynthetics

2) 제정 표준 현황

ISO/TC 221 Geosynthetics 기술위원회에서 개발된 표준이 30여 종인 데 비해 ASTM D35 Geosynthetics 기술위원회에서는 130여 종의 표준을 개발, 발행했다. 특히 발행된 토목섬유 관련 표준은 국제적으로 ISO 표준보다 널리 인용되며 사실상 국제표준으로 활용되고 있다.

ASTM D35 기술위원회에서 표준을 개발하는 subcommittee는 다음과 같으며, 해당 subcommittee 에서 개발한 발행 표준은 2010년 4월 현재 130건, 개발 중인 표준은 22건이다.

D35.01 Mechanical Properties : Active 22건, Proposed 4건
D35.02 Endurance Properties : Active 23건,
D35.03 Permeability and Filtration : Active 25건, Proposed 7건
D35.04 Geosynthetic Clay Liners : Active 14건, Proposed 3건
D35.05 Geosynthetic Erosion Control : Active 7건, Proposed 1건

D35.10 Geomembranes : Active 38건, Proposed 6건

D35.93 Editorial and Terminology : Active 1건

ASTM D35 기술위원회에서 개발된 표준의 상당수는 Drexel 대학의 Geosynthetic Institute 에서 초창기에 진행된 연구 결과가 반영되었다. GRI test method로 개발하여 일반에 널리 소개 되었으며, 이후 기타 품질 기준 등으로 ASTM D35 표준으로 채택되었다.

4.4.4 KS 국가 표준

우리나라 국가 표준 제정, 관리 기관인 기술표준원에 의해 제정, 고시된다. 국가표준의 개발·관리 업무를 민간의 표준화 전문기관에 이양하기 위해 2008년에 도입된 표준개발협력기관 (COSD, Co-operating Organization for Standards Development) 지정 제도에 따라 FITI 시험연구원이 토목섬유 분야의 COSD가 지정되어 한국산업표준(KS)에 포함된 토목섬유 관련 표준의 개정, 관리 등의 업무를 수행하고 있다.

한국산업표준 KS는 기본적으로 ISO 국제표준과 일치시켜 국가표준으로 도입하는 표준 정책 에 따라 ISO/TC 221 Geosynthetics 분야에서 개발된 토목섬유 분야의 표준을 국가표준으로 도입하고 있다.

1) 한국산업표준(KS) 기술위원회 활동

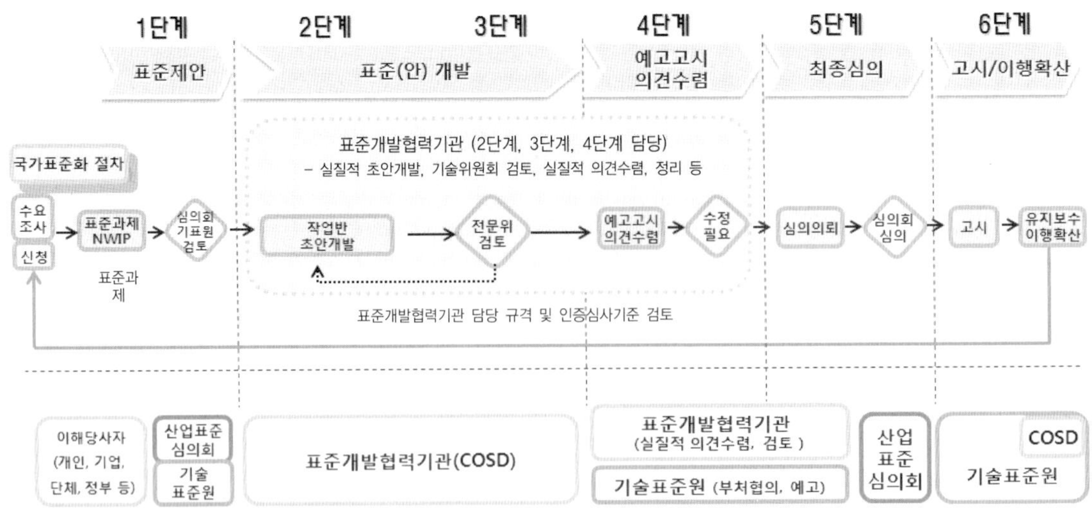

그림 4.4.3 한국산업표준(KS) 개발을 위한 흐름도

국가표준 개발 및 운영을 위한 절차는 그림 4.4.3과 같이 진행된다. 표준개발협력기관이 2, 3 및 4단계의 한국산업표준 초안 개발, 기술위원회 운영을 통한 검토 및 의견 수렴을 담당해, 민간에 의한 국가표준을 개발, 관리, 운영할 수 있는 체계를 갖추고 있다.

2) 제정 표준 현황

토목섬유 국가표준은 KS K 섬유 부문 내에 토목섬유 소재 및 제품이 포함되어 있으며, ISO/TC221에서 제정된 국제표준의 부합화가 거의 마무리된 상태이다. 토목섬유 관련 KS 표준은 KS K 0741:2006 등 61건의 표준이 발행되어 있다.

또한 토목섬유의 장기 성능 평가와 수명 예측을 위한 신뢰성 평가표준이 2000년 이후 FITI 시험연구원에 의해 RS K 평가기준 및 시험방법 표준으로 RS K 0009 등 총 5건이 개발되어 있다.

표 4.4.5 토목섬유 관련 한국산업표준(KS) 및 신뢰성 평가표준(RS)

구분	표준 번호	표준 제목	제정 연도	분류
한국 산업 표준	KS K 0742	지오그리드의 접점강도 시험방법	20061110	시험방법
	KS K 0757	지오텍스타일의 온도안전성 시험방법	20061110	내구성 평가
	KS K 0763	지오그리드의 리브 인장강도 시험방법	20061110	시험방법
	KS K 0764	토목합성점토차수재 점토광물 성분의 팽윤지수 시험방법 : 증류수 침지법	20061110	시험방법
	KS K 0765	토목합성점토차수재 점토광물 성분의 유실 시험방법	20061110	시험방법
	KS K 0767	지오그리드의 액체에 대한 화학저항성 평가	20061207	내구성 평가
	KS K 0796	지오텍스타일의 트래피조이드 인열강도 시험방법	20061207	시험방법
	KS K 0936	지오텍스타일 및 관련제품-물에 대한 가수분해 저항성 측정을 위한 스크리닝 시험방법	20071004	내구성 평가
	KS K 0937	지오신세틱 차단재-액체투과성 측정	20071004	시험방법
	KS K 0938	지오텍스타일 및 관련제품-포장도로 및 아스팔트 상층용의 요구조건	20071004	규격
	KS K 0939	지오신세틱 차단재-운송 기반시설에 요구되는 특성	20071004	규격
	KS K ISO 9862	지오신세틱스-샘플링 및 시험편의 준비	20071127	가이드
	KS K ISO 9863-1	지오신세틱스 - 규정된 압력에서 두께 측정 - 1부 : 단일층	20051101	시험방법
	KS K ISO 9863-2	지오텍스타일 및 관련제품 - 규정 압력에서의 두께 측정 - 제2부: 다층 제품의 단층 두께 측정에 대한 절차	20041125	지침
	KS K ISO 9864	지오신세틱스-지오텍스타일 및 관련제품의 단위면적당 질량 측정 시험방법	20071127	시험방법

표 4.4.5 토목섬유 관련 한국산업표준(KS) 및 신뢰성 평가표준(RS) (계속)

구분	표준 번호	표준 제목	제정 연도	분류
한국 산업 표준	KS K ISO 10318	지오신세틱스-용어 및 정의	20071004	시험방법
	KS K ISO 10319	지오텍스타일의 인장강도 시험방법	20070928	시험방법
	KS K ISO 10320	지오텍스타일 및 관련제품 – 현장 확인	20061211	지침
	KS K ISO 10321	지오텍스타일의 접합/봉합강도 시험: 광폭인장시험법	20061211	시험방법
	KS K ISO 10722	지오신세틱스-반복하중에 의한 기계적 손상평가를 위한 실내시험-입상재료에 의한 손상	20080501	시험방법
	KS K ISO 11058	지오텍스타일 및 관련제품 – 수직 투수성 시험방법	20070928	시험방법
	KS K ISO 12236	지오텍스타일 및 관련제품의 정적 꿰뚫림 시험방법(CBR시험법)	20061211	시험방법
	KS K ISO 12956	지오텍스타일 및 관련제품 – 유효 구멍 크기 측정방법 – 습식법	20071031	시험방법
	KS K ISO 12957-1	지오신세틱스 – 마찰특성결정 – 1부 : 직접 전단시험	20050930	시험방법
	KS K ISO 12957-2	지오신세틱스 – 마찰특성 결정 – 2부 : 경사판 시험	20050930	시험방법
	KS K ISO 12958	지오텍스타일 및 관련제품 – 수평 투수량 시험방법	20071031	시험방법
	KS K ISO 13426-1	지오텍스타일 및 관련제품-내부 구조 접점 강도-제1부: 지오셀	20071004	시험방법
	KS K ISO 13426-2	지오텍스타일 및 관련제품-내부 구조 접점 강도-제2부: 지오콤포지트	20071004	시험방법
	KS K ISO 13427	지오텍스타일 및 관련제품 – 마모 손상 모사(슬라이딩 블록 시험)	20071031	시험방법
	KS K ISO 13428	지오신세틱스-충격 손상에 대한 지오신세틱스의 보호효율 측정	20071004	시험방법
	KS K ISO 13431	지오텍스타일 및 관련제품 – 인장크리프와 크리프 파단 거동 시험방법	20071031	내구성 평가
	KS K ISO 13437	지오텍스타일 및 관련제품 – 토양에서의 시료 설치 및 추출과 시험실에서의 시료 시험방법	20071031	지침
	KS K ISO 13438	지오텍스타일 및 관련제품-산화 저항성 측정을 위한 스크리닝 시험법	20071127	지침
	KS K ISO TR 12960	지오텍스타일 및 관련제품 – 액체저항성 평가를 위한 스크리닝 시험법	20061211	지침
	KS K ISO TR 13434	토목섬유 및 관련제품의 내구성에 관한 지침	20061211	내구성 평가
신뢰성 평가 표준	RS K 0009	성토 보강용 지오그리드	20020910	신뢰성 평가
	RS K 0008	위생매립장 라이너시스템용 부직포	20020910	신뢰성 평가
	RS K 0019	위생매립장 라이너시스템용 지오멤브레인- 고밀도 폴리에틸렌 차수막	20040503	신뢰성 평가
	RS K 0021	연약지반 개량용 토목섬유 배수재- 플라스틱 연직 배수재	20051116	신뢰성 평가
	RS K 0024	보강토옹벽용 띠형 섬유보강재	20060417	신뢰성 평가
	RS K 0029	배수용 지오신세틱스의 가속압축크리프 수명평가방법 – 단계등온법	20070607	신뢰성 평가
	RS K 0030	옹벽 및 터널용 돌기형 일면 배수재	20070607	신뢰성 평가
	RS K 0031	위생매립장용 지오컴포지트	20081128	신뢰성 평가

4.4.5 기타

국제표준 및 국가표준 이외에 토목섬유 소재 및 제품을 위한 다양한 표준이 현장에서 활용되고 있는데, 이들 중 대표적인 것이 유럽 지역의 표준인 EN 표준, 미국 Geosynthetic Institute(GSI)에서 개발한 GRI Test method, 그리고 국내 그리고 국내 생산자 단체 등에서 개발한 국내 단체표준 등이 있다.

1) GRI Test Method

1986년 Drexel 대학의 Robert M. Koerner 박사에 의해 설립된 Geosynthetic Research Institute(GRI)의 연구 과정에서 개발된 각종 시험 평가방법을 자체 시험방법으로 정리해 활용한 것이 GRI Test Method이다. 이후 ASTM D35의 표준개발의 기초가 된 토목섬유 관련 시험방법, 제품 품질관리를 위한 표준으로 널리 활용되었다.

토목섬유 생산자, 사용자, 설계 시공자, 감리 그리고 제3의 품질 평가기관 등이 참여해 회원제로 운영되는 Geosynthetic Institute(GSI)로 명칭을 바꾸고, 토목섬유 전문 연구 활동을 통해 업계가 요구하는 토목섬유의 표준 수요에 대응하고, 관련 업계의 공동 발전을 위해 토목섬유 사용의 활성화 및 올바른 제품의 적용을 위한 표준 개발을 병행하고 있다.

ASTM 표준 중 GRI test method의 비중이 2007년 현재 ASTM 토목섬유 표준의 29%를 차지해 초기 ASTM D35 Geosynthetics 분야의 표준 개발에 GSI가 주도적인 역할을 담당했다(Geosyntheics Magazine 2007년 8월호).

2) CEN/TC 189 Geosynthetics

유럽연합의 31개국 회원 국가들 간의 표준화 연합기구인 CEN(Comité Européen de Normalisation)은 유럽연합의 공통 표준을 개발하고 이를 ISO 국제표준으로 채택되게 하려고 지속적인 노력을 기울이고 있다. 토목섬유는 CEN/TC 189 Geosynthetic 기술위원회에서 토목섬유 제품 종류 및 적용 시공 현장에 따른 표준을 80여 건 개발해 발행했으며 20여 건의 표준을 개발하고 있다.

CEN/TC 189 기술위원회에서 개발한 표준 중 화학적·물리적 특성에 관한 시험방법 표준은 상당 부분 ISO로 채택되어 있다. 이는 ISO와 CEN 간에 체결된 Vienna Agreement에 의해 상호 중복되는 표준 개발을 지양하고, 유럽표준(EN)으로 개발된 표준은 ISO 제안 시 개발 중간 단계로 채택하는 것에 합의했기 때문에 유럽표준의 ISO 국제표준으로의 채택이 활발하다.

EN 표준에는 토목섬유가 적용되는 시공구조물에 따른 토목섬유의 요구 품질에 대한 기준 제시 표준(규격, specification)이 상당히 많이 개발되어 사용되고 있다. 이는 유럽 지역의 지형적인 특징과 유럽 지역 표준이라는 특성 때문에 유럽 내 국가 간 품질의 균질성을 확보하기 위해 개발된 것으로 보인다.

CEN/TC 189 Geosynthetics 기술위원회 내에 subcommittee 없이 6개의 workong group을 설치해 표준을 개발하고 있다.

Working Group	Title
CEN/TC 189/WG 1	ad hoc group Asphalt reinforcement
CEN/TC 189/WG 2	Terminology, identification, sampling and classification
CEN/TC 189/WG 3	Mechanical testing
CEN/TC 189/WG 4	Hydraulic testing
CEN/TC 189/WG 5	Durability
CEN/TC 189/WG 6	Geomembranes and geosynthetic clay liners – General and specific requirements

참 고 문 헌

1. 표준화로드맵 – 토목섬유(ISO/TC221) 분야(2009), FITI 시험연구원
2. http://www.iso.org
3. http://www.astm.org
4. http://www.cen.eu
5. 한국표준정보보망, www.kssn.net
6. http://www.geosynthetic-institute.org/

찾 | 아 | 보 | 기

집 | 필 | 위 | 원

위 원 장	이상호	경북대학교 농업토목공학과 교수
부위원장	유충식	성균관대학교 사회환경시스템공학과 교수
간 사	김경모	보강기술(주) 연구소장
	유중조	(주)골든포우 연구개발실장

제1장 신은철 인천대학교 건설환경공학부 교수 ecshin@incheon.ac.kr

제2장
2.1 김유성 전북대학교 토목공학과 교수 yusung@chonbuk.ac.kr
     원명수 지반이엔씨(주) 대표이사 wondain@hotmail.com
2.2 유충식 성균관대학교 사회환경시스템공학과 교수 csyoo@skku.ac.kr
2.3 박시삼 GS건설(주) 선임연구원 parkss7@gsconst.co.kr
     이상호 경북대학교 농업토목공학과 교수 sahlee@knu.ac.kr
     백승철 안동대학교 토목공학과 교수 civilb@andong.ac.kr
2.4 권오현 (주)삼안 토질부 전무 raskwon@hanmail.net
     이광우 한국건설기술연구원 수석연구원 kwangwu@kict.re.kr
2.5 김상수 (주)토탈지오이엔씨 대표이사 tgenc@naver.com
2.6 김경모 보강기술(주) 연구소장 kgmong@hotmail.com
2.7 조삼덕 한국건설기술연구원 지반연구실 연구위원 sdcho@kict.re.kr
     권오현 (주)삼안 토질부 전무 raskwon@hanmail.net
     김경모 보강기술(주) 연구소장 kgmong@hotmail.com

제3장
3.1 장연수 동국대학교 사회환경시스템공학과 교수 ysjang@dongguk.ac.kr
3.2 정경환 (주)동아지질 대표이사 gheong@dage.co.kr
3.3 이충호 (주)알지오이엔씨 대표이사 smaments@hotmail.com
3.4 임종철 부산대학교 토목공학과 교수 imjc@pusan.ac.kr

제4장
4.1 유중조 (주)골든포우 연구개발실장 jungjoyuu@korea.com
     전한용 인하대학교 나노시스템공학부 교수 hyjeon@inha.ac.kr
     이상호 경북대학교 농업토목공학과 교수 sahlee@knu.ac.kr
4.2 김홍관 FITI시험연구원 해외사업본부장 hogankim@fiti.re.kr
4.3 구현진 FITI시험연구원 신뢰성평가센터장 koohh@fiti.re.kr
4.4 김유겸 FITI시험연구원 표준화연구센터장 youkyum@fiti.re.kr

보강토 공법 실무

설계 · 시공 · 시험평가

초판인쇄 2010년 11월 10일
초판발행 2010년 11월 17일

저   자 한국토목섬유학회
펴 낸 이 김성배
펴 낸 곳 도서출판 씨아이알

책임편집 양승원
디 자 인 김진희, 김미선, 황수정
제작책임 윤석진

등록번호 제2-3285호
등 록 일 2001년 3월 19일
주   소 100-250 서울특별시 중구 예장동 1-151
전화번호 02-2275-8603(대표) 팩스번호 02-2275-8604
홈페이지 www.circom.co.kr

ISBN 978-89-92259-60-6 93530
정 가 30,000원

ⓒ 이 책의 내용을 지작권지의 허가 없이 무단전재 하거나 복제할 경우 저작권법에 의해 처벌될 수 있습니다.

≪여러분의 원고를 기다립니다.≫

도서출판 씨아이알은 좋은 책을 만들기 위해 언제나 최선을 다하고 있습니다.
토목·건축·불교 분야의 좋은 원고를 집필하고 계시거나 기획하고 계신 분들, 그리고 소중한 외서를 소개해주고 싶으신 분들은 언제든 도서출판 씨아이알로 연락주시기 바랍니다.
도서출판 씨아이알의 문은 날마다 활짝 열려 있습니다.

≪도서출판 씨아이알의 도서소개≫

★ 문화체육관광부의 우수학술도서로 선정된 도서입니다.
† 대한민국학술원의 우수학술도서로 선정된 도서입니다.

토목공학

실무자를 위한 흙막이 가설구조의 설계
황승현 저 / 472쪽(4*6배판) / 25,000원
이 책은 국내는 물론 해외의 설계기준이나 지침, 참고도서를 총망라하여 각 설계기준이나 지침에 없는 내용과 오류, 항목만 있고 상세한 내용이 없는 것, 설계실무자들이 관행적으로 잘못 알고 있는 사항, 반드시 검토할 사항 등 흙막이구조 전반에 걸쳐서 설계종사자들이 알아야 할 사항을 상세히 소개하였다.

지질공학
M. H. de Freitas / 선우춘, 이병주, 김기석 / 492쪽(4*6배판) / 27,000원
설계나 시공에서 지질과 관련된 문제점들과 마주치게 되는데 이 책은 지질분야에 익숙하지 않은 자원개발 전문가나 토목기술자들이 겪는 문제의 해결을 돕는다.

토석류 재해대책을 위한 조사법
사방·사태기술협회 저 / 한국시설안전공단 역 / 244쪽(신국판) / 18,000원
이 책은 사방(砂防) 관계의 기술에 관한 도서로서, 토석류를 대비할 수 있도록 토석류 재해 조사 방법과 정리 방법에 대해 기술하였다.

말레이시아에 대한민국을 심다
백이호 저 / 304쪽(신국판) / 15,000원
<말레이시아에 대한민국을 심다>는 페낭대교 수주부터 말레이시아 현장에서의 공사 완공까지의 내용을 꼼꼼하게 정리하고 있다. 토목기술자들이 일선 현장에서 무슨 생각을 하였고, 어떠한 활동을 했는지를 생생하게 알 수 있다.

엑셀을 이용한 구조역학 입문
차바타 요스케·다나카 카즈미 저 / 송명관·노혁천 역 / 224쪽(신국판) / 18,000원
이 책에서는 기본적인 구조역학 개념을 소개하였으며, 이를 이용한 엑셀프로그램의 사용방법에 대하여 설명하였다. 또한 실무에서 자주 이용되고 있는 엑셀의 표계산 및 VBA(Visual Basic Application)이 수록되어 있다.

지반기술자를 위한 입상체 역학
일본지반공학회 저 / 한국지반공학회 역 / 392쪽(4*6배판) / 28,000원
이 책은 기존의 연속체 역학에 바탕을 둔 이론서들과는 달리 입자들의 집합체인 입상체의 개념과 원리, 역학적 거동의 표현, 또한 그 해석과 응용 등을 다루고 있어 모든 지반구조물의 해석에 매우 유용하게 활용될 수 있다.

그라운드 앵커 유지관리 매뉴얼
독립행정법인 토목연구소·일본앵커협회 / 한국시설안전공단 역 / 238쪽(신국판) / 18,000원
각종 구조물 보강 및 비탈면 안정성 확보 등을 목적으로 사용되는 그라운드 앵커는 공용기간이 지나면 다양한 문제점이 발생하기 때문에 유지관리가 매우 중요하다. 이번에 한국시설안전공단에서 지반기술자들의 이해를 돕기 위해 본 번역본을 발간하게 되었다.

토질역학
장연수 저 / 614쪽(4*6배판) / 33,000원
저자는 실무에서 중요하게 활용되는 주요 개념을 포함할 수 있는 토질역학 교재의 필요성을 느껴 이 책을 내놓게 되었다. 전반부는 토질역학의 원리를 주로 설명하고, 후반부는 흙과 구조물 기초지반에 응용하는 내용으로 토질역학의 기본을 습득하고 이를 응용할 수 있도록 하였다.

자원개발공학
Howard L. Hartman, Jan M. Mutmansky 저 / 정소걸, 선우춘, 조성준 역 / 540쪽(4*6배판) / 30,000원
이 책은 자원개발을 위한 탐사, 탐광, 개갱, 채광 및 복구 등 5개의 주요 단계에 대한 내용과 시대의 변화에 따른 자동화 및 로봇화, 급속굴진, 수력채광, 메탄가스 배출 및 원유채광 등 신채광법에 대한 내용도 포함되어 자원개발과 관련된 모든 것을 학습할 수 있다.

터널붕괴 사례집★
(사)한국터널공학회 저 / 420쪽(4*6배판) / 35,000원
약 반세기 동안 국내의 터널설계와 시공기술은 눈부신 발전을 이루어 왔다. 하지만 이런 눈부신 기술성장 뒤에는 많은 시행착오가 있었다. 터널시공 중 발생한 붕락·붕괴사고와 지반조건 판단의 오류로 인한 인재도 있었다. 이에 (사)한국터널공학회에서 국내는 물론 해외에서도 사례가 없는 터널 붕괴·붕락 사례집을 발간하게 되었다.

한국의 터널과 지하공간†
(사)한국터널공학회 / 500쪽(4*6배판) / 30,000원
이 책은 과거에서 현재까지 우리나라의 터널과 지하공간에 대한 발전동향에 대해 풍부하고 상세한 시공사례를 제공하며, 미래의 발전 방향을 제시하고 있다. 또한 신뢰성 있는 터널 및 지하공간의 통계자료 등이 체계적으로 정리되어 있다.

재미있는 흙이야기
히메노 켄지 외 저 / 이승호, 박시현 역 / 196쪽(신국판) / 15,000원
이 책은 흙에 있어 그 생성부터 조사방법에 이르는 전문적인 내용까지를 아우르고 있다. 내용적으로 '흙은 어떻게 만들어졌나?'라는 소박한 의문에서부터 토질에 얽힌 기본적인 문제를 시작으로 다양한 문제들을 알기 쉽게 풀어나간 것이 특징이다.

최신 지반환경공학★
신은철·박정준 저 / 400쪽(4*6배) / 20,000원
이 책은 지반환경의 개념, 역사, 분류, 오염방지 및 정화기술, 폐기물 매립지의 안정화 및 안정성평가, 사례 등을 총망라한 지반환경의 공학적 총서라고 할 수 있다.

터널설계기준 해설서
(사)한국터널공학회 저 / 420쪽(4*6배판) / 30,000원
이 책은 설계기준에 대한 독자들의 실무적인 이해를 돕고, 터널설계업무 전반에 있어 보다 명확한 가이드라인을 제시해 주는 책이다.

대형·대단면 지하공간 가상프로젝트
(사)한국터널공학회 저 / 184쪽(4*6배) / 16,000원
우리나라는 지난 20년 동안 사회간접시설의 중·소단면 터널건설에 급속한 발전을 이룩하여 지하 대공간 활용의 중요성이 대두되고 그 요구가 절실하게 나타나고 있다. 이에 부응하여 지하대공간연구단은 이 책을 발간하게 되었다.

지반기술자를 위한 지질 및 암반공학★
(사)한국지반공학회 저 / 724쪽(4*6배판) / 35,000원
이 책은 지반공학 전문가나, 지반관련 현장을 담당하고 있는 많은 기술자들에게 중요한 참고도서로 손색이 없는 책이다. 따라서 우리나라 지질 및 암반에 대한 소중한 기술자료로 활용할 수 있을 것이다.

건설기술자를 위한 토목지질학
노병돈 저 / 256쪽(4*6배판) / 20,000원
이 책은 터널을 축조할 때, 보다 신속하고 정확한 지반정보를 얻을 수 있는 표준화된 방법을 개발하고, 취득된 자료를 균일한 지반정보로 설계자 및 시공자에게 제공함으로써 터널의 성공적 축조에 기여하기 위해 집필되었다.

터널표준시방서

(사)한국터널공학회 저 / 162쪽(4*6배판) / 15,000원
1999년 터널표준시방서가 개정된 이후 그동안 제·개정된 각종 관련 법, 기준, 지침과의 연계성을 확보하며 새롭게 개정하게 되었다. 터널에서 재난과 재해의 피해가 발생하지 않도록 내용을 더욱 강화하였다.

지하 대공간 구조물_설계 및 시공가이드

이인모 외 저 / 232쪽(4*6배판) / 18,000원
이 책은 지하에 건설되는 교통(도로, 철도), 전력, 통신, 수로터널 등 사회간접시설뿐 아니라 각종 편의를 위한 지하 대공간 구조물의 적극적인 창출과 원활한 계획, 설계, 시공 및 유지관리를 목적으로 출간되었다.

터널 기계화시공 설계편★

한국터널공학회 저 / 672쪽(4*6배판) / 38,000원
2008년 기계화시공을 위한 설계 및 기술 강좌 교재를 수정·보완하여 이 책을 발간하였다. 이 책에서는 TBM 터널의 개념, 굴착이론 및 설계의 주요 과정들, 장비 선정과 시공계획, 현장 시공기술, 설계적용 사례 등을 상세히 다루고 있다.

사면 방재 포인트 100

오쿠조노 세이시 저 / 백용·이홍규·배규진·신희순·이승호·노병돈 역 / 231쪽(신국판) / 19,000원
이 책은 일본의 사면방재와 관련된 정보를 국내의 정황에 맞추어 각색하여 한 권의 책으로 엮었다. 필요한 기초지식을 중심으로, 과거의 체험, 교훈을 인용하여 중요한 포인트 100건을 소개해 준다.

터널설계기준

(사)터널공학회 저 / 148쪽(4*6배판) / 15,000원
1999년 터널표준시방서와 터널설계기준이 분리되어 제정된 이후 많은 시간이 흘렀다. 그동안 각종 관련법과 기준, 지침 등이 제·개정되었다. 그동안 제·개정된 법안과의 연계성을 확보하고, 최근의 현안문제 등을 개선해야 할 필요성에 따라 이 책이 출간되었다.

강구조공학(4판 개정판)

William T. Segui 저 / 권영봉, 배두병, 백성용, 최광규 공역 / 708쪽(4*6배판) / 25,000원
이 책은 멤피스대학의 William T. Segui 교수가 2005년 AISC 시방서 및 강구조편람의 개정된 사항을 포함하고 내용을 보완해 개정한 강구조설계 4판을 번역한 것이다.

건축공학

흙건축★

황혜주 저 / 256쪽(4*6배판) / 23,000원
이 책은 크게 3부분으로 나누어 건축의 본질과 흙건축의 역사, 흙건축의 특성의 이해를 도모하기 위한 흙의 성질, 흙 이용, 흙 시험 등을 다양한 실험 결과들과 함께 소개하고 흙건축과 관련된 다양한 공법들을 소개한다. 또한 부록으로 흙건축과 관련된 다양한 화보들을 수록하였다.

농업공학

농업기계설계 Ⅱ★

장동일 외 공저 / 372쪽(4*6배판) / 22,000원
본 교재는 농업기계 전공자들이 관련된 기계 및 시설을 설계할 때 직접적으로 도움이 될 수 있는 실용적인 교재가 되어야 한다는 철학을 가지고, 설계 사례를 중심으로 집필하였다.

농업환경학

양재의·정종배·김장억·이규승 저 / 370쪽(4*6배판) / 23,000원
농업환경을 둘러싼 생태계, 토양, 물, 기상, 농약, 미생물, 농업환경관리의 7개의 영역으로 나누어, 각각의 농업환경과 그 문제와 대안을 담고 있다. 이 책은 현 우리 농업환경의 실태와 자료를 많이 담고 있는 것이 특징이다.

수확후공정공학★

금동혁 외 저 / 850쪽(4*6배판) / 35,000원
식생활의 다변화, 고급화됨에 따라 고품질의 안전한 농산물을 소비자에게 연중 공급하려면 생산 단계뿐만 아니라 수확 후의 관리 과정도 매우 중요하다. 이 책은 농산물을 수확한 후에 거치는 광범위한 관리 과정에 대해 기술한 책이다.

한국의 원예(영문판)

책임편집 이정명, 최근원(경희대학교 교수), Jules Janick(퍼듀대학교 교수) 외 / 392쪽(컬러판, 양장본) / 50,000원
이 책은 대한민국 원예학 분야의 전문가가 대한민국의 원예와 작물에 대한 종합적인 정보를 제공하기 위해 저술한 원예학술서이다. 크게 5부분으로 구성되어 있고 한국의 원예학에 관한 정보들이 다양한 문화권에 소개될 수 있도록 영어로 집필되었다.

바이오시스템기계공학

박준걸 외 공저 / 504쪽(4*6배판) / 23,000원
이 책은 현재 보급되고 있거나 개발되고 있는 농업기계들에 대한 소개와 현 기술 현황에 대해 기술하고 있다. 특히 토양작업, 수확, 파종, 관리, 시설재배, 동물자원생산, 임업 등에 활용되고 있는 농업기계 및 로봇을 이용한 첨단 농기계 분야를 장별로 분류하여 설명하였다.

불교

불교윤리학 입문

피터 하비 저 / 허남결 역 / 840쪽(신국판) / 42,000원
책에서 저자인 피터 하비는 이 책을 통해 불교윤리학의 이론적 정립에 필요한 여러 가지 단계들을 차분하게 살펴보고 있다. 불교윤리학에 관심이 있는 독자들은 먼저 하비의 책에 인용된 경전들을 통해 주제와 관련된 붓다 당시의 에피소드들을 확인한 다음 이에 대한 개인의 윤리적 입장을 정립할 수 있게 되기를 바란다.

불교의 중국 정복 불교연구총서 ⑥

에릭 쥐르허 저 / 최연식 역 / 736쪽(신국판) / 38,000원
이 책은 중국의 초기 불교사에 대한 고전적 연구서이다. 불교가 처음 수용된 한漢나라 때부터 시작하여 '중국적인' 불교가 형성된 동진東晉 시대까지를 대상으로 해서 외래의 종교인 불교가 어떻게 중국인들의 종교로 자리잡아 가는지를 다양한 시각에서 검토하고 있다. 그 결과 어떠한 새로운 사상과 생활문화가 형성되었는지에 주목하고 있다.

고대 동아시아 불교 문헌의 새로운 발견 금강학술총서 ④

금강대학교 불교문화연구 편 / 332쪽(신국판) / 30,000원
이 책은 돈황 사본 그리고 일본에 산재한 사찰 수장 필사본과 한국, 중국, 일본 등에서 간행된 간본들에 대해 주로 연구한 내용을 담았다. 동아시아 고대 지식인들이 남긴 불교 고문헌 연구가 단순히 새로운 발굴이 아닌 과거와 현재의 거리를 추정할 수 있는 계기가 될 수 있을 것이다.

원형석서(상) 불교연구총서 ⑤

코칸 시렌 저 / 정천구 역 / 760쪽(신국판) / 38,000원
『원형석서(겐코오샤쿠쇼)』는 일본의 대표적인 불교문학이자 한문학 작품으로서 전체 30권 중 15권을 번역하여 『원형석서(상)』으로 엮었다. 이 책은 14세기까지 일본의 불교사 및 불교 문화사가 일목요연하게 정리되어 있다.

초기불교의 이념과 명상

틸만 페터 저 / 김성철 역 / 230쪽(신국판) / 18,000원
이 책은 붓다의 첫 설법에서부터 붓다의 깨달음과 그 방법, 그리고 그 발전과정에 이르기까지를 상세히 분석하여 묘사하였다. 초기에 붓다는 4정려와 4성제의 인식을 통해 해탈했다고 간주되었지만, 이후 불교 명상에서 주류적 위치를 차지한 식별적 통찰 방법 12연기설에 대해 서술하고 있다.

북종선법문 불교연구총서 ④
양증문 편 / 박건주 역/ 218쪽(신국판) / 18,000원
이 책은 1세기 전 돈황에서 발견한 선종 문헌 중 북종의 법문이 다수
수록되어 있다. 이 책에 실린 여러 법문들은 1천여 년 간 당연시되어
왔던 남돈북점南頓北漸의 곡해를 바로잡고 그 사실을 입증하는 중요
한 자료가 될 것이다.

인도불교사상
폴 윌리엄스·앤서니 트라이브 저 / 공만식 역 / 400쪽(신국판) /
20,000원
인도에서 불교가 발전한 방식을 바르게 이해하는 것은 티베트, 중국,
일본 그리고 다른 모든 동아시아 국가의 불교사상을 이해하기 위해 필
요하다. 이 책은 붓다 이후로 불교가 어떻게 발전해왔는지를 살펴보고
고전 인도불교사상의 중심적 개념들을 이해하는데 도움을 줄 것이다.

선종과 송대 사대부의 예술정신 불교연구총서 ③★
명법 저/ 328쪽(신국판) / 20,000원
이 책에서는 선종과 중국사회 및 문화의 다층적인 상호작용 속에서 선
종이 중국문학과 예술에 끼친 영향을 살펴보고 있다. 이 책에 기록된
선종과 예술의 만남은 세속화된 현대사회를 사는 우리들에게 세속과
종교의 조화로운 결합을 위한 하나의 길을 제시해주고 있다.

하택신회선사 어록 불교연구총서 ②
양증문 편 / 박건주 역/ 354쪽(신국판) / 20,000원
이 책은 최근에 중국의 양증문이 교감 편집한 『신회화상선화록』을
원본으로 삼아 하택신회의 법문을 역주하였다. 이 책에서 소개된 하택
신회의 법문들은 하택신회의 선법과 남종의 진실한 면모를 파악하는
데 많은 도움이 될 것이다.

대승불교의 보살
금강선원 간 / 안성두 편/ 296쪽(신국판) / 18,000원
이 책은 보살의 기초개념을 알리기 위해, 각종 내전(內典)에 나타난
보살사상을 발췌,   정리하였다. 기존의 보살사상이 내전에 어떻게
보여왔는지, 어떤 인식으로 비춰졌는가를   보여주는 책이다.

섭대승론 증상혜학분 연구 불교연구총서 ①
김성철 저 / 368쪽(신국판) / 20,000원
이 책은 서구에서 발달한 현대의 문헌학적 불교연구의 전형적 형식으
로서 텍스트에 대한 교정과 역주 및 개론적 연구로 구성되어 있다. 이
책은 현대 불교학적 방법론 수용의 현 단계를 살펴보는 데 많은 도움
이 될 것이다.

열반 그리고 표현불가능성
Asanga Tilakaratne 저/ 공만식, 장유진 역 / 344쪽(신국판) /
20,000원
이 책은 초기불교경전에 초점을 맞추어 어떤 형태의 표현불가능에도
동의하지 않는 붓다의 실천적·인식론적 시각을 섬세하게 고찰하고 있
다. 초월성과 표현불가능으로 대변되는 힌두교-기독교적 종교 및 언어
철학과 불교의 그것 사이의 명확한 차이와 초기불교의 논리적이고 합
리적인 입장을 제종교철학과의 비교 속에서 파악할 수 있는 지침을 제
시해 줄 것이다.

길을 묻는 테크놀로지 - 첨단 기술 시대의 한계를 찾아서
랭던 위너 저 / 손화철 역 / 301쪽(신국판) / 18,000원
위너는 이 책에서 기존의 기술철학의 다양한 논의들을 최대한 대중적
인 방식으로 쉽게 이야기를 풀어나갔다. 이 책을 통해 기술과 인간 문
화가 연결되는 방식을 파악하고 미래를 위한 청사진을 그려보자.

현대 민주주의와 정치 주체 문제 - 존 듀이의 민주주의론
존 듀이 저 / 홍남기 역 / 220쪽(신국판) / 18,000원
이 책의 저자 존 듀이는 현대 민주정치를 구성하는 시민들을 공중(公
衆, the public)이라고 규정하고 이 공중이 현대 사회의 문제를 해결
하는 대안적 주체가 될 수 있다고 보았다. 이 책을 통해 현대 민주주
의에 관한 존 듀이의 특별한 통찰을 느껴보자.

법률가의 논리 - 소크라테스처럼 사유하라
루제로 앨디서트 저 / 이양수 역 / 408쪽(신국판) / 25,000원
법 논리를 배우려는 많은 이들은 정작 법률가처럼 '생각하는 법'을 배
우지 못하고, 기호와   공식 암기에 치우치기 쉽다. 따라서 이 책의
저자는 형식적인 논리학이 아닌 '법률가처럼   생각하기'를 중시하면
서 포괄적이면서도 철저하게 법 추론의 각론을 다루고 있다.

사이버 병동 에필리아 24시
이상건, 이일근, 조용원, 정기영, 김기중, 황희, 이주화 저 / 328쪽(신
국판) / 18,000원
이 책은 전문지식이 없는 사람이라도 간질을 올바르게 이해하고, 관리
하는 데 도움을 줄 수 있는 의학 정보서로 손색이 없다. 동시에 간질
환자를 위한 자기계발서로서 간질 환자의 근본적인 삶의 질 향상을 위
한 다양한 전략도 함께 제시해 준다.